普通高等教育“十二五”规划教材
普通高等院校化学精品教材

有机化学

龚跃法　郑炎松　陈东红　张正波　编著

华中科技大学出版社
中国·武汉

内容提要

本书是按照化学与化工学科教学指导委员会制订的普通高等学校本科化学专业规范中涉及的知识要点编写的。全书共分十八章，内容包括：绪论，有机化合物的命名，有机分子的弱相互作用与物理性质，饱和烃，有机化学中的取代基效应，烯与炔，芳香烃，对映异构，卤代烃，有机化合物的结构表征方法，醇、酚、醚，醛、酮，羧酸及其衍生物，碳氢键的化学，含氮有机化合物，芳香杂环化合物，糖与脂类化合物，含氮天然化合物。每章后面还附有一定数量的习题和参考答案。

本书可作为普通高等院校的理科、生命学科和医科等专业有机化学课程的教材，也可作为其他各类读者自学有机化学课程的参考书。

图书在版编目(CIP)数据

有机化学/龚跃法，郑炎松，陈东红，张正波编著．—武汉：华中科技大学出版社，2012.2(2023.1 重印)
ISBN 978-7-5609-7675-4

Ⅰ.①有… Ⅱ.①龚… ②郑… ③陈… ④张… Ⅲ.①有机化学 Ⅳ.①O62

中国版本图书馆 CIP 数据核字(2011)第 276225 号

有机化学 龚跃法 郑炎松 陈东红 张正波 编著

策划编辑：周芬娜
责任编辑：程 芳
封面设计：刘 卉
责任校对：朱 玢
责任监印：周治超
出版发行：华中科技大学出版社(中国·武汉) 电话：(027)81321913
武汉市东湖新技术开发区华工科技园 邮编：30223
录 排：武汉正风天下文化发展有限公司
印 刷：武汉科源印刷设计有限公司
开 本：787mm×1092mm 1/16
印 张：23.25
字 数：580 千字
版 次：2023 年 1 月第 1 版第 4 次印刷
定 价：68.00 元

前　言

本书是按照化学与化工学科教学指导委员会制订的普通高等学校本科化学专业规范中涉及的知识要点编写的。有机化学课程是化学与化工专业的一门重要基础课，也是生命科学、药学、医学和环境科学的必修课程之一。有机化学的基础知识包括有机化合物的命名、结构、性质，以及结构与性质的内在联系。有机化学的教学目标在于让学生能够牢固地掌握有机化学的基础理论知识，培养学生运用这些知识去解决相关问题的能力，以及培养自我更新知识、获取知识的能力。学生创新能力的培养已经成为当前高等教育的重要任务。随着科学技术的不断进步和发展，有机化学涉及的内容不断丰富，在强调基础理论知识教学的同时，适当地结合学科前沿以及发展趋向也是十分必要的。

目前国内使用的有机化学教材种类颇多，涉及的内容有简有繁，但总体上而言，内容在编排上大致都是以化合物的类型为主线进行的，即绪论、烷烃、环烷烃、烯烃、炔烃和多烯烃、芳烃、卤代烃、醇、酚、醚、醛、酮、羧酸及其衍生物、含氮有机化合物、糖、氨基酸与蛋白质、核酸等。有些教材中还涉及有机合成的基础内容。在介绍化合物类型的章节中，都涉及化合物的命名、结构、物理性质和化学性质，以及化合物的制备方法。这种编排方式已经使用了数十年，已经普遍在国内高等院校的有机化学教学中所采用。这种教学模式的可操作性强、易于讲解，其合理性和科学性不容置疑。不过，在利用这种编排模式从事有机化学教学过程中，也遇到了一些问题，特别是有些本来有密切关联的知识点分散在不同的章节中，使部分学生学习时难以进行知识点间的有机联系。因此，编者从另一种角度出发，编写了这套有机化学教材。

本书共分十八章。第一章概括性地介绍了有机化学的基础理论。第二章介绍了主要有机化合物的分类和命名。有机化合物的物理性质与分子间弱相互作用力的大小有较密切的联系，特别是有机分子间的弱相互作用已经成为当前重要的一个研究方向，因此，第三章专门介绍有机分子间的弱相互作用与物理性质间的联系。取代基效应是有机化学中的重要内容，第五章对有机化合物的酸性变化与取代基效应的关系进行了分析讨论。

有机化学反应很多。本书以有机基团为中心，介绍了不同基团的反应特性以及取代基对该基团反应性的影响规律。这方面内容涉及饱和烃（第四章），烯与炔（第六章），芳香烃（第七章），卤代烃（第九章），醇、酚、醚（第十一章），醛、酮（第十二章），羧酸及其衍生物（第十三章），碳氢键的化学（第十四章），含氮有机化合物（第十五章），芳香杂环化合物（第十六章）。

鉴于立体化学和波谱分析的重要性，在介绍官能团化合物的过程中，第八章介绍了对映异构，第十章介绍了有机化合物的结构表征方法。糖、脂类化合物、氨基酸与蛋白质、核酸、生物碱等都是十分重要的含氧或含氮的天然有机化合物，本书在第十七章和第十八章中进行了简要的介绍。

由于编者的水平和经验有限，书中难免存在不妥之处，恳请有关专家和广大读者批评指正。

编　者

2011年9月

目　　录

第一章 绪 论

第一节 有机化学发展简史

在中国古代，人们就已经开始了酿酒、制醋等与有机化学相关的活动。后来，又逐渐开始使用染料、香料、草药等天然物质。这个时期只是对有机物的特定性质进行运用，并不了解其主要成分和结构。在18世纪后期，人们逐渐分离得到了一些纯物质。例如，从葡萄汁、尿、酸牛奶中分别分离出了酒石酸、尿素和乳酸。19世纪初又从鸦片中分离出吗啡等物质。当时，化学家发现化学物质主要来自于两种资源，即无生命的矿物质和有生命的动植物体。来源不同的两类化合物有着显著不同的性质。限于当时的科学水平，许多化学家一直认为有机化合物必须来源于有生命的机体，决不能由无机物合成。认为有机物是在"生命力"的影响下产生的，即"生命力论"。1828年，德国28岁的年轻化学家魏勒(Wöhler)从氰酸铵制备了尿素，打破了从无机物不能得到有机物的人为制造的神话：

$$(NH_4)_2OCN \longrightarrow \underset{\text{尿素}}{H_2NCONH_2}$$

后来，人们在实验室合成得到了一些有用的有机物。例如，1845年柯尔伯(Kolbe)制备了醋酸，1854年柏赛罗(Berthelot)合成了油脂。此后人们又陆续地合成了成千上万种有机化合物。如今许多生命物质，例如蛋白质、核酸和激素等也都成功地合成出来。1965年我国合成了具有生物活性的蛋白质——牛胰岛素。此外，20世纪40年代开始兴起的合成纤维、合成塑料、合成橡胶，将人类生活带入了一个新材料的时代。

随着实验资料的积累，人们开始考虑这类有机化合物的结构问题。1858年，凯库勒(Kekulé)和古柏尔(Couper)指出有机物中碳为四价，发展了有机化合物结构学说；1874年，范特霍夫(Van't Hoff)和勒比尔(Le Bel)开创了从立体观点来研究有机化合物的立体化学；1917年，路易斯(Lewis)用电子对来说明化学键的生成；1931年，休克尔(Hückel)用量子化学方法解决不饱和化合物和芳烃的结构问题；1933年，英果(Ingold)等用化学动力学的方法研究并提出了饱和碳原子上发生的亲核取代反应的机理。20世纪50年代，通过对共轭分子体系的研究，又提出了前线轨道理论和轨道对称性守恒原理，使有机化学发展到了一个重要的阶段。

一些先进的科学仪器，如X单晶衍射，红外光谱、紫外光谱、核磁共振光谱和质谱等的发展和应用，为人们确定有机分子的结构提供了有力的手段。经过一个多世纪的发展，有机化学无论在理论方面还是在应用方面都获得了迅猛的发展，并取得了丰硕的成果，为人类战胜各种疾病、保持健康并大幅度延长寿命，为人类节制生育与可持续发展都作出了巨大的贡献。然而，在迄今已知的多达四千多万种有机物中，也有一些化合物(如毒品、环境激素、食品添加剂、有毒和腐蚀性物质等)会对人类的健康以及生态环境产生危害与不利影响，因此，滥用这些物质会给人类社会带来相当大的负面影响。

第二节　有机化合物和有机化学

有机物与无机物在组成上存在明显不同。所有的有机化合物都含有碳元素，多数的含有氢，其次含有氧、氮、卤素、硫和磷等元素，而构成无机化合物的元素有一百余种。尽管组成有机化合物的元素种类相对较少，但有机化合物的数目却是十分惊人的，据不完全统计，已知的有机化合物种类已超过四千万种。目前，一般将含碳的化合物或碳氢化合物及其衍生物定义为有机化合物。不过要把 CO、CO_2 和碳酸以及碳酸盐等除外，因为它们的性质与无机化合物的相同。有机化学的现代定义是指研究含碳化合物的化学。有机化学是生命科学、药学和医学课程中的一门重要基础课程。除了水和无机离子外，人体组织几乎都是由有机分子组成的，机体的生化代谢过程和生物转化过程实际就是机体内有机化学反应的体现。因此，只有掌握了有机化合物结构与性质的关系，才能认识蛋白质、核酸、酶和糖等生命物质的结构和功能，为探索生命的奥妙奠定理论基础。

第三节　有机化合物的特征

有机化合物一般具有如下共同特征。

① 数量多、结构复杂。碳原子通常以共价键方式与其他原子结合，化合价为四价，其特殊的结合方式使得有机化合物的相对分子质量分布变化很大，数量庞大，且存在多种构造异构体和立体异构体。

② 易燃。碳氢化合物可以在空气中燃烧，最终产物是二氧化碳和水。除少数有机化合物(如多卤代烃)外，大多有机物都易燃。这种性质常用于区别有机物和无机物。

③ 热稳定性较差，熔点、沸点较低。有机物一般以共价键结合，其结构单元是分子，分子间的非共价键作用力较弱。因此，熔点、沸点通常较低。大多数有机物的熔点一般低于 300 ℃，高于这个温度有机物会发生分解和碳化。

④ 难溶于水。水是一种极性很强、介电常数很大的液体，而许多有机物一般为非极性或弱极性的化合物，难以溶解于极性溶剂中。然而糖、乙醇、乙酸等含有强极性羟基或羧基等基团的化合物，在水中的溶解度较大。

⑤ 反应速度慢，常伴有副反应。有机反应涉及共价键的断裂与形成，活化能较高，反应速度较慢。通常可以采用加热、加催化剂或光照射等手段来加速有机反应。有机物分子结构比较复杂，能起反应的部位较多，因此常伴有副反应的发生。副产物的形成不单会降低目标产物的收率，还会使产物的纯化变得困难。因此，如何控制反应的选择性一直是有机化学学科重要的研究内容。值得一提的是，虽然有机反应一般较慢，但是某些反应一旦被引发，会引起后续反应的快速进行，甚至引起爆炸。

第四节　有机化合物的成键方式

一、共价键理论

1916 年，Lewis 提出了共价键理论。他认为分子中的原子都有形成稀有气体电子结构的趋势，而共价分子中的原子达到这种稳定结构，并非通过电子转移形成离子键来完成，而是通过共享电子对来实现。例如，甲烷分子的 Lewis 结构式如下所示：

$$
\begin{array}{c}
\mathrm{H} \\
\mathrm{H} : \mathrm{C} : \mathrm{H} \\
\mathrm{H}
\end{array}
$$

碳原子的原子序数为 6，原子核外存在 6 个电子，它们分别填充在 1s、2s、2p 轨道上，其电子构型为 $1s^2 2s^2 2p_x^1 2p_y^1 2p_z$，其中 1s 轨道属于内层原子轨道，其中的两个电子一般认为不参与成键。但实际上，碳原子的化合价一般为四价。这种现象通过现代价键理论可以得到合理的解释。1927 年 Heitler 和 London 首次完成了对氢分子中电子对键的量子力学近似处理，形成了近代价键理论的基础。Pauling 通过引入杂化轨道概念对该理论加以发展，形成了现代价键理论，成功地用于解释双原子分子和多原子分子的结构。

该理论的主要内容归纳如下。

① 假如原子 A 与原子 B 各拥有一个未成对的电子，且自旋方向相反，那么它们就可以互相配对，形成共价(单)键。如果 A 和 B 各拥有两个或三个未成对电子，那么配对形成的共价键就是双键或三键。如果 A 原子有两个未成对电子，B 原子有一个未成对电子，那么一个 A 原子可以与两个 B 原子相结合。

② 一个电子与另一个自旋相反的电子配对以后，就不能再与第三个电子配对。这说明共价键的形成具有饱和性。

③ 两个电子配对，也就是指它们的原子轨道发生重叠。原子轨道重叠越多，形成的共价键越强。因此，原子轨道要尽可能在电子云密度大的方向叠加，即共价键的形成具有方向性。

④ 能量相近的原子轨道可以进行杂化，组成能量相等的杂化轨道，这样可以使成键能力增强，体系的能量降低，而成键后可达到最稳定的分子状态。

二、杂化轨道

杂化轨道理论是 Pauling 于 1931 年提出的，其实验基础是许多分子的键角不等于原子轨道间的夹角。实验测得甲烷分子 CH_4 是正四面体结构，H—C—H 键角为 109°28′。

杂化轨道理论指出，甲烷分子中的碳原子并不是简单地以 2p 轨道与氢原子的 1s 轨道成键，而是在成键前其 2s 轨道和 2p 轨道先进行了杂化。所谓杂化(hybridization)，是指一个能量的均化过程。经过能量均化后的杂化轨道，在形成共价键时其形状更有利于轨道间的重叠，从而形成能量更低和更稳定的共价键。

碳原子在成键时，可以通过三种方式进行杂化，即 sp^3 杂化、sp^2 杂化和 sp 杂化。

所谓 sp^3 杂化，是指由能量较低的 2s 轨道与能量较高的 3 个 2p 轨道进行杂化，形成 4 个简并的 sp^3 杂化轨道，并呈现为正四面体分布(见图 1.1)。每个 sp^3 杂化轨道含有 1/4 的 s 轨道成分，3/4 的 p 轨道成分，其能量高于 2s 轨道，低于 2p 轨道。

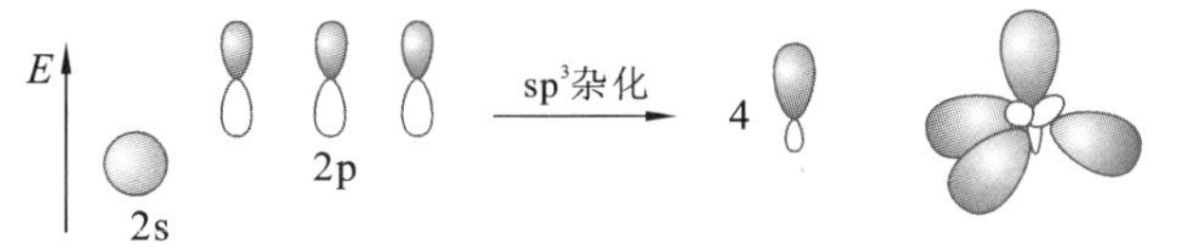

图 1.1 碳原子的 sp^3 杂化

甲烷分子的碳原子被认为是按 sp^3 杂化方式与四个氢原子形成正四面体结构的。

所谓 sp^2 杂化，是指由碳原子的一个 2s 轨道和两个 2p 轨道进行杂化，形成三个简并的 sp^2 杂化轨道，三个杂化轨道呈现为三角平面分布，另一个未参与杂化的 2p 轨道处于该平面的垂直方向（见图 1.2(a)）。sp 杂化，是指由碳原子的一个 2s 轨道和一个 2p 轨道进行杂化，形成两个简并的 sp 杂化轨道，二个杂化轨道呈现线形反向分布，另两个未参与杂化的 2p 轨道处于该直线的垂直方向（见图 1.2(b)）。乙烯分子和乙炔分子被认为其碳原子是分别按 sp^2 杂化和 sp 杂化方式成键的。

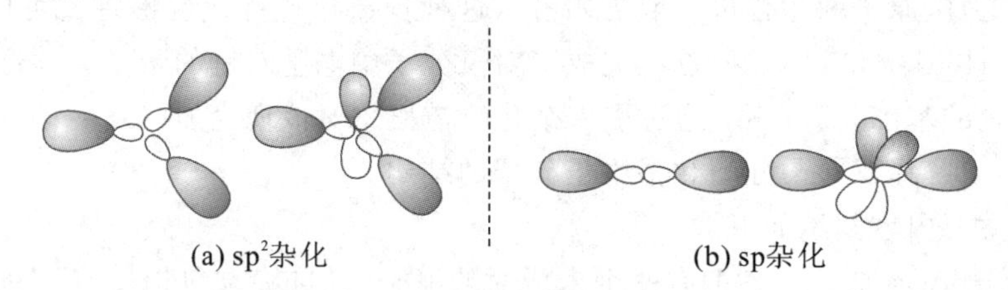

图 1.2　sp^2 杂化和 sp 杂化

三、分子轨道理论

1932 年，美国化学家 Mulliken 和德国化学家 Hund 提出了一种新的共价键理论——分子轨道理论（molecular orbital theory），即 MO 法。该理论考虑到了分子的整体性，因此能更好地说明多原子分子的结构。该理论在现代共价键理论中占有很重要的地位。

该理论认为，分子轨道可以由分子中原子轨道波函数的线性组合得到。n 个原子轨道可组合成 n 个分子轨道，其中有一半分子轨道分别由正负符号相同的两个原子轨道叠加而成，两原子核间的电子云密度增大，其能量比原来的原子轨道能量低，有利于成键，称为成键分子轨道，如 σ、π 轨道；另一半分子轨道分别由正负符号不同的两个原子轨道叠加而成，两原子核间的电子云密度很小，其能量比原来的原子轨道能量高，不利于成键，称为反键分子轨道，如 σ^* 、π^* 轨道。若组合得到的分子轨道的能量跟组合前的原子轨道能量没有明显差别，所产生的分子轨道称为非键分子轨道。

σ 键是指两个原子轨道在键轴方向以“头碰头”方式发生重叠后形成的共价键（见图1.3）。它呈圆柱形对称，可以沿键轴自由发生旋转。

π 键是指两个相互平行的 p 轨道在垂直于键轴方向以“肩并肩”方式发生侧面重叠形成的共价键（见图 1.4）。所形成的分子轨道，如 p_x-p_x 或 p_y-p_y，π 键中间的节面阻止了成键轨道围绕键轴方向发生自由旋转。

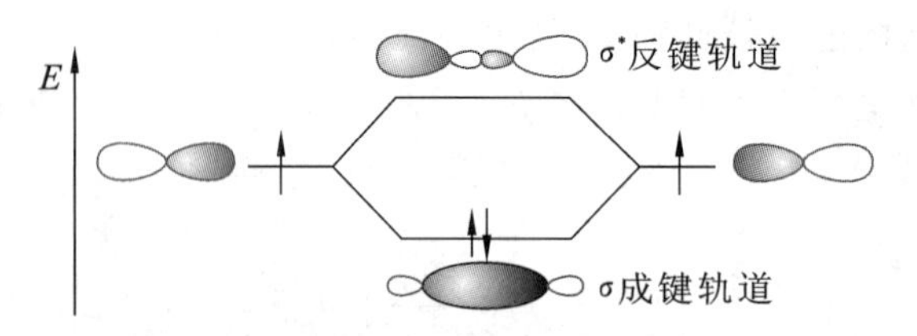

图 1.3　对称性匹配的两个原子轨道组合成 σ 分子轨道示意图

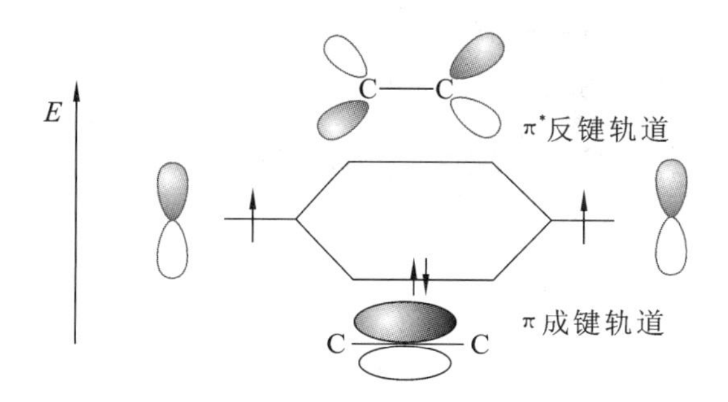

图 1.4　对称性匹配的两个原子轨道组合成 π 分子轨道示意图

四、共价键参数

化学键的形成情况，完全可由量子力学的计算来进行定量描述。不过，人们习惯上仍用几个物理量加以描述，这些物理量称为共价键的参数。

键能：以共价键结合的分子在气体状态下裂解成原子（或原子团）时所吸收的能量称为该共价键的解离能。

$$A—B(g) \longrightarrow A(g)+B(g) \quad \Delta H$$

对于双原子分子，共价键的解离能即等于键能；但对于多原子分子，则要注意解离能与键能的区别与联系。例如，甲烷的四个碳氢键的解离能分别为

$$CH_4 \longrightarrow CH_3+H \qquad +435.1\ kJ \cdot mol^{-1}$$

$$CH_3 \longrightarrow CH_2+H \qquad +443.5\ kJ \cdot mol^{-1}$$

$$CH_2 \longrightarrow CH+H \qquad +443.5\ kJ \cdot mol^{-1}$$

$$CH \longrightarrow C+H \qquad +338.9\ kJ \cdot mol^{-1}$$

键能则为它们的平均值，即为 $415.3\ kJ \cdot mol^{-1}$。同一种共价键在不同分子中的键能会发生一定的变化，表 1.1 给出的是一些常见共价键的平均键能。

表 1.1　常见共价键的平均键能

键　型	键能/$(kJ \cdot mol^{-1})$	键　型	键能/$(kJ \cdot mol^{-1})$
C—H	414.2	N—H	389.1
C—C	347.3	C—F	485.3
C—O	359.8	C—Cl	338.9
O—H	464.4	C—Br	284.5
C—N	305.4	C—I	217.6

成键的两个原子核之间的距离，称为键长，一般以 pm 为单位。键长通常与成键原子的性质以及成键类型紧密相关。一般来说，原子半径小的原子间形成的共价键的键长较短。对两个相同原子的成键，一般单键键长最长，双键次之，三键最短。一般键长越短，键能越高。另外，键长还与成键原子杂化轨道的状态有关，杂化轨道中 s 轨道的成分越高，键长越短。例如，通常 $C(sp^3)—H$ 的键长为 110 pm，$C(sp^2)—H$ 的键长为 107 pm，而 $C(sp)—H$ 的键长只有 106 pm。

在不同化合物中，相同键的键长和键能也会有所不同。例如，甲醇和甲烷中的碳氢键的键长和键能是不同的。表 1.2 给出的是一些常见共价键的平均键长。

表 1.2 常见共价键的平均键长

键　型	键长/pm	键　型	键长/pm
C—H	110	C═C(苯型)	139
C—C	154	C—F	142
C—O	143	C—Cl	178
O—H	97	C—Br	191
C—N	147	C—I	213
C═C	134	N—H	103
C≡C	120	C═O	122

分子中一个原子与另外两个原子形成的两个共价键在空间形成的夹角，称为键角。键角的大小与中心原子的性质直接相关，同时还和与中心原子成键的原子的性质有一定的关系。例如，甲烷分子是四面体结构，H—C—H 的键角为 109°28′，而水分子 H—O—H 的键角是 104.5°，甲醇分子的 C—O—H 键角是 108.9°。

五、共价键的极性

分子中不同原子间形成的共价键，若两个原子吸引电子对的能力不同，那么共用电子对会偏向吸引能力较强的原子一方，导致吸引能力较弱的原子一方相对地显正电性。这样的共价键称为极性共价键。键的极性大小取决于成键的两个原子的电负性差值，差值越大，键的极性就越大。表 1.3 给出了各种元素的电负性数据。

相同原子间形成的共价键，属于非极性共价键，简称为非极性键。仅含有非极性键的分子，属于非极性分子。但是，含有极性键的分子，不一定是极性分子，如四氯化碳和二氧化碳。

表 1.3 元素的电负性

元素	Li	H	C	N	P	O	S	F	Cl	Br	I
电负性	1.0	2.1	2.5	3.0	2.1	3.5	2.5	4.0	3.0	2.8	2.5

第五节 有机化合物的主要官能团与反应类型

一、有机化合物的主要官能团

有机化合物通常可以按碳原子的连接方式以及官能团进行分类。按连接方式不同，有机化合物可以分为开链和环状两类化合物。所谓官能团，是指在有机分子中能体现一类化合物性质的原子或原子团。一些常见官能团以及分类情况详见表 1.4。例如，醇类化合物中都含有羟基(—OH)，羟基的性质对醇类化合物有决定性的影响，因此，它是醇类化合物的官能团。

官能团相同的化合物通常会有相似的理化性质。

表 1.4　常见的有机官能团

化合物类型	官能团		实例
烷烃	无		CH_4,环己烷
烯烃	$>C=C<$	(烯键)	$CH_2=CH_2$,$C_6H_5CH=CH_2$
炔烃	$-C\equiv C-$	(炔键)	$HC\equiv CH$,$HC\equiv CCH_2OH$
卤代烃	$-X$	(卤素)	CH_3Br,C_6H_5Cl,$CHCl_3$
醇、酚	$-OH$	(羟基)	CH_3OH,C_6H_5OH
硫醇、硫酚	$-SH$	(巯基)	CH_3SH,C_6H_5SH
醚	$R-O-R'$	(醚键)	CH_3OCH_3,$C_6H_5OCH_3$
醛	$-CHO$	(醛基)	CH_3CHO,C_6H_5CHO
酮	$>C=O$	(酮基)	CH_3COCH_3,$C_6H_5COCH_3$
羧酸	$-COOH$	(羧基)	CH_3COOH,CF_3COOH
胺	$-NH_2$	(氨基)	CH_3NH_2,$C_6H_5NH_2$

二、有机化合物的反应类型

有机反应涉及反应物分子中原有共价键的断裂和产物分子内新共价键的形成。键的断裂主要有两种方式:均裂和异裂。

① 均裂:均裂是指在有机反应中,一个共价键分裂成两个中性碎片的过程。原来成键的两个原子,均裂之后各带有一个未配对的电子。如下式所示:

$$-\overset{|}{\underset{|}{C}}:Y \xrightarrow{\text{均裂}} -\overset{|}{\underset{|}{C}}\cdot + \cdot Y$$

带有单电子的原子或原子团称为自由基或游离基。上述带有单电子的碳为碳自由基。这种经过均裂生成自由基的反应称为自由基反应。反应一般在光、热或过氧化物(R—O—O—R)存在下进行。自由基一般只是在反应过程中作为活泼中间体产生,存在寿命很短。

② 异裂:异裂是指在有机反应中,一个共价键分裂成两个带相反电荷碎片的过程,即原来成键的两个原子,异裂之后,一个带正电荷,另一个带负电荷。

$$-\overset{|}{\underset{|}{C}}:Y \xrightarrow{\text{异裂}} \underset{\text{碳正离子}}{-\overset{|}{\underset{|}{C}}{}^{+}} + Y^-$$

或

$$-\overset{|}{\underset{|}{C}}:Y \xrightarrow{\text{异裂}} \underset{\text{碳负离子}}{-\overset{|}{\underset{|}{C}}{}^{-}} + Y^+$$

经异裂生成带正电荷和带负电荷的原子或原子团的反应，称为离子型反应。带正电荷的碳原子称为碳正离子，带负电荷的碳原子称为碳负离子。无论是碳正离子还是碳负离子通常都是非常不稳定的中间体，它们对化学反应的发生起着不可替代的作用。

第六节 有机化学中的酸碱概念

酸碱是化学中的重要概念，从广义的角度讲，多数的有机化学反应都可以被看做是酸碱反应。目前被广泛使用的酸碱理论包括 1923 年由 Brönsted 提出的质子论和 Lewis 提出的电子理论。

质子论认为：凡是能给出质子的物质（分子或离子），称为酸；凡是能接受质子的物质，称为碱。简言之，酸是质子的给予体，碱是质子的接受体。

依据 Brönsted 酸碱理论，酸给出质子后产生的碱，称为该酸的共轭碱；碱接受质子后生成的物质就是它的共轭酸。即

$$CH_3COOH \rightleftharpoons CH_3COO^- + H^+$$

$$\underset{\text{酸}}{CH_3CH_2OH} \rightleftharpoons \underset{\text{碱}}{CH_3CH_2O^-} + \underset{\text{质子}}{H^+}$$

可以看出，CH_3CO_2H 给出质子是酸，生成的 $CH_3CO_2^-$ 则是碱。这样的一对酸碱，称为共轭酸碱对。C_2H_5OH 和 $C_2H_5O^-$ 也是如此。酸、碱的电离可以看做是两对酸碱的反应过程。例如：

$$\underset{\text{酸}}{CH_3COOH} + \underset{\text{碱}}{H_2O} \rightleftharpoons \underset{\text{共轭碱}}{CH_3COO^-} + \underset{\text{共轭酸}}{H_3O^+}$$

醋酸在水中的电离，CH_3COOH 给出一个质子是酸，H_2O 接受一个质子为碱。这里，CH_3COOH/CH_3COO^- 与 H_2O/H_3O^+ 分别是两个共轭酸碱对。

Brönsted 酸碱是一个相对的概念。一个物质（分子或离子）在一种条件下是酸，而在另一种条件下则可能是碱，这种情况在有机化学中经常遇到。例如，丙酮在硫酸中是碱，但在甲醇钠/二甲亚砜体系中则是酸：

$$CH_3\overset{\overset{\displaystyle O}{\|}}{C}CH_3 + H_2SO_4 \rightleftharpoons CH_3\overset{\overset{\displaystyle OH^+}{\|}}{C}CH_3 + HSO_4^-$$

$$CH_3\overset{\overset{\displaystyle O}{\|}}{C}CH_3 + CH_3O^- \rightleftharpoons CH_3\overset{\overset{\displaystyle O}{\|}}{C}CH_2^- + CH_3OH$$

对 Brönsted 酸碱而言，酸的酸性愈强，则其共轭碱的碱性愈弱；反之亦然。

Lewis 电子理论认为：凡是能够接受电子对的物质（分子、离子或原子）是酸，凡是能够给出电子对的物质就是碱；换句话说，酸是电子对的接受体，碱是电子对的给予体，而酸碱反应则是酸碱共享电子对的作用。

从上述定义可知，Lewis 酸碱理论突破了其他理论所要求的某一种离子、元素（如氢元素）或溶剂，而是基于物质间电子对的授受，这极大地扩展了酸碱的范围。因此，Lewis 酸碱理论又称为广义酸碱理论。

按照电子理论，酸与碱的反应就是在酸碱之间共享电子对的过程。许多极性有机反应都

可以看做是酸碱反应。例如，质子酸与碱间的中和反应，质子化醇分解为烷基正离子 R^+ 和水的异裂反应，三氟化硼与乙醚形成配合物的配位反应等：

$$ROH_2^+ \rightleftharpoons R^+ + H_2O$$

$$BF_3 + (C_2H_5)_2O\colon \rightleftharpoons (C_2H_5)_2O\colon BF_3$$

Lewis 酸碱理论在有机化学中十分重要，其概念已经成为了解有机化合物和运用有机反应的基础。但是，该理论不像 Brönsted 酸碱理论那样，迄今尚未有一个统一的衡量 Lewis 酸碱强弱定量的标准。

1963 年美国科学家 G. M. Pearson 在研究 Lewis 酸碱的反应活性线性自由能关系和酸碱加合物在水溶液中的稳定性的基础上，提出了所谓"软"、"硬"酸碱的概念。

硬酸：指受体原子的体积小，具有较高的正电荷，极化度低，用分子轨道理论描述是最低空轨道(LUMO)的能量高。

软酸：指受体原子的体积大，具有较低或零正电荷，极化度高，LUMO 的能量低。

硬碱：指给体原子的体积小、电负性高，极化度低，不易被氧化，其最高占有轨道(HOMO)的能量低。

软碱：指给体原子的体积大、电负性低，极化度高，易被氧化，其最高占有轨道(HOMO)的能量高。

一般认为，硬性与离子键有关，而软性则与共价键有关。Pearson 总结出的软硬酸碱原理是：硬酸倾向于与硬碱相结合，软酸则倾向于与软碱相结合，即所谓的"硬亲硬、软亲软"。软硬酸碱理论是大量实验数据的概括，没有统一的定量标准。因此，有关酸碱的软硬划分是相对的。需要注意的是，酸碱的软与硬概念与酸强度的概念不同，不要把它们混淆。表 1.5 列出了一些常见的软硬酸碱。

表 1.5 一些常见的软硬酸碱

硬 酸	交 界	软 酸
H^+, Li^+, Na^+, K^+	Fe^{2+}, Co^{2+}, Ni^{2+}, Cu^{2+}, Zn^{2+}	Pd^{2+}, Pt^{2+}, Pt^{4+}, Cu^+
Be^{2+}, Mg^{2+}, Ca^{2+}, Sr^{2+}	Rh^{3+}, Ir^{3+}, Ru^{3+}, Os^{2+}	Ag^+, Au^+, Cd^{2+}, Hg^{2+}
Sc^{3+}, La^{3+}, Ce^{4+}, Gd^{3+}	$B(CH_3)_3$, GaH_3	BH_3, $Ga(CH_3)_3$, GaI_3
Lu^{3+}, Ti^{4+}, Cr^{6+}, Fe^{3+}, Al^{3+}	R_3C^+, $C_6H_5^+$, Pb^{2+}, Sn^{2+}	CH_2, HO^+, RO^+
BF_3, $AlCl_3$, CO_2, SO_3	NO^+, Bi^{3+}, SO_2	Br^+, I^+
RCO^+, NC^+, RSO_2^+		
硬 碱	**交 界**	**软 碱**
NH_3, RNH_2, N_2H_4	$C_6H_5NH_2$, C_5H_5N, N_2	H^-, R^-, $CH_2=CH_2$, C_6H_6
H_2O, OH^-, ROH, RO^-	NO_2^-, SO_3^{2-}, Br^-	CN^-, CO, RNC
R_2O, $CH_3CO_2^-$, CO_3^{2-}		R_2S, RSH, RS^-, I^-
NO_3^-, SO_4^{2-}, ClO_4^-, F^-		
Cl^-		

软硬酸碱理论已经被广泛地应用于有机化学中，用来说明和解释许多化学现象，比如有机化合物的稳定性以及反应的选择性等，这是该理论应用最成功的地方。

第七节　共振理论

在有机化学中，一些化合物分子或离子的电子结构难以用一个经典的 Lewis 结构式准确表达。例如，用 Kekulé 结构表示苯分子时，苯的结构为单双键交替的结构，但实际上，苯分子内所有 C—C 键的键长是相同的，显然单一的 Kekulé 结构并未准确表达其真实结构。事实上，这种情况普遍存在于 π 电子或 p 电子发生共轭离域的分子体系中。例如，羧酸阴离子、共轭烯烃、不饱和羰基化合物等。

Kekulé 为了解释苯分子内所有 C—C 键的键长是相同的这一事实，提出了共振结构的概念。认为苯分子的真实结构介于下述两个经典的结构之间，这两个经典的结构是苯分子的两个共振结构，即

$$\longleftrightarrow$$

由于这两个结构中的任何一个都不能准确表达苯分子的真实电子结构，通常被称为共振结构(resonance contributors)或共振极限式。下面这种结构可以合理地说明苯分子的等六边形结构，因其不符合经典共价键理论的规定，因而被称为非经典结构，又称为共振杂化体(resonance hybrid)。

这里需要强调的是，共振杂化结构客观表达了这些分子或离子的真实结构，而每个共振极限结构是不存在的，它只存在于人们的想象中。然而，共振极限结构能较清楚地表明分子内电子的分布情况，因此在分析具体的有机化学反应机理过程中仍常加以使用。

由此可见，所谓共振结构，是指用于表达某一分子、自由基或离子真实电子结构时所采用的两个或两个以上的经典共价键结构。例如：

$$CH_3\overset{\overset{O}{\|}}{C}—O^- \longleftrightarrow CH_3\overset{\overset{O^-}{|}}{C}=O$$

在上述实例中，两个共振极限结构式的能量是完全相同的，因此它们对于共振杂化结构的贡献是相同的。在另外一些实例中，可能出现共振极限结构式能量不相等的情况。例如，丙酮负离子以及丙酮分子中的氧质子化后的结构分别可以用两个共振极限结构表示，由于这两个结构的能量差别较大，它们对共振杂化结构的贡献也不同。

$$CH_3\overset{\overset{O}{\|}}{C}CH_2^- \longleftrightarrow CH_3\overset{\overset{O^-}{|}}{C}=CH_2 \qquad \underset{\text{I}}{CH_3\overset{\overset{OH^+}{\|}}{C}CH_3} \longleftrightarrow \underset{\text{II}}{CH_3\underset{+}{\overset{\overset{OH}{|}}{C}}CH_3}$$

结构式Ⅰ中 C 与 O 以双键相连，正电荷在氧原子上，这里每个原子都达到外层 8 电子的稳定构型，所以能量较低。而结构式Ⅱ中，C 与 O 以单键相连，正电荷在碳原子上，该碳原子的外

层只有6个电子，所以能量较高。因此，这两个结构对真实结构的贡献不同，能量较低者的贡献更大，即氧原子上分布的正电荷密度应高于碳原子上分布的正电荷密度。

与此类似，α,β-不饱和醛的碳碳双键与碳氧双键共轭，可以用共振结构表示如下：

Ⅰ Ⅱ Ⅲ

结构式Ⅰ中每个原子都达到外层8电子的稳定构型，且没有电荷分离，所以能量较低，而结构式Ⅱ和Ⅲ中，碳原子上带有正电荷，氧原子带有负电荷，体系能量较高。因此，结构式Ⅰ对真实结构的贡献明显要大于结构式Ⅱ和Ⅲ，实际上氧原子上带有一定的负电荷，而羰基碳原子和β-碳原子上带有一定的正电荷。

一般来说，可以依据以下基本原则判断不同极限结构的稳定性以及相应对体系能量的贡献大小：①全部原子的外层电子构型为八隅体稳定构型者比较稳定；②结构中的共价键数目较多者比较稳定；③没有电荷分离的结构式比较稳定。

共振理论的主要特点是将一个无法用经典共价键理论描述的共轭结构分解成两个或两个以上的经典结构，以便于人们更清楚地了解该结构中各原子周围的电子云分布情况，从而对其反应行为作出合理的解释。

习 题

1-1 指出下列化合物中哪些属于有机化合物。

(1) $HCHO$ (2) H_2CO_3 (3) $HCOOH$ (4) CO_2

(5) CCl_2 (6) CCl_4 (7) HNO_2 (8) CH_3NO_2

1-2 写出下列化合物的 Lewis 结构式。

(1) CH_3CH_3 (2) $CH_2{=}CH_2$ (3) $CH{\equiv}CH$

(4) CH_3OCH_3 (5) CH_3CN (6) CH_3CHO

1-3 指出下列化合物中除氢原子以外各原子的杂化方式。

(1) CH_3OH (2) $CH_2{=}CHCH_3$ (3) $CH{\equiv}CH$

(4) CH_3CN (5) CH_3COCH_3 (6) CH_3SH

1-4 原子半径的大小与该原子形成的共价键的键长有密切的关系，请将下列共价键按键长增加的顺序排列。

(1) H—H (2) C—H (3) C—C (4) C—O

(5) C—Cl (6) C=C (7) C=O (8) C≡C

1-5 将下述化合物中的碳碳键按键长增加的顺序排列(需考虑杂化轨道类型)。

$$CH_3{-}CH_2{-}CH{=}CH{-}C{\equiv}C{-}CH_3$$

1-6 写出下列化合物的共轭酸。

(1) CH_3NH_2 (2) CH_3COOH (3) H_2O

(4) $CH_3CH_2OCH_2CH_3$ (5) CH_3OH (6) CH_3CHO

1-7 写出下列化合物的共轭碱。

(1) CH_3CH_2OH (2) CH_3COOH (3) H_2O

(4) C_6H_5OH (5) CH_3SH (6) CH_3COCH_3

1-8 指出下列化合物中哪些属于 Lewis 酸,哪些属于 Lewis 碱。

(1) H^+ (2) $(CH_3)_3N$ (3) BF_3

(4) $C_6H_5OCH_3$ (5) CH_3SCH_3 (6) $AlCl_3$

1-9 比较并指出下列分子的极性大小。

(1) CH_3Cl CH_3F CH_3Br CH_3I

(2) 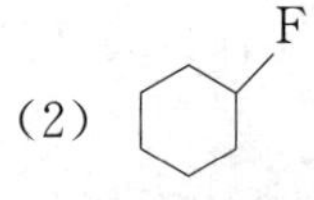

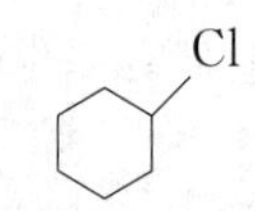

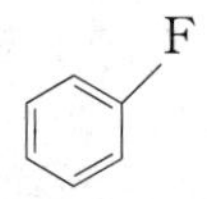

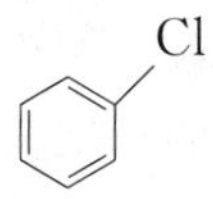

1-10 尿素(H_2NCONH_2)是一种弱酸,也是一种弱碱。请写出其共轭酸和共轭碱的共振结构。

1-11 三苯基甲醇在酸性介质中易发生反应,形成相当稳定的三苯基甲基正离子。请写出其共振结构。

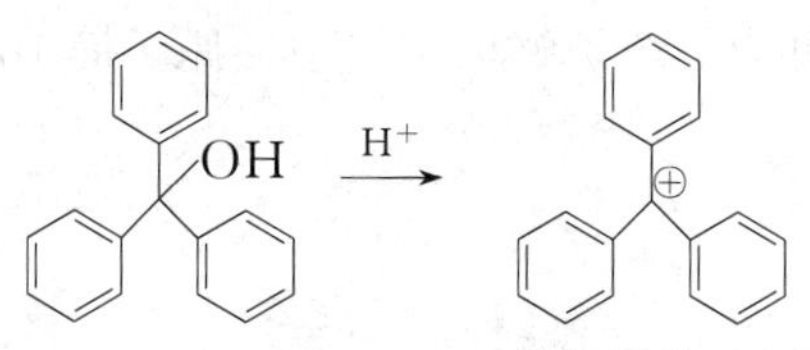

第二章　有机化合物的命名

有机化合物结构复杂，同分异构现象非常普遍。如何对数量庞大的有机化合物进行命名是有机化学的一项基本内容，也是有机化学知识的基础。有机化合物的命名，主要有俗名、普通命名法、IUPAC 命名法。IUPAC 命名法是一种系统命名有机化合物的方法，由国际纯粹与应用化学联合会(International Union of Pure and Applied Chemistry)规定，最近一次修订是在 1993 年。其前身是 1892 年日内瓦国际化学会的“系统命名法”。IUPAC 命名法其实并不是很严格的系统命名法，因为它同时可以接纳一些物质和基团的惯用普通命名。中文的系统命名法是中国化学会在英文 IUPAC 命名法的基础上，再结合汉字的特点 1960 年制定的，1980 年根据 1979 年英文版进行了修订。有机化合物命名最理想的情况是，每一种有清楚的结构式的有机化合物都可以用一个确定的名称来描述它。

结构简单的有机物常采用普通命名法，结构复杂的有机物则需要使用系统命名法命名，某些有机物又可根据其来源和性质采用俗名来命名。

第一节　基团的命名

一、烃基

从烃分子中去掉一个或几个氢原子后剩余的基团称为烃基。常见的烃基有烷基、烯基、炔基、环烃基和芳基。

1. 常见的烷基

甲基	乙基	正丙基	异丙基
CH_3—	CH_3CH_2—	$CH_3CH_2CH_2$—	$(CH_3)_2CH$—
methyl	ethyl	*n*-propyl	*i*-propyl

正丁基	异丁基	仲丁基	叔丁基
$CH_3CH_2CH_2CH_2$—	$(CH_3)_2CHCH_2$—	$CH_3CH_2CH(CH_3)$—	$(CH_3)_3C$—
n-butyl	*i*-butyl	*s*-butyl	*t*-butyl

异戊基	新戊基
$(CH_3)_2CHCH_2CH_2$—	$(CH_3)_3CCH_2$—
i-amyl	*neo*-amyl

2. 常见的烯基

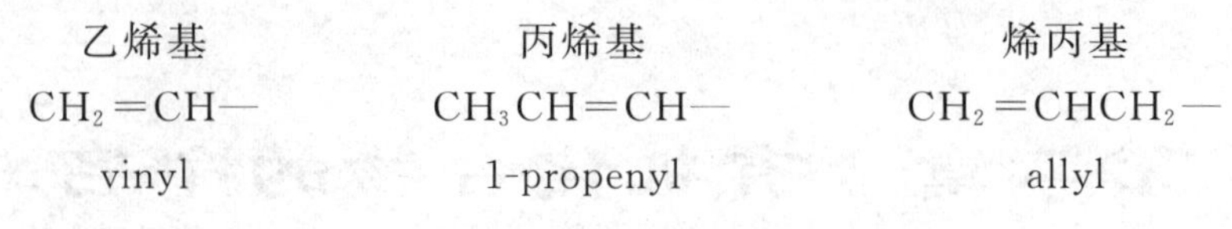

乙烯基	丙烯基	烯丙基
$CH_2=CH-$	$CH_3CH=CH-$	$CH_2=CHCH_2-$
vinyl	1-propenyl	allyl

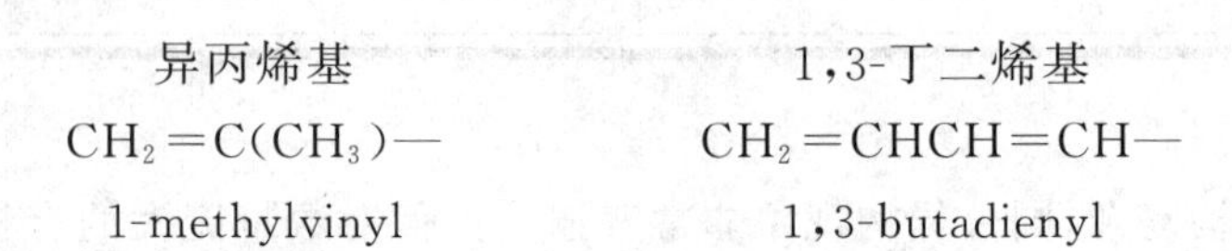

异丙烯基	1,3-丁二烯基
$CH_2=C(CH_3)-$	$CH_2=CHCH=CH-$
1-methylvinyl	1,3-butadienyl

3. 常见的炔基

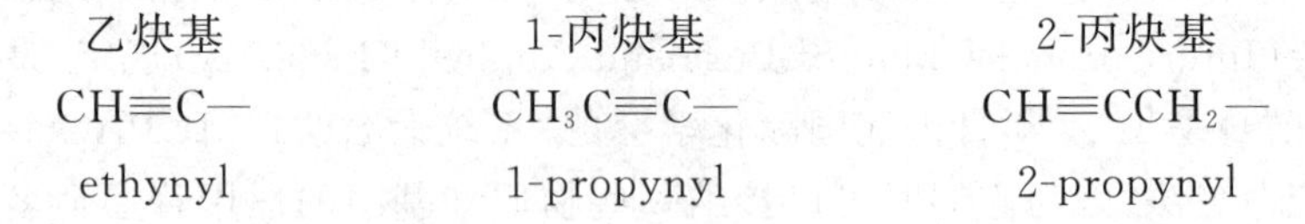

乙炔基	1-丙炔基	2-丙炔基
$CH\equiv C-$	$CH_3C\equiv C-$	$CH\equiv CCH_2-$
ethynyl	1-propynyl	2-propynyl

4. 常见的含苯环基团

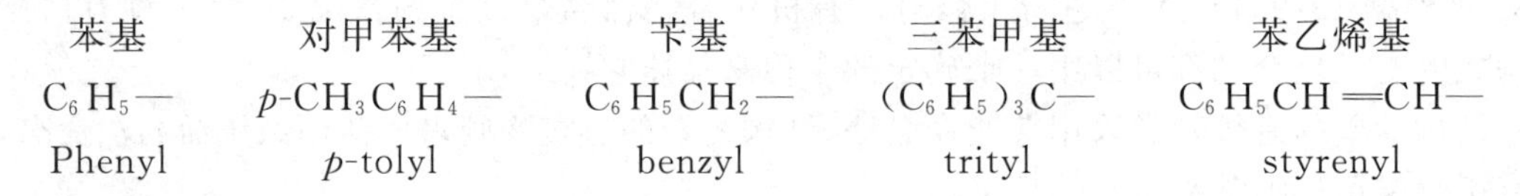

苯基	对甲苯基	苄基	三苯甲基	苯乙烯基
C_6H_5-	p-$CH_3C_6H_4-$	$C_6H_5CH_2-$	$(C_6H_5)_3C-$	$C_6H_5CH=CH-$
Phenyl	*p*-tolyl	benzyl	trityl	styrenyl

5. 常见的环烃基

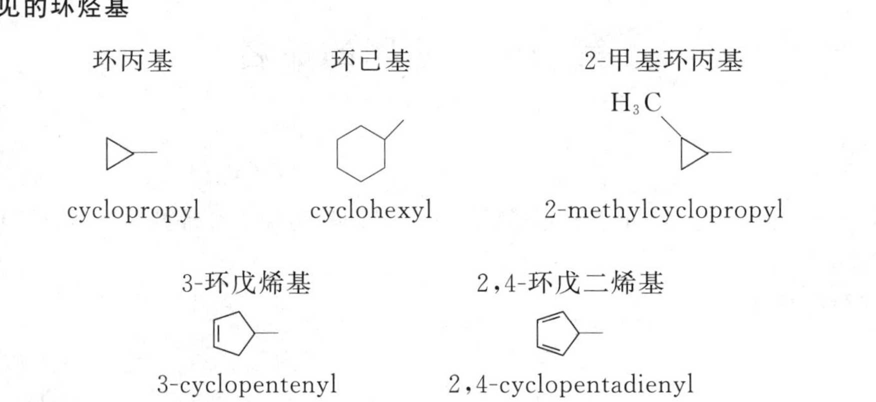

二、含杂原子基团

1. 卤素

氟	氯	溴	碘
F	Cl	Br	I
fluoro	chloro	bromo	iodo

2. 含氧基团

羟基	甲氧基	乙氧基	苄氧基	乙酰氧基
$HO-$	CH_3O-	C_2H_5O-	$C_6H_5CH_2O-$	$CH_3C(=O)O-$
hydroxyl	methoxy	ethoxy	benzyloxy	acetoxy

羰基	甲酰基	乙酰基	苯甲酰基	氧基
C═O	HC(═O)—	$CH_3C(=O)$—	$C_6H_5C(=O)$—	═O
carbonyl	formyl	acetyl	benzoyl	oxa

羧基	甲氧羰基	氯甲酰基
—COOH	—$COOCH_3$	—COCl
carboxyl	methoxycarbonyl	chlorocarbonyl

3. 含氮基团

氨基	甲氨基	二甲氨基	硝基	亚硝基	氰基
—NH_2	—$NHCH_3$	—$N(CH_3)_2$	—NO_2	—NO	—CN
amino	methylamino	dimethylamino	nitro	nitroso	cyano

4. 含硫基团

巯基	甲硫基	磺酸基	甲砜基	甲亚砜基
—SH	—SCH_3	—SO_3H	—SO_2CH_3	—$SOCH_3$
thio	methylthio	sulfo	methylsulfonyl	methylsulfinyl

第二节　普通命名法

普通命名法是按分子中的碳原子数目的多少来命名。例如，烃分子一般按其所含碳原子的数目命名为某烃。用正、异、新等字区别同分异构体，用“正”表示不含支链，用“异”表示在链端的第二位碳原子上有一个—CH_3支链的特定结构，用“新”表示在链端的第二位碳原子上有两个—CH_3支链的特定结构。这种命名法只适用于十个碳原子以内化合物的命名。碳原子数在十以内，用天干顺序：甲、乙、丙、丁、戊、己、庚、辛、壬、癸表示，碳原子数在十以上的，用汉字十一、十二、…表示。

含有五个碳原子的链状烃分子按其分子内部饱和度的不同，可以称为戊烷、戊烯或戊炔。例如：

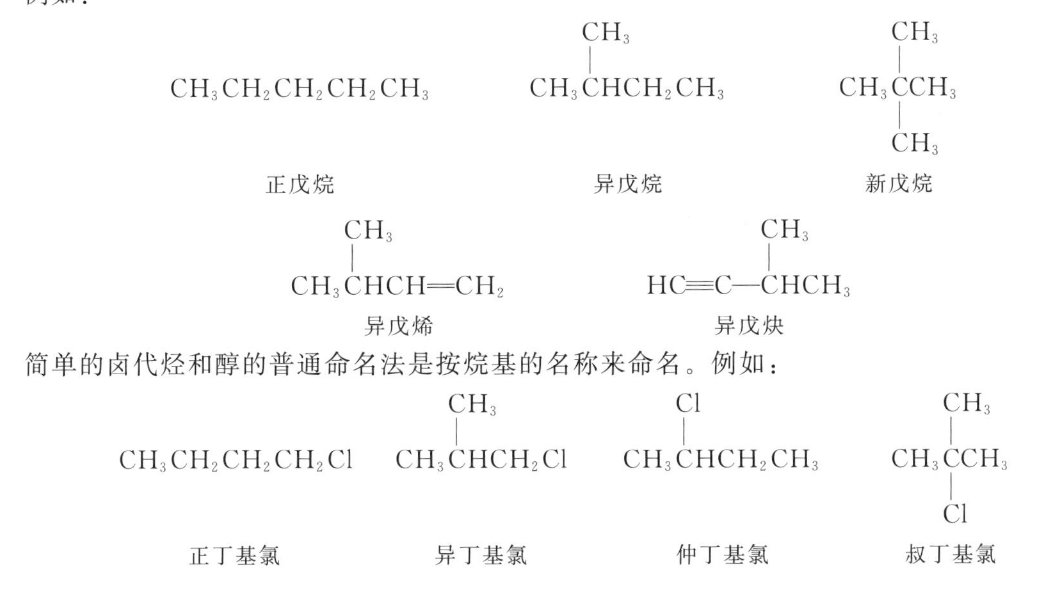

简单的卤代烃和醇的普通命名法是按烷基的名称来命名。例如：

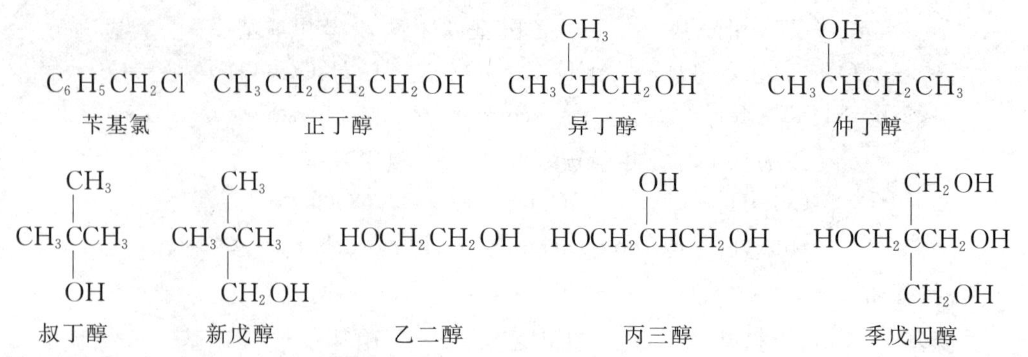

醚可以按分子中氧原子所连的两个烃基来命名。若两个烃基不相同，将较小的烃基写在前面；若两个烃基有一个是不饱和的，则将不饱和烃基写在后面；若两个烃基有一个是芳基，则将芳基写在前面。例如：

$CH_3CH_2OCH_2CH_3$	$(CH_3)_3COCH_3$	$CH_2{=}CHOC_2H_5$	$C_6H_5OCH_3$	$C_6H_5OC_6H_5$
乙醚	甲基叔丁基醚	乙基乙烯基醚	苯甲醚	二苯醚

简单的胺，可用氨基作为官能团，把它所含烃基的名称和数目写在前面，按简单到复杂先后列出，后面加上胺字。例如：

$CH_3CH_2NH_2$	$(CH_3CH_2)_2NH$	$(CH_3CH_2)_3N$	$H_2NCH_2CH_2NH_2$	$(CH_3)_3CNH_2$
乙胺	二乙胺	三乙胺	乙二胺	叔丁基胺
$C_6H_5NH_2$	$C_6H_5NHC_6H_5$	$C_6H_5CH_2NH_2$	$C_6H_5CH_2CH_2NH_2$	
苯胺	二苯胺	苄(基)胺	苯乙(基)胺	

简单的醛和酮可以用普通命名法来命名，醛按氧化后所生成的羧酸的名称，将相应的“酸”改成“醛”字，碳链可以从醛基相邻碳原子开始，用 α、β、γ…编号。酮通常按羰基所连接的两个烃基的名称来命名，简单在前，复杂在后，然后加“酮”，下面括号中的“基”字或“甲”字可以省去，但对于比较复杂的基团的“基”字则不能省去。例如：

$CH_3COCH_2CH_3$	$CH_3COCH{=}CH_2$	$C_6H_5COCH_3$	$C_6H_5COC_6H_5$	$CH_2{=}CHCHO$
甲乙酮	甲基乙烯基酮	苯甲酮	二苯酮	丙烯醛

$CH_3CH_2CH_2CHO$	$CH_3CH(CH_3)CHO$	C_6H_5CHO
正丁醛	异丁醛	苯甲醛

普通命名法不适用于结构复杂的有机化合物的命名。下面重点介绍适用于结构复杂有机化合物的命名的系统命名法。

第三节　系统命名法(IUPAC)

一、烷烃的命名

系统命名法的主要规则如下。

① 选择一个最长的碳链作为主链，按这个链所含的碳原子数称为某烷，以此作为母体。

例如：

$$\overset{8}{C}H_3CH_2CH_2CH_2CH_2CH_2CH_2\overset{1}{C}H_3 \qquad \overset{12}{C}H_3CH_2CH_2CH_2CH_2CH_2CH_2CH_2CH_2CH_2CH_2\overset{1}{C}H_3$$

辛烷　　　　十二烷

② 主链的碳原子编号从靠近支链的一端开始依次用阿拉伯数字标出，使支链序号最小。支链又称取代基。依次列出取代基的序号、名称及母体名称。注意在取代基的序号和名称之间加一短横线，但与母体之间不需用横线隔开。例如：

$$\underset{8}{C}H_3CH_2CH_2CH_2CH_2CH_2\overset{CH_3}{\overset{|}{C}}H\underset{1}{C}H_3 \qquad \underset{8}{C}H_3CH_2\overset{Cl}{\overset{|}{C}}HCH_2CH_2CH_2\overset{CH_3}{\overset{|}{C}}H\underset{1}{C}H_3$$

2-甲基辛烷 　　　　2-甲基-6-氯辛烷

③ 如果分子内含有几个相同的取代基，则在名称中合并列出。取代基前加上二、三、四、五、六等中文数字来表明取代基的数目，表示取代基位置的几个阿拉伯数字之间应加一逗号。如有几个不同的取代基，它们的排列顺序依据中国化学会“有机化学命名原则”的规定，按顺序规则中序号较小的取代基优先列在前，较大的列在后。例如：

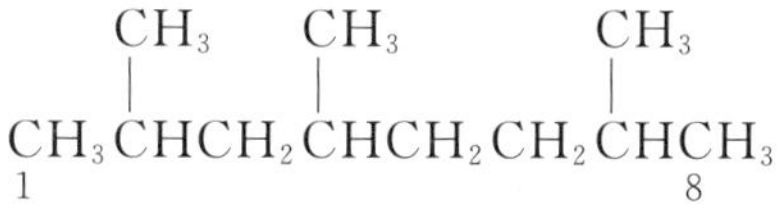

$$\underset{1}{C}H_3\overset{CH_3}{\overset{|}{C}}HCH_2\overset{CH_3}{\overset{|}{C}}HCH_2CH_2\overset{CH_3}{\overset{|}{C}}H\underset{8}{C}H_3 \qquad \underset{1}{C}H_3\overset{CH_3}{\overset{|}{C}}HCH_2\overset{F}{\overset{|}{C}}HCH_2CH_2\overset{CH_3}{\overset{|}{C}}H\underset{8}{C}H_3$$

2,4,7-三甲基辛烷 　　　　2,7-二甲基-4-氟辛烷

④ 如果两个不同取代基所在的位置从两端编号均相同时，中文命名法按顺序规则从顺序较小的基团一端开始编号，而对于此种情况，英文命名法则按取代基名称的第一个英文字母的顺序较前的先编号。例如：

$$CH_3\overset{Cl}{\overset{|}{C}}HCH_2CH_2CH_2CH_2\overset{CH_3}{\overset{|}{C}}HCH_3$$

2-甲基-7-氯辛烷
2-chloro-7-methyloctane

⑤ 如支链上还有次级取代基，则从主链相连的碳原子开始，将支链的碳原子依次按 1′，2′，3′…编号，支链上取代基的位置就由这个编号所得的序号表示。把次级取代基的序号和名称用括号括起来写在支链序号的后面和支链名称的前面，并用短横线隔开。例如：

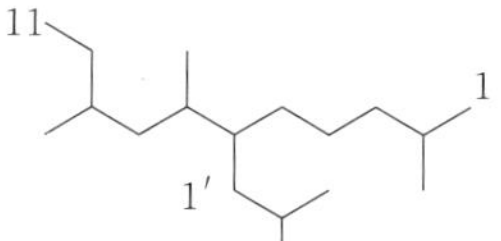

11　1　1′

2,7,9-三甲基-6-(2′-甲基丙基)十一烷
或
2,7,9-三甲基-6-异丁基十一烷

⑥ 对具有两个或两个以上相同长度碳链的复杂分子，应优先选取代基数目最多的碳链为主链。例如：

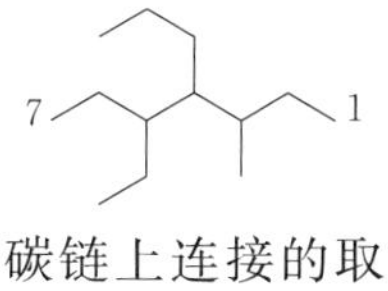

7　1

3-甲基-5-乙基-4-丙基庚烷
5-ethyl-3-methyl-4-propylheptane

若两条相同长度碳链上连接的取代基数目相同时，应优先选择取代基编号较小的为主链。例如：

2,5-二甲基-4-(2′-甲基丙基)庚烷

2,5-dimethyl-4-(2′-methylpropyl)heptane

在介绍上述命名法的过程中，我们提到了顺序规则。顺序规则(priority rule)是为确定连接在手性(见立体化学)原子上的各个基团之间的先后顺序而制定的一个规则。顺序规则主要内容如下。

① 单原子取代基按原子序数大小排列，原子序数大的序号大，同位素中质量高的序号大。有机化合物中常见的原子其顺序由大到小排序如下：

$$I>Br>Cl>S>P>F>O>N>C>D>H$$

② 多原子基团按逐级比较的原则，若第一个原子相同，则比较与它相连的其他原子，比较时按原子序数排列，先比较最大的，若仍相同，则再顺序比较居中的、最小的。如—CH_2Cl与—CHF_2，第一个均为碳原子，再按顺序比较与碳相连的其他原子，在—CH_2Cl中为—C(Cl、H、H)，在—CHF_2中为—C(F、F、H)，Cl比F大，故—CH_2Cl顺序大。如果有些基团仍相同，则沿取代链逐次相比。

③ 含有双键或三键的基团，可看做连有两个或三个相同的原子。例如下列基团排列顺序大小为

$$-C\equiv CH > -C(CH_3)_3 > -CH{=}CH_2 > -CH(CH_3)_2 > -CH_2CH_3 > -CH_3$$

$$\equiv \quad -C(C)(C)(C)-C(C)(C)-H \qquad -C(CH_3)_2-CH_3 \qquad -C(C)(H)-C(C)(H)-H \qquad -C(CH_3)(H)-CH_3 \qquad -C(H)(H)-CH_3 \qquad -C(H)(H)-H$$

苯基、醛基和氰基可以看做：

$$-C_6H_5 \equiv -C[(C)]\;(HC,\;CH) \qquad -C(H){=}O \equiv -C(H)(O)-O(C) \qquad -C\equiv N \equiv -C(N)(N)-N(C)(C)$$

二、单官能团开链化合物的命名

(1)主链的选择：对分子内只含有一个官能团的有机化合物，一般选择包含官能团在内的最长碳链作为主链，但—NO_2、—NO和卤素原子只能作为取代基而不作为官能团。根据官能团的名称称为某类化合物。例如：

$CH_3CH_2CH_2CH(CH_3)CH_2OH$ 2-甲基-1-戊醇

$CH_3CH_2CH_2CH_2CH(CH_3)OH$ 2-己醇

$CH_3CH(CH_3)CH_2COCH_2CH_3$ 5-甲基-3-己酮

$CH_3CH_2CH_2COOCH_3$ 丁酸甲酯

$CH_3CH_2CH_2CONH_2$ 丁酰胺

$CH_3CH_2CH_2CH_2CH(CH_2CH_3)CH_2Cl$ 3-氯甲基庚烷

CH_3NO_2 硝基甲烷

一般而言，分子内含有羟基、羰基和羧基等官能团时，这些基团应该包含在主链中。而氨

基和烷氧基在简单的化合物中作为官能团，在较复杂分子内可以作为取代基考虑。例如：

$CH_3CH_2CH_2CH_2NH_2$　1-丁胺

$CH_3CH(CH_3)CH_2NH_2$　2-甲基丙胺

$CH_3CH_2CH_2CH(NH_2)CH_2CH_2CH_3$　4-氨基庚烷

$CH_3CH_2CH_2OCH_3$　甲基丙基醚

$CH_3CH(OCH_3)CH_2CH_2CH_3$　2-甲氧基戊烷

$CH_3CH_2CH_2CH(OCH_3)CH_2CH{=}CH_2$　4-甲氧基-1-庚烯

(2) 序号编写：把主链碳原子从靠近母体官能团的一端依次用阿拉伯数字编号；主链中连有含碳原子的官能团，如—COOH、$>C{=}O$、—CHO、—C≡N 等，官能团中的碳原子应计在主链碳原子数内。若该碳原子作为碳链的第一号原子编号时，命名时不需要标出。例如：

$CH_3CH_2CH_2CH_2CH(CH_2CH_3)CH_2OH$　2-乙基-1-己醇

$CH_3CH_2CH_2CH_2CH(CH_2CH_3)COOH$　2-乙基己酸

$CH_3CH_2CH_2CH_2CH(CH_2CH_3)CH_2CN$　3-乙基庚腈

$CH_3CH_2CH_2CH_2CH(CH_2CH_3)CH{=}CH_2$　3-乙基-1-庚烯

$CH_3CH_2CH_2CH_2CH(CH_2CH_3)COCH_3$　3-乙基-2-庚酮

$CH_3CH_2CH_2CH_2CH(CH_2CH_3)CHO$　2-乙基己醛

(3) 写出全名：写名称时，要在某烃或母体名称前写上取代基的名称及位次，阿拉伯数字与汉字之间用半字线隔开。如果主链上有几个相同的取代基或官能团时，要合并写出，用二、三、…数字表示其数目，位次仍用阿拉伯数字表示，阿拉伯数字之间要用逗号隔开。例如：

$CH_3CH(CH_3)CH_2CH_2CH(CH_3)CH_2OH$　2,5-二甲基-1-己醇

$CH_3CH(CH_3)CH_2CH(CH_3)CH_2CH_2COOH$　4,6-二甲基庚酸

$CH_3CH(CH_3)CH_2CH(OH)CH_2CH_3$　5-甲基-3-己醇

其他情况可以参照烷烃的命名规则进行命名。

三、单环化合物的命名

(1) 当脂环或芳环上连有简单烷基或硝基、亚硝基、卤素等取代基时，以环为母体来命名。例如：

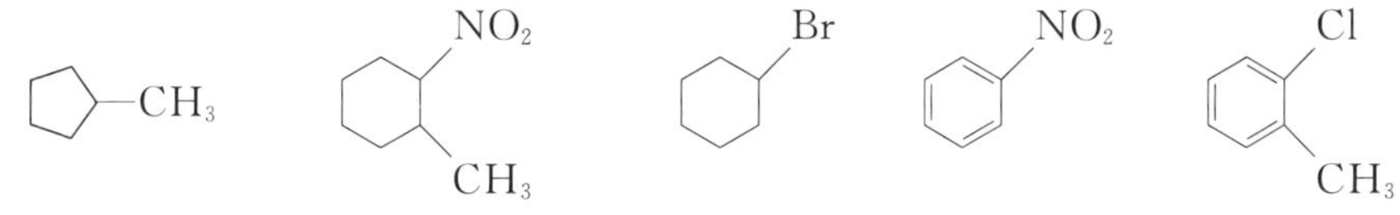

甲基环戊烷　1-甲基-2-硝基环己烷　溴代环己烷　硝基苯　2-氯甲苯

(2) 连有复杂烷基或—CH=CH—、—C≡C—、$-NH_2$、—OH、—CHO、$-SO_3H$、—COOH 等官能团时，以环为取代基，烷烃或官能团为母体来命名。

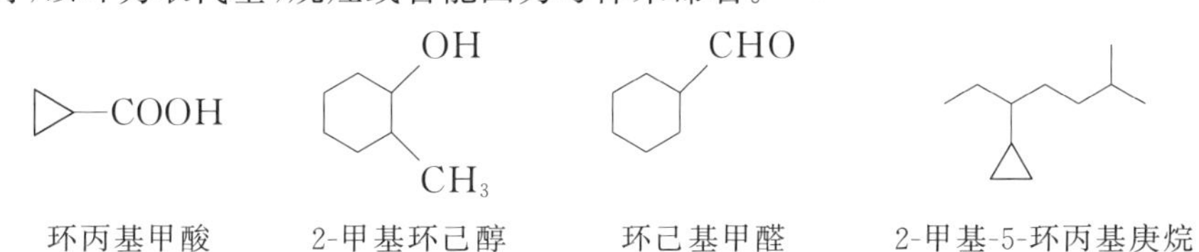

环丙基甲酸　2-甲基环己醇　环己基甲醛　2-甲基-5-环丙基庚烷

NH_2　　OH / CH_3　　COOH　　$CONH_2$ / Cl　　SO_3H

苯胺　　2-甲基苯酚　　苯甲酸　　2-氯苯甲酰胺　　苯磺酸

（3）杂环化合物的命名一般采用音译法命名，编号有一定的原则，具体内容详见第十六章。

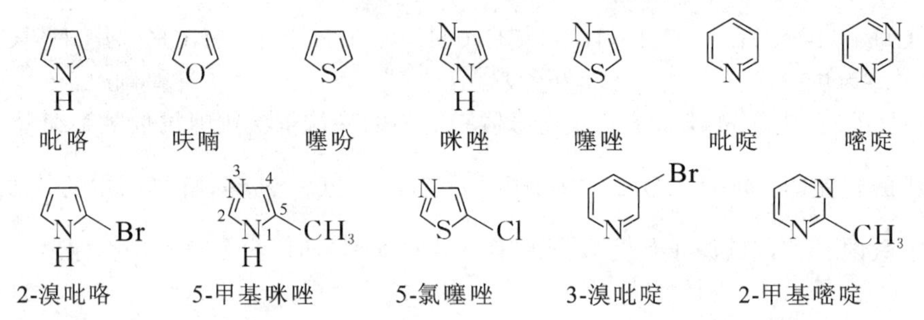

吡咯　　呋喃　　噻吩　　咪唑　　噻唑　　吡啶　　嘧啶

2-溴吡咯　　5-甲基咪唑　　5-氯噻唑　　3-溴吡啶　　2-甲基嘧啶

四、多环化合物的命名

螺环化合物是指两个环共享一个碳原子所构成的环状化合物。根据环上碳原子的总数，将螺环烃命名为螺某烃。螺环的编号是从螺原子邻位的碳原子开始，沿小环顺序编号，由第一个环顺序编到第二个环。命名时先写词头螺，再在方括弧内按编号顺序写出除螺原子外的环碳原子数，数字之间用圆点隔开，最后写出包括螺原子在内的碳原子数的烷烃名称。如有取代基，在编号时应使取代基序号最小，取代基序号及名称列在整个名称的最前面。例如：

5-甲基螺[2.4]庚烷　　8-氯螺[4.5]癸烷

桥环烃的命名，以环数为词头，如二环、三环等，然后将桥头碳之间的碳原子数（不包括桥头碳）由多到少的顺序列在方括弧内，数字之间在右下角用圆点隔开，最后写上包括桥头碳在内的桥环烃碳原子总数的烷烃的名称。

8,8-二甲基二环[3.2.1]辛烷　　2-氯-7,7-二甲基二环[2.2.1]庚烷　　三环[$2.2.1.0^{2,6}$]庚烷

2,3,7-三氯二环[4.1.0]庚烷　　3-溴-7-氟二环[4.2.0]辛烷　　2-甲基-6-氯十氢萘

稠环芳烃的环编号有特殊的规则。

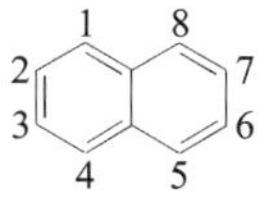

萘 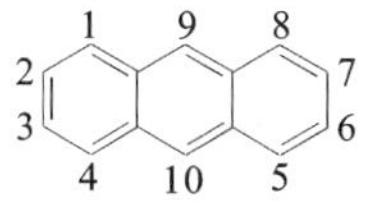　　蒽 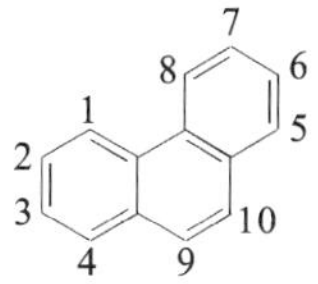　　菲

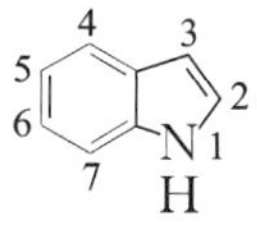

吲哚 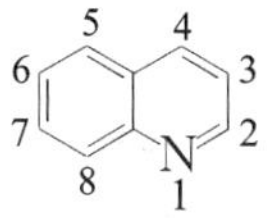　　喹啉 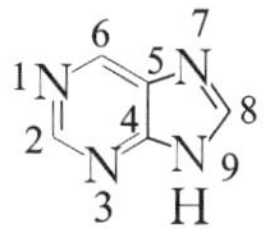　　嘌呤

五、多官能团化合物的命名

许多有机化合物分子中常含有一个以上的官能团。对这类化合物进行命名时，关键问题是要正确选定哪个官能团作为母体，并以优先选定的官能团作为母体来决定化合物的类别名称，其他基团都作为取代基处理。同样地，$-NO_2$、$-NO$、卤素只能作为取代基而不能作为母体。下面给出了主要有机基团在命名时的优先顺序：

$-COOH > -SO_3H > -SO_2NH_2 > -COOCO- > -COOR > -COX > -CONH > -CN > -CHO > -CO- > -OH > -NH_2 > -O- > -S- > \rangle C{=}C\langle > -C \equiv C- > -R > -X > -NO_2$

对多官能团分子命名的其他规则，可以参照烷烃的系统命名法。

分子内同时含有烯基和炔基的化合物，一般称为烯炔。编号时要注意，编号相同时烯优先，编号不同时，编号小的优先。例如：

$H_2C{=}CHCH_2{-}C{\equiv}CH$　　$H_2C{=}CH{-}C{\equiv}C{-}CH_3$　　$CH_3CH{=}CH{-}C{\equiv}CH$

戊-1-烯-4-炔　　戊-1-烯-3-炔　　戊-3-烯-1-炔

苯基与烯基或炔基相连时，可以将苯基看做取代基，也可以将烯基或炔基看做取代基。例如：

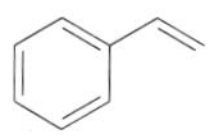

苯乙烯 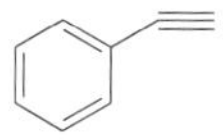　　苯乙炔 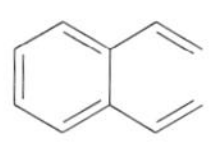　　1,2-二乙烯基苯

多官能团分子在选定母体基团后，编号一般从端基官能团的碳原子开始，如羧基、羧酸衍生物、醛基等；而酮化合物的编号则从主链的一端开始，原则上要使酮羰基的碳原子序数最低。例如：

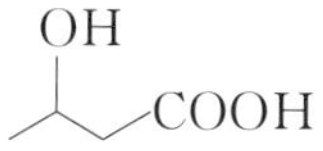

3-羟基丁酸 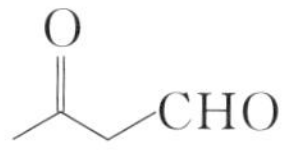　　3-氧基丁醛 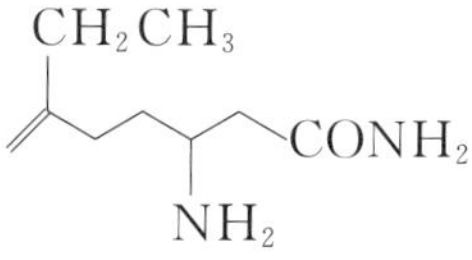　　6-乙基-3-氨基-庚-6-烯酰胺 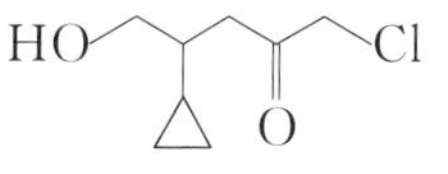　　4-环丙基-5-羟基-1-氯-2-戊酮

对多取代环状化合物，可以按上述优先顺序选择一个基团作为母体，从连接母体基团的环上碳原子开始编号。例如：

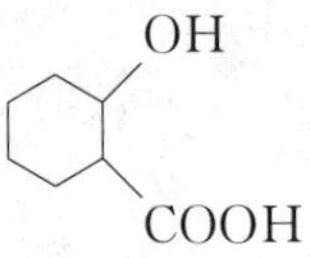

2-羟基环己基甲酸 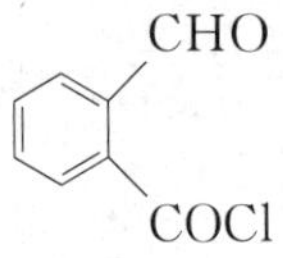　2-甲酰基苯甲酰氯 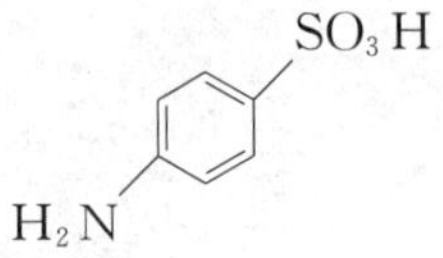　4-氨基苯磺酸 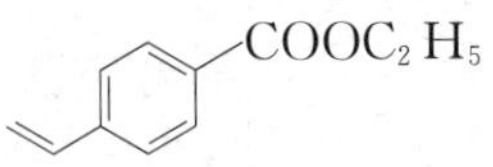　4-乙烯基苯甲酸乙酯

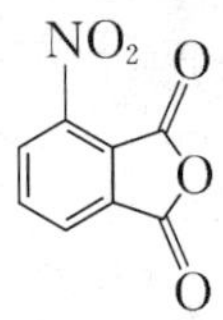

3-硝基邻苯二甲酸酐 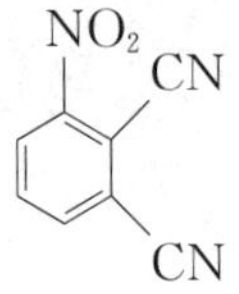　3-硝基邻苯二腈 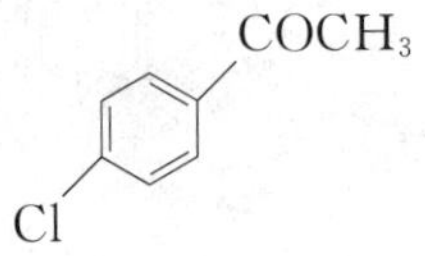　4-氯苯乙酮 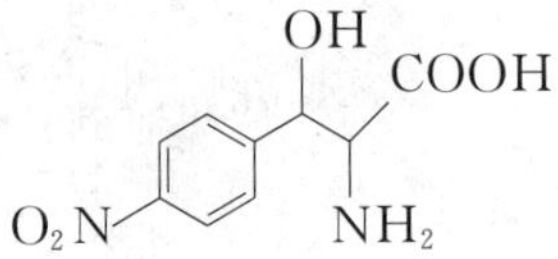　2-氨基-3-(4-硝基苯基)-3-羟基丙酸

多取代杂环化合物的命名与苯环有所不同，通常从环上某个杂原子开始编号。例如：

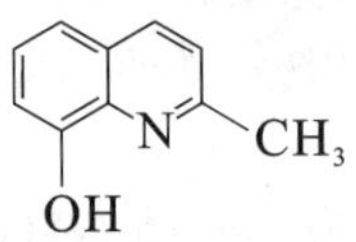

2-甲基-8-羟基喹啉 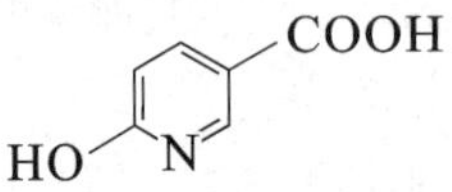　6-羟基吡啶-3-甲酸 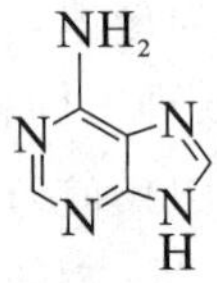　6-氨基嘌呤 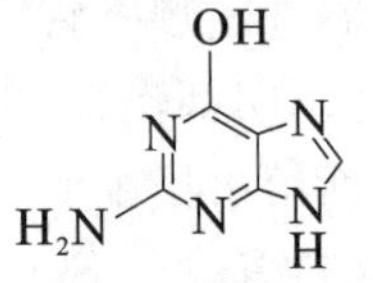　2-氨基-6-羟基嘌呤

六、立体异构体的命名

1. 顺反异构

顺反异构现象一般出现在含有双键或脂环结构的分子中。对于烯烃的顺反异构体，当两个双键碳原子上连接有相同的原子或基团时，用"顺/反"标记法表示，在顺、反字样前标明该双键的序号后，写在全名的最前边。例如：

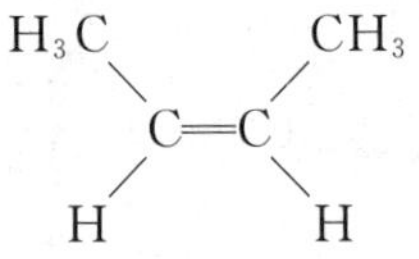

顺-2-丁烯 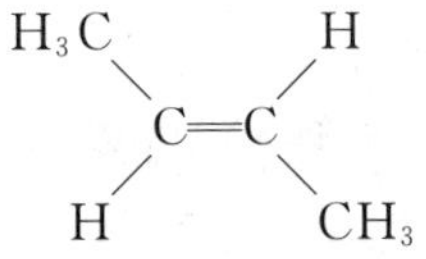　反-2-丁烯

对于双键的两个碳原子上连接有不同的原子或基团的顺反异构体，一般可用"Z/E"标记法表示。按照顺序规则，将两个原子序数较大的原子(或基团)连接在双键同一侧的称为 Z 型(德文，Zusammen)；在反侧的，称为 E 型(德文，Entgegen)。例如：

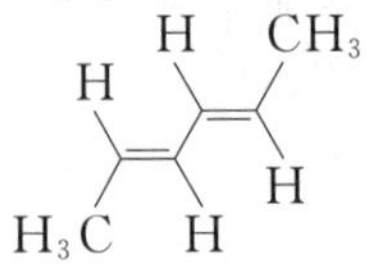

$(2E,4E)$-2,4-己二烯 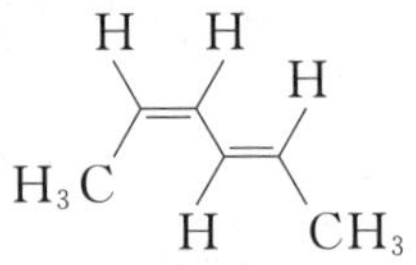　$(2Z,4E)$-2,4-己二烯

如果两个双键碳原子连有四个不同的原子或基团时，只能采用"Z/E"命名法命名。例如：

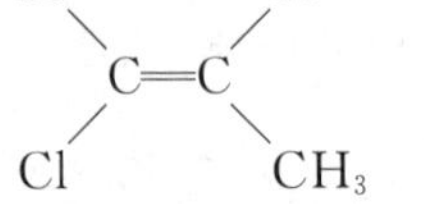

(E)-1-氯-1-溴丙烯 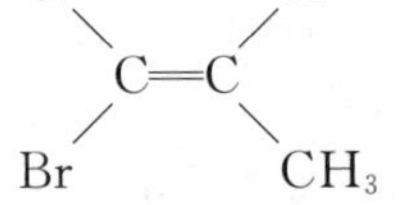　(Z)-1-氯-1-溴丙烯 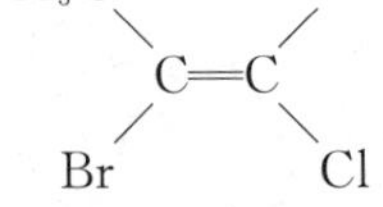　(Z)-1-氯-2-溴丙烯

单环化合物上若有两个取代基时，可以用顺/反命名法命名，取代基在环平面同侧的称为顺式；在异侧的称为反式。例如：

顺-1,4-二氯环己烷　　反-1,4-二氯环己烷

2. 对映异构

对映异构又称旋光异构，是指分子构造式相同，旋光性不同的异构现象。构型的标记可采用"D/L"法或"*R*/*S*"法，在天然产物中常用"D/L"法标记旋光活性物质的构型。具体内容详见第八章。

第四节　俗　　名

对一些特定的化合物，化学工作者常根据这个化合物的来源、制法、性质等加以命名，简称为俗名。下面列举出了一些常见化合物的俗名，以便在学习中参考。

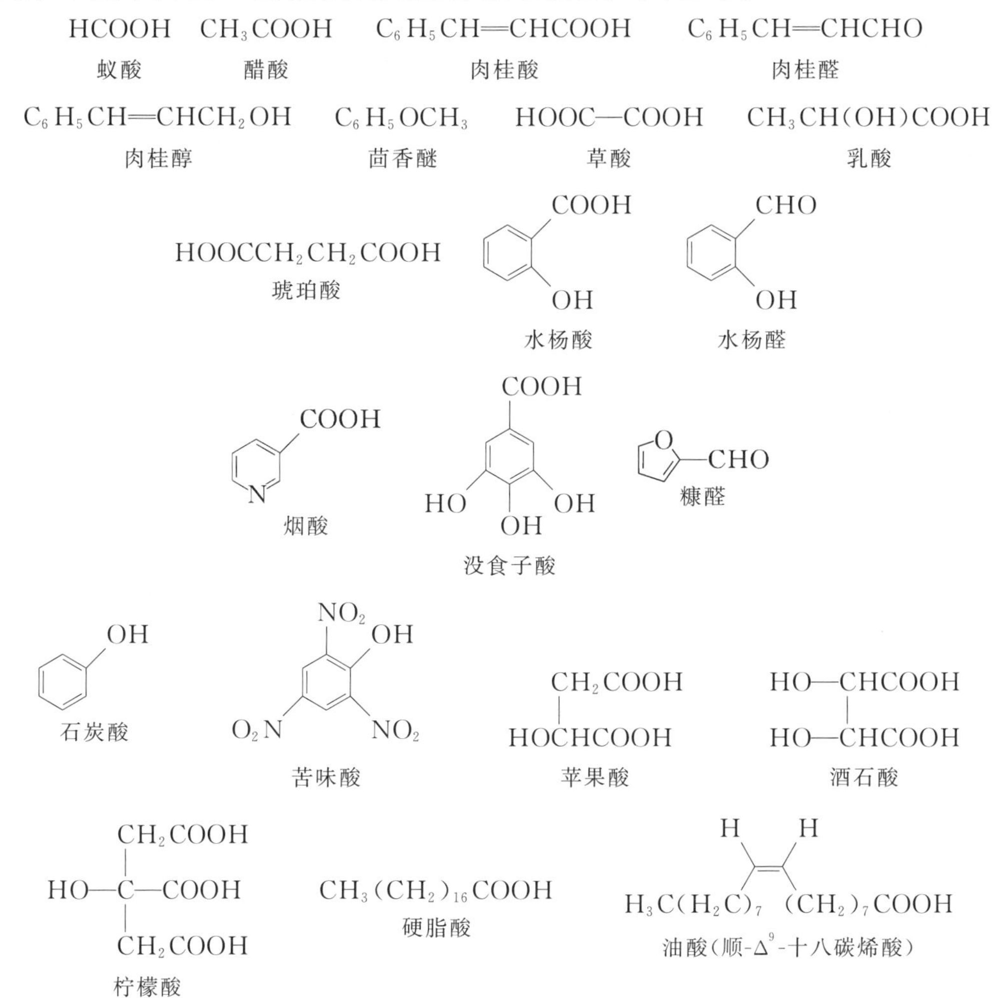

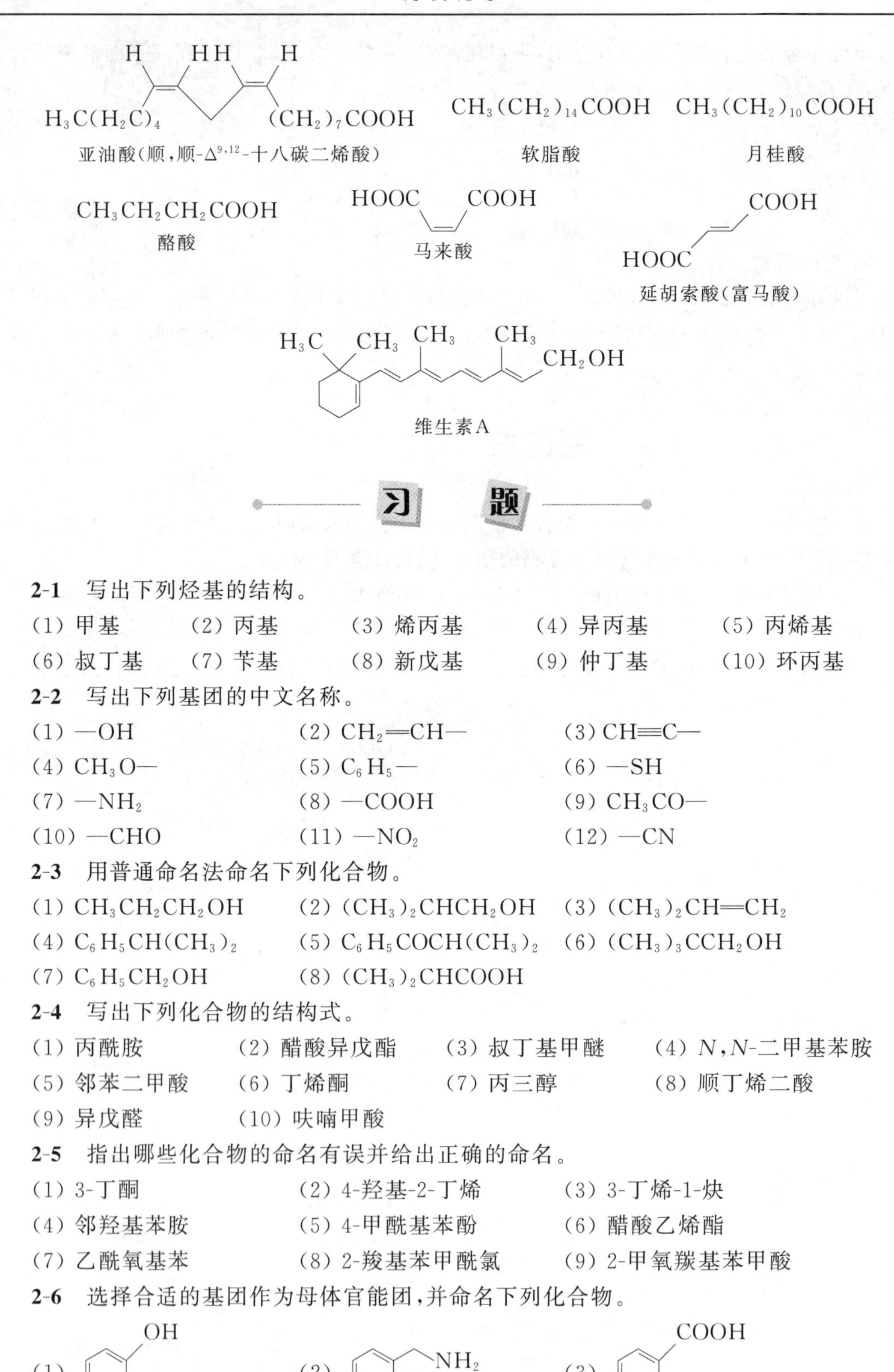

亚油酸(顺,顺-$\Delta^{9,12}$-十八碳二烯酸)　软脂酸　月桂酸

酪酸　马来酸　延胡索酸(富马酸)

维生素A

习　题

2-1　写出下列烃基的结构。

(1) 甲基　(2) 丙基　(3) 烯丙基　(4) 异丙基　(5) 丙烯基
(6) 叔丁基　(7) 苄基　(8) 新戊基　(9) 仲丁基　(10) 环丙基

2-2　写出下列基团的中文名称。

(1) —OH　(2) $CH_2═CH—$　(3) $CH≡C—$
(4) $CH_3O—$　(5) $C_6H_5—$　(6) —SH
(7) $—NH_2$　(8) —COOH　(9) $CH_3CO—$
(10) —CHO　(11) $—NO_2$　(12) —CN

2-3　用普通命名法命名下列化合物。

(1) $CH_3CH_2CH_2OH$　(2) $(CH_3)_2CHCH_2OH$　(3) $(CH_3)_2CH═CH_2$
(4) $C_6H_5CH(CH_3)_2$　(5) $C_6H_5COCH(CH_3)_2$　(6) $(CH_3)_3CCH_2OH$
(7) $C_6H_5CH_2OH$　(8) $(CH_3)_2CHCOOH$

2-4　写出下列化合物的结构式。

(1) 丙酰胺　(2) 醋酸异戊酯　(3) 叔丁基甲醚　(4) *N*,*N*-二甲基苯胺
(5) 邻苯二甲酸　(6) 丁烯酮　(7) 丙三醇　(8) 顺丁烯二酸
(9) 异戊醛　(10) 呋喃甲酸

2-5　指出哪些化合物的命名有误并给出正确的命名。

(1) 3-丁酮　(2) 4-羟基-2-丁烯　(3) 3-丁烯-1-炔
(4) 邻羟基苯胺　(5) 4-甲酰基苯酚　(6) 醋酸乙烯酯
(7) 乙酰氧基苯　(8) 2-羧基苯甲酰氯　(9) 2-甲氧羰基苯甲酸

2-6　选择合适的基团作为母体官能团,并命名下列化合物。

(1) OH, $COCH_3$　(2) NH_2, OH　(3) COOH, $CONH_2$

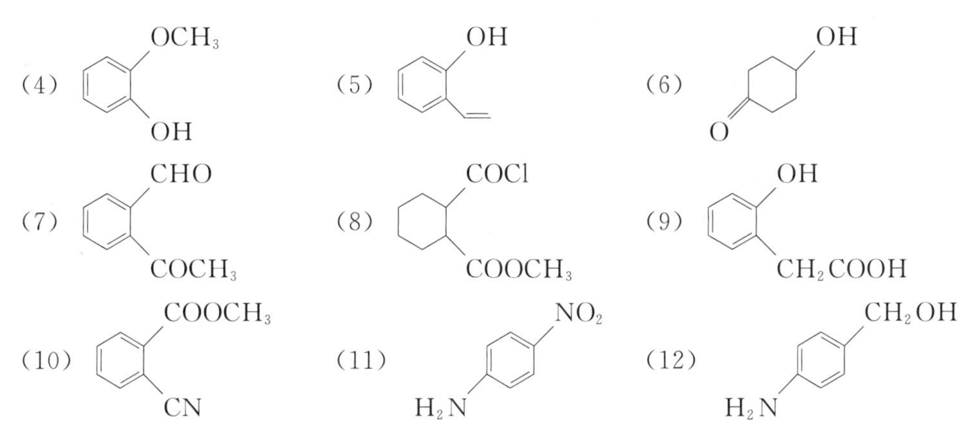

2-7　用系统命名法命名下列化合物。

(1)　$(CH_3)_2CHCHClCH_2CH{=}CHCH_2OH$

(2)　$(CH_3)_2CHCH(CH_2OH)CH_2CH{=}CHCH_2CH_3$

(3)　$(CH_3)_2CHCH(CH_2OH)CH_2CH{=}CHCOOH$

(4)　$(CH_3)_2CHCH(NH_2)CH_2CH{=}CHCH_2CH_3$

(5)　$(CH_3)_2CHCH(CH_2COOCH_3)CH_2CH{=}CHCH_2CH_3$

(6)　$(CH_3)_2CHCH(CH_2CH_2COCH_3)CH_2CH{=}CHCH_2CH_3$

2-8　用系统命名法命名下列化合物,并标明其立体构型。

(1) 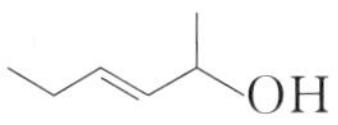　OH

(2) 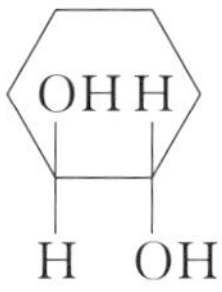　OH H / H OH

(3) 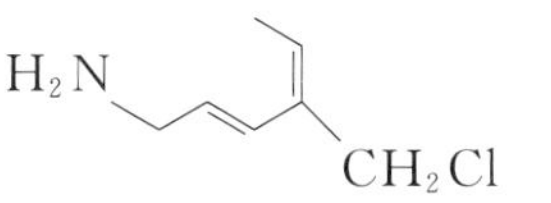　H_2N　CH_2Cl

(4) 　H H　CH_3　COOH

2-9　写出下列化合物的结构式或中文名称。

(1) 螺[2.4]庚-4-醇　　(2) 7,7-二氯二环[4.1.0]庚烷

(3) 二环[2.2.1]庚基-2-甲酸　　(4) 二环[2.2.1]庚-2-酮

(5) 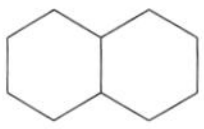　　(6)

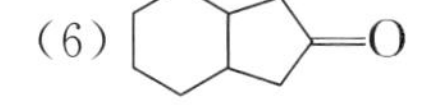

(7)　　(8)

2-10 命名下列杂环化合物。

(1) 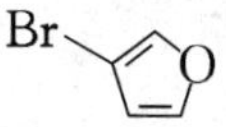 Br O

(2) 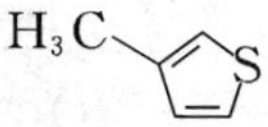 H_3C S

(3) 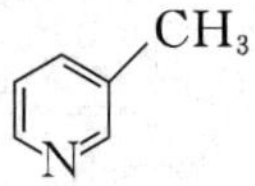 CH_3 N

(4) 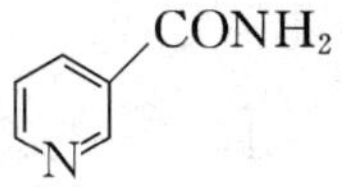 $CONH_2$ N

(5) 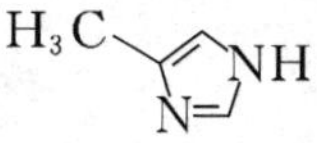 H_3C NH N

(6) 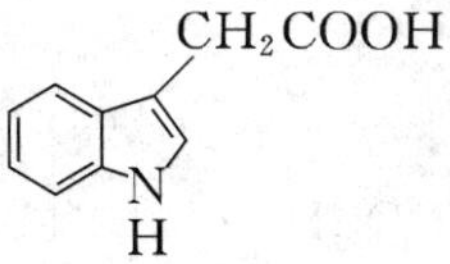 CH_2COOH N H

(7) 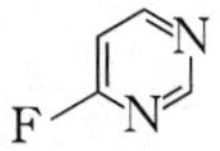 N F N

(8) 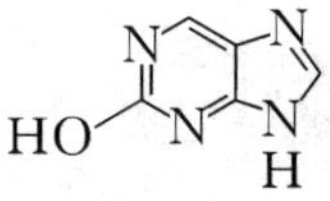 N N HO N N H

第三章　有机分子的弱相互作用与物理性质

有机分子的弱相互作用也称为分子间的相互作用，就是基团或分子间除去共价键、离子键和金属键外一切相互作用力的总称。许多与分子间作用有关的性质，如物质的沸点、熔点、汽化热、融化热、溶解度、黏度、表面张力、吸附等，都与分子间作用力的大小有关。

现代化学是基于对化学键的理解的基础之上逐渐完善和发展起来的。自从 1916 年 Lewis 提出共价键的理论以来，人们对共价键的认识已经相当深刻。然而随着化学与生物学等学科的发展，人们渐渐发现，仅仅考虑化学键的作用很难解释生物大分子体系所拥有的特殊性质。生物分子通过共价键连接结构部件形成直链聚合物，而大量的弱相互作用是将其独特的三维结构维持在一个动态的水平不可缺少的力量，一旦这些弱作用方式被破坏或者改变则容易引起蛋白质结构和功能的变化，生命科学的进展也表明弱相互作用在构筑生命体系（如细胞膜、DNA 双螺旋）及酶识别、药物/受体识别等方面起到了重要作用。

第一节　分子间的弱相互作用方式

分子间的相互作用方式一般可以分为范德华（Van de Waals）作用力、氢键、疏水亲脂作用、分子间的配位键作用（如 π-π 相互作用、阳离子-π 吸附、给体-受体相互作用）等。

分子间作用力本质上是静电作用，一种是静电吸引作用，如永久偶极矩之间的作用、偶极矩与诱导偶极矩间的作用、非极性分子的瞬间偶极矩间的作用；另一种是静电排斥作用，它在分子间的距离很小时才能表现出来。分子间的实际作用力是吸引作用和排斥作用之差。而通常所说的分子间相互作用及其特点，主要指分子间的引力作用。

分子间作用力比化学键力（离子键、共价键、金属键）要弱得多，其作用能在几到几十 $kJ \cdot mol^{-1}$ 范围内，比化学键能（通常在 200～600 $kJ \cdot mol^{-1}$ 范围内）小一两个数量级。作用范围远大于化学键，称为长程力。其中的范德华作用力和亲水疏脂作用不需要电子云重叠，一般无饱和性和方向性。而氢键、分子间的配位键作用等有饱和性和方向性，有时也称为较弱的化学键作用。

一、范德华作用

分子间存在着一种强度只有化学键键能 1/100～1/10 的弱作用力，它最早由荷兰物理学家范德华提出，故称为范德华力。当分子接近到一定距离时，分子间会产生范德华吸引力，其吸引能与距离的六次方成反比，随距离的增大很快衰减。例如脂肪分子的烃链之间就存在着这类作用力，它是维持细胞膜的一种重要作用力。

对任何分子来说，分子内都存在永久的或瞬间的正、负电荷中心，这是产生范德华力的本质原因。在外界电场作用下，分子电荷中心都有发生变化的可能。这个电场可以是宏观的外界电场，也可以是微观的一个分子的电场对另外一个分子的作用。范德华力一般可以细分为三种情况。

1. 色散力(dispersion force)

由于瞬时偶极而产生的分子间相互作用力。

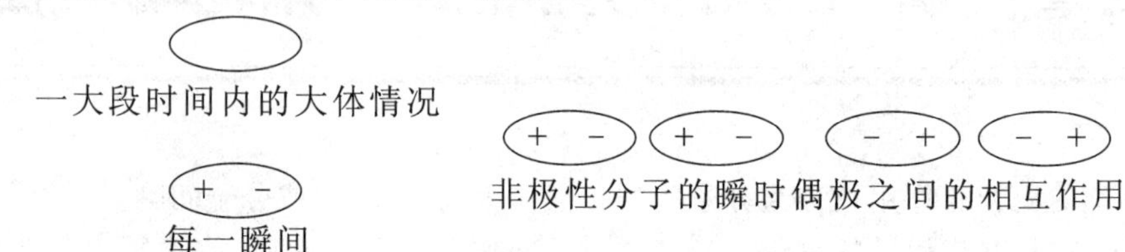

2. 诱导力(induction force)

诱导偶极与固有偶极之间产生的分子间相互作用力。决定诱导力强弱的因素包括极性分子的偶极矩以及非极性分子的极化率。极性分子的偶极矩愈大，诱导力愈强；非极性分子的极化率愈大，诱导力愈强。

3. 取向力(orientation force)

极性分子之间固有偶极的取向所产生的吸引力。两个极性分子相互靠近时，由于同极相斥、异极相吸，分子发生转动，并按异极相邻状态取向，分子进一步相互靠近。

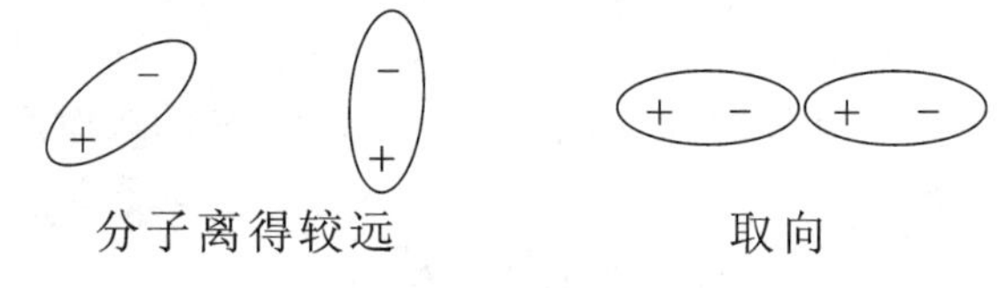

非极性分子和非极性分子之间的作用力只有色散力。而极性分子和非极性分子之间则有色散力和诱导力。极性分子之间则三种作用力都普遍存在。不同分子间作用力见表3.1。

表3.1　分子间的吸引作用　　($\times 10^{-22}$ J)

分子	取向力	诱导力	色散力	总和
He	0	0	0.05	0.05
Ar	0	0	2.9	2.9
Xe	0	0	18	18
CO	0.00021	0.0037	4.6	4.6
CCl_4	0	0	116	116
HCl	1.2	0.36	7.8	9.4
HBr	0.39	0.28	15	16
HI	0.021	0.10	33	33
H_2O	11.9	0.65	2.6	15
NH_3	5.2	0.63	5.6	11

二、氢键作用

氢键是指分子中与一个电负性很大的元素相结合的 H 原子，还能与另一分子中电负性很大的原子间产生一定的结合力而形成的键，用式子表示为 X—H…Y，其中 X、Y 代表 F、O、N 等电负性大且原子半径小的原子。由电负性大的原子与氢原子形成共价键时，σ 键的电子云分布会明显偏向电负性大的原子核，使得氢核周围的电子云分布减少，氢核带有明显的正电荷。这种氢核与另一个电子云密度高且电负性大的原子接近时，相互间会产生较强的静电吸引，这种作用称为氢键作用(见图 3.1)。因此，一般都认为氢键的本质实际上是一种静电作用力。

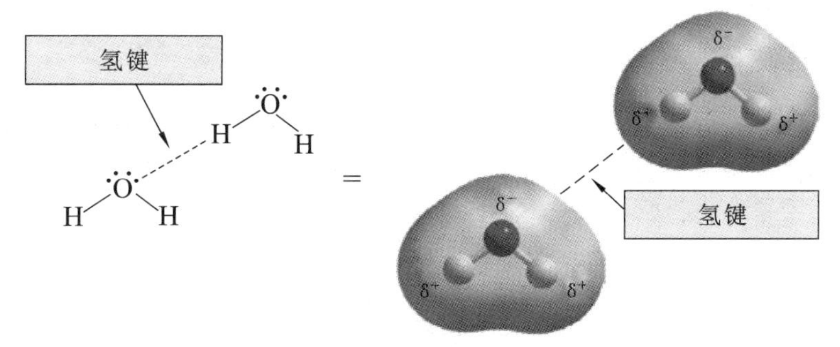

图 3.1　氢键

氢键的键能比化学键的键能小且具有较强的方向性和饱和性。氢键的静电作用的本质可成功地解释氢键的一些性质，例如：①氢键键能一般为 20～30 kJ・mol^{-1}，这与理论计算的偶极-偶极或偶极-离子的静电作用能基本相当；②不同类型氢键的键能随 X、Y 原子电负性的增大或半径的减小而增大；③氢键的几何构型一般为直线型或稍有弯曲，以使 X、Y 间静电斥力最小。表 3.2 给出了一些常见氢键的键能和键长。

表 3.2　一些氢键的键能和键长

氢　键	化　合　物	键能/(kJ・mol^{-1})	键长(X—Y)/pm
F—H…F	气体$(HF)_2$	28.0	255
	固体$(HF)_n$，$n>5$	28.0	270
O—H…O	水	18.8	285
	冰	18.8	276
	CH_3OH，CH_3CH_2OH	25.9	270
	$(HCOOH)_2$	29.3	267
N—H…F	NH_4F	20.9	268
N—H…N	NH_3	5.4	338

人们在研究强氢键的同时，也开始关注另一类更弱的相互作用，特别是 C—H…O 键的作用。与传统氢键相比，C—H…O 弱相互作用的表现行为有所不同。例如，形成强氢键的基团的键长变长，伸缩振动的频率向低波数移动，发生红移现象；而形成弱氢键时，它们的 C—H 键长会变短，伸缩振动的频率会向高波数移动，发生蓝移现象。因此，这类氢键又被称为蓝移氢键、反氢键。

氢键可分为分子间氢键和分子内氢键两大类。如果分子中同时含有氢键供体和氢键受体，而且两者位置合适，则可以形成分子内氢键。分子内氢键一般具有环状结构，由于键角等原因，通常情况下以六元环最为稳定，五元环次之。如果氢键供体或受体间既能形成分子内氢键又能形成分子间氢键，那么在相同条件下，分子内氢键的形成是优先的，尤其是能形成六元环的情况。二者虽然本质相同，但前者是一个分子的缔合体而后者是两个或多个分子的缔合体，因此一般来说，分子内氢键在非极性溶剂的很稀溶液中也能存在，而分子间氢键几乎很难形成，因为此时两个或两个以上分子的互相接近变得较为困难。因此，浓度的改变对分子间氢键的形成有很大的影响，对分子内氢键则影响不大。

三、疏水亲脂作用

有机分子溶解于水后，水分子要保持原有的结构而排斥有机分子的倾向称为疏水作用，而有机分子之间的范德华吸引力称为亲脂作用。一般情况下，疏水作用和亲脂作用同时并存，很难将两者分开来定量分析，通常认为两者中疏水作用具有相对的重要性，然而在一定条件下它们也可以独立存在。

在日常生活中，洗衣粉分子的强极性的亲水基倾向于和同样极性的水结合在一起，而憎水基则倾向于和衣料中的油污结合，随着自然扩散和人手或者洗衣机的机械搅拌作用力，油污就被从衣服中带出来进入水中被洗去。

第二节　分子间的弱相互作用对物理性质的影响

有机化合物的结构对其物理性质有决定性的影响。在介绍有机化合物的物理性质时，经常涉及熔点、沸点、溶解度等物理参数。实际上，这些物理参数的变化规律与分子间的各种弱相互作用是密不可分的。

一、分子间相互作用与沸点

沸点是在一定压力下，某物质的饱和蒸气压与大气压力相等时对应的温度。饱和蒸气压是指在一定温度下，与液体或固体处于相平衡时的蒸气所具有的压力。

在一定大气压下，有机化合物的沸点在很大程度上取决于分子间的弱相互作用的大小。在特定温度下，有机分子自身具有一定的动能，它总是试图让自身摆脱其他分子的束缚，成为气相中的自由分子。分子间的弱相互作用力越大，分子由液相进入气相所需要的能量将越高，即沸点越高。表 3.3 中给出了一些简单的直链烷烃的物理参数。同时，图 3.2 中表示出大气压下直链烷烃的沸点与直链烷烃中碳原子数的关系。

表 3.3　大气压下直链烷烃的沸点

化　合　物	沸点/℃	化　合　物	沸点/℃
甲烷	−161.6	庚烷	98.4
乙烷	−88.5	辛烷	125.7
丙烷	−42.1	壬烷	150.7

续表

化　合　物	沸点/℃	化　合　物	沸点/℃
丁烷	−0.5	癸烷	174.1
戊烷	36.1	十一烷	195.9
己烷	68.8	十二烷	216.3

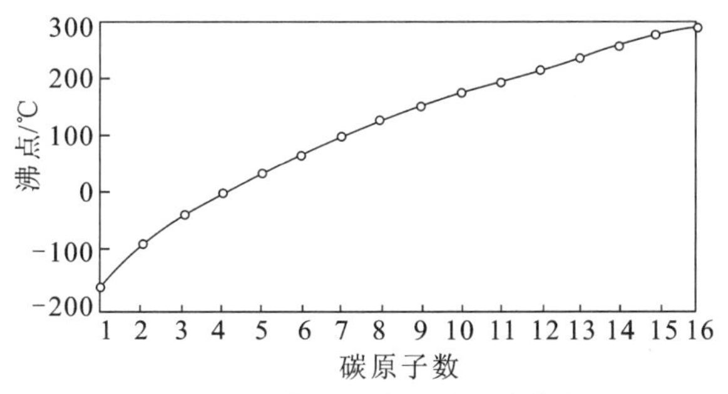

图 3.2　大气压下直链烷烃的沸点

从上面的数据可以发现，正烷烃沸点随着这一同系物的碳原子数目的增加而增加。这是由于烷烃分子的极性非常弱，分子间的作用主要以色散力为主，随着分子的相对分子质量增大，分子间的瞬间作用力也随之增强，从统计结果上看就是分子间的作用力更强，相应的，其宏观表现的沸点数据就更高。

在同分异构体之间，直链烷烃的沸点要高于支链烷烃，支链越多，沸点越低。戊烷异构体的熔点和沸点如表 3.4 所示。

表 3.4　戊烷异构体的熔点和沸点

化合物	正戊烷	异戊烷	新戊烷
沸点/℃	36	28	9.5
熔点/℃	−130	−160	−17

烯烃分子含有一个双键，相对分子质量相当的直链烯烃的沸点通常会低于相对应的直链烷烃。直链烯烃通常比支链烯烃的沸点高。此外，双键的存在使得烯烃存在一个顺反异构的问题，通常顺式异构体的沸点比反式的高，这是因为顺式异构体的偶极矩比反式的大，液态下，偶极矩大的分子之间引力较大，故顺式异构体的沸点较高（见表 3.5）。

表 3.5　大气压下烯烃的沸点

化合物	沸点/℃	化合物	沸点/℃
乙烯	−103.7	顺-2-丁烯	3.7
丙烯	−47.4	反-2-丁烯	0.9
1-丁烯	−6.1	2-甲基丙烯	−6.9

一些含氧原子的化合物，如醇和醚类化合物、醛和酮、羧酸和酯类化合物，因其结构上的差别显示出明显不同的物理性质。表 3.6 列出了一些常见的含氧有机化合物的沸点。

表 3.6 大气压下醇、醚、醛、酮、羧酸的沸点

化合物	沸点/℃	化合物	沸点/℃
乙醇	78.3	乙醛	21
丙醇	97.8	丙烯醛	53
丁醇	117.7	丙酮	56
乙二醇	197.5	甲酸	100.5
甲醚	−24	乙酸	118
乙醚	34.6	甲酸甲酯	32
四氢呋喃	66	乙酸甲酯	59.1

可以发现，在相对分子质量接近的情况下，醚类化合物的沸点较烷烃要高。然而，比较几种配对的同分异构体的物理参数后可以发现，醇的沸点明显高于相应的醚的沸点。这是由于氢键的存在强烈地影响了化合物分子间的相互作用力。对醇分子而言，要想将分子由液态变成一个个孤立的气态分子，除了要克服分子之间相对于烷烃要强得多的范德华力，还要克服分子之间氢键的引力，因而需要更高的温度。

比较相对分子质量接近的烷烃和醛、酮，也可以明显发现，醛、酮的沸点明显要高，这是因为醛、酮分子间存在相当强的偶极-偶极相互作用。羧酸的沸点要高于近似相对分子质量的醇，这是因为多数羧酸能通过分子间氢键缔合成二聚体或多聚体，如甲酸、乙酸即使在气态时都保持双分子聚合状态。酯的沸点比相应的酸和醇要低，比较接近于含相同碳原子数醛、酮的沸点。挥发性的酯常常含有芬芳的气息，许多花果的香气就是由酯引起的。有些酯可以作为实用香料。例如：乙酸异戊酯、戊酸异戊酯和丁酸丁酯分别具有与香蕉、苹果和菠萝相似的香气。

表 3.7 中列出了一些有机胺类化合物的沸点。脂肪胺中，甲胺、乙胺、二甲胺和三甲胺在室温下为气体，其他的低级胺为液体。N—H 键是极化的，但极化程度要比 O—H 键小，氢键 N—H…N 也比 O—H…O 弱。因此，伯胺的沸点高于相对分子质量接近的烷烃而明显低于相应的醇。立体位阻在一定程度上会妨碍氢键的生成，伯胺分子间形成的氢键比仲胺强，叔胺分子间不能生成氢键，所以在碳原子相同的胺中，伯胺沸点最高，仲胺次之，叔胺最低。

表 3.7 大气压下胺类化合物的沸点

化合物	沸点/℃	化合物	沸点/℃
甲胺	−7	三乙胺	90
乙胺	17	三丁胺	213
丙胺	49	苯胺	184
丁胺	77.8	*N*-甲基苯胺	196
二甲胺	7	*N*,*N*-二甲基苯胺	194
二乙胺	56	二苯胺	302
三甲胺	3.5	乙酰胺	221

芳香胺是高沸点液体或者低熔点固体，有特殊气味。芳香胺的毒性很大，液体芳胺能透过皮肤而被吸收，虽然它们的蒸气压不大，长期呼吸后也会发生中毒。

酰胺可以发生和羧酸类似的缔合，且强度更大，酰胺的沸点高于相应的酸，除甲酰胺外，其他非取代酰胺在室温下为固体。如N上的氢被烃基取代，使缔合程度减小，则沸点降低。

在讨论氢键对分子沸点影响的时候，还要注意形成的氢键是分子内氢键还是分子间氢键，最典型的例子就是邻硝基苯酚和对硝基苯酚(见表3.8)。

表3.8　不同取代位置的硝基苯酚的沸点　(0.009 MPa)

化合物	邻硝基苯酚	间硝基苯酚	对硝基苯酚
沸点/℃	100	194	分解

邻硝基苯酚通过分子内氢键，形成六元环状结构，阻碍其与水形成氢键，水溶性降低，挥发性增大；而对硝基苯酚则是分子之间通过氢键缔合，挥发性小，不能随水蒸出。因此借助于这种性质可以用水蒸气蒸馏分离这两种化合物。氢键对分子的构象也会造成影响，目的就是为了获得尽量低的系统内能。

二、分子间相互作用与熔点

熔点是固体将其物态由固态转变(熔化)为液态的温度，在这一温度下，分子将拥有足够的能量摆脱晶格束缚。在一定压力下，固-液两相之间的变化是非常敏锐的，初熔至全熔的温度一般不超过1 ℃(熔点范围或称熔距、熔程)。

在一定大气压下，物质的熔点与有机分子的对称性以及分子间的弱相互作用力密切相关。分子的对称性越好，在固体状态下其堆积密度越高，产生的晶格能也越高，有利于熔点的升高。此外，分子间的作用力增大，也有利于熔点的升高。

烷烃的熔点与沸点情况的差异，在于熔点不仅和分子间的作用力有关，还与分子中晶体的排列密度有关。分子越对称，其在晶格中排列越紧密，熔点越高。常见直链烷烃的熔点见表3.9和图3.3。

表3.9　常见直链烷烃的熔点

化　合　物	熔点/℃	化　合　物	熔点/℃
甲烷	−182.6	庚烷	−90.5
乙烷	−183.3	辛烷	−56.8
丙烷	−187.1	壬烷	−53.7
丁烷	−138	癸烷	−29.7
戊烷	−129.7	十一烷	−25.6
己烷	−95	十二烷	−9.7

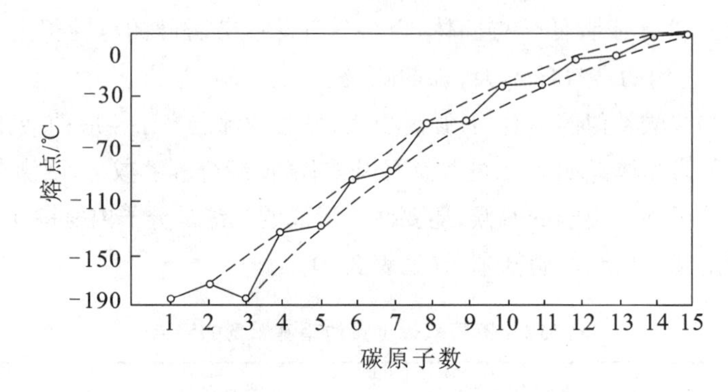

图 3.3 常见直链烷烃的熔点

直链烷烃的熔点也随着碳原子数的增加而升高，但变化的规律性还是和沸点的有些不同。已经发现，含偶数碳原子的直链烷烃的熔点升高幅度大于含奇数碳原子的升高幅度。这是因为含偶数碳原子的烷烃分子的对称性要好于含奇数碳原子的烷烃，导致其熔点高于相邻奇数碳原子烷烃的熔点。

在同分异构体之间，熔点高低的情况和沸点也有不同，对称性较好的异构体熔点高。观察一下戊烷的三个异构体的熔点和沸点(见表 3.4)，两者的差异十分明显。

对于顺反异构体来说，通常顺式异构体的沸点比反式的高，但其熔点则比反式的低。这是因为顺式异构体的偶极矩比反式的大，故顺式异构体的沸点较高；而反式异构体比顺式异构体在晶格中排列更紧密，因而呈现出较高的熔点(见表 3.10)。

表 3.10 顺反异构烯烃的熔点、沸点比较

化合物	沸点/℃	熔点/℃
顺-2-丁烯	3.7	−139.0
反-2-丁烯	0.9	−105.5

直链化合物奇偶碳原子数对熔点的影响、碳链异构对熔点的影响，以及顺反异构对熔点的影响，结构对熔点的影响规律除了适用于烷烃、烯烃这类化合物外，也同样适用于其他类型的有机化合物。

三、分子间相互作用与溶解性

在有机化学中，化合物之间的相互溶解能力与其分子结构具有密切的联系。这方面已总结出一个经验规律，即所谓的“相似相溶”规律。这里的“相似相溶”不仅仅指的是结构上的相似，更重要的在于溶剂分子之间、溶质分子之间，以及溶剂和溶质分子之间的相互作用的形式相似。这条规律体现出了各种分子间弱相互作用的大小。

这个规律的核心内容就是极性相似的化合物之间具有良好的相互溶解能力，而极性差别很大的化合物之间则相互溶解能力较差。比如苯和水，一个没有极性，一个有极性。苯分子之间主要是较强的色散力作用，水分子之间主要是诱导力作用和氢键作用，当混合后，上述两者均遭到破坏，取而代之的是苯和水分子之间不强的偶极-诱导偶极相互作用，因此两者不能相溶。此外，在化合物溶解过程中，氢键的存在与否对溶解性能有很大的影响。

第三节　分子间的弱相互作用与分子识别及自组装

近几十年来，尤其是在Lehn、Cram和Pederson由于对冠醚类化合物的工作而获得了诺贝尔化学奖之后，分子间的弱相互作用越来越引起化学家们的重视。而在此之前，分子间弱相互作用力的研究对象就已经拓展到了分子识别和主客体作用，并由此诞生了超分子化学。今天，超分子化学被定义为“研究分子组装和分子间作用力的化学”。它的研究内容是超越分子水平之上的，更侧重于研究两个或更多的化学分子组成的复杂大分子，以及组成这些大分子所依赖的分子间作用力。

超分子化学是一门高度交叉的科学，它涵盖了比分子本身更复杂的化学物种的化学、物理和生物学特征，并通过分子间（非共价）键合作用聚集、组织在一起。超分子化学主要包括以下两个方面：分子识别（molecular recognition）和自组装（self-assembly）。

一、分子识别

分子识别的概念已有100多年的历史，是从生物学开始的，化学家是在对生命过程的研究中逐渐审视这个极其重要的概念的。对于化学家来说，分子识别就是指一个分子能识别它作用的靶分子。这可以理解为底物与给定受体选择性地键合，并可能具有专一性功能的过程。相应于生物学中的底物与受体的概念，人们广义地把分子识别过程中相互作用的化学物种称为底物与受体，较小的分子称为底物，较大的分子称为受体，识别过程可能引起体系的电学、光学性质及构象的变化，也可能引起化学性质的变化。这些变化意味着化学信息的存储、传递及处理。

分子识别是一种人工受体和小分子之间的选择性相互结合，而不是单纯的分子间相互作用。互补性及预组织是决定分子识别过程的两个关键原则，前者决定识别过程的选择性，后者决定识别过程的键合能力。指导这一研究的基本思路是由Fischer提出的“lock and key”原理。

分子识别原理已经在很多方面被广泛应用，最成功的例子莫过于模板合成法，利用模板法合成一些大环化合物如冠醚，与不用模板相比，产率可提高十几倍，而对于轮烷、索烃等相互锁链的化合物，产率的提高更是显著惊人，甚至高达上千倍。分子识别在药物设计中的作用是显而易见的，因为药物与药物受体间的作用首先是识别与被识别的过程。此外，化学传感器的设计，以及基于膜传输的分离，也都依赖于分子识别原理。

二、自组装

自组装是指分子与分子在一定条件下，依赖非共价键分子间作用力自发连接成结构稳定的分子聚集体的过程。

分子自组装的原理是利用分子与分子或分子中某一片段与另一片段之间的分子识别，相互通过非共价作用形成具有特定排列顺序的分子聚合体。分子自发地通过无数非共价键的弱相互作用力的协同作用是发生自组装的关键。非共价键的弱相互作用力维持自组装体系的结构稳定性和完整性。

并不是所有分子都能够发生自组装过程，超分子的形成不必输入高能量，不必破坏原来分子结构及价健，主客体间无强化学键，这就要求主客体之间应有高度的匹配性和适应性，不仅要求分子在空间几何构型和电荷，甚至亲疏水性的互相适应，还要求在对称性和能量上匹配。这种高度的选择性导致了超分子形成的高度识别能力。如果客体分子有所缺陷，就无法与主体形成超分子体系。

从简单分子的识别组装到复杂的生命超分子体系，尽管超分子体系千差万别、功能各异，但形成基础是相同的，就是分子间作用力的协同和空间的互补。这些作用力的实质是永久多极矩、瞬间多极矩、诱导多极矩三者之间的相互作用。这些弱相互作用还包括疏水亲脂作用力、氢键，作用的协同性、方向性和选择性决定着分子与位点的识别。经过精心设计的人工超分子体系也可具备分子识别、能量转换、选择催化及物质传输等功能，其中分子识别功能是其他超分子功能的基础。

分子自组装一个天然例子就是蚕丝的自组装。蚕丝的丝蛋白单元长度大约是 1 μm，但是单根蚕丝可通过单元的自组装生成超过 1 公里长的丝质材料，这大约是蚕丝蛋白单元的两百万倍。如此惊人的自组装工程是目前人类技术无法实现的。又如每个核苷酸单元约是 0.34 nm，人体内的第 22 条染色体通过自组装能延伸至大约 1.2 cm，是单体的 3500 万倍。

迄今研究较多的人工合成主体分子主要包括冠醚、环糊精、杯芳烃、环蕃、卟啉等大环化合物。

冠醚最早是 Pedersen 在杜邦公司工作时发现的。由于其实际结构形似皇冠，因此才形象地称为冠醚。冠醚主要用威廉逊合成法合成。

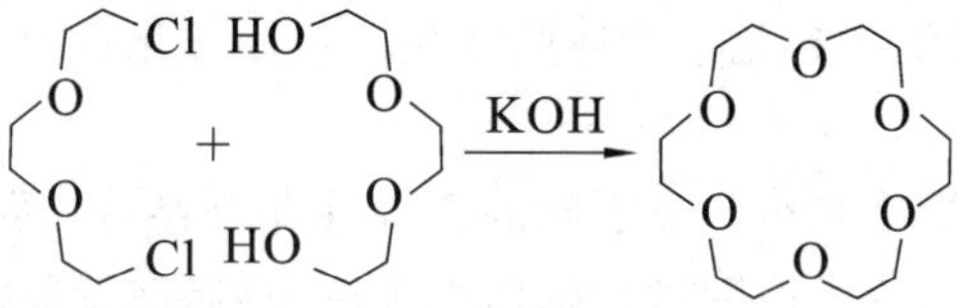

在此反应中，反应生成的化合物其腔体体积大小可以成为一个选择性的配位中心，从而起到选择性地和金属离子发生配位的作用。例如上述反应产物腔体大小就和钾离子比较匹配，而钠离子则不合适。相应的，在上述反应进行时，选择 KOH 加入，其中的钾离子可以起到模板的作用，有利于产物的生成。

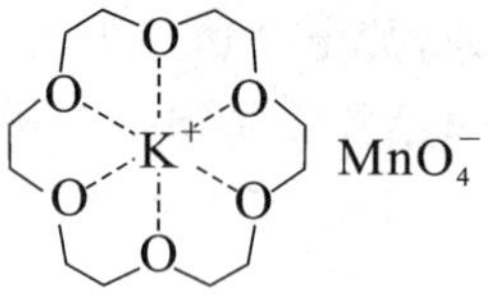

上图显示的是钾离子和 18-冠-6 生成的配合物，它能够溶解于苯，并呈现紫红色。因此，可以把不溶于非极性溶剂的高锰酸钾带入到非极性溶剂中。

环糊精(cyclodextrins，简称为 CDs)是一类由 D-吡喃葡萄糖单元通过 α-1,4 糖苷键首尾连接而成的大环化合物，常见的 α-、β-和 γ-环糊精分别有 6、7 和 8 个葡萄糖单元。内腔表面由 C_3 和 C_5 上的氢原子和糖苷键上的氧原子构成，故内腔呈疏水环境，外侧因羟基的聚集而呈亲水性。

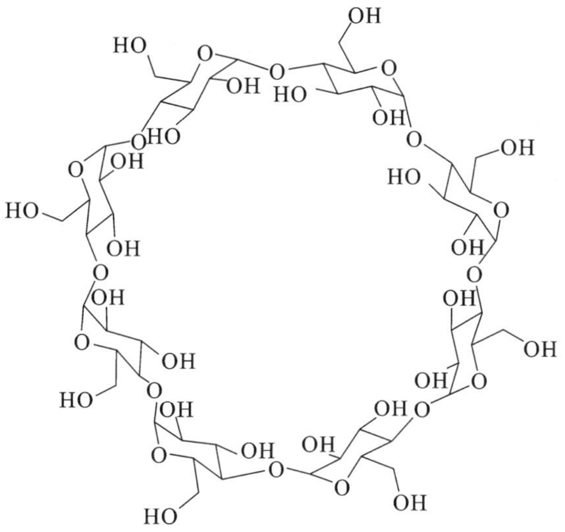

β-环糊精

这一独特的两亲结构可使环糊精作为“主体”包结不同的疏水性“客体”化合物，作为主体的 CDs 与客体分子形成包合物的一个基本要求是尺寸的匹配，即对体积的选择性。

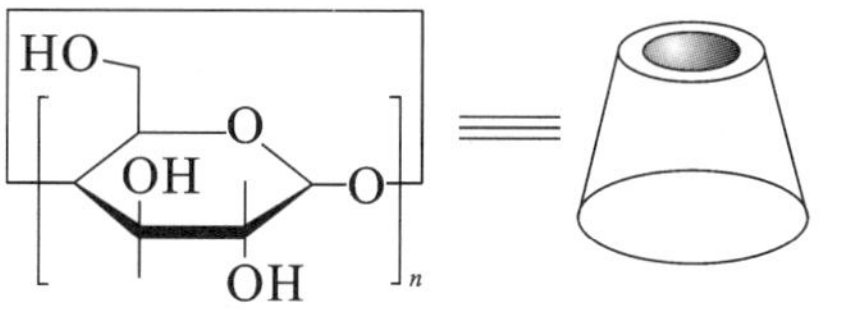

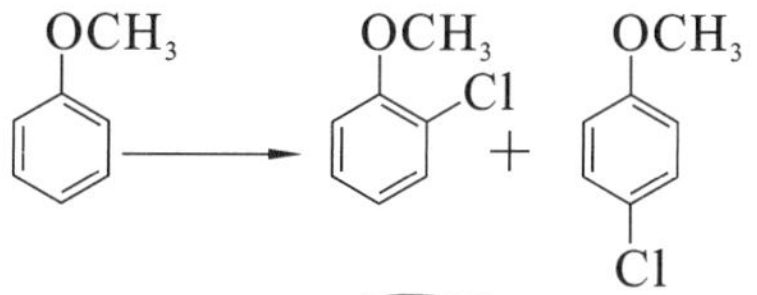

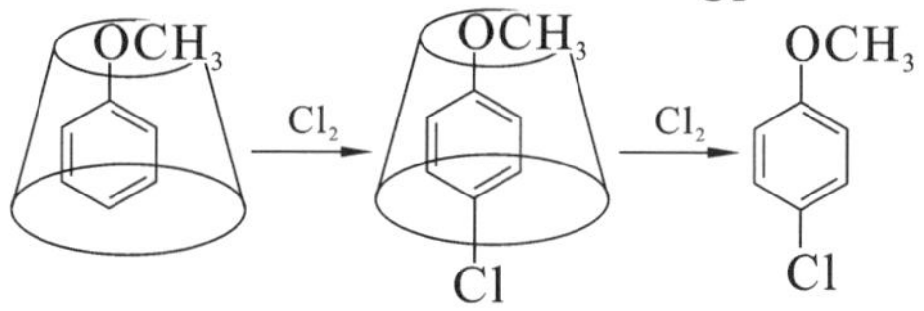

杯芳烃是由苯酚单元通过亚甲基在酚羟基邻位连接而构成的一类环状低聚物，20 世纪 40 年代，奥地利化学家 Zinke 研究了对叔丁基苯酚与甲醛水溶液在氢氧化钠存在下的反应，在此过程中分离得到一种高熔点的晶状化合物，经鉴定为环状的四聚体结构。由于其环四聚体的分子模型在形状上与称做 calix crater 的希腊式酒杯相似，因此将这类化合物命名为“杯芳烃”。

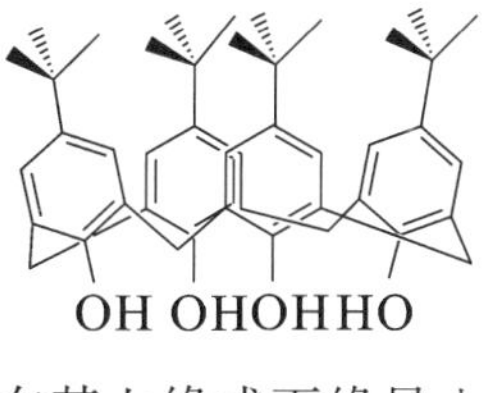

杯芳烃具有疏水空腔，同时可以在其上缘或下缘导入有序排列的功能基。因此，杯芳烃衍生物可以模拟生物酶的催化功能。在杯芳烃的上缘导入吡啶和咪唑基，与锌或铜的双核配合

物作为核酸酶模型化合物，左边的化合物使 RNA 模拟底物 2-羟丙基对硝基苯基磷酸二酯的磷酯键裂解和环化反应加速 2.3×10^{3} 倍，右边的化合物加速 1.0×10^{4} 倍，这是迄今催化活性最高的人工核酸酶。

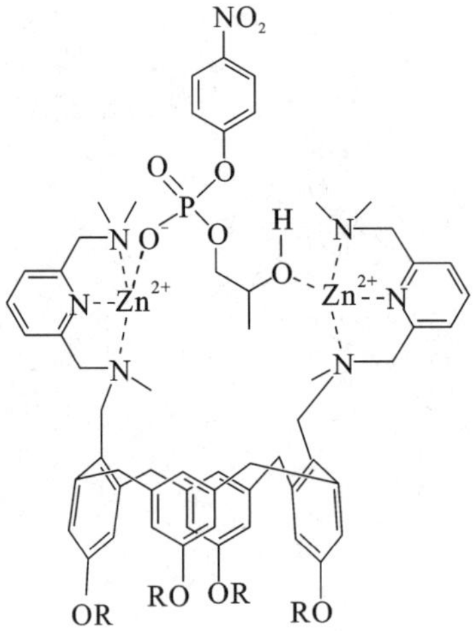

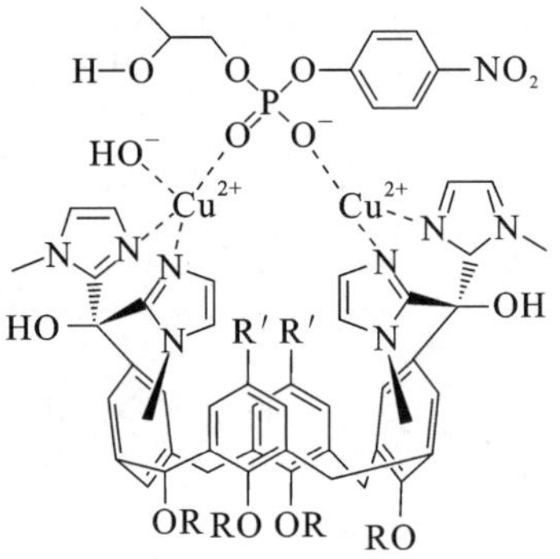

第四节 生物大分子的弱相互作用

自从斯陶丁格开创大分子概念以来，我们的生活和这些大分子几乎已经分不开了。生活中的很多材料，包括食物都是大分子。这些大分子化合物中有的是由人工合成的，有的则是由自然界生物合成的。这里主要介绍和人类密切相关的三大生命物质(糖、蛋白质、核酸)中的弱相互作用。

借助于光合作用，把太阳能以糖的形式转化成为化学能。糖是地球上绝大多数生物的能量来源。现在发现，糖绝不仅仅只是人类的能量源泉，实际上它参与了生命活动中非常多的生理作用。随着蛋白质和核酸(主要是基因的研究)中更多的奥秘被人类知晓，糖类的重要性也浮出水面，将成为生命科学研究中的新热点。多糖及其聚合物在生命活动的过程中储存着各种生物信息，像细胞的耳目，捕获细胞间各种相互作用的信息，又像细胞的手脚，联系着其他细胞，在细胞内外之间传递各种物质。多糖中的糖单体有多种链接点，可以形成不同构型的直链和支链的结构，经计算 4 种不同的单糖形成各种四糖同分异构体的可能性为 35560 种，而蛋白质中的氨基酸和核酸中的核苷酸仅能以一种方式相互连接，4 种氨基酸只能形成 24 种同分异构体。

由于糖分子本身的复杂性以及糖链功能和调控的复杂性，加上缺少研究糖类分子的有效工具，糖原学研究还处在初步发展阶段。虽然可以相信氢键在糖的高级结构里面一定起着非常重要的作用，目前对糖类化合物的分子内的相互作用的认识还非常肤浅。

蛋白质是由氨基酸单体构成的，这二十多种氨基酸通过不同的排列组合形成各种各样的蛋白质，完成人体中的大多数反应。蛋白质由一条或多条多肽链通过二硫键、氢键、疏水键等相互作用力结合而成；而多肽链则由多种氨基酸通过肽键连接而成。虽然肽链与核酸一样都是由相似的单位(分别是氨基酸残基和核苷酸残基)线性连接而成的大分子，但作为直接发挥生物功能的一类分子，蛋白质还需要有特定的三维结构，而氢键在蛋白质结构从一维到三维的飞跃中也扮演了重要的角色。在蛋白质由线性关系变化成为一个具有生理活性的蛋白质过程的，蛋白质分子内部的各种弱相互作用起着根本性的作用，当然由于蛋白质是存在于人体水环境之中的，所以蛋白质和人体中的水溶剂，各种各样的金属离子以及其他大分子小分子之间借助于分子间的相互作用，对蛋白质的结构也起着巨大的作用。

核酸是地球上生物的主要遗传物质，其重要性不言而喻。可以说，它的结构是自然进化的极致所在，核酸配对的碱基对空间要匹配，而且两种组合各自的空间大小也要匹配，否则链条就不是那么协调，稳定性就相当有限。然而作为遗传载体的核酸既要相当稳定的同时又要具有弹性，此重担几乎非氢键莫属。

3-1　指出下列化合物分子存在的主要弱相互作用方式。

(1) 环己烷　(2) 苯　(3) 吡啶 (N)　(4) 苯甲醛 (CHO)

(5) NH_2 / NO_2 取代苯　(6) 苯酚 (OH)　(7) $C_{12}H_{25}$ / NaO_3S 取代苯

3-2　指出下列化合物中哪些存在氢键作用，哪些存在分子内氢键作用。

(1) CH_3CH_2OH　(2) CH_3CHO　(3) $CH_3CH_2OCH_3$　(4) CH_3COCH_3

(5) CH_3COOH　(6) CH_3CONH_2　(7) HOOCCOOH　(8) $HOCH_2CH_2OH$

3-3　判断下列各组化合物的沸点高低。

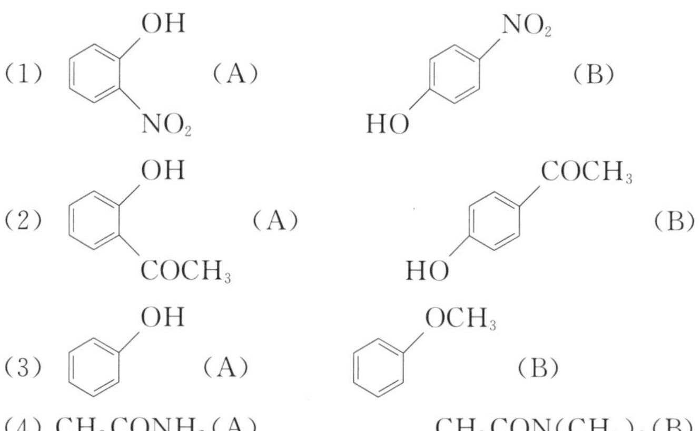

(4) CH_3CONH_2(A)　　$CH_3CON(CH_3)_2$(B)

3-4　判断下列各组化合物的熔点高低。

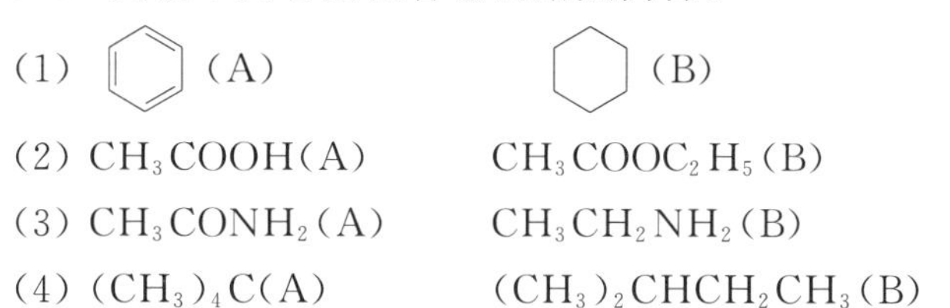

3-5 将下面化合物按沸点由低到高排序。

(1) 正己烷(A) 异己烷(B) 丁酮(C) 丁酸(D)

(2) 丁醇(A) 丁酸(B) 丁二酸(C) 乙酸乙酯(D)

(3) 丙酮(A) 丙醇(B) 丁烷(C) 乙醚(D) 丙胺(E) 乙酸(F)

3-6 对甲基苯磺酸和对氨基苯磺酸的相对分子质量几乎完全一样,但是它们的熔沸点差别却很大。试预测它们的熔沸点高低,并检索一下相关化学文献看看你的预测是否正确。

第四章　饱　和　烃

烃是只含有碳、氢两种元素的化合物，也称为碳氢化合物。分子中碳、氢原子都以单键相连的烃类化合物，称为饱和碳氢化合物，简称烷烃；如果含有双键或者三键，至少可以与一分子的氢气加成，则称为不饱和碳氢化合物。如果烷烃的碳原子连接成链，则称为开链烷烃，也称脂肪烃；如果碳原子连接成环，则称为环烷烃。

第一节　烷　　烃

一、烷烃的同分异构

最简单的烷烃是甲烷，分子式为 CH_4。乙烷的分子式为 C_2H_6，丙烷的为 C_3H_8，丁烷的为 C_4H_{10} 等。因此，烷烃的分子式可以用通式 C_nH_{2n+2} 表示。凡符合这一通式的一系列化合物称为同系物，CH_2 称为系差。

随着烷烃碳原子数的增加，分子中原子互相连接的次序和方式会有很大的不同，分子结构会变得越来越复杂。如果烷烃分子的碳原子数小于 3，不会出现同分异构体。如果碳原子数大于 3，会出现同分异构体。丁烷的分子式为 C_4H_{10}，可以生成正丁烷和异丁烷两种同分异构体。在正丁烷中，一个碳原子最多可与两个碳原子相连；在异丁烷中，一个碳原子最多可与三个碳原子相连。戊烷的分子式为 C_5H_{12}，除了采取丁烷中的两种连接方式得到正戊烷和异戊烷外，还有一个碳原子可与四个碳原子相连，得到新戊烷，因此有三个异构体。我们把这种分子中原子互相连接的次序和方式称为构造，由于构造不同得到的同分异构体称为构造异构体。构造异构是由于碳链骨架的结构不同所造成的，所以也称为碳链异构或者骨架异构，构造异构体的物理化学性质有显著的差别。烷烃异构体的数目随着碳原子数的增加而迅速增加，如己烷有 6 个异构体，癸烷可增加到 75 种，十五烷有 4347 种。

$$CH_3—CH_2—CH_2—CH_3$$

正丁烷

熔点：−138 ℃；沸点：0 ℃

$$\begin{array}{c} CH_3 \\ | \\ CH_3—CH—CH_3 \end{array}$$

异丁烷

熔点：−159 ℃；沸点：−12 ℃

$$CH_3—CH_2—CH_2—CH_2—CH_3$$

正戊烷

熔点：−130 ℃；沸点：36 ℃

$$\begin{array}{l} CH_3 \\ | \\ CH_3—CH—CH_2—CH_3 \end{array}$$

异戊烷

熔点：−160 ℃；沸点：28 ℃

$$\begin{array}{c} CH_3 \\ | \\ CH_3—C—CH_3 \\ | \\ CH_3 \end{array}$$

新戊烷

熔点：−17 ℃；沸点：9.5 ℃

在烷烃异构体中，只与一个碳原子相连的碳称为伯碳，与两个碳原子相连的碳称为仲碳，与三个碳原子相连的碳称为叔碳，与四个碳原子相连的碳称为季碳。与伯、仲或叔碳相连接的氢原子分别称为伯、仲或叔氢。

二、烷烃的结构

最典型的是甲烷的结构，碳的四个 sp^3 杂化轨道分别与四个氢原子的 1s 轨道相互重叠生成四个等同的碳氢 σ 共价键，四个共价键伸向四面体的四个顶点，共价键之间的夹角为 109°28′，形成一个正四面体的结构，碳原子处在正四面体的中间(见图 4.1)。

其他所有烷烃的碳原子也采取 sp^3 杂化形成四个等价的杂化轨道，与四个碳或者氢原子生成四个 σ 共价键，键角接近 109°28′，碳的四个 σ 共价键形成一个接近正四面体的结构。所以三个碳以上的烷烃分子中的碳链并不是直线型的，而是以锯齿状的形式存在的(见图 4.2)。

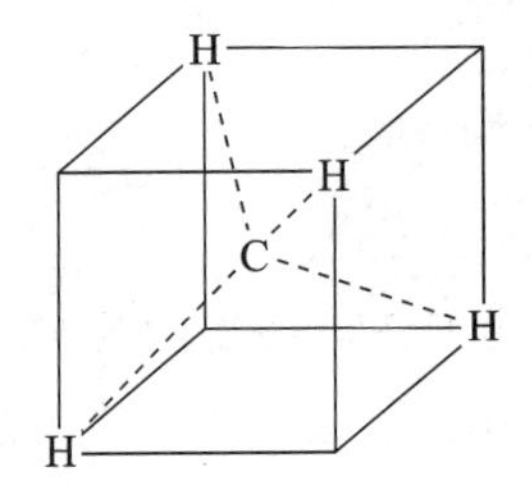

图 4.1　甲烷的正四面体结构

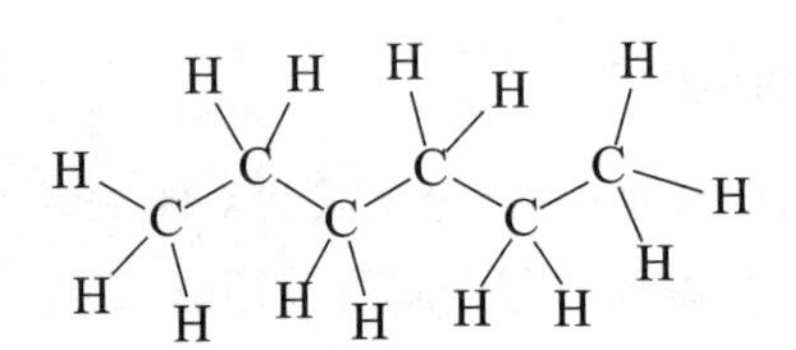

图 4.2　正己烷中碳链的锯齿状结构

三、烷烃的构象异构

由于烷烃的 σ 键中的电子云是沿键轴呈圆筒形对称的，因而形成 σ 键的两个原子可以围绕键轴自由旋转。这种旋转既不改变电子云形状，也不改变电子云重叠程度，对 σ 键的强度和键角没有影响。但 σ 单键的旋转使分子中的原子或者原子团在空间的位置或者取向不同。这种通过单键旋转而导致分子中原子或者原子团在空间的不同取向称为构象，由此得到的不同空间结构称为构象异构。比如乙烷中的两个甲基可以相互旋转，使甲基上的氢原子处在不同的空间，理论上可以出现无数个构象异构体，但一般只对最稳定的构象和最不稳定的构象感兴趣，这两种构象分别是交叉式构象和重叠式构象。它们用锯架式表示如下：

交叉式　　　　重叠式

有时为了更加清楚地表示出原子和原子团之间交叉和重叠的情况，常用纽曼(Newman)投影式来表示：

交叉式　　　　重叠式

在纽曼投影式中，旋转的 C—C 单键垂直于纸平面，用三个碳氢键的交叉点表示在纸平面上面的碳原子，用圆圈表示在纸平面下面的碳原子，连接在碳上的氢原子随着 C—C 单键的旋转可以处于不同位置。当处于交叉式时，两个碳原子上的氢原子间的排斥力最小，因而能量最低，是乙烷的最稳定的构象；当处于重叠式时，两个碳原子上的氢原子间的排斥作用最大，因而能量最高，是乙烷的最不稳定的构象。其他形式的构象的能量都介于这两者之间。如图 4.3 所示。

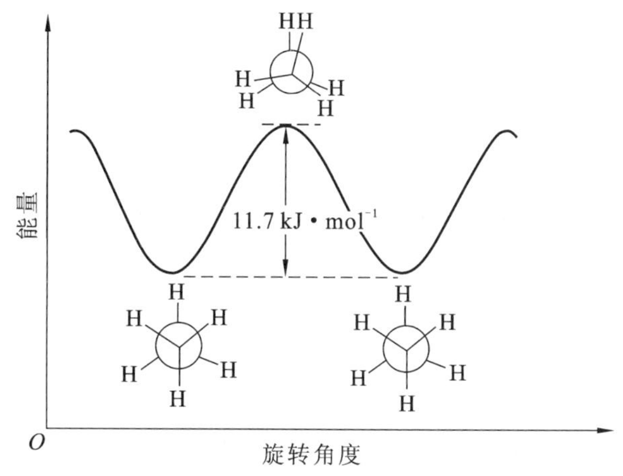

图 4.3　乙烷不同构象能量大小比较图

乙烷从交叉式构象旋转到重叠式构象，能量相差约为 11.7 kJ · mol^{-1}，这个位能差或者势垒是很小的，所以乙烷的不同构象之间很容易转化，一般分离不出纯的构象异构体。但从构象异构体的位能可以知道，最稳定的构象所占比例最大，最不稳定的构象所占比例最小，因此在乙烷中，交叉式构象出现的几率最多，所占比例最大，为优势构象。

分子通过单键的旋转偏离能量最低的构象时，排斥力就会增大，分子就具有回到能量最低构象的趋势，就像拉开的弓具有张力而要回到原来的状态一样，我们把这种由于单键的旋转使分子处于不稳定构象时所产生的张力称为扭转张力。

丁烷比乙烷多两个 C—C 单键，其构象异构体更多，更复杂。从丁烷中间的 C—C 键旋转看，相当于乙烷的每个碳上的氢被一个甲基取代，其具有如下四种典型的构象异构体。

对位交叉式　　邻位交叉式　　全重叠式　　部分重叠式

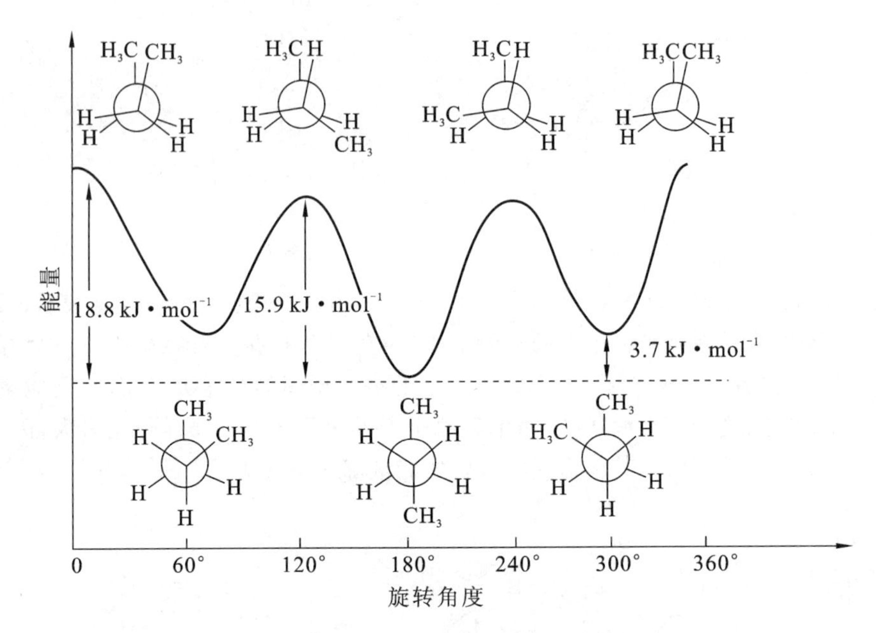

图 4.4 丁烷不同构象能量大小比较图

从图 4.4 可知,全重叠式的两个甲基之间距离最小,范德华斥力最大,位能最高。旋转 180°后,成为对位交叉式,两个体积大的甲基相距最远,空间排斥力最小,位能达到最低,比全重叠式要低 18.8 kJ · mol^{-1}。在常温下,丁烷主要以对位交叉式(63%)和邻位交叉式(37%)构象存在,其他构象所占比例极小。

尽管丁烷的构象异构体之间比乙烷构象异构体之间的位能差要大一些,但在常温下单键的旋转仍然是很快的,因而不能分离出纯的构象异构体。但如果单键旋转的阻力很大,则可以分离出纯的构象异构体。

构象异构对化合物的性能影响很大,如蛋白质的三级结构实际上是一个构象异构,如果破坏了三级结构,蛋白质的活性就会改变甚至消失。

四、烷烃的化学性质

由于烷烃是一个非极性分子,又仅含有 C—C 键和 C—H 键,因而烷烃的化学性质是不活泼的。在一般情况下,不易与强酸、强碱、强氧化剂、强还原剂等发生化学反应,其溶液也是中性的。但在特殊的条件下,可以发生取代、断裂与重排、氧化等反应,生成一系列重要的化工产品。

1. 卤代反应

烷烃与氯气在光照或高温下可以迅速反应,导致其分子中的氢原子被氯原子所取代。这种氢原子被卤素取代的反应称为卤代反应(halogenation)。

工业上已经利用甲烷的氯代反应来生产甲烷的各种氯代产物。甲烷与氯气虽然在黑暗中不发生反应,但在强日光照射下会产生猛烈的放热反应,甚至发生爆炸,生成氯化氢和碳。在漫射光或热引发下,甲烷与氯气则可以发生可控的氯代反应,形成氯甲烷和氯化氢。

$$CH_4 + Cl_2 \longrightarrow CH_3Cl + HCl$$

氯甲烷在反应过程中能进一步发生氯代反应,生成二氯甲烷、三氯甲烷(氯仿)和四氯化碳。

$$CH_3Cl + Cl_2 \longrightarrow CH_2Cl_2 + CHCl_3 + CCl_4 + HCl$$

混合产物中这四种氯代烷烃的组成在很大程度上受到反应条件和起始原料配比的影响。使用过量的氯气会导致多氯代烃产物的比例上升。

甲烷的氯代反应被认为是一种由自由基引发的反应。首先，氯气分子在光照或加热下吸收能量后发生裂解，形成氯原子。

$$Cl_2 \longrightarrow 2Cl\cdot$$

这种组成共价键的原子各带一个电子的裂解方式，称为均裂。由均裂产生的含一个未成对电子的原子或原子团，称为自由基或游离基。氯自由基非常活泼，具有强烈地获取一个电子形成八隅体电子层结构的倾向。因此，它一经产生，在与甲烷分子碰撞过程中，会夺取甲烷分子中的一个氢原子，形成氯化氢和另一个新的自由基，即甲基自由基。

$$CH_4 + Cl\cdot \longrightarrow CH_3\cdot + HCl$$

甲基自由基比氯原子更加活泼，在与氯气分子碰撞时，易夺取一个氯原子形成氯甲烷和新的氯原子。

$$CH_3\cdot + Cl_2 \longrightarrow CH_3Cl + Cl\cdot$$

新的氯原子又可以重复进行攫氢反应，新产生的甲基自由基也可以重复发生攫氯反应。像这种每一步基元反应都产生一个新的自由基，一经引发，反应就可以不断重复进行下去的反应过程，称为链式反应。由自由基引发产生的链式反应，又称为自由基链式反应(radical chain reaction)。

链式反应一般由链的引发(initiation)、增长(propagation)和终止(termination)三个阶段所组成。在甲烷的氯代反应中，氯原子的产生过程属于链的引发阶段，氯原子的攫氢反应和甲基自由基的攫氯反应属于链的增长或传递阶段。一旦反应体系中起始原料被大量消耗后，自由基之间的碰撞几率就会增大，两个自由基间的碰撞会形成新的共价分子，这种过程称为自由基的偶合反应(coupling reaction)。例如，氯原子与甲基自由基自身和相互间的偶合反应可导致氯气分子、氯甲烷或乙烷的生成。

$$Cl\cdot + Cl\cdot \longrightarrow Cl_2$$

$$CH_3\cdot + Cl\cdot \longrightarrow CH_3Cl$$

$$CH_3\cdot + CH_3\cdot \longrightarrow CH_3{-}CH_3$$

这种自由基的偶合反应会很快消耗掉反应体系中的自由基，使链式反应无法继续，进入终止阶段。

与甲烷类似，其他碳氢化合物与氯气也可以发生类似的自由基链式反应。由于伯、仲、叔碳相对应的碳氢键的离解能不同，这些氢原子在反应时会显示出不同的反应活性。例如，丙烷的氯代反应可以生成两种单氯代丙烷。尽管丙烷分子内伯氢与仲氢的数目之比为3∶1，相应的取代产物物质的质量比却为43∶57。

$$CH_3CH_2CH_3 + Cl_2 \xrightarrow[CCl_4,\ 25\ ^\circ C]{光照} \underset{43\%}{CH_3CH_2CH_2Cl} + \underset{57\%}{CH_3CHClCH_3}$$

与此类似，异丁烷的氯代反应也可以生成两种单氯代产物。异丁烷分子中伯氢与叔氢的数目之比为9∶1，单氯代产物的质量比却为64∶36。

$$(CH_3)_3CH + Cl_2 \longrightarrow \underset{64\%}{(CH_3)_2CHCH_2Cl} + \underset{36\%}{(CH_3)_3CCl}$$

为了更确切地比较伯、仲、叔三种氢的相对反应活性，可以假设伯氢原子的活性为 1，仲氢原子和叔氢原子的相对活性分别为 x_1 和 x_2，则有

$$2x_1/6=57/43 \quad x_2/9=36/64$$

解得

$$x_1=3.98\approx 4 \quad x_2=5.06\approx 5$$

伯、仲、叔氢的键离解能及相对活性如表 4.1 所示。

表 4.1　伯、仲、叔氢的键离解能及相对活性

	键离解能/$(kJ\cdot mol^{-1})$	相对活性
伯氢　$CH_3CH_2CH_2-H$	410	1
仲氢　$(CH_3)_2CH-H$	395	4
叔氢　$(CH_3)_3C-H$	380	5

由此可见，烷烃中氢原子的反应活性大小顺序是叔氢＞仲氢＞伯氢。这与由于超共轭效应，相应氢均裂后得到的烷基自由基的稳定性顺序一致，即叔丁基自由基＞异丙基自由基＞乙基自由基＞甲基自由基。

烃类化合物与氟气会发生爆炸性放热反应，反应很难控制，而与碘基本上不发生反应。在光、热和自由基引发剂的作用下，烃类化合物也可以与溴发生较缓慢的溴代反应。溴的反应活性比氯低，因而在与不同类型的氢原子发生取代反应时，显示出更高的位置选择性。因此，溴代反应在有机合成中有更多的应用。例如，异丁烷与溴反应时，几乎只发生了叔氢的取代反应，形成占绝对优势的溴代叔丁烷。

$$(CH_3)_3CH + Br_2 \xrightarrow[127\ ℃]{日光} \underset{>99\%}{(CH_3)_3CBr} + \underset{<1\%}{(CH_3)_2CHCH_2Br}$$

在链引发阶段中，除了用热和光产生自由基引发反应外，也可用自由基引发剂。例如在甲烷的氯化中加入 0.02%～0.1%四乙基铅就可以引发乙烷的氯代反应。偶氮二异丁腈、叔丁基过氧化物等都是常用的自由基引发剂。

2. 热裂反应

烷烃分子中的 C—H 键与 C—C 键在高温及无氧条件下会发生均裂反应，这一反应称为热裂反应。例如：

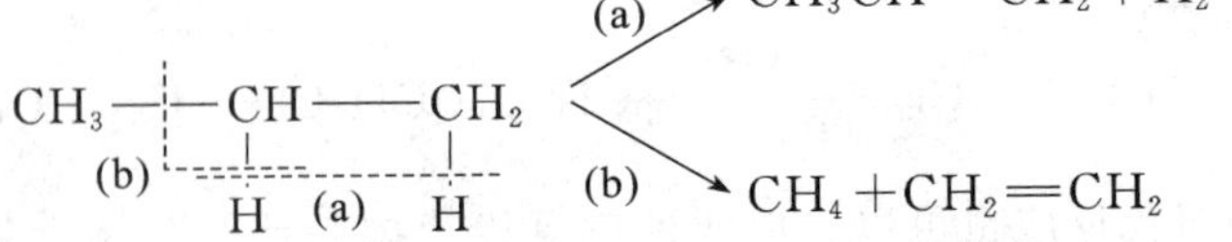

$$CH_3-CH_2-CH_3 \begin{cases} \xrightarrow{(a)} CH_3CH=CH_2 + H_2 \\ \xrightarrow{(b)} CH_4 + CH_2=CH_2 \end{cases}$$

（(a) 断裂两个 C—H 键；(b) 断裂 C—C 键与 C—H 键）

催化裂化是在热裂化工艺上发展起来的，是提高原油加工深度，生产优质汽油、柴油最重要的工艺操作。原料油主要是原油蒸馏或其他炼油装置的 350～540 ℃馏分的重质油，催化裂化工艺由三部分组成：原料油催化裂化、催化剂再生、产物分离。催化裂化所得的产物经分馏

后可得到气体、汽油、柴油和重质馏分油。有部分返回反应器继续加工的油称为回炼油。

3. 氧化反应

通常情况下，绝大多数烷烃与氧气不发生反应。如果点火引发，烷烃可以燃烧生成二氧化碳和水，同时放出大量的热，这是烷烃最重要的反应，可以提供巨大的能量。

$$C_nH_{2n+2}+\frac{3n+1}{2}O_2\xrightarrow{\text{燃烧}}nCO_2+(n+1)H_2O+\text{热量}\,Q$$

$$C_6H_{14}+\frac{19}{2}O_2\longrightarrow 6CO_2+7H_2O+4138\ \text{kJ}\cdot\text{mol}^{-1}$$

烷烃分子中 C—H 键的氧化较难进行。目前，已经知道一些有机酸锰盐或钴盐可以催化饱和脂肪烃的氧化反应，分子氧或空气中的氧气作为氧化剂。例如，长链烷烃在锰盐催化下，可以被氧气氧化，形成高级脂肪酸，其中 $C_{10}\sim C_{20}$ 的脂肪酸可以代替天然油脂制取肥皂。

$$RCH_2CH_2R'\xrightarrow[\text{锰盐},1.5\sim3\ \text{MPa}]{O_2,120\ ^\circ\text{C}}RCOOH+R'COOH$$

五、烷烃的来源

烷烃主要来源于天然气和石油。天然气主要成分是小于 4 个碳的烷烃，以甲烷为主。在石油中含有 $C_1\sim C_{40}$ 的各种烷烃，需要通过裂解和分馏将它们分离成石油气($C_1\sim C_4$)、石油醚($C_5\sim C_6$)、汽油($C_5\sim C_{12}$)、煤油($C_{12}\sim C_{16}$)、柴油($C_{15}\sim C_{18}$)、石蜡油($C_{20}\sim C_{30}$)、沥青($C_{30}\sim C_{40}$)等有用的产品。

生物体中也能产生烷烃，如一些植物的叶片中能释放甲烷，许多植物的叶子和果皮表面含有少量高级烷烃，如苹果皮上的蜡质层含有十七烷及二十九烷，烟叶上的蜡质层含二十七烷及三十一烷，可对植物起保护作用。某些动物身上也可以分泌出一些烷烃，例如，有一种蚁通过分泌一种有气味的物质来传递警戒信息，这种有气味的物质中含有十一烷和十三烷；有一种雌虎蛾能分泌 2-甲基十七烷，用它来引诱雄虎蛾，因此，人们可利用它来诱捕雄蛾。奶牛的胃中由于含有一种能产生甲烷的古细菌，每天可释放 20 升的甲烷。

第二节 环 烷 烃

开链烷烃两端的碳原子以 σ 键互相连接成环的环状化合物叫做环烷烃。根据分子内环的数目，环烷烃可分为单环、双环和多环烷烃，也可根据环的大小程度分为小环($C_3\sim C_4$)、普通环($C_5\sim C_7$)、中环($C_8\sim C_{12}$)及大环($>C_{12}$)，其中五元和六元环最为普遍。单环环烷烃的通式为 C_nH_{2n}，虽然与烯烃也是互为同分异构体，但分子中没有双键和三键，性质与开链烷烃更为相似。

一、环烷烃的化学性质

环烷烃的反应与开链烷烃相似，一般不会发生加成反应，但含三元环和四元环的小环环烷烃性质与烯烃相似，它们容易开环生成开链化合物。

1. 加氢

在较低温度下环丙烷和环丁烷可以加氢开环，而普通环烷烃如环戊烷必须在相当高的温度和活性高的铂催化剂作用下才能加氢开环变成烷烃。

$$\triangle \xrightarrow[40\ ℃]{H_2/Ni} CH_3CH_2CH_3$$

$$\square \xrightarrow[80\ ℃]{H_2/Ni} CH_3CH_2CH_2CH_3$$

2. 加卤素

环丙烷在室温下即可与溴发生加成反应生成1,3-二溴丙烷,环丁烷需要加热才能生成1,4-二溴丁烷。

$$\triangle \xrightarrow[室温]{Br_2} BrCH_2CH_2CH_2Br$$

$$\square \xrightarrow[加热]{Br_2} BrCH_2CH_2CH_2CH_2Br$$

在Lewis酸三氯化铁的催化下,环丙烷在室温下可与氯气发生加成反应生成1,3-二氯丙烷。

$$\triangle \xrightarrow[室温]{Cl_2/FeCl_3} ClCH_2CH_2CH_2Cl$$

但在光照情况下,则生成氯代环丙烷。

$$\triangle \xrightarrow[h\nu]{Cl_2} \triangle\!-Cl$$

3. 加卤化氢与酸性条件下加水

在室温下,环丙烷容易与氢溴酸反应生成溴代正丙烷,也容易与硫酸水溶液反应生成正丙醇。

$$\triangle \xrightarrow{HBr} CH_3CH_2CH_2Br$$

$$\triangle \xrightarrow[②H_2O]{①浓\ H_2SO_4} CH_3CH_2CH_2OH$$

二、环烷烃的结构

1. 环烷烃中的张力

正常的烷烃分子中C—C—C的键角为109°28′,按这种角度生成的键具有最大重叠,稳定性最高。而实验测知,环丙烷分子中C—C—C键角为105°28′,比正常的烷烃分子的键角要小,说明环丙烷分子中碳原子的sp^3杂化轨道在生成共价键时,没有在最大重叠方向进行重叠,稳定性小,使分子具有一种恢复正常键角的角张力,容易发生开环的加成反应,使C—C—C键角恢复到正常键角。很显然,这种角张力是由环丙烷的固有结构决定的,因为环丙烷的三角形结构倾向于使C—C—C键角为60°,但碳原子sp^3杂化轨道的成键理论必须使C—C—C的键角为109°28′才能最稳定,这个大的差值,即是角张力产生的根本原因。环丁烷的几何结构倾向于使C—C—C键角为90°,与109°28′相差要小一些,因此环丁烷比环丙烷要稳定。五元以上的环烷烃,其碳原子可以不在同一平面上,C—C—C的键角接近最稳定的109°28′,所以非常稳定,一般不发生开环反应。

如图4.5(a)所示,正丙烷中,C—C—C的正常键角109°28′,碳原子的sp^3杂化轨道之间有最大重叠;如图4.5(b)所示环丙烷中,C—C—C的键角105°28′,碳原子的sp^3杂化轨道之间没有按最大重叠方向进行重叠，具有角张力。

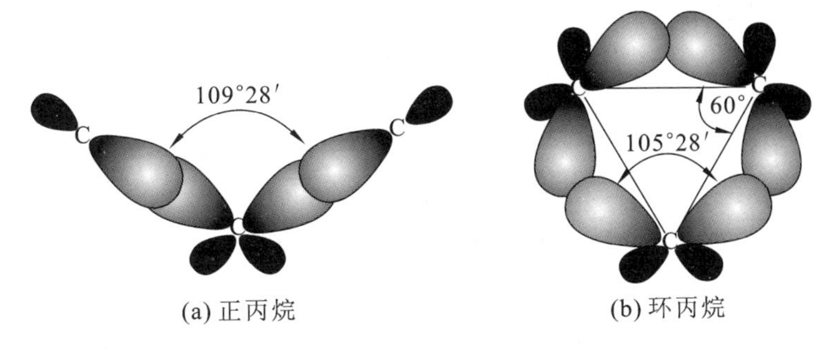

图 4.5　正丙烷和环丙烷 C—C—C 键角

此外，由于环丙烷是一个平面结构，因而相邻碳原子上的 C—H 键全部处于重叠构象，偏离于交叉构象的稳定结构，使之产生扭转张力，扭转张力的存在也使环丙烷不稳定。

2. 环己烷的构象

环己烷分子中既无角张力，也无扭转张力，是个无张力的环，在所有环烷烃中最稳定。环己烷分子中的 σ 单键也会发生旋转，得到各种构象异构体。由于环状结构，σ 单键的旋转会受到一些限制，会出现一些主要的构象异构体。在环己烷中，没有角张力的构象异构体主要有椅式构象和船式构象。环己烷的锯架式结构如图 4.6 所示。

如图 4.7 所示，在椅式构象中，C—H 键和 C—C 键都处于邻位交叉式，没有扭转张力；1,3-位碳原子上的氢原子相距 252 pm，稍大于范德华半径 248 pm，没有斥力，椅式构象稳定。

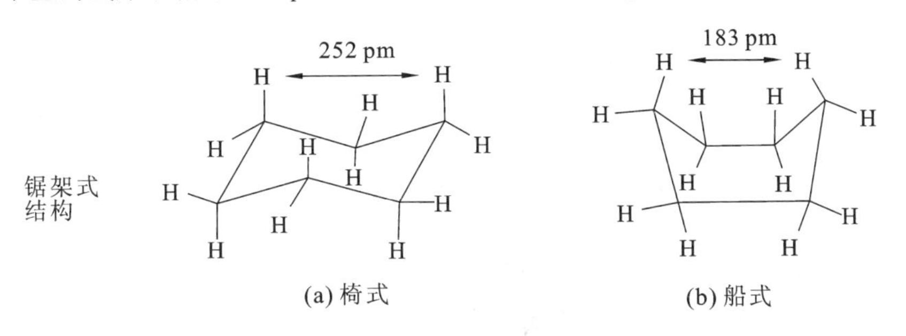

图 4.6　环己烷的锯架式结构

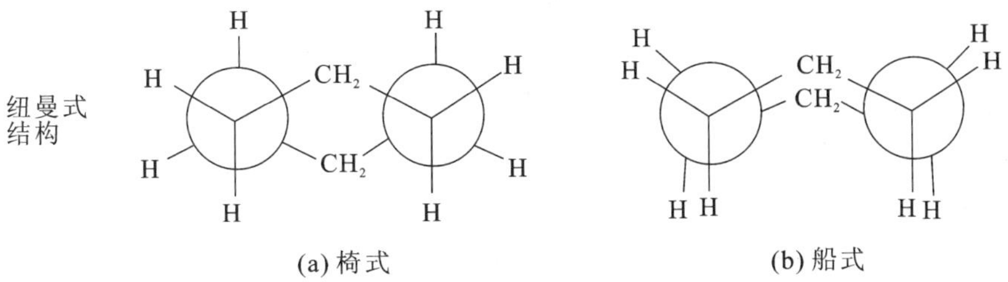

纽曼式结构

(a) 椅式　(b) 船式

图 4.7　环己烷的纽曼式结构

在船式构象中，C—H 键和 C—C 键处于重叠位置，有扭转张力；不同碳上氢原子间的最小距离只有 183 pm，比范德华半径小，具有排斥力。因此，船式构象的能量比椅式高 29.7 kJ · mol^{-1}，椅式比船式稳定。在常温下，椅式构象占 99.9%。如果温度升高，椅式构象会向船式构象转换，使椅式构象所占比例减少。

3. 平伏键和直立键

环己烷椅式构象中每个碳原子上相连的两个氢所处的位置是不同的，一个在六个碳原子所构成的六元环的上端，一个在环的下端。由于是椅式构象，六元环的六个碳原子并不在一个平面上，但相间的C(1)、C(3)、C(5)三个碳原子位于同一平面上，相间的另外三个碳原子C(2)、C(4)、C(6)位于另一平面上，两个平面互相平行。连接环己烷中每个碳原子的两个碳氢键，一个与平面垂直，称为直立键，或a键(axial bonds)；另一个与平面成19.6°，几乎平行，称为平伏键或e键(equatorial bonds)。所连接的氢也通常称为直立氢或a氢、平伏氢或e氢。

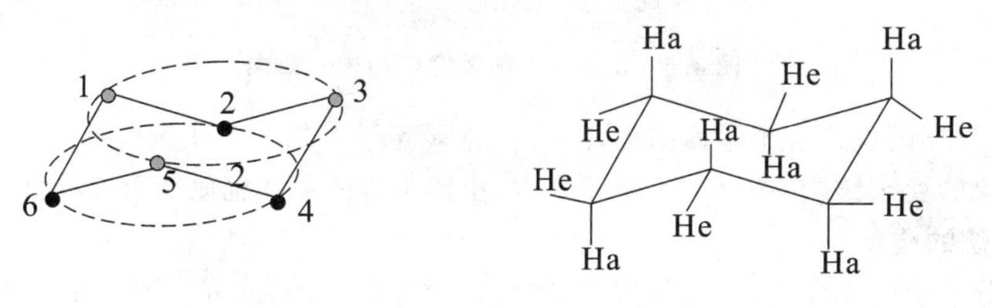

虚线表示两个平行平面　　　　a键和e键

通过σ键旋转，环己烷的一种椅式构象可以翻转成另一种椅式构象，原来的a键变成e键，而原来的e键则都变成a键。这种翻转在室温下进行得非常快，很难分辨环己烷中a氢和e氢的差别。但在很低的温度下，椅式构象之间的翻转减慢，可以用核磁共振测得这两个氢的差别，e氢比a氢在更低场出现信号。

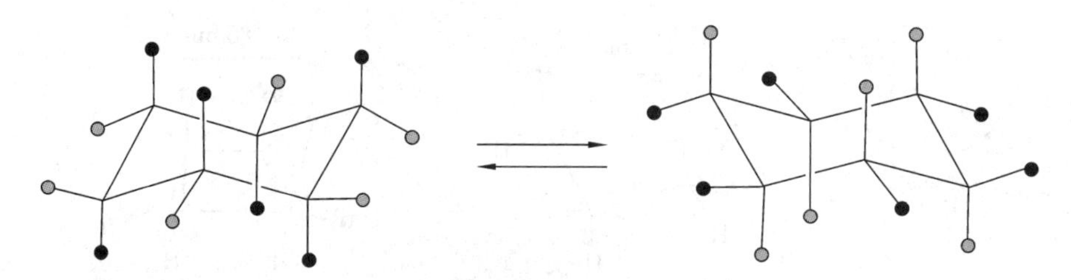

黑球为a氢，灰球为e氢　　　　黑球为e氢，灰球为a氢

如果环己烷上的一个氢被一个其他原子或者官能团取代，比如被甲基取代，这个甲基可能处在a键上，也可能处在e键上，会出现两种构象异构体。在椅式构象中，相间位的a氢之间距离最短，刚好大于氢的范德华半径248 pm，没有排斥力。如果甲基处在a键上，甲基的体积比氢原子大，甲基与相间碳原子上的a氢距离减小，排斥力增加；如果甲基处在e键上，甲基与处在相邻碳原子上的任何氢距离都远一些，排斥力较小。故甲基环己烷的甲基处于e键的构象比a键构象稳定。

因此，如果一个氢原子被体积大的原子或者官能团取代，则这个取代基位于 e 键上比位于 a 键上更加稳定。取代基体积越大，处于 a 键的排斥力越大，两种构象的位能差越大，因此取代基在 e 键的构象所占的比例也越大。例如，异丙基环己烷构象中，异丙基处于 e 键的构象占 97.8%；叔丁基环己烷构象中，叔丁基处于 e 键的构象占 99.99%。

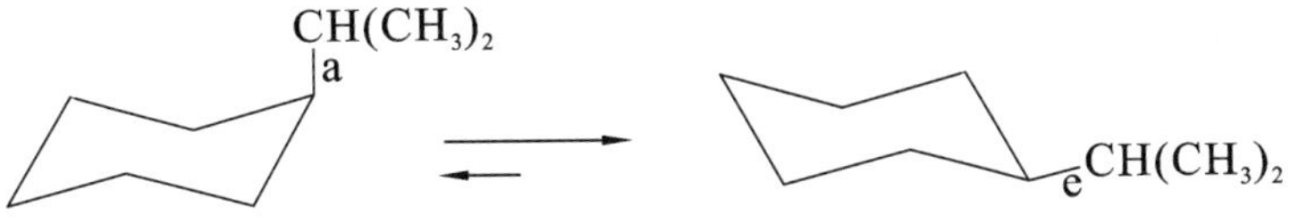

$CH(CH_3)_2$ a ⇌ e $CH(CH_3)_2$

97.8%

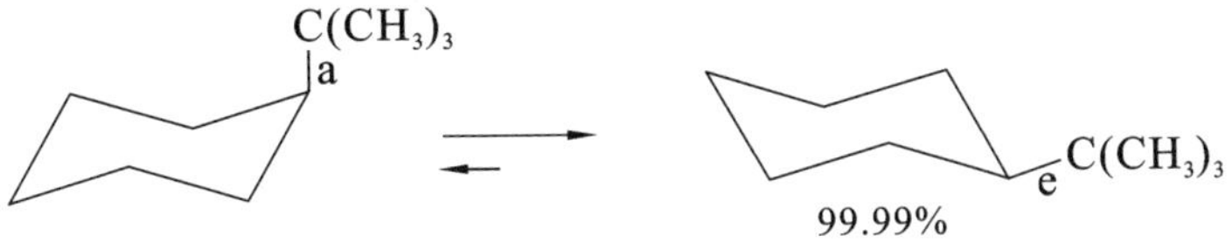

$C(CH_3)_3$ a ⇌ e $C(CH_3)_3$

99.99%

如果环己烷中两个氢原子被取代，则环己烷的结构更加复杂。我们先讨论两个取代基相同的情况，例如二甲基环己烷。如果两个甲基取代在同一个碳上，则只有一种构象。如果取代在不同的碳上，则会有 1,2-、1,3-和 1,4-位三种位置异构体，此外，每一种位置异构体还会有两个顺反异构体，然后再分析其构象异构体及其稳定性。对顺式 1,2-和 1,4-二甲基环己烷，一个甲基处在 a 键，另一个处在 e 键，椅式构象翻转后仍然是这种 ae 双甲基结构，两个椅式构象位能相同；对反式 1,2-和 1,4-二甲基环己烷，两个甲基可以都处在 a 键，也可以都处在 e 键，处于 ee 双键的椅式构象比处于 aa 双键的位能低，稳定性高，在翻转平衡中占 99%。对 1,3-二甲基环己烷刚好反过来，反式的有 ee 双甲基和 aa 双甲基两种不同位能的构象异构体，同样 ee 双甲基构象比 aa 双甲基构象稳定；顺式只有一种位能的椅式构象异构体。

1,1-二甲基环己烷的椅式构象：

CH_3 CH_3 ⇌ CH_3 CH_3

50% 50%

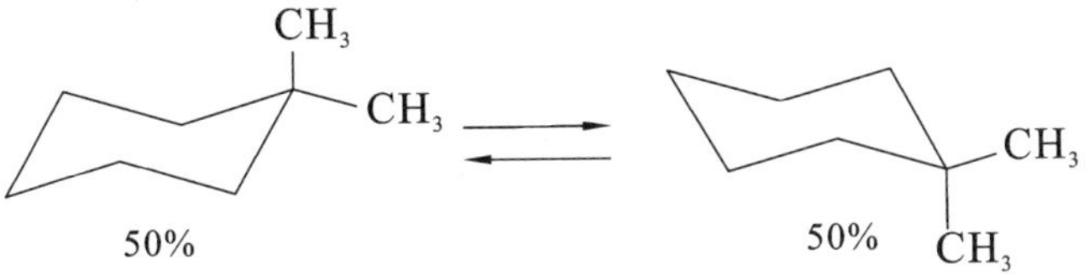

顺式 1,2-、1,4-和 1,3-二甲基环己烷的椅式构象：

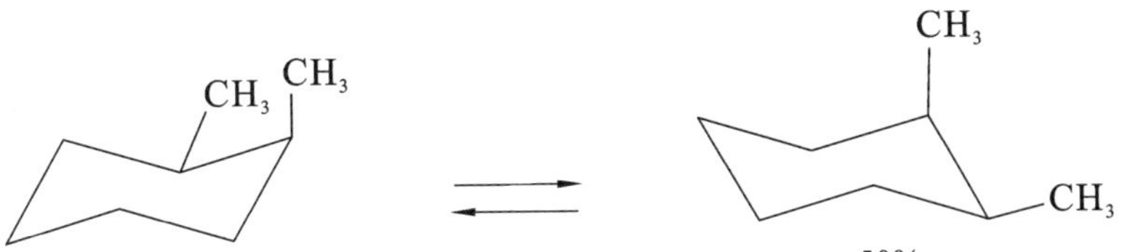

CH_3 CH_3 ⇌ CH_3 CH_3

50% ea双甲基 50% ae双甲基

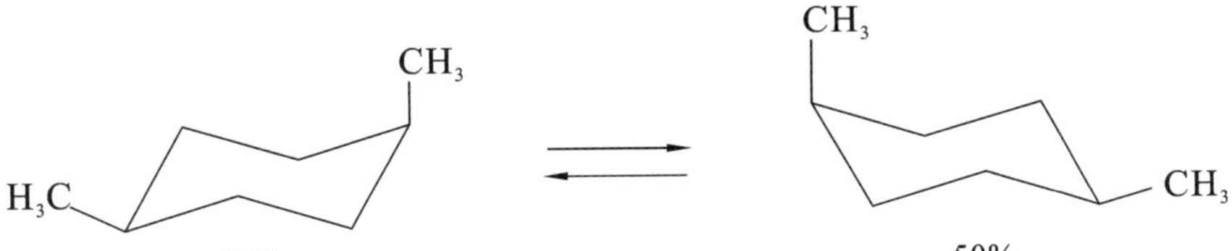

H_3C CH_3 ⇌ CH_3 CH_3

50% ea双甲基 50% ae双甲基

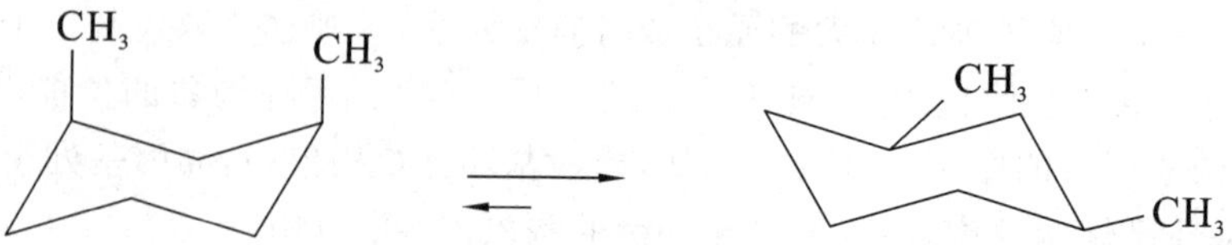

CH_3 CH_3 ⇌ CH_3 CH_3

aa双甲基 ⇌ >99% ee双甲基

反式 1,2-、1,4-和 1,3-二甲基环己烷的椅式构象：

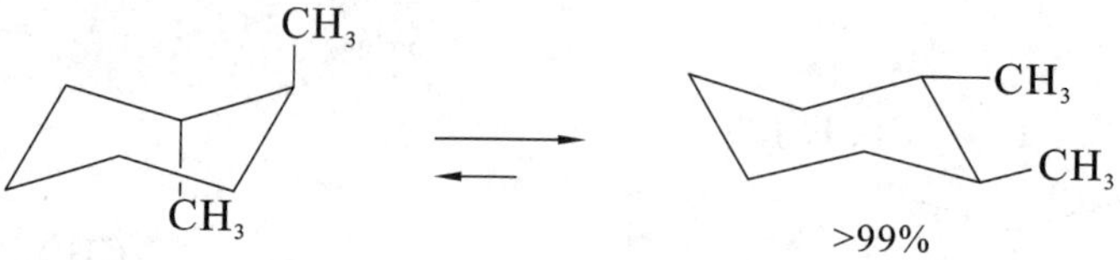

CH_3 CH_3 ⇌ CH_3 CH_3

aa双甲基 ⇌ >99% ee双甲基

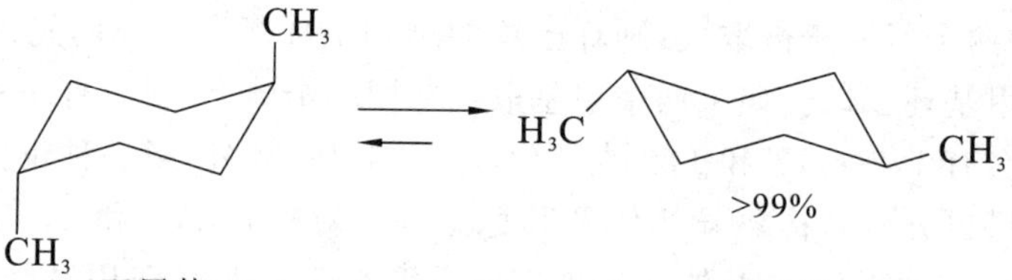

CH_3 CH_3 ⇌ H_3C CH_3

aa双甲基 ⇌ >99% ee双甲基

CH_3 H_3C ⇌ CH_3 CH_3

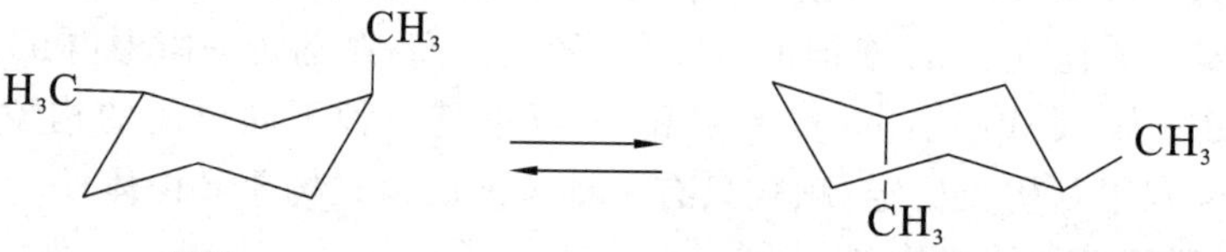

50% ea双甲基 ⇌ 50% ae双甲基

当环己烷上两个取代基不相同时，一般是体积大的取代基处在 e 键，体积小的取代基处在 a 键位置，这样可以减少空间张力，构象稳定性最高。例如反式 1-甲基-3-叔丁基环己烷，叔丁基在 a 键位置时受到同一边两个 a 氢原子的排斥力远大于甲基，构象不稳定；但如果叔丁基在 e 键，甲基在 a 键，稳定性提高。

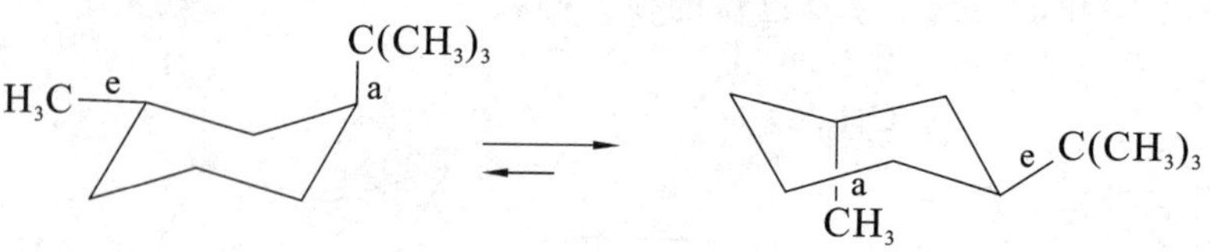

$C(CH_3)_3$ (a) H_3C (e) ⇌ (e) $C(CH_3)_3$ (a) CH_3

4. 十氢萘的构象

十氢萘的结构可以看成由两个环己烷共用两个相邻的碳原子稠合而成，也可以看成一个环己烷在 1,2-位被一个环状的丁基取代，具有顺、反两种异构体。从构象上分析，反式十氢萘以两个椅式环己烷相互稠合，结合位点可以是 ee 键，也可能是 aa 键，但由于环己烷的六元环较小，两个环不能以 aa 键稠合，所以只有 ee 键构象，而没有 aa 键构象。顺式十氢萘也是由两个椅式环己烷稠合而成的，两个连接位点一个以 e 键相连，另一个以 a 键相连，可以从 ea 键连接的构象翻转为以 ae 键连接的构象，两个构象位能相同，是等价的。

以 ae 键形式连接的顺式十氢萘与以 ee 键形式连接的反式十氢萘相比，反式十氢萘比顺式十氢萘稳定。顺反异构体的构象如下：

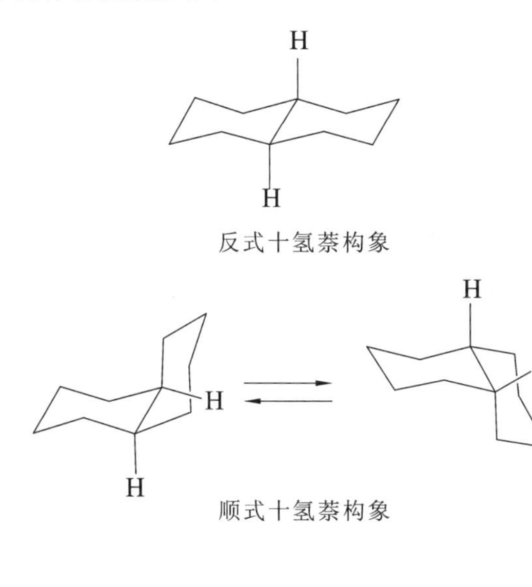

反式十氢萘构象

顺式十氢萘构象

习　题

4-1　举例说明如下概念。

(1) 扭转张力　　(2) 角张力　　(3) 范德华排斥力

4-2　写出正庚烷的所有异构体。

4-3　解释对于相同相对分子质量的烷烃，一般来说支链多的，沸点更低，但随支链增加熔点有时反而升高的原因。

4-4　解释甲烷与氯气进行氯代反应时会有少量氯代乙烷生成的原因。

4-5　甲烷与乙烷等摩尔混合后，再进行一氯代反应，发现产物中氯甲烷和氯乙烷物质的量比为 1∶400。试解释原因。

4-6　试根据键能数据计算下列反应的 ΔH，并说明反应是吸热还是放热？

$$CH_4 + Br_2 \longrightarrow CH_3Br + HBr$$

4-7　查阅有关共价键的键能数据，预测氯气与丙烷反应的主要产物，解释反应中C—H键比 C—C 键容易发生断裂的原因。

4-8　写出丁烷在光照下一溴代的反应机理。

4-9　环己烷的椅式和船式稳定性之差约为 29.7 $kJ \cdot mol^{-1}$，在室温下却能很快互变；顺式和反式十氢化萘之间稳定性之差为 8.4 $kJ \cdot mol^{-1}$，只有在非常激烈的条件下才能从一个构象转变为另一个构象，为什么？

4-10　写出下列反应所得主要产物的结构。

(1) 环丙烷＋Cl_2，$FeCl_3$

(2) 环丙烷＋Cl_2，300 ℃

(3) 环丙烷＋浓 H_2SO_4

(4) 环戊烷＋Cl_2，300 ℃

4-11　写出下列化合物最稳定的构象。

（1）反-1,2-二乙基环己烷和顺-1,2-二乙基环己烷

（2）顺-2-叔丁基-1-丙基环己烷和反-2-叔丁基-1-丙基环己烷

（3）3-异丙基-反-十氢萘

4-12 异丁烷与卤素在光照下发生卤代反应，可以得到两种不同的单卤代产物，若欲高选择性地得到叔丁基卤，宜选用氟、氯和溴中的哪一种？为什么？

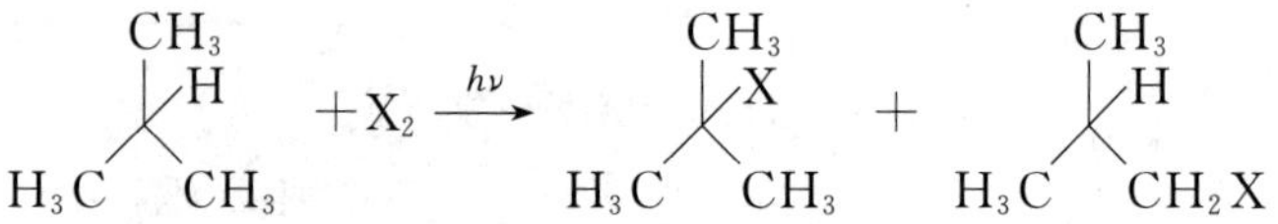

$$(CH_3)_3CH + X_2 \xrightarrow{h\nu} (CH_3)_3CX + (CH_3)_2CHCH_2X$$

第五章　有机化学中的取代基效应

绪论中提到了有机化合物可以按分子内的官能团进行分类。官能团的性质在较大程度上决定了这类化合物的理化性质。例如，羟基化合物一般都可以电离出质子，显示出酸性。醇类化合物一般属于弱酸性物质，其酸性比水还弱；酚类化合物的酸性则比水的明显要强；羧酸的酸性更强；属于中等强度的酸；磺酸是一类酸性与硫酸相当的强酸。几个代表性羟基化合物的 pK_a 如下所示：

羟基化合物	$(CH_3)_3COH$	CH_3OH	H_2O	C_6H_5OH	CH_3COOH	CF_3COOH	$C_6H_5SO_3H$
pK_a	18	17	15.74	9.99	4.76	0.23	−6.5

很显然，不同类型的羟基化合物所呈现的酸性强度存在巨大的差别。那么，究竟是何种因素导致酸性产生这种巨大差异呢？第一章中已经述及，一种物质的酸性强弱取决于其电离出质子的能力大小，而质子的电离能力又取决于 O—H 键的键能和极性大小。因此，上述 pK_a 值的差异说明，与羟基氧原子相连的基团的性质对 O—H 键的键能和极性产生了很大的影响。为了更好地了解这些基团的影响，本章将系统地对这些基团影响官能团性质的方式进行介绍。

第一节　共价键的极性与诱导效应

有机化合物的基本结构是由碳、氢所组成的。由于碳原子和氢原子的电负性非常接近，分别为 2.2 和 2.1，它们形成共价键时，成键的共用电子对在碳原子和氢原子核外出现的几率十分接近，这种共价键的极性很低，称为非极性共价键。除了 C—H 键以外，常见的非极性共价键还包括 C—C、C═C 和 C≡C 键等。

形成共价键的两个原子若电负性差别较大，那么成键电子对出现在电负性大的原子核周围的几率会大于出现在电负性小的原子核周围的几率，这样就使得该共价键呈现极性。常见的极性共价键包括 C—X(碳卤键)、C—O、C═O、C—N、O—H、N—H、C═N、C≡N、N═O 等。

一、诱导效应的定义

共价键极性的产生会进一步影响分子内其他原子核周围的电子云密度分布情况。以正丙烷分子为例，它属于非极性分子，其分子内各碳原子周围的电子云密度基本相同。

$$\underset{\text{非极性}}{H_3C—CH_2—CH_2—H} \qquad \underset{\text{极性}}{H_3C—\overset{\delta\delta^+}{CH_2}\rightarrow\overset{\delta^+}{CH_2}\rightarrow\overset{\delta^-}{Cl}}$$

当其分子内一个氢原子被强电负性的氯原子取代后，形成的 C—Cl 键具有明显的极性，这种极性作用会进一步引起该分子内其他碳原子周围的电子云密度发生变化，这种效应被称为诱导效应(induction effect)。

例如，乙酸的 pK_a 为 4.76，当乙酸分子中的 α-H 被氯原子取代后，会使整个分子的电子云向氯原子偏移，结果引起羟基氢原子周围电子云密度的下降，酸性增强。事实上，氯乙酸的 pK_a 为 2.86，酸性明显比乙酸强。

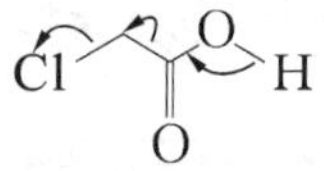

诱导效应引起的电子对的偏移

二、诱导效应的传递

共价键的极性是有机化合物分子的一种内在性质，诱导效应则是与这种内在性质密切相关的一种现象。其重要特征是成键电子对的偏移是沿着 σ 键传递的，并随着碳链的增长而快速减弱乃至消失。诱导效应是一种短程的电子效应，一般经过四个 σ 键后影响就很小了。这一点从下列羧酸的 pK_a 的变化情况不难看出。

	$CH_3CH_2CH_2COOH$	$ClCH_2CH_2CH_2COOH$	$CH_3CHClCH_2COOH$	$CH_3CH_2CHClCOOH$
pK_a	4.90	4.54	4.06	2.84

三、诱导效应的大小

各种基团的诱导效应大小与基团的电子性质有密切的关联。比较各种原子或原子团的诱导效应大小时，通常以氢原子为参照。电负性比氢原子强的原子或原子团（如卤素—X、—OH、—NO_2、—CN 等）具有拉电子的诱导效应，用 −I 表示，整个分子的电子云偏向取代基。电负性比氢原子弱的原子或原子团（如硅基）具有给电子的诱导效应，用 +I 表示，整个分子的电子云背向取代基。就拉电子能力而言，各种基团的诱导效应大小情况如下：

① 同周期的原子或原子团，$F>OH>NH_2>CH_3$；

② 同族的原子或原子团，$F>Cl>Br>I$；

③ 相同类型的原子团，$CH\equiv C>CH_2=CH>CH_3CH_2$，$NO_2>NH_2$，$CH_3COO>CH_3O$。

除了取代基的性质外，引入取代基的数目对羧酸的酸性也有很明显的影响。例如，二氯乙酸的酸性要比氯乙酸强，而三氯乙酸的酸性更强。

羧酸	$H—CH_2CO_2H$	ICH_2CO_2H	$BrCH_2CO_2H$	$ClCH_2CO_2H$	Cl_2CHCO_2H	Cl_3CCO_2H
pK_a	4.76	3.18	2.90	2.86	1.30	0.64

第二节 π 电子的离域与共轭效应

如上所述，不饱和基团的 −I 诱导效应要稍大于简单烷基。甲醇与苯酚同为羟基化合物，它们与羟基氧原子相连的基团分别是甲基和苯基，两者的 −I 效应差别并不大。显然，利用这种 −I 效应的差别是无法合理地解释为何甲醇（pK_a 17）的酸性明显要弱于苯酚（pK_a 9.99）。

一、π 电子的定域与离域

为了理解这种现象，弄清有机分子中 π 键的成键方式十分重要。以乙烯分子为例，π 键是通过两个碳原子的未参与杂化的 p 轨道在垂直于它们的 σ 键方向侧向重叠形成的。此时 π 键的两个 p 电子的运动范围局限在两个碳原子之间，这种运动称为电子的定域运动。而对 1,3-丁二烯而言，两个 π 键以单键相连接后，一个经典 π 轨道中的电子就会运动到另一个经典的 π 轨道中去，这种现象称为电子的离域(delocalization)。与此类似，苯分子内也存在着这种电子离域。

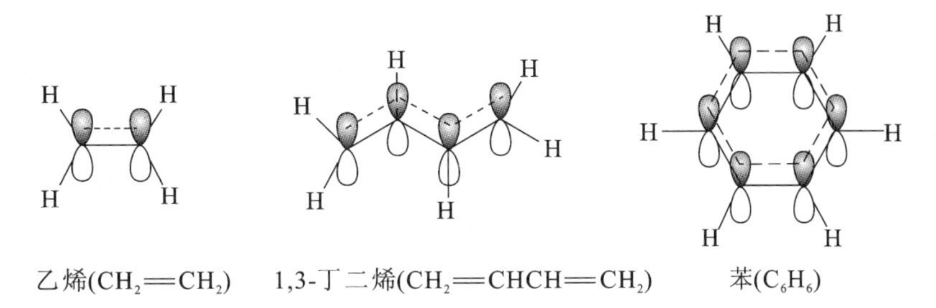

乙烯(CH_2=CH_2)　1,3-丁二烯(CH_2=CHCH=CH_2)　苯(C_6H_6)

二、共轭效应的定义

像 1,3-丁二烯和苯分子内 π 电子的这种离域运动，使得所有 π 电子的运动不再局限在两个碳原子之间，它们可以出现在所有含 p 轨道的碳原子周围，从而使不饱和烃分子内的电子云密度发生变化，这种效应称为共轭效应(conjugated effect)。这种共轭效应导致 1,3-丁二烯分子内 C=C 和 C—C 的键长趋于平均化，而苯分子内六个 C—C 键的键长均完全相同。

普通 C=C 和 C—C 的平均键长分别为 133 pm 和 154 pm，1,3-丁二烯分子内 C=C 和 C—C 的键长分别为 134 pm 和 148 pm，苯分子内六个 C—C 键的键长均为 139 pm。

在弄清共轭作用的基础上，就不难理解为何苯酚与甲醇具有明显不同的酸性。影响甲醇分子的主要因素为诱导效应，而苯酚分子内大 π 键与羟基氧原子的 p 轨道间还存在较大程度的 p-π 共轭，导致氧原子的 p 电子云偏移到苯环的碳原子上，进而诱导羟基 O—H 键的 σ 电子对偏移到氧原子一侧，导致氢原子周围电子云密度降低，酸性增强。

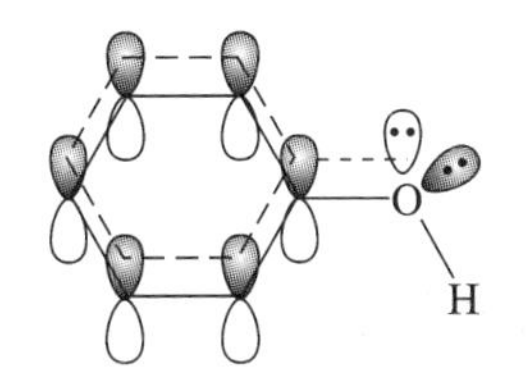

苯酚分子内的p-π共轭作用

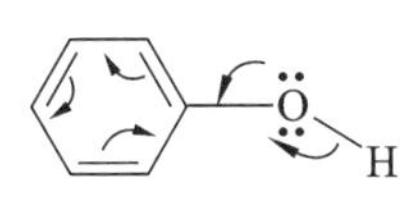

共轭效应引起的电子对偏移

三、共轭效应的传递

为了进一步了解共轭效应的影响，下面给出了几种不同取代苯酚的 pK_a 值。苯酚的苯环上引入一个硝基后，存在邻、间和对三种异构体，它们的 pK_a 值并不相同，其中对硝基苯酚的酸性最强，邻硝基苯酚的稍弱，间硝基苯酚的最弱。那么，要阐明引起这种酸性差异的主要因素，弄清硝基通过何种方式对酚羟基氧原子上分布的电子云密度产生影响是十分重要的。

OH	OH, NO_2	OH, NO_2	OH, NO_2	OH, NO_2, NO_2	OH, O_2N, NO_2, NO_2
9.99	7.23	8.40	7.16	4.00	0.71

硝基是一个具有强－I效应的不饱和取代基，其结构如下所示：

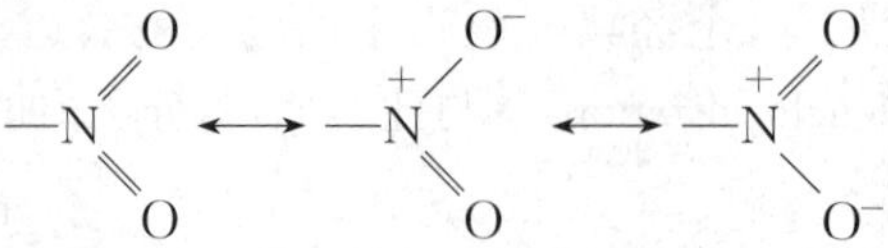

硝基与苯环相连后，两者之间存在明显的共轭作用，导致分子内电子云向硝基一侧偏移。因此，三种单取代硝基苯酚的酸性都比苯酚的强。下图所示的为对硝基苯酚分子内存在的共轭作用以及由此产生的电子云偏移情况。由于电子云明显向硝基一侧偏移，可以认为硝基是一个具有强拉电子共轭效应(—C效应)的取代基。

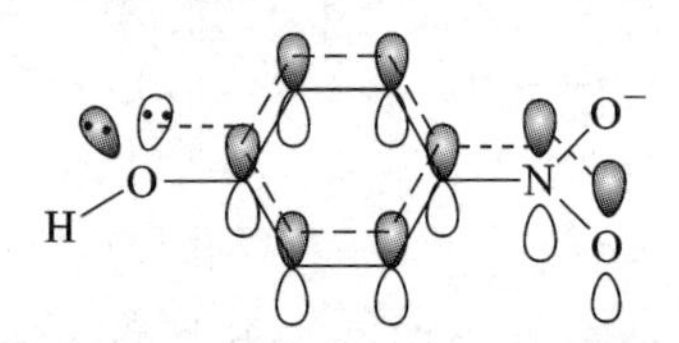

对硝基苯酚分子内的π-π共轭作用

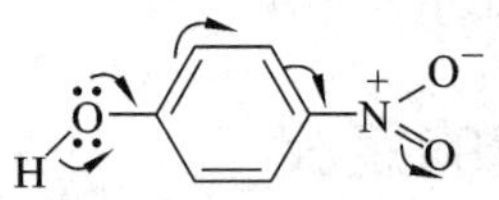

共轭效应引起的电子对偏移

很显然，与诱导效应的传递方式不同，共轭效应是通过不饱和体系内π电子或p电子的离域运动进行传递的，传递的远近取决于共轭体系的大小。例如，1-萘酚的共轭体系比苯酚大，其酸性也强于苯酚。

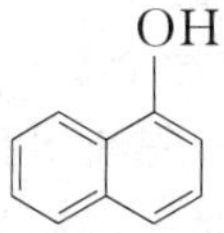

$pK_a = 9.31$

三种单取代硝基苯酚虽然分子内都存在硝基与苯环间的π-π共轭以及羟基与苯环间的p-π共轭，但是，只有邻、对位硝基苯酚分子内存在硝基与羟基的直接共轭。这一点可以通过三者的共振结构式清楚地看到。

邻硝基苯酚和对硝基苯酚的共振结构式如下所示：

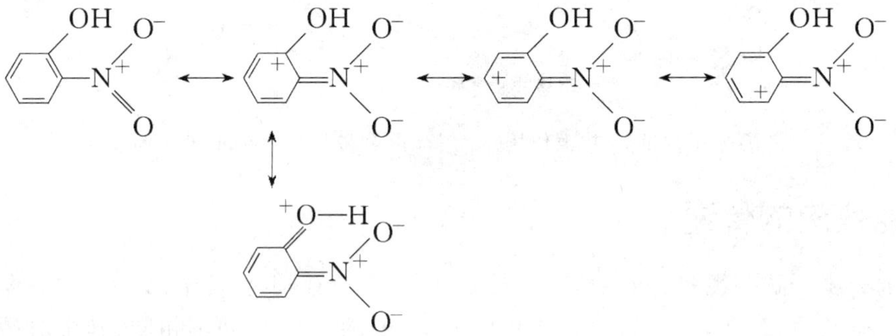

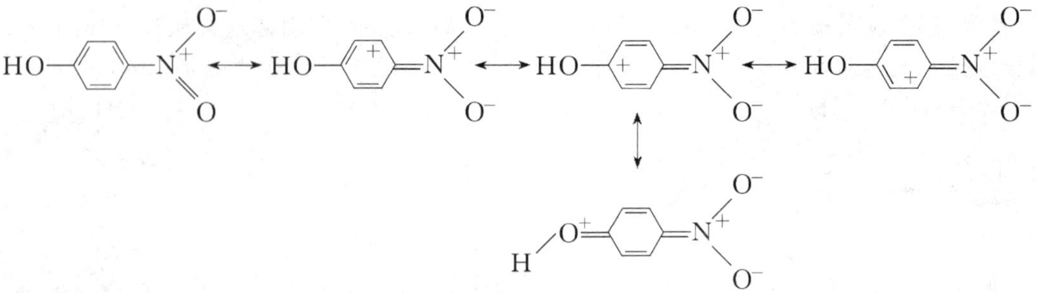

而间硝基苯酚的共振结构式为

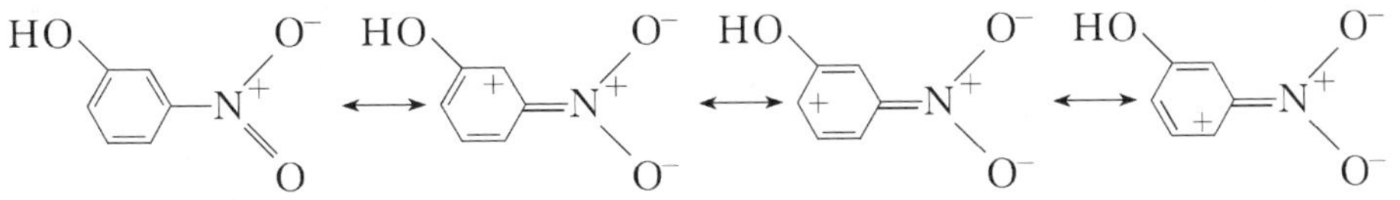

很显然，间硝基苯酚分子内硝基与羟基之间不存在直接的共轭，硝基对羟基的影响较弱，因而间硝基苯酚的酸性较弱。

随着苯环上硝基数目的增加，苯酚的酸性会有进一步的增强。苦味酸的 pK_a 为0.71，已经成为中强酸。氰基也是一个具有强拉电子共轭效应的基团，它的存在使苯酚酸性明显增强。

NC—⟨苯环⟩—OH　pK_a=7.95

四、影响共轭效应的主要因素

上面已经提到，硝基是一个具有强拉电子诱导效应的基团。若按照诱导效应的传递方式，邻硝基苯酚受到硝基的影响应该最大，间硝基苯酚次之，对硝基苯酚最小。但是实际情况并非如此，这说明该分子受到硝基共轭效应的影响远大于诱导效应。

共轭效应的大小在很大程度上取决于两个共轭基团的空间取向。由于 π 键是通过未参与杂化的 p 轨道在垂直于 σ 键侧向重叠形成的，p 轨道间能否有效重叠，取决于它们的空间取向。空间取向完全平行时，它们的重叠程度最高。邻硝基苯酚之所以酸性要比对硝基苯酚弱，是因为硝基与羟基处于相邻位置时，为了避开相互间的空间排挤，两者的空间取向在一定程度上会偏离苯环平面，导致共轭作用的减弱。

除了受空间取向影响外，共轭效应的大小还直接与共轭基团的原子性质有关。下面列出了三种氯代苯酚的 pK_a 值。

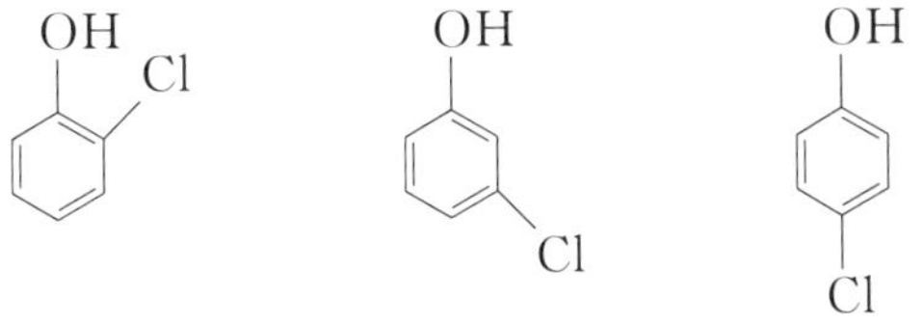

8.48　　9.02　　9.38

已知氯的电负性为 3.0，而氧的电负性为 3.5。在上述取代苯酚中，氯和羟基作为取代基，与苯环间都存在 p-π 共轭作用以及拉电子的诱导作用。与硝基的 π-π 共轭作用不同，氯和氧参与苯环共轭的 p 轨道上拥有一对电子，共轭的结果会使电子云向苯环一侧偏移，即它们具有给电子的共轭效应（+C 效应）。具体情况如下图所示：

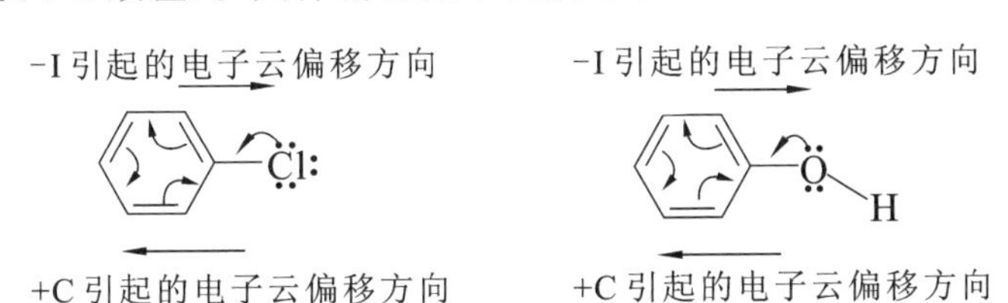

也就是说，氯和羟基都可以看做是一类具有＋C 效应和－I 效应的取代基。两种效应引起的电子云偏移方向相反，因而互相削弱。

上述三种氯代苯酚的酸性都比苯酚强，说明此时氯产生的－I效应要比＋C效应强。邻氯苯酚受到氯产生的－I效应作用最强，显示出最强的酸性；对氯苯酚受到的－I效应最弱，＋C效应最强，其酸性也最弱。对间氯苯酚而言，氯与羟基之间不能产生直接的共轭，受到共轭效应的影响最小。

与此形成对照的是，三种苯二酚的酸性都要比相应的氯代苯酚弱。

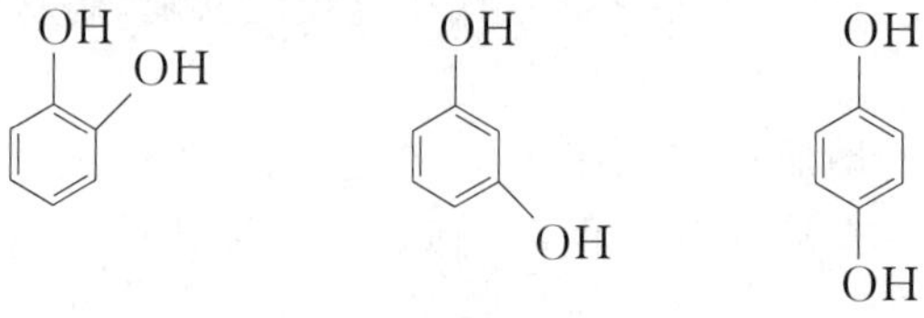

9.48　　9.44　　9.96

显然，仅利用羟基的－I效应来解释这一事实是十分困难的。既然氯的电负性小于氧，其产生的－I效应不可能大于羟基。一种合理的解释是羟基产生的＋C效应要比氯的强。

氯与羟基之所以会产生＋C效应的这种差异，是因为它们与碳原子形成共轭体系时参与的轨道类型并不相同。碳与氧参与共轭的轨道都是2p，而氯参与的轨道则是3p。一般而言，3p轨道比2p轨道处于更高的能级水平，与2p轨道重叠的程度较差。因此，两个基团间的共轭效应大小，在较大程度上受到参与共轭的轨道的能级匹配程度好坏的影响。

五、几种特征的共轭体系

根据离域电子所在的轨道类型不同，共轭作用可进一步细分为π-π共轭、p-π共轭、p-p共轭。

π-π共轭是指两个或两个以上双键（或三键）以单键相连接时所发生的π电子的离域作用。这种共轭体系内电子云的偏移程度与各原子的电负性和参与形成π键的p轨道的半径大小有关。

除了上面提到的1,3-丁二烯外，许多有机化合物分子内含有π-π共轭体系。其中可以用做聚合物单体的常见化合物如下所示：

CN　　$COOCH_3$　　$COOCH_3$　　$CONH_2$

苯乙烯　　丙烯腈　　丙烯酸甲酯　　2-甲基丙烯酸甲酯　　丙烯酰胺

这些单体在自由基引发下，易发生聚合反应。

对含有杂原子的共轭分子，如丙烯醛（$CH_2=CH—CH=O$），由于氧原子的电负性很大，使得π电子云明显偏移到氧原子周围，从而降低了分布于C_1周围的电子云密度，C_1周围的电子云密度的降低通过共轭体系又进一步传递到C_3。共轭作用的结果使得氧原子上带有较多的负电荷，而C_1和C_3带有一定的正电荷。

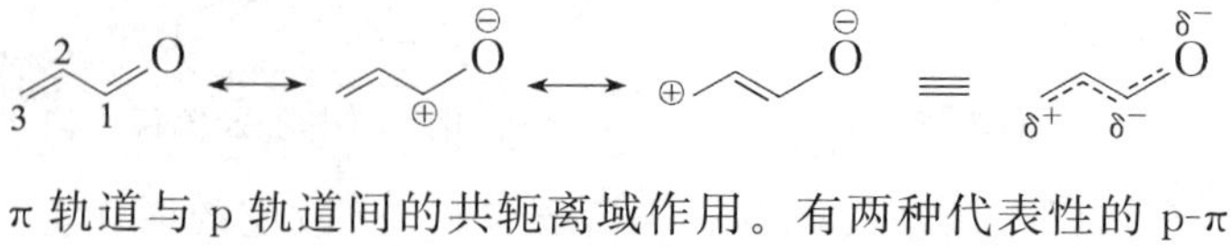

p-π共轭是指π轨道与p轨道间的共轭离域作用。有两种代表性的p-π共轭体系。

一个含有一对p电子（或称n电子）的原子，如O、N、S或卤素X，直接与简单的π体系相连接时，分子体系中的 p 电子和 π 电子可以在 p 轨道与 π 轨道间进行离域运动。上面提及的苯酚分子内氧原子与苯环之间就存在这种 p-π 共轭体系。下面列出的是一些含有 p-π 共轭体系的代表性化合物：

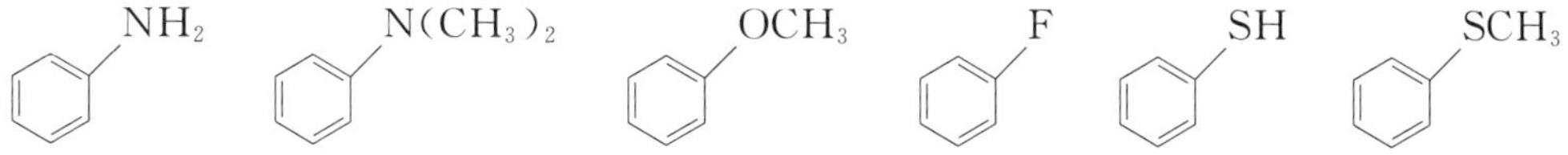

NH_2　$N(CH_3)_2$　OCH_3　F　SH　SCH_3

苯胺　*N*,*N*-二甲苯胺　苯甲醚　氟苯　硫酚　苯甲硫醚

烯醇醚和烯胺化合物是两类重要的化合物，在有机合成中有广泛的应用。例如：

2　1　O　　CH_3　2　1　N

乙烯基乙醚　*N*-(1-甲基乙烯基)四氢吡咯

烯胺分子只含有两个不饱和碳原子和一个氮原子，C═C 键的两个 π 电子和 N 的一对 p 电子参与共轭体系，即构成了三原子四电子体系，被称为多电子共轭效应。这种 p-π 共轭一般会导致杂原子周围的电子云密度下降，C_2 原子周围的电子云密度上升。实际上，烯胺化合物的 C_2 具有明显的亲核能力。

另一种类型的 p-π 共轭在碳正离子或自由基化学中经常出现。烯丙基正离子和苄基正离子是两种代表性的共轭体系。它们都存在一个缺电子的 p 轨道与 π 体系间的共轭作用，使得正电荷可以分散离域到其他不饱和碳原子上。因此，这两种碳正离子的稳定性要高于相应的饱和碳正离子。

$CH_2^{\oplus}$　$\dot{C}H_2$

同样的，烯丙基自由基和苄基自由基因存在 p-π 共轭作用而得以稳定化。

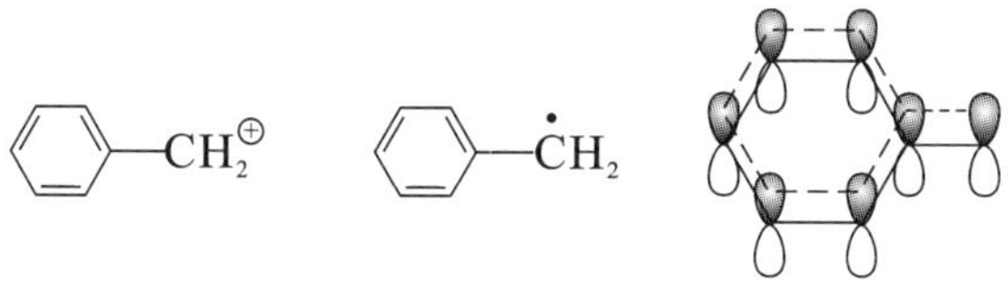

$-CH_2^{\oplus}$　$-\dot{C}H_2$

p-p 共轭是指一个缺电子的 p 轨道与含有一对电子(n 电子)的 p 轨道间产生的共轭离域作用。与杂原子 O、N、S 或卤素 X 相连的碳正离子具有这种 p-p 共轭体系。

例如，氯甲基甲基醚极易发生水解反应，是因为形成了由于 p-p 共轭作用而稳定化了的甲氧基甲基正离子。

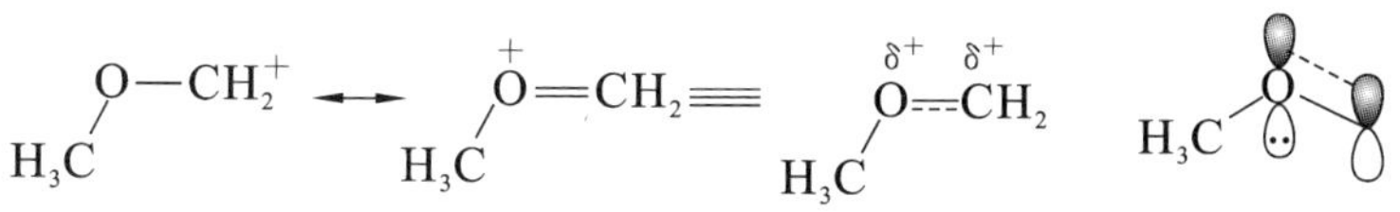

$H_3C-O-CH_2^+ \longleftrightarrow H_3C-\overset{+}{O}=CH_2 \equiv H_3C-\overset{\delta^+}{O}\text{---}\overset{\delta^+}{C}H_2$　H_3C

事实上，碳正离子与 N、O 和 S 等含有孤对电子的原子相连时，其热力学稳定性会明显提高。

第三节　超共轭效应

人们在研究烯烃的氢化热时发现，有甲基取代的烯烃和共轭二烯烃的氢化热比未取代的烯烃的要小一些。这说明取代烯烃和共轭二烯烃的热力学稳定性更高。表 5.1 列出了几种烯烃的氢化热。

表 5.1　几种烯烃的氢化热

烯　烃	$\Delta H/(\mathrm{kJ\cdot mol^{-1}})$
$CH_2{=}CH_2$	−137
$CH_3CH{=}CH_2$	−126
$(CH_3)_2C{=}C(CH_3)_2$	−112
$CH_2{=}CH{-}CH{=}CH_2$	−239
$CH_3CH{=}CH{-}CH{=}CH_2$	−226
$CH_2{=}C(CH_3){-}C(CH_3){=}CH_2$	−226

共轭二烯烃的稳定化是 C═C 键 π 电子的共轭离域所致，这里不再赘述。

双键上烷基取代而引起的稳定作用，一般认为也是由于电子的离域而导致的一种效应，它是 C═C 键的 π 电子云和相邻的 α 位 C—H 键的 σ 电子云相互交盖而引起的离域效应。以丙烯为例，丙烯的 π 轨道与 α 位 C—H 键的 σ 轨道的交盖，使原本基本定域于两个原子周围的 π 电子云和 σ 电子云发生离域而运行到更多原子的周围，因而降低了分子的能量，提高了分子的热稳定性。

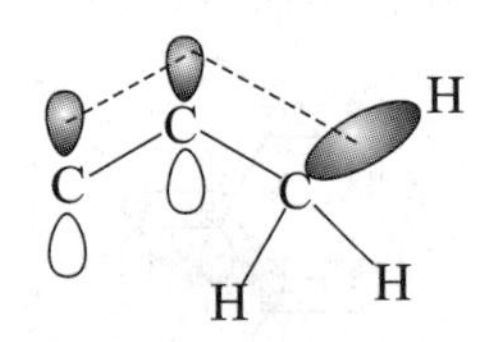

丙烯的π键与C—H键间的σ-π超共轭效应　　超共轭效应引起的电子云偏移方向

由于 σ 电子的离域，丙烯 C—C 单键之间的电子云密度增加，反映在该键的键长缩短为 150 pm（一般烷烃 C—C 单键键长为 154 pm）。

超共轭效应（hyperconjugation）又称 σ-π 或 σ-p 共轭，主要是指由一个 C—H 键的 σ 电子云与邻近的 π 电子云或空 2p 轨道之间相互交盖而产生电子部分离域的一种共轭现象。超共轭效应普遍存在于连接有烷基的不饱和碳氢化合物中，烷基在超共轭效应中是给电子的，其大小与所含的 C—H 键数目有关，其顺序为：$-CH_3>-CH_2R>-CHR_2>-CR_3$。由于超共轭效应是两根化学键的电子云以一定角度部分叠加，而不是肩并肩地进行叠加，这种轨道的重叠程度相对较小。因此，超共轭效应引起的电子云密度的变化比通常的共轭效应要弱得多。

不饱和基团与 α 位 C—H 键之间的超共轭效应使得 C—H 单键之间的电子云密度下降，氢原子的酸性增强。下面列出了一些甲基和亚甲基化合物的 $\mathrm{p}K_a$ 值。

	CH_4	$C_6H_5CH_3$	CH_3COCH_3	$CH_2(COOCH_3)_2$	$CH_2(CN)_2$	$CH_3COCH_2COOCH_3$
pK_a	40	36	20	13.5	11.2	10.2

	CH_3NO_2	$CH_3COCH_2COCH_3$	$O_2NCH_2COOCH_3$	$CH_2(NO_2)_2$
pK_a	10.2	9.0	5.8	3.6

甲基与苯环之间的超共轭效应使得甲苯的酸性比甲烷的强近一万倍。当不饱和基团含有电负性大的 O、N 原子时，它们产生的－I 效应以及与 α 位 C—H 键之间的超共轭效应的协同作用，使得 α 位 C—H 单键之间的电子云密度发生显著的降低，从而导致氢原子的酸性明显增强。丙酮分子内超共轭效应引起的电子云偏移方向如下所示：

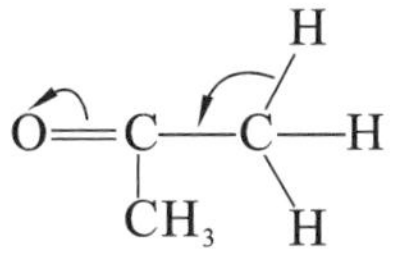

超共轭效应对烷基碳正离子的稳定性影响较大。碳正离子带正电荷的碳原子具有三个 sp^2 杂化轨道，此外还有一个空的 2p 轨道。与碳正离子相连的烷基的 C—Hσ 键可以与此空 2p 轨道有一定程度的相互交盖，这就使 σ 电子可以离域到空的 2p 轨道上。这种超共轭效应的结果使碳正离子的正电荷有所分散，从而增加了其稳定性。

下图示意的是甲基正离子和乙基正离子。甲基正离子因无 α 位 C—Hσ 键而得不到超共轭效应的稳定化，能量较高；而乙基正离子拥有三个 α 位 C—Hσ 键，超共轭效应增加了其稳定性。

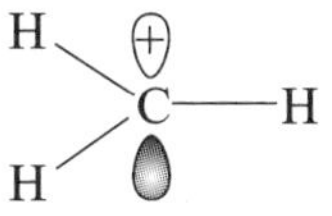

甲基正离子 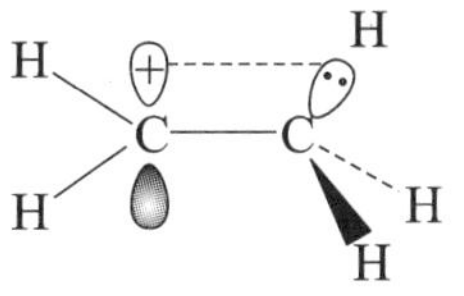　　乙基正离子

这种超共轭效应的大小与碳正离子所含的 α-碳氢键的数目直接相关。简单烷基碳正离子的稳定性顺序为：叔丁基正离子＞异丙基正离子＞乙基正离子＞甲基正离子，即

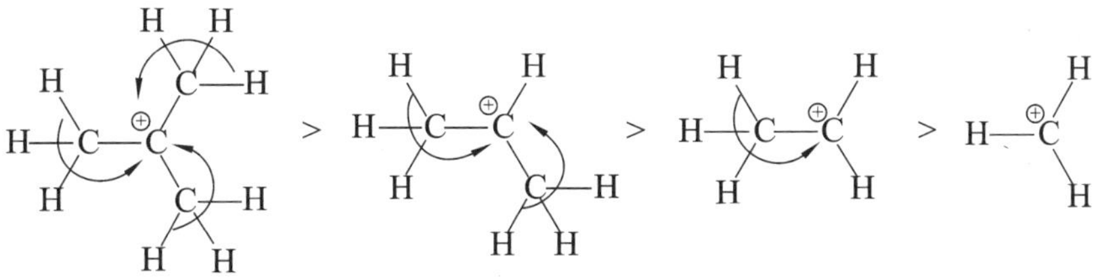

第四节　动态诱导极化效应

在极性分子中，一个极性分子的正端与另一个极性分子的负端之间会产生静电的吸引作用，这种作用称为偶极-偶极相互作用。在非极性分子中，因不存在极性键，所以分子间不会发生偶极-偶极相互作用。

但是，当非极性分子与具有永久偶极矩的极性分子相互接近时，会发生诱导极化，形成瞬时诱导偶极，产生的瞬时诱导偶极矩与永久偶极矩间存在的静电引力称为诱导力。极性分子的永久偶极矩越大，非极性分子的极化度越大，这种诱导作用也就越大，由此产生的诱导力也越大。因为这种瞬时诱导偶极矩并不是始终存在的，所以这种现象称为动态诱导极化。一般而言，外层电子数较多，原子半径较大的原子易发生动态诱导极化。

分子间的诱导极化产生的瞬时偶极矩，会引起原来不带电荷的反应中心原子的反应性的显著变化，这种作用称为动态诱导极化效应。例如，溴分子属于非极性分子，在极性介质中易发生动态诱导极化，导致溴的反应活性有所提高。事实上，溴与苯酚的反应在弱极性的冰醋酸中缓慢进行，形成单取代的对溴苯酚；但在强极性的水中很快进行，形成2,4,6-三溴苯酚。

$$\text{C}_6\text{H}_5\text{OH} + Br_2 \xrightarrow{\text{HOAc}} p\text{-BrC}_6\text{H}_4\text{OH} + HBr$$

$$\text{C}_6\text{H}_5\text{OH} + 3Br_2 \xrightarrow{H_2O} 2,4,6\text{-Br}_3\text{C}_6\text{H}_2\text{OH} + 3HBr$$

第五节 立体效应

简单而言，因分子内各个原子或基团客观上都占据了一定的空间体积，由此产生了诸多影响，这种作用称为立体效应。基团的立体位阻是产生立体效应的重要因素。立体效应的主要表现形式包括：

① 空间位阻(范德华排斥作用)所引起的分子结构变化，如键角和键长变形；

② 空间位阻所引起的分子的物理和化学性质的变化；

③ 空间位阻所引起的分子的稳定构象的变化等。这些作用与涉及的原子或基团在空间的位置有关。

一、立体效应对分子本身结构的影响

基团在空间上的相互排挤会引起分子的能量水平升高。分子为了保持能量最低的状态，总设法使得这种排挤作用降低到最小的程度，结果会使分子内特定共价键的键角或键长发生变化。例如，单取代苯的苯环一般保持良好的平面性，但是，邻三甲苯的苯环平面为了减少三个甲基间的相互空间位阻作用明显发生扭曲。特别值得一提的是，两个苯环直接相连时，通常会处于同一分子平面中，这样有利于相互间产生共轭作用。但是，一旦苯环邻位上的氢原子被其他体积较大的基团取代后，为了避开这些基团间的立体排挤作用，两个苯环常处于不同平面中。

H H　　　　COOH
　　　　　　H_3C
　　　　　　H_2N
H H　　　　COOH

二、立体效应对分子的稳定构象的影响

当一个有机分子中的各基团绕 C—Cσ 单键旋转时，两个碳原子上的三个基团间的空间距离会发生显著变化，这就产生了所谓的最低能量构像的问题。对简单分子而言，其最低能量状态可以由构象分析来确认。例如，反-1，4-二甲基环己烷的最低能量状态为（Ⅰ）而不是（Ⅱ）。

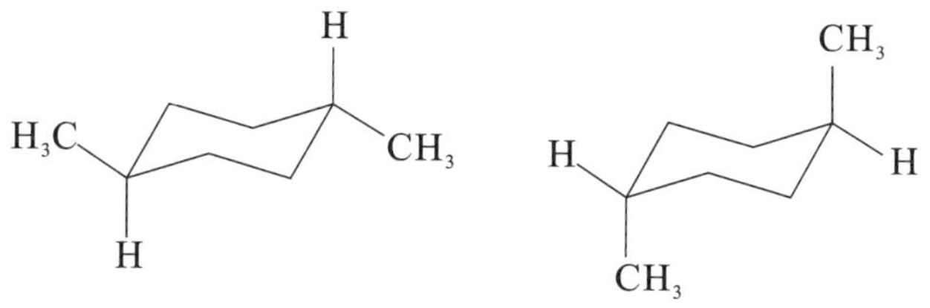

（Ⅰ）　（Ⅱ）

三、立体效应对分子的反应性的影响

化学反应一般通过分子间的相互有效碰撞才能发生，也就是说，两种分子只有在空间上相互接近到能形成共价键的距离，才能进行有效地共价结合。因此，一种分子的反应中心原子在接近另一分子的反应中心位置时，若遇到来自两个分子中其他基团很大的空间排挤，那么两者间发生化学反应的难度明显增大。因此，分子的立体位阻效应将会降低特定官能团的反应活性。例如，就与乙醇钠发生的取代反应而言，溴甲烷的反应速度明显要比立体位阻较大的溴代叔丁烷快。

四、立体效应对反应的立体化学的影响

取代基的立体位阻对许多有机反应的立体化学能产生很重要的影响。例如，α-手性醛与亲核试剂 HY 反应时，HY 从醛基平面的外侧(a)接近羰基碳原子所遇到的立体位阻比从内侧(b)接近时要小，因此，反应会形成对映异构体（Ⅱ）占优势的产物。其中 L、M、S 代表大体积、中等体积和小体积的基团。

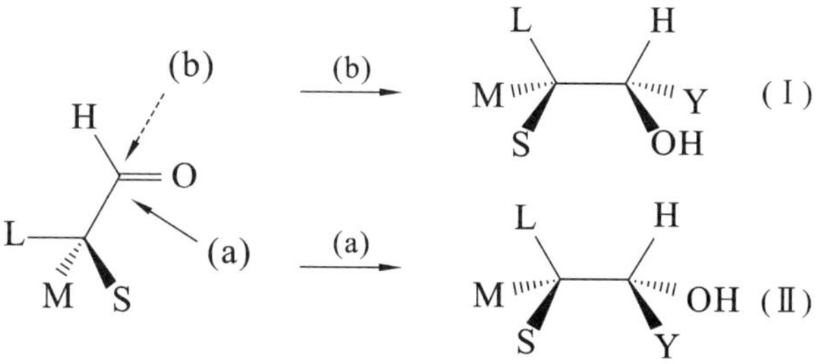

（Ⅰ）

（Ⅱ）

不对称催化是合成光学活性化合物的重要手段，其基本理论依据是利用手性环境造成的一个底物分子反应中心位置两侧的立体位阻不同，这样进攻试剂可以优先从位阻小的一侧进攻底物，生成某一种立体异构体占优势的产物。

习 题

5-1 请给出取代基效应的含义,并举例说明诱导效应、共轭效应和超共轭效应。

5-2 根据诱导效应和共轭效应的作用方式,指出下列分子中各碳原子周围的电子云密度高低。

(1) $CH_3CH_2CH_2NO_2$　　(2) $CH_3CH{=}CHCHO$　　(3) C_6H_5OH

5-3 根据诱导效应的大小,判断下列各组物质的酸性由强到弱排列成序。

(1) $ClCH_2CH_2COOH$　$CH_3CHClCOOH$　CH_3CH_2COOH　$Cl_2CHCOOH$

(2) CH_3COOH　$BrCH_2COOH$　$ClCH_2COOH$　FCH_2COOH

(3) CH_3OCH_2COOH　H_2NCH_2COOH　O_2NCH_2COOH

5-4 根据共轭效应的大小,判断下列各组物质的酸性强弱。

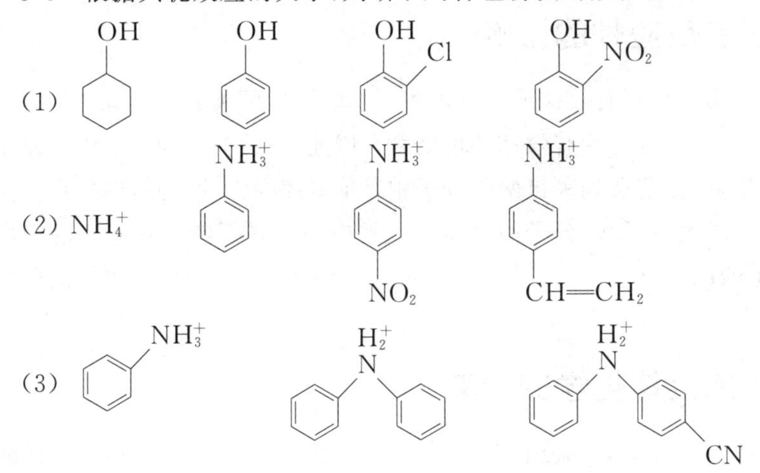

5-5 指出下列分子中所存在的共轭体系类型,并比较双键碳原子上的电子云密度高低。

(1) $CH_2{=}CHOCH_3$　(2) $CH_2{=}CHCOOCH_3$　(3) $CH_2{=}CHCN$

(4) $CH_2{=}CHCl$　(5) $CH_3CH{=}CHNO_2$　(6) $CH_2{=}CHN(CH_3)_2$

5-6 比较下列结构中饱和碳原子上所连接的氢原子的活泼性,并说明原因。

(1) $CH_3CH{=}CH_2$　(2) $CH_2{=}CHCH_2CH{=}CH_2$　(3) $CH_2{=}CHCH(CH{=}CH_2)CH{=}CH_2$

5-7 判断下列化合物 C=C 键的键长,并按键长增大的顺序排序。

(1) $CH_2{=}CHCH_3$　(2) $CH_2{=}CH_2$　(3) $CH_3CH{=}C(CH_3)_2$

(4) $CH_2{=}C(CH_3)_2$　(5) $(CH_3)_2C{=}C(CH_3)_2$

5-8 比较下列各组结构的稳定性。

(1) $CH_3\overset{\ominus}{C}H_2$　$\overset{\ominus}{C}H_2NO_2$

(2) $CH_3OCH_2\overset{\oplus}{C}H_2$　$CH_3O\overset{\oplus}{C}H_2$　$CH_3\overset{\oplus}{C}HCH_3$

(3) $CH_3\dot{C}HCH_3$　$CH_3\dot{C}H_2$　$CH_3\dot{C}(CH_3)CH_3$

(4) 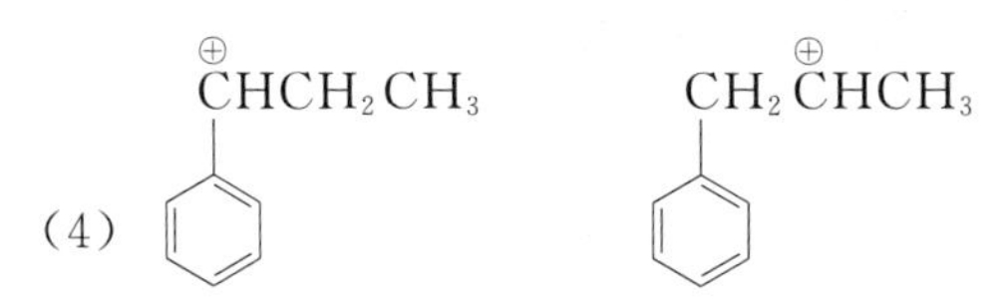

5-9　判断取代基的存在对下列化合物苯环上电子云密度的影响，并作简要说明。

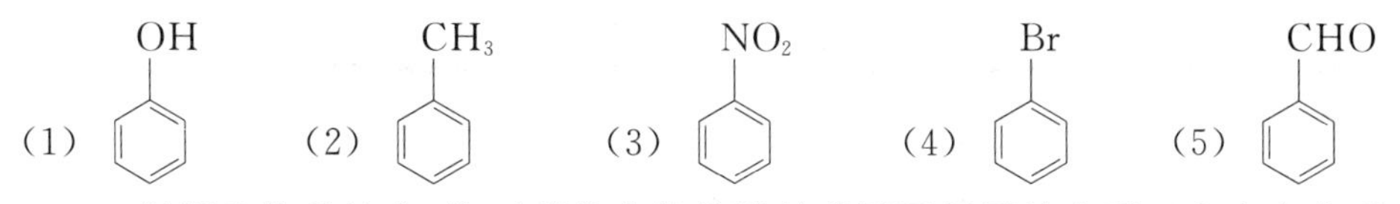

5-10　根据取代基效应，将下列化合物按羰基碳原子周围的电子云密度由大到小排序。

(1) CH_3CHO　　(2) CH_3COOCH_3　　(3) CH_3COCl

(4) CH_3CONH_2　　(5) CH_3COCH_3　　(6) $(CH_3CO)_2O$

第六章　烯　与　炔

烯键碳原子采取 sp^2 杂化，双键由一个较强的 σ 键(键能一般大于 300 kJ · mol^{-1})和一个较弱的 π 键(键能为 263.5 kJ · mol^{-1})所组成。根据分子轨道理论，烯烃分子在基态时，它的两个 π 电子填充在成键轨道上，反键轨道是空着的(见图 6.1)，意味着 π 键是分子中容易与其他试剂发生化学反应的活泼位置。烯键结构呈平面几何形状，其 π 电子云分布在平面上下方且离核较远，因此易受到缺电子物质的进攻，导致 π 键的断裂，最终生成多种官能团的加成产物。另一方面，具有一个未成对电子的物质，如自由基，也可以进攻 π 键发生自由基加成或聚合反应。

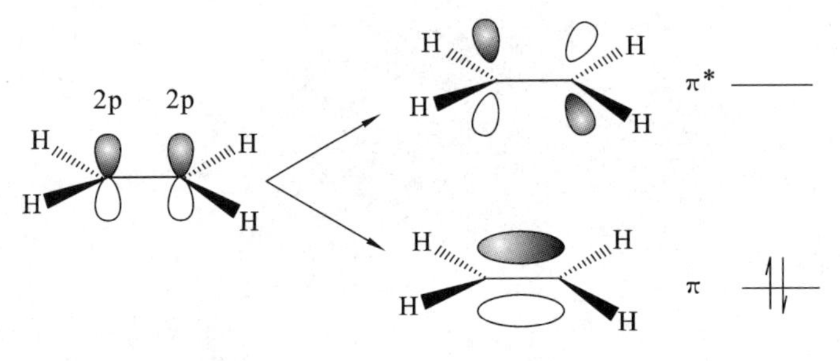

图 6.1　乙烯分子 π 键成键示意图

烯键两端的基团对烯烃的化学性质影响很大。取代基的电子效应将导致 π 键电子云密度发生显著变化，进而影响其反应的机理。取代基的空间位阻也会造成不同结构的烯烃的反应性不同。

第一节　烯的主要化学性质

鉴于烯键的结构特征，其主要化学反应包括：①过渡金属催化加氢；②亲电试剂诱导的加成和聚合；③自由基诱导的加成和聚合等。

一、催化加氢反应

在无催化剂存在下，烯烃与氢气的反应活化能很高，反应很难发生。但在 Pt、Pd、Ni 等 d8 副族过渡金属催化下，烯烃能与氢气顺利发生加成反应，该过程称为催化加氢反应，是目前制备烷烃的重要方法。

用 Pt、Pd、Ni 等金属粉末作催化剂，可以大大降低加成反应的活化能，使反应顺利发生。高度分散的金属粉末，有极高的表面活性，能与吸附在金属表面的烯烃分子和氢分子作用，促使 C═C 中的 π 键和 H—H 的 σ 键断裂，从而相互反应形成产物，具体过程如图 6.2 所示。

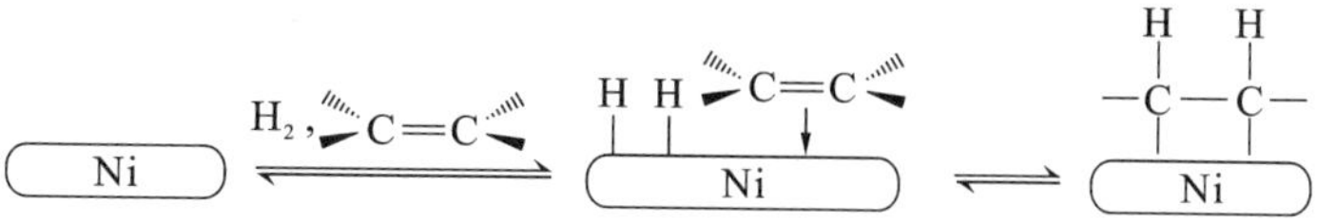

图 6.2 烯烃催化加氢过程示意图

烯烃这种靠催化剂才能顺利进行加氢的反应原理，可以从分子轨道前线理论加以解释。前线轨道理论认为，反应中起决定作用的轨道是两种反应物分子中一个分子的 HOMO 和另一个分子的 LUMO，反应时电子从 HOMO 进入 LUMO。如果一个分子的 HOMO 和另一个分子的 LUMO 能够发生同位相重叠，则反应是对称允许的，可以进行；如果一个分子的 HOMO 与另一个分子的 LUMO 位相相反，则反应是对称禁阻的，不能进行。

由于乙烯分子的 HOMO 与氢分子的 LUMO，或者乙烯分子的 LUMO 和氢分子的 HOMO，都是对称性禁阻的，所以很难直接发生加成反应。但是，如图 6.3 所示，当用催化剂如 Ni 催化时，Ni 的 HOMO 轨道（3d 轨道）与氢的 LUMO 轨道（σ^* 轨道）是对称允许的，电子从 Ni 的 3d 轨道流入 H_2的 σ^* 轨道，使 H_2裂解，然后与乙烯的 LUMO 轨道（π^* 轨道）发生对称性允许的叠加。

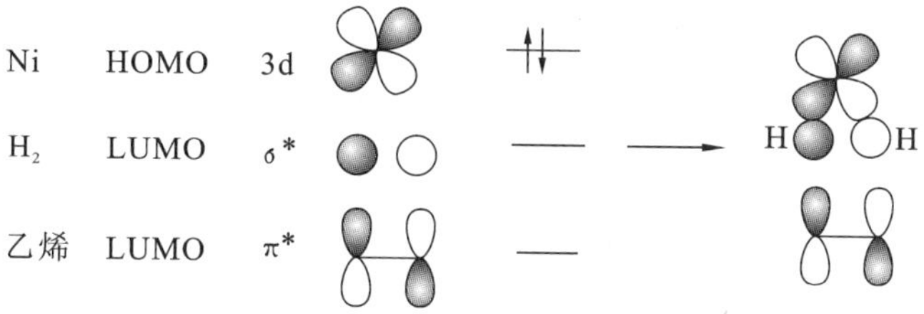

图 6.3 镍、氢气和乙烯的对称性允许催化加氢

通常烯键上的取代基越大、取代基数目越多，烯烃越不容易被吸附在催化剂的表面，加氢反应也就越不容易进行。因此，加氢反应速率一般可表示为

$$R_2C=CR_2<R_2C=CHR<RCH=CHR<RCH=CH_2<CH_2=CH_2$$

利用烯烃结构对加氢活性的影响，可以实现选择性地加氢。例如，选择一定的催化条件，可将苧烯中位阻较小的侧链双键氢化，保留环内双键，从而得到孟烯。

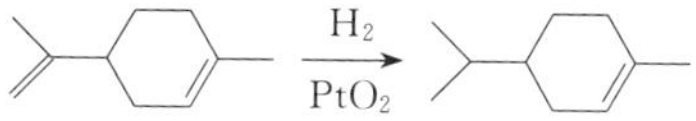

加氢反应是一个放热反应，放出的热量称为氢化热。单个双键的氢化热大约为120 kJ · mol^{-1}。利用烯烃分子氢化热的大小，可以比较烯分子稳定性的高低。一般情况下，分子的氢化热越小，分子内能越低，分子越稳定。

表 6.1 氢化热数据表明，双键碳原子上连接的烷基越多，烯烃就越稳定，即烯烃的稳定性

表 6.1 不同结构烯烃的氢化热

烯烃	反-2-丁烯	顺-2-丁烯	2-甲基丙烯	1-丁烯
氢化热/(kJ · mol^{-1})	114.7	119	117.6	126

顺序一般可以总结如下：

$$R_2C{=}CR_2 > R_2C{=}CHR > RCH{=}CHR > RCH{=}CH_2 > CH_2{=}CH_2$$

另外，氢化反应是定量进行的，所以通过测定加氢时消耗氢气的体积，还可以估算化合物中所含双键的数目。

烯键的催化加氢一般都以同面加成方式进行的，即两个氢原子是从双键的同侧加上去的。例如1,2-二甲基环戊烯的加氢反应，只得到顺-1,2-二甲基环戊烷。

H_3C CH_3 $\xrightarrow{H_2,Ni}$ CH_3 CH_3

二、亲电加成反应

烯键 π 电子云分布于分子平面上下两侧，易极化，容易受到一些带正电荷或带部分正电荷的亲电试剂的进攻而发生加成反应。常见的亲电试剂包括卤素（Cl_2、Br_2）、无机酸（H_2SO_4、HX、HOX）及有机酸等质子酸，由亲电试剂进攻而引起的加成反应称为亲电加成反应。

与烷烃的自由基取代反应不同，烯烃的亲电加成反应，总是伴随着共价键的异裂，形成碳正离子中间体。因此，烯烃的亲电加成是离子型反应，且反应是分步进行的。其反应机理如下：

$$>C{=}C< + \overset{\delta^+}{E}-\overset{\delta^-}{Nu} \xrightarrow{慢} \overset{+}{C}-C(E) + Nu^-$$

$$\overset{+}{C}-C(E) + Nu^- \xrightarrow{快} C(Nu)-C(E)$$

反应中的第一步是 E^+ 用外电子层的空轨道与烯烃的 π 轨道相互作用，牵涉到 π 键的断裂和 σ 键的生成，这一步反应速率通常较慢，是决定整个反应速率的一步。由于反应中断裂了一个较弱的 π 键，形成了两个较强的 σ 键，此反应往往是热力学有利的放热反应。以下将分别讨论烯烃与多种亲电试剂（水、质子酸、卤素、硼烷等）间的亲电加成反应。

1. 水合反应

在强酸（常用 H_2SO_4、H_3PO_4 等）催化下，活泼性较大的烯烃可以和水反应生成醇，此反应也称为烯烃的水合，是低分子醇的制备方法之一。

$$CH_3-CH{=}CH_2 + H_2O \xrightarrow[195\ ℃,20\ MPa]{H_3PO_4} CH_3-\underset{OH}{\underset{|}{CH}}-CH_3$$

在水合反应中，烯烃首先与水合质子 H_3O^+ 作用生成碳正离子，此步反应速度较慢；碳正离子再与水作用得到质子化的醇，接着质子化的醇与水交换质子，后两步反应速度都较快。

$$CH_3-CH{=}CH_2 + H_3O^+ \overset{慢}{\rightleftharpoons} CH_3-\overset{+}{C}H-CH_3 + :\ddot{O}(H)-H$$

$$CH_3-\overset{+}{C}H-CH_3 + :\ddot{O}(H)-H \overset{快}{\rightleftharpoons} CH_3-\underset{CH_3}{\overset{H}{C}}-\overset{+}{O}(H)-H$$

$$CH_3-\underset{CH_3}{\overset{H}{C}}-\underset{H}{\overset{+}{O}}-H + :\underset{H}{\ddot{O}}-H \xrightleftharpoons{快} CH_3-\underset{CH_3}{\overset{H}{C}}-OH + H_3O^+$$

烯烃与水的加成符合马尔科夫尼可夫(Vladimir Markovnikov,俄国化学家)规则,即不对称烯烃与质子性试剂(如 H_2O)反应时,质子首先与含氢较多的碳原子相连。因此除乙烯外,烯烃水合反应的主产物一般都不是伯醇。

烯烃亲电加成反应的这种马氏加成经验规律,可以从比较反应生成的碳正离子中间体Ⅰ和Ⅱ的稳定性得到解释:

$$CH_3-CH=CH_2 + H_3O^+ \longrightarrow \begin{cases} CH_3-\overset{+}{C}H-CH_3 & Ⅰ \\ CH_3-CH_2-\overset{+}{C}H_2 & Ⅱ \end{cases}$$

Ⅰ Ⅱ

在碳正离子Ⅰ中,2个甲基的6个碳氢σ轨道可以与碳正离子的p轨道产生给电子的σ-p超共轭效应,使得正电荷获得较大分散。而碳正离子Ⅱ只有一个亚甲基的2个碳氢σ轨道参与σ-p超共轭效应,其正电荷的分散程度不如Ⅰ。由于正电荷越分散的碳正离子越稳定,所以稳定性是Ⅰ>Ⅱ,即2-丙醇为主要产物。

在实际反应过程中,第一步生成的碳正离子也可以和水溶液中其他物质(如硫酸氢根等)作用生成不少副产物,所以这种直接水合方法缺乏制备结构复杂醇的工业价值。

2. 与质子酸的反应

无机质子酸(如 HX 等强酸)能直接与烯烃发生加成反应,而有机质子酸(如乙酸、醇等)则需要强酸催化。

烯烃与卤化氢、硫酸、有机酸,以及醇等质子酸试剂发生反应,分别生成卤代烷、硫酸氢烷基酯、有机酸烷基酯和烷基醚。具体过程示意如下:

$$\gt C=C \lt + \underset{(X=Cl,Br,I)}{H-X} \longrightarrow -\underset{H}{C}-\overset{X}{C}-$$

卤代烷

$$\gt C=C \lt + H-OSO_3H \longrightarrow -\underset{H}{C}-\overset{OSO_3H}{C}-$$

硫酸氢烷基酯

$$\gt C=C \lt + H-OCOR \longrightarrow -\underset{H}{C}-\overset{OCOR}{C}-$$

有机酸烷基酯

$$C=C + H-OR \longrightarrow -\overset{H}{C}-\overset{OR}{C}-$$

烷基醚

烯烃与质子酸的加成反应机理与烯烃的水合相类似，现以乙烯与 HBr 的反应为例加以说明。受烯键上 π 电子的影响，极化的 HBr 分子中带部分正电荷的 H 靠向 π 键，生成带正电荷的碳正离子中间体，活泼的碳正离子中间体，很快与 Br^- 结合生成溴代烷：

$$C=C + H-Br \rightleftharpoons C=C \cdots \overset{\delta^+}{H}-\overset{\delta^-}{Br} \xrightarrow{慢} -\overset{|}{C}H-\overset{+}{C}- + Br^- \xrightarrow{快} -CH-\overset{Br}{C}-$$

同上所述，质子进攻 π 键形成碳正离子是反应的关键步骤，生成的碳正离子中间体越稳定，反应的活性越高。实际上，多数烯烃与 HBr 的主要加成产物是由稳定的碳正离子中间体生成的，有时甚至是唯一的产物。例如，

$$CH_3CH_2CH=CH_2 + HBr \xrightarrow{HOAc} CH_3CH_2CH_2CH_2Br\ (20\%) + CH_3CH_2CHBrCH_3\ (80\%)$$

$$(CH_3)_2C=CH_2 + HBr \xrightarrow{HOAc} (CH_3)_2CHCH_2Br\ (10\%) + (CH_3)_3CBr\ (90\%)$$

$$\text{1-甲基环戊烯}-CH_3 + HBr \xrightarrow{HOAc} \text{1-溴-1-甲基环戊烷}\ (CH_3, Br)\quad 100\%$$

利用碳正离子稳定性的大小，还可以解释烯烃与酸性质子反应过程中形成的重排产物。例如 3,3-二甲基-1-丁烯与氯化氢在硝基甲烷溶液中反应，主要产物为 2,3-二甲基-2-氯丁烷，其原因是生成的仲碳正离子通过甲基带着一对电子发生 1,2-迁移，重排成更稳定的叔碳正离子。

$$CH_2=CH-C(CH_3)_2-CH_3 + HCl \xrightarrow[H^+]{CH_3NO_2} CH_3-\overset{+}{C}H-C(CH_3)_2-CH_3$$

$$CH_3-\overset{+}{C}H-C(CH_3)_2-CH_3 \xrightarrow{Cl^-} CH_3-\underset{Cl}{CH}-C(CH_3)_2-CH_3 \quad \text{2,2-二甲基-3-氯丁烷}\ (17\%)$$

↓ 重排

$$CH_3-\underset{CH_3}{CH}-\overset{+}{C}(CH_3)-CH_3 \xrightarrow{Cl^-} CH_3-\underset{CH_3}{CH}-\underset{Cl}{C}(CH_3)-CH_3 \quad \text{2,3-二甲基-2-氯丁烷}\ (83\%)$$

除了甲基迁移外，还有 1,2-负氢迁移。例如，3-甲基-1-丁烯与 HCl 的反应，其反应产物是

2-甲基-3-氯丁烷和 2-甲基-2-氯丁烷的混合物：

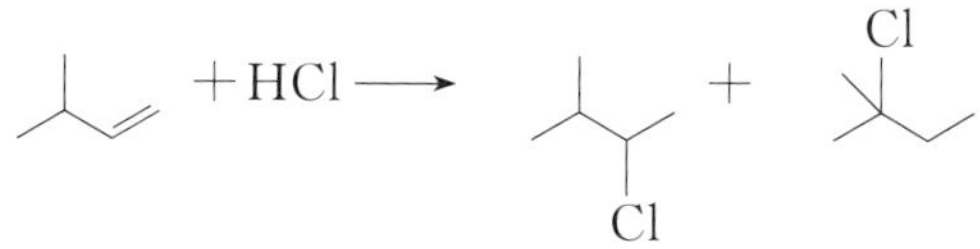

$$ + HCl \longrightarrow \underset{Cl}{} + \overset{Cl}{} $$

烯烃与卤化氢等酸性试剂的反应活性，对于烯烃来讲，双键碳原子上有斥电子基团时，可使 π 电子云密度提高而有利于反应；反之，有吸电子基团时，则使 π 电子云密度降低而降低反应活性。其反应活性顺序可表示为

$$R_2C=CR_2 > R_2C=CHR > RCH=CHR > RCH=CH_2 > CH_2=CH_2 > CH_2=CHCl$$

例如，异丁烯与 63％的浓硫酸就可以发生反应，而丙烯需要 80％的浓硫酸，乙烯则需要 98％的加热浓硫酸反应方能发生。

利用烯烃与硫酸的酯化反应，可以从某些混合物里去除微量烯烃。酯化产物经水解反应最后结果是烯烃双键上加入了一分子水，所以又叫间接水合作用。

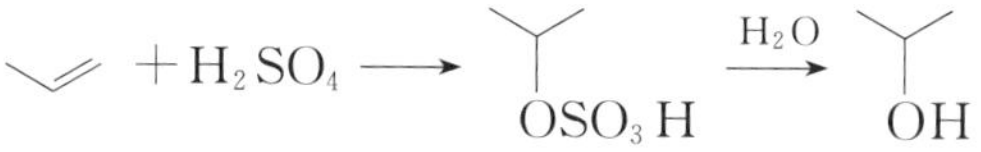

$$ + H_2SO_4 \longrightarrow \underset{OSO_3H}{} \xrightarrow{H_2O} \underset{OH}{} $$

对于质子酸而言，酸性越强，越有利于碳正离子形成，即烯烃与卤化氢加成反应时卤化氢的活性顺序为：HI＞HBr＞HCl。浓氢碘酸、浓氢溴酸和烯烃的反应能在 CS_2、石油醚或冰醋酸等低极性溶剂中进行，而浓盐酸则一般要借助催化剂（$AlCl_3$）的帮助。例如工业上制备氯乙烷，常将乙烯与氯化氢混合，并加入无水三氯化铝等 Lewis 酸催化剂以提高反应速率。

3. 与卤素的反应

烯烃与卤素的加成，生成邻二卤代物，反应不需光和热就能顺利进行。例如将溴的四氯化碳溶液与烯烃混合，溴的棕红色很快消失。因此，常利用此反应来检验烯烃。

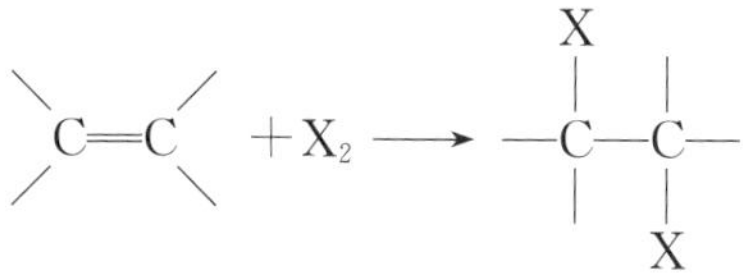

$$>C=C< + X_2 \longrightarrow -\underset{|}{\overset{X}{\overset{|}{C}}}-\underset{\underset{X}{|}}{\overset{|}{C}}-$$

将乙烯与溴的 NaCl 水溶液混合后，得到 1，2-二溴乙烷和 1-氯-2-溴乙烷的混合产物：

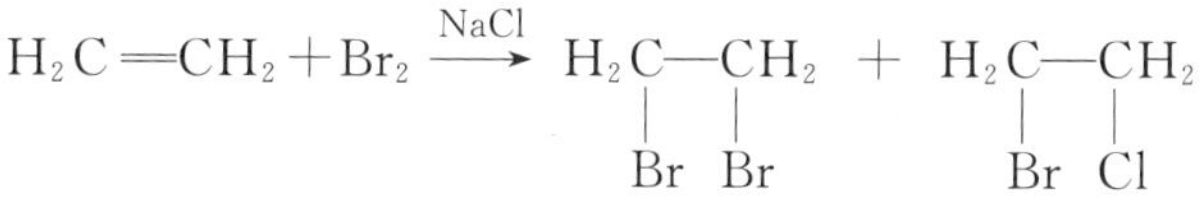

$$H_2C=CH_2 + Br_2 \xrightarrow{NaCl} \underset{Br}{H_2C}-\underset{Br}{CH_2} + \underset{Br}{H_2C}-\underset{Cl}{CH_2}$$

1-氯-2-溴乙烷的生成说明溴分子的两个溴原子不是同时加到双键的两端，而是分步进行的。一般认为，第一步是溴分子与烯烃接近，受烯烃的 π 电子影响发生极化，进而形成不稳定的 π 配合物。继续极化，溴-溴键发生断裂，形成环状的活性中间体溴鎓离子和溴负离子，这一步较慢。

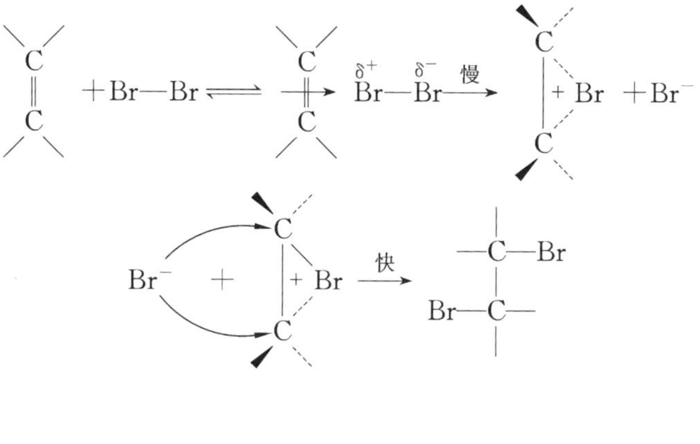

$$C=C + Br-Br \rightleftharpoons C=C \rightarrow \overset{\delta^+}{Br}-\overset{\delta^-}{Br} \xrightarrow{慢} \text{(C—C)}\overset{+}{Br} + Br^-$$

$$Br^- + \text{(C—C)}\overset{+}{Br} \xrightarrow{快} -\overset{|}{C}-Br,\ Br-\underset{|}{C}-$$

溴鎓离子中间体的存在，通常认为是由溴的未成键的 p 电子对，与缺电子的碳原子的空 p 轨道从侧面重叠而成的。由于这两个 p 轨道不是沿键轴方向重叠，故此键并不太稳定，易受到溴负离子从背面的进攻。

由于第一步反应的速度一般要比第二步慢，故活性中间体溴鎓离子的形成是决定反应速度的步骤。在决速步骤中，进攻碳碳双键的是带有部分正电荷的溴原子，因此，烯烃与卤素的加成反应也是离子型的亲电加成反应。

卤素的电负性越大，吸引电子的能力越大，因此卤素的亲电性大小顺序是：$Cl_2 > Br_2 > I_2$。像 $AlCl_3$、$ZnCl_2$ 和 BF_3 等 Lewis 酸能诱导卤素分子的极化作用，提高其反应活性。

因氟与烯烃的反应很猛烈，往往可使 C═C 键断裂，副反应多，而碘与烯烃一般不反应，所以有实际意义的卤素与烯烃的加成反应主要为氯和溴与烯键的反应。与溴原子和碘原子相比，氯原子的体积较小而电负性较大，所以氯与烯烃的加成反应存在链状和环状两种正离子间的平衡，其平衡比例与中间体的稳定性有关。

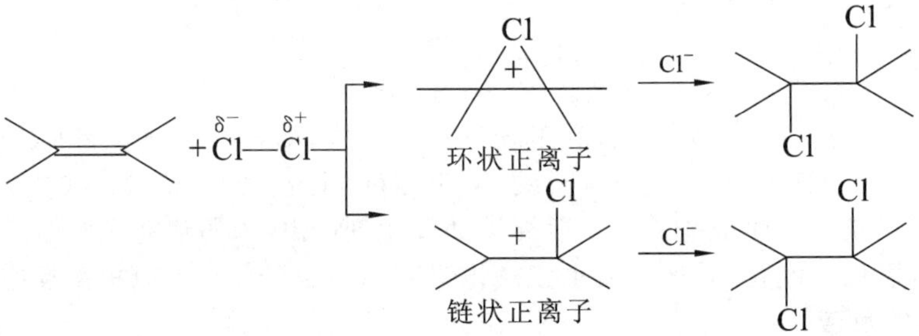

$+ \overset{\delta^-}{Cl}-\overset{\delta^+}{Cl}$

环状正离子 $\xrightarrow{Cl^-}$

链状正离子 $\xrightarrow{Cl^-}$

简单烯烃与溴的加成反应为立体选择性反应，即只生成某一种立体异构体的反应。例如，在环己烯与溴的反应中只得到反-1,2-二溴环己烷。

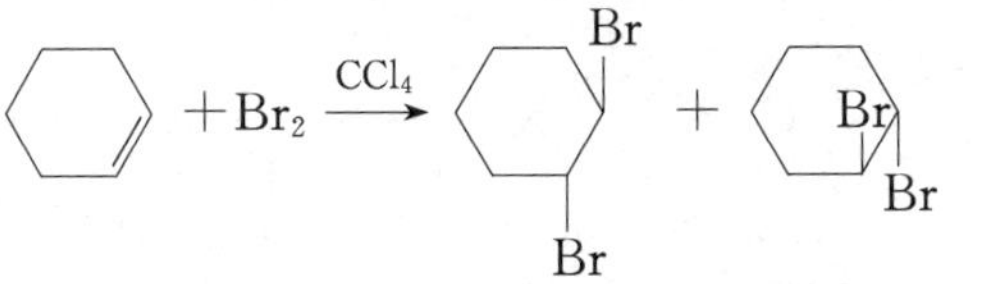

$+ Br_2 \xrightarrow{CCl_4}$

烯烃与卤素和水发生加成反应，通常写作烯烃与次卤酸(HOX)的反应，产物为卤代醇。即

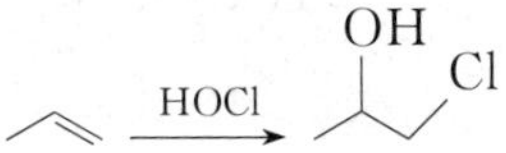

$\xrightarrow{HOCl}$

反应的第一步是卤素先与烯烃加成，所得活性中间体再与大量的水反应，生成卤(代)醇。因此，和烯烃与卤素的加成类似，加次卤酸的反应也主要为反式加成反应。

三、硼氢化反应

烯烃与硼氢化合物在醚(如四氢呋喃，简写为 THF)溶液中反应生成烷基硼烷，此反应称为硼氢化反应。硼氢化合物又叫硼烷，最简单的硼氢化合物为甲硼烷(BH_3)。通常，两个甲硼烷分子互相结合生成二聚体乙硼烷：

$$2BH_3 \rightleftharpoons B_2H_6$$

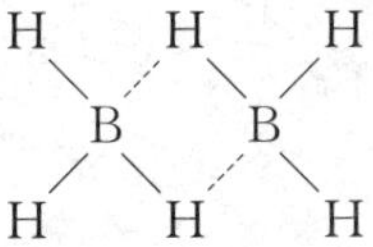

乙硼烷是一种在空气中能自燃的气体，有毒，一般不预先制好，而是把氟化硼的醚溶液加到硼氢化钠与烯烃的混合物中，使 B_2H_6 一旦生成立即与烯烃反应。由于氢的电负性(2.1)比硼(2.0)略大，硼氢键是轻度极化的。

sp^2 杂化的硼原子有一个空 2p 轨道，有接受电子成八隅体的倾向，是个很强的亲电试剂。当与不对称烯烃加成时，硼原子进攻双键上电子云密度较高的空间位阻较小的碳原子，氢原子则同时加在双键的另一端，反应经过一个四中心环状过渡态，按顺式加成方式形成烷基硼：

H—BR_2 (δ^+)　→　H-BR_2　→　H　BR_2

三烷基硼在碱性条件下用过氧化氢处理可以转变成醇。烯烃这种经硼氢化和氧化转变成醇的反应又称为硼氢化-氧化反应。除乙烯外，只有末端烯烃可通过硼氢化-氧化反应制得伯醇。其反应路线如下：

$$2RCH{=}CH_2 + B_2H_6 \longrightarrow 2RCH_2CH_2BH_2$$
$$RCH_2CH_2BH_2 + RCH{=}CH_2 \longrightarrow (RCH_2CH_2)_2BH$$
$$(RCH_2CH_2)_2BH + RCH{=}CH_2 \longrightarrow (RCH_2CH_2)_3B$$

过氧化氢有弱酸性，它在碱性溶液中转变为它的共轭碱。此共轭碱进攻缺电子的硼原子，在生成的中间产物中含有较弱的 O—O 键，使碳原子容易带着一对电子转移到氧上。

R_2B　$\xrightarrow{HOO^-}$　$R_2\bar{B}$—O—OH　$\xrightarrow{-HO^-}$　R_2B—O

例如：

$$\text{1-甲基环己烯}\ \xrightarrow{B_2H_6}\ \xrightarrow[NaOH,H_2O]{H_2O_2}\ \text{(CH}_3\text{, OH)}$$

这类反应立体选择性高，不发生重排，可以应用于醇的合成，在有机合成中有重要价值。

三烷基硼与羧酸反应生成烷烃，这是从烯烃制备烷烃的间接方法。反应历程如下：

R_2B　$\xrightarrow{CH_3COOH}$　R_2B … O= … O … H　⟶　$R_2BOCOCH_3$ + H

四、自由基加成反应

在过氧化物存在时，不对称烯烃与溴化氢的加成反应不按照马尔可夫尼可夫规则进行：

$$RCH{=}CH_2 + HBr \xrightarrow{ROOR} \underset{(\text{主要产物})}{RCH_2CH_2Br} + \underset{(\text{次要产物})}{RCHBrCH_3}$$

这是因为过氧化物分解产生的自由基容易从 HBr 中攫取氢原子后产生 Br· 自由基，然后 Br· 自由基再与烯烃发生加成反应，其历程为

$$ROOR \longrightarrow 2RO\cdot$$

$$RO\cdot + HBr \longrightarrow ROH + Br\cdot$$

$$Br\cdot + RCH{=}CH_2 \longrightarrow R\dot{C}HCH_2Br + RCHBr\dot{C}H_2$$

$$\qquad\qquad\qquad\qquad\qquad\qquad \text{I} \qquad\qquad\qquad \text{II}$$

$$R\dot{C}HCH_2Br + HBr \longrightarrow RCH_2CH_2Br + \dot{B}r$$

由于反应中生成的自由基Ⅰ的稳定性比Ⅱ的高，反应主要生成反马氏加成产物。

不过，过氧化物难以将 HCl、H_2O、H_2SO_4 等转化成自由基，而 HI 生成的碘自由基反应性较低，与双键的加成反应远比自身偶合成为碘分子的反应慢。因此，只有 HBr 在过氧化物的参与下，与烯烃的加成反应才能顺利进行，生成反马氏规则的加成产物。

五、聚合反应

在催化剂、引发剂或光照条件下，许多烯烃小分子通过加成的方式互相结合，生成高分子化合物，这种类型的反应称为聚合反应。如乙烯、丙烯可分别生成聚乙烯、聚丙烯等，其中 n 为聚合度。

$$nCH_2{=}CH_2 \xrightarrow[200\ ^\circ\text{C},200\ \text{MPa}]{O_2} \left[CH_2{-}CH_2\right]_n$$

聚乙烯

$$nCH_3CH_2{=}CH_2 \xrightarrow{O_2} \left[\underset{\displaystyle CH_3}{\underset{|}{CH_2}}{-}CH_2\right]_n$$

聚丙烯

六、氧化与环氧化反应

碳碳双键的活泼性还表现为容易被氧化。氧化时首先是双键中的 π 键被打开，条件强烈时，σ 键也可断裂。

1. 与 $KMnO_4$ 及 $K_2Cr_2O_7$ 等的反应

烯烃很容易被高锰酸钾等氧化剂氧化，如在冷的稀高锰酸钾中性（或碱性）水溶液中，$KMnO_4$ 的紫色褪去，生成褐色二氧化锰沉淀，烯烃的 π 键断裂，被氧化成为邻二醇。

$$RCH{=}CH_2 + KMnO_4 \xrightarrow[\text{或 } OH^-]{H_2O} \underset{\displaystyle OH}{\underset{|}{RCH}}{-}\underset{\displaystyle OH}{\underset{|}{CH_2}} + MnO_2\downarrow + KOH$$

从立体化学的角度考察，$KMnO_4$ 把烯烃氧化成邻二醇的反应是顺式加成，形成的中间体是环状高锰酸酯。

$$\underset{R\quad\ \ R'}{\overset{H\quad\ \ H}{C{=}C}} + KMnO_4 \longrightarrow \left[\begin{array}{c} R\ \ H \\ C{-}O \quad O^- \\ |\qquad \diagdown\ \diagup \\ |\qquad\ Mn \\ |\qquad \diagup\ \diagdown \\ C{-}O \quad\ O \\ R'\ \ H \end{array}\right] \xrightarrow{H_2O} \begin{array}{c} R\ \ H \\ C{-}OH \\ | \\ C{-}OH \\ R'\ \ H \end{array}$$

在酸性条件下，$KMnO_4$ 氧化能力增强，使双键断裂生成较低级的羧酸、酮、二氧化碳等。

$$R_2C{=}CHR' \xrightarrow[H^+]{KMnO_4} R_2C{=}O + R'COOH$$

$$RCH{=}CH_2 \xrightarrow[H^+]{KMnO_4} RCOOH + CO_2 + H_2O$$

根据氧化产物结构的测定结果，可以推测出原烯烃双键的位置。例如：

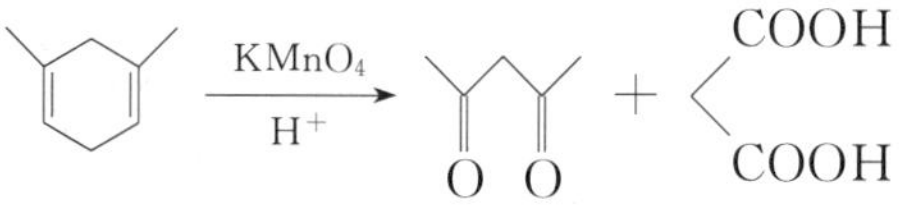

$$\text{(1,5-二甲基环己烯)} \xrightarrow[H^+]{KMnO_4} CH_3COCH_2COCH_3 + CH_2(COOH)_2$$

这个反应常用于不饱和化合物结构的测定。

2. 臭氧化反应

在完全干燥的情况下，将含臭氧(6%～8%)的氧气通入液体烯烃或者烯烃的非水溶液，烯烃可以迅速、定量地与臭氧作用形成不稳定而且易爆炸的臭氧化物，此反应称为臭氧化反应。

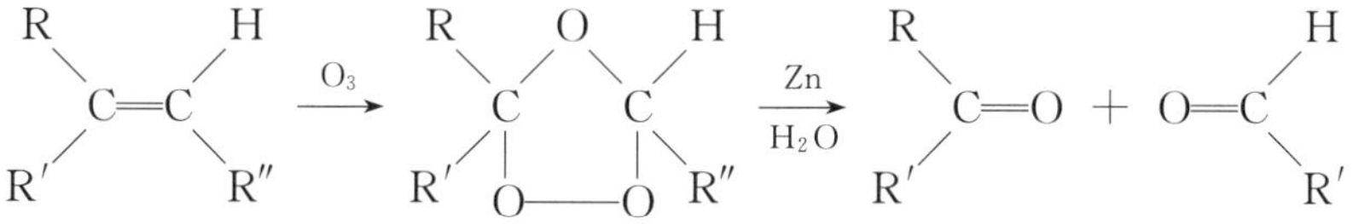

$$RR'C{=}CHR'' \xrightarrow{O_3} \text{臭氧化物} \xrightarrow[H_2O]{Zn} RR'C{=}O + O{=}CHR'$$

用锌粉还原臭氧化物水解中产生的过氧化氢，可以使反应产物停留在醛或者酮的阶段。也可以用二甲硫醚、Pd/H_2等代替 Zn 粉。臭氧化物若用 $LiAlH_4$或 $NaBH_4$还原则得到醇。若无还原剂，醛则被氧化成酸。用臭氧化方法测定烯烃的结构，结果更为可靠。

3. 催化氧化

若用氯化钯作为催化剂，乙烯、丙烯可以分别被氧化生成乙醛和丙酮。

$$2CH_2{=}CH_2 + O_2 \xrightarrow[100\sim125\ ℃]{PdCl_2\text{-}CuCl_2} 2CH_3CHO$$

$$2CH_3CH{=}CH_2 + O_2 \xrightarrow[120\ ℃]{PdCl_2\text{-}CuCl_2} 2CH_3COCH_3$$

4. 环氧乙烷的生成

乙烯在活性银催化剂(含有 CaO、BaO 和 SeO 等)的催化下，可以被空气中的氧气氧化为环氧乙烷。

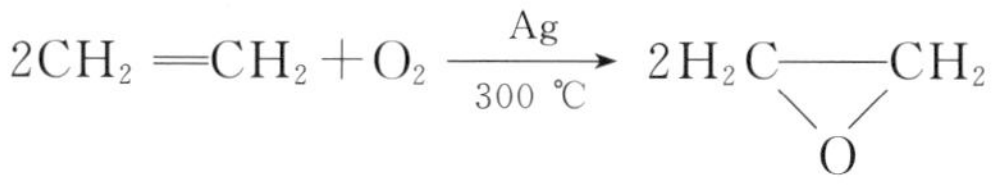

$$2CH_2{=}CH_2 + O_2 \xrightarrow[300\ ℃]{Ag} 2H_2C\overset{O}{—}CH_2$$

这是工业上生产环氧乙烷的常用方法。此反应必须严格控制反应温度，若超过 300 ℃，双键中的 σ 键也会断裂，生成二氧化碳和水。在实验室中，通常用过氧乙酸、过氧苯甲酸等作为环氧化试剂。烯烃与有机过酸反应，形成环氧化物的反应机理如下：

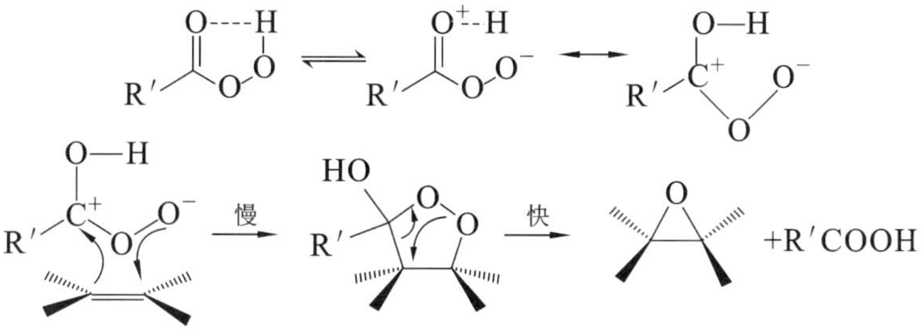

$$R'C(=O)OOH \rightleftharpoons R'C(=O^+H)OO^- \longleftrightarrow R'C^+(OH)OO^-$$

$$R'C^+(OH)OO^- + \text{烯烃} \xrightarrow{慢} \text{中间体} \xrightarrow{快} \text{环氧化物} + R'COOH$$

上述反应历程说明，环氧化反应是立体专一性的顺式加成，所得的环氧化物仍保持原烯烃的构型。例如，顺-2-丁烯与过氧乙酸反应(约 40%的过氧乙酸溶液可以由乙酸酐与 70%的过氧化氢混合得到)，只得到顺-1，2-二甲基环氧乙烷，而反-2-丁烯的反应则只得到反-1，2-二甲基环氧乙烷。由于反应过程中有羧酸产生，需加入碳酸钠等弱碱中和产生的大量醋酸，以防止环氧化物的开环。

$$\text{顺-2-丁烯} + CH_3COOOH \xrightarrow{Na_2CO_3} \text{顺-1,2-二甲基环氧乙烷}$$

$$\text{反-2-丁烯} + CH_3COOOH \xrightarrow{Na_2CO_3} \text{反-1,2-二甲基环氧乙烷}$$

七、取代基对烯键反应性的影响

连接在烯键上的烷基属于给电子基团，它会在一定程度上增加烯键碳原子的电子云密度，提高烯键与亲电试剂的反应活性。

杂原子取代基对烯键的性质影响很大。像胺基、烷氧基、烷硫基、乙酰氨基、乙酰氧基等含有N、O或S等杂原子中心的取代基与烯键直接相连时，杂原子与烯键间同时存在拉电子的诱导效应(－I)和给电子的共轭效应(＋C)，净结果是－I明显小于＋C。因此，连接这类取代基的烯键的 C_2 原子上分布的电子云密度显著升高，可以与一些较弱的亲电试剂发生反应。例如，

$$\text{(1-二乙氨基环戊烯)} + CH_2{=}CHCN \longrightarrow \text{(}=N^+Et_2\text{ 环戊基)}-CH_2\overset{-}{C}H-CN \xrightarrow{H_3O^+} \text{(环戊酮)}-CH_2CH_2CN$$

然而，卤素等电负性杂原子连接在烯键上时，卤素原子的拉电子诱导效应(－I)要比给电子的共轭效应(＋C)强，因此，卤代烯烃与亲电试剂反应的活性明显降低。另一方面，烯键上连有多个卤素原子，特别是氟或氯原子时，烯键碳原子上的电子云密度显著降低，此时反而与亲核试剂显示出良好的反应性。四氟乙烯可以与各种亲核试剂发生取代反应，例如：

$$F_2C{=}CF_2 + CH_3SNa \longrightarrow F_2C{=}CF(SCH_3) + NaF$$

第二节 炔烃的主要化学反应

炔键碳原子为sp杂化，炔键由一个σ键和两个成键方向互相垂直的π键组成。乙炔分子的π键如图6.4所示。

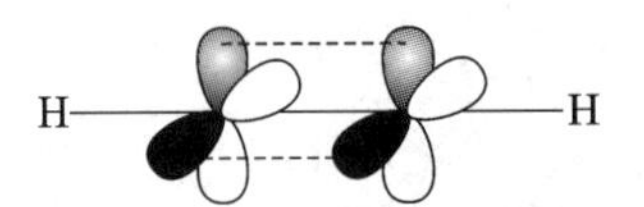

图6.4 乙炔分子π键示意图

与 sp^2 或 sp^3 杂化的碳相比，sp杂化碳含有较多的s成分(50%)。较多的s成分意味着sp

杂化轨道较靠近原子核，sp 杂化轨道中的电子对受原子核的束缚力也较大，即 sp 杂化状态的碳原子电负性较强。各种不同杂化状态的碳原子的电负性顺序为

$$sp > sp^2 > sp^3$$

因此，末端炔的碳氢键极性较强。炔键两对 π 键的电子云围绕 σ 键轴呈圆筒状分布，不易极化，虽然有两个 π 键，却不像烯烃那样容易给出电子，使得炔烃的亲电加成反应一般要比烯烃慢。反之，炔键的亲核加成却比烯键的快。

炔烃除了可以进行与烯烃相同的加成、氧化、聚合等反应外，炔烃还具有自己的特殊性质，如可以与强碱反应生成盐，可以发生取代反应等。

一、催化加氢

因炔烃对催化剂的吸附作用比烯烃强，因此催化加氢比烯烃容易进行。炔烃在催化剂 Pt、Pd、Ni 等存在下加氢，主要生成相应的烷烃，难以停留在烯烃阶段。

$$CH_3C{\equiv}CCH_2CH_2CH_3 \xrightarrow{H_2/Ni} CH_3CH_2CH_2CH_2CH_2CH_3$$

但若使用特殊处理的催化剂，可以实现碳碳三键的部分氢化，停留在双键阶段。常用的催化剂为：①Lindlar's 催化剂，是将金属钯沉积在碳酸钙上，再用醋酸铅处理而得；②P-2催化剂，是用硼氢化钠还原醋酸镍制备得到；③将金属钯沉积在硫酸钡等载体上再加些喹啉。利用这种方法可以使石油裂解得到的乙烯中所含的微量乙炔转化为乙烯，以提高乙烯的纯度。利用上述催化方法加氢，可以得到顺式烯烃。

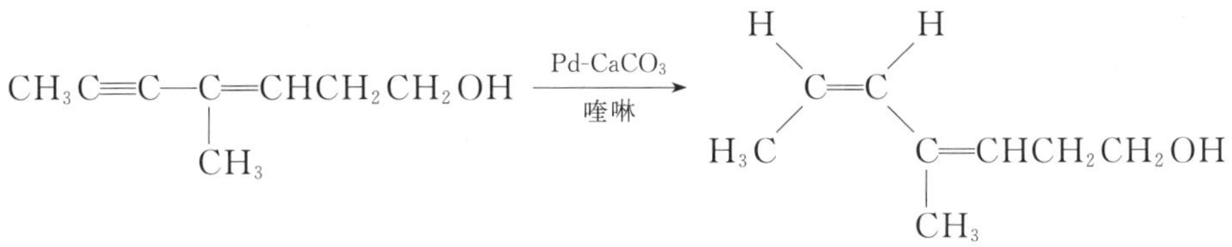

$$CH_3C{\equiv}C{-}C(CH_3){=}CHCH_2CH_2OH \xrightarrow[\text{喹啉}]{Pd\text{-}CaCO_3} (H)(H_3C)C{=}C(H)(C(CH_3){=}CHCH_2CH_2OH)$$

若用液氨中的碱金属（Na、K、Li）、$LiAlH_4$ 等还原，则主要得到反式烯烃。

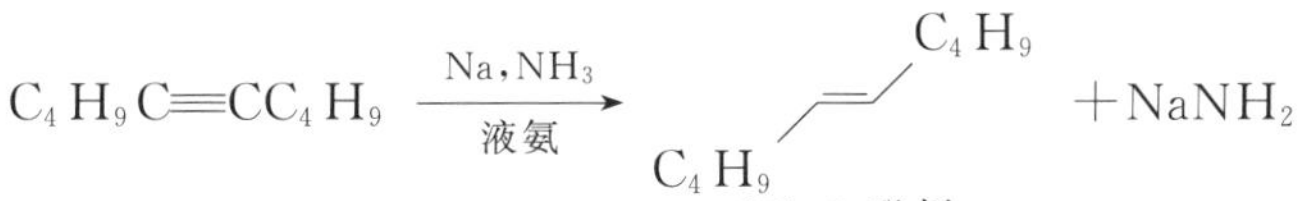

$$C_4H_9C{\equiv}CC_4H_9 \xrightarrow[\text{液氨}]{Na,NH_3} C_4H_9CH{=}CHC_4H_9 + NaNH_2$$

(*E*)-5-癸烯

二、与强碱的反应

与单键及双键碳相比较，炔碳原子的电负性比较强，使 C—H 键的电子云更靠近碳原子一侧，增加了碳氢键的极性，氢原子比较容易离解。炔烃氢离解后生成的碳负离子也比较稳定。因为碳负离子的未共用电子对处在 sp 轨道上，它更接近原子核，因而能量更低、更稳定。

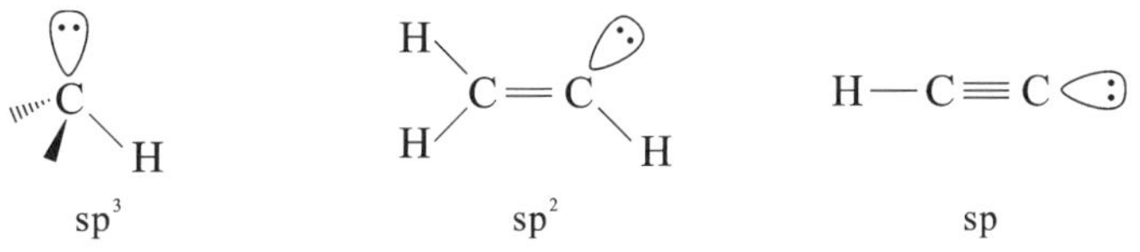

sp^3 　　 sp^2 　　 H—C≡C: sp

即三种碳负离子的稳定性顺序是：甲基负离子＜乙烯基负离子＜乙炔基负离子。与烷、烯烃相比，末端炔烃呈现出一定的弱酸性，乙炔的 pK_a 为 25，而乙烯的为 40。

乙炔的弱酸性使其在特定条件下能够与氨基钠、烷基锂、格氏试剂等强碱反应，形成金属

炔化物：

$$RC\equiv CH + NaNH_2 \xrightarrow{\text{液氨}} RC\equiv C^- Na^+ + NH_3$$

$$RC\equiv CH + n\text{-}C_4H_9Li \longrightarrow RC\equiv C^- Li^+ + n\text{-}C_4H_{10}$$

$$RC\equiv CH + C_2H_5MgBr \longrightarrow RC\equiv CMgBr + C_2H_6$$

炔化物可以作为强亲核试剂与卤代烷等进行取代反应得到高级炔烃。由于炔钠的碱性非常强，若与仲卤烷或叔卤烷反应，将发生消除反应。

$$CH_3C\equiv C^- Na^+ + C_2H_5Br \longrightarrow CH_3C\equiv CCH_2CH_3$$

乙炔或一元取代炔烃与硝酸银或氯化亚铜的氨溶液可立刻生成炔化银的白色沉淀或炔化亚铜的红色沉淀。

$$RC\equiv CH + Ag(NH_3)_2^+(NO_3)^- \longrightarrow \underset{\text{炔化银}}{RC\equiv CAg\downarrow} + NH_4NO_3 + NH_3$$

$$HC\equiv CH + 2Cu(NH_3)_2^+Cl^- \longrightarrow \underset{\text{炔化亚铜}}{CuC\equiv CCu\downarrow} + 2NH_4Cl + 2NH_3$$

反应很灵敏，常用于末端炔烃的定性检验。由于炔化银或炔化亚铜在干燥状态下，受热或震动容易爆炸，所以实验完成后应加入稀硝酸使其分解。

三、亲电加成

1. 与卤素的加成

乙炔与卤素的加成反应比乙烯难。反应时先加入一分子卤素，生成二卤乙烯，卤素过量时继续反应得四卤化物：

$$CH_3CH_2CH_2-C\equiv C-CH_3 + Cl_2 \xrightarrow[CCl_4]{} \underset{(E)\text{-}2,3\text{-二氯-}2\text{-己烯}}{CH_3CH_2CH_2-\underset{Cl}{\underset{|}{C}}=\overset{Cl}{\overset{|}{C}}-CH_3}$$

$$\xrightarrow[CCl_4]{Cl_2} \underset{2,2,3,3\text{-四氯己烷}}{CH_3CH_2CH_2CCl_2CCl_2CH_3}$$

若控制反应条件，可使反应停留在二卤代烯阶段：

$$H_3C-C\equiv C-CH_3 \xrightarrow[25\ ℃]{2Br_2} CH_3CBr_2CBr_2CH_3$$

$$H_3C-C\equiv C-CH_3 \xrightarrow[-20\ ℃]{Br_2} \overset{H_3C}{\underset{Br}{}}\!\!>C=C<\!\!\overset{Br}{\underset{CH_3}{}}$$

如果分子中同时存在三键和双键，卤素一般先加到双键上。如在低温下慢慢向1-戊烯-4-炔中加入溴，可保留三键：

$$CH_2=CH-CH_2-C\equiv CH + Br_2 \xrightarrow[CCl_4]{\text{低温}} \underset{4,5\text{-二溴-}1\text{-戊炔}(90\%)}{H_2\underset{Br}{\underset{|}{C}}-\overset{Br}{\overset{|}{C}}H-CH_2-C\equiv CH}$$

炔烃与溴反应的低活性，还可理解为与环状溴鎓离子难于形成有关。

2. 加卤化氢

氢卤酸的性质对其与炔烃的加成反应影响很大，活性次序是 HI>HBr>HCl。炔烃与 HCl 的加成较困难，需在催化剂存在下完成。不对称炔烃加卤化氢时仍服从马氏规则。例如：

$$HC{\equiv}CH + HCl \xrightarrow{HgCl_2\ 或\ Cu_2Cl_2} \underset{氯乙烯}{H_2C{=}CHCl} \xrightarrow[HCl]{HgCl_2} \underset{1,1\text{-}二氯乙烷}{CH_3CHCl_2}$$

氯乙烯主要用于生产聚氯乙烯，具有高致癌性，加上所使用的汞盐毒性大，故此法已经逐渐被由乙烯为原料的方法所代替。

通过考察炔烃亲电加成的反应机理，可以解释炔烃发生亲电加成反应速度较慢的原因。炔烃加成的第一步形成的是烯基碳正离子，其稳定性较差。

$$R{-}C{\equiv}C{-}H + E^+ \longrightarrow R{-}\overset{+}{C}{=}C\begin{matrix}E\\H\end{matrix} \Longrightarrow$$

π键　E　R　120°　H　空 2p轨道

这是因为烯基碳正离子的中心碳原子为 sp 杂化，比 sp^2 杂化碳原子有较强的电负性，即比烷基碳正离子更难容纳正电荷，更不稳定。同时从烯基碳正离子的电子结构考虑也不如烷基碳正离子稳定。烷基碳正离子的中心碳原子是 sp^2 杂化状态，三个 σ 键处于同一平面，呈 120°夹角，相距较远，排斥力较小。另外一个 2p 轨道是空轨道，影响较小，体系较为稳定。而烯基碳正离子的中心碳原子是 sp 杂化状态，两个 σ 键在同一直线，键角 180°。虽然相距较远，但余下的两个相互垂直的 2p 轨道只有一个是空轨道，其中形成 π 键的 2p 轨道是电子占有轨道，它和两个 σ 键呈 90°，相距较近，排斥力较大，故体系不如烷基碳正离子稳定。在过氧化物存在下，溴化氢和炔烃的加成反应与烯烃相似，加成方向亦是反马氏规则的。

3. 水合反应

炔烃在汞盐和少量酸的催化下，与水发生加成反应。反应时首先形成不稳定的中间体——烯醇式，烯醇立刻进行分子内重排，羟基的氢原子转移到双键另一个碳原子上，形成碳氧双键：

$$RC{\equiv}CH + H_2O \xrightarrow[稀\ H_2SO_4]{HgSO_4} \underset{烯醇式}{\left[\begin{matrix}RC{=}CH_2\\ |\\ OH\end{matrix}\right]} \rightleftharpoons RCOCH_3$$

除乙炔与水反应生成乙醛以外，其他炔烃一般都生成酮。此反应是工业上用来制醛、酮和醋酸（乙醛氧化得到）的一个重要方法。不过由于剧毒的汞盐会引起严重的环境污染，因此，有关非汞催化剂的研究已经取得了很大进展，所用催化剂主要有锌盐、铜盐等。

四、硼氢化反应

如同烯烃，炔烃也可以进行硼氢化反应。例如，炔烃硼氢化而后酸化可以得到顺式加氢产物——顺式烯烃。

$$3CH_3CH_2{-}C{\equiv}C{-}CH_2CH_3 \xrightarrow{\frac{1}{2}B_2H_6} \left[\begin{matrix}CH_3CH_2 & & CH_2CH_3\\ & C{=}C & \\ H & & \end{matrix}\right]_3 B$$

$$\xrightarrow{3CH_3COOH} \begin{matrix} CH_3CH_2 & & CH_2CH_3 \\ & C=C & \\ H & & H \end{matrix}$$

若先硼氢化而后氧化水解则得到间接水合产物：

$$CH_3CH_2CH_2—C\equiv CH \xrightarrow{\frac{1}{2}B_2H_6} \xrightarrow[H_2O,OH^-]{H_2O_2} \begin{matrix} CH_3CH_2CH_2 & & H \\ & C=C & \\ H & & OH \end{matrix} \xrightarrow{重排} CH_3(CH_2)_3CHO$$

炔烃硼氢化后再氧化水解为醛，这是硼氢化-氧化水解方法的特点。

五、亲核加成

虽然炔烃进行亲电加成不如烯烃活泼，但进行亲核加成却比烯烃容易进行。在碱的催化下，乙炔或其一元取代物可与具有羟基、巯基、氨基、氰基、羧基等基团的有机化合物发生亲核加成反应，生成含有双键的烯烃产物。因此，这一反应又称为烯基化反应。

$$CH_3C\equiv CH + \left[\begin{matrix} RO—H \\ RCOO—H \\ NC—H \end{matrix}\right. \xrightarrow{OH^-} \left[\begin{matrix} CH_3CH=CHOR & \text{丙烯基烷基醚} \\ CH_3CH=CHOOCR & \text{羧酸丙烯基酯} \\ CH_3CH=CHCN & \text{2-丁烯腈} \end{matrix}\right.$$

上述反应历程可以理解为：在碱性试剂作用下，含有活泼氢原子的试剂解离为负离子，负离子进攻炔键碳原子生成碳负离子中间体，后者再夺取一个质子。由于炔烃容易进行亲核加成反应，使得重要的化工原料丙烯腈的制备变得相对简单：

$$HC\equiv CH \xrightarrow[H_2O]{NaCN} NCCH=\overset{-}{C}H \xrightarrow{H^+} NCCH=CH_2$$

六、氧化反应

1. 燃烧

炔烃都能燃烧，生成一氧化碳和水，并放出浓烟。乙炔与空气的混合物遇火会发生爆炸。乙炔燃烧时放出大量的热，可产生 3000 ℃高温，用于切割和焊接金属。

2. 与氧化剂的反应

炔烃和氧化剂反应，往往可以使碳碳三键断裂，最后得到完全氧化的产物——羧酸或二氧化碳。例如：

$$RC\equiv CH \xrightarrow[H_2O]{KMnO_4} RCOOH + CO_2$$

在比较缓和的条件下，二取代炔烃的氧化可停止在二酮阶段。例如：

$$CH_3(CH_2)_7C\equiv C(CH_2)_7COOH \xrightarrow[pH\approx 7.5]{KMnO_4,H_2O} CH_3(CH_2)_7\overset{O}{\overset{\|}{C}}—\overset{O}{\overset{\|}{C}}(CH_2)_7COOH$$

此类反应的产率一般都比较低，一般不适宜作为羧酸或二酮的制备方法。当烯、炔键共存时，因炔键较难给出电子，故双键先被氧化。例如：

$$HC\equiv C(CH_2)_7CH=C(CH_3)_2 \xrightarrow{CrO_3} HC\equiv C(CH_2)_7COOH + CH_3COCH_3$$

3. 与臭氧反应

炔烃的臭氧化反应与烯烃相似，不过，产物会很快分解为羧酸，因此也可用于测定炔烃三键的位置：

$$RC\equiv CR' \xrightarrow{O_3} \text{(臭氧化物)} \xrightarrow{H_2O} RC(=O)-C(=O)R'$$

$$RC(=O)-C(=O)R' \xrightarrow{H_2O_2} RCOOH + R'COOH + H_2O$$

七、偶合反应

与烯烃相比，炔烃较难聚合，一般生成仅有几个分子偶合的产物。例如，在不同条件下乙炔可生成链状的二聚体或三聚体。这类反应可看做乙炔的自身加成反应。

$$HC\equiv CH + HC\equiv CH \xrightarrow[H_2O]{CuCl_2, NH_4Cl} CH_2=CH-C\equiv CH$$

乙烯基乙炔

$$CH_2=CH-C\equiv CH + HC\equiv CH \xrightarrow[H_2O]{CuCl_2, NH_4Cl} CH_2=CH-C\equiv C-CH=CH_2$$

1,2-二乙烯基乙炔

若将乙炔用氮气稀释，可避免加压易爆的危险。在特殊催化剂作用下，乙炔也能聚合成环状的三聚物或四聚物。

$$3HC\equiv CH \xrightarrow{Ni(CO)_2 \cdot [(C_6H_5)_3P]_2} \text{苯}$$

第三节　共轭烯键的主要化学性质

前面所讨论的烯键性质，大多限于孤立双键的化合物，很少涉及具有单、双键交替出现的情况。实际上，由于烯键间共轭体系的存在，使得共轭烯烃具备了自身体系特有的性质。例如，共轭烯烃较为稳定，其稳定性顺序为：共轭烯烃＞孤立烯烃＞累积烯烃。共轭烯烃的特殊稳定性与 π 电子云的离域分布有密切联系。

一、共轭烯键的共轭加成

共轭二烯烃除了可以发生孤立烯烃的亲电加成、氧化和聚合等反应外，还能进行共轭加成，即 1,4-加成反应。例如 1,3-丁二烯与 1 分子溴化氢反应得到两种产物：1,2-加成产物和 1,4-加成产物。

$$CH_2=CH-CH=CH_2 \xrightarrow{HBr} CH_2=CH-CHBr-CH_3 + BrCH_2-CH=CH-CH_3$$

温度	1,2-加成产物	1,4-加成产物
−80 ℃	80%	20%
40 ℃	15%	85%

前者由一分子 HBr 加在同一个双键的 C_1 和 C_2 上生成，后者则分别加在共轭体系的 C_1 和 C_4 上。在进行 1，4-加成时，分子中两个 π 键均打开，同时在原来碳碳单键（即 C_2 与 C_3 之间）生成了新的双键，这是共轭体系特有的加成方式，故又称为共轭加成。

共轭二烯和溴化氢的反应历程和烯烃加溴化氢一样，是分两步完成的亲电加成。第一步，极性溴化氢分子进攻一个双键，主要生成较稳定的烯丙型碳正离子Ⅰ，它比Ⅱ稳定。

4 3 2 1 $\xrightarrow{H^+}$ + + Ⅱ

+ Ⅰ

在碳正离子Ⅰ中，由于 p-π 共轭效应、甲基的 σ-p 超共轭效应，引起 C_2 的正电荷离域，不仅使 C_2 上带部分正电荷，且 C_4 上也带有部分正电荷，因此，在第二步反应时，溴负离子若进攻 C_2，就生成 1，2-加成产物，若进攻 C_4，则生成 1，4-加成产物。

Br⁻ Br⁻

Br Br

1，2-加成 1，4-加成

很显然，1，2-加成和 1，4-加成是同时发生的，两种产物的比例取决于反应物的结构、试剂的性质、产物的稳定性，以及反应条件，如温度、催化剂和溶剂的性质等。一般情况下，低温有利于 1，2-加成产物的生成。如果反应混合物后来被允许加热，或者反应直接被加热（或使用催化剂）时，则以 1，4-加成产物为主。例如：

$\xrightarrow{Cl_2}$ Cl, CH_2Cl + ClH_2C CH_2Cl

＜0 ℃	67%	33%
70 ℃	20%	80%

1，2-加成和 1，4-加成是两个相互竞争的反应。考察反应的第二步反应能量曲线（见图 6.5）有助于解释低温下反应倾向于 1，2-加成产物，而高温下以 1，4-产物为主的原因。

在温度较低时，反应为动力学控制。由于 1，2-加成是溴负离子进攻较稳定的烯丙基型的仲碳正离子，1，4-加成是溴负离子进攻烯丙基型的伯碳正离子，即 1，2-加成的过渡态活化能比 1，4-加成的低，所以 1，2-加成反应较快。其次，由于第二步是一个强放热过程，其逆反应的活化能很大，在较低温度下碳正离子中间体与溴负离子的加成实际上是不可逆的。因此，此时 1，2-加成和 1，4-加成产物的量主要取决于这两个反应的速率。1，2-加成反应的活化能较小，反应速率较大，生成的 1，2-加成产物就较多。对于两个互相竞争的不可逆反应，产物的量取决于反应速率，这样的反应称为受动力学控制的反应。

当温度较高时，反应为热力学控制。由于温度升高，上述碳正离子与溴负离子的加成变为

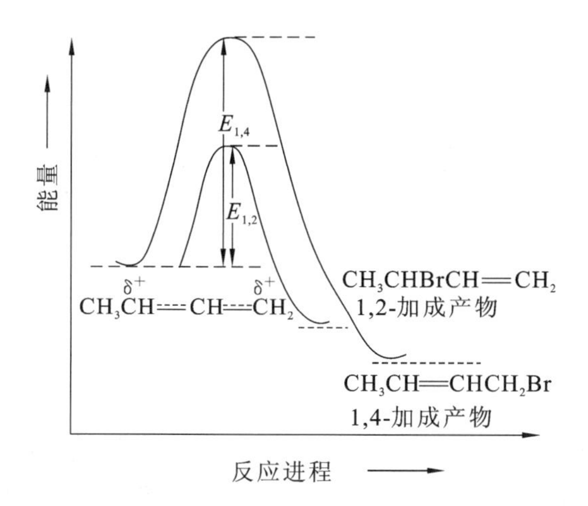

图 6.5　1,2-加成和 1,4-加成反应位能图

可逆。这时生成的 1,2-加成产物和 1,4-加成产物可以互相转变，两者处于共存的平衡状态。1,4-加成产物分子中的超共轭作用较强，能量较低、稳定性高于 1,2-加成产物，因此最后形成的 1,4-加成产物较多。对于两个相互竞争的可逆反应，到达平衡时，产物的量取决于它们的稳定性，这样的反应称为受热力学控制的反应。

一种反应物能向多种产物方向转变，在反应未到达平衡前，速度控制可以通过缩短反应时间或降低温度来实现，而平衡控制一般通过延长反应时间或提高反应温度，使它到达平衡点而达到目的。

溶剂对加成产物比例的影响也很大。例如，加成反应若在极性溶剂中进行，主要是1,4-加成产物，而在非极性溶剂中，则主要是 1,2-加成产物。

Br_2 → Br, CH_2Br + BrH_2C, CH_2Br

正己烷	62%	38%
氯仿	33%	67%

二、亲核加成反应

烯键与其他含有杂原子的不饱和键如羰基、氰基、硝基、酯基等直接相连时，相互间也可以发生共轭离域作用，使得烯键碳原子上分布的电子云密度下降。

β α O R ⟷ + O⁻ R

β α O X ⟷ + O⁻ X

β α N^+ O O^- ⟷ + N O^- O^-

$$\overset{\beta}{\ }\!=\!\overset{\alpha}{\ }\!-\!C\equiv N \longleftrightarrow \overset{+}{\ }\!-\!CH\!=\!C\!=\!N^-$$

由上述共振结构中可以看到，烯键与碳杂原子不饱和键共轭的结果是导致烯键β-碳原子上的电子云密度明显降低，而杂原子上的电子云密度明显升高。因此，这类烯键更倾向于和亲核试剂发生反应。

事实上，一些弱酸性有机化合物在碱性溶液中，很容易与烯键和强拉电子的不饱和键形成的共轭体系进行亲核加成。例如，在实验室中，常利用丙烯腈与氨的反应来合成β-丙氨酸。

$$CH_2\!=\!CH\!-\!CN + NH_3 \xrightarrow{\text{二苯胺}} H_2N\!-\!CH_2CH_2\!-\!CN \xrightarrow[H_2O]{H^+} H_2N\!-\!CH_2CH_2\!-\!COOH$$

分子中存在的氰基的诱导作用和π-π共轭作用，使得带有孤对电子的氨基作为亲核试剂进攻带有部分正电荷的双键碳，生成C—N单键，这一步是可逆的，被认为是速度控制的一步，然后质子进攻带负电荷的碳原子。

$$NH_3 + CH_2\!=\!CH\!-\!CN \rightleftharpoons H_3\overset{+}{N}\!-\!CH_2\!-\!\overset{-}{C}H\!-\!CN \xrightarrow{H^+} H_2N\!-\!CH_2CH_2\!-\!CN$$

反应的结果是丙烯腈中的烯键部位与亲核试剂NH_3完成了1,2-加成反应。事实上，在碱性试剂催化下，丙烯腈还可以与含有活泼氢的化合物如水、醇、硫醇、酚、醛、酮、酯、胺，以及脂肪族硝基化合物等发生上述加成反应，可用通式表示如下：

$$CH_2\!=\!CH\!-\!C\equiv N + H\!-\!Nu \xrightarrow{\text{碱}} NuCH_2\!-\!CH_2\!-\!C\equiv N$$

上述过程可以看成是在亲核试剂上引入了一个氰乙基，因此该反应又称为氰乙基化反应。由于氰乙基化反应可在亲核试剂中引入至少三个碳原子，同时氰基经水解或还原可转变成其他官能团，所以在有机合成上具有重要意义。比如，维生素B1的中间体3-甲氧基丙腈可由丙烯腈和甲醇在其钠盐的存在下作用而得：

$$CH_2\!=\!CH\!-\!CN + CH_3OH \xrightarrow{CH_3ONa} CH_3OCH_2\!-\!CH_2\!-\!CN$$

能形成碳负离子的化合物与上述缺电子的共轭烯键间发生的加成反应称为Michael加成反应。为了将亲核试剂转变成碳负离子，反应通常在碱性催化剂作用下进行。常用的碱为：氢氧化钠（钾）、乙醇钠、三乙胺、六氢吡啶、季铵碱等。氢氧化苄基三甲基铵在有机溶剂中有较好的溶解度，在Micheal加成反应中它是一个较普遍使用的催化剂。例如：

$$CH_3CH\!=\!CH\!-\!NO_2 + CH_3CHO \xrightarrow[(2)H^+]{(1)OH^-} CH_3\underset{\displaystyle CH_2CHO}{\underset{|}{CH}}\!-\!CH_2\!-\!NO_2$$

如上所述，Michael反应不是简单的双键加成，在质子进攻一步中，质子先转移到氧上形成烯醇，然后通过烯醇式-酮式互变再转移到碳上，其历程如下：

$$CH_2\!=\!CH\!-\!CH\!=\!O \xrightarrow{Nu^-} Nu\!-\!CH_2\!-\!CH\!=\!CH\!-\!O^- \xrightarrow{H^+} Nu\!-\!CH_2\!-\!CH\!=\!CH\!-\!OH \rightleftharpoons Nu\!-\!CH_2CH_2\!-\!CHO$$

下面是Michael加成的几个典型实例：

$$H_2C\!=\!CH\!-\!CN + CH_3COCH_2COCH_3 \xrightarrow[(2)t\text{-}BuOH, 25\ ^\circ C]{(1)(C_2H_5)_3N} CH_3CO\underset{}{\overset{\displaystyle CH_2CH_2CN}{\overset{|}{C}H}}COCH_3$$

$$H_2C{=}CH{-}CN + CH_3COCH_2COCH_3 \xrightarrow[(2)t\text{-}BuOH,25\ ℃]{(1)(C_2H_5)_3N} CH_3COC(CH_2CH_2CN)_2COCH_3$$
（过量）

$$\text{PhCH=CHCOPh} + CH_3COCH(Ph)COOC_2H_5 \xrightarrow{PhCH_2N^+(CH_3)_3OH^-} CH_3COC(Ph)(COOC_2H_5)CH(Ph)CH_2COPh$$

三、聚合反应

共轭烯烃比一般的孤立烯烃更容易聚合，主要形成含有双键结构单元的1,4-加成物。

$$n\,CH_2{=}CH{-}CH{=}CH_2 \xrightarrow{n\,CH_2{=}CHCN} {\left[CH(CN){-}CH_2{-}CH_2{-}CH{=}CH{-}CH_2\right]}_n \quad \text{丁腈橡胶}$$

$$\xrightarrow{Na} {\left[CH_2{-}CH{=}CH{-}CH_2\right]}_n \quad \text{聚丁二烯}$$

$$\xrightarrow[TiCl_4]{Et_3Al} {\left[CH_2{-}CH{=}CH{-}CH_2{-}CH_2{-}CH{=}CH{-}CH_2\right]}_n \quad \text{顺丁橡胶}$$

$$\xrightarrow{n\,C_6H_5{-}CH{=}CH_2} {\left[CH(C_6H_5){-}CH_2{-}CH_2{-}CH{=}CH{-}CH_2\right]}_n \quad \text{丁苯橡胶}$$

例如1,3-丁二烯可以与丙烯腈或苯乙烯共聚，形成丁腈橡胶和丁苯橡胶，也可以在不同条件下发生自身聚合，形成聚丁二烯或顺丁橡胶。

四、环加成反应

在加热条件下1,3-丁二烯可分别与乙烯或乙炔反应生成环己烯或1,4-环己二烯：

$$\text{1,3-丁二烯} + CH_2{=}CH_2 \xrightarrow{\triangle} [\text{过渡态}] \longrightarrow \text{环己烯}$$

$$\text{1,3-丁二烯} + HC{\equiv}CH \xrightarrow{\triangle} [\text{过渡态}] \longrightarrow \text{1,4-环己二烯}$$

在上述反应中，提供电子的共轭二烯称为双烯体；接受电子的单烯烃称为亲双烯体。例如，乙烯、乙炔或其衍生物$CH_2{=}CH{-}CHO$、$CH_2{=}CH{-}COOH$或$CH_2{=}CH{-}CH{=}CH_2$等都可以充当亲双烯体。当亲双烯体上连有—CHO、—COOH、—CN等拉电子基团时，有利于反应的进行。由于此类反应是由德国化学家Otto Diels和Kurt Alder于1928年研究1,3-丁二烯和顺丁烯二酸酐的相互作用时发现的，故称此类反应为Diels-Alder反应，又称为双烯合成反应。

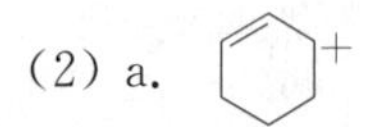

习题

6-1 排列下列碳正离子中间体的稳定性顺序。

(1) a. $CH_2=CH-C^+HCH_3$　　b. $CH_3C^+HCH_2CH=CH_2$

c. $CH_3CH_2CH_2C^+H_2$　　d. $CH_3CH=CH-C^+H-CH=CH_2$

(2) a. 　b. 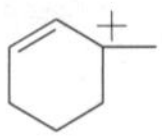 　c.

6-2 比较下列两组亲电试剂的活性大小。

(1) a. HI　b. HBr　c. HCl　d. HF

(2) a. I_2　b. Br_2　c. Cl_2　d. ICl

6-3 排列下列化合物与 HBr 反应的活性顺序。

(1) a. 丙烯　b. 2-甲基丙烯　c. 2-甲基-2-丁烯

(2) a. 2-丁烯　b. 1-丁烯　c. 3-氯丁烯　d. 3,3,3-三氯丙烯

(3) a. 2-甲氧基丙烯　b. 丙烯　c. 丙炔

(4) a. 乙烯基乙醚　b. 丙烯酸甲酯　c. 三氟丙烯

6-4 写出下列反应的主要产物(包括立体化学)。

(1) 1-丁烯$+H_2/Pt$

(2) (E)-1-甲氧基-3-苯基-2-丁烯$+H_2/Pt$

(3) 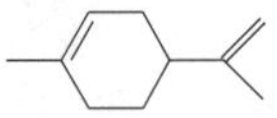 $+$过量 H_2/Pt

(4)  $\xrightarrow[(2)\ Zn,H_2O]{(1)\ O_3}$

(5) 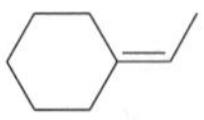 $\xrightarrow[ROOR]{HBr}$

(6) 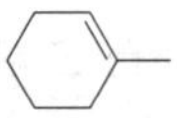 $\xrightarrow[(冷,稀)]{KMnO_4,OH^-}$

(7) 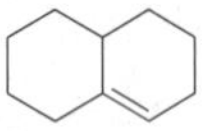 $\xrightarrow[H_2O]{Br_2}$

(8) 1-甲基环戊稀$\xrightarrow{BH_3,THF}$　$\xrightarrow{H_2O_2,OH^-}$

(9) $CF_3CH=CH_2+HCl\longrightarrow$

(10)  $-CH=CH-$ 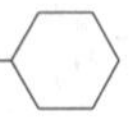 $+HBr\longrightarrow$

(11) $(CH_3)_3CCH=CH_2\xrightarrow{H_2SO_4/H_2O}$

6-5 当乙烯和溴的水溶液反应时,若加入 NaI 或 $NaNO_3$ 时,有 CH_2BrCH_2I 或$CH_2BrCH_2ONO_2$ 生成,但却没有 CH_2ICH_2I 或 $CH_2(ONO_2)CH_2(ONO_2)$生成,为什么?

6-6 写出 3,3-二甲基-1-丁烯与稀 H_2SO_4 反应得到 2,3-二甲基-2-丁醇和少量 2,3-二甲基-2-丁烯的反应机理。

6-7 写出 1-己炔与下列物质反应生成物的结构式。

(1) 1 mol Br_2 (2) 2 mol HCl (3) H_2O, $HgSO_4/H_2SO_4$ (4) $[Ag(NH_3)_2]NO_3$

(5) C_2H_5MgBr (6) $KMnO_4/H^+$ (7) 先与 B_2H_6 反应,然后用(H_2O_2, OH^-)还原

6-8 以乙炔和少于4个碳的有机化合物为原料,合成下列化合物。

(1) 1-戊炔 (2) 2-己炔 (3) 顺-2-己烯

(4) 反-2-己烯 (5) 1,1-二溴戊烷 (6) 丁醛

6-9 说明下列反应事实。

(1) 2-甲基-1,3-丁二烯与HCl反应只产生3-氯-3-甲基-1-丁烯及1-氯-3-甲基2-丁烯

(2) 2-甲基-1,3-丁二烯与溴反应则只产生3,4-二溴-3-甲基-1-丁烯及1,4-二溴-2-甲基-2-丁烯

6-10 用化学方法鉴别下列各组化合物。

(1) a. 3-甲基丁烷 b. 3-甲基-1-丁炔 c. 3-甲基-1-丁烯

(2) a. 1-己炔 b. 2-己烯 c. 己烷 d. 氮气

(3) a. 乙基环己烷 b. 1-环己基丙炔 c. 环己基乙炔

6-11 一未知烯烃,经催化加氢消耗了3 mol的氢气,得到1-甲基-4-异丙基环己烷。此烯烃被臭氧化还原得到如下产物:HCHO、$HCOCH_2COCOCH_3$、CH_3COCH_2CHO。试推断该烯烃的结构。

6-12 化合物A,经铂催化加氢可以吸收5 mol的氢气生成n-丁基环己烷。A用硝酸银的乙醇溶液处理,生成白色沉淀。A用过量臭氧处理,随后加入Zn还原剂得到以下产物:$HCOCH_2CH(CHO)_2$、HCOCOH、HCOCOOH、HCOOH。请推测化合物A的结构。

6-13 一旋光化合物C_8H_{12}(A),用铂催化剂加氢得到没有手性的化合物C_8H_{18}(B),(A)用Lindlar催化剂加氢得到手性化合物C_8H_{14}(C),但用金属钠在液氨中还原得到另一种没有手性的化合物C_8H_{14}(D)。试推测(A)的结构。

6-14 有三种化合物A、B、C,都具有分子式C_5H_8,都能使溴的四氯化碳溶液褪色。A与硝酸银的氨溶液作用生成沉淀,而B、C则不能;当用热的高锰酸钾氧化时,A得到$CH_3CH_2CH_2COOH$和CO_2,B得到乙酸和丙酸,C得到戊二酸。试指出A、B、C的构造式。

第七章　芳　香　烃

分子中含有芳香性环状结构的烃类称为芳香烃，亦称芳烃，因最初取自于具有芳香气味的物质而得名。

芳香烃具有高度的不饱和性，但其化学性质不同于脂肪族不饱和烃，有其特殊的“芳香性”，即芳环上的氢容易发生取代反应而不饱和的环难以进行加成反应和氧化反应，并具有特定的光谱吸收特征。这些性质取决于芳香环稳定的离域大 π 键共轭体系。

芳香烃中具有苯环结构的称为苯型芳香烃，不含有苯环而具有芳香性的称为非苯型芳香烃。苯型芳香烃按其结构的不同可分为单环芳香烃和多环芳香烃。

单环芳香烃如苯的结构表示为

或

多环芳香烃如联二苯、二苯甲烷、萘的结构表示为

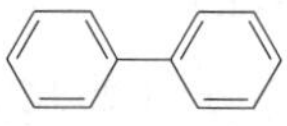

CH_2

联二苯 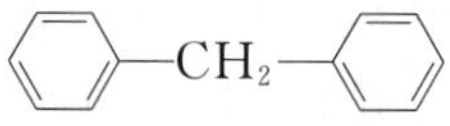　　二苯甲烷 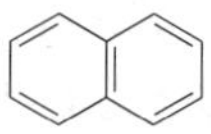　　萘

联二苯属于联苯类，二苯甲烷属于苯代脂肪烃，萘及蒽、菲等属于稠环芳香烃。

本章主要讨论芳香烃的结构、休克尔（Hückel）规则和芳香性、芳香烃的亲电取代反应及其反应机理，以及芳香烃的其他特性等，芳香杂环化合物将在后续有关章节中介绍。

第一节　苯环的结构与芳香性

苯环是最常见的芳香环结构，其分子式为 C_6H_6。1865 年凯库勒（Kekulé）首次提出苯环的结构式用六元环状且单双键间隔来表示（见图 7.1(a)）。虽然凯库勒结构式不能准确地表达苯分子的真实结构，但因其历史的沿袭，目前仍在采用。

现代理论认为，苯分子中的 6 个碳原子都是 sp^2 杂化，形成三个 sp^2 杂化轨道，其中两个轨道分别与相邻的两个碳原子的 sp^2 杂化轨道相互重叠形成 6 个碳碳 σ 键，另一个 sp^2 杂化轨道分别与氢原子的 1 s 轨道进行重叠，形成 6 个碳氢 σ 键。每个碳原子中未参与杂化的一个 2p 轨道则在垂直于 σ 键分子平面的方向进行侧面重叠，形成含有 6 个电子的大 π 键（见图 7.1(b)）。

苯分子具有平面的正六边形结构，各个键角都是 120°，六角环上碳碳之间的键长都是 1.3970^{-10} m。它既不同于一般的 C—C 单键（键长为 1.5410^{-10} m），也不同于一般的 C═C 双键（键长为 1.3310^{-10} m）。苯环上碳碳间的共价键应介于单键和双键之间，是键级为 1.5 的独特的键。显然，凯库勒结构式中的单键和双键不符合苯环的真实情况。故后来有人提出苯环的结构应用图 7.1(c)中的结构式来表示，中心的圆圈表示每两个相邻碳原子之间的成键情况是一样的，没有单键和双键的差异。

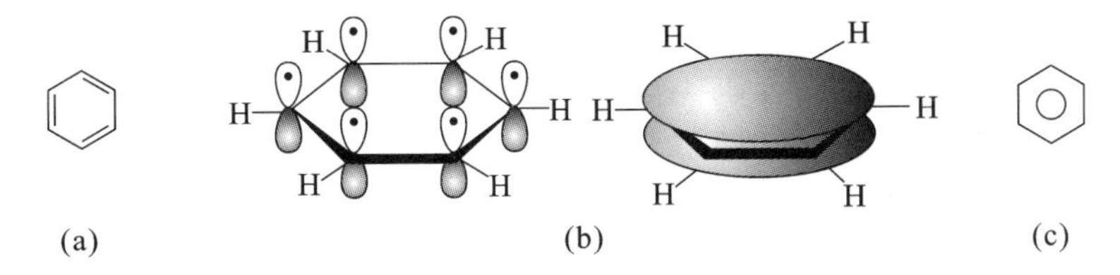

图 7.1　苯分子的结构

1931 年，休克尔(E. Hückel)用简化的分子轨道理论计算了单环多烯烃的 π 电子能级，提出一个单环多烯烃要具有芳香性，必须满足三个条件：

① 成环原子共平面或接近于平面，平面扭转不大于 0.1 nm；

② 有环状闭合的大 π 键共轭体系；

③ 环上 π 电子数为 $4n+2$(n=0、1、2、3、…)。

符合上述三个条件的单环化合物具有特殊的化学性质，即芳香性。这一规律被称为“休克尔规则”或“$4n+2$ 规则”。

休克尔规则表明，对平面状的单环共轭多烯来说，具有 $4n+2$ 个 π 电子，这里 n 是大于或等于零的整数，符合这些结构特征的分子，可能具有特殊芳香稳定性。以苯分子为例，苯环上 6 个碳原子的 p 轨道经过线性组合，形成 6 个 π 分子轨道。休克尔计算结果表明，这些 π 分子轨道的能级分布情况如图 7.2 所示。

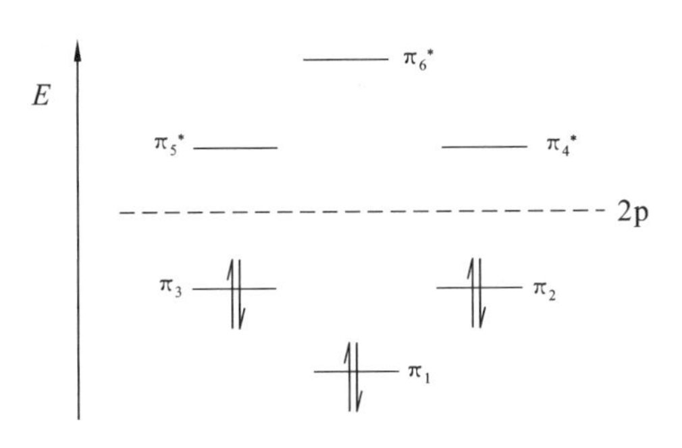

图 7.2　苯分子的 p 轨道能级分布图

很显然，分子内 6 个电子可以全部填充在能级低于 2p 原子轨道的三个 π 分子轨道中，即成键分子轨道中，而不必填充到能级高于 2p 原子轨道的三个 π^* 反键轨道中，因而可以使分子体系的能量明显降低。

核磁共振实验技术的发展，对决定某一化合物是否具有芳香性起了重要的作用，并对芳香性的本质有了进一步的了解。因此，芳香性更广泛的含义为：分子必须是共平面的封闭共轭体系；成键电子云密度或键长趋于平均化；有较大的共振能，体系能量低，较稳定。从化学性质看，易发生环上氢原子的亲电取代反应，而不易发生加成反应；在磁场中，能产生环电子流磁感效应；参与共轭的 π 电子总数符合 $4n+2$ 规则。

第二节 苯的亲电取代反应与反应机理

苯与饱和碳氢化合物相比，分子的不饱和度很高。芳烃分子内大π键的电子云分布于分子平面的上下两侧，受原子核的束缚较小，这些分子较易被缺电子的亲电试剂(electrophilic reagent，简写为E)进攻，发生相应的化学反应。与烯烃等脂肪族不饱和烃不同的是，亲电试剂与大π键结合后，一般接着会发生失去氢质子的消除而不是加成反应，最终导致取代产物的形成。这样可以保持芳烃分子内稳定的大π键共轭体系。

通常将这种芳香环氢原子被亲电试剂取代的反应称为芳香族亲电取代反应。芳香族亲电取代反应主要包括卤代、硝化、磺化、烷基化和酰基化等，绝大多数含苯环的芳香族化合物都可以进行上述反应。这些反应是制备带官能团的芳香族化合物的关键步骤，在有机合成上有着广泛的应用。亲电取代反应可用如下通式表示：

$$C_6H_6 + E^+ \longrightarrow C_6H_5E + H^+$$

E：X、NO_2、SO_3、R、RCO

一、卤代反应

苯在铁或三卤化铁存在下和氯或溴发生反应，苯环上的氢原子可以被卤素原子取代而生成相应的氯苯或溴苯，这类反应称为卤代反应。

$$C_6H_6 + X_2 \xrightarrow{\text{Fe 或 } FeX_3} C_6H_5X + HX$$

X：Cl、Br

实际生产中用铁粉作催化剂，卤素与铁先生成卤化铁。

$$2Fe + 3X_2 \longrightarrow 2FeX_3$$

卤化铁作为Lewis酸接受卤素提供的电子形成配合物，从而促使卤素分子发生极化，并进一步提供发生亲电取代反应所需要的卤素正离子。

$$X{-}X + FeX_3 \rightleftharpoons \overset{\delta^+}{X}\cdots X \cdots \overset{\delta^-}{Fe}X_3$$

苯环被卤素正离子进攻后生成碳正离子，原来苯环中六个π电子中的两个电子与卤素原子形成σ键，剩下的四个π电子分布在由五个碳原子所组成的共轭体系之中。在这个体系中，正电荷不是局限在一个碳原子上，而是分散在整个共轭体系中，该碳正离子又称为σ-配合物，然后该σ-配合物在FeX_4^-作用下失去一个质子生成卤苯。

$$C_6H_6 + \overset{\delta^+}{X}{-}X\cdots\overset{\delta^-}{Fe}X_3 \xrightarrow[\text{慢}]{} [C_6H_6X]^+ + FeX_4^-$$

$$[C_6H_6X]^+ + FeX_4^- \xrightarrow[\text{快}]{-H^+} C_6H_5X + FeX_3 + HX$$

中间体碳正离子可用下列共振极限式表示：

$$[C_6H_6X]^+ \longleftrightarrow [C_6H_6X]^+ \longleftrightarrow [C_6H_6X]^+ \equiv [C_6H_6X]^+$$

苯环与亲电试剂的反应活性一般比烯烃低。烯烃与溴或氯的加成反应在通常情况下较容易发生，苯环的反应则常需要在 Lewis 酸催化下才能顺利进行。此外，与烯烃不同，苯环和卤素反应后生成的 σ-配合物与卤负离子作用，不是发生加成而是失去质子恢复到苯环。这是因为失去质子形成芳香体系是一步更容易进行的放热反应。

碘的反应活性很低，一般情况下不易与芳烃直接发生亲电取代反应。实际上，芳烃的碘代反应一般需要在氧化剂如硝酸、碘酸的存在下才能进行。氧化剂可以把还原性的副产物碘化氢重新氧化成为碘，继而产生更多的碘正离子去参与反应。由于这个反应很慢，通常碘苯是通过苯胺的重氮化产物在 KI/Cu_2I_2 作用下反应来制备的。氟的亲电反应性很强，它与苯的反应十分剧烈，一般难以控制，甚至会破坏苯环。因此氟苯也是经过重氮化产物与相应试剂作用下分解得到的。这些内容将在第十五章“含氮有机化合物”中讨论。

二、硝化反应

苯在由浓硫酸和浓硝酸组成的混酸作用下，苯环上的氢原子被硝基取代，生成硝基苯。这一过程称为硝化反应。

$$C_6H_6 + HNO_3 \xrightarrow[50\sim60\ ℃]{H_2SO_4} C_6H_5NO_2 + H_2O$$

在硝化反应中，进攻试剂是亲电性很强的硝基正离子 NO_2^+。在硝酸水溶液中，硝酸电离后一般以硝酸根负离子存在。实验证明，在无水硝酸中，质子化的硝酸会解离出硝基正离子，但浓度较低。浓硫酸的存在有助于硝基正离子的生成：

$$2H_2SO_4 + HONO_2 \rightleftharpoons NO_2^+ + H_3O^+ + 2HSO_4^-$$

硝基正离子进攻苯环后生成 σ-配合物，后者失去质子得到取代产物。

$$C_6H_6 \xrightarrow[慢]{NO_2^+} [C_6H_6NO_2]^+ \xrightarrow[快]{-H^+} C_6H_5NO_2$$

中间体碳正离子可用共振极限式表示：

$$[C_6H_6NO_2]^+\text{(正电荷在邻位)} \longleftrightarrow [C_6H_6NO_2]^+\text{(正电荷在对位)} \longleftrightarrow [C_6H_6NO_2]^+\text{(正电荷在另一邻位)} \equiv [C_6H_6NO_2]^+\text{(离域)}$$

单硝化后苯环上电子云密度明显降低，不容易继续硝化。但如果提高硝酸的浓度以及反应温度，硝基苯可以进一步硝化，形成间二硝基苯。若要使间二硝基苯继续硝化，不但反应条件更为剧烈，而且产率也大为降低。

$$C_6H_5NO_2 \xrightarrow[H_2SO_4]{发烟\ HNO_3} 1,3-C_6H_4(NO_2)_2\ (80\%) \xrightarrow[发烟\ H_2SO_4,\ 110\ ℃/5天]{发烟\ HNO_3} 1,3,5-C_6H_3(NO_2)_3\ (45\%)$$

三、磺化反应

苯与发烟硫酸在室温下反应，生成苯磺酸，这一过程称为磺化反应。

$$C_6H_6 + H_2SO_4 \xrightarrow{75\ ℃} C_6H_5SO_3H + H_2O$$

磺化反应的机理与硝化反应相类似，亲电试剂为三氧化硫分子：

$$\text{C}_6\text{H}_6 + {}^{\delta+}\text{S}(=\text{O})_2{=}\text{O}^{\delta-} \underset{\text{慢}}{\rightleftharpoons} [\text{C}_6\text{H}_6\text{SO}_3^-]^{+}(\sigma\text{-配合物}) \underset{\text{快}}{\rightleftharpoons} \text{C}_6\text{H}_5\text{SO}_3^- + \text{H}^+ \underset{\text{快}}{\rightleftharpoons} \text{C}_6\text{H}_5\text{SO}_3\text{H}$$

常用的磺化试剂除浓硫酸、发烟硫酸外，还有氯磺酸和液体三氧化硫等。

$$\text{C}_6\text{H}_6 + \text{ClSO}_3\text{H} \longrightarrow \text{C}_6\text{H}_5\text{SO}_3\text{H} + \text{HCl}$$

在氯磺酸过量的情况下，磺化产物可以最终转化为苯磺酰氯。该反应是在苯环上引入一个氯磺酰基，因此被称为氯磺化反应。

$$\text{C}_6\text{H}_6 + 2\text{ClSO}_3\text{H} \longrightarrow \text{C}_6\text{H}_5\text{SO}_2\text{Cl} + \text{HCl} + \text{H}_2\text{SO}_4$$

氯磺酰基非常活泼，通过它可以合成许多芳香磺酰胺化合物，在染料、农药和医药合成上用途很大(例如磺胺类药物的合成)。

与卤化及硝化反应不同，磺化反应是一个可逆反应。磺化反应的逆反应称为水解反应或去磺酸基反应。磺化反应之所以可逆，是因为从反应过程中生成的 σ-配合物脱去质子和脱去 SO_3 两步反应的活化能相差不大。而在硝化反应和卤代反应中，从相应的 σ-配合物脱去 NO_2^+ 或 X^+ 的活化能大于脱去质子的活化能，反应速度相差很大，因此反应几乎可以认为是不可逆的。若在磺化后的反应混合物中通入过热水蒸气或将芳基磺酸与稀硫酸一起加热，可以脱去磺酸基。苯磺酸是一种强酸，其钠盐在水中的溶解度很大，常用于提高物质的水溶性。

四、傅-克(Friedel-Crafts)反应

芳烃在无水氯化铝、氯化铁、氯化锌、氟化硼等 Lewis 酸和氟化氢、磷酸、硫酸等无机酸存在下的烷基化和酰基化反应统称为傅-克反应。这是一个制备烷基芳烃和芳香酮的好方法，广泛用于有机合成。

1. 傅-克烷基化反应

在无水氯化铝或其他酸性催化剂作用下，苯可以和卤代烃、烯烃、醇反应，生成烷基苯。

$$\text{C}_6\text{H}_6 + \text{C}_2\text{H}_5\text{Cl} \xrightarrow{\text{AlCl}_3} \text{C}_6\text{H}_5\text{—CH}_2\text{CH}_3 + \text{HCl}$$

烷基化反应的进攻试剂被认为是碳正离子，不同的烷基化试剂可如下形成相应的碳正离子：

$$\text{R—X} + \text{AlCl}_3 \longrightarrow \text{R}^+ + \text{AlCl}_3\text{X}^-$$

$$\text{R—OH} + \text{H}_2\text{SO}_4 \longrightarrow \text{R}^+ + \text{H}_2\text{O} + \text{HSO}_4^-$$

$$\text{R—CH}{=}\text{CH}_2 + \text{HCl} + \text{AlCl}_3 \longrightarrow \text{R}\overset{+}{\text{C}}\text{HCH}_3 + \text{AlCl}_4^-$$

碳正离子进攻苯环完成亲电取代：

$$\text{C}_6\text{H}_6 \underset{\text{慢}}{\overset{\text{R}^+}{\rightleftharpoons}} [\text{C}_6\text{H}_6\text{R}]^+(\sigma\text{-配合物}) \underset{\text{快}}{\overset{-\text{H}^+}{\rightleftharpoons}} \text{C}_6\text{H}_5\text{R}$$

烷基化反应具有以下特点。

① 在烷基化反应中，碳正离子常常发生重排。例如：

$$C_6H_6 + CH_3CH_2CH_2Cl \xrightarrow{AlCl_3} C_6H_5CH(CH_3)CH_3\ (70\%) + C_6H_5CH_2CH_2CH_3\ (30\%) + HCl$$

$$C_6H_6 + CH_3C(CH_3)_2CH_2Cl \xrightarrow{AlCl_3} C_6H_5C(CH_3)_2CH_2CH_3\ (\sim 100\%) + HCl$$

在氯化铝催化下，氯代烷形成碳正离子后可重排成更稳定的仲碳正离子或叔碳正离子，然后作为亲电试剂完成烷基化反应。

② 烷基化反应一般难以选择性地停留在一取代产物，常常得到多取代的混合产物，这是由于苯环上引入一个供电子的烷基后，第二个烷基的引入比第一个烷基更容易。因此，在普通反应条件下，烷基化反应产物往往是多取代产物。要得到单烷基苯需要用大大过量的苯作为反应原料。

③ 烷基化反应还是一个可逆反应，三氯化铝不仅催化正反应，也催化逆反应。这一现象的存在使烷基化反应产物较复杂。例如：

$$2\ C_6H_5CH_3 \overset{AlCl_3}{\rightleftharpoons} C_6H_6 + p\text{-}CH_3C_6H_4CH_3$$

由于烷基化反应中存在着多取代、重排和可逆异构化等现象，在应用这个反应时要注意控制反应条件，以减少副产物的形成。

2. 傅-克酰基化反应

在无水三氯化铝存在下，苯与酰氯或酸酐反应生成芳基酮，这一过程称为傅-克酰基化反应。它是合成芳基酮的重要方法之一。

$$C_6H_6 + CH_3COCl \xrightarrow{AlCl_3} C_6H_5\overset{O}{\overset{\|}{C}}CH_3 + HCl$$

$$C_6H_6 + (CH_3CO)_2O \xrightarrow{AlCl_3} C_6H_5\overset{O}{\overset{\|}{C}}CH_3 + CH_3COOH$$

酰基化反应的进攻试剂是酰基碳正离子：

$$R\overset{O}{\overset{\|}{C}}Cl \overset{AlCl_3}{\rightleftharpoons} R\overset{OAlCl_3}{\overset{\|}{C}}Cl \rightleftharpoons R\overset{O}{\overset{\|}{C}}{}^{+} + AlCl_4^-$$

酰基化反应难以生成二酰基化产物，并且反应是不可逆的。酰基化反应既是制备芳酮的重要方法，也是制备烷基苯的好方法之一。因为用锌汞齐和浓盐酸可以将羰基还原成为亚甲基(Clemmensen 还原法)，从而得到高产率的直链烷烃。例如：

$$C_6H_6 + CH_3CH_2\overset{O}{\overset{\|}{C}}Cl \xrightarrow{AlCl_3} C_6H_5\overset{O}{\overset{\|}{C}}CH_2CH_3 \xrightarrow[HCl]{Zn\text{-}Hg} C_6H_5CH_2CH_2CH_3$$

$$C_6H_6 + \begin{array}{l} CH_2-C(=O) \\ \;| \qquad\quad\;\; \rangle O \\ CH_2-C(=O) \end{array} \xrightarrow{AlCl_3} C_6H_5\overset{O}{\overset{\|}{C}}CH_2CH_2COOH \xrightarrow[HCl]{Zn\text{-}Hg} C_6H_5CH_2CH_2CH_2COOH$$

与烷基化反应不同，由于酰基是一个吸电子基团，酰基化产物芳酮发生亲电取代反应的活性比芳香烃小得多，因此一般不会多酰基化，引入的酰基也不会重排。

五、芳香族亲电取代反应机理

芳香族化合物芳环上的取代反应从机理上可分为亲电、亲核，以及自由基取代三种类型。芳香环的亲电取代是指亲电试剂取代连接在芳香环上的氢。苯环的亲电取代称为苯的一元亲电取代，一元取代苯再在苯环上发生亲电取代可以有苯的二元及多元亲电取代。这些反应的反应机理大体相似，如下所示：

$$C_6H_6 + E^+ \longrightarrow \underset{\pi\text{-配合物}}{C_6H_6\cdots E^+} \longrightarrow \underset{\sigma\text{-配合物}}{[C_6H_6E]^+} \longrightarrow C_6H_5E + H^+$$

中间体碳正离子是一个活泼中间过渡态，它的形成必须经过一个很高的势能，整个反应的反应速率主要取决于这一步。

芳环上进行亲电取代反应时，之所以不易发生加成反应是因为亲电取代产物仍然保持稳定的芳香共轭环状结构，其分子能量比加成产物分子能量低得多。反应过程的能量变化如图7.3所示。

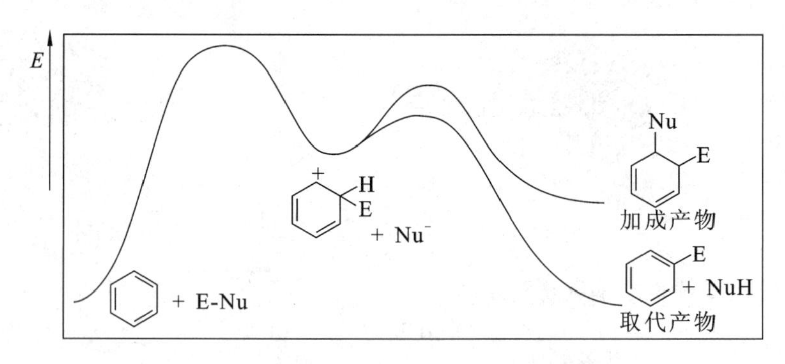

图 7.3　芳香烃亲电取代反应的能量变化

卤代反应与和烯烃的加成反应类似，它与芳香环在 Lewis 酸的作用下先生成一个 π-配合物，而后转化成 σ-配合物。反应第二步是 σ-配合物失去一个质子后转变成稳定的芳环结构，这是一个释放能量的快反应，活化能较第一步小得多（见图 7.3）。但在磺化反应和烷基化反应中，因为它们的反应是可逆的，可以想象，这两步反应的活化能垒应相差不大。

第三节 亲电取代反应的定位规律

一、定位规律

一元取代苯再进行亲电取代反应时，新导入的取代基有偏向性地选择取代原有取代基的邻位、间位或对位上的氢原子，生成三种不同的二取代产物。但实际上在任何一个具体的反应中，这些位置上的氢原子被取代的机会并不均等，并且反应的速率也不相同。第二个取代基进入苯环的位置和速率常常取决于苯环上原有取代基的类型。因此，通常把苯环上的原有取代基称为定位基，这种定位作用称为定位效应。

定位基根据其定位作用常分为两大类。使后进取代基团主要进入其邻、对位的，称为第一类定位基。使后进取代基团主要进入其间位的，称为第二类定位基。

常见的第一类定位基有：$—NH_2$、—NHR、$—NR_2$、—OH、$—NHCOCH_3$、—OR、$—OCOCH_3$、—R、—Ar、—X。

常见的第二类定位基有：$—N^+R_3$、$—NO_2$、$—CF_3$、—CN、$—SO_3H$、—CHO、—COR、—COOH、—COOR。

从取代基结构上看，邻、对位定位基与苯环直接相连的原子上都只有单键(芳基例外)，间位定位基与苯环直接相连的原子上有双键或正电荷($—CX_3$例外)。

当苯环上连接不同取代基时，再进行亲电取代反应的反应的速率也不相同。以下是不同取代基对亲电取代反应速率的影响规律。

强活化的邻、对位定位基：$—NH_2$、—NHR、$—NR_2$、—OH。

中等强度活化的邻、对位定位基：$—NHCOCH_3$、—OR、$—OCOCH_3$。

弱活化的邻、对位定位基：—R、—Ar。

弱钝化的邻、对位定位基：—X。

以上列出的间位(第二类)定位基都是强钝化的基团。

这些不同基团对芳环亲电取代反应的活化或钝化作用，若从诱导效应、共轭效应和空间立体阻碍作用来加以比较理解，将有助于对这些化学基团特性进行深入认识。

二、定位规律的理论根据

1. 单取代苯的亲电取代反应

单取代苯的亲电取代反应机理与苯相似，活性中间体也是σ-配合物。生成邻位、对位或间位取代产物的三个反应是同时进行的，但各种产物的生成比例与两个因素有关。一个是苯环上各位置电子云密度的高低，电子云密度较高的位置容易被亲电试剂进攻，有较高的产物比例。另一个因素是三种产物相对应的中间体σ-配合物中，哪一个的稳定性较高，势能低，反应所需的活化能相应较小，因而反应速率较快，相应产物所占的比例也较高。这种取代苯的σ-配合物与苯在同一个反应中生成的σ-配合物相比，如稳定性较高，势能低，则取代基使苯环活化，如果稳定性较低，势能高，则取代基使苯环钝化。

以下分别讨论几个基团的不同影响。

(1) 甲苯

甲苯分子中电子效应的结果使得环上电子云密度较苯高，且邻、对位的电子云密度比间位高，亲电试剂主要进攻邻、对位。甲苯反应活性较苯高，甲基是活化基团。

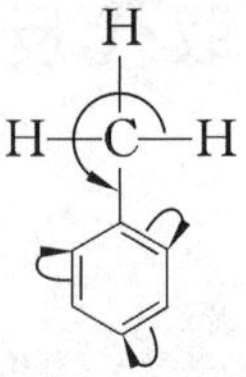

甲苯在亲电取代反应中生成的三种 σ-配合物的结构可用共振式表示：

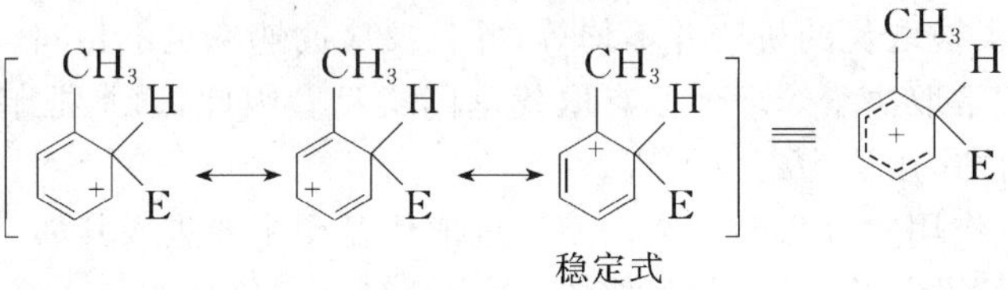

稳定式

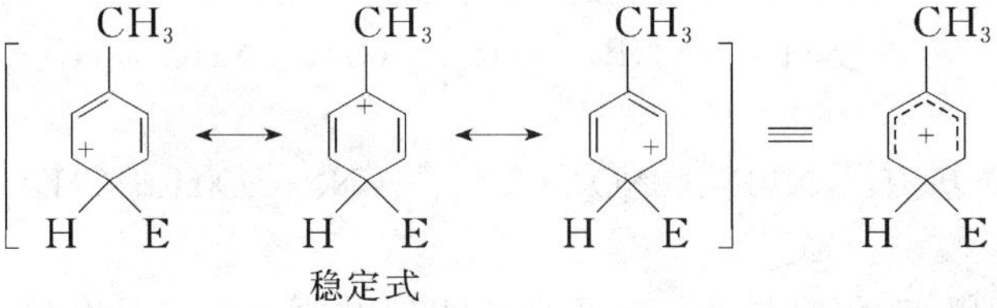

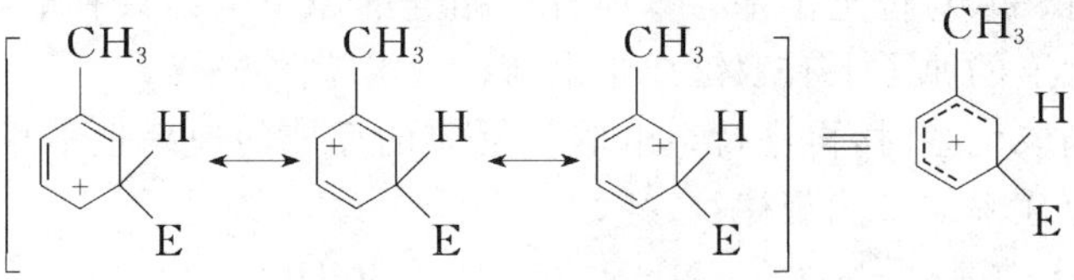

稳定式

当亲电试剂 E^+ 进攻邻位或对位时，生成的 σ-配合物的三种共振结构式中有一个是叔碳正离子，这个共振结构式较稳定，它对共振杂化体的贡献较大，使共振杂化体势能较低。而 E^+ 进攻间位时，三个共振结构式都是仲碳正离子，共振杂化体Ⅲ比Ⅰ和Ⅱ势能高。因此，取代产物以邻位和对位异构体为主，即甲苯是邻、对位定位基。

苯在同一反应中生成的 σ-配合物，是三个仲碳正离子的共振杂化体：

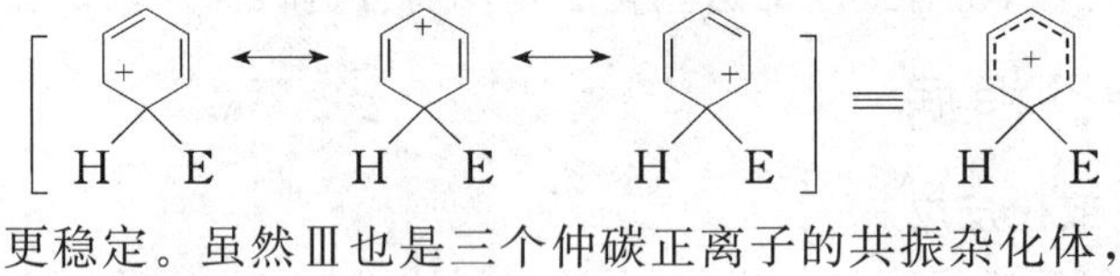

因此，Ⅰ和Ⅱ比Ⅳ更稳定。虽然Ⅲ也是三个仲碳正离子的共振杂化体，但由于甲基的供电子作用，使共振杂化体Ⅲ中环上的缺电子的程度比共振杂化体Ⅳ有所缓解，使其稳定性增加。因此，甲基使苯环活化。

甲基的主要作用是通过它的超共轭效应影响 σ-配合物的相对稳定性，另外甲基的体积比氢原子大，对于亲电试剂在邻位进攻，存在一定的位置阻碍作用。其他烷基的定位效应与甲基相似，随着烷基的体积增加，对其邻位的位置阻碍效应也更明显。

(2) 硝基苯

硝基苯分子中电子效应的结果使得环上电子云密度较苯低，且邻、对位的电子云密度比间位更低，亲电试剂主要进攻间位。

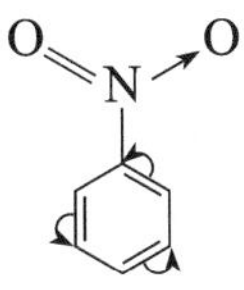

O N O

硝基苯在亲电取代反应中生成的三种碳正离子的结构可用共振式表示：

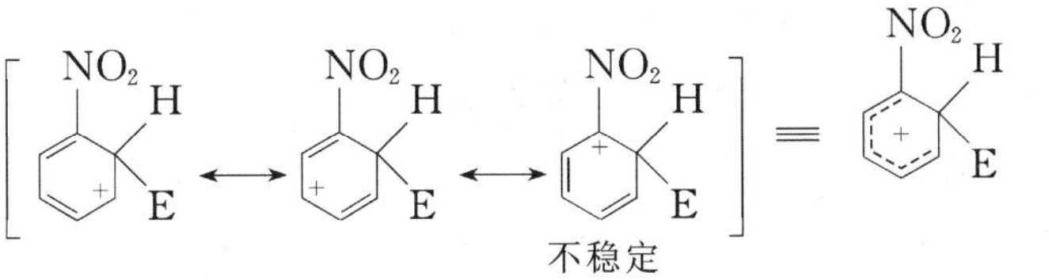

NO_2 H E ⟷ NO_2 H E ⟷ NO_2 H E ≡ NO_2 H E Ⅴ

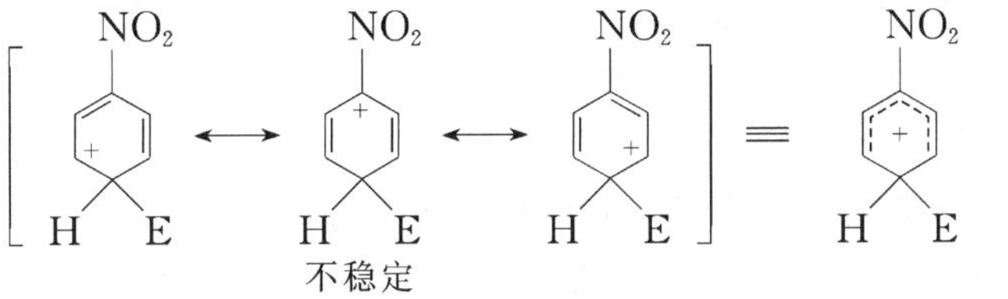

不稳定

NO_2 H E ⟷ NO_2 H E ⟷ NO_2 H E ≡ NO_2 H E Ⅵ

不稳定

NO_2 H E ⟷ NO_2 H E ⟷ NO_2 H E ≡ NO_2 H E Ⅶ

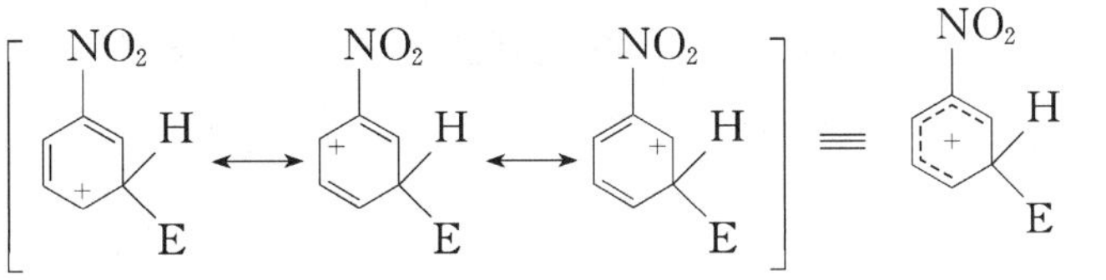

碳正离子Ⅴ和Ⅵ中均有一个共振结构式中带正电荷的碳原子直接与硝基相连，而在碳正离子Ⅶ中，三个共振结构式都没有带正电荷的碳原子与硝基直接相连，故共振杂化体Ⅶ比Ⅴ和Ⅵ要稳定一些。因此，取代基团主要进入间位，硝基是间位定位基。但硝基的存在使共振杂化体Ⅶ的稳定性不及Ⅳ，因此硝基使苯环钝化。

(3) 氯苯

氯苯分子中共轭效应的结果使得邻、对位的电子云密度比间位高，亲电试剂主要进攻邻、对位。但氯原子与苯环的 p-π 共轭较碳、氮、氧原子的共轭程度低，且有较大的电负性，常认为其吸引电子的诱导效应(－I)较提供电子的共轭效应(＋C)大，反应活性较苯低，是钝化基团。

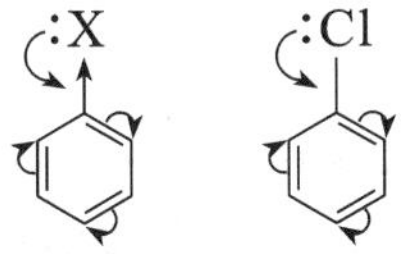

:X :Cl

氯苯在亲电取代反应中的三个活性中间体的结构如下：

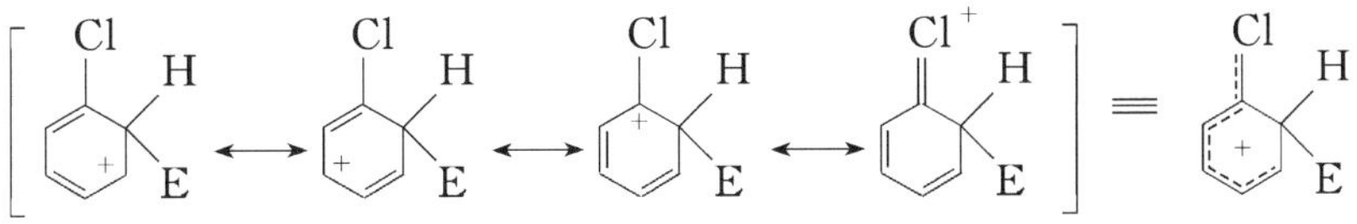

Cl H E ⟷ Cl H E ⟷ Cl H E ⟷ Cl^+ H E ≡ Cl H E Ⅷ

Cl H E ⟷ Cl H E ⟷ Cl H E ⟷ Cl^+ H E ≡ Cl H E Ⅸ

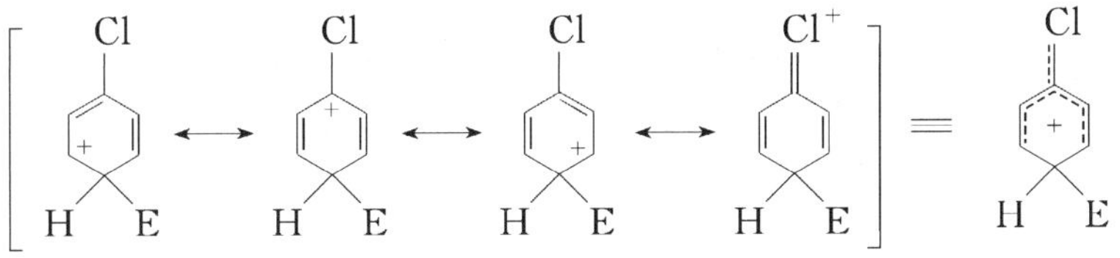

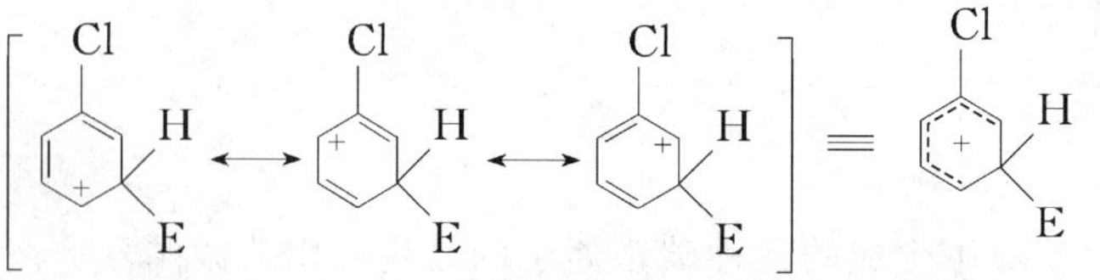

Cl H E ⟷ Cl H E ⟷ Cl H E ≡ Cl H E Ⅹ

共振杂化体Ⅷ和Ⅸ的四个共振结构式中，其中三个都有外层电子不足八个的碳原子，而在氯原子带正电荷的共振结构式中，碳原子和氯原子的外层电子都是八个，共振论认为这样的共振结构式较稳定，对共振杂化体的贡献最大。而在共振杂化体Ⅹ中没有这样的共振结构式。因此，共振杂化体Ⅹ比Ⅷ和Ⅸ能量高，间位取代产物不易生成，氯原子表现为邻、对位定位基。由于氯原子的电负性较大，碳正离子Ⅷ、Ⅸ和Ⅹ比Ⅳ更不稳定。因此，氯原子使苯环钝化，属于邻、对位定位基。

2. 二取代苯的亲电取代反应

苯环上已经有两个取代基的情况下，在考虑两个取代基定位效应的基础上来推测第三个取代基进入苯环的位置。一般符合以下规律。

① 两个取代基的定位效应相同，第三个取代基进入苯环的位置由这两个取代基共同决定，并无矛盾。例如：

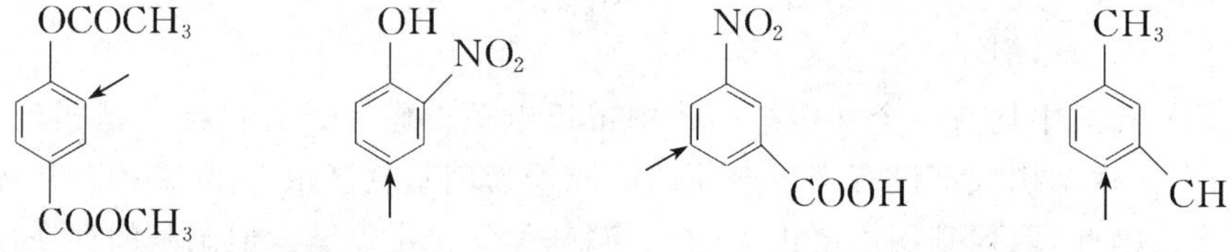

$OCOCH_3$ / $COOCH_3$　　OH / NO_2　　NO_2 / COOH　　CH_3 / CH_3

② 当两个取代基为同类，其定位效应不一致时，第三个取代基进入苯环的位置主要取决于活化作用较强的基团。例如：

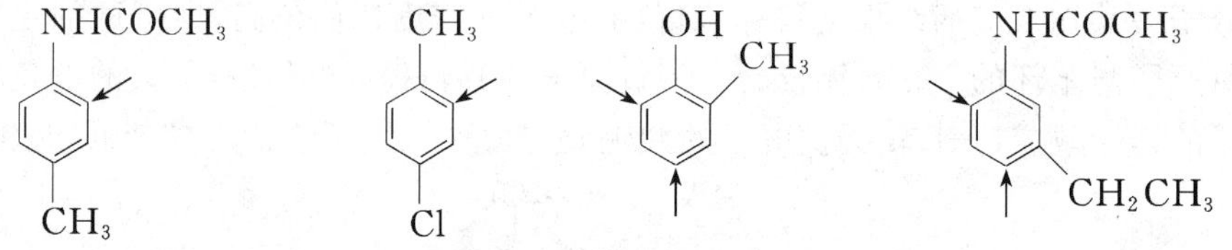

$NHCOCH_3$ / CH_3　　CH_3 / Cl　　OH / CH_3　　$NHCOCH_3$ / CH_2CH_3

③ 如果两个取代基不同类，定位效应也不一致，第三个取代基进入苯环的位置主要取决于邻、对位定位基。主要原因是邻、对位定位基有致活作用，使反应加快，活化能较低。例如：

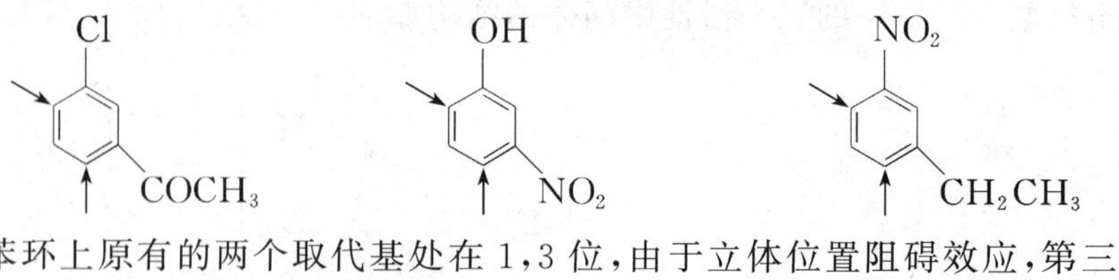

Cl / $COCH_3$　　OH / NO_2　　NO_2 / CH_2CH_3

④ 如果苯环上原有的两个取代基处在1,3位，由于立体位置阻碍效应，第三个取代基进入2位的比例大为降低。例如以下结构进行硝化反应时，进入各位置的比例如下：

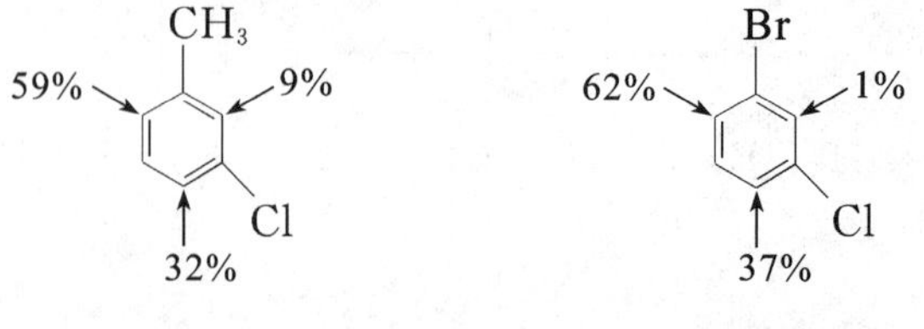

CH_3 59% 9% Cl 32%　　Br 62% 1% Cl 37%

3. 定位规律的应用

应用定位规律，可以预测取代反应的主要产物及如何选择适当的合成路线。举例如下。

（1）由苯合成邻、间、对硝基氯苯

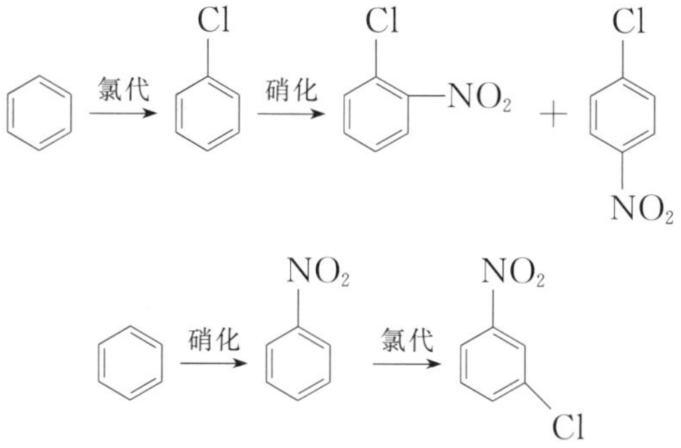

苯 $\xrightarrow{\text{氯代}}$ 氯苯 $\xrightarrow{\text{硝化}}$ 邻硝基氯苯 + 对硝基氯苯

苯 $\xrightarrow{\text{硝化}}$ 硝基苯 $\xrightarrow{\text{氯代}}$ 间硝基氯苯

（2）由甲苯合成间位和对位硝基苯甲酸

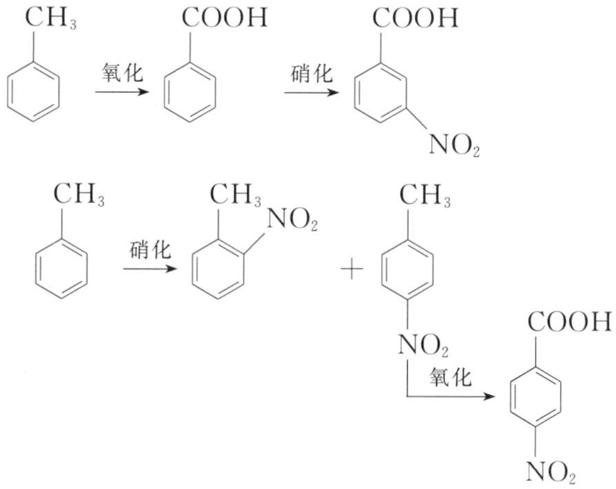

甲苯 $\xrightarrow{\text{氧化}}$ 苯甲酸 $\xrightarrow{\text{硝化}}$ 间硝基苯甲酸

甲苯 $\xrightarrow{\text{硝化}}$ 邻硝基甲苯 + 对硝基甲苯 $\xrightarrow{\text{氧化}}$ 对硝基苯甲酸

（3）由氯苯合成 3-硝基-4-氯苯磺酸

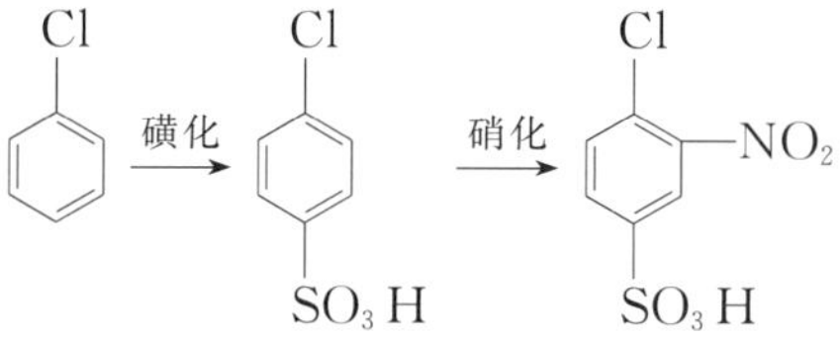

氯苯 $\xrightarrow{\text{磺化}}$ 对氯苯磺酸（SO_3H） $\xrightarrow{\text{硝化}}$ 3-硝基-4-氯苯磺酸（NO_2，SO_3H）

在以上过程中，磺化反应在较高温度下有利于对位产物的生成。

第四节　稠环芳烃的亲电取代反应

由两个或两个以上的苯环稠合而成的芳烃称为稠环芳烃，如萘、蒽、菲等。它们是有机化工的基本原料，复杂的稠环芳烃如苯并菲、苯并蒽等具有较高的致癌活性。稠环芳烃主要的化学性质也是亲电取代反应。

萘也是一个平面型分子，每个碳原子除以 sp^2 杂化轨道形成碳碳 σ 键外，相邻各碳原子还以 p 轨道进行侧面的互相重叠，形成电子离域的大 π 键。萘分子与苯分子不同的是十个碳原子的化学环境不是完全相同的，四个 α 位相同，四个 β 位相同，但 α 位和 β 位有着明显的差异，因而键长和电子云密度也不相同。经实验事实和量子化学理论证明，其 α 位较 β 位的电子云密度高。萘分子的碳碳键长和大 π 键的形成如图 7.4 所示。

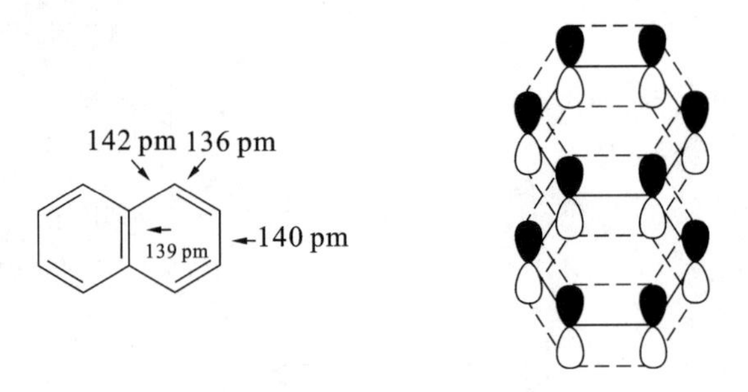

图 7.4　萘的大 π 键

萘的 α 位比 β 位活泼，一般 α-氢优先被取代。例如，

$$\text{萘} + Br_2 \xrightarrow[\text{回流}]{Fe} \text{α-溴萘 (Br)}$$

72%～75%

这是制备 α-溴萘或 α-氯萘的常用方法。

$$\text{萘} + HNO_3 \xrightarrow[30\sim60\ ℃]{H_2SO_4} \text{α-硝基萘 } (NO_2)$$

90%～95%

在工业上，α-硝基萘主要用于制备 α-萘胺。α-萘胺是合成偶氮染料的中间体。

$$\text{α-硝基萘 } (NO_2) \xrightarrow{Zn/HCl} \text{α-萘胺 } (NH_2)$$

萘的磺化反应同苯的磺化反应一样，也是可逆反应，其主要产物与反应条件有关：

$$\text{萘} + H_2SO_4 \xrightleftharpoons{80\ ℃} \text{α-萘磺酸 } (SO_3H)$$

$$\text{萘} + H_2SO_4 \xrightleftharpoons{165\ ℃} \text{β-萘磺酸 } (SO_3H)$$

$$\text{α-萘磺酸} \xrightarrow{165\ ℃} \text{β-萘磺酸}$$

由于 α 位活性比 β 位大，生成 α-萘磺酸的反应速率比生成 β-萘磺酸的反应速率快，因此在较低温度下，产物的生成受反应速率的控制，主要产物是 α-萘磺酸。但在高温下，决定产物的因素不是反应速率，而是产物的稳定性。由于磺酸基的体积较大，与异环 α 位上的氢原子在空间上存在相互排斥作用，使得 α-萘磺酸的热稳定性比 β-萘磺酸差。因此，在较高的反应温度下，反应产物主要是 β-萘磺酸。通常将低温下的产物称为速率控制产物，即动力学控制产物；而将高温下的反应产物称为平衡控制产物，即热力学控制产物。

当萘环上连有取代基时，第二个取代基进入的位置与原有取代基的性质密切相关。如果萘环上连接的是邻、对位定位基，其作用主要是活化定位基所在苯环的邻、对位，所以第二个取代基一般优先进入定位基所在苯环的邻位和对位；如果萘环上连的是间位定位基，由于其钝化作用，第二个取代基一般倾向于进入不含定位基的苯环（异环），反应主要发生在异环的5位和8位。例如：

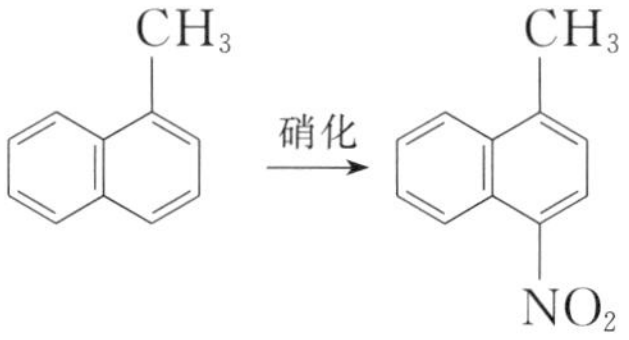

CH_3　硝化→　CH_3，NO_2

～90%

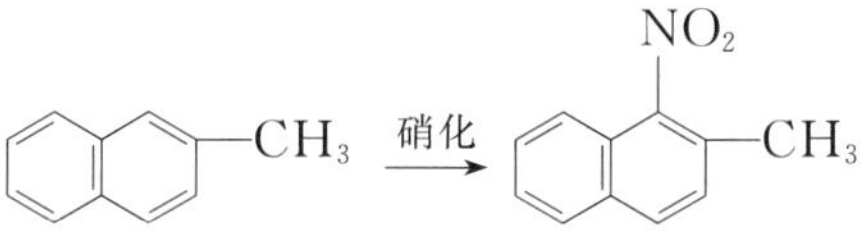

CH_3　硝化→　NO_2，CH_3

70%～80%

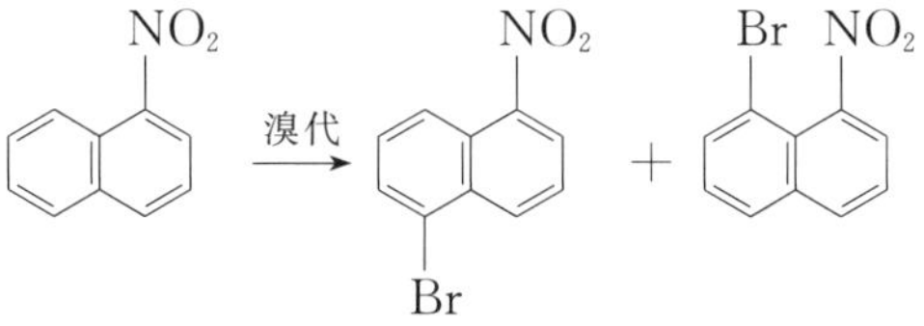

NO_2　溴代→　NO_2，Br　＋　Br　NO_2

蒽和菲的亲电取代反应主要发生在9、10位。

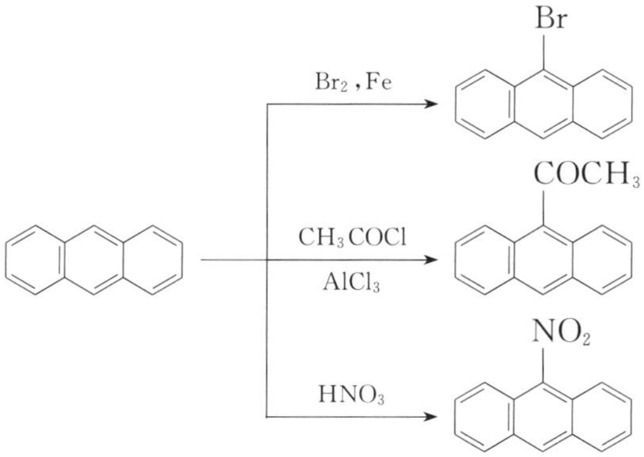

Br_2,Fe →　Br

CH_3COCl，$AlCl_3$ →　$COCH_3$

HNO_3 →　NO_2

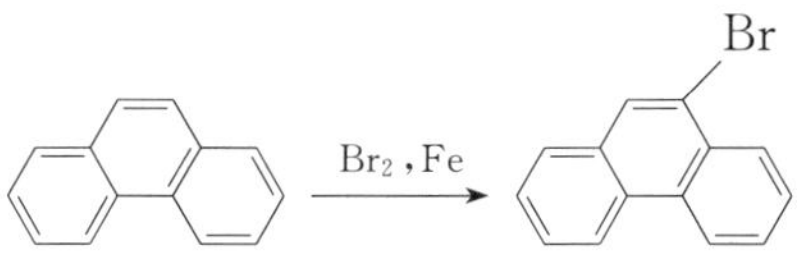

Br_2,Fe →　Br

第五节　加成反应

一、加氢反应

芳烃的加成反应要比烯烃困难得多，不同的芳烃发生加成反应的难易程度也不一样。苯只有在高温、高压及催化剂作用下才能发生加氢反应，而萘、蒽、菲的加氢相对容易。

$$\text{苯} + 3H_2 \xrightarrow[150\sim250\ ^\circ\text{C},2.5\ \text{MPa}]{Ni} \text{环己烷}$$

$$\text{萘} \xrightarrow[140\sim160\ ^\circ\text{C},\sim3\ \text{MPa}]{H_2,Ni} \text{四氢化萘} \xrightarrow[\sim200\ ^\circ\text{C},10\sim30\ \text{MPa}]{H_2,Ni} \text{十氢化萘}$$

$$\text{萘} \xrightarrow[\text{加热,加压}]{H_2,Rh/C\ \text{或}\ Pt/C} \text{十氢化萘}$$

$$\text{蒽} \xrightarrow{Na,EtOH} \text{9,10-二氢蒽}$$

$$\text{菲} \xrightarrow{Na,EtOH} \text{9,10-二氢菲}$$

二、加卤素

在紫外光作用下，苯和氯气进行自由基加成反应得到六氯环己烷，因分子中含有六个碳、六个氢和六个氯，俗称“六六六”或六六粉。六六六是一种农药，它有八种异构体，但只有 γ 异构体具有杀虫活性。这种异构体的含量在混合物中仅占 18%左右。六六六曾经是常用的杀虫剂，但由于它的化学性质过于稳定，不易降解，残存毒性大，目前已被高效、低毒、低残留的有机磷农药所代替。

$$\text{苯} + Cl_2 \xrightarrow{h\nu} C_6H_6Cl_6$$

菲与溴作用生成 9,10-二溴菲。

$$\text{菲} \xrightarrow{Br_2} \text{9,10-二溴菲}$$

第六节 氧化反应

一、环的氧化

苯环对氧化剂很稳定，很难被氧化，但在特殊条件下也能发生氧化开环反应。例如，苯在高温下可以被 V_2O_5 催化氧化为顺丁烯二酸酐(俗称马来酸酐)，氧化剂是空气中的氧气。

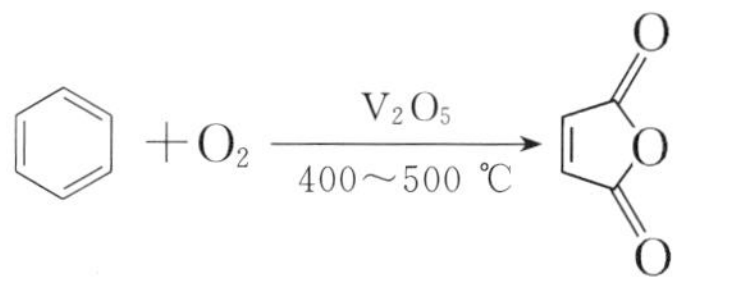

$$+O_2 \xrightarrow[400\sim500\ ℃]{V_2O_5}$$

在类似反应条件下，萘被氧化破裂一个环，得到邻苯二甲酸酐。它是许多合成树脂、增塑剂、染料等的重要化工原料。

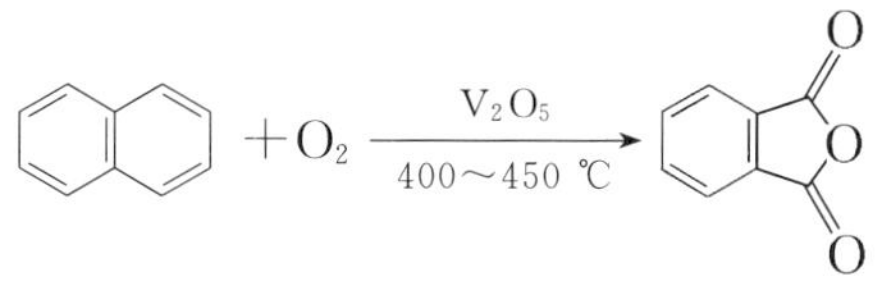

$$+O_2 \xrightarrow[400\sim450\ ℃]{V_2O_5}$$

稠环芳烃在适当的条件下，可被氧化成醌。

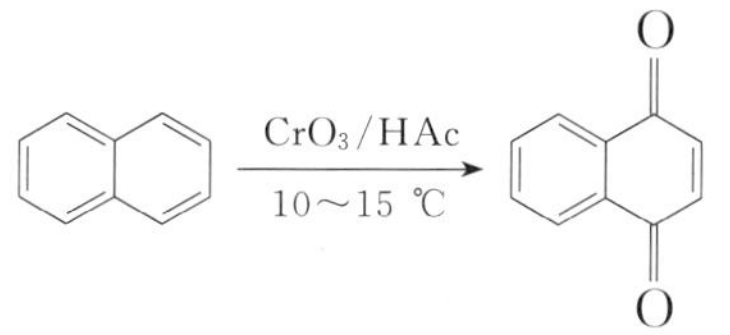

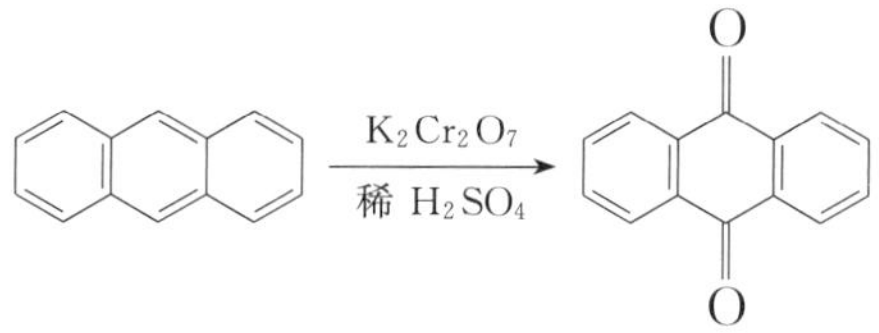

$$\xrightarrow[10\sim15\ ℃]{CrO_3/HAc}$$

$$\xrightarrow[\text{稀}\ H_2SO_4]{K_2Cr_2O_7}$$

二、侧链氧化

烷基苯被氧化时，若苯环的 α-碳原子上直接连有氢原子，不论烷基链有多长，用强氧化剂如 $KMnO_4$、$K_2Cr_2O_7$、HNO_3 氧化时，氧化反应的结果总是生成苯甲酸。其有关反应原理将在第十四章“碳氢键的化学”中介绍。

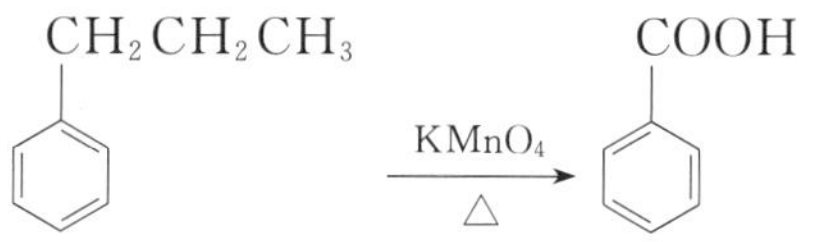

$$C_6H_5CH_2CH_2CH_3 \xrightarrow[\triangle]{KMnO_4} C_6H_5COOH$$

第七节　亲核取代反应

卤代苯不像普通的脂肪卤代烃，如苄基卤代烃、烯丙基卤代烃、烷基卤代烃那样容易与亲核试剂发生卤素原子的取代反应。这是因为，一方面卤原子与苯环之间形成 p-π 共轭加强了碳卤键的稳定性，另一方面苯环是富电子环，不易被能提供电子对的亲核试剂进攻。但当芳环上有强拉电子基团如—NO_2 存在时，卤代芳烃也能发生亲核取代反应。且拉电子基团拉电子能力越强，基团越多，亲核取代反应越易进行。反应过程如下所示：

$$ArX+Nu^- \longrightarrow Ar—Nu+X^-$$

例如，氯苯在氢氧化钠水溶液水解时，在高温高压下进行反应的产率也不高。若氯苯中氯原子的邻、对位有强吸电子的硝基时，水解反应较易发生。

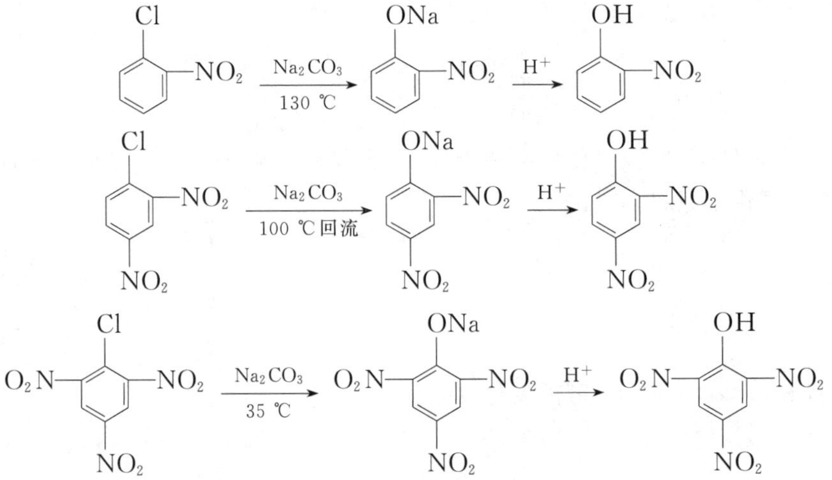

$$\text{邻硝基氯苯} \xrightarrow[130\ ℃]{Na_2CO_3} \text{邻硝基苯酚钠} \xrightarrow{H^+} \text{邻硝基苯酚}$$

(Cl, NO_2 → ONa, NO_2 → OH, NO_2)

$$\text{2,4-二硝基氯苯} \xrightarrow[100\ ℃回流]{Na_2CO_3} \text{2,4-二硝基苯酚钠} \xrightarrow{H^+} \text{2,4-二硝基苯酚}$$

(Cl, NO_2, NO_2 → ONa, NO_2, NO_2 → OH, NO_2, NO_2)

$$\text{2,4,6-三硝基氯苯} \xrightarrow[35\ ℃]{Na_2CO_3} \text{2,4,6-三硝基苯酚钠} \xrightarrow{H^+} \text{2,4,6-三硝基苯酚}$$

(Cl, O_2N, NO_2, NO_2 → ONa, O_2N, NO_2, NO_2 → OH, O_2N, NO_2, NO_2)

第八节　非苯型芳香烃

一些没有苯环结构的烃类化合物，若符合休克尔规则，也具有一定的芳香性，这类化合物称为非苯型芳香烃，例如环戊二烯负离子、环庚三烯正离子等。

下列化合物中，只有环戊二烯负离子和环庚三烯正离子符合休克尔规则，具有芳香性，其他化合物不具芳香性。

名称：	环丁二烯	 环戊二烯正离子	 环戊二烯负离子
π电子数：	4	4	6
芳香性：	无	无	有

名称：	 环庚三烯正离子	 环庚三烯负离子	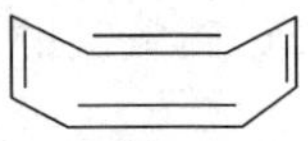 环辛四烯
π电子数：	6	8	8
芳香性：	有	无	无

环辛四烯没有芳香性，结构不稳定。若将环辛四烯在四氢呋喃中与金属钾反应，可形成环辛四烯二负离子：

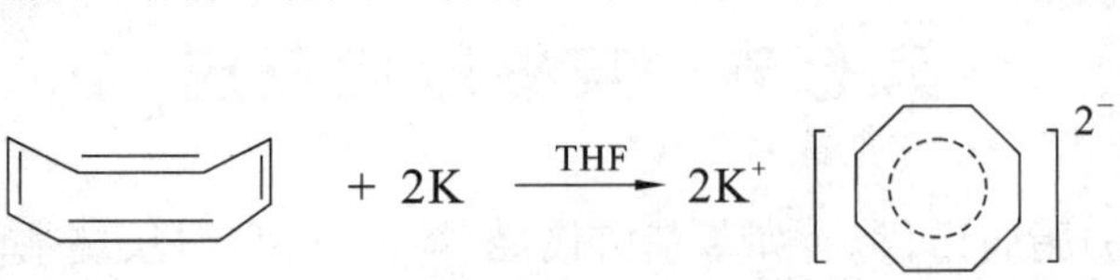

$$\text{环辛四烯} + 2K \xrightarrow{THF} 2K^+ \left[C_8H_8 \right]^{2-}$$

环辛四烯二负离子

环辛四烯二负离子是平面结构，有环状闭合的共轭体系，环内π电子数为10，符合休克尔规则，是稳定的芳香结构。虽然环辛四烯二负离子带有两个负电荷，但因其芳香性释放出较多的共轭能，因而以上反应能够进行。

环内单键和双键交替的单环多烯烃统称为轮烯。显然，像环丁二烯（[4]轮烯）和环辛四烯（[8]轮烯）这样的化合物是没有芳香性的。[10]轮烯和[18]轮烯的结构如下：

[10]轮烯　　[18]轮烯

[10]轮烯中，双键若是全顺式结构，则构成平面的环内角为 144°，显然张力太大，不可形成。要构成平面并且符合键角为 120°，必定要有两个双键为反式结构。但这样在环内的两个氢原子由于拥挤，空间阻碍作用破坏了环的平面性。[10]轮烯虽然符合 $4n+2$ 的 π 电子数，但非平面结构使得它没有芳香性。[18]轮烯环内虽然有六个氢原子，但环内空间较大，足以容纳这六个氢原子而不破坏环的平面，故[18]轮烯是有芳香性的。

薁(azulene)是一种蓝色的片状化合物，它具有由一个七元环的环庚三烯和一个五元环的环戊二烯稠合而成的二环多烯结构。薁是一个由碳和氢组成的烃类化合物，但其分子有较强的极性(1.0D)，用共振论的一个极限式表示，七元环带有正电荷，五元环带有负电荷，两个环的 π 电子数都符合 $4n+2$ 规则，分子呈平面结构，化学实验事实证明薁具有芳香性。

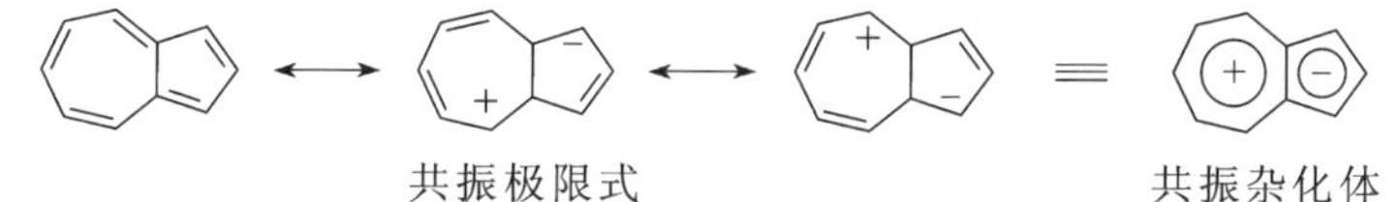
共振极限式　　共振杂化体

薁的亲电取代反应发生在 1 或 3 位，而亲核取代反应主要发生在 4 或 8 位。

足球烯也称为富勒烯(fullerenes)，由 60 个碳原子组合而成，是含有 12 个正五边形和 20 个正六边形的球体。这 60 个碳原子恰好在这个球体的 60 个顶点上，其结构表示如下：

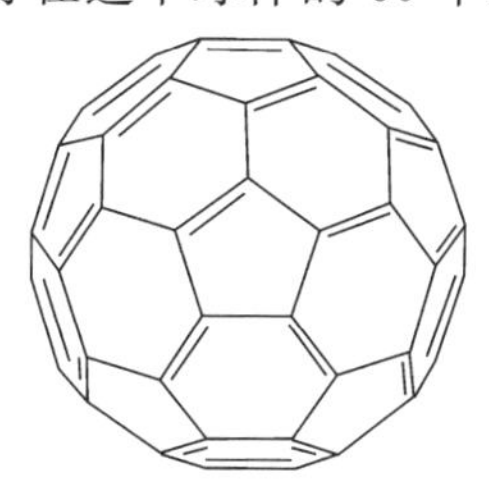
足球烯

在足球烯中每个碳原子都是 sp^2 杂化的，每个碳原子的三个 sp^2 杂化轨道与三个相邻的碳原子形成三个 σ 键，这三个 σ 键没有完全共平面，键角约为 116°。每个碳原子上没有杂化的 p 轨道彼此重叠形成包含 60 个碳原子的离域电子大 π 键，因而球体内和球体外都围绕着 π 电子云。正六边形的键长为 0.140 nm，正五边形的键长为 0.146 nm。量子化学计算表明 C_{60} 具有较大的离域共轭能，所以足球烯具有芳香性。

足球烯的发现为化学、材料科学等开辟了新的研究领域。足球烯在超导方面的应用已显示出潜在的应用价值，对足球烯及其应用的研究目前仍是一个热门课题。

习　题

7-1　指出下列各组化合物发生亲电取代反应的活性大小。

(1) 间氯甲苯、甲苯、苯、氯苯

(2) 氯苯、溴苯、甲氧基苯、*N*,*N*-二甲基苯胺

（3）苯、萘、菲

（4）甲苯、邻二甲苯、间二甲苯

7-2 写出下列化合物进行溴化反应的主要产物。

（1）甲苯　　（2）苯酚

（3）叔丁苯　　（4）对甲苯酚

（5）乙酰苯胺　　（6）间二甲苯

7-3 写出甲苯与三氧化硫反应形成对甲基苯磺酸的机理，解释为什么对甲基苯磺酸在酸性水溶液中加热回流会重新转化成甲苯。

7-4 苯基比氢原子的电负性大。用共振结构解释为什么在亲电取代反应中，联苯的反应活性反而比苯的高，且主要产物为邻位和对位异构体。

7-5 完成下列反应式：

（1）$C_6H_5CH_2CH_3 + Br_2 \xrightarrow{光照}$ ；$\xrightarrow{Fe}$

（2）$C_6H_6 + ClCH_2CH(CH_3)CH_2CH_3 \xrightarrow{AlCl_3}$

（3）C_6H_6 + 环己烯 $\xrightarrow[H^+]{AlCl_3}$

（4）萘 $\xrightarrow[Ni]{2H_2}$ $\xrightarrow[H_2SO_4]{K_2Cr_2O_7}$

7-6 指出下面各化合物进行一元硝化时，硝基进入的位置。

（1）$O_2N-C_6H_4-C_6H_5$（4-硝基联苯）　　（2）$3-O_2N-C_6H_4-CH_2-C_6H_5$

（3）$C_6H_5-CO-O-C_6H_5$　　（4）1-甲基萘（CH_3）

（5）2-萘甲腈（CN）　　（6）6-甲基-2-乙酰氨基萘（$NHCOCH_3$，H_3C）

7-7 试写出下列反应的反应机理。

$$C_6H_5-C(CH_3)_3 + Br_2(AlBr_3) \longrightarrow C_6H_5Br + HBr + (CH_3)_2C=CH_2$$

7-8 二甲苯有三个异构体A、B、C。A硝化后可得到3种一硝基衍生物；B硝化后得1种一硝基衍生物；C可得2种一硝基衍生物。试分别写出A、B、C的构造式。

7-9 以苯、甲苯或二甲苯为主要有机原料合成下列化合物。

（1）正丁苯　（2）叔丁苯　（3）4-硝基-2-溴苯甲酸

（4）3-硝基-4-溴苯甲酸　（5）对溴苯磺酸　（6）对溴苄基醇

7-10 写出下列反应的主要产物。

(1) 2-萘酚 $\xrightarrow{1\ mol\ Br_2}$

(2) 1-萘酚 $\xrightarrow{1\ mol\ Br_2}$

(3) 蒽 $\xrightarrow{HNO_3/H_2SO_4}$

(4) 苯 + 丁二酸酐 $\xrightarrow{AlCl_3}$

7-11　指出下列化合物与氢氧化钠水溶液反应的活性大小，并说明原因。

氯苯　邻硝基氯苯　间硝基氯苯　对硝基氯苯　2,4-二硝基氯苯

7-12　苯磺酸与氢氧化钠共热是工业上制备苯酚的方法之一，试解释反应的过程。

$C_6H_5SO_3H \xrightarrow[\triangle]{NaOH} C_6H_5ONa \xrightarrow{H^+} C_6H_5OH$

7-13　化合物 A 的分子式为 $C_{10}H_{14}$，A 有 6 种不同构造式一溴代产物，A 经氧化后生成一种酸性物质，后者只有一种单硝化产物（$C_8H_5O_6N$）。试写出 A 的结构式。

7-14　试写出 1 mol Br_2 与 1-苯基-1,3-丁二烯发生加成反应所有产物的结构式，并指出哪一种化合物含有最稳定的碳正离子中间体。实际上该反应主要得到 1-苯基-3,4-二溴-1-丁烯，为什么？

7-15　判断下列化合物是否具有芳香性，并说明理由。

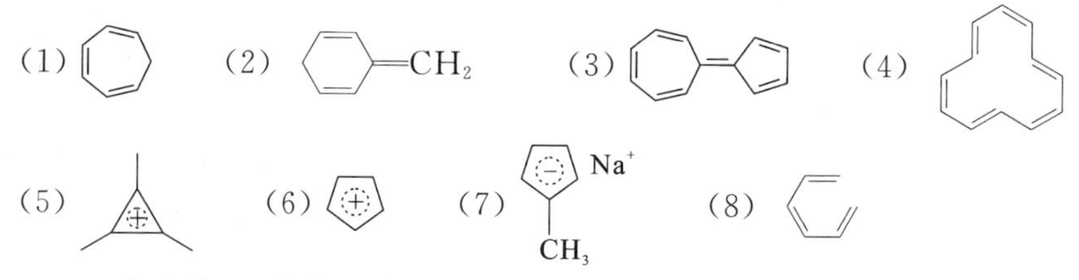

7-16　化合物 A 的分子式为 C_9H_{10}，NMR 在 $\delta=2.3$(3H)，单峰；$\delta=5$(3H)，多重峰；$\delta=7$(4H)，多重峰。A 经臭氧化后再用过氧化氢处理，得到化合物 B，B 的 NMR 为 $\delta=2.3$(3H)，单峰；$\delta=7$(4H)，多重峰；$\delta=12$(1H)，单峰。B 经氧化后得到化合物 C，分子式为 $C_8H_6O_4$，NMR 为 $\delta=7.4$(4H)，多重峰；$\delta=12$(2H)，单峰。C 与五氧化二磷作用后，得到邻苯二甲酸酐。试写出各化合物的结构。

第八章　对映异构

有机分子的同分异构体非常多，除了构造异构、顺反异构、构象异构等同分异构体外，还有一种由分子的对称性所引起的同分异构现象，称为对映异构。对映异构体在一般的条件下具有相同的物理性能和化学性能，但在生命体内往往表现出不同的生理性能。对映异构体在探索立体化学、生命起源等理论问题，以及在研发与生命体相关的有机化合物如医药和农药产品中都具有非常重要的意义。

第一节　手性和对映异构

一、分子的手性和对映异构

当一个物体没有对称中心或者没有对称平面的时候，物体与它的镜像就不能重合，就像人的左手和右手一样，非常相似，但不能重叠，物体的这种性质称为手性。

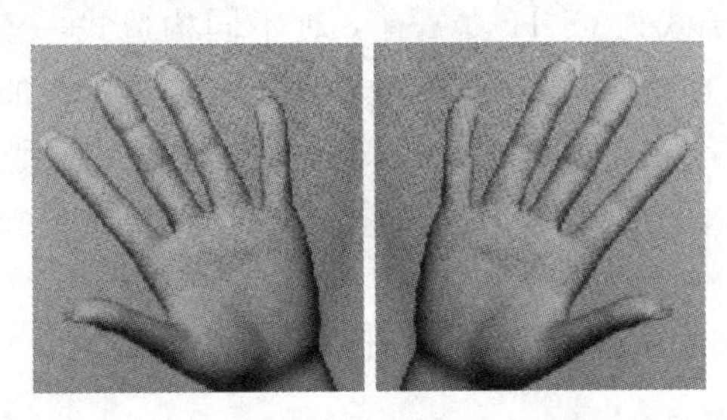

许多有机分子，由于原子或者原子团在空间具有一定的取向，也会出现分子与它的镜像不能重叠的情况，这种现象就称为分子的手性，这种分子称为手性分子。很显然，一个手性分子至少有两种构型异构体，一个是实物，一个是映在镜子里的镜像，它们互为对映异构体，简称对映体。这种由于分子和它的镜像不能重叠而产生的构型异构称为对映异构。如乳酸分子的两种对映体如下：

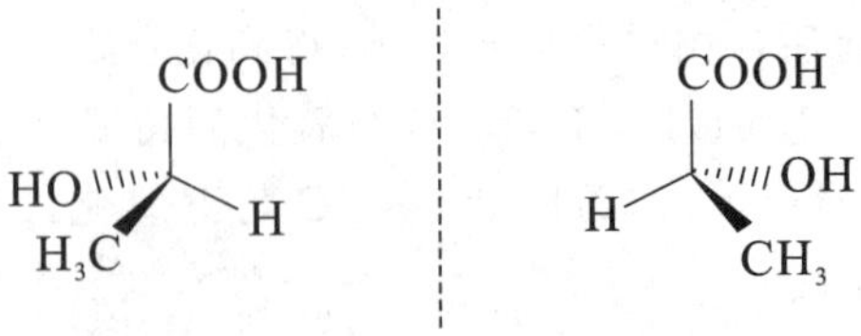

COOH　HO　H　H_3C　　　　COOH　OH　H　CH_3

L-(+)-乳酸　　　　D-(−)-乳酸

对映异构体在宏观性能上表现出的最大差别是生理活性不一样以及旋光性不同，其他一般性能如沸点、熔点、溶解度、极性甚至反应活性都是相同的。由于旋光性是容易测定的，因此,测定旋光性是研究对映异构体最早和最重要的方法,对映异构也称旋光异构,对映异构体也称光学异构体。

二、旋光性

普通白光是由不同波长电磁波组成的,光波的振动方向与其前进方向互相垂直。单色光如从钠光灯发射出来的黄光,则具有单一的波长($\lambda=589$ nm),但仍在与其前进方向互相垂直振动。若使普通光通过尼科尔(Nicol)棱镜,则只有振动方向和棱镜的晶轴平行的光线才能通过。这种只在一个平面上振动的光称为平面偏振光,简称偏振光。偏振光振动所在的平面称为偏振面。

当在两个平行放置的尼科尔棱镜之间放置某些液体或溶液如葡萄糖溶液时,发现从一个尼科尔棱镜产生的偏振光不可以通过另一个尼科尔棱镜,必须将第二个尼科尔棱镜旋转一定的角度才能使偏振光完全看到。这就说明这些溶液使偏振光的偏振面发生了偏转,溶液的这种使偏振光发生偏转的性质称为旋光性,也称为具有光学活性,旋转的角度称为旋光度。如果使偏振光向右偏转,用(+)标记,如果向左偏转,用(−)标记。旋光仪的工作原理如图 8.1 所示。

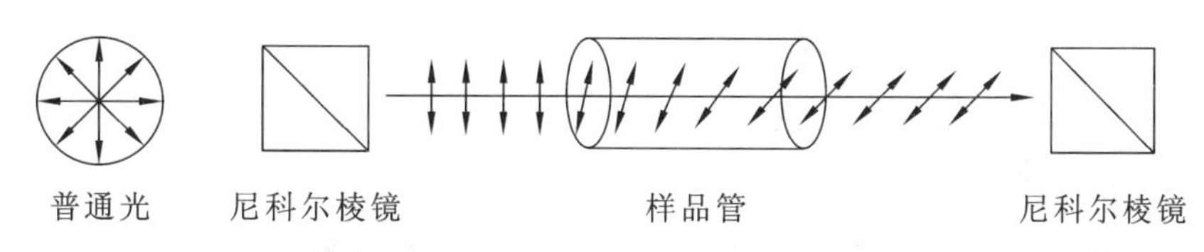

图 8.1　旋光仪的工作原理

1848 年,巴斯德借助显微镜用镊子将外消旋的酒石酸钠铵晶体分离成两种对映体,一种将偏振光朝左旋,另一种将偏振光朝右旋,因此他提出分子有旋光性即有光学活性的性质是由分子的不对称性引起的,左旋和右旋的酒石酸盐为实物和镜像的关系,相互不能重叠。但直到 1874 年,年轻的物理化学家范霍夫和勒贝尔才分别独立地发表论文提出碳的四面体理论,分子的旋光性是由不对称碳原子造成的,并进一步预言,某些分子如丙二烯衍生物即使没有不对称碳原子,也应该有旋光异构体存在,这个预言在六十年以后为实验所证实。因此,正是因为研究旋光性,才产生了立体化学。

三、比旋光度

旋光度的大小和管内所放物质的浓度、温度、旋光管的长短,以及溶剂的性质有关。为了便于比较,一般用比旋光度[α]表示物质的旋光能力大小和旋光方向。

$$[\alpha]_\lambda^t=\frac{\alpha_\lambda^t}{Lc}$$

式中:α_λ^t 为测定的旋光度;L 为管长,以分米(dm)为单位;c 为浓度,以克/毫升(g/mL)为单位,如果为纯的液体则浓度改换成比重(g/cm)。

由于两个对映体的旋光度大小相等但方向相反,将两个对映体等量混合所得到的溶液,其旋光能力相互抵消,没有旋光性,这种混合物称为外消旋体。一些纯的对映异构体在酸碱、高温等条件下,甚至在放置一段时间后,会转化为另外一个对映体,当两个对映体的量相等时,其旋光性也会消失,这种现象称为外消旋化。对映体发生外消旋化会影响对映体的旋光性和纯度,但若能将没用的对映体转化为另一个有用的对映体,在合成上是有应用价值的。

第二节 分子的对称性与手性

只有手性分子才能分离出纯的对映体而显示光学活性。判断一个化合物是否具有手性，最好的办法是看化合物分子是否具有对称性。如果一个分子没有对称面或者对称中心，这个分子与它的镜像就不能重叠，分子具有手性。下面分几种情况进行讨论。

一、具有一个不对称碳原子的手性分子

当分子中的一个碳原子连接四个不同的原子或者原子团时，这个分子是不对称的，具有手性，这个碳原子称为不对称碳原子，也称为手性碳原子。如下图所示的 α-丙氨酸即为手性分子，α-碳上有四个不同的取代基，分子与其镜像不能重叠，有两个对映体。左边的对映体即为天然的 L-丙氨酸。

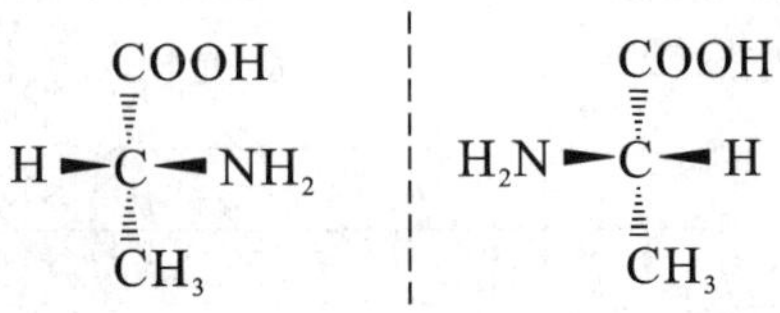

α-丙氨酸

如果碳原子上有两个相同的原子或者原子团，则分子有一个对称面，不具有手性。例如，丙酸具有一个由 H—C—H 组成的对称面，因此没有手性。

二、具有两个或两个以上不对称碳原子的手性分子

当分子含有两个或两个以上的不对称碳原子时，对映体的数目会急剧增加，情况变得复杂。如果一个分子内两个不对称碳原子是不相同的，即两个不对称碳原子上所连接的四个取代基不完全一样，这个分子会有四种不同的立体构型，即存在四种旋光异构体。例如，3-氯-2-丁醇有两个不同的不对称碳原子，可以形成下述四个旋光异构体，它们的对映和非对映关系如下：

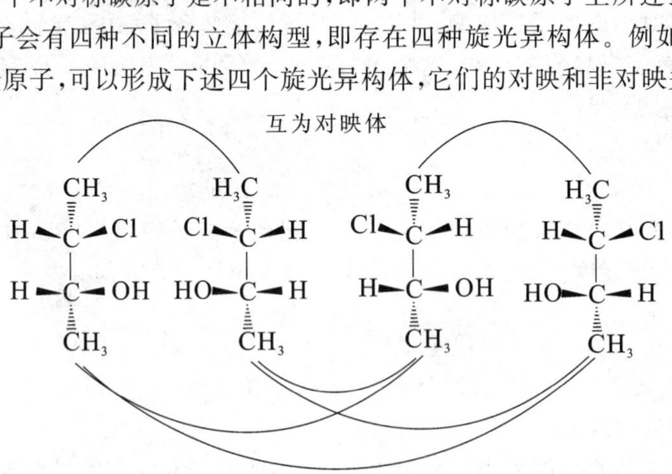

互为对映体

互为非对映体

从上面推断旋光异构体的方法中可以知道，如果分子中有 n 个不相同的不对称碳原子，则会有 $2n$ 个旋光异构体。其中对映体总是成对出现，非对映体会有很多。

如果一个分子具有两个相同的不对称碳原子，旋光异构体的数目和性质会与上述的不一

样。例如,酒石酸只有三个立体异构体,分别为D-酒石酸、L-酒石酸和内消旋酒石酸。内消旋酒石酸虽然有不对称碳原子,但分子内有一个对称平面,因而没有手性和旋光性。内消旋体用meso标记。

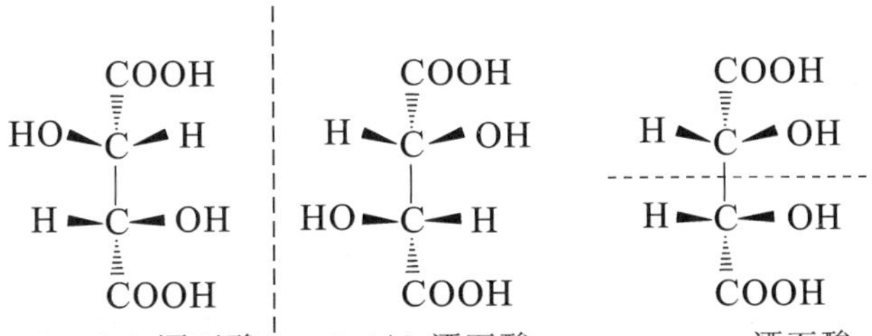

D-(−)-酒石酸　L-(+)-酒石酸　meso-酒石酸

L-(+)-酒石酸为天然产物,D-(−)-酒石酸是人工合成的,它们两个互为对映体,有相同的熔点(170 ℃),在120 mL水中都能溶解139 g,酸性强度也相同,比旋光度大小相同,方向相反。meso-酒石酸与D-或者L-酒石酸性能完全不同,与D-和L-的外消旋体的也不相同,内消旋体是一个单一分子,由于分子内有一个对称平面而没有旋光性;而外消旋体是两个对映体的等量混合物,可以再分离为两个旋光性相反的化合物。从理论上讲,凡含有两个相同的不对称碳原子的化合物都有三种立体异构体:一对对映体和一个内消旋体。

三、没有不对称碳原子的手性分子

分子含有不对称碳原子是判断分子是否具有手性的一个重要条件,但不是充分和必要条件。分子含有不对称碳原子可能没有手性,如内消旋体;分子没有不对称碳原子也可以具有手性,只要整个分子是不对称的。

1. 联苯型化合物

很多具有构象异构体的分子应该具有手性,因为当单键旋转到一定角度的时候,分子就会呈现不对称性。但由于很多分子单键旋转的能垒很低,构象异构体之间相互转化很快,各个手性构象呈现出的手性性能相互抵消,最终不能表现出手性。但当单键旋转的能垒很大,不对称的构象异构体能够分离出来时,分子就是手性分子。其中联苯型化合物就是典型的例子。例如,6,6′-二硝基-2,2′-联苯二甲酸在连接两个苯的单键旋转时,由于两个苯环上的邻位取代基互相靠得很近,立体位阻很大,导致单键旋转受阻,使得两个苯环不在一个平面上,分子具有手性。这两个对映体已经拆分得到。

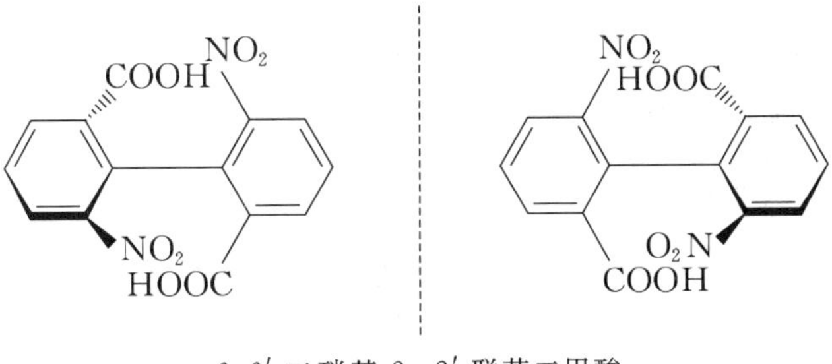

6,6′-二硝基-2,2′-联苯二甲酸

另一个单键旋转受阻的重要实例是1,1′-联二(2-萘酚)。它的两个对映体在对映异构体的不对称合成中是非常有名的,常被用做催化剂的手性配体,得到的选择性很高。

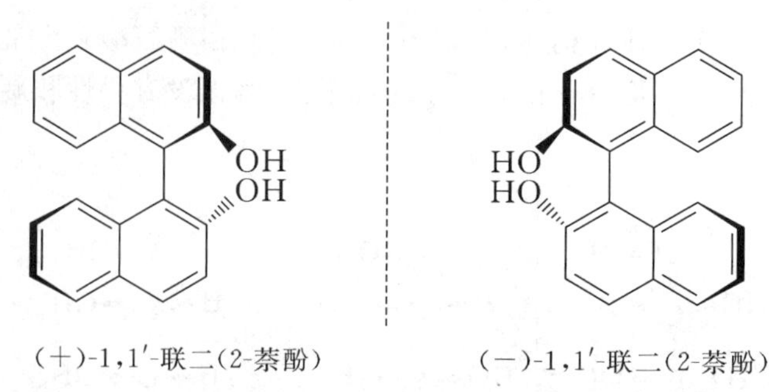

(+)-1,1′-联二(2-萘酚)　　(−)-1,1′-联二(2-萘酚)

2. 丙二烯型手性分子

在丙二烯分子中,两个累积双键是相互垂直的。如果在两边的碳原子上有取代基,两个碳原子上的取代基也是相互垂直的。如果两个碳原子上分别连接不同的取代基,则分子将没有对称性而具有手性,可拆分出两个对映体。人工合成的丙二烯衍生物1,3-二苯基-1,3-二(1′-萘基)丙二烯的两个对映体已经拆分得到。

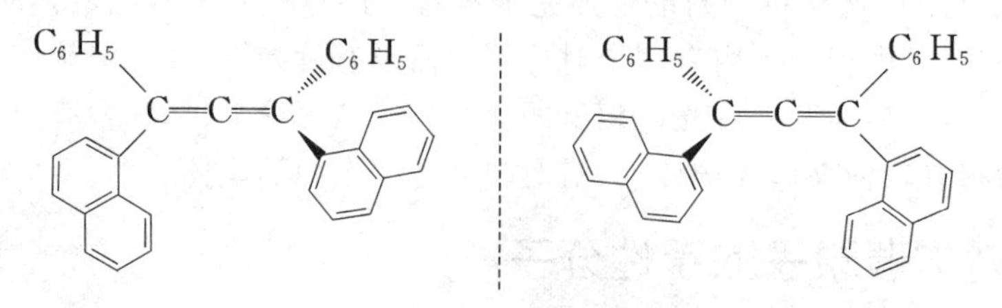

1,3-二苯基-1,3-二(1′-萘基)丙二烯

3. 其他手性分子

氮、磷以及硫等原子连接四个不同的取代基时,分子没有对称面或者对称中心,也具有手性。叔胺有三个不同取代基时,氮的孤对电子占据锥形的顶点,分子是不对称的,也应该能够得到旋光异构体,但由于氮的孤对电子位阻较小,构型之间很易翻转而相互转化,因而不能得到对映体,但叔膦、亚砜和季铵盐化合物都可能存在对映异构体。

第三节　对映异构体的命名法

一、D/L 相对构型标记法

在20世纪初,光学异构体的绝对构型通常是不清楚的。为了确定其他手性分子的相对构型,费歇尔(E. Fisher)选择D-甘油醛作为构型联系的标准物。把D-甘油醛所具有的立体结构,即与不对称碳原子相结合的氢原子处在费歇尔投影式左边,编号最小的原子处在顶端,这样一种结构称为D-构型,其对映体为L-构型。

$$\begin{array}{c} CHO \\ H-\!\!\!+\!\!\!-OH \\ CH_2OH \end{array} \qquad \begin{array}{c} CHO \\ HO-\!\!\!+\!\!\!-H \\ CH_2OH \end{array}$$

D-(+)-甘油醛　　L-(−)-甘油醛

其他旋光化合物的构型以甘油醛为标准比较得到。凡是由D-甘油醛通过化学反应得到的化合物或可转变为 D-甘油醛的化合物，只要在转变过程中原来的手性碳原子构型不变，其构型即为 D 型。同样，与 L-甘油醛相关的即为 L 型。例如：

CHO		COOH		COOH		COOH
H—┼—OH	$\xrightarrow{HgO}$	H—┼—OH	$\xrightarrow{NOBr}$	H—┼—OH	$\xrightarrow{Na\text{-}Hg}$	H—┼—OH
CH_2OH		CH_2OH		CH_2Br		CH_3
D-(＋)-甘油醛		D-(－)-甘油酸		D-(－)-β-溴乳酸		D-(－)-乳酸

D-(－)-甘油酸 $\xrightarrow{HNO_2}$

COOH
H—┼—NH_2
CH_2OH
D-(＋)-异丝氨酸

从上述转化中可以看到，D 型或者 L 型与化合物的旋光方向没有对应关系，D 型化合物旋光度可以是正值或负值。后来通过用 X 射线衍射法测得右旋酒石酸铷钠的绝对构型，证明费歇尔选择的 D-甘油醛的构型为真实的绝对构型，其他化合物以甘油醛为标准确定的构型也就是实际构型，不需要再改变。

二、*R*/*S* 绝对构型标记法

D/L 构型标记法只适合标记与甘油醛结构类似的化合物，而像糖类、氨基酸类及其他没有类似结构或者结构复杂的化合物，是很难用 D/L 构型标记的。实际上，用这种 D/L 构型标记也不便于记忆和书写化合物的立体结构。因此，另外一种更加方便的命名方法，即 *R*/*S* 绝对构型标记法，已被广泛采用。

R/*S* 命名法是将手性碳原子上四个不同的取代基中最小的基团放在离观察者最远的地方，其他三个基团按照从大到小的顺序数下去，如果为顺时针方向，则为 *R* 构型；如果为逆时针方向，则为 *S* 构型，如图 8.2 所示（其中取代基 a＞b＞c＞d）。

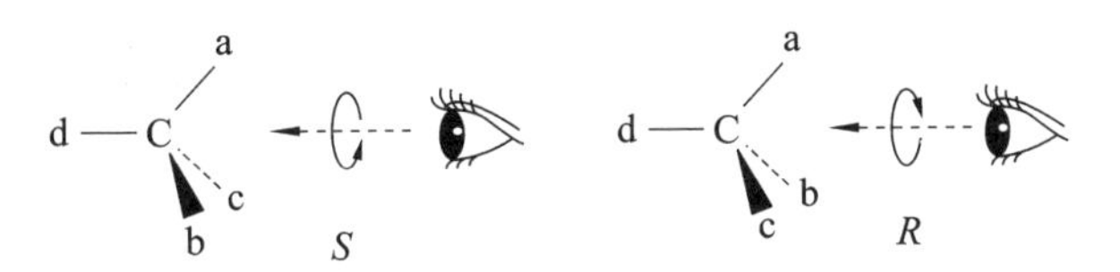

图 8.2　确定 *R*/*S* 构型的方法

原子或者原子团的大小次序规则如下。

① 在原子团或者取代基中，与分子骨架直接相连的原子按原子序数或者相对原子质量大小排列，原子序数或者相对原子质量大的优先。常见元素的原子的大小次序排列如下：

$$Br>Cl>S>P>Si>F>O>N>C>B>Li>T>D>H$$

② 如果取代基中与分子骨架直接相连的原子大小顺序相同时，应用外推法顺次比较第二个原子的大小顺序，以此类推，直到能够确定较优的基团为止。例如：

$$(CH_3)_3C—>(CH_3)_2CH—>CH_3CH_2—>CH_3—$$

③ 确定不饱和基团的大小次序时，应把不饱和键的成键原子看做以单键分别和相同的原子相连接。例如，C═C 键可以看成一个碳原子分别以单键与两个碳原子相连接，一个羰基可以看成一个碳原子分别以单键与两个氧原子相连接。

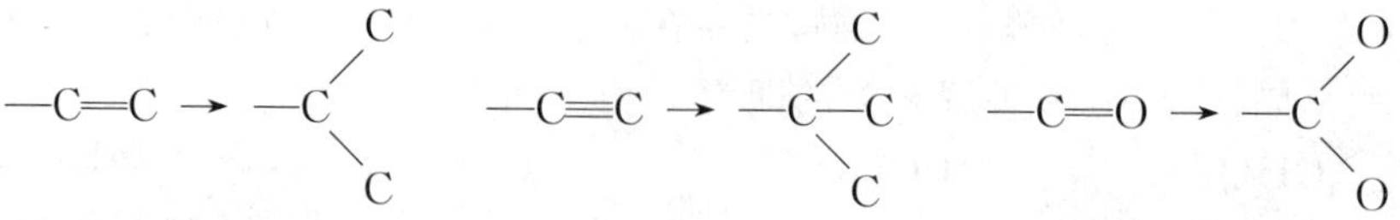

$$-C=C \rightarrow -C\begin{smallmatrix}C\\C\end{smallmatrix} \qquad -C\equiv C \rightarrow -C(C)(C)-C \qquad -C=O \rightarrow -C\begin{smallmatrix}O\\O\end{smallmatrix}$$

在书写立体构型时，既可用透视式表示，也可用费歇尔投影式表示。费歇尔投影式是将分子的四面体球棍模型按一定规则在纸面上投影，其投影规则是：手性碳原子为投影中心并位于纸平面上，以横线相连的两个原子或原子团在纸平面的前方，以竖线相连的两个原子或原子团在纸平面的后方，横、竖两线的交点代表手性碳原子，这种书写简便快捷。具体如下所示：

	透视式		费歇尔投影式
(*R*)-(－)-乳酸	COOH H▶C◀OH CH_3	≡	COOH H—┼—OH CH_3
(*S*)-(－)-苯基乙胺	CH_3 H▶C◀NH_2 Ph	≡	CH_3 H—┼—NH_2 Ph

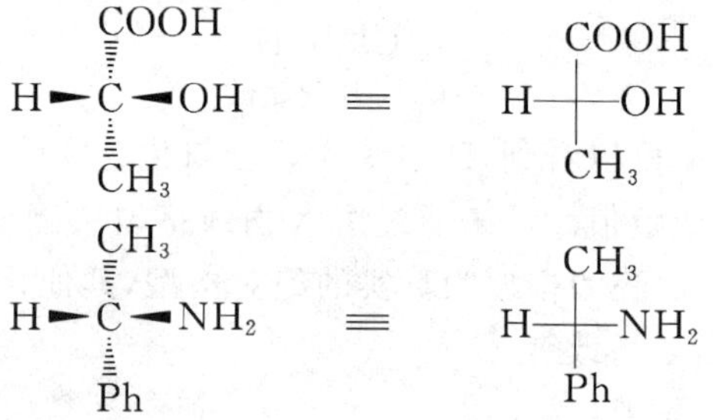

从书写这些结构可知，如果任意调换两个原子或者原子团的位置，则分子的构型改变。

命名含有多个手性碳原子的化合物时，应将每个手性碳原子的构型依次标出，并把手性碳原子的编号和构型符号一起放在化合物名称前的括号内。例如用 *R*/*S* 标记法命名 D-和 L-酒石酸：

COOH HO—C—H H—C—OH COOH	COOH H—C—OH HO—C—H COOH
D-(－)-酒石酸 (2*S*,3*S*)-2,3-二羟基丁二酸	L-(＋)-酒石酸 (2*R*,3*R*)-2,3-二羟基丁二酸

第四节　对映异构体的性质

一、物理性质

两个对映体的一般物理性质相同，如溶解度、熔点、沸点、折光率、极性等是相同的，所以不能用这些性质区分一对对映体，也不能用相应的分离方法将一对对映体分离。但在手性条件下，如偏振光照射下旋光方向相反，在旋光性的溶剂中物理性质会不同。

非对映异构体虽然相对分子质量相同，但不是实物和镜像的关系，因此非对映体的物理性质完全不同，可以用重结晶、蒸馏、柱层析等物理方法将两个非对映体分离开，也可以用这些物理方法对它们进行分析。

外消旋体是两个对映体等量的混合物，没有旋光性，其他物理性质也与对映体的不同。

内消旋体是单一化合物，不是手性分子，没有旋光性，其物理性质与对映体、非对映异构体及外消旋体都不同。

二、化学性质

在手性条件下，例如使用手性试剂，或者在偏振光的照射下，两个对映体的化学性质可以表现出差异。在一般的非手性条件下，两个对映体的化学性质完全相同。

三、生物活性

在生命体内，两个对映体往往表现出不同的生理性能，最著名的例子是在 20 世纪 60 年代德国一家制药公司开发的一种治疗孕妇早期不适的药物——酞胺哌啶酮（thalidomide），商品名为反应停，其中 *R*-构型对映异构体是强力镇静剂，*S*-构型对映异构体是强烈的致畸剂，但由于当时对此缺少认识，将反应停以外消旋混合物出售，虽然药效很好，但很多服用了反应停的孕妇生出的婴儿是四肢残缺，引起了轩然大波。此外，许多其他对映异构体的生物或者生理性能也是相差很大的，如表 8.1 所示。

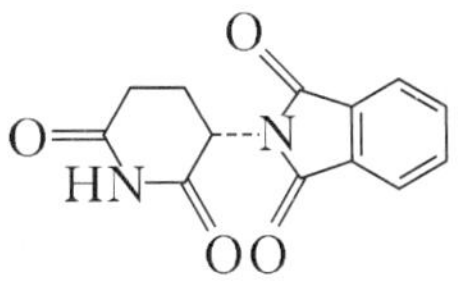

(*S*)-thalidomider，致畸 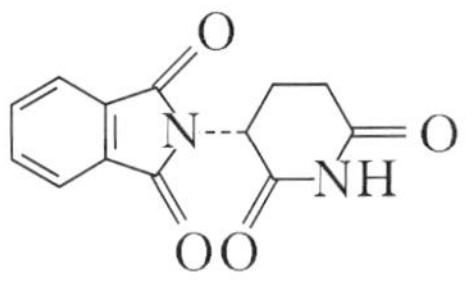　　(*R*)-thalidomider，镇静

表 8.1　手性分子不同异构体不同的生理或者生物性能

名　　称	结　　构	*S*-构型异构体性能	*R*-构型异构体性能
dopa（多巴）	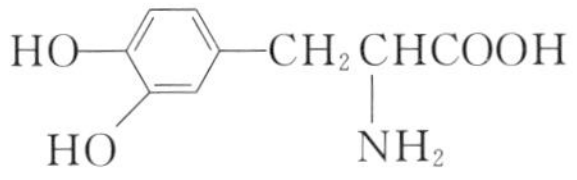 $HO-C_6H_3(OH)-CH_2CH(NH_2)COOH$	治疗帕金森病	严重副作用
ketamine（氯胺酮）	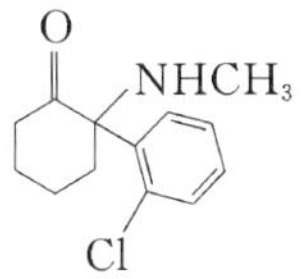 2-($NHCH_3$)-2-(2-Cl-苯基)环己酮	麻醉剂	致幻剂
penicillamine（青霉胺）	$H_3C-C(SH)(CH_3)-CH(NH_2)COOH$	治疗关节炎	突变剂
ethambutol（乙胺丁醇）	$EtCH(CH_2OH)NHCH_2CH_2NHCH(CH_2OH)Et$	治疗结核病	致盲

续表

名　　称	结　　构	S-构型异构体性能	R-构型异构体性能
asparagine（天门冬酰胺）	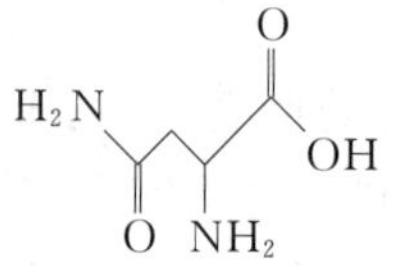 H_2N O OH O NH_2	味苦	味甜
propoxyphene（丙氧芬）	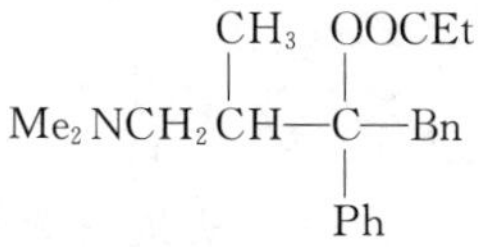 $Me_2NCH_2CH(CH_3)—C(OOCEt)(Ph)—Bn$	止痛	止咳
timolol（噻吗洛尔）	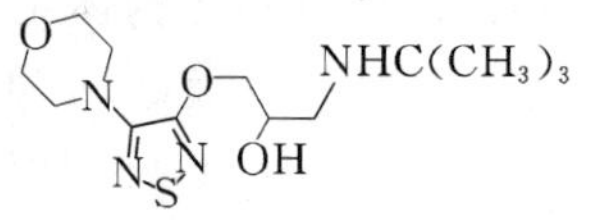 O N O $NHC(CH_3)_3$ N N S OH	肾上腺素阻断剂	无效
propranolol（心得安）	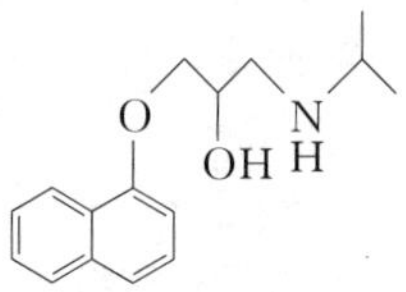 O OH N H	β-受体阻断剂，治疗心脏病	作为β-受体阻断剂，只有（S）-异构体的约1%疗效
naproxen（萘普生）	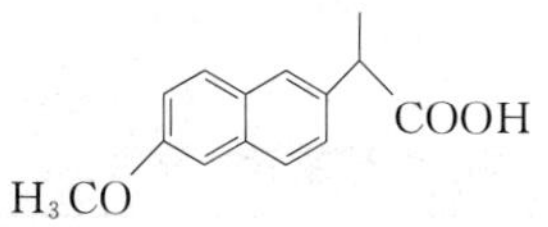 H_3CO COOH	抗炎药	只有（S）-异构体的1/28疗效
fluazifop-butyl（稳杀得）	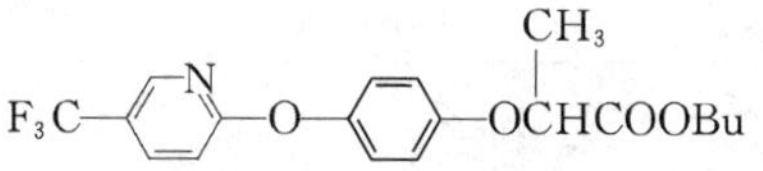 F_3C— N —O— —$OCH(CH_3)COOBu$	除草剂	无效
asana（氰戊菊酯）	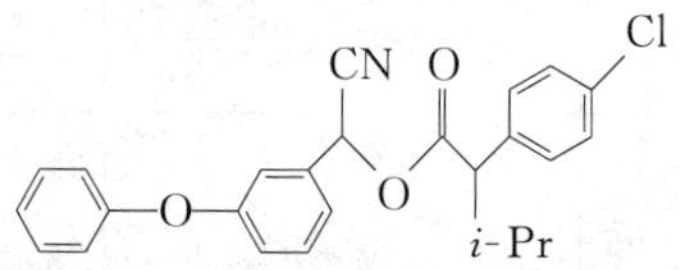 CN O Cl O —O— i-Pr	一个异构体是强力杀虫剂	另三个异构体对植物有毒害作用

对映体之所以表现出不同的生物活性，是因为生命体是一个手性环境。在生命的产生和演变过程中，自然界往往偏爱于某种对映体。例如，构成生命的糖为D-型，氨基酸为L-型，蛋白质和DNA的螺旋结构又都是右旋的，因此整个生命体处在高度不对称的环境中。当某种外消旋体进入生命体后，只有与生命体中不对称受体在空间构型上相匹配的那种对映异构体才能表现出活性，所以不同的构型会产生不同的生物活性和药理作用。因此，要得到性能可靠的化学物质，就必须制备出具有单一构型的对映异构体。

第五节　对映体的制备方法

在非手性条件下，不能得到单一的对映体。只有在手性条件下，才能区分和分离对映异构体。对映异构体的区分也叫手性识别。

1. 化学拆分法

将外消旋化合物分离成两个纯的对映体称为对映体的拆分。可以将外消旋化合物与一旋光性试剂反应，得到两个非对映体，利用非对映体物理性能的差别将两个非对映体分开，然后将试剂除掉，即可得到纯的对映体。如果外消旋体是酸或者碱，可以用一个旋光性的碱或者酸与之反应生成盐，盐为非对映体，溶解度不一样，通过重结晶可以分离，然后用无机碱或者酸使对映体游离出来。例如，用天然的 L-(＋)-酒石酸拆分 α-苯乙胺：

$$\underset{(R,S)\text{-}\alpha\text{-苯乙胺}}{\begin{array}{l}\text{Ph—CHNH}_2\\ \quad\ \ |\\ \quad\ \ \text{CH}_3\end{array}} + \underset{\text{L-酒石酸}}{\begin{array}{c}\text{COOH}\\ |\\ \text{H—C—OH}\\ |\\ \text{HO—C—H}\\ |\\ \text{COOH}\end{array}} \longrightarrow \underset{(R)\text{-}\alpha\text{-苯乙胺-L-酒石酸}}{\begin{array}{c}\text{NH}_4^+\\ |\\ \text{Ph—C—H}\\ |\\ \text{CH}_3\end{array}\ \begin{array}{c}^-\text{OOC}\\ |\\ \text{H—C—OH}\\ |\\ \text{HO—C—H}\\ |\\ \text{COOH}\end{array}} + \underset{(S)\text{-}\alpha\text{-苯乙胺-L-酒石酸}}{\begin{array}{c}\text{NH}_4^+\\ |\\ \text{H—C—Ph}\\ |\\ \text{CH}_3\end{array}\ \begin{array}{c}^-\text{OOC}\\ |\\ \text{H—C—OH}\\ |\\ \text{HO—C—H}\\ |\\ \text{COOH}\end{array}}$$

L-(＋)-酒石酸和 α-苯乙胺生成的盐(*R*)-α-苯乙胺-L-酒石酸盐和(*S*)-α-苯乙胺-L-酒石酸盐为非对映体，(*S*)-α-苯乙胺-L-酒石酸盐的溶解度较小，先沉淀出来，过滤得到后，用稀氢氧化钠中和游离出(*S*)-(－)-α-苯乙胺，从母液中用稀氢氧化钠中和可得到(*R*)-(＋)-α-苯乙胺。

常用于外消旋碱拆分的还有樟脑磺酸、扁桃体酸、柠檬酸等；用于酸拆分的有生物碱奎宁、马钱子碱、辛可宁等。用于拆分对映体的这些光学活性试剂称为拆分试剂。

如果外消旋体既不是酸又不是碱，可以引入一个羧基或者氨基，然后用上述方法进行拆分。对于外消旋的醇，可让它与一个旋光性的酸反应生成非对映异构的酯，利用极性不同用色谱进行分离。也可用旋光性的色谱柱直接分离外消旋体，这时外消旋的两个对映体与色谱柱内填充的旋光性物体生成非对映体复合物，复合物的稳定性不同，稳定性小的异构体优先洗脱出来。

2. 物理拆分法

这种方法是在外消旋体的过饱和溶液中，加入少量的某一对映体的晶体，也称晶种，与晶种相同的对映体的过饱和度会加大，从而优先结晶出来。由于原外消旋体就是过饱和的溶液，晶种结晶出来时会将相同的对映体一同结晶出来，并可超出晶种的一倍。过滤后，溶液中就是另一对映体过量，再加外消旋体，加热溶解，冷却后另一对映体就优先结晶析出。这样加少量一种对映体，就可以把两种对映体分离出来，非常节省拆分试剂。在氯霉素的工业生产中使用这种方法可以将氯霉素同另外一种无效的对映体分开。

8-1 名词解释。

(1) 手性， (2) 手性分子， (3) 对映异构体， (4) 非对映异构体， (5) 旋光性，
(6) 内消旋体， (7) 外消旋体， (8) 光学异构体， (9) 手性中心

8-2 用 R/S 命名法命名下列光学活性化合物。

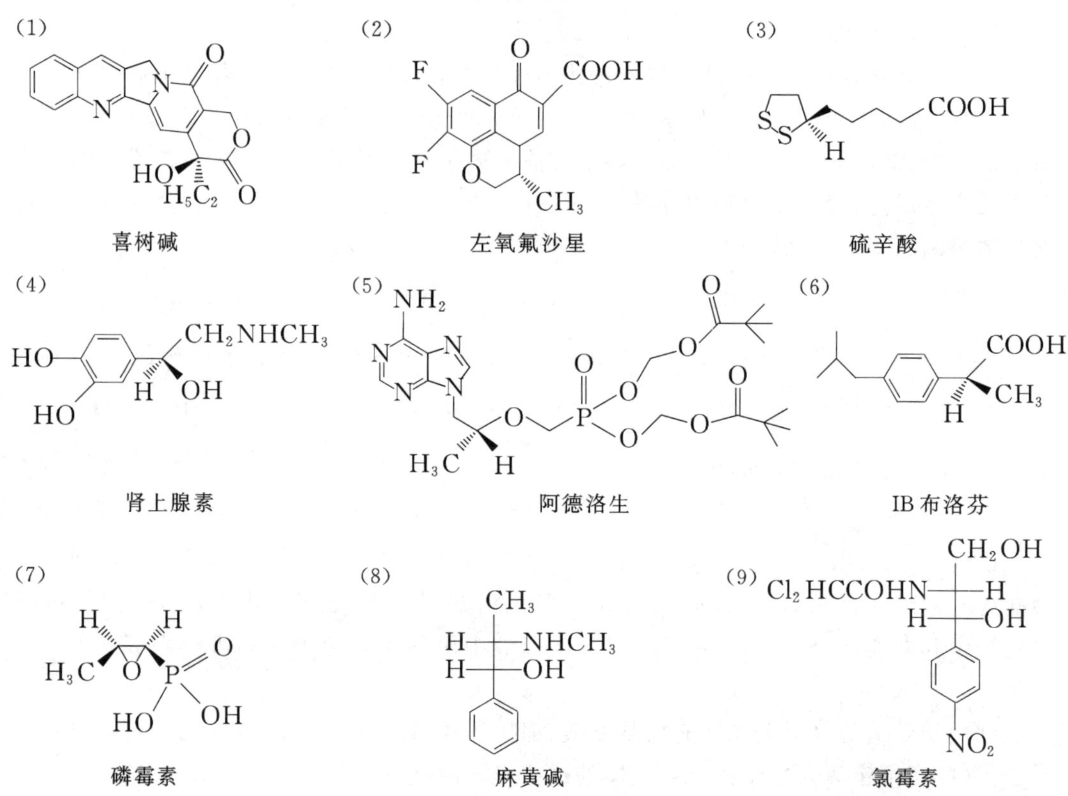

8-3 判断下列化合物哪些有手性，哪些没有？说明原因。

(1) (2) (3)

(4) (5) (6)

(7) (8)

8-4 判定下列叙述的正确性，若不正确，请列举反例。

(1) 具有不对称碳原子的分子必定具有旋光性。

(2) 旋光性分子必定具有不对称碳原子。

8-5 将一相对分子质量为 300 的化合物 900 mg 溶于 10 mL 的溶剂中，然后放入10 cm 长的旋光管中，通过钠光测得旋光度为 $+30.5°$，求该化合物的比旋光度。

第九章　卤　代　烃

烃类化合物分子中的氢原子被卤素取代后，形成的化合物称为卤代烃。卤代烃一般不存在于自然界中，绝大多数是人工合成得到的。由于碳原子和卤原子的电负性不同，碳卤键是极性共价键。

卤代烃的化学性质与卤素原子的种类和数目以及烃基的结构有着密切的关系。一般来说，单卤代烃因分子内存在极性的 C—X 键，化学性质比相应的烃活泼得多，能发生多种化学反应，同时转化成各种其他类型的化合物，成为有机合成中的重要试剂。另一方面，一些多卤代烃的化学性质相当稳定，常被用做溶剂、制冷剂、灭火剂、麻醉剂和防腐剂等。

第一节　碳卤键的热稳定性

碳卤键的热稳定性主要取决于卤素原子的性质，同时还在不同程度上受到卤代程度以及烃基结构的影响。对卤代烷烃而言，碳卤键的离解能($kJ \cdot mol^{-1}$)举例如下。

对 CH_3—X：451.9(F)；351.8(Cl)；292.9(Br)；221.8(I)。

对 CH_3CH_2—X：444.1(F)；340.7(Cl)；288.7(Br)；225.9(I)。

很显然，碳氟键的键能是所有碳卤键中最高的，而碳碘键的键能最低。氟碳化合物的热稳定性通常很高，不易分解；氯代烃则在高温下会发生均裂分解；碘代烷在较低温下或遇光就可以发生均裂分解。

碳卤键的热稳定性还与分子中的卤代程度有关。对 C—Cl 而言，随着碳原子上的氯原子增加，其离解能逐渐降低；与此不同，对 C—F 而言，随着碳原子上的氟原子增加，其离解能逐渐升高。例如，六氟乙烷在 400～500 ℃时也不发生变化，聚四氟乙烯由于其耐高温、耐酸、耐碱等特性，常被用做电磁搅拌磁心的外壳以及炊事用具不粘底锅的内衬等。

烃基的结构对碳卤键的热稳定性也有一定的影响，一般叔烷基 C—X 键的热稳定性相对较低，仲烷基的次之，伯烷基 C—X 键相对稳定。

第二节　碳卤键的反应性

卤代烷分子内的 C—X 键具有明显的极性。常见简单卤甲烷分子的偶极矩及键长如表 9.1所示。

表 9.1 一些简单卤代烷的偶极矩(C·m)

X	CH_3X	CH_2X_2	CHX_3
F	6.07×10^{-30}	—	—
Cl	6.47×10^{-30}	5.34×10^{-30}	3.44×10^{-30}
Br	5.97×10^{-30}	4.84×10^{-30}	3.40×10^{-30}
I	5.47×10^{-30}	3.80×10^{-30}	3.35×10^{-30}

C—X 键键长(pm):139(F);176(Cl);194(Br);214(I)。

由于氟原子的电负性最大,所以 C—F 的极性最强,其偶极矩之所以小于 C—Cl 键,是因为前者键长较短。在通常情况下,碳原子与卤素相连后,所带的正电荷密度大小取决于卤素原子的电负性大小,也就是说,C—F 键的极性最大,其碳原子理应最容易受到富电子亲核试剂的进攻而发生取代反应。然而,实际上卤代烃与亲核试剂的反应活性大小顺序通常为:RF<RCl<RBr<RI。这说明决定碳卤键的反应活性大小的主要因素不是键的极性大小,而是键的离解能大小。

此外,碳卤键的反应活性与卤原子相连的烃基结构有密切的关系。饱和卤代烃分子中的烃基结构对卤代烃的反应行为有明显的影响。不同的烃基结构在不同的反应中,其反应活性有较大的差异。例如,卤代甲烷取代反应的活性很高,而叔丁基卤易发生消去反应。

$$CH_3Br + C_2H_5O^- \longrightarrow CH_3OC_2H_5 + Br^-$$

$$(CH_3)_3CBr + C_2H_5O^- \longrightarrow (CH_3)_2C{=}CH_2 + Br^-$$

当饱和卤代烃的 α-或 β-碳上的氢原子被电负性较大的基团取代后,其碳卤键的反应性会发生显著的变化。一般来说,α-碳原子上连接有 N、O、S 等含有孤电子对的杂原子时,碳卤键的反应性明显提高;与此不同,α-碳原子上连接有其他卤素原子时,碳卤键的反应性反而会有所降低。卤素的 β-碳上连有 N、S 等含有孤电子对的杂原子基团时,由于可以发生邻基参与作用,也可以加速碳卤键的断裂。例如,甲基氯甲醚、芥子气 $(ClCH_2CH_2)_2S$ 等分子的 C—Cl 键极易发生水解反应,产生氯化氢。而二氯甲烷、三氯甲烷等则相当稳定,常被用做溶剂。

连接在烯丙基和苄基位上的碳卤键其反应活性明显要高于普通饱和碳卤键。这是因为前者的碳卤键断裂后生成的烯丙基或苄基正离子因可以形成 p-π 共轭体系而能量较低。

$$CH_2{=}CH{-}CH_2{-}X \rightleftharpoons CH_2{=}CH{-}\overset{+}{C}H_2 + X^-$$

$$C_6H_5{-}CH_2{-}X \rightleftharpoons C_6H_5{-}\overset{+}{C}H_2 + X^-$$

与此类似,处于其他不饱和键 α-位的碳卤键,其活性也很高。例如,氯代丙酮、氯乙腈、氯乙酸乙酯等比相应的饱和氯代烃更易与亲核试剂发生取代反应。

与此不同的是,与 sp^2 杂化碳原子直接相连的碳卤键,其反应性一般很低。这是因为分子内存在卤原子的 p 电子与不饱和的烯键或芳环之间的 p-π 共轭作用,这种作用会使 C—X 键键长缩短、碳卤键的离解能提高、偶极矩减小。也就是说,共轭作用会降低分布在碳原子上的正电荷。例如氯乙烯、氯苯等分子中的 C—Cl 键相当不活泼,难以发生取代反应,与硝酸银的醇溶液共热时,无卤化银沉淀产生。

$$CH_2{=}CH{-}\ddot{C}l \qquad C_6H_5{-}\ddot{C}l$$

第三节 卤代烃的化学反应

一、饱和卤代烷的亲核取代反应

卤代烷能与各种类型的亲核试剂反应，使得分子中的卤原子被其他原子或基团所取代，生成各种不同的取代产物。例如：

$$RX \begin{cases} \xrightarrow{NaOH, H_2O} ROH + NaX \\ \xrightarrow{NaOR'} ROR' + NaX \\ \xrightarrow{NH_3} RNH_2 + HX \\ \xrightarrow{NaCN, ROH} RCN + NaX \\ \xrightarrow{AgNO_3, ROH} RONO_2 + AgX \downarrow \end{cases}$$

卤代烷与氢氧化钠的水溶液共热，卤原子被羟基取代生成醇，此反应称为卤代烷的水解反应，可用于制备一些特殊的醇类化合物。

卤代烷与醇钠或氨反应可制备相应的醚类和胺类化合物。其中与醇钠的反应是合成混合醚的重要方法，称为威廉姆森（Williamson）合成法。

卤代烷与氰化钠或氰化钾在醇溶液中反应，卤原子被氰基取代生成有机腈。由于产物比反应物多一个碳原子，因此该反应在有机合成中可作为增长碳链的方法。腈在酸性条件下水解生成相应的羧酸。

卤代烷与硝酸银的醇溶液作用生成卤化银沉淀，根据反应条件和出现沉淀的时间，此反应常用于鉴别不同结构的卤代烃。

上述反应的共同特点都是带孤对电子的分子（如 NH_3）或负离子（如 HO^-、RO^-、CN^-、NO_3^-）进攻卤代烷中带部分正电荷的 α-碳原子而引起的反应。这些试剂的电子云密度较高，具有较强的亲核性，能提供一对电子与 α-碳原子形成新的共价键，故被称为亲核试剂。由亲核试剂进攻而引起的取代反应称为亲核取代反应，用符号 S_N（nucleophilic substitution）表示。卤代烷的亲核取代反应可用下列通式表示：

$$\underset{\text{反应底物}}{RX} + \underset{\text{亲核试剂}}{Nu^-} \longrightarrow \underset{\text{反应产物}}{RNu} + \underset{\text{离去基团}}{X^-}$$

二、亲核取代反应机理

人们在研究卤代烷的水解反应动力学后发现如下实验现象，溴甲烷和叔丁基溴在 80% 的乙醇水溶液中发生水解反应时，反应速度有明显的差异。

$$CH_3Br \xrightarrow[H_2O]{C_2H_5OH(80\%)} CH_3OH \quad \text{慢}$$

$$(CH_3)_3CBr \xrightarrow[H_2O]{C_2H_5OH(80\%)} (CH_3)_3COH \quad \text{快}$$

若在反应体系中加入适量的 OH^-，溴甲烷的水解反应速率加快，而对叔丁基溴的水解反应速率几乎没有影响。

实验事实说明两种结构不同的卤代烃的水解反应是按不同的反应机理进行的。对于亲核取代反应，典型的反应机理分为单分子和双分子两种反应历程。单分子反应历程常称为“S_N1”反应，S(substitution)表示取代反应，N(nucleophilic)表示亲核的，1为单分子。同理，双分子亲核反应历程常用“S_N2”来表示。

1. 单分子亲核取代反应历程(S_N1)

实验表明，叔丁基溴在氢氧化钠水溶液中的水解反应速率仅与叔丁基溴的浓度成正比，与亲核试剂 HO^- 的浓度无关，在化学动力学上属于一级反应。

$$v=k[(CH_3)_3CBr]$$

由此推测该反应分两步进行，第一步是 C—Br 键发生异裂，生成碳正离子和溴负离子，第二步是碳正离子和 HO^- 结合生成醇。即

$$(CH_3)_3C-Br \xrightarrow{慢} \left[(CH_3)_3\overset{\delta^+}{C}\cdots\overset{\delta^-}{Br}\right]_{\text{TS-1}} \longrightarrow (CH_3)_3C^+ + Br^-$$

$$(CH_3)_3C^+ + HO^- \xrightarrow{快} \left[(CH_3)_3\overset{\delta^+}{C}\cdots\overset{\delta^-}{OH}\right]_{\text{TS-2}} \longrightarrow (CH_3)_3C-OH$$

首先，叔丁基溴在极性溶剂分子的作用下，C—Br 键逐渐伸长到达高能量过渡态(transition state)TS-1，然后发生异裂形成碳正离子中间体。这一步是共价键的断裂，活化能 ΔE_1 较高，进程较慢。接着形成的碳正离子中间体立即与 HO^- 结合，经过渡态 TS-2 形成醇。这一步活化能 ΔE_2 较低，反应较快。因此决定整个反应速率的是第一步，即 C—X 键离解成碳正离子这一步，与 HO^- 没有直接关系，所以是一级反应，该反应历程称为单分子亲核取代反应，即 S_N1。反应过程的能量变化曲线如图 9.1 所示。

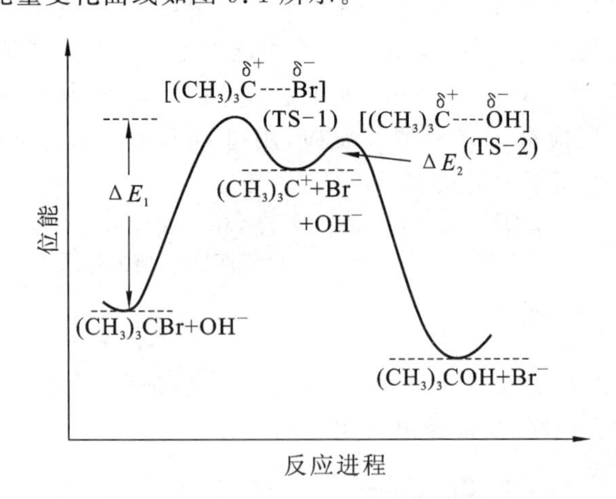

图 9.1 S_N1 反应历程中的能量变化

S_N1 反应过程中生成的碳正离子是反应的中间产物，稳定的碳正离子可以用物理方法检测乃至分离出来。

2. 双分子亲核取代反应历程（S_N2）

溴甲烷在氢氧化钠水溶液中的水解反应是按 S_N2 历程进行的，反应速率既与溴甲烷的浓度成正比，也与亲核试剂 HO^- 的浓度成正比，在化学动力学上属于二级反应。

$$v=k[CH_3Br][OH^-]$$

S_N2 反应是一个基元反应，取代过程通过高能量过渡态一步完成。例如：

$$H\bar{O} + H_3C\text{—}Br \longrightarrow \left[\overset{\delta^-}{HO}\cdots \underset{H\ H}{\overset{H}{C}} \cdots \overset{\delta^-}{Br}\right] \longrightarrow HO\text{—}CH_3 + Br^-$$

TS

在反应过程中，O—C 键的形成和 C—X 键的断裂是同时进行的。在形成过渡状态时，亲核试剂 HO^- 进攻带有部分正电荷的 α-碳原子，此时 O—C 键部分形成，C—Br 键由于受到 HO^- 进攻的影响，逐渐伸长和变弱，但并没有完全断裂。与此同时，甲基上的三个氢原子受氧原子的排斥向溴原子一方逐渐偏转，这时碳原子同时和 OH 及 Br 部分键合，进攻试剂羟基中的氧原子、中心碳原子和 Br 在一条直线上，而碳和其他三个氢原子则在垂直于这条线的平面上，OH 与 Br 在平面的两边，此时体系的能量达到最大值，即处在高能过渡态（TS），当 HO 继续接近碳原子生成 O—C 键，溴原子则继续远离碳原子，最后断裂生成溴离子。反应由过渡状态转化生成产物时，甲基上的三个氢原子也完全转向溴原子的一边，整个过程是连续的，旧键的断裂和新键的形成是同步进行和同步完成的，好像雨伞在大风中被吹得向外翻转一样。S_N2反应进程中的能量变化曲线如图 9.2 所示。

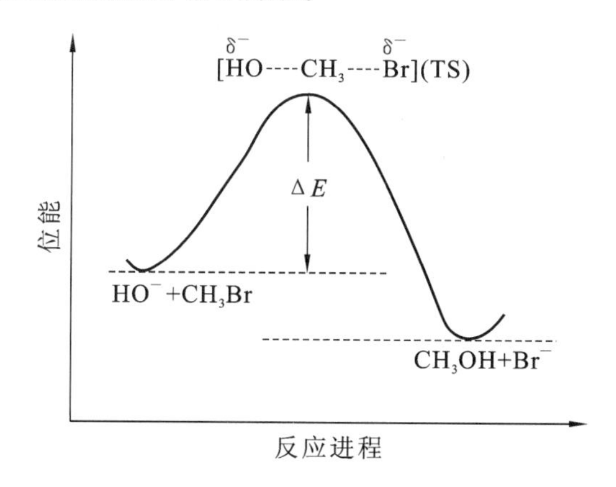

图 9.2　S_N2 反应历程中的能量变化

S_N2 反应从原料变化到产物，包括中间过渡态是一个连续逐渐变化的过程，高能量过渡状态是其间经过的无数状态之一，分子在极短的时间内通过这一点，它不能用实验方法检测出来。

三、亲核取代反应的立体化学

1. S_N1 立体化学

在 S_N1 反应中，产生的中间体是有较好稳定性的碳正离子。叔碳正离子为 sp^2 杂化，具有平面结构。亲核试剂可以从该平面的两侧进攻与碳正离子结合，而且机会均等，因此得到的产物分子如为手性分子通常是外消旋混合物。这种有50%的产物发生构型转化的过程，称为外消旋化(racemization)。

$$R_1R_2R_3C^+ \xrightarrow{Nu^-} Nu\text{—}CR_1R_2R_3\ (\text{构型转化}) + R_1R_2R_3C\text{—}Nu\ (\text{构型保持})$$

理论上讲，产物的外消旋化可以作为S_N1反应的立体化学特征。但在大多数实际情况下，由于各种因素的影响，构型转化和构型保持并不完全相等，使产物具有一定的旋光性。例如，α-氯乙苯在水中进行水解反应时，得到83%外消旋化，17%构型发生转化。此反应以S_N1历程进行，中间体是碳正离子，它存在的时间取决于本身的稳定性以及所用亲核试剂的活性和浓度大小。如果碳正离子本身稳定性差，它一经生成就立刻与亲核试剂发生反应，这时卤素离子还没有离开碳正离子中心足够远的距离，在一定程度上产生了屏蔽作用，阻碍了亲核试剂从卤素这一侧进攻的机会，因而试剂从离去基团背面进攻的机会较多，取代产物有一定的旋光性。

典型S_N1反应的基本特征是得到外消旋产物，比较产物与反应物之间旋光性的变化，将有助于初步鉴别反应历程是S_N1还是S_N2。除了直接亲核取代以外，S_N1反应常伴随着重排产物的产生。这是因为S_N1反应经过碳正离子中间体，它会发生分子重排生成一个更稳定的碳正离子，进而生成相应的产物。例如：

$$H_3C\text{—}C(CH_3)_2\text{—}CH_2Br \xrightarrow[S_N1]{C_2H_5OH} H_3C\text{—}C(CH_3)_2\text{—}\overset{+}{C}H_2 \xrightarrow{\text{重排}} H_3C\text{—}\overset{+}{C}(CH_3)\text{—}CH_2CH_3$$

$$H_3C\text{—}\overset{+}{C}(CH_3)\text{—}CH_2CH_3 \xrightarrow[-H^+]{C_2H_5OH} H_3C\text{—}C(CH_3)(OC_2H_5)\text{—}CH_2CH_3$$

$$H_3C\text{—}\overset{+}{C}(CH_3)\text{—}CH_2CH_3 \xrightarrow{-H^+} H_3C\text{—}C(CH_3)\text{=}CHCH_3$$

2. S_N2立体化学

在S_N2反应历程中，亲核试剂总是从离去基团的背面进攻中心碳原子。如果中心碳原子是手性碳原子，那么反应结果会导致中心碳原子的构型发生翻转，即产物的构型与原来化合物的相反，这个过程称为瓦尔登(Walden)转化。大量立体化学的事实证明，S_N2反应过程往往伴随着构型转化，瓦尔登转化是S_N2反应的标志之一。例如，已知(－)-2-溴辛烷和(－)-2-辛醇属同一构型，其比旋光度分别为－34.2°和－9.9°。将(－)-2-溴辛烷与氢氧化钠进行水解反应制得2-辛醇，经实验测定，此2-辛醇的比旋光度为＋9.9°，即为(＋)-2-辛醇，这个(＋)-2-辛醇必然是(－)-2-辛醇的对映体，其反应为

$HO^- + $ (−)-2-溴辛烷 $\longrightarrow$ (+)-2-辛醇 $+ Br^-$ ；(−)-2-辛醇

(−)-2-溴辛烷	(+)-2-辛醇	(−)-2-辛醇
−34.2°	+9.9°	−9.9°

因此，在 S_N2 反应中，亲核试剂只能从背面进攻中心碳原子。当反应物经过过渡态最后转化为产物时，其中心碳原子的立体构型发生翻转。

$$Nu^- + R_1R_2R_3C—L \longrightarrow \left[\overset{\delta^-}{Nu}\cdots C(R_1R_2R_3)\cdots\overset{\delta^-}{L}\right] \longrightarrow Nu—CR_1R_2R_3 + L^-$$

由于传统的 S_N2 历程中的中间高能量过渡态并未得到直接的检测证明，近年来研究工作者倾向于用离子对的概念统一来说明亲核取代反应的历程：

$$RX \rightleftharpoons \underset{紧密离子对}{R^+X^-} \rightleftharpoons \underset{溶液分隔离子对}{R^+\parallel X^-} \rightleftharpoons \underset{自由离子}{R^+ + X^-}$$

在紧密离子对中，由于 RX 电离生成的碳正离子和 X^- 离子的电荷相反而紧靠在一起，因此仍能保持原来的构型。它们周围分别被溶剂分子所包围，亲核试剂只能从背面进攻，得到的是构型转化的产物。

在溶剂分隔离子对中，碳正离子和 X^- 离子不及紧密离子对那么紧密，即有少数溶剂分子进入两个离子之间，把它们分隔开来。溶剂分子作为亲核试剂与碳正离子结合，则产物的构型保持不变。其他亲核试剂从背面进攻，则引起构型转化。一般说来，后者多于前者，取代结果是部分外消旋化。如果反应物全部解离成自由离子后再进行反应，由于生成的碳正离子具有平面结构，亲核试剂从两边进攻的机会均等，只能得到完全外消旋化的产物。每一种离子对在反应中的比例取决于卤代烷的结构和溶剂的性质。

四、影响亲核取代反应的因素

S_N1 和 S_N2 两种反应历程常常是同时进行互相竞争的，以哪一种历程为主，其影响因素是多方面的，主要包括卤代烷中烷基的结构、亲核试剂(Nu)亲核能力的强弱、溶剂的极性大小、离去基团(L)的性质等。

1. 烷基结构的影响

当反应按照 S_N1 历程进行时，α-碳上连有的烃基越多，其反应速率也越快。表9.2列出了不同结构的溴代烷在甲酸溶液中 100 ℃时发生 S_N1 反应的相对速率。

表 9.2 卤代烷在甲酸溶液中反应的相对速率

卤 代 烷	S_N1 反应相对速率
CH_3Br	1.0
CH_3CH_2Br	1.7
$(CH_3)_2CHBr$	45
$(CH_3)_3CBr$	10^3

从表 9.2 中可看出，它们的活性大小顺序为

$$(CH_3)_3CBr>(CH_3)_2CHBr>CH_3CH_2Br>CH_3Br$$

这是因为碳正离子的形成是 S_N1 反应决定速率的一步，而碳正离子的稳定性次序为

$$(CH_3)_3C^+>(CH_3)_2CH^+>CH_3CH_2^+>CH_3^+$$

中心碳原子上所连接的给电子基团，能分散碳正离子上的正电荷，提高碳正离子的稳定性。稳定的碳正离子势能较低，使得 S_N1 反应的活化能 ΔE_1 较小，有利于 S_N1 反应的进行。除了电子效应外，中心碳原子上取代基的空间效应对 S_N1 反应的速率也有影响。空间张力较大的底物形成碳正离子后，中心碳原子由原来的 sp^3 杂化变成 sp^2 杂化，键角由原来的约 109°28′ 增大为 120°，减小了空间张力，因而有利于 S_N1 反应的发生。

当反应按照 S_N2 历程进行时，α-碳上连有的烃基越少，氢原子越多，其反应速率也越快。不同溴代烷在极性较小的无水丙酮中与碘化钾反应时的相对反应速率列于表 9.3 中。

表 9.3 卤代烷在无水丙酮中与碘化钾按 S_N2 历程的相对反应速率

卤 代 烷	S_N2 反应相对速率
CH_3Br	150
CH_3CH_2Br	1
$(CH_3)_2CHBr$	0.01
$(CH_3)_3CBr$	0.001

从表 9.3 中可看出，它们的活性大小顺序为

$$CH_3Br>CH_3CH_2Br>(CH_3)_2CHBr>(CH_3)_3CBr$$

这是由于 S_N2 是一步完成的反应，决定反应速率的关键是烷基对亲核试剂产生的立体位置阻碍作用。当 α-碳周围取代的烷基越多，拥挤程度越大，反应产生的立体阻碍作用也大。亲核试剂必须克服这种立体阻碍才能接近中心碳原子。卤代烷和亲核试剂反应所受空间位阻的影响大小如下所示：

$$Nu^-\dashrightarrow C(CH_3)_3Br > Nu^-\dashrightarrow CH(CH_3)_2Br > Nu^-\dashrightarrow CH_2(CH_3)Br > Nu^-\dashrightarrow CH_3Br$$

因此，从立体效应来说，随着 α-碳上烷基的增加，S_N2 反应的速率将依次下降。

当伯卤代烷的 β 位上有侧链烷基时，反应速率也有明显的降低。表 9.4 中列出了不同伯卤代烷发生 S_N2 反应的相对速率大小。

表 9.4 伯卤代烷按 S_N2 历程的相对反应速率

卤 代 烷	S_N2 反应相对速率 ($C_2H_5O^-/C_2H_5OH$，55 ℃)
CH_3CH_2Br	1
$CH_3CH_2CH_2Br$	0.28
$(CH_3)_2CHCH_2Br$	0.03
$(CH_3)_3CCH_2Br$	0.0000042

综上所述，叔卤代烷容易按 S_N1 历程进行反应，伯卤代烷容易按 S_N2 历程进行反应，仲卤代烷介于两者之间，既可以按 S_N1 也可以按 S_N2 历程反应，取决于具体的反应条件。

应该指出的是，当卤原子连在桥环化合物的桥头碳上时，虽然也是叔卤代烷，由于桥环体系的刚性，无法形成平面构型的碳正离子，故难以按 S_N1 历程反应。此外，由于 C—X 键的背后是环系，空间位阻大，瓦尔登翻转也不能进行，S_N2 历程反应也难以实现。

例如，7,7-二甲基-1-氯双环[2,2,1]庚烷与 $AgNO_3$ 的醇溶液回流 48 h，或与 $AgNO_3$ 的 30%KOH 醇溶液回流 21 h，都未见 AgCl 生成。

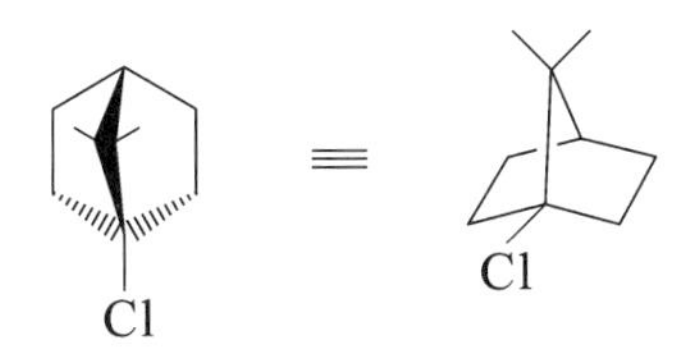

7,7-二甲基-1-氯双环[2,2,1]庚烷

2. 离去基团的影响

在 S_N2 和 S_N1 反应中，均涉及离去基团 L 带着一对电子脱离中心碳原子的过程。无论是 S_N2 或 S_N1 反应，C—L 键越容易断裂，则反应活性越高。

当卤代烷中的烷基结构相同而卤素不同时，卤代烷的反应次序为

$$RI > RBr > RCl \gg RF$$

这也可从 C—X 键的键能和可极化性来解释。I^- 无论作为亲核试剂还是作为离去基团都表现出高的反应活性。因此当一级氯代烷进行 S_N2 水解反应时，常可在溶液中加入少量 I^-，使反应大为加快，而 I^- 自身却未消耗掉，可反复使用直至反应完成。

另外，磺酸根负离子由于体系内存在共轭效应可使负电荷得到分散，故较为稳定，也是很好的离去基团。相反，碱性很强的负离子如 HO^-、RO^-、H_2N^- 等的能量较高，几乎不可能从 ROH、ROR、RNH_2 中直接离去。但在酸性条件下，ROH 或 ROR′中氧与质子配合成锌盐，使离去基团（H_2O 或 R′OH）的稳定性增加，才可能进行取代反应。

3. 亲核试剂的影响

在 S_N1 反应中，反应速率主要取决于 R—X 的离解，与亲核试剂的亲核性大小基本无关。但在 S_N2 反应中，亲核试剂参与了过渡态的形成，其亲核性大小对反应速率将产生相当大的影响。一般来说，亲核试剂的亲核能力越强，形成中间过渡态所需的活化能就越低，S_N2 反应的趋势就越大。例如：

$$CH_3OCH_3 \xleftarrow[\text{很慢}]{CH_3OH} CH_3I \xrightarrow[\text{快}]{CH_3O^-} CH_3OCH_3$$

这是由于 CH_3O^- 的亲核能力比 CH_3OH 强，有利于发生 S_N2 反应。试剂亲核性的大小，与它所带电荷的性质、碱性、体积和可极化性的大小等因素有关。

① 所带电荷的性质。带负电荷的亲核试剂比相应的中性分子的亲核性强。例如，$RO^- >$ ROH，$HO^- > H_2O$ 等。

② 碱性。亲核试剂都属于路易斯碱，其亲核能力的大小一般与其碱性的强弱相对应，即碱性越强，其亲核性也越大。例如，同属第二周期中的元素所组成的一些试剂，它们的亲核性大小次序是：$R_3C^- > R_2N^- > RO^- > F^-$。对以氧原子为中心的亲核试剂，它们的亲核性和碱

性强弱次序都是：$C_2H_5O^- > HO^- > C_6H_5O^- > CH_3COO^-$。

需注意的是，亲核性与碱性是两个不同的概念，亲核性是代表试剂与带正电荷碳原子结合的能力，碱性是代表试剂与质子结合的能力。它们的强弱次序有时并不完全一致。以卤素原子为例，在质子性溶剂如水、醇中，卤离子的亲核能力次序为：$I^- > Br^- > Cl^- > F^-$，而碱性强弱次序正好相反：$I^- < Br^- < Cl^- < F^-$。这是由于卤素离子与质子溶剂之间形成水合离子的能力大小不同，影响了卤离子的亲核性，其中 F^- 与质子溶剂之间形成的水合离子最强，因此与其他卤素离子相比，它的亲核性降低得最显著。然而，在二甲亚砜(DMSO)、*N*,*N*-二甲基甲酰胺(DMF)等非质子极性溶剂中，卤素离子的碱性和亲核性次序是一致的，即 $I^- < Br^- < Cl^- < F^-$。

③ 体积。亲核试剂的体积对其亲核性也有较大的影响。体积大的亲核试剂进攻中心碳原子遇到的空间阻碍大，不利于取代反应的进行。如烷氧基负离子的碱性强弱次序为 $(CH_3)_3CO^- > (CH_3)_2CHO^- > CH_3CH_2O^- > CH_3O^-$，但它们在 S_N2 反应中的亲核性强弱次序则正好相反，即 $(CH_3)_3CO^- < (CH_3)_2CHO^- < CH_3CH_2O^- < CH_3O^-$。

④ 可极化性。亲核试剂的可极化性是指其电子云在外界电场影响下变形的难易程度。易变形者可极化性就大，它进攻中心碳原子时，其外层电子云就容易变形而伸向中心碳原子，从而降低了形成过渡态时所需的活化能。因此，亲核试剂的可极化性越大，其亲核性也越强。例如，卤离子的可极化性和亲核性次序为 $I^- > Br^- > Cl^- > F^-$，CH_3S^- 和 CH_3O^- 的可极化性和亲核性大小为 $CH_3S^- > CH_3O^-$。同一 A 族元素原子带有相同电荷时，原子半径越大，可极化性也越大。

4. 溶剂的影响

溶剂的性质对亲核取代反应也有一定的影响，溶剂主要是通过影响反应物和过渡态的稳定性，从而使反应活化能发生改变而影响反应速率的。

S_N1 反应的速率取决于卤代烷的离解，过渡态是高度极化的，碳原子上带有较高的部分正电荷，卤原子上带较高的部分负电荷，溶剂的极性增加，使过渡态溶剂化后稳定性增强，过渡态的能量降低，因而降低了反应活化能，使反应加速。

$$RX \longrightarrow \left[\overset{\delta^+}{R} \cdots\cdots \overset{\delta^-}{X}\right] \longrightarrow R^+ + X^-$$

反应物极性较小 过渡态极性较大

例如，叔丁基溴在不同溶剂中被溶剂分解的 S_N1 反应随溶剂极性增加而加速。

溶剂：	乙醇	20%水，80%乙醇	50%水，50%乙醇	水
相对速率：	1	10	20	1450

对卤代烃的 S_N2 反应中，增加溶剂的极性，会使反应速率降低，但影响较小。这是因为在形成过渡态时，由原来电荷比较集中的亲核试剂(Nu^-)变成电荷比较分散的过渡态。增加溶剂的极性，使电荷集中的亲核试剂溶剂化稳定性更大一些，从而不利于 S_N2 过渡态的形成。

$$Nu^- + RX \longrightarrow \left[\overset{\delta^-}{Nu} \cdots\cdots \overset{\delta^+}{R} \cdots\cdots \overset{\delta^-}{X}\right] \longrightarrow RNu + X^-$$

例如，$C_6H_5CH_2Cl$ 的水解反应，在水中时按 S_N1 历程进行，而在极性较小的丙酮溶剂中则按 S_N2 历程进行。

五、邻基参与历程

α-溴代丙酸在 Ag_2O 存在下与稀的 NaOH 水溶液反应，得到产物乳酸构型保持不变。导

致这一反应结果产生的主要因素是邻位羧酸根离子的存在。在反应过程中，手性碳邻近的羧酸根负离子参与了反应，它首先从溴原子的背面进攻，生成内酯中间产物，相当于一次分子内的 S_N2 反应，此时手性碳的构型发生了第一次翻转；接着 HO^- 从内酯环的反面进攻手性碳原子得到乳酸，手性碳的构型发生了第二次翻转，两次构型的翻转，其净结果是构型保持。

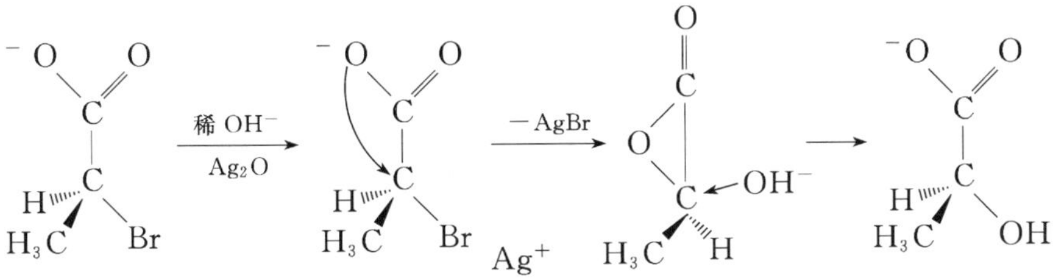

这种分子内邻近基团参与反应的现象，被称为邻基参与。

除羧基外，芳基、—OH、—OR、—NHCOR、—X 等基团处于离去基团的邻近位置时，也可以借助它们的 π 电子或未共用电子对进行邻基参与。邻基参与在有机化学中是一种相当普遍的现象，它能解释 S_N1 或 S_N2 历程中没有构型完全保持的许多实验事实。

六、卤代烃的消除反应

卤代烷因存在极性的碳卤键，使碳原子带有部分正电荷，这种作用的传递削弱了 β-C 原子上的碳氢建，使 β-H 的酸性增大。卤代烃分子在 NaOH 或 KOH 的醇溶液中加热，会脱去一分子卤化氢生成烯烃。

$$CH_3CH_2X \xrightarrow[\text{醇}]{NaOH} CH_2{=}CH_2 + NaX + H_2O$$

这种从一个分子中脱去一个简单小分子如 H_2O、HX、NH_3 等的反应叫做消除反应。用符号 E(elimination)表示。通过消除反应可以在分子中形成双键，卤代烷的消除反应是制备烯烃的常用方法。

当含有两个或两个以上 β-碳原子的卤代烷发生消除反应时，可按不同方式脱去卤化氢，生成不同的烯烃。大量实验结果表明，一般消除反应的主要产物是脱去含氢较少的 β-碳原子上的氢，生成双键碳原子上连有最多烃基的烯烃，因为这样的烯烃较稳定，能量较低。这个规律称为扎依采夫(A. M. Saytzeff)规则。例如：

$$CH_3\underset{H}{\overset{\beta}{C}}H-\underset{Br}{\overset{\alpha}{C}}H-\underset{H}{\overset{\beta}{C}}H_2 \xrightarrow[\triangle]{NaOH/C_2H_5OH} \underset{81\%}{CH_3CH{=}CHCH_3} + \underset{19\%}{CH_3CH_2CH{=}CH_2}$$

由于被消除的卤原子和 β-碳上的氢原子处于邻位，这种形式的消除反应称为 1,2-消除反应或 β-消除反应。消除反应常见的反应历程有单分子消除反应(E1)和双分子消除反应(E2)。

1. 单分子消除反应历程(E1)

与 S_N1 相似，E1 也是分两步进行的。例如，叔丁基溴在氢氧化钠溶液中发生消除反应：

$$(CH_3)_3CBr \xrightarrow{\text{慢}} \left[(CH_3)_3\overset{\delta^+}{C}\cdots\overset{\delta^-}{Br}\right] \longrightarrow (CH_3)_3C^+ + Br^-$$

$$CH_3-\overset{CH_3}{\overset{|}{C^+}}-CH_2-H + OH^- \xrightarrow{\text{快}} (CH_3)_2C{=}CH_2 + H_2O$$

$$v=k[(CH_3)_3CBr]$$

与 S_N1 历程不同,E1 历程的第二步中 HO^- 不是进攻碳正离子生成醇,而是夺取 β-氢后生成烯烃。反应的高能量过渡态碳正离子只有卤代烷一个分子分裂而成,整个反应的速率取决于第一步中碳正离子的形成,只与卤代烷的浓度有关,故称为单分子消除反应,用"E1"表示。

E1 与 S_N1 相似,也伴随着分子的重排。不同的是生成的双键中没有手性碳原子的产生,因而没有构型保持和构型转化的问题。

2. 双分子消除反应历程(E2)

与 S_N2 相似,E2 也是连续变化协同完成的。例如,溴乙烷在氢氧化钠乙醇溶液发生消除反应过程如下:

$$OH^- \rightarrow H\text{—}CH_2\text{—}CH_2\text{—}Br \xrightarrow[\triangle]{\text{乙醇}} [\overset{\delta^-}{HO}\cdots H\cdots CH_2 \overset{\cdots}{=} CH_2 \cdots \overset{\delta^-}{Br}] \longrightarrow H_2O + CH_2{=}CH_2 + Br^-$$

$$v=k[CH_3CH_2CH_2Br][HO^-]$$

与 S_N2 历程不同,OH^- 不是进攻卤素的 α-碳,而是进攻 β-碳原子上的氢原子,溴原子带着一对电子离开,同时在两个碳原子之间生成 π 键。共价键的形成和断裂是协同进行的。反应的高能量过渡态由卤代烷和 OH^- 结合而成,整个反应的速率与两种物质的浓度有关,故称为双分子消除反应,用"E2"表示。

E2 不存在 S_N2 历程中的空间位阻,当 α-碳上连有较多烷基时对双键的形成是有利的,不仅可以降低反应的活化能,还能使产物烯烃更稳定。

E2 通常进行"反式消除",即卤代烷是从它的邻位反式共平面构象中消去卤化氢。例如,2-溴丁烷发生的 E2 反应为

$$CH_3CH_2CH(Br)CH_3 \xrightarrow[70\ ^\circ C]{C_2H_5OK/C_2H_5OH} \underset{19\%}{CH_3CH_2CH{=}CH_2} + \underset{20\%}{(H_3C)(H)C{=}C(CH_3)(H)} + \underset{61\%}{(H_3C)(H)C{=}C(H)(CH_3)}$$

主要产物反-2-丁烯的形成如下:

$$HO^- \rightarrow H\text{—}C(H)(H_3C)\text{—}C(CH_3)(H)\text{—}Br \longrightarrow [\overset{\delta^-}{HO}\cdots H\cdots C \overset{\cdots}{=} C \cdots \overset{\delta^-}{Br}] \longrightarrow (H)(H_3C)C{=}C(CH_3)(H)$$

反应开始时,2-溴丁烷处于最稳定的构象对位交叉式。由于排斥作用,碱从远离带部分负电荷溴原子的反方向位置进攻 β-碳原子上的氢,故主要得到反-2-丁烯。

对于以上消除反应,无论是 E1 还是 E2 其反应活性都是:

$$R_3C\text{—}X > R_2CH\text{—}X > RCH_2\text{—}X$$

这个结论对于 E1 历程不难理解,像 S_N1 一样,整个反应速率取决于碳正离子的形成速率。对于 E2 历程来说,因为碱进攻 β-碳原子上的氢原子,不像 S_N2 那样进攻 α-碳原子而有较

大的空间位置阻碍。因而消除反应的速率都是叔卤代烃最快，伯卤代烃最慢。

七、消除反应与取代反应的竞争性

在多数情况下，卤代烷的消除反应和亲核取代反应是同时发生且相互竞争的。试剂进攻α-碳发生亲核取代反应，试剂进攻β-氢则发生消除反应，如图 9.3 所示。

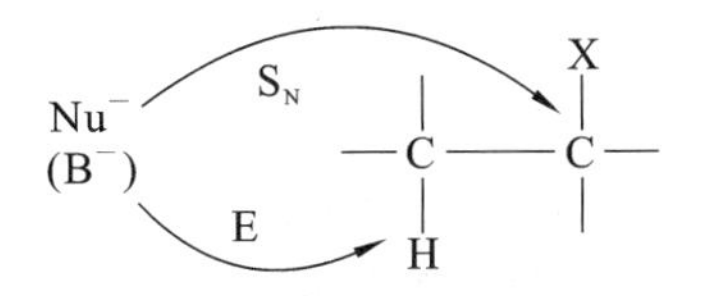

图 9.3　E 和 S_N 的竞争性

两种反应产物的比例受卤代烷结构、试剂、溶剂、温度等多种因素的影响。

1. 卤代烷结构的影响

无支链的伯卤代烷与强亲核试剂（如 X^-、OH^-、RO^- 等）作用，主要起 S_N2 反应。例如：

$$CH_3CH_2CH_2Br + C_2H_5O^- \xrightarrow[25\ ^\circ C]{C_2H_5OH} \begin{cases} \xrightarrow{S_N2} CH_3CH_2CH_2OCH_2CH_3 \quad 91\% \\ \xrightarrow{E2} CH_3CH{=}CH_2 \quad 9\% \end{cases}$$

仲卤代烷和β-碳原子上有支链的伯卤代烷，因空间阻碍增加，试剂难以从背面接近α-碳原子，而易于进攻β-氢原子，故削弱了 S_N2 反应，而增强了 E2 反应。例如：

$$CH_3CH(CH_3)CH_2Br + C_2H_5O^- \xrightarrow{C_2H_5OH} \begin{cases} \xrightarrow{E2} H_3C{-}C(CH_3){=}CH_2 \quad 60\% \\ \xrightarrow{S_N2} CH_3CH(CH_3)CH_2OCH_2CH_3 \quad 40\% \end{cases}$$

叔卤代烷一般倾向于单分子反应，在无强碱存在时，主要发生 S_N1 反应。有强碱性试剂存在时，主要发生 E2 反应。例如：

$$(CH_3)_3CBr + C_2H_5OH \longrightarrow \underset{81\%}{(CH_3)_3COC_2H_5} + \underset{19\%}{(CH_3)_2C{=}CH_2}$$

$$(CH_3)_3CBr + C_2H_5OH \xrightarrow[25\ ^\circ C]{C_2H_5O^-} \underset{3\%}{(CH_3)_3COC_2H_5} + \underset{97\%}{(CH_3)_2C{=}CH_2}$$

2. 进攻试剂的影响

亲核试剂都具有未共用电子对，同时也表现为碱性。碱性是指试剂与质子结合的能力，而亲核性则是指试剂与碳原子结合的能力。两者的能力强弱有时是统一的，有时并不一致。

对于同一周期元素，随着原子半径的减小，亲核性和碱性都相应的减小。例如：

$$R_3C^- > R_2N^- > RO^- > F^-$$

而对于同一族的元素，在活泼质子性溶剂中，它们的亲核性和碱性强弱顺序相反。例如：

$$亲核性：I^- > Br^- > Cl^- > F^-$$

$$碱性：I^- < Br^- < Cl^- < F^-$$

导致这种不一致的原因是溶剂的影响。F^- 体积最小，电荷集中，溶剂化程度大，负电荷被较大的屏蔽，因此亲核性弱。而 I^- 体积大，电荷分散，溶剂化程度小，负电荷被屏蔽较小，因此亲核性较强。如果在非质子有机溶剂中，它们没有溶剂化作用，其亲核性和碱性强弱是一致的。

亲核性强、碱性弱的试剂对取代反应有利，亲核性弱、碱性强的试剂则对消除反应有利。例如，当仲卤代烷用 NaOH 水解时，往往得到取代和消除两种产物，这是因为 OH^- 既是亲核试剂又是强碱；而在 KOH 醇溶液中存在碱性更强的烷氧负离子 RO^-，故仲卤代烷在 KOH 醇溶液中主要产物为烯烃。如果试剂的碱性增强或浓度增大，消除产物的产率也相应增加。

进攻试剂对单分子反应几乎没有影响。但亲核性或碱性很强时，会使单分子反应变化为双分子反应。进攻试剂的体积也对 S_N 和 E 的比例产生影响，体积增大有利于 E 不利于 S_N，使用 $(CH_3)_3CO^-/(CH_3)_3COH$ 比使用 $C_2H_5O^-/C_2H_5OH$ 有更好的 E 效果。因为进攻 α-碳的空间阻碍要比进攻 β-氢突出得多。

综上所述，伯卤代烷与强亲核试剂主要进行 S_N2 反应，叔卤代烷与强碱性试剂主要发生 E2 反应，仲卤代烷介于两者之间。强碱存在时，卤代烷主要发生 E2 反应。

3. 溶剂的影响

增大溶剂极性对 S_N1 和 E1 反应均有利，而对 S_N2 和 E2 反应都不利。因为在它们的过渡态中间体电荷分布比底物电荷分布更分散，而且 E2 过渡态比 S_N2 过渡态的电荷更分散。

$$\overset{\delta^-}{HO}\cdots H\cdots \underset{}{\overset{R}{\overset{|}{C}}}H\cdots CH_2\cdots \overset{\delta^-}{X} \qquad \overset{\delta^-}{HO}\cdots \overset{R}{\overset{|}{C}}H_2\cdots \overset{\delta^-}{X}$$

E2过渡态　　　　S_N2过渡态

对于 E 和 S_N，增大溶剂极性有利于 S_N，不利于 E。若想多得到 E 产物，应选用极性较小的溶剂。由于醇的极性比水小，故卤代烷的消除反应常在醇溶液中进行，而且在醇溶液中，RO^- 为进攻试剂，其碱性比 HO^- 强，有利于 E2 反应。

$$CH_3\underset{X}{\underset{|}{C}}HCH_3 + NaOH \begin{cases} \xrightarrow{C_2H_5OH} CH_3CH{=}CH_2 \quad (\text{主要产物}) \\ \xrightarrow{H_2O} CH_3\overset{OH}{\overset{|}{C}}HCH_3 \quad (\text{主要产物}) \end{cases}$$

4. 温度的影响

无论是单分子反应还是双分子反应，提高反应温度都有利于 E。因为 E 需要断裂 C—H 和 C—X 两个 σ 键，形成一个 π 键，E 比 S_N 需要更多的能量。

例如：

$$(CH_3)_3CBr \xrightarrow{C_2H_5OH} (CH_3)_2C{=}CH_2$$

25 ℃	19%
55 ℃	28%

$$C_2H_5OH \xrightarrow{\text{浓 } H_2SO_4} \begin{cases} \xrightarrow{140\ ℃} CH_3CH_2OCH_2CH_3 \quad S_N \\ \xrightarrow{170\ ℃} CH_2{=}CH_2 \quad E \end{cases}$$

综上所述，对于给定的卤代烷，进攻试剂碱性强、浓度大、溶剂极性小、反应温度高，有利于消除反应，反之有利于取代反应。

八、与金属的反应

卤代烷能与一些还原性金属直接化合，生成一种由碳原子与金属原子直接相连的化合物，这类化合物称为金属有机化合物。金属有机化合物中重要的是有机镁和有机锂化合物。这些物质中碳原子带有较高的负电荷，它们是强碱，也是强亲核试剂，在有机合成上占有很重要的地位。

1. 与金属镁的反应

在常温下，将镁屑放在无水乙醚中，滴加卤代烷，卤代烷与镁作用生成有机镁化合物，该产物不需分离即可直接用于有机合成反应，这类有机镁化合物称为格利雅(Grignard)试剂，简称格氏试剂。

$$RX + Mg \xrightarrow{\text{无水乙醚}} RMgX$$

格氏试剂生成的难易程度和烷基的结构以及卤素的种类有关。卤代烃中碳卤键离解能的大小对反应能否顺利进行有决定性的作用。对饱和卤代烃而言，反应活性次序大小为 RCl<RBr<RI；对不饱和卤代烃，常见的有卤代乙烯和卤代苯，反应活性较低，一般需要在较高温度下才能顺利反应。

格氏试剂在溶液中存在烷基卤化镁与二烷基镁的平衡。在多数情况下是烷基卤化镁的形式占优势，因此一般用 RMgX 来表示。

$$2RMgX \rightleftharpoons R_2Mg + MgX_2$$

如果制备的格氏试剂需在较高的温度下进行，可用其他沸点较高的醚，如丁醚、戊醚或四氢呋喃(THF)来代替乙醚。如：

$$\text{3-氯溴苯 (Br, Cl)} + Mg \xrightarrow[\triangle]{THF} \text{(MgBr, MgCl)苯}$$

格氏试剂的性质非常活泼，能与多种含活泼氢的化合物作用，生成相应的烃。

$$RMgX \longrightarrow \begin{cases} \xrightarrow{H_2O} RH + MgX(OH) \\ \xrightarrow{HX} RH + MgX_2 \\ \xrightarrow{R'OH} RH + MgX(OR') \\ \xrightarrow{RC\equiv CH} RH + RC\equiv CMgX \end{cases}$$

上述反应不仅说明通过格氏试剂可制得烃，同时格氏试剂与含活泼氢的化合物的反应几乎是定量的。由于格氏试剂遇活泼氢就分解，所以在制备格氏试剂时必须用无水溶剂和干燥的反应器，操作时也要采取隔绝空气中湿气的措施。在制备和使用格氏试剂过程中，若目的不是制备烃，必须注意避免反应体系中含有其他含活泼氢的化合物。

格氏试剂是有机合成中用途极广的一种有机金属试剂，其中 C—Mg 键是强极性键，通常可以作为碳中心的亲核试剂与一些无机物如 CO_2 等，以及多种典型的有机化合物，如羰基化合物进行亲核加成反应来制备相应的醇、醛、酮及羧酸等各种有机物。反应过程还可以有增长和改变碳链的效果。有关内容将在第十二章中详细介绍。

2. 与金属锂的反应

卤代烷与金属锂作用生成有机锂化合物。例如：

$$C_4H_9X + 2Li \xrightarrow{\text{石油醚}} C_4H_9Li + LiX$$

有机锂化合物的性质与格氏试剂很相似，反应性能更为活泼，且溶解性比格氏试剂好，除能溶于醚外，还可溶于苯、环己烷、石油醚等溶剂中。有机锂也可与金属卤代烷作用生成各种金属有机化合物，其中较重要的反应包括与碘化亚铜的作用得到二烷基铜锂。

$$2RLi + CuI \xrightarrow{\text{醚}} R_2CuLi + LiI$$

二烷基铜锂是一种很好的烷基化试剂，它与卤代烃作用可得到收率较高的烷烃、烯烃或芳烃。例如：

$$CH_3(CH_2)_4I + (CH_3)_2CuLi \xrightarrow{\text{醚}} CH_3(CH_2)_4CH_3 + CH_3Cu + LiI$$

$$C_6H_5-Br + (CH_3)_2CuLi \xrightarrow{\text{醚}} C_6H_5-CH_3$$

$$H_3C-C_6H_{10}-Br + (CH_2{=}C(CH_3))_2CuLi \xrightarrow{\text{醚}} H_3C-C_6H_{10}-C(CH_3){=}CH_2$$

氯代烃、溴代烃和碘代烃均可进行此反应，烃基可以是烷基、烯基、烯丙型基团和苄基。二烷基铜锂的优点还在于，它不影响反应物上带有的—CO—、—COOH、—COOR、—CONHR等基团，产率较高，故可广泛用于合成。特别是乙烯型卤代烃与 R_2CuLi 反应，R 取代卤素位置而保持原来的几何构型不变。例如：

$$(E)\text{-}C_8H_{17}CH{=}CHI + (C_4H_9)_2CuLi \xrightarrow{\text{乙醚}} (E)\text{-}C_8H_{17}CH{=}CHC_4H_9$$

(*E*)-1-碘-1-癸烯　　(*E*)-5-十四烯

九、不饱和卤代烃的亲核取代反应

卤代烯烃分子中卤素的活泼性取决于卤素与 π 键的相对位置。

1. 卤代乙烯型

卤原子与不饱和碳原子直接相连的化合物常称为卤代乙烯型，如氯乙烯和氯苯等。

此类卤代烃中的卤素原子极不活泼，不易发生取代反应，与硝酸银的醇溶液共热，也难以产生卤化银沉淀。这是因为与卤原子直接相连的碳原子为 sp^2 杂化，电负性大于 sp^3 杂化碳原子，使卤原子不易从碳原子处获得电子成为阴离子而离去。另外，卤原子的孤对电子与 π 键形成共轭，碳卤键电子云密度增加，卤原子与碳原子结合得更加牢固，键能较大，因此难于发生一般的取代反应。

但当芳环上存在较强的吸电子基团如—NO_2、—CN、—SO_2R 等时，亲核取代反应可以发生。且吸引电子基团越多，吸引电子能力越强，反应越易进行。例如：

$$C_6H_5Cl + NaOH \xrightarrow{350\ ℃} C_6H_5OH$$

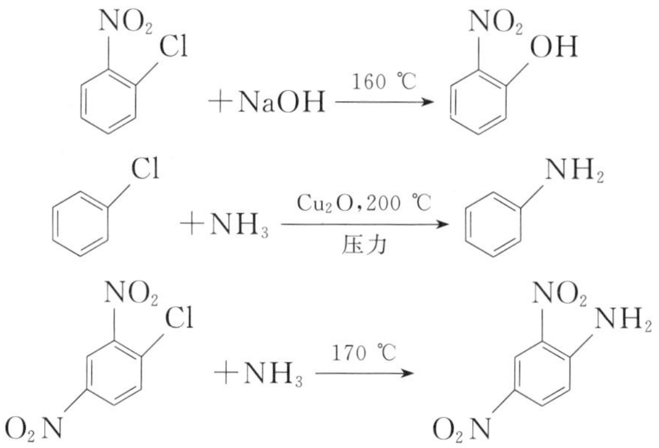

$$\text{(邻硝基氯苯)} + NaOH \xrightarrow{160\ ℃} \text{(邻硝基苯酚)}$$

$$\text{(氯苯)} + NH_3 \xrightarrow[\text{压力}]{Cu_2O,200\ ℃} \text{(苯胺)}$$

$$\text{(2,4-二硝基氯苯)} + NH_3 \xrightarrow{170\ ℃} \text{(2,4-二硝基苯胺)}$$

2. 卤代烯丙型

卤代烯丙型化合物卤原子与不饱和碳原子间隔一个饱和碳原子相连接的化合物常称为卤代烯丙型，如3-氯丙烯和苄基氯等。

在烯丙型卤代烃中，卤素原子与双键间不存在共轭效应。由于卤原子的电负性较大，易获得电子形成负离子离去，且形成的烃基碳正离子和π键发生p-π共轭，是稳定的烯丙基碳正离子。

$$RCH=CH—\overset{+}{C}H_2 \longleftrightarrow R\overset{+}{C}H—CH=CH_2$$

因而有利于取代反应的进行。烯丙型卤代烃在室温下就能与硝酸银的醇溶液发生反应，生成卤化银沉淀。

苄基卤中的卤素原子也非常活泼，能在室温下与硝酸银的醇溶液反应生成卤化银沉淀，这是由于它易离解生成苄基碳正离子，其中也存在着稳定的p-π共轭，电子云的离域使正电荷分散到整个苯环中。

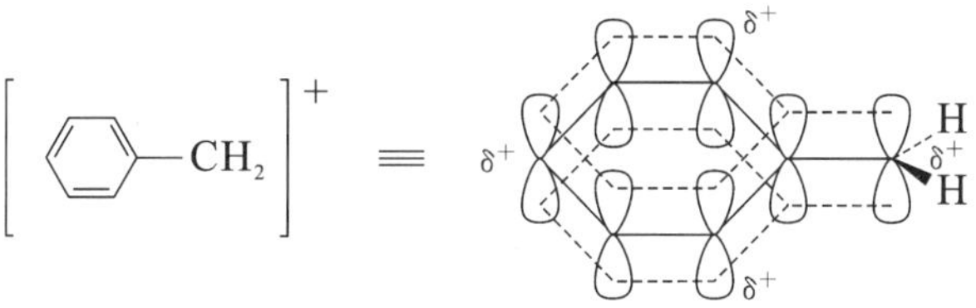

$$\left[\ \text{C}_6\text{H}_5—CH_2\ \right]^+ \equiv \text{(p-π共轭轨道示意，}\delta^+\text{)}$$

3. 孤立型卤代烯烃

卤原子与双键或苯环相隔两个或两个以上饱和碳原子的化合物常称为孤立型卤代烯烃，因碳碳双键和卤素原子之间相互影响很小，卤素原子的活性相当于卤代烷中的卤原子，故也称为卤烷型，如4-氯-1-丁烯和2-苯基氯乙烷等。

孤立型卤代烯烃中的卤素在加热条件下，能与硝酸银的醇溶液反应而生成卤化银沉淀。

可见，上述三类不饱和卤代烃进行亲核取代反应的活性次序为

烯丙型＞孤立性＞乙烯型

十、还原反应

卤代烷中卤素可被多种试剂还原为烷烃，还原反应的主要历程包括负氢试剂的取代、过渡金属催化的氢解反应和自由基反应。常见的负氢试剂一般采用氢化铝锂，它是个很强的还原剂，对水很敏感，遇水分解放出氢气，因此反应需在非活泼氢介质中进行。

$$n\text{-}C_8H_{17}Br \xrightarrow[THF]{LiAlH_4} n\text{-}C_8H_{18}$$

$$LiAlH_4 + H_2O \longrightarrow H_2 + Al(OH)_3 + LiOH$$

硼氢化钠($NaBH_4$)是比较温和的试剂,它的优点在于比氢化锂铝更有选择性。在季铵盐作相转移催化剂的条件下,硼氢化钠能顺利地还原卤代烃。苄溴、苄氯、溴代正辛烷等化合物在聚乙二醇相转移催化下可用硼氢化钠还原。在还原过程中,分子内同时存在的羧基、氰基、酯基等基团可以保留不被还原。硼氢化钠可溶于水,呈碱性,比较稳定,能在水溶液中反应而不易被水分解。

另外,用活泼金属加酸和用过渡金属催化氢化也可以还原卤代烷。例如:

$$CH_3CH_2\underset{\displaystyle Br}{\underset{|}{C}}HCH_3 \xrightarrow[CH_3COOH]{Zn} CH_3CH_2CH_2CH_3$$

$$RX \xrightarrow[\text{催化剂}]{H_2} RH + HX$$

十一、多卤代烷与氟代烷

多卤代烷的卤素原子连在不同碳原子上时,碳卤键的性质基本与单卤代烷相同。当两个和多个卤素原子连在同一碳原子上时,碳卤键的活性明显降低,有时难以完成。例如:

$$CH_3Cl + H_2O \xrightarrow[\text{加压}]{100\ ℃} CH_3OH + H_2O$$

$$CH_2Cl_2 + H_2O \xrightarrow[\text{加压}]{165\ ℃} [H_2C(OH)_2] \longrightarrow H_2CO + H_2O$$

$$CHCl_3 + H_2O \xrightarrow[\text{加压}]{225\ ℃} [HC(OH)_3] \longrightarrow HCOOH + H_2O$$

$$CCl_4 + H_2O \xrightarrow[\text{加压}]{250\ ℃} [C(OH)_4] \longrightarrow CO_2 + H_2O$$

多卤代烷与硝酸银都难以产生卤化银沉淀。

单氟代物不太稳定,当一个碳上连有多个氟原子时稳定性大大提高。全氟代烷是非常稳定的一类化合物,如六氟乙烷在 400~500 ℃时也不变化,且对强酸、强氧化剂都很稳定。氟利昂(freon)是氟氯代乙烷的总称,是制冷设备常用的制冷剂,因其对大气臭氧层造成严重的破坏,应尽量避免使用。四氟乙烯聚合成的聚四氟乙烯是很好的塑料,商品名为特氟龙(teflon),它具有耐酸、耐碱、耐高温和不溶于绝大多数有机溶剂的特性,有许多特殊的用途,如作为人造血管的医用材料、实验室电磁搅拌磁芯的外壳以及不粘锅炊具的涂料等。

9-1 用简便的化学方法鉴别下列各组化合物。

(1)1-溴-1-戊烯,3-溴-1-戊烯,4-溴-1-戊烯

(2)对氯甲苯,苄氯,β-氯乙苯

(3)1-碘丁烷,1-溴丁烷,1-氯丁烷

(4)1-甲基-1-氯环己烷,氯甲基环己烷,氯代环己烷

9-2　写出 1-溴丁烷与下列试剂反应主要产物的结构式。

(1)NaOH(水溶液)　(2)KOH,乙醇,△　(3)Mg,无水乙醚

(4)NaCN(醇-水)　(5)$NaOC_2H_5$　(6)C_6H_6,$AlCl_3$

(7)$AgNO_3$,醇,△　(8)Na　(9)NaI,丙酮

9-3　写出下列反应的产物。

(1)$C_2H_5MgBr + CH_3C\equiv CH \longrightarrow$

(2) 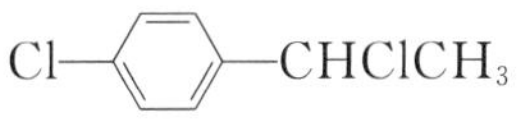 $Cl-C_6H_4-CHClCH_3 + H_2O \xrightarrow{NaHCO_3}$ (对位取代苯环)

(3) 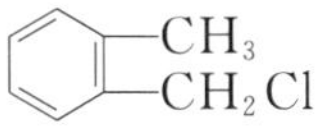 邻甲基苄氯($C_6H_4(CH_3)CH_2Cl$) $+ KCN \xrightarrow{醇}$

(4) 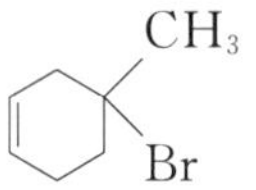 1-甲基-1-溴环己-2-烯 (CH_3, Br) $+ KOH \xrightarrow{醇}$

(5)PhMgBr(3 mol)$+ PCl_3 \longrightarrow$

(6)$(CH_3)_3CBr + NaCN \xrightarrow{醇-水}$

(7)  环己烯 $+ NBS \xrightarrow{CCl_4}$

9-4　卤代烷与氢氧化钠在水与乙醇混合液中进行反应,根据下列实验事实,判断 S_N的历程。

(1) 一级卤代烷速度大于三级卤代烷

(2) 碱的浓度增加,反应速度无明显变化

(3) 二步反应,第一步是决定反应速度的步骤

(4) 增加溶剂的含水量,反应速度明显加快

(5) 产物的构型 80%消旋,20%转化

(6) 进攻试剂亲核性愈强,反应速度愈快

(7) 有重排现象

(8) 增加溶剂含醇量,降低含水量,反应速率加快

9-5　写出下列亲核取代反应产物的构型式,并标明手性碳原子的构型,判断反应产物有无旋光性,说明反应机理是 S_N1 还是 S_N2。

(1) 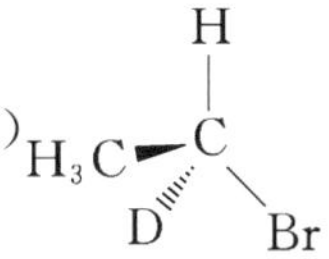 手性碳 C 上连有 H、H_3C(楔形键)、D(虚楔形键)、Br $+ NH_3 \xrightarrow{CH_3OH}$

(2) 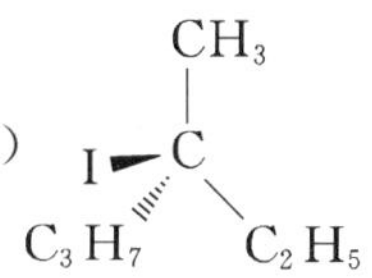 手性碳 C 上连有 CH_3、I(楔形键)、C_3H_7(虚楔形键)、C_2H_5 $+ H_2O \xrightarrow{\triangle}$

9-6　氯甲烷在 S_N2 水解反应中加入少量 NaI 或 KI 时反应会加快很多,试解释原因。

9-7　将下列基团按亲核性强弱排序。

(1) $C_2H_5O^-$　　HO^-　　$C_6H_5O^-$　　CH_3COO^-

(2) F^-　　RO^-　　R_2N^-　　R_3C^-

9-8 按 S_N2 反应活性下降次序排列下列各组化合物。

(1) 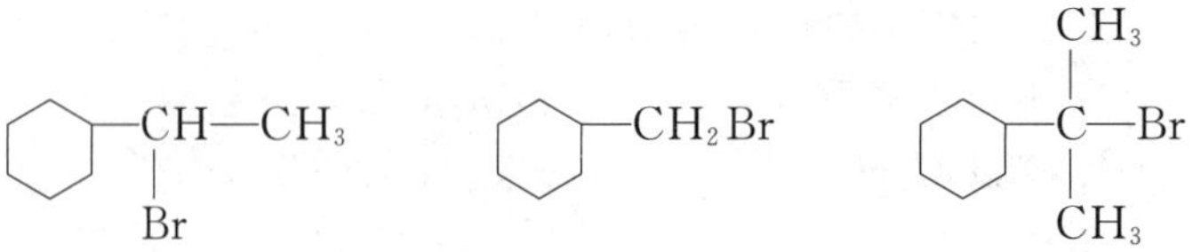 环己基—CH(Br)—CH_3　　环己基—CH_2Br　　环己基—C(CH_3)$_2$—Br

(2) $CH_3CH_2CH_2CH_2Br$　　$CH_3CH_2CH(CH_3)CH_2Br$　　$CH_3CH_2C(CH_3)_2CH_2Br$

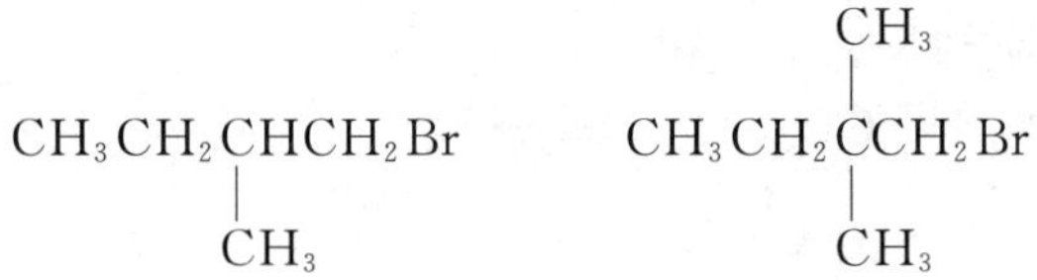

(3) a. 环戊基—I　b. 环戊基—Cl　c. 环戊基—Br

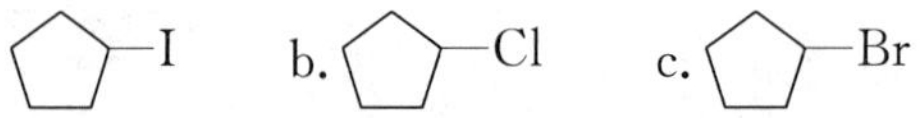

9-9 试比较以下化合物分别按 S_N1、S_N2、E1、E2 反应机理进行反应的速率。

(1) 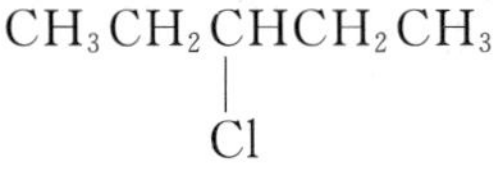 $CH_3CH_2CH(Cl)CH_2CH_3$　　(2) $CH_3CH_2C(Cl)(CH_3)_2$

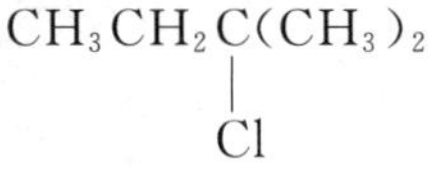

(3) $CH_3CH_2CH_2CH_2CH_2Cl$

9-10 用反应式表示以下转化。

(1) 用丙烯制备下列化合物。

① 异丙醇　② 1,3-二氯-2-丙醇　③ 2,3-二氯丙醇

(2) 由适当的铜锂试剂制备下列化合物。

① 甲基环己烷　② 1-苯基-2-甲基丁烷　③ $CH_2{=}CHCH_2CH(CH_3)_2$

(3) 由 1-溴丁烷制备下列化合物。

① 1-丁醇　② 2-丁醇　③ 1,1,2,2-四溴丁烷

9-11 下面所列的每对亲核取代反应中，哪一个反应更快，为什么？

(1) $(CH_3)_3CBr + H_2O \xrightarrow{\triangle} (CH_3)_3C{-}OH + HBr$

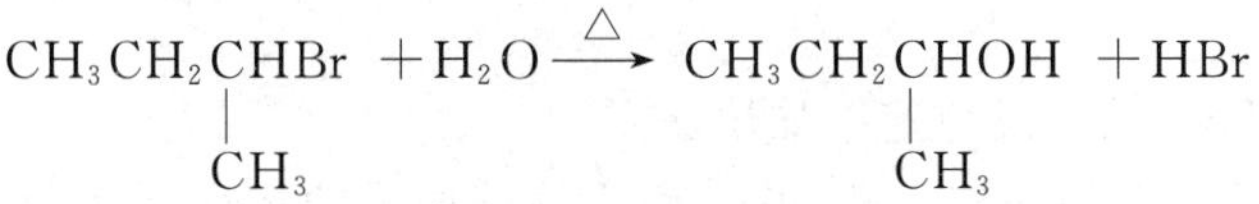

$CH_3CH_2CH(CH_3)Br + H_2O \xrightarrow{\triangle} CH_3CH_2CH(CH_3)OH + HBr$

(2) $CH_3CH_2CH_2Br + NaOH \xrightarrow{H_2O} CH_3CH_2CH_2OH + NaBr$

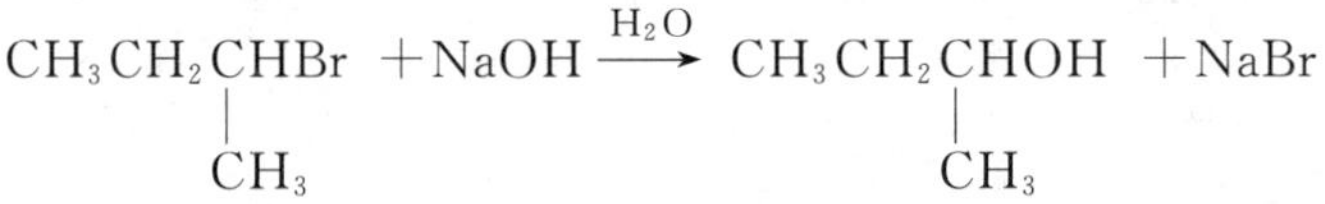

$CH_3CH_2CH(CH_3)Br + NaOH \xrightarrow{H_2O} CH_3CH_2CH(CH_3)OH + NaBr$

9-12 下列化合物在浓 KOH 醇溶液中脱 HX，试比较反应速度。

(1) a. $CH_3CH_2CH_2Br$　b. 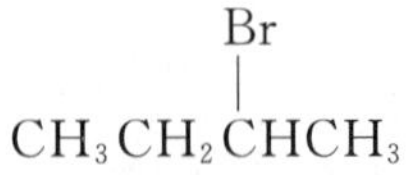 $CH_3CH_2CH(Br)CH_3$　c. 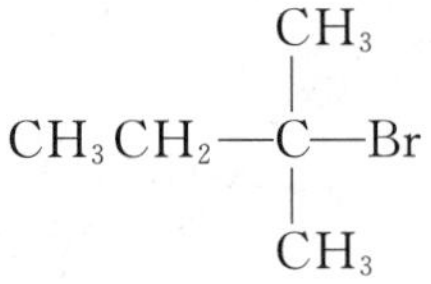 $CH_3CH_2{-}C(CH_3)_2{-}Br$

（2）a. b.

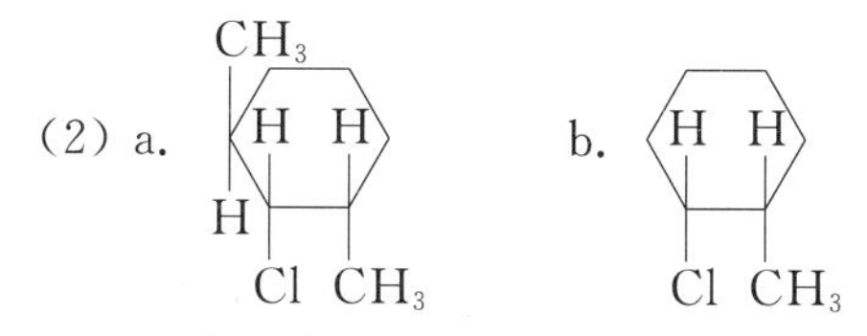

9-13 在2-氯丁烷的消除反应中，用构象分析解释反2-丁烯与顺2-丁烯的生成比例为6∶1。

9-14 2-碘丙烷和下列各对亲核试剂反应，预测每一对中的哪一个产生的S_N/E比例更大？

（1）SCN^-或OCN^- （2）$N(CH_3)_3$或$P(CH_3)_3$ （3）CH_3S^-或CH_3O^-

9-15 已知3-溴-1-戊烯与C_2H_5ONa在乙醇中的反应速率取决于[RBr]和[$C_2H_5O^-$]，产物是3-乙氧基-1-戊烯。但是当它与C_2H_5OH反应时，反应速度只与[RBr]有关，除了产生3-乙氧基-1-戊烯，还生成1-乙氧基-2-戊烯。试解释这一实验结果。

9-16 某烃C_3H_6(A)在低温时与氯作用生成$C_3H_6Cl_2$(B)，在高温时则生成C_3H_5Cl(C)。使C与碘化乙基镁作用得到C_5H_{10}(D)，后者与NBS作用生成C_5H_9Br(E)。使E与氢氧化钾的酒精溶液共热，主要生成C_5H_8(F)，后者又可与丁烯二酸酐发生双烯合成得G，写出各步反应式，以及由A～G的构造式。

9-17 卤代烃的分子式为$C_6H_{11}Cl$(A)，构型为*R*，A经水解后得$C_6H_{11}OH$(B)，其构型不变，A经氢化饱和后可得卤代烃$C_6H_{13}Cl$(C)，其旋光性消失。试写出A、B、C的结构式及其构型，并写出相关的反应式。

9-18 解释下列实验结果。

实验1：苄基溴与水在甲酸溶液中反应生成苯甲醇，速度与[H_2O]无关，在同样条件下对甲基苄基溴与水的反应速度是前者的58倍。

实验2：苄基溴与$C_2H_5O^-$在无水乙醇中反应生成苄基乙基醚，速率取决于[RBr][$C_2H_5O^-$]，同样条件下对甲基苄基溴的反应速度仅是前者的1.5倍，相差无几。

试解释：①溶剂极性；②试剂的亲核能力；③取代基效应对上述反应产生的影响。

9-19 根据所列NMR的数据，写出结构。

（1）C_4H_9Br：

δ=1.04(6H)双峰；δ=1.95(1H)多重峰；δ=3.33(2H)双峰。

（2）$C_9H_{11}Br$：

δ=2.15(2H)多重峰；δ=2.75(2H)三重峰；δ=3.38(2H)三重峰；δ=7.22(5H)单峰。

第十章 有机化合物的结构表征方法

表征有机化合物的结构，是有机化学研究工作的重要内容之一。过去主要以化学方法来测定，样品用量大、费时、费力，且受准确度和样品量的限制，是一项繁复甚至难以完成的工作。如测定胆固醇的结构式耗时39年(1889—1927)，后经X射线衍射法证明其中有错误。而鸦片中吗啡碱的结构测定从1805年开始，直至1952年才完成。对于极难获得而且量极微少的复杂有机物的结构表征，化学分析方法就显得无能为力。

而利用现代波谱分析方法，仅需要微量样品，就能够快速地测定一些较简单化合物的结构，有时甚至能获得其聚集状态及分子间相互作用的信息。有机化学中应用最广泛的波谱分析方法是紫外光谱(UV)、红外光谱(IR)、核磁共振谱(NMR)和质谱(MS)，前三者为分子吸收光谱。而质谱是化合物分子经高能粒子轰击形成荷电离子，在电场和磁场的作用下按质荷比大小排列而成的图谱，不属于吸收光谱。

第一节 电磁波谱基础

一定波长的光与分子相互作用后被吸收，用特定仪器记录下来的就是分子吸收光谱。分子吸收电磁波从较低能级激发到较高能级时，其吸收光的频率与吸收能量之间的关系如下：

$$E=h\nu$$

式中：E代表光子的能量，单位为J；h代表Planck常数，其值为6.63×10^{-34} J·s；ν代表频率，单位为Hz。频率与波长及波数的关系为

$$\nu=\frac{c}{\lambda}=c\sigma$$

或

$$\sigma=\frac{\nu}{c}=\frac{1}{\lambda}$$

式中：c代表光速，其大小为3×10^{10} cm·s^{-1}；λ代表波长，单位为cm；σ代表波数，表示1 cm长度中波的数目，单位为cm^{-1}。

电磁波谱包含了从波长很短、能量高的X射线($\sim10^{-2}$ nm)到波长较长、能量低的无线电波($\sim10^{12}$ nm)。分子结构不同，由低能级向高能级跃迁所吸收光的能量也不同，因而可形成各自特征的分子吸收光谱，并以此来鉴别已知化合物或测定未知化合物的官能团与结构。电磁波类型及其对应的波谱分析方法见表10.1。

表 10.1　电磁波与相应的波谱分析方法

电磁波类型	波长范围	激发能级	分析方法
无线电波	0.1～1000 m	原子核自旋	核磁共振谱(NMR)
微波	0.3～100 mm	电子自旋	电子自旋共振谱(ESR)
红外线	0.8～300 μm	振动与转动	红外吸收光谱(IR)
紫外-可见光	200～800 nm	n 及共轭 π 电子	紫外-可见光吸收光谱(UV-Vis)
远紫外线	10～200 nm	σ 及孤立 π 电子	真空紫外光谱
X 射线	0.01～10 nm	内层电子	X 射线光谱

第二节　紫外-可见光谱

一、基本原理

紫外-可见光谱通常是指波长为 200～800 nm 的近紫外-可见光区的吸收光谱。若控制光源，使入射光按波长由短到长的顺序依次照射样品分子，价电子就吸收与激发能相应波长的光，从基态跃迁到能量较高的激发态。将吸收强度随波长的变化记录下来，得到的吸收曲线即为紫外-可见吸收光谱，简称紫外光谱。紫外光谱能给出分子中所含共轭体系的结构信息，其特点是灵敏、测试便捷价廉，但给出的信息量较少。

紫外光谱图的横坐标一般以波长表示(单位 nm)；纵坐标为吸收强度，多用吸光度 A、摩尔吸收系数 $\varepsilon(\kappa)$ 或 $\lg\varepsilon(\lg\kappa)$ 表示。吸光强度遵守郎伯-比耳(Lambert-Beer)定律：

$$A=\lg(I_0/I)=\lg(1/T)=\varepsilon cl$$

式中：A 为表吸光度；I_0 为入射光强度；I 为透射光强度；T 为透过率(以百分数表示)；ε 为摩尔吸收系数，是指浓度为 1 mol·L^{-1} 的溶液在厚度为 1 cm 的吸光池中，于一定波长下测得的吸光度，单位为 L·mol^{-1}·cm^{-1}(通常省略)；c 为溶液浓度，单位为 mol·L^{-1}；l 为液层厚度，单位为 cm。文献中报道的化合物的紫外吸收光谱数据，为最大吸收波长及相应的摩尔吸收系数。一般将处于吸收曲线峰顶的波长表示为 λ_{max}，是出现最大吸收时的波长。

图 10.1 是丙酮的紫外光谱图，其中有两个吸收峰：一个是 $\pi\rightarrow\pi^*$ 跃迁，其 λ_{max} 位于 187 nm；另一个是 $n\rightarrow\pi^*$ 跃迁，λ_{max} 位于 270 nm。而当在普通条件下测定紫外光谱时，由于氧气在低于 200 nm以下区域有吸收而覆盖了所有其他吸收带，故为了能观察到 200 nm 的吸收带(如丙酮的位于 187 nm 的 λ_{max})，必须使用氮气保护下的分光光度计或真空紫外检测技术。

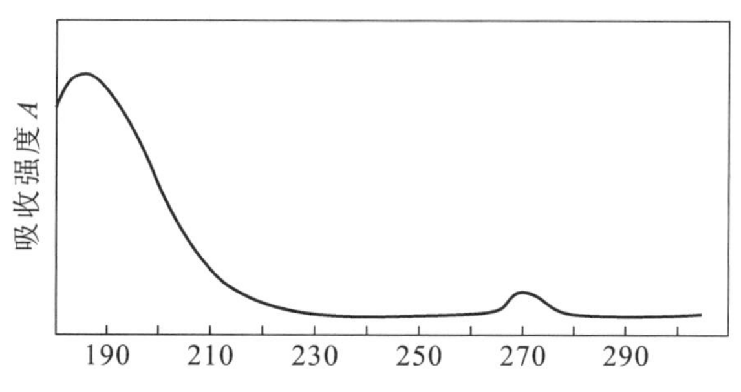

图 10.1　丙酮的紫外光谱图

二、电子跃迁类型与吸收谱带

价电子有三种类型：形成单键的 σ 电子，形成不饱和键的 π 电子，杂原子（氧、硫、氮、卤素等）上的未成键的 n 电子。各种电子吸收紫外光以后，由稳定的基态向激发态（反键轨道）跃迁，主要有以下四种类型。

（1）$\sigma \rightarrow \sigma^*$ 跃迁

σ 电子由能级最低的 σ 成键轨道向能级最高的 σ^* 反键轨道的跃迁，需较高的能量，因其波长小于 150 nm，故在近紫外光区无吸收。

（2）$n \rightarrow \sigma^*$ 跃迁

含有—OH、—NH_2、—S、—X 等基团的饱和烃衍生物，其杂原子上的 n 电子被激发到 σ^* 轨道，$n \rightarrow \sigma^*$ 跃迁所需能量比 $\sigma \rightarrow \sigma^*$ 低，但大部分吸收仍在远紫外区。

（3）$n \rightarrow \pi^*$ 跃迁

当分子中含有由杂原子形成的不饱和键（如 C═O、C≡N）时，杂原子上未成键的 n 电子跃迁到 π^* 轨道。$n \rightarrow \pi^*$ 跃迁所需能量最低，产生的紫外吸收波长最长，但属于禁阻跃迁，吸收强度弱，通常 $\varepsilon < 200\ L \cdot mol^{-1} \cdot cm^{-1}$。

（4）$\pi \rightarrow \pi^*$ 跃迁

由不饱和体系的 π 电子跃迁到 π^* 反键轨道所致。孤立双键的 $\pi \rightarrow \pi^*$ 吸收峰仍在远紫外区，对研究分子结构意义不大。但共轭双键的 $\pi \rightarrow \pi^*$ 跃迁随共轭体系增大向长波移动（红移），且 ε 值较大，为强吸收，是研究最广的跃迁类型。

三、特征官能团的紫外光谱

吸收紫外光引起电子跃迁的基团称为生色团，一般是具有不饱和键的基团，如 C═C、C═O、C═N 等，主要产生 $\pi \rightarrow \pi^*$ 及 $n \rightarrow \pi^*$ 跃迁。表 10.2 列出了一些生色团的吸收峰位置。

助色团是指本身在紫外-可见光区不显吸收，但当与某一个生色团相连接后，可使生色团的吸收峰移向长波方向，并使其吸收强度增大的原子或基团，如—OH、—NH_2、—OR 和—X 等。

由于取代基或溶剂的影响，使吸收峰位置向长波方向移动的现象称为红移，反之，则为蓝移。当共轭体系长度增加或共轭体系中的氢原子被多数基团取代后，都能观测到吸收峰的红移。

表 10.2 一些生色团的紫外吸收峰位置

生色团	代表化合物	λ_{max}/nm	跃迁类型	ε_{max}/($L \cdot mol^{-1} \cdot cm^{-1}$)	溶剂
>C═C<	乙烯	165	$\pi \rightarrow \pi^*$	15000	正己烷
—C≡C—	乙炔	173	$\pi \rightarrow \pi^*$	6000	气体
>C═O	丙酮	279	$n \rightarrow \pi^*$	15	正己烷
—COOH	乙酸	204	$n \rightarrow \pi^*$	41	甲醇
—COCl	乙酰氯	220	$n \rightarrow \pi^*$	100	正己烷
—COOR	乙酸乙酯	204	$n \rightarrow \pi^*$	60	水
—$CONH_2$	乙酰胺	214	$n \rightarrow \pi^*$	63	水

续表

生色团	代表化合物	λ_{max}/nm	跃迁类型	ε_{max}/(L·mol^{-1}·cm^{-1})	溶剂
>C=C—C=C<	1,3-丁二烯	214	$\pi \to \pi^*$	20900	正己烷
>C=C—C=O	丙烯醛	210	$\pi \to \pi^*$	25500	水
		315	$n \to \pi^*$	13.8	乙醇
Ar—	苯	204	$\pi \to \pi^*$	7900	正己烷
		256	$\pi \to \pi^*$	200	正己烷

四、紫外谱图解析

紫外吸收光谱反映了分子中生色团和助色团的特性，主要用来推测不饱和基团的共轭关系，以及共轭体系中取代基的位置、种类和数目等。单独用紫外光谱图一般不能确定分子结构，其应用有一定的局限性。但若与其他波谱配合，对许多骨架比较确定的分子，如萜类、甾族、天然色素、各种染料，以及维生素等结构的鉴定，还是起着重要的作用。

对一未知化合物的紫外光谱图，可依经验规律先进行初步解析。

若化合物在 220～700 nm 范围内无吸收，说明分子中不存在共轭体系，也不含 Br、I、S 等杂原子。若在 210～250 nm 范围有强吸收（ε_{max}=10000～25000 L·mol^{-1}·cm^{-1}），说明有两个双键的共轭体系，如共轭双烯或 α,β-不饱和醛、酮等。若在 250～290 nm 范围内有中等强度吸收（ε_{max}=200～2000 L·mol^{-1}·cm^{-1}），可能含有苯环，峰的精细结构是苯环的特征吸收。若在 250～350 nm 范围内有弱吸收（ε_{max}=10～100 L·mol^{-1}·cm^{-1}），可能含 $n \to \pi^*$ 跃迁基团，如醛、酮的羰基或共轭羰基。若在 300 nm 以上有高强度吸收，可能有长链共轭体系。若吸收强度高并具有明显的精细结构，可能是稠环芳烃、稠杂环芳烃或其衍生物。

第三节　红外光谱

一、基本原理

在波数为 4000～400 cm^{-1}（波长为 2.5～25 μm）的红外光照射下，有机分子吸收红外光会发生振动能级跃迁，所测得的吸收光谱称为红外吸收光谱，简称红外光谱（IR）。在红外光谱图中，横坐标通常为波数或波长，表示吸收峰位置；纵坐标为透过率 T（以百分数表示），表示吸收强度。

每种有机化合物都有其特定的红外光谱，就像人的指纹一样。根据红外光谱图上吸收峰的位置和强度可以判断待测化合物是否存在某些官能团。

化学键将各种原子连接组成分子。化学键总是不停地振动着，近似一个弹簧，可以进行伸缩振动和弯曲振动。伸缩振动发生在沿化学键所在的直线上（仅化学键的长度变化），有对称伸缩振动和反对称伸缩两种方式。弯曲振动则偏离化学键所在的直线（仅化学键的键角变化），有面内弯曲和面外弯曲两种形式。化学键的六种振动形式见图 10.2。

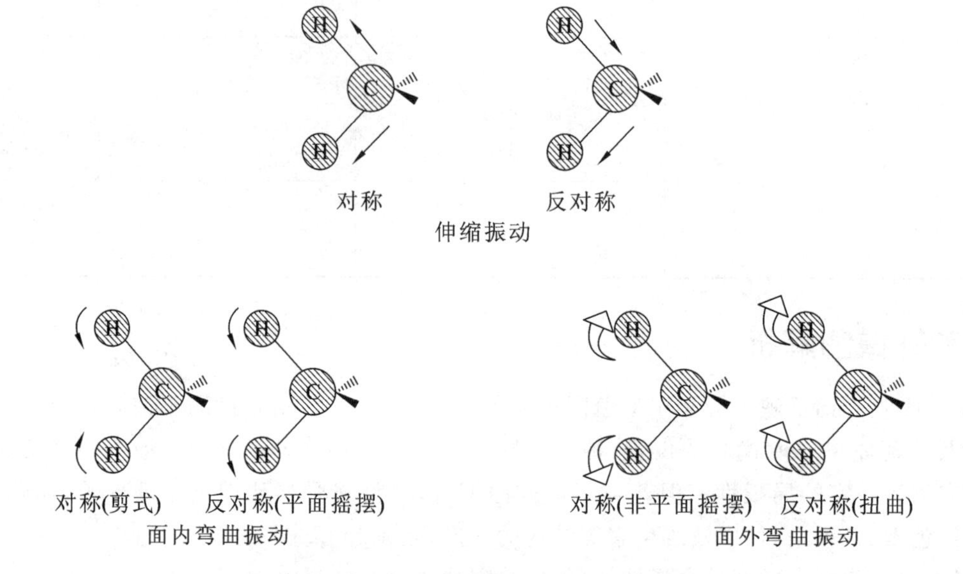

图 10.2 有机分子中键的伸缩振动和弯曲振动

可以把成键的两个原子的伸缩振动近似地看成用弹簧连接在一起的两个小球的简谐振动。根据 Hooke 定律，可得其伸缩振动频率为

$$\nu=1/2\pi c[k(m_1+m_2)/(m_1\cdot m_2)]^{1/2}$$

式中：m_1 和 m_2 代表成键原子的质量，单位为 g（克），$(m_1\cdot m_2)/(m_1+m_2)$ 称为折合质量；k 为化学键的力常数，单位为 $N\cdot cm^{-1}$（牛·厘米$^{-1}$）。

由上式可以导出：键的伸缩振动频率与力常数（与化学键强度有关）的平方根成正比，而与成键原子折合质量的平方根成反比。化学键越强，成键原子质量越小，键的伸缩振动频率越高。同一类型的化学键，由于分子内部及外部所处环境（电子效应、氢键、空间效应、溶剂极性、聚集状态）不同，力常数并不完全相同，因此，吸收峰的位置也不尽相同。此外，只有引起分子偶极矩发生变化的振动才会出现红外吸收峰，如对称炔烃的 C≡C 键和反式对称的 C═C 键的伸缩振动无偶极矩变化，无红外吸收峰。化学键极性越强，振动时偶极矩变化越大，吸收峰就越强。折合质量小，化学键的力常数 k 大的化学键，其振动位于高波数处；反之亦然。

二、有机化合物基团的红外吸收特征频率

同类化学键或官能团的吸收频率总是出现在特定波数范围内。这种能代表某基团存在并有较高强度的吸收峰，称为该基团的特征吸收峰，简称特征峰。其最大吸收对应的频率称为该基团的特征频率。表 10.3 中列举了各类有机化合物基团的特征频率。

表 10.3 常见有机化合物基团的特征频率

	化学键类型	特征频率/cm^{-1}(化合物类型)	化学键类型	特征频率/cm^{-1}(化合物类型)
伸缩振动	—O—H	3600~3200(醇、酚) 3600~2500(羧酸)	>C=C<	1680~1623(烯烃)
	—N—H	3500~3300(胺、亚胺,其中伯胺为双峰) 3350~3180(伯酰胺,双峰) 3320~3060(仲酰胺)	>C=O	1750~1710(醛、酮) 1725~1700(羧酸) 1850~1800,1790~1740(酸酐) 1815~1770(酰卤) 1750~1730(酯) 1700~1680(酰胺)
	C—H(sp)	3320~3310(炔烃)	C=NH	1690~1640(亚胺、肟)
	C—H(sp^2)	3100~3000(烯烃、芳烃)	—NO_2	1550~1535,1370~1345(硝基化合物)
	C—H(sp^3)	2950~2850(烷烃)		
	C—O(sp^2)	1250~1200(酚、酸、烯醚)	—C≡C—	2200~2100(不对称炔烃)
	C—O(sp^3)	1250~1150(叔醇、仲烷基醚) 1125~1100(仲醇、伯烷基醚) 1080~1030(伯醇)	—C≡N	2280~2240(腈)
弯曲振动	C—H 面内弯曲振动	1470 ~ 1430, 1380 ~ 1360(CH_3) 1485~1445(CH_2)	Ar—H 面外弯曲振动	770~730,710~680(五个相邻氢) 770~730(四个相邻氢) 810~760(三个相邻氢) 840~800(两个相邻氢) 900~860(隔离氢)
	=C—H 面外弯曲振动	995~985,915~905(单取代烯) 980~960(反式二取代烯) 690(顺式二取代烯) 910~890(同碳二取代烯) 840~790(三取代烯)	≡C—H 面外弯曲振动	660~630(末端炔烃)

人们通常把 4000~1500 cm^{-1}称为特征频率区,因为该区域中的吸收峰主要是由特征官能团的伸缩振动所产生的。而把 1500~400 cm^{-1}称为指纹区,该区域吸收峰通常很多,而且不同化合物差异很大。特征频率区通常用来判断化合物是否具有某种官能团,而指纹区通常用来区别或确定具体化合物。

三、影响红外吸收的主要因素

依据基团特征频率区中出现的吸收峰,可以推测被测样品中含有什么样的官能团。如羰基的伸缩振动约为 1730 cm^{-1}。但仅仅知道有羰基是不够的,因为还需要确定化合物究竟是属于醛、酮、羧酸还是其衍生物。表 10.4 列出了几种代表性的羰基化合物中羰基伸缩振动峰的波数值。

表 10.4 几种代表性羰基化合物的羰基伸缩振动峰位置

化合物	丙酮	乙醛	乙酸乙酯	乙酰氯	乙酸酐	乙酰胺	苯甲醛	二苯酮
$\nu_{c=o}/cm^{-1}$	1715	1730	1740	1800	1820,1780	1685	1690	1665

从表 10.4 可以看出，同为含有羰基的化合物，其羰基的特征吸收峰的位置还受到分子结构和外界条件的影响。所以在解析有机物的红外光谱图时，除了知道红外特征谱带的吸收位置与强度外，还应了解影响它们的因素。这里仅讨论主要结构因素中的诱导效应和共轭效应。

1. 诱导效应

由于基团的电负性不同，引起化学键电子云分布发生变化，改变化学键力常数，从而影响基团吸收频率，称为诱导效应。羰基为极性基团，电子云偏向氧原子一端。拉电子取代基的诱导效应会引起成键电子云向键的几何中心接近，相当于增加了双键性，因而增大了键的力常数，导致羰基的伸缩振动吸收谱带移向高频位置(如表 10.4 中乙醛右侧的三种化合物)。而给电子基团的影响则刚好相反，如丙酮。

2. 共轭效应

共轭效应使体系的电子云密度平均化，结果单键变短，双键变长，双键的力常数变小，故导致羰基的伸缩振动吸收谱带移向低频位置(如表 10.4 中最后面的三种化合物)。

当同时存在诱导效应与共轭效应时，吸收谱带的位移方向取决于占主导地位的基团性质。如氮原子的共轭效应强于诱导效应，故酰胺的羰基的伸缩振动吸收谱带低于乙醛；而氯和氧原子的共轭效应小于诱导效应，故酰氯和乙酸乙酯中羰基的伸缩振动吸收谱带移向高频区。

四、常见有机化合物红外光谱举例

1. 烷烃

烷烃没有官能团，其红外光谱较简单。图 10.3 是正己烷的红外光谱，其中 2960～2860 cm^{-1} 是甲基的 C—H 伸缩振动吸收峰，1467 cm^{-1} 和 1380 cm^{-1} 分别是亚甲基和甲基 C—H 的弯曲振动吸收峰，721 cm^{-1} 是 $(CH_2)_n$，$n\geqslant4$ 时直链烷烃亚甲基的 C—H 面内摇摆吸收峰。其他直链烷烃的红外光谱都与正己烷的非常相似。当分子中存在异丙基或叔丁基时，1380 cm^{-1} 的吸

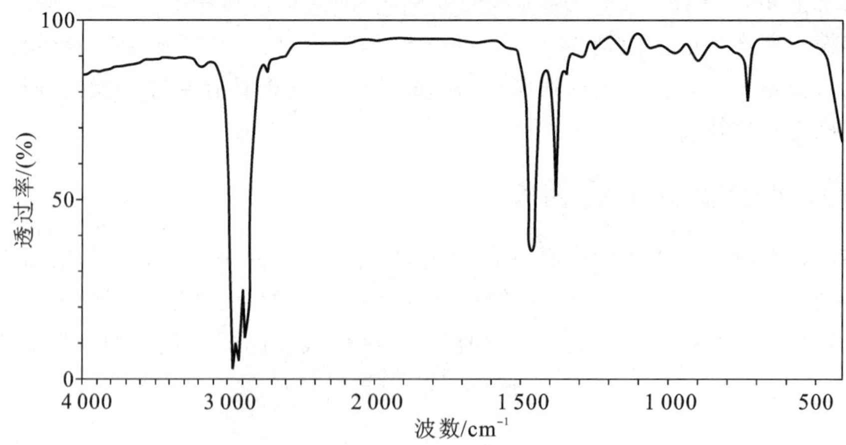

图 10.3 己烷的红外光谱图

收峰常裂分为双峰，前者两峰强度相近，后者低波数吸收峰强。图 10.4 是 2,2-二甲基戊烷的红外光谱，甲基 C—H 的弯曲振动分裂为 1393 cm^{-1}和 1365 cm^{-1}两个强度不等的峰。

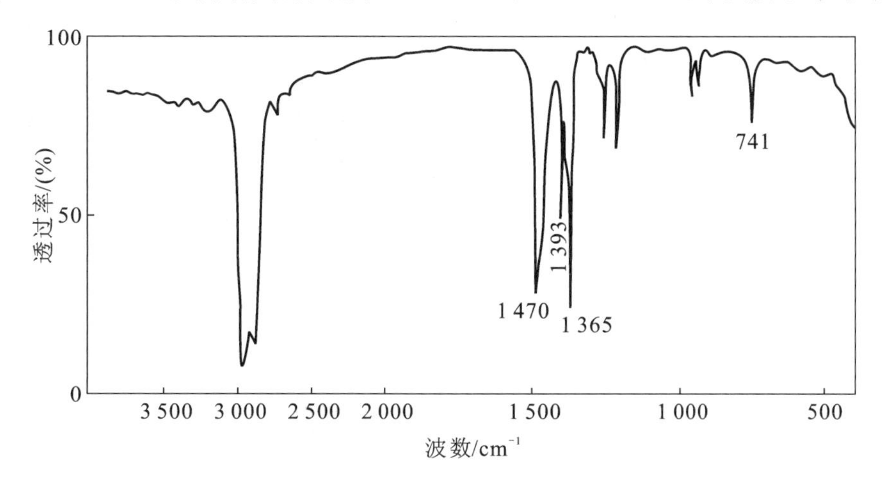

图 10.4　2,2-二甲基戊烷的红外光谱图

2. 烯烃

烯烃═C—H 的伸缩振动吸收峰比较特征，在 3100～3000 cm^{-1}出现强吸收峰。不对称烯烃 C═C 伸缩振动在 1680～1620 cm^{-1}有中等强度吸收峰。另外，不同取代烯烃在 990～690 cm^{-1}区域的═C—H 面外弯曲振动吸收峰也非常特征。图 10.5 是 1-己烯的红外光谱，3080 cm^{-1}处吸收峰是═C—H 伸缩振动，1642 cm^{-1}吸收峰是 C═C 伸缩振动，993 cm^{-1}和 910 cm^{-1}的两个吸收峰是单取代烯烃特征的═C—H 面外弯曲振动吸收峰。

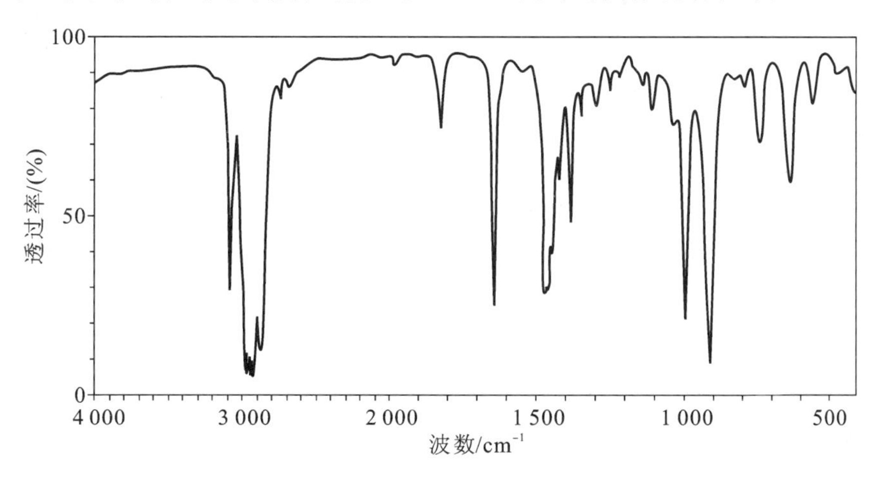

图 10.5　1-己烯的红外光谱图

3. 炔烃

末端炔烃≡C—H 的伸缩振动吸收峰很特征，通常出现在 3300 cm^{-1}附近。该峰强而尖，易与醇羟基或胺基在相同位置的吸收峰区分开。不对称炔烃在 2150 cm^{-1}附近有中等强度的 C≡C 伸缩振动吸收峰。另外，末端炔烃≡C—H 弯曲振动吸收峰很特征，通常在 630 cm^{-1}出现强而宽的吸收峰。图 10.6 是 1-己炔的红外光谱图。

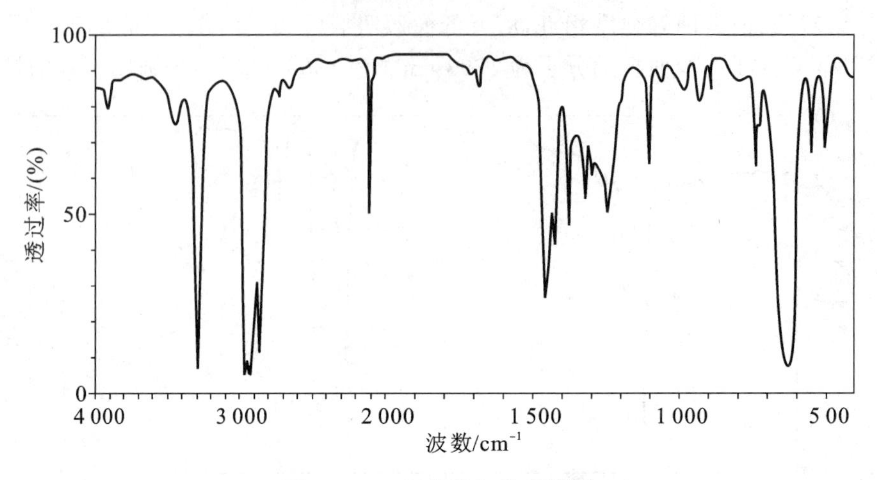

图 10.6 1-己炔的红外光谱图

第四节 核磁共振谱

一、基本原理

核磁共振(nuclear magnetic resonance,简称 NMR)现象在 1945 年被美国的 Felix Bloch 和 Edward Purcell 两位科学家领导的研究小组分别发现的,他们分享了 1952 年诺贝尔物理学奖。核磁共振是处于磁场中的分子内的自旋核与无线电波作用后,核自旋能级发生跃迁而产生的吸收波谱。核磁共振谱主要提供分子中自旋核(^1H、^{13}C 等)的原子数目、类型乃至键合环境等丰富而重要的信息,有时甚至可以直接确定分子的立体结构,是目前有机化学工作者测定分子结构的最为有力的工具之一。

1. 原子核的自旋与核磁共振

不同原子核的自旋状况不同,可用自旋量子数 I 表示。质量数为奇数的原子,核自旋量子数为半整数,其中,^1H、^{13}C、^{15}N、^{19}F、^{29}Si、^{31}P 等原子核的自旋量子数 I 为 1/2,其自旋核的电荷呈球形分布,最适宜核磁共振检测。

由于原子核带正电,当自旋量子数不为零的原子核发生旋转时,便形成感应磁场,产生磁矩。自旋量子数为 1/2 的核有两种自旋方向。当有外磁场存在时,两种自旋的能级出现裂分,用+1/2 表示与外磁场方向相同的状态,自旋核能量稍低;用−1/2 表示与外磁场方向相反的状态,自旋核能量略高。两个能级之差为 ΔE,如图 10.7 所示。

ΔE 与外磁场强度(B_0)成正比,其关系式如下:

$$\Delta E=\gamma \frac{h}{2\pi}B_0 \tag{1}$$

式中:γ 称为磁旋比,是核的特征常数,对于^1H 核而言,其值为 $2.675\times10^8\ A\cdot m^2\cdot J^{-1}\cdot s^{-1}$;$h$ 为 Plank 常数。

若用一定频率的电磁波照射外磁场中的氢核,当电磁波的能量恰好等于两个能级之差时,氢核可以吸收电磁波的能量,从低能级跃迁到高能级,发生核磁共振。

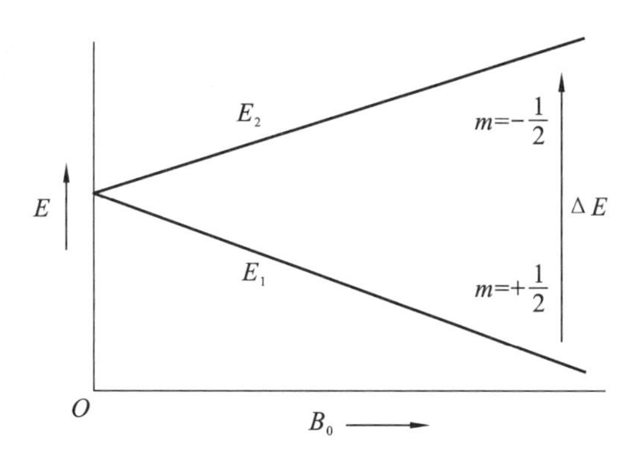

图 10.7　$I=1/2$ 的原子核的两种取向与外磁场 B_0 的关系

$$\Delta E=h\nu \tag{2}$$

式中：ν 为无线电波的频率。

由式(1)和式(2)可以得出：

$$\Delta E=\gamma\frac{h}{2\pi}B_0=h\nu \tag{3}$$

$$\nu=\frac{\gamma B_0}{2\pi} \tag{4}$$

因为只有吸收频率为 ν 的电磁波才能产生核磁共振，故关系式(3)为产生核磁共振的条件。有机化学结构分析中最常用的是^1H 和^{13}C 核磁共振谱。

2. 核磁共振仪和核磁共振谱图

核磁共振仪主要由强的电磁铁、电磁波发生器、样品管和信号接收器等组成(见图 10.8)。被测样品溶解在 $CDCl_3$、D_2O、CCl_4 等不含质子的溶剂中，样品管在气流的吹拂下悬浮在磁铁之间并不停旋转，使样品均匀受到磁场的作用。

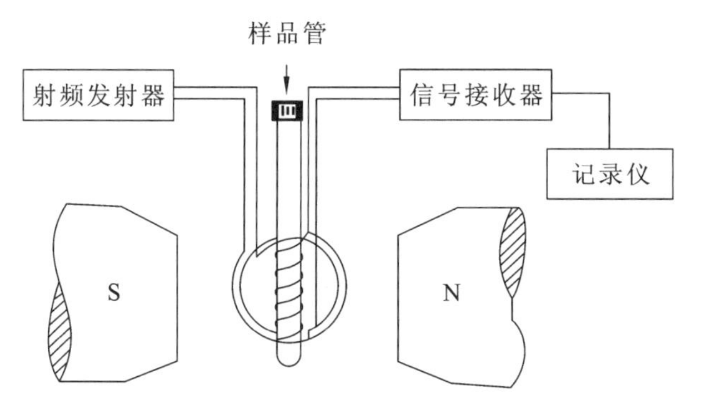

图 10.8　核磁共振波谱仪示意图

核磁共振是磁性核在磁场中的吸收光谱，其电磁波照射频率与发生共振的外加磁场关系如表 10.5 所示。

表 10.5 电磁波照射频率与发生共振的外加磁场关系

电磁波照射频率/MHz	60	90	100	200	300	600
共振所需外加磁感应强度/T	1.409	2.114	2.349	4.697	7.046	14.092

测量核磁共振谱时，可以固定磁场改变频率，也可以固定频率改变磁场。这两种方式均为连续扫描方式，相应的仪器称为连续波核磁共振谱仪。若用固定频率的无线电波照射样品，则逐渐改变磁感应强度，当射频波频率与核自旋能级差 ΔE 符合关系式(3)时，样品中某一质子发生自旋能级跃迁，以磁感应强度为横坐标，将吸收信号记录下来，就得到如图 10.9(b)所示的 NMR 谱。

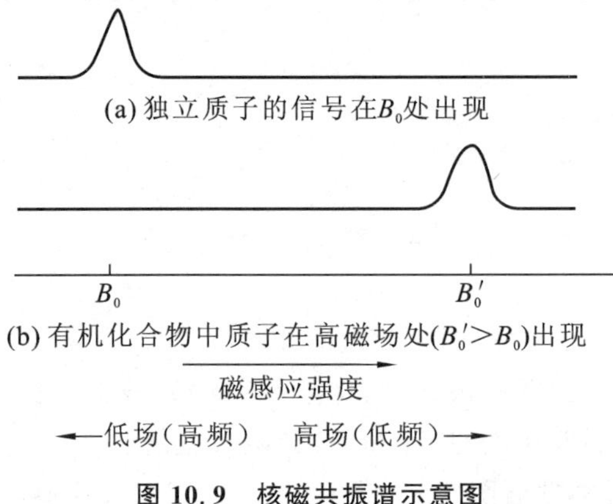

图 10.9 核磁共振谱示意图

现在普遍使用的脉冲傅里叶变换核磁共振谱仪则是固定磁场，用能够覆盖所有磁性核的短脉冲(约 10^{-5} s)无线电波照射样品，让所有磁性核同时发生跃迁，信号经计算机处理得到脉冲傅里叶变换核磁共振谱。其最大优点是可以短时间内进行多次脉冲信号叠加，使用更少的样品可以得到更清晰的图谱。

一张 NMR 谱图，通常可以给出四种重要的结构信息：化学位移、自旋裂分、偶合常数和峰面积(积分线)，如图 10.10 所示。峰面积大小与质子数成正比，可由阶梯式积分曲线高度求出(现在通常将峰面积的积分值直接用数据标注在谱图下方)。

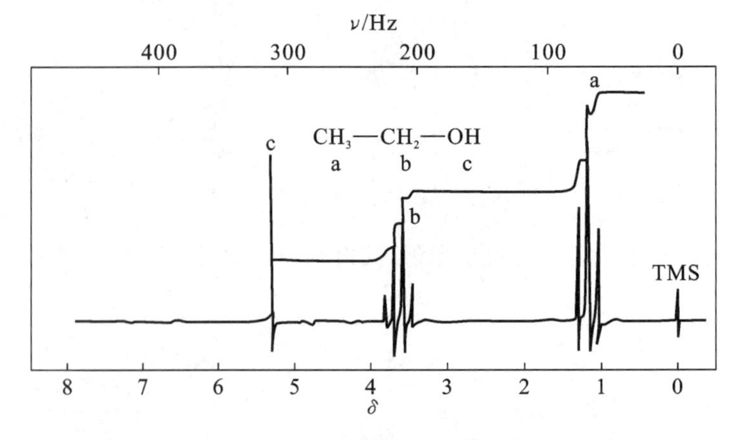

图 10.10 乙醇的^{1}H NMR 谱与它的三种质子的积分曲线

二、化学位移

1. 化学位移的产生

化学位移是由核外电子的屏蔽效应引起的。根据关系式(4)，质子的共振磁感应强度只与质子的磁旋比及电磁波照射频率有关。符合共振条件时，样品中全部^1H核都发生共振，只产生一个单峰，如图 10.9(a)所示。若是这种情况，共振信号对测定有机化合物的结构毫无意义。但实验证明，在相同频率照射下，化学环境(指质子周围电子云密度分布)不同的质子在不同磁感应强度处出现吸收峰。这是因为，质子在分子中不是完全裸露的，而是被价电子包围。在外加磁场作用下，核外电子在垂直于外加磁场的平面内绕核旋转，产生与外加磁场方向相反的感应磁场 B'，使质子实际感受到的磁感应强度为

$$B_{实}=B_0-B'=B_0-\sigma B_0=B_0(1-\sigma) \tag{5}$$

式中：σ 为屏蔽常数。核外电子对质子产生的这种作用称为屏蔽效应。质子周围电子云密度越大，屏蔽效应越大。只有增加磁感应强度才能使其发生共振吸收，如图 10.9(b)所示。反之，若感应磁场与外加磁场方向相同，质子实际感受到的磁场为外加磁场和感应磁场之和，这种作用称为去屏蔽效应。此时，只有减小外加磁感应强度，才能使质子发生共振吸收。因此，质子发生核磁共振的实际条件应为

$$\nu=\frac{\gamma}{2\pi}B_{实}=\frac{\gamma}{2\pi}B_0(1-\sigma) \tag{6}$$

因此，不同化学环境的质子，受到不同程度的屏蔽效应，因而在核磁共振谱的不同位置上出现吸收峰，这种吸收峰位置上的差异表现为化学位移，常见质子的化学位移值列于表 10.6。可以用化学位移来鉴别或推测有机化合物的结构。

表 10.6　不同类型质子的化学位移值

质子类型	化学位移	质子类型	化学位移
RCH_3	0.9	$ArCH_3$	2.3
R_2CH_2	1.2	$RCH=CH_2$	4.5～5.0
R_3CH	1.5	$R_2C=CH_2$	4.6～5.0
R_2NCH_3	2.2	$R_2C=CHR$	5.0～5.7
RCH_2I	3.2	$RC\equiv CH$	2.0～3.0
RCH_2Br	3.5	ArH	6.5～8.5
RCH_2Cl	3.7	RCHO	9.5～10.1
RCH_2F	4.4	RCOOH，RSO_3H	10～13
$ROCH_3$	3.5	ArOH	4～5
RCH_2OH，RCH_2OR	4.1	ROH	0.5～6.0
$RCOOCH_3$	3.7	RNH_2，R_2NH	0.5～5.0
$RCOCH_3$，$R_2C=CRCH_3$	2.1	$RCONH_2$	6.0～7.5

2. 化学位移的表示方法

核外电子产生的感应磁场 B' 非常小，只有外加磁场的百万分之几，要精确测定其数值相

当困难，而精确测量待测质子相对于标准物质（通常是四甲基硅烷，TMS）的吸收频率却比较方便。化学位移用 δ 来表示，其定义为

$$\delta=\frac{\nu_{样品}-\nu_{TMS}}{\nu_0}\times10^6 \tag{7}$$

式中：$\nu_{样品}$、ν_{TMS}分别为样品和 TMS 的共振频率；ν_0 为操作仪器选用的频率。

选用 TMS 为标准物主要因为它是单峰，而且屏蔽效应很大，其信号出现在高场，不会与常见化合物的 NMR 信号重叠；TMS 的化学性质稳定，沸点低，易于除去。按 IUPAC 的建议将 TMS 的 δ 值定为零，一般化合物质子的吸收峰都在它的左边，即低场一侧，δ 为正值。

三、影响化学位移的主要因素

由前面分析可知，化学位移来源于核外电子对核产生的屏蔽效应，因而影响电子云密度的因素都将影响化学位移。影响最大的是诱导效应和磁各向异性效应。

1. 诱导效应

源于核外成键电子的电子云密度对所研究的质子产生的屏蔽作用，为局部屏蔽效应，主要受基团电负性的影响。电负性大的基团拉电子能力强，可以使临近质子周围的电子云密度降低，屏蔽效应随之降低，使质子共振信号移向低场，δ 值增大。相反，供电子基团使临近质子周围的电子云密度增大，屏蔽效应增强，质子共振频率移向高场，δ 值减小。例如，CH_3X 中质子化学位移随 X 电负性增加而向低场位移（见表 10.7）。

表 10.7　CH_3X 中质子化学位移随 X 电负性变化

CH_3X	$(CH_3)_4Si$	HCH_3	CH_3CH_3	CH_3I	CH_3Br	CH_3Cl	CH_3OH	CH_3F
X 电负性	1.8	2.1	2.5	2.5	2.8	3.1	3.5	4.0
δ	0	0.23	0.88	2.16	2.68	3.05	3.50	4.26

2. 磁各向异性效应

源于分子中其他质子或基团的核外电子（多为 π 键和共轭体系）对所研究的质子产生的屏蔽作用，为远程屏蔽效应。

构成化学键的电子，在外加磁场作用下，产生一个各向异性的磁场，使处于化学键不同空间位置上的质子受到不同的屏蔽作用，即磁各向异性。处于屏蔽区域的质子信号移向高场，δ 值减小。处于去屏蔽区域的质子信号则移向低场，δ 值增大。

（1）双键上的质子

π 电子体系在外加磁场的影响下产生环电流，如图 10.11 所示。因为双键上质子处于 π 键环电流产生的感应磁场与外加磁场一致的区域（这个区域一般称为去屏蔽区），存在去屏蔽效应，故烯烃双键上质子的 δ 值位于稍低的磁场处，$\delta=4.5\sim5.7$。羰基碳上的质子与碳碳双键的相似，在外加磁场作用下，羰基环电流产生感应磁场，羰基碳上的质子也处于去屏蔽区，存在去屏蔽效应。同时，电负性较大的氧原子的诱导效应，所以—CHO 质子的 δ 值较大（$\delta=9.5\sim10.1$），位于低场处。

苯环的大 π 键电子所产生的感应磁场，使位于苯环上下两侧的质子受到较强的屏蔽效应，而处于苯环外侧的质子则受到较强的去屏蔽效应。因此，苯环（和芳环）上的质子也在低场

共振。

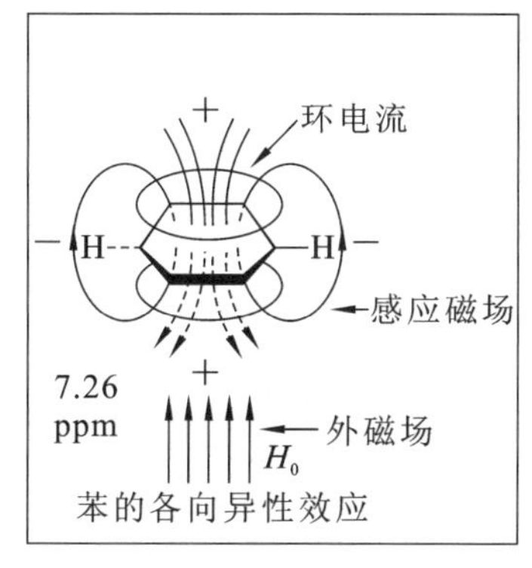

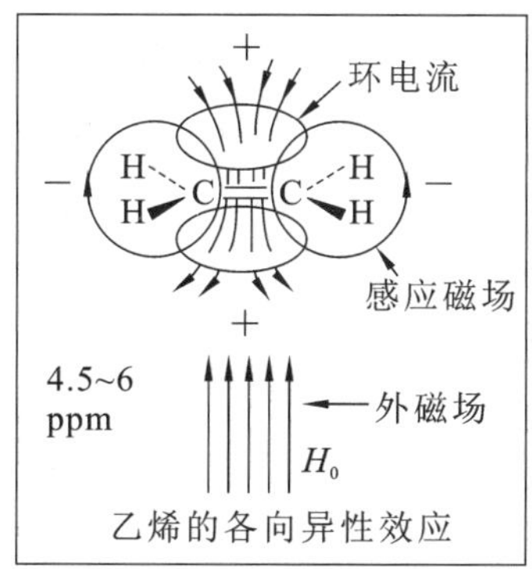

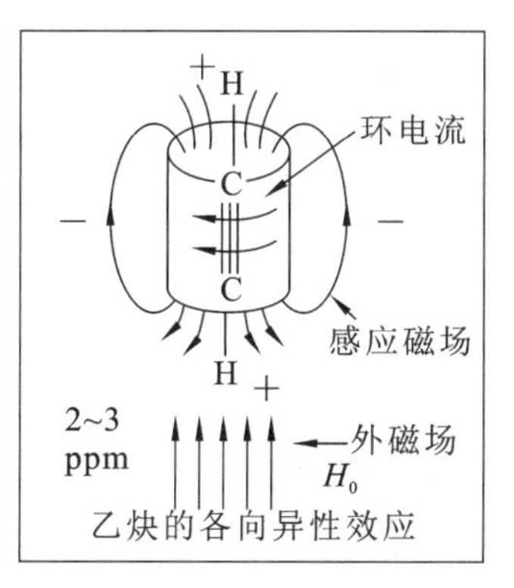

图 10.11　苯、乙烯和乙炔在外磁场中的各向异性

(2) 三键碳上的质子

由于碳碳三键是直线形，π 电子云围绕碳碳 σ 键的键轴呈桶形分布，形成桶形环电流，其产生的感应磁场在三键轴线方向正好与外磁场方向相反。而三键碳上质子正好在三键轴线上，处于屏蔽区，如图 10.11 所示，所以其受到的屏蔽效应较强。虽然炔氢是与电负性较强的 sp 杂化碳原子相连，但其 δ 值却比双键碳上质子的 δ 值低。≡C—H 上质子信号出现在较高场(δ=2.0～3.0)。

四、自旋偶合与自旋裂分

1. 自旋偶合的产生

在 1,1-二氯乙烷的核磁共振谱图中，甲基(—CH_3)和次甲基(—CH—)的共振峰都不是单峰，而分别为双重峰和四重峰(见图 10.12)。这种现象是由于甲基和亚甲基上氢原子核所产生的微弱的感应磁场引起的，这种化学环境不同的相邻原子核之间的相互作用现象，称为自旋偶合。由于自旋偶合引起的谱线增多的现象称为自旋裂分。

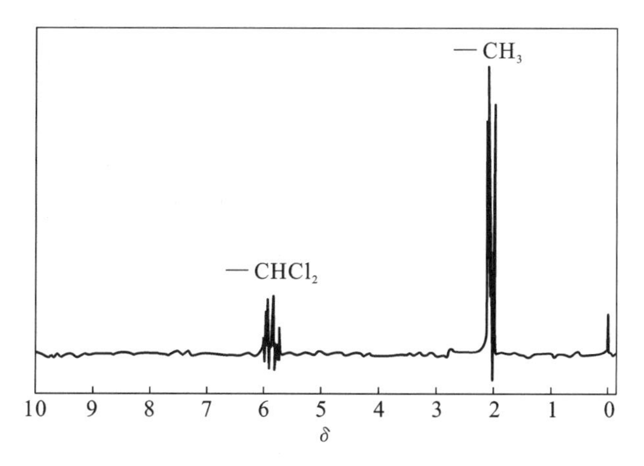

图 10.12　1,1-二氯乙烷的 ^{1}H NMR **谱图**

现以 H_a—C—C—H_b 为例，讨论自旋偶合的起因。若 H_a 邻近无 H_b 存在，依关系式(6)，H_a 的工作频率为

$$\nu=\frac{\gamma}{2\pi}B_0(1-\sigma)$$

吸收信号为单峰。若 H_a 邻近有 H_b 存在，H_b 在磁场中的两种自旋取向通过化学键传递到 H_a 处，产生两种不同的感应磁场 $+\Delta B$ 和 $-\Delta B$，使 H_a 的共振频率由 ν 裂分为 ν_1 和 ν_2：

$$\nu_1=\frac{\gamma}{2\pi}[B_0(1-\sigma)+\Delta B]$$

$$\nu_2=\frac{\gamma}{2\pi}[B_0(1-\sigma)-\Delta B]$$

显然，由于 H_b 的偶合作用，H_a 的吸收峰被裂分为 2 个。因此，甲基质子被次甲基的一个质子裂分为双峰。同时，次甲基质子被甲基的三个质子裂分为四重峰。对其偶合及裂分的分析如图 10.13 所示。

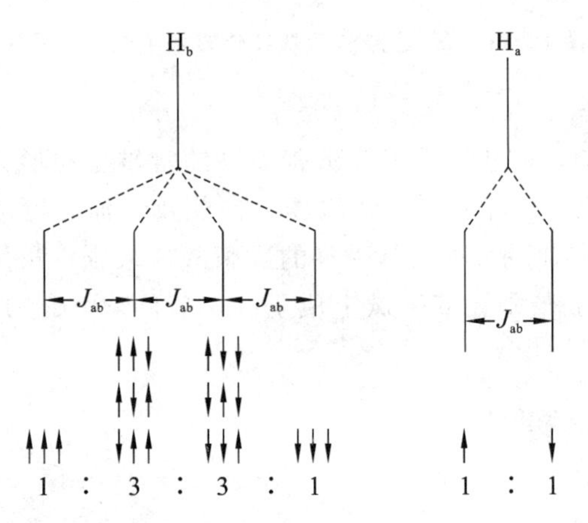

图 10.13 1,1-二氯乙烷 ^{1}H NMR 的两组质子的偶合裂分示意图

2. 偶合常数

自旋裂分所产生谱线的间距称为偶合常数，一般用 J 表示，单位为 Hz。根据相互偶合质子间所间隔共价键数的多少，可将偶合作用分为同碳偶合(^2J)、邻碳偶合(^3J)和远程偶合。偶合常数的大小表示偶合作用的强弱，与两个作用核之间的相对空间位置有关。对饱和体系而言，相隔单键数超过三个以上时偶合作用通常很小，J 值趋于零。N、O、S 等电负性大的杂原子上质子容易电离，能进行快速交换而通常不参与偶合。

3. 化学等价核和磁等价核

在 NMR 谱图中，化学环境相同的核表现出相同的化学位移，这种化学位移相同的核称为化学等价核。例如，在氯乙烷分子中，甲基的三个质子是化学等同的，亚甲基的两个质子也是化学等同的。

分子中的一组核，若不但化学位移相同，且对组外任一磁性核的偶合常数也相同，则这组核称为磁等价核。如 CH_2F_2 中的两个质子为磁等价核，因为它们不但化学位移相等，而且两个质子对每个 F 原子的偶合常数也相同。而 1,1-二氟乙烯分子(Ⅰ)中的两个质子为化学等同核，但因 $^3J_{H_aF_a}\neq{}^3J_{H_bF_a}$，$H_a$ 与 H_b 属于磁不等价核。与此类似，对硝基苯甲醚分子(Ⅱ)中的 H_a 与 H_a'、H_b 与 H_b' 属于化学等价核，而不属于磁等价核。

H_a　F_a　　　OCH_3，H_a，H'_a，H_b，H'_b

H_b　F_b　　　NO_2

（Ⅰ）　　　　（Ⅱ）

磁等价核之间的偶合作用不产生峰的裂分，只有磁不等价核之间的偶合才会产生峰的裂分。

4. 一级谱图和 $n+1$ 规律

当两组或几组质子的化学位移差 $\Delta\nu$ 与其偶合常数 J 之比至少大于 6 时，相互之间偶合较简单，呈现一级图谱。一级图谱特征如下：

① 偶合裂分峰的数目符合 $n+1$ 规律，n 为相邻的磁等价氢核的数目；

② 各峰强度比符合二项式展开系数之比；

③ 每组峰的中心位置为该组质子的化学位移；

④ 各裂分峰等距，裂距即为偶合常数 J。

五、^{1}H NMR 谱图解析举例

解析谱图时，首先看清谱图中有几组峰，从而确定化合物有几种氢核，再由各组峰的积分面积确定各组氢核的数目，然后根据化学位移判断氢核化学环境，最后根据裂分情况和偶合常数确定各组质子之间的相互关系。

图 10.14(a)为溴乙烷的^{1}H NMR 谱图，其中甲基上的质子被亚甲基分裂成三重峰，而亚甲基质子则被甲基分裂成四重峰。

图 10.14(b)为 2,3,4-三氯苯甲醚的^{1}H NMR 谱图，$\delta=3.9$ 处的单峰是甲基质子，$\delta=6.7$ 处的双峰为甲氧基邻位的苯环质子，$\delta=7.25$ 处的双峰为甲氧基间位的苯环质子，它们彼此裂分成双峰，这种由两组双峰组成的对称峰型在对位二取代苯化合物的谱图中相当常见。

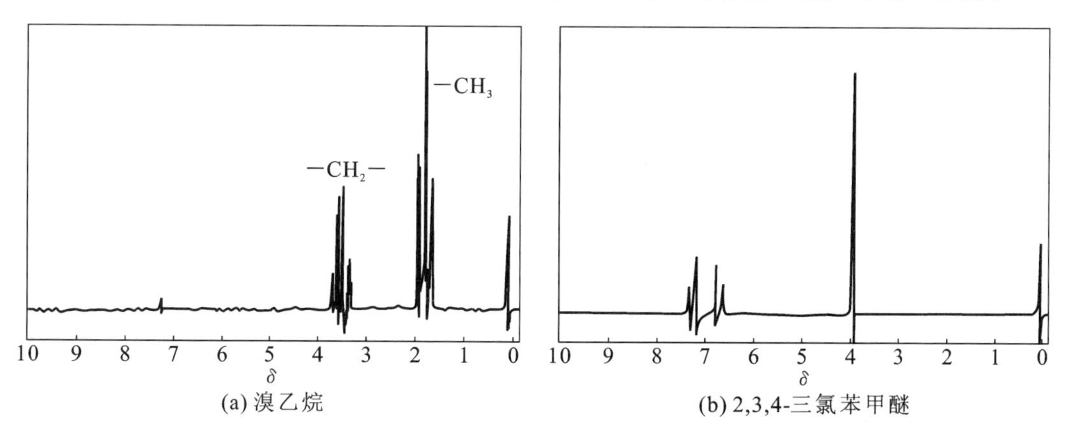

(a) 溴乙烷　　(b) 2,3,4-三氯苯甲醚

图 10.14　溴乙烷和 2,3,4-三氯苯甲醚的^{1}H NMR 谱图

图 10.15(a)为 2-氯丁烷的^{1}H NMR 谱。由于受到氯原子拉电子诱导效应的影响，出现在 $\delta=3.97$ 的最低场的为 C_2 上一个质子的信号，因其与 C_1 上 3 个质子以及 C_3 上两个质子的偶合，C_2 上质子被裂分成多重峰（理论上为 $4\times3=12$ 重）。$\delta=1.71$ 处的吸收峰属于仲碳 C_3 上的两个质子，其化学位移值略大于 C_1 质子（$\delta=1.50$）。C_4 上的三个质子远离氯原子，其质子的化学位移仅为 1.02。受到相邻质子的偶合，C_1、C_3 和 C_4 上的质子分别裂分为双峰、多重峰和三

重峰。

图 10.15(b)为正丙醚的 ^{1}H NMR 谱，受到氧原子拉电子诱导效应的影响，C_1 上两个质子的信号出现在低场(δ=3.37，三重峰)处。随着与氧原子距离增加，C_2(多重峰，δ=1.59)和 C_3(三重峰，δ=0.93)上质子的核磁共振信号逐渐移向高场。

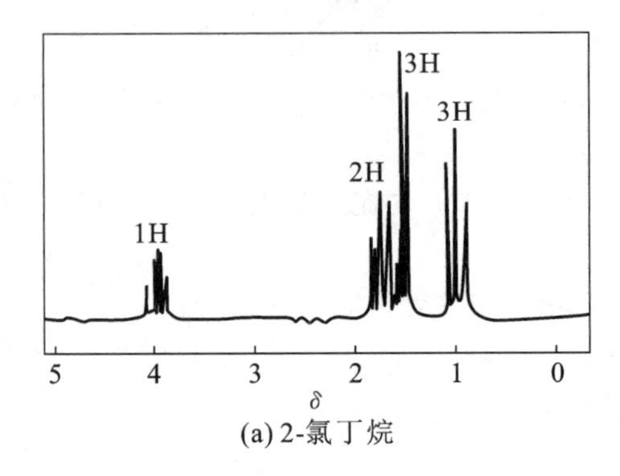

(a) 2-氯丁烷

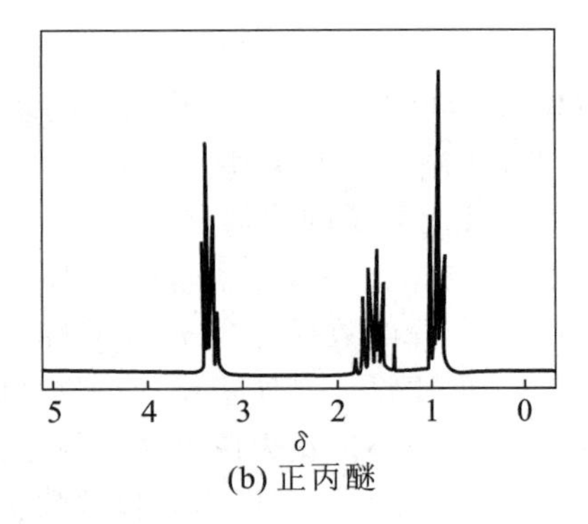

(b) 正丙醚

图 10.15 2-氯丁烷和正丙醚的 ^{1}H NMR 谱图

六、^{13}C NMR 谱简介

^{13}C NMR 谱与 ^{1}H NMR 的基本原理是相同的。如同氢谱一样，碳谱也能告诉我们被测化合物中有多少种不同的碳。在鉴定复杂化合物和材料的结构方面，^{13}C NMR 谱比 ^{1}H NMR谱具有更突出的优点(如能测定季碳和富勒烯等特殊样品)。

^{13}C 与 ^{1}H 类似，也是 $I=1/2$ 的磁性核。但是 ^{13}C 的自然丰度仅为 1.1%，其磁矩也为 ^{1}H 的四分之一。因此，^{13}C 信号的灵敏度仅为 ^{1}H 的 1/5800。再加上 ^{1}H 与 ^{13}C 的偶合，使得信号更弱，谱图也更加复杂。目前，因为脉冲傅里叶变换技术和各种去偶技术的发展与成功运用，测 ^{13}C 谱的许多技术难题已经克服，^{13}C 谱的应用已日趋普遍。

由于 ^{13}C 信号比 ^{1}H 弱得多，使用连续波方法要得到一张清晰的 ^{13}C 谱往往需要成百上千次扫描，这既要耗费相当长的摄谱时间，也要求有稳定的磁场与射频场。脉冲傅里叶变换技术则使用脉冲射频场让全部 ^{13}C 核同时被激发并把多次脉冲所得的结果进行累加，使整个摄谱时间大为缩短。

测定碳谱除了应解决 ^{13}C 信号弱的问题外，还要解决 ^{1}H 和 ^{13}C 的偶合对谱图产生的严重影响。为此发展了多种去偶技术。噪声去偶也称宽带去偶，是目前较常采用的一种去偶技术。测谱时，以一定频率范围的另一个射频场照射，使分子中所有 ^{1}H 核都处于饱和状态，这样每种碳都表现为单峰。在核数目相同的情况下，^{13}C 的信号强弱顺序一般为伯碳>仲碳>叔碳>季碳。与 ^{1}H 谱显著不同的是，^{13}C 信号通常出现在 δ 值为 0～240 的广阔区域(通常羰基碳 δ>170，芳环碳和烯键碳 δ 在 100～160，炔键碳和与杂原子相连碳 δ 在 40～100，其他脂肪碳原子的 δ 值一般小于 40)内，因此，碳谱很少出现谱峰重叠的现象，因而更易解析。

此外，偏共振去偶技术是将质子去偶频率放在稍稍偏离质子共振区外，这样得到的谱图，远程偶合不存在，只留下偶合最强的信号并且偶合常数缩小，即所观察到的偶合常数比真实偶合常数小，表观偶合常数的大小与去偶功率及去偶频率偏离共振点的位置有关。这样可以仅保留下与碳直接相连的氢的偶合，即甲基碳为四重峰，亚甲基碳为三重峰等。

不失真的极化转移技术(distortionless enhancement by polarization transfer，简称

DEPT)的采用可将灵敏度高的 H 核磁化转移到低灵敏度的 C 核上，提高 C 核观测的灵敏度，有效地利用异核间的偶合对 C 信号进行调制，让连有偶数氢的碳和连有奇数氢的碳分别显示为正峰和倒峰。

这些方法为利用^{13}C谱来推断被测样品的结构提供了更大的方便。图 10.16 为 2,2,4-三甲基-1,3-戊二醇的^{13}C噪声去偶谱，虽然三种不同甲基的氢谱重叠在一起，但是其^{13}C谱则可以完全分开。

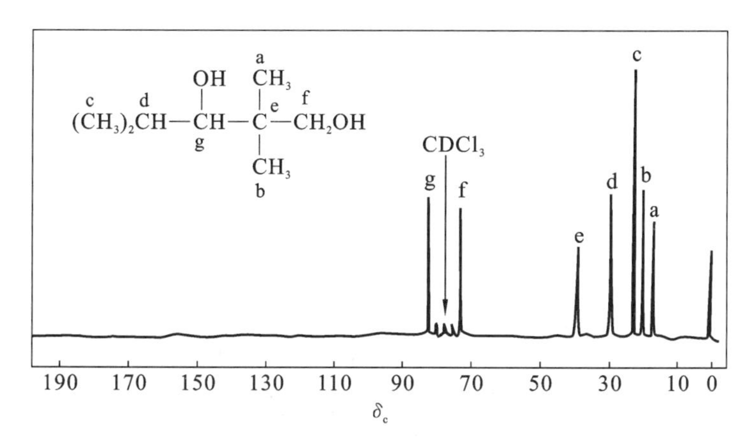

图 10.16　2,2,4-三甲基-1,3-戊二醇的^{13}C噪声去偶谱($CDCl_3$)

图 10.17 为樟脑的 DEPT 谱。图中，最上边的谱线(0°)给出了所有碳的信号；第二条线(45°)无季碳信号；第三条谱线(90°)只给出了次甲基碳信号；第四条谱线(135°)中 CH 和 CH_3 为正(朝上)而 CH_2 为负(朝下)信号。综合这些谱图信息，就可解析出谱图中全部碳的归属。

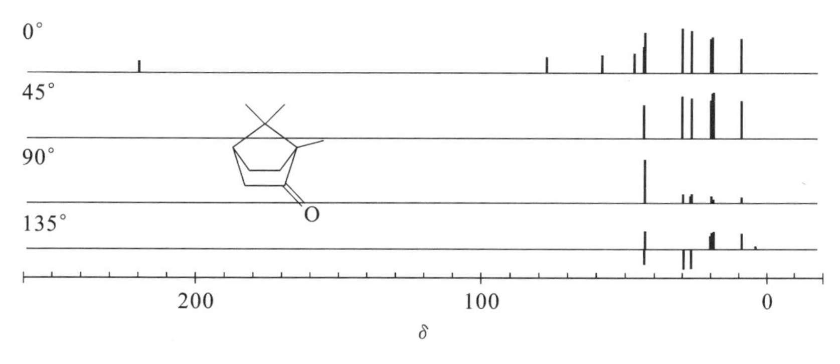

图 10.17　樟脑的 DEPT 谱

第五节　质　　谱

一、基本原理及特点

质谱是化合物分子在真空条件下受电子流的“轰击”或强电场等其他方法的作用，电离成离子，同时发生某些化学键的有规律的断裂，生成具有不同质量的带正电荷的离子，这些离子按质荷比(m/z，即离子质量与所带电荷之比，基本上离子所带电荷为$+1$)的大小被收集并记录的谱。一般以质谱图的形式表示，以质荷比 m/z 为横坐标，以基峰(最强或检测到的数量最多的离子峰，规定其强度为 100%)相对强度为纵坐标所构成的谱图，称之为质谱图，例如丙烷的质谱图如图 10.18 所示。

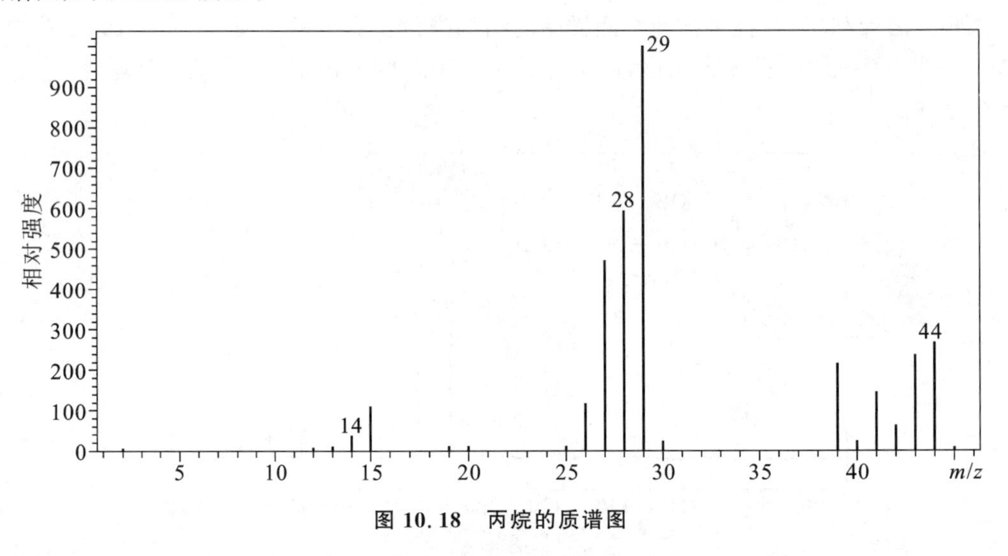

图 10.18 丙烷的质谱图

用于检测有机化合物质谱的仪器称为质谱仪(mass spectrometer，MS)。质谱仪由离子源、质量分析器、离子检测系统三个主要部分和进样系统、真空系统两个辅助部分组成。在质谱仪中，被测样品在高真空条件下汽化，经某种方法电离，失掉一个价电子而生成分子离子($M^{\cdot +}$)。这些高能分子离子通常是不稳定的，可以根据原化合物的碳架和官能团的不同，进一步裂分为各种不同的碎片。在电场和磁场的作用下，分子离子和各种碎片离子可以按质荷比大小按顺序排列并用照相或电子方法等将所产生的信号记录下来，便形成了一个化合物的质谱。一般来说，进入收集器的碎片所带的电荷均为+1，所以 m/z 实际上就是碎片的质量。中性分子由于不带电荷而不会被加速，它们将被真空设备抽出质谱仪。

质谱具有用样量少(小于 10^{-3} mg)、快速、准确的特点。与前面三种光谱分析法的原理完全不同，质谱中发生的不是分子中能级的跃迁，而是分子在气态时的碎裂。质谱是唯一可以给出相对分子质量，确定分子式的方法，而分子式的确定对化合物的结构鉴定是至关重要的。

但是质谱对异构体等立体化学方面的区分能力差，同一样品的质谱图重复性稍差，质谱仪的操作较复杂，要严格控制操作条件，须专人操作，且测试价格稍显昂贵。

二、质谱离子裂解的一般规律

从质谱图中可以看出，具有不同质荷比的离子多种多样，强度也有高有低，它们是如何产生的？为什么会这样产生？这些问题都和质谱离子裂解的规律有关，了解这些规律对质谱的解析和有机化合物结构的推导很有帮助。

① 有机分子首先失去一个电子，形成分子离子，分子中电离电位最低的电子最容易丢失电子，生成的正电荷和游离基就定域在丢失电子的位置上。

$$R—CH_2—YR' \xrightarrow{-e} R—CH_2—\overset{\cdot +}{Y}R'$$

$$\mathrm{R{-}\overset{\overset{\displaystyle Y}{\|}}{C}{-}R'} \xrightarrow{-e} \mathrm{R{-}\overset{\overset{\displaystyle Y^{\bullet +}}{\|}}{C}{-}R'}$$

② 形成的分子离子具有过剩的能量，从而会裂解为多种多样的碎片离子或分子。带有的正电荷或不成对电子是它发生碎裂的原因和动力。

$$\mathrm{R{-}\overset{\overset{\displaystyle Y^{\bullet +}}{\|}}{C}{-}R'} \rightarrow \begin{cases} \mathrm{R^{\bullet} + R'{-}C{\equiv}Y^{+}} \\ \mathrm{R^{+} + R'{-}C{\equiv}Y^{\bullet}} \end{cases}$$

③ 各种碎片离子的相对丰度主要由它的稳定性决定，分子离子的裂解是一个复杂的竞争和连续性反应过程，在多途径的离子碎裂反应中，生成的碎片离子愈稳定，该反应愈占优势，产物离子的丰度也愈大。

④ 按照质谱离子外电子数目，可以将离子分为奇电子离子($M^{\bullet +}$)和偶电子离子(M^{+})。奇数电子碎片离子可以通过简单的化学键断裂消去一个游离基生成偶数电子碎片离子，或通过重排反应丢掉一个中性小分子生成奇数电子碎片离子；但偶数电子碎片离子只能消去一个中性分子生成偶数电子碎片离子，而不能生成不稳定的奇数电子碎片离子(除非特别稳定)和新的游离基。

$M^{\bullet +}$(奇数电子)⟶A^{+}(偶数电子)+$R\cdot$(游离基)

$M^{\bullet +}$(奇数电子)⟶$B^{\bullet +}$(奇数电子)+N(中性分子)

三、质谱离子裂解的类型

有机化合物中共价键的断裂一般分为均裂和异裂，质谱离子的碎裂在此基础上可以进一步细分为下列几种裂解类型或方式。

(1) σ 键的均裂

主要发生在烷烃或有长的烷基链的化合物中，各个碳碳键的键能相差不大，每一个碳碳键都可能发生均裂。

[正己烷骨架式] $\xrightarrow{-e}$ ([骨架式])$^{\bullet +}$ $\xrightarrow{\delta}$ 碎片离子 + $H^{\bullet}$；+ $CH_3^{\bullet}$；+ $C_2H_5^{\bullet}$；+ $C_3H_7^{\bullet}$；⋮

(2) β 裂解

自由基位置引发的裂解反应，由于自由基有强烈的电子配对倾向，在自由基位置易引发分裂，同时伴随着原化学键的断裂和新化学键的生成，主要是指含 C—Y 或C═Y(Y═O、N、S)基团的化合物，与这些基团相连的碳碳键在质谱条件下容易均裂生成自由基部分和正离子部分。

$$\mathrm{CH_3{-}CH_2{-}\overset{\bullet +}{O}{-}CH_3 \longrightarrow CH_3^{\bullet} + CH_2{=}O^{+}{-}CH_3}$$

$$\mathrm{R{-}\overset{\overset{\displaystyle O^{+\bullet}}{\|}}{C}{-}R'} \rightarrow \begin{cases} \mathrm{R^{\bullet} + R'{-}C{\equiv}O^{+}} \\ \mathrm{R'^{\bullet} + R{-}C{\equiv}O^{+}} \end{cases}$$

(3) α 裂解

正电荷位置引发的裂解反应,由于正电荷具有吸引或极化相邻成键电子的能力,导致成键电子成对转移,使得相邻化学键发生异裂。

$$CH_3-\overset{+\bullet}{S}-CH_3 \longrightarrow CH_3^+ + S^\bullet-CH_3$$

$$R-CH_2-Cl^{\bullet+} \longrightarrow R-CH_2^+ + Cl^\bullet$$

β 裂解和 α 裂解常常是同时存在的,哪一种碎裂过程占优势,主要受碎裂产物的稳定性控制,即能生成稳定产物的碎裂过程总是占优势,在质谱图上表现为该碎裂生成的离子峰的相对强度大。

(4) 重排

当质谱离子的碎裂涉及两个或两个以上键的断裂,并发生原子或基团位置的转移和新的化学键的生成时,一般同时失去一个中性分子。质谱中涉及的重排反应较多,下例为羰基化合物中常见的麦氏重排(McLafferty 重排),为 γ-碳上的氢原子,经过六元环过渡态转移到羰基氧原子上,同时 α-、β-碳碳键断裂,失去一个中性的烯烃分子。

R H O•+ R1 ⟶ R + •+OH R1

四、分子离子峰的判断

在紫外光谱、红外光谱、核磁共振和质谱四种分析方法中,质谱是唯一可以给出相对分子质量并确定分子式的方法,而分子式的确定对化合物的结构鉴定是至关重要的。只有正确地判断质谱图中的分子离子峰,才能得到被检测有机化合物的相对分子质量。一般有以下几种判断质谱图中分子离子峰的方法。

① 原则上除同位素峰外,分子离子峰是最高质量的峰。但要注意醚、胺、脂的$(M+H)^{\bullet+}$峰及芳醛、醇等的$(M-H)^{\bullet+}$峰。

② 分子离子峰应符合“氮律”。即在不含氮的有机化合物中,分子离子峰的质量数一定是偶数;在含氮的有机化合物中,含偶数个 N 的有机化合物的相对分子质量为偶数,含奇数个 N 的有机化合物的相对分子质量为奇数。

③ 分子离子峰与邻近峰的质量差是否合理。有机分子失去碎片的大小是有规律的:如失去 H,CH_3,H_2O,C_2H_5,…,因而质谱图中可看到 $M-1$、$M-15$、$M-18$、$M-28$ 等峰,但不可能出现 $M-3$、$M-14$、$M-24$ 等峰。所以在质谱图上,如果一个峰的左边出现质量差落在3~14 或 21~25 内的碎片峰,则该峰一定不是分子离子峰。

④ 在电子轰击电离法中,如果降低轰击电子的能量(轰击电压),分子离子峰的强度一般会增加。

五、分子式的推导

在正确判断分子离子峰的基础上,可以通过质谱图来推导被测有机物的分子式。推导方法有两种:同位素丰度法和高分辨质谱法。其中高分辨质谱法得到的结果更准确,但必须在昂贵的高分辨质谱仪上才能实现。因此下面主要介绍同位素丰度法推导被测有机物的分子式。

质谱中以组成元素最大丰度的同位素的质量计算分子离子和碎片离子的质荷比 m/z，其他同位素组成的离子就称为同位素离子。以甲烷为例，m/z 16 是分子离子，m/z 17 就是同位素离子。表 10.8 列举了有机化合物中常见元素的稳定同位素及丰度，可以看出组成有机物的常见元素中最大丰度的同位素正好是质量最小的，所以质谱图中的同位素离子峰都出现在分子离子峰的右侧。由于同位素离子（注意不是原子）的丰度与组成该离子的元素种类及原子数目有关，通过测定同位素离子峰的强度，并与分子离子峰的强度进行比较，就可以通过计算或查 Beynon 表推测出化合物的分子式。

表 10.8　有机化合物中常见元素的稳定同位素及丰度

同位素 A	丰度/(%)	同位素 A+1	丰度/(%)	同位素 A+2	丰度/(%)
^{1}H	100	^{2}H	0.015		
^{12}C	100	^{13}C	1.1		
^{14}N	100	^{15}N	0.37		
^{16}O	100	^{17}O	0.04	^{18}O	0.2
^{28}Si	100	^{29}Si	5.1	^{30}Si	3.4
^{32}S	100	^{33}S	0.8	^{34}S	4.4
^{35}Cl	100			^{37}Cl	32.5
^{79}Br	100			^{81}Br	98

由上表可以看出，组成有机化合物的这些常见元素中，有些仅由两种同位素组成，而两种组成中，有些为 A+1，有些为 A+2，有些由三种同位素组成。但是表现在质谱图上，可以粗略地分为两种情况，一种是由 C、H、O、N 四种元素组成的简单有机化合物，表现在质谱图上，分子离子峰右侧有一个较小的 $M+1$ 峰，$M+2$ 峰基本上可以忽略不计。例如，N,N-二乙基乙酰胺的质谱图如图 10.19 所示。

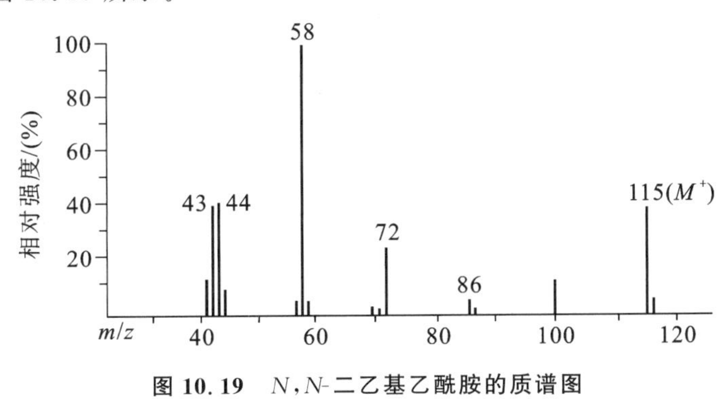

图 10.19　N,N-二乙基乙酰胺的质谱图

这种情况下，分子离子峰的相对强度（高度）和 $M+1$ 峰的相对强度（高度）之比就可以通过上表中的数据进行计算。

$$\frac{I_{M+1}}{I_M}=\left[w\frac{1.1}{98.9}+x\frac{0.015}{99.98}+y\frac{0.37}{99.63}+z\frac{0.04}{99.76}\right]\times 100\%$$

式中：w 代表碳原子数目，x 代表氢原子数目，y 代表氮原子数目，z 代表氧原子数目。

由于氢原子和氧原子 A+1 同位素的相对含量较低，上式简化后可以得到一个近似的计算公式：

$$I_{M+1}/I_M \approx 1.1\% w + 0.36\% y$$

式中：w 代表碳原子数目，y 代表氮原子数目。

【例 10-1】 图 10.20 为一有机化合物的质谱图，m/z 73 为分子离子峰，m/z 74 为 $M+1$ 峰，两者相对强度之比为 5.1%，试推导该化合物的分子式。

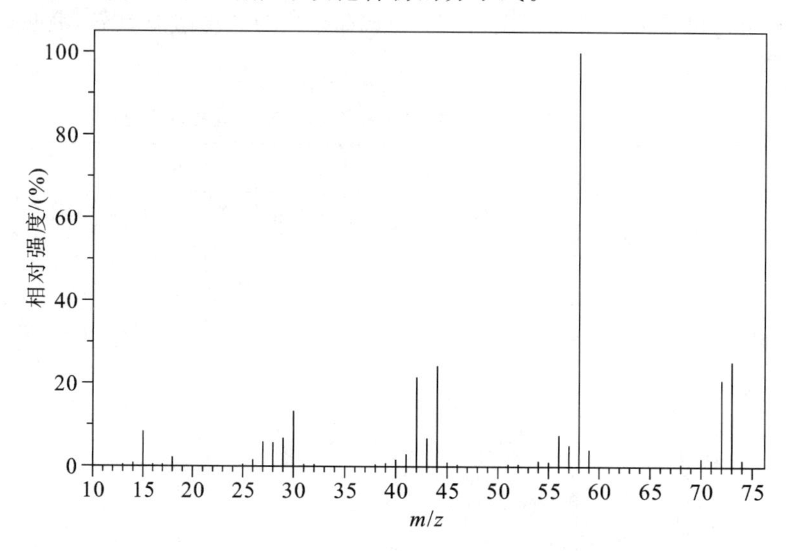

图 10.20 [例 10.1]附图

由公式 $I_{M+1}/I_M \approx 1.1\% w + 0.36\% y \approx 5.1\%$ 可推出碳原子数(w)为 4，氮原子数(y)为 1，此时氢原子数为 11 比较合理，因此该化合物的分子式可能为 $C_4H_{11}N$，而实际上该质谱图为 N,N-二甲基乙胺。

另一种情况是化合物中除了常见的 C、H、O、N 外，还含有 Si、S、Cl、Br 等元素，此时表现在质谱图上，分子离子峰的右侧，除了 $M+1$ 峰外，还有较明显的 $M+2$ 峰，且 $M+2$ 峰与 M 峰的相对强度比至少大于 3.4。

在这种情况下，分子式的推导先从 $M+2$ 峰开始，首先判断是否具有 A+2 类元素，即上述四种元素，再确定是这四种元素中的哪一种，如果含有氯或溴原子，因为它们不含 A+1 类同位素，则可以直接利用上述公式计算碳原子数。如果含有硅或硫原子，因为它们还含有 A+1 类同位素，则计算时需要考虑它们的丰度影响，然后再计算并判断碳原子数，最终确定可能的分子式，下面以两个例子作为补充说明。

【例 10-2】 图 10.21 为一有机化合物的质谱图，m/z 154 为分子离子峰，相对强度设为 100%，则 $M+1$ 峰 m/z 155，相对强度为 9.8%，$M+2$ 峰 m/z 156 相对强度为 5.2，试推导该化合物可能的分子式。

由 $M+2$ 相对强度为 5.2% 可推测分子中含有一个 S，不含氮或含偶数个氮，$M+1$ 峰的相对强度计算公式则为

$$I_{M+1}/I_M \approx 1.1\% w + 0.36\% y + 0.8\% s \text{（}s\text{ 为硫原子数目）}$$

假设不含氮($y=0$)时：碳原子数目(w)$=(9.8-0.8)/1.1\approx 8$，氢原子数目$=154-32-12\times 8=26$，显然碳氢比不合理，此时就需要引入一个氧原子，则氢原子数就为 10，碳氢比趋于合理，则可能的分子式为 $C_8H_{10}OS$。

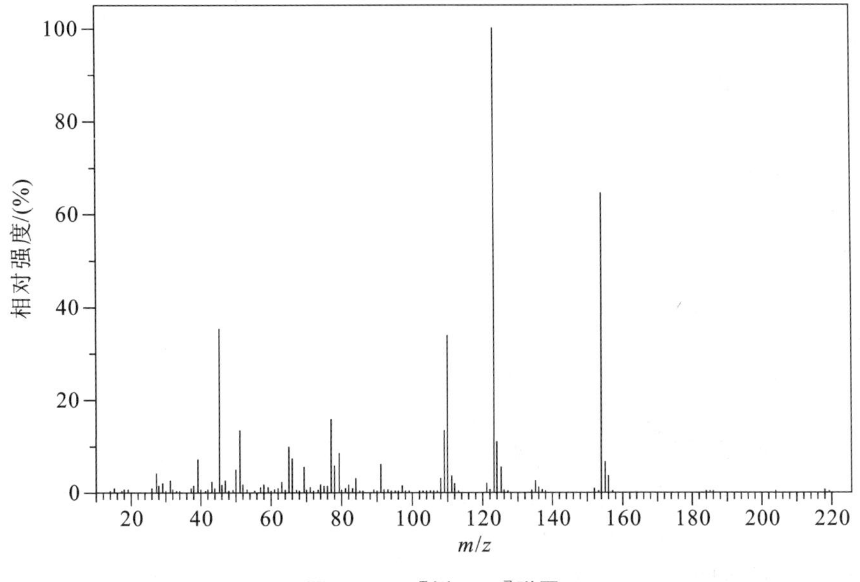

图 10.21　[例 10-2]附图

【例 10-3】　如图 10.22 所示，m/z 164 为分子离子峰，相对强度设为 100%，则 $M+2$ 峰 m/z 166 的相对强度为 98%，两者在质谱图上高度几乎相当。碎片峰 m/z 85 的相对强度设为 100%，则 m/z 86 同位素峰的相对强度为 6.5%，m/z 87 同位素峰的相对强度为 0.22%。试推导该化合物的分子式。

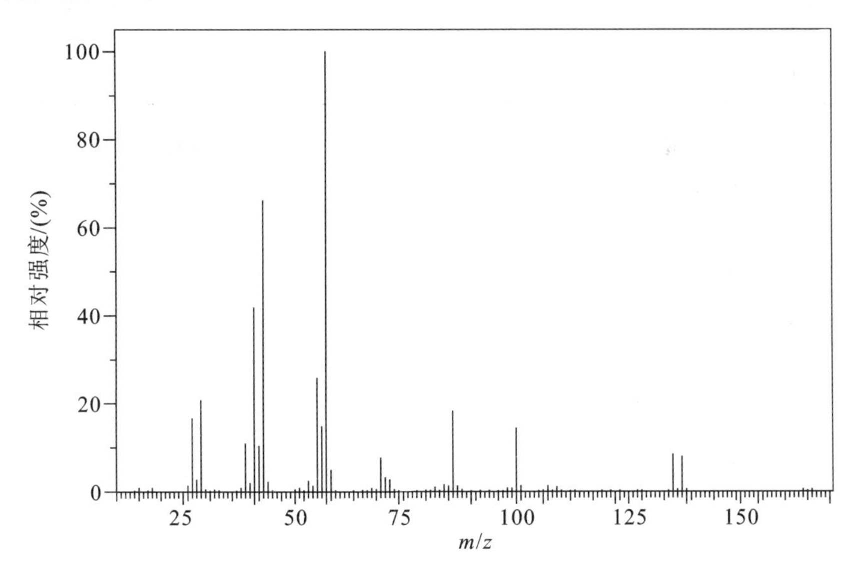

图 10.22　[例 10-3]附图

由分子离子峰和 $M+2$ 的相对强度可以推测该化合物中含有一个溴原子，不含氮原子或含偶数个氮原子。当分子离子丢失一个溴原子后得到的碎片离子质荷比为 164－79＝85，由该碎片的同位素峰相对强度可以推测其组成元素不含 Si、S、Cl、Br 等元素，因此可以通过公式 $I_{M+1}/I_M \approx 1.1\%w + 0.36\%y$ 直接计算碳原子数。

假设不含氮的情况下，可以推测碎片组成为 C_6H_{13} 或 C_5H_9O，则可能的分子式为 $C_6H_{13}Br$ 或 C_5H_9BrO。

当相对分子质量增大或分子中氧、氮原子数目增加时，计算工作量以及推导出的可能元素组成将会大大增加。为此，Beynon J H 等人详细计算了只含 C、H、O、N 四种元素的各种组合的$[M+1]/[M]$和$[M+2]/[M]$的理论值，制成了 Beynon 表供查阅及参考。

【例 10-4】 某有机物的相对分子质量为 104，$[M+1]/[M]=6.45\%$，$[M+2]/[M]=4.77\%$，试推导其分子式。

由于$[M+2]/[M]>4.44\%$，说明有硫原子存在，因 Beynon 表只列有含 C、H、N、O 四种元素的有机物数值，故需要扣除硫原子的贡献：

$$[M+1]/[M]=6.45\%-0.80\%=5.65\%$$

$$[M+2]/[M]=4.77\%-4.44\%=0.33\%$$

剩余质量$=104-32=72$

此时再查 Beynon 表，首先找到质量数为 72 的大组，而质量数为 72 的可能的元素组成有 15 个，每一个组合都有一个对应的同位素峰相对强度值，然后根据测得的同位素峰相对强度值 5.65%和 0.33%，同表 10.9 计算的值进行对照，找到最接近并合理的元素组合，从而确定分子式。

表 10.9 Beynon 表示意

元素组成	$(I_{M+1}/I_M)\%$	$(I_{M+2}/I_M)\%$
$C_4H_{19}N$	4.86	0.00
C_5H_{12}	5.60	0.13
C_8	6.48	0.18

如查到的较接近测量值的元素组合如上表，三者只有 C_5H_{12} 的值最接近且元素组成合理，故化学式可能为 $C_5H_{12}S$。

需要注意的是，利用分子离子峰与同位素离子峰的相对强度比推导分子式时，必须准确测定离子的强度。当测量误差增大时，此法不再适用。

六、MS 谱图解析

根据质谱裂分的一般规律和碎片峰的丰度可以推测被测化合物的结构，由质谱数据推导有机物分子结构的过程，形象地说，如同用弹弓击碎一个瓷花瓶，再由一堆碎片来拼凑复原花瓶的过程。如能结合其他谱学方法所测图谱进行综合分析，就更容易确定其完整结构了。

利用质谱数据推测未知有机物结构的一般步骤如下：

① 确认分子离子峰，确定相对分子质量；

② 根据分子离子峰的丰度推测化合物的可能类别；

③ 判断分子中是否含有高丰度的同位素元素，并推算这类元素的种类及数目；

④ 确定分子式，计算不饱和度；

⑤ 分析基峰和碎片离子峰，确定化合物可能含有的官能团，并参考其他光谱数据，推测出可能的结构式；

⑥ 根据标准图谱及其他所有信息确定化合物结构式。

10-1　有 A、B 两种环己二烯，A 的 UV 的 λ_{max} 为 256 nm(ε800)；B 在 210 nm 以上无吸收峰。试写出 A、B 的结构。

10-2　对于下列各组化合物，你认为哪些用 UV 区别较合适？哪些用 IR 区别较合适？为什么？

(1) $CH_3CH{=}CH{-}CH_3$ 和 $CH_2{=}CH{-}CH{=}CH_2$

(2) $CH_3C{\equiv}CCH_3$ 和 $CH_3CH_2C{\equiv}CH$

(3) $CH_3O{-}CH_2{-}CH_3$ 和 $CH_3O{-}CH{=}CH_2$

(4) =O 和 —OH

10-3　下列化合物中，哪一个的 IR 具有以下特征：1700 cm^{-1}(s)，3020 cm^{-1}(m→s)

a. =O　　b. —CHO　　c. —$C{\equiv}CH$

10-4　排列下列化合物中有星形标记的质子 δ 值的大小顺序。

(1) a. —$\overset{*}{C}H_3$　　b. =$\overset{*}{C}H_2$　　c. —$\overset{*}{C}HO$

(2) a. $CH_3CO\overset{*}{C}H_3$　　b. $\overset{*}{C}H_3OCH_3$　　c. $C\overset{*}{H}_3Si(CH_3)_3$

10-5　下列化合物的 ^{1}H NMR 只有两个单峰，试画出各化合物的结构式。

a. $C_3H_5Br_3$　b. C_2H_5SCl　c. $C_3H_8O_2$　d. $C_3H_6O_2$　e. $C_5H_{10}Br_2$

10-6　根据下列各分子式和 ^{1}H NMR 数据（括号内表示信号裂分数和强度比），试推断其结构。

(1) $C_4H_6Cl_2O_2$：δ 1.4(t,3H)；4.3(q,2H)；6.9(s,1H)

(2) $C_6H_{12}O_2$：δ 1.4(s,9H)；2.1(s,3H)；

10-7　$C_8H_{18}O$ 的 ^{1}H NMR 图中只在 δ1.0 处出现一组信号，请推断此化合物的结构。

10-8　现有两种化合物 A 和 B，其中 A 的 ^{1}H NMR 图在 δ1.49 和 δ3.42 处分别出现四重峰和三重峰，质谱分析表明其分子离子峰 m/z 为 64；B 的 ^{1}H NMR 图在 δ2.09 处出现单峰，其分子离子峰 m/z 为 62，$M+2$ 峰与 M 峰的相对强度比约为 4.4。根据这些光谱数据，推测化合物 A 和 B 的结构。

第十一章　醇、酚、醚

醇、酚和醚可以看做水分子中的氢原子被烃基取代的衍生物，是重要的有机含氧化合物。醇和酚的分子中含有羟基—OH，当醇和酚的羟基氢被一个烃基取代后即得到醚，醚不再含有羟基。

第一节　醇

一、醇的结构和分类

醇由烃基和羟基组成，可以用一般的结构式 R—OH 表示，如我们非常熟悉的乙醇 CH_3CH_2—OH 即是由乙基和羟基组成。醇的主要性质通常由羟基表现出来，羟基是醇的主要官能团。

和水中的氧一样，醇羟基中的氧原子也是采取 sp^3 杂化轨道成键。四个 sp^3 杂化轨道中，两个 sp^3 杂化轨道分别与碳的一个 sp^3 杂化轨道和氢的 1s 轨道重叠生成两个 σ 共价键，剩下的两个 sp^3 杂化轨道分别被两对未成键的电子占据，所以氧有两对孤对电子。由于氧是 sp^3 杂化，因此氧原子的两个 σ 共价单键和两对孤对电子分别伸向正四面体的四个顶点，C—O—H 键角为 108.9°，接近正四面体的夹角 109°28′，两对孤对电子所在轨道的夹角也接近 109°28′。甲醇的结构如图 11.1 所示。

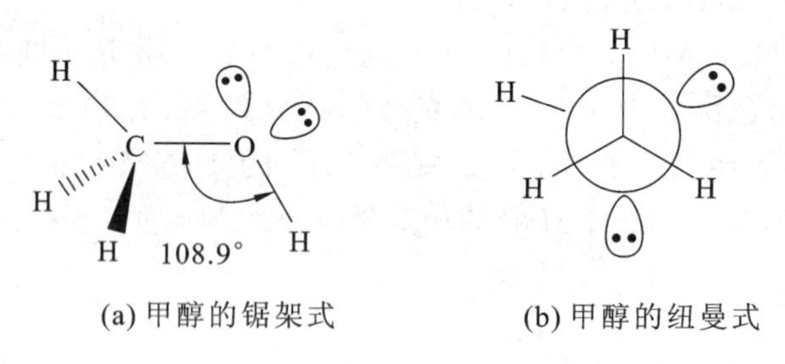

(a) 甲醇的锯架式　　(b) 甲醇的纽曼式

图 11.1　甲醇的结构

由于氧的电负性较大，氢的电负性较小，甲醇的 O—H 键极性较大，接近水的极性。

按照羟基的连接方式，可将醇分为伯醇、仲醇和叔醇，也叫做一级醇、二级醇和三级醇，它们的羟基分别连接在伯碳、仲碳和叔碳上。按照分子中所含羟基个数，可将醇分为一元醇、二元醇和多元醇。

	$CH_3CH_2CH_2CH_2—OH$	$CH_3CH(CH_3)CH_2—OH$	$CH_3CH_2CH(CH_3)—OH$	$H_3C—C(CH_3)_2—OH$
名称：	正丁醇	异丁醇	仲丁醇	叔丁醇
种类：	伯醇	伯醇	仲醇	叔醇

二、醇的化学性质

1. 醇的酸碱性

(1) 醇的酸性

由于醇分子的O—H键具有较大的极性，可电离生成烷氧基负离子和正电荷的质子：

$$R—O—H \rightleftharpoons RO^- + H^+$$

生成的烷氧基负离子越稳定，说明化合物R—OH越容易给出质子，其酸性越强。与水分子H—OH相比，由于醇类化合物(R—OH)的烷基(—R)具有给电子诱导效应，使得烃氧基负离子负电荷密度增加，稳定性降低，不容易电离出烷氧基负离子和质子，酸性减弱。烷基数目越多，给电子效应越强，烷氧负离子也就越不稳定，酸性越弱。因而不同类型醇的酸性大小次序为伯醇>仲醇>叔醇。反过来，如果烃基有拉电子基团取代时，烷氧基负离子的负电荷密度减小，稳定性增加，醇的酸性会增强。表11.1中列出了一些醇的pK_a值，pK_a值越小，表示羟基电离出的质子越多，酸性越强。

表11.1　一些醇的pK_a数值

化合物	pK_a	化合物	pK_a
H_2O	15.7	$ClCH_2CH_2OH$	14.3
CH_3CH_2OH	15.9	CCl_3CH_2OH	12.4
$(CH_3)_2CHOH$	18.0	CF_3CH_2OH	12.2
$(CH_3)_3OH$	19.2	$CF_3CH_2CH_2OH$	14.6

醇的酸性表现在与强碱(如KH、$NaNH_2$)、碱金属(如锂、钾、钠)，以及强极性金属有机化合物(如烷基锂、格氏试剂)等反应形成氧负离子：

$$ROH + Na \longrightarrow RONa + 1/2H_2$$

$$ROH + NaNH_2 \longrightarrow RONa + NH_3$$

$$ROH + R'MgX \longrightarrow ROMgX + R'H$$

由于醇的酸性比水弱，水和金属钠的反应比较缓和，因此常用乙醇和甲醇除去没有反应完的金属钠、氢化钾等。生成的烷氧化钠是比氢氧化钠更强的碱，在有机溶剂中溶解度也更好，在有机合成中常用做强碱试剂。

(2) 醇的碱性

醇羟基上的氧原子有两对孤对电子，可以与带正电荷的原子或者缺电子的原子配位，从而表现出碱性。例如，氯化氢气体、浓硫酸等酸性物质容易溶解在乙醇里，得到乙醇的强酸溶液，就是因为醇羟基的氧原子能够接受带正电荷的质子，生成鎓盐($CH_3CH_2OH_2^+$)，所以这些质子性强酸能很好地溶解在乙醇中，就像质子酸溶解在水中一样。

$$H_2O + HCl \longrightarrow H_3O^+ + Cl^-$$

$$CH_3CH_2OH + HCl \longrightarrow CH_3CH_2OH_2^+ + Cl^-$$

甲醇、乙醇等低级醇通过氧原子可与 $CaCl_2$ 配位，生成醇与 $CaCl_2$ 的配合物（$CaCl_2 \cdot 4CH_3OH$、$CaCl_2 \cdot 4CH_3CH_2OH$），也表现出醇的碱性，所以不能用无水 $CaCl_2$ 干燥醇中的水。

2. 醇的取代反应

要直接将醇的羟基取代下来是非常困难的，因为 OH^- 是强碱，很难离去。但如果使醇与强酸作用变成𬭩盐或将醇转变成磺酸酯等，OH^- 就可以以 H_2O 或者磺酸根阴离子 RSO_3^- 的形式离去，H_2O 或者磺酸根阴离子 RSO_3^- 在反应介质中非常稳定，是很好的离去基团。

（1）与氢卤酸的反应

醇与氢卤酸反应，醇的羟基即可被卤原子取代，生成卤代烃，这是制备卤代烃的重要方法之一。

$$R{-}OH + HX \rightleftharpoons R{-}OH_2^+ + X^- \longrightarrow R{-}X + H_2O$$

上述反应是可逆的，反应的活性不仅与酸的强度有关，也与羟基所连接的烃基有关。对 HX 来说，其活性大小顺序是 HI＞HBr＞HCl；对于烃基，则与失去羟基后形成的碳正离子的稳定性有关。一般来说，反应的活性大小顺序为苄型醇、烯丙型醇＞叔醇＞仲醇＞伯醇＞甲醇（CH_3OH）。当用活性较小的 HCl 与伯醇和仲醇进行反应时，需要加热或者加无水 $ZnCl_2$ 催化反应才能进行，如果与叔丁醇反应，室温下搅拌就可得到氯代叔丁烷。

$$CH_3CH_2CH_2CH_2OH \xrightarrow[ZnCl_2 \text{ or } \triangle]{\text{浓 HCl}} CH_3CH_2CH_2CH_2Cl + H_2O$$

$$(CH_3)_3COH \xrightarrow[\text{室温}]{\text{浓 HCl}} (CH_3)_3CCl + H_2O$$

浓盐酸与无水氯化锌所配成的试剂称为卢卡斯（Lucas）试剂，在 Lucas 试剂中加入几滴醇混合均匀后，溶解的醇生成不溶性的氯代烃后溶液会出现浑浊。可以根据出现浑浊的速度来判别醇的类型。在室温下叔醇和烯丙式醇反应很快，立即出现浑浊并分层；仲醇反应较慢，一般数分钟后出现浑浊；伯醇要在加热时才发生反应。Lucas 试剂可以用于判定醇的结构。

伯醇与氢卤酸的反应一般按 S_N2 亲核取代机理进行：

$$RCH_2{-}OH + HX \rightleftharpoons RCH_2{-}OH_2^+ + X^-$$

$$RCH_2{-}OH_2^+ + X^- \longrightarrow RCH_2X + H_2O$$

叔醇与氢卤酸的反应一般按 S_N1 机理进行，反应要经过一个碳正离子中间体：

$$R_2{-}C(R_1)(R_3){-}OH + HX \rightleftharpoons R_2{-}C(R_1)(R_3){-}\overset{+}{O}H_2 + X^-$$

$$R_2{-}C(R_1)(R_3){-}\overset{+}{O}H_2 \longrightarrow R_2{-}C^+(R_1)(R_3)$$

$$R_2-\overset{R_1}{\underset{R_3}{C^+}} + X^- \longrightarrow R_2-\overset{R_1}{\underset{R_3}{C}}-X$$

仲醇与氢卤酸的反应可以按 S_N1 也可按 S_N2 机理进行。

按 S_N1 机理进行反应生成的碳正离子中间体常常会重排生成更稳定的碳正离子，或者失去质子得到烯烃，因此，在醇与氢卤酸的反应过程中，常常有重排产物和烯烃的生成。

$$CH_3-\overset{CH_3}{\underset{CH_3}{C}}-\overset{H}{\underset{OH}{C}}-C_2H_5 \xrightarrow{HCl} CH_3-\overset{CH_3}{\underset{CH_3}{C}}-\overset{H}{\underset{O^+H_2}{C}}-C_2H_5 \xrightarrow{-H_2O} CH_3-\overset{CH_3}{\underset{CH_3}{C}}-\overset{H}{\underset{+}{C}}-C_2H_5$$

$$CH_3-\overset{CH_3}{\underset{CH_3}{C}}-\overset{H}{\underset{+}{C}}-C_2H_5 \xrightarrow{Cl^-} CH_3-\overset{CH_3}{\underset{CH_3}{C}}-\overset{H}{\underset{Cl}{C}}-C_2H_5 \quad (\pm)\text{-2,2-二甲基-3-氯戊烷}$$

$$CH_3-\overset{CH_3}{\underset{CH_3}{C}}-\overset{H}{\underset{+}{C}}-C_2H_5 \xrightarrow{\text{甲基-1,2-迁移}} CH_3-\overset{CH_3}{\underset{+}{C}}-\overset{H}{\underset{CH_3}{C}}-C_2H_5 \xrightarrow{Cl^-} CH_3-\overset{CH_3}{\underset{Cl}{C}}-\overset{H}{\underset{CH_3}{C}}-C_2H_5 \quad \text{2,3-二甲基-2-氯戊烷}$$

$$CH_3-\overset{CH_3}{\underset{+}{C}}-\overset{H}{\underset{CH_3}{C}}-C_2H_5 \xrightarrow{-H^+} (CH_3)_2C=C(CH_3)CH_2CH_3 \quad \text{2,3-二甲基-2-戊烯}$$

(2) 与三卤化磷和氯化亚砜的反应

为了避免烯烃的形成以及手性分子的外消旋化，常用无机卤化物 PCl_3、PCl_5 和 $SOCl_2$ 等替代氢卤酸，充当卤代试剂。实际操作中，使用溴和碘的卤化磷，往往用红磷和溴或碘直接与醇羟基反应，产物通常不发生重排。不过该反应的副产物较多，分离比较麻烦。若使用 $SOCl_2$，生成的两种副产物 SO_2 和 HCl 皆为气体，易于产物的分离与纯化。

$$ROH \xrightarrow{PCl_5} RCl + POCl_3 + HCl$$

$$ROH \xrightarrow{SOCl_2} RCl + SO_2\uparrow + HCl\uparrow$$

在上述反应过程中，第一步生成中间体卤代亚磷酸酯或卤代亚硫酸酯，然后卤负离子进攻卤代亚磷酸（或卤代亚硫酸）酯而得到卤烃：

$$R-OH \xrightarrow{Br-PBr_2} R-O-PBr_2 + HBr \longrightarrow R-\overset{H}{\underset{+}{O}}-PBr_2$$

$$R-\overset{H}{\underset{+}{O}}-PBr_2 \xrightarrow[Br^-]{} RBr + O=PHBr_2 \rightleftharpoons HO-PBr_2$$

与三卤化磷稍有区别，反应中氯化亚砜形成的氯化亚硫酸酯中间体分解为紧密离子对，然后氯负离子从分子内进攻碳正离子并占据羟基原来的位置，生成构型保持不变的卤代烃。期间，反应生成的氯化氢因其亲核能力较弱而不起作用。

$$R-\underset{R'}{\overset{H}{C}}-OH \xrightarrow{Cl-SOCl} R-\underset{R'}{\overset{H}{C}}-O-\underset{Cl}{S}=O + HCl$$

$$\downarrow$$

$$R-\underset{R'}{\overset{H}{C^+}} \quad {}^-O-\underset{Cl}{S}=O \longrightarrow R-\underset{R'}{\overset{H}{C}}-Cl + SO_2$$

紧密离子对

(3) 形成磺酸酯后的亲核取代反应

伯醇和仲醇与对甲苯磺酰氯或三氟甲磺酰氯在叔胺(R_3N)存在下生成的磺酸酯,可与卤负离子、RO^-等亲核试剂起亲核取代反应。例如:

$$C_6H_5-CH_2CH_2OH + H_3C-C_6H_4-SO_2-Cl \xrightarrow{Et_3N} C_6H_5-CH_2CH_2O-SO_2-C_6H_4-CH_3$$

$$C_6H_5-CH_2CH_2O-SO_2-C_6H_4-CH_3 \xrightarrow{LiBr} C_6H_5-CH_2CH_2Br + LiO-SO_2-C_6H_4-CH_3$$

醇转变为磺酸酯后的亲核取代反应一般按 S_N2 机理进行,利用这个反应制备卤代烃的优点是反应条件温和,在室温下即可进行,很少出现重排和消除等副反应。

3. 脱水反应

在酸催化下,含有羟基的化合物会发生脱水反应。

$$RCH_2CH_2OH \xrightarrow{浓\ H_2SO_4} RCH=CH_2 + H_2O$$

叔醇和仲醇在硫酸催化下的分子内脱水反应,按照 E_1 历程进行。羟基氧首先接受一个质子,导致 C—O 键的极性加大而断裂生成碳正离子;带正电荷的 α-碳使 β-碳上的C—H键极性增大,在碱作用下 β-碳原子可以失去质子,形成烯烃。此反应的净结果是在 1,2-两个碳原子上消除了一分子水,因此称为 1,2-消去反应,也称 β-消去反应。含有β-C—H的不同类型烷基的醇脱水,其反应活性大小顺序为叔醇>仲醇>伯醇。

与卤代烃的消去反应类似,对于含有两种不同 β-C—H 的羟基化合物,消去方向遵循 Saytzeff 规律:

$$(CH_3)_2CH-\underset{OH}{C}(CH_3)_2 \xrightarrow[\triangle]{85\%H_3PO_4} (CH_3)_2C=C(CH_3)_2\ (\text{I})80\% + (CH_3)_2CH\underset{CH_3}{C}=CH_2\ (\text{II})20\%$$

一些醇分子在消去反应中,也会发生甲基或负氢的 1,2-迁移。例如,下述反应由于发生了氢的 1,2-迁移,实际得到的主产物为 2,3-二甲基-2-丁烯:

$$CH_3CH(CH_3)-C(H)(CH_3)-CH_2OH \xrightarrow[140\ ℃]{浓\ H_2SO_4} CH_3CH(CH_3)-C(H)(CH_3)-CH_2^+ \longrightarrow (CH_3)_2C=C(CH_3)_2$$

主要产物

4. 酯化反应

醇与酰氯、酸酐和羧酸可以生成酯。

$$CH_3CH_2OH + CH_3\overset{O}{\overset{\|}{C}}-Cl \xrightarrow{Et_3N} CH_3\overset{O}{\overset{\|}{C}}OCH_2CH_3$$

$$CH_3CH_2OH + CH_3\overset{O}{\overset{\|}{C}}-OH \xrightarrow{H^+} CH_3\overset{O}{\overset{\|}{C}}OCH_2CH_3$$

醇除了能与有机羧酸生成酯外，也可以和无机含氧酸如硫酸、硝酸和磷酸等反应生成无机酸酯。

醇与硫酸反应可生成酸性的硫酸单酯和中性的硫酸二酯：

$$CH_3CH_2OH + H_2SO_4 \longrightarrow CH_3CH_2OSO_3H$$

硫酸单乙酯

$$CH_3CH_2OH + H_2SO_4 \longrightarrow (CH_3CH_2O)_2SO_2$$

硫酸二乙酯

一些高级醇如 1-十二烷醇在水中不溶，将其变成硫酸单乙酯后，可增加其在水中的溶解度。

醇与硝酸反应得到硝酸酯。例如甘油和三分子硝酸反应生成甘油三硝酸酯，甘油三硝酸酯可用做烈性炸药，在临床上可用做缓解心绞痛的药物。

$$\begin{array}{l} CH_2-OH \\ | \\ CH-OH \\ | \\ CH_2-OH \end{array} + 3HNO_3 \longrightarrow \begin{array}{l} CH_2-ONO_2 \\ | \\ CH-ONO_2 \\ | \\ CH_2-ONO_2 \end{array} + 3H_2O$$

甘油　　　　甘油三硝酸酯

5. 脱氢和氧化反应

(1) 脱氢反应

催化脱氢法通常采用气相催化法，即将伯醇或仲醇的蒸气通过铜或铜银催化剂，可以得到较高产率的醛或酮。例如：

$$RCH_2OH \xrightarrow[300\sim325\ ℃]{Cu} RCHO + H_2$$

$$\underset{R'}{\underset{|}{RCHOH}} \xrightarrow[300\sim325\ ℃]{Cu} \underset{R'}{\underset{|}{RC}}=O + H_2$$

若将醇及惰性气体（如氮气）共同通过氧化铜催化剂，则脱氢产率在 90%以上。

$$CH_3(CH_2)_4CH_2OH \xrightarrow[250\sim300\ ℃]{CuO} \underset{99\%}{CH_3(CH_2)_4CHO} + H_2$$

3-胆甾醇（仲醇）在活性镍催化下，与环己酮和苯一起回流，得到了 80%的 3-胆甾酮：

$$\text{胆甾醇(3-HO)} \xrightarrow[\text{甲苯，回流}]{\text{活性镍/环己酮}} \text{胆甾-3-酮} \quad 80\%$$

催化脱氢法简便、经济，尤其在氯化亚铜、二价钯等过渡金属催化下，伯醇被空气或分子氧氧化成醛的研究是近年来绿色化学的研究热点。

(2) 氧化反应

伯醇可以被氧化成醛，进一步氧化变成羧酸，仲醇可以被氧化成酮，叔醇的 α-碳原子上没有氢原子，一般不易被氧化。

常用的氧化剂类型主要有：高锰酸钾($KMnO_4$)、重铬酸钠($Na_2Cr_2O_7$)的酸性溶液；氧化铬与吡啶盐的配合物；有机氧化剂如二甲亚砜(DMSO)与草酰氯的混合液等。

高锰酸钾、重铬酸钠的酸性溶液作为氧化剂，通常用于制备沸点在 100 ℃以下的醛和将仲醇氧化成酮。

$$R-\underset{H}{\overset{R'(H)}{C}}-OH \xrightarrow{KMnO_4/H^+} R-\underset{OH}{\overset{R'(H)}{C}}-OH \xrightarrow{-H_2O} \begin{cases} R'RC=O & \text{酮} \\ HRC=O \xrightarrow{KMnO_4/H^+} (HO)RC=O & \text{羧酸} \end{cases}$$

三氧化铬与吡啶生成的配合物称为 Collins 试剂，它可以将伯醇的氧化停留在醛的阶段，如

$$C_6H_5-CH=CHCH_2OH \xrightarrow[CH_2Cl_2,25\ ℃]{\text{Collins 试剂}} C_6H_5-CH=CHCHO$$

Collins 试剂能选择性地氧化醇得到醛或酮，分子中的其他基团如双键等不受影响。该方法的缺点是产物较难分离，且用量较大，要注意避光、避热、防潮保存。

比较温和的反应是 Swern 氧化，使用 DMSO、草酰氯与醇作用生成配合物后，然后用三乙胺分解，可在低温下得到高产率的醛或者酮。

$$R-\underset{H}{\overset{H(R')}{C}}-OH \xrightarrow[(2)Et_3N/-20\ ℃]{(1)DMSO/(COCl)_2/-60\ ℃} \underset{R}{\overset{(R')H}{}}\!\!C=O$$

将叔丁醇铝或异丙醇铝与丙酮和仲醇等反应，醇质子转移到丙酮上成为酮，丙酮则被还原为异丙醇。由于反应仅仅是醇和酮之间的质子转移，分子中的其他基团如不饱和键及其对酸敏感的基团不会受影响。

由于反应是可逆的，因此可以通过控制投料的用量来控制反应的方向。具体反应历程如下：

$$\underset{\displaystyle\mathrm{OH}}{\mathrm{RCHR'}} + \mathrm{Al(OBu\text{-}}t)_3 \rightleftharpoons t\text{-BuOH} + \underset{\displaystyle\mathrm{OAl(OBu\text{-}}t)_2}{\mathrm{RCHR'}} \xrightleftharpoons{\mathrm{CH_3COCH_3}} \text{[cyclic transition state: R, R', H, O–Al(OBu-}t)_2\text{, O=C(CH}_3)_2]$$

$$\rightleftharpoons \mathrm{RCOR'} + (\mathrm{CH_3})_2\mathrm{CHOAl(OBu\text{-}}t)_2$$

$$(\mathrm{CH_3})_2\mathrm{CHOAl(OBu)_2} + t\text{-BuOH} \rightleftharpoons \mathrm{Al(OBu\text{-}}t)_3 + (\mathrm{CH_3})_2\mathrm{CHOH}$$

(3) 氧化断裂反应

在邻二醇分子中，由于两个羟基电负性较强，使得连接二醇的碳碳之间容易发生氧化断裂反应。常用的氧化剂有高碘酸、四乙酸铅等。

$$\mathrm{R{-}CH(OH){-}CH_2OH} \xrightarrow{\mathrm{HIO_4}} \mathrm{RCHO} + \mathrm{HCHO} + \mathrm{HIO_3} + \mathrm{H_2O}$$

高碘酸的氧化可以以水为溶剂，但四乙酸铅的氧化则需要在有机溶剂中进行。这类反应产率较高，同时已被广泛用于邻二醇的结构测定和定量分析。在以高碘酸为氧化剂的反应中，若加入 $AgNO_3$，会有白色的 $AgIO_3$ 沉淀生成。因此，除了通过测定醛或者酮的量外，也可以通过测定 $AgIO_3$ 沉淀的量来确定邻二醇的含量。

用四乙酸铅氧化断裂邻二醇时，反应要经过五元环状中间体，难以生成五元环状中间体的邻二醇不易发生反应。

$$\begin{array}{l}\mathrm{CH_3{-}CH{-}OH}\\ \mathrm{CH_3{-}CH{-}OH}\end{array} + (\mathrm{AcO})_2\mathrm{Pb(OAc)_2} \xrightarrow{-2\mathrm{HOAc}} \left[\begin{array}{l}\mathrm{CH_3{-}CH{-}O}\\ \mathrm{CH_3{-}CH{-}O}\end{array}\!\!>\mathrm{Pb(OAc)_2}\right]$$

五元环状中间体

$$\longrightarrow 2\mathrm{CH_3CHO} + \mathrm{Pb(OAc)_2}$$

6. 嚬哪醇重排

在酸的存在下，邻位二叔醇发生碳骨架的重排生成酮的反应，称为嚬哪醇重排。这个反应是从嚬哪醇的重排发现的，所以称为嚬哪醇重排。

$$\underset{\text{嚬哪醇}}{(\mathrm{CH_3})_2\mathrm{C(OH)}{-}\mathrm{C(OH)(CH_3)_2}} \xrightarrow{\mathrm{H^+}} \underset{\text{嚬哪酮}}{(\mathrm{CH_3})_3\mathrm{C}{-}\mathrm{C(=O)CH_3}}$$

反应先生成一个叔碳正离子，然后一个甲基带着一对电子重排到正碳离子上即得到重排产物。

$$\mathrm{H_3C{-}C(OH)(CH_3){-}C(OH)(CH_3){-}CH_3} \xrightarrow{\mathrm{H^+}} \mathrm{H_3C{-}C(\overset{+}{O}H_2)(CH_3){-}C(OH)(CH_3){-}CH_3} \xrightarrow{-\mathrm{H_2O}} \mathrm{H_3C{-}\overset{+}{C}(CH_3){-}C(OH)(CH_3){-}CH_3}$$

$$(\mathrm{H_3C})_3\mathrm{C{-}C(=\overset{+}{O}H){-}CH_3} \xrightarrow{-\mathrm{H^+}} (\mathrm{H_3C})_3\mathrm{C{-}C(=O){-}CH_3}$$

其他邻位二醇也能发生嚬哪醇重排，如果两个羟基脱水生成不同的碳正离子，总是优先生成更加稳定的碳正离子。例如：

$$H_3C-\underset{CH_3}{\overset{OH}{\overset{|}{C}}}-\underset{C_6H_5}{\overset{OH}{\overset{|}{C}}}-C_6H_5 \xrightarrow{H^+} H_3C-\overset{O}{\overset{\|}{C}}-\underset{C_6H_5}{\overset{CH_3}{\overset{|}{C}}}-C_6H_5$$

7. 醇的制备

工业上使用的乙醇可由乙烯水合得到，也可通过植物的果实、茎秆发酵制备，与汽油混合后得到的乙醇汽油可用做汽车的动力能源，以减少石油的消耗。甲醇可通过一氧化碳加氢得到，甲醇不能溶解在汽油中，不能用做机动车的燃料。此外，甲醇毒性很高，不慎饮用会造成失眠甚至死亡。

其他更复杂的醇可通过羰基化合物的还原、羰基化合物与有机金属试剂的亲核加成反应、卤代烷的水解、烯烃的硼氢化与氧化等反应来制备。

第二节 酚

一、酚的结构

羟基直接连接在芳香环上的羟基化合物称为酚，苯酚是最简单的酚，俗称石炭酸。与醇羟基不同，酚羟基的氧原子为 sp^2 杂化，氧原子的两对孤对电子一对位于 sp^2 杂化轨道上，另外一对位于 p 轨道上，位于 p 轨道上的孤对电子能与苯环很好地共轭，形成大 π 键共轭体系，如图 11.2 所示。由于氧与苯环共轭，C—O 键能增强，酚羟基不发生取代反应。

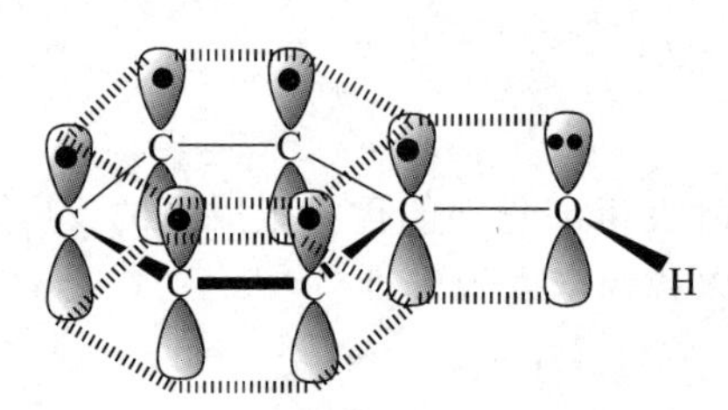

图 11.2　苯酚分子的 p-π 共轭结构

二、酚的化学性质

由于酚羟基氧原子上的孤对电子与苯环共轭，酚羟基的化学性质与醇羟基相比差别非常大。

1. 酚的酸性

酚羟基氧上的电子向苯环上共轭，使 O—H 键的极性进一步增大，容易异裂释放出质子。因此，苯酚显示出比醇更强的酸性，与氢氧化钠等碱作用能形成稳定的苯氧负离子。

$$C_6H_5OH + OH^- \longrightarrow C_6H_5O^- + H_2O$$

其稳定性高的原因可以从形成的苯氧负离子的共振结构式得到解释。

从共振结构式可以看出，氧上的负电荷能较好地分散到苯环上，使苯氧负离子的稳定性增加。不过，为了保持苯环的芳香性，共振杂化体更趋向于烯醇型结构。因此，苯酚的酸性（pK_a＝10.00）比醇强，但是比碳酸（pK_a＝6.35）要弱，当向苯酚钠溶液中通入二氧化碳时，能使苯酚重新游离出来。

$$C_6H_5ONa + CO_2 + H_2O \longrightarrow C_6H_5OH + NaHCO_3$$

苯环上连接的取代基的性质、数目及其位置也会影响酚的酸性强弱。一般情况下，拉电子基团（尤其是易与苯环形成共振的邻、对位基团）使酚的酸性显著增强；给电子基团（尤其是易与苯环形成共振的邻、对位基团）使酚的酸性显著降低。部分常见基团对酚酸性的影响如表11.2所示。

表11.2　部分取代苯酚化合物的 pK_a 值

取代基	H	o-CH_3	m-CH_3	p-CH_3	o-Cl	m-Cl	p-Cl	o-NO_2	m-NO_2	p-NO_2
pK_a	10.00	10.29	10.09	10.26	8.48	9.02	9.38	7.22	8.39	7.15

表11.2中硝基取代酚类的酸性明显升高，其中邻、对位升高现象更加显著，这与强拉电子的硝基能使苯环上的电子云密度降低，促使氧上的负电荷更加分散而变得稳定有关。例如2,4-二硝基苯酚的 pK_a＝4.00，而2,4,6-三硝基苯酚（俗称苦味酸，pK_a＝0.71）的酸性几乎与强酸的酸性相当。

2. 烷基化反应

酚氧负离子的碱性较弱，但作为亲核试剂，可以顺利地与卤代烃 R—X、硫酸酯等发生烷基化反应：

$$C_6H_5ONa + (CH_3)_2SO_4 \longrightarrow C_6H_5OCH_3$$

$$C_6H_5O^- + CH_3CH_2CH_2Cl \longrightarrow C_6H_5OCH_2CH_2CH_3 + Cl^-$$

3. 酯化反应

酚羟基受 p-π 共轭效应的影响不容易直接与酸进行酯化，需使用活性很强的酰化剂（酰卤或酸酐）才能将酚转化为酚酯。这种通过酰化试剂向反应物中引入酰基的反应，称为羟基的酰化反应。例如：

$$C_6H_5OH + (CH_3CO)_2O \longrightarrow C_6H_5OCOCH_3 + CH_3COOH$$

若以水杨酸为原料，通过羟基的酰化反应可以制备乙酰水杨酸，即常用的解热镇痛药阿斯匹林。

$$o\text{-}HOC_6H_4COOH + (CH_3CO)_2O \xrightarrow{浓\ H_2SO_4} o\text{-}CH_3COOC_6H_4COOH + CH_3COOH$$

4. 酚的氧化反应

与醇相比，酚很容易被氧化，空气中的氧就能将无色晶体状态的酚慢慢氧化成红色甚至黑色。如用重铬酸钾和硫酸试剂可将苯酚氧化成对苯醌。若使用 H_2O_2 作氧化剂，苯酚则被氧化成对苯二酚和邻苯二酚，反应的副产物是水，具有绿色合成的意义。

$$C_6H_5OH \xrightarrow[H_2SO_4]{K_2Cr_2O_7} O{=}C_6H_4{=}O$$

1,4-苯醌（对苯醌）

$$C_6H_5OH \xrightarrow{H_2O_2} HO\text{-}C_6H_4\text{-}OH + o\text{-}C_6H_4(OH)_2 + H_2O$$

多元酚更容易被氧化，如邻苯二酚和对苯二酚能分别被氧化银氧化成邻苯醌和对苯醌：

$$o\text{-}C_6H_4(OH)_2 \xrightarrow[无水乙醚]{Ag_2O} o\text{-}C_6H_4O_2$$

1,2-苯醌（邻苯醌）

$$HO\text{-}C_6H_4\text{-}OH \xrightarrow[无水乙醚]{Ag_2O} O{=}C_6H_4{=}O$$

间苯二酚不容易被氧化，这与不能形成共轭体系的氧化产物有关。人们正是利用酚易被氧化的特点，将其作为食品、医药、美容养生等抗氧化添加剂使用。

5. 酚的显色反应

苯酚具有稳定的烯醇式结构，因此大多数酚类化合物能与 $FeCl_3$ 水溶液作用，形成紫色或蓝、绿色等深色配合物，用于酚的鉴定。

$$6ArOH + FeCl_3 \rightleftharpoons Fe(OAr)_6^{3-} + 6H^+ + 3Cl^-$$

6. 芳环上的取代反应

由于酚羟基氧与苯环的共轭，羟基是很强的给电子基团，使苯环更容易发生亲电取代反应，通常在 2,4,6 位发生取代。

(1) 卤化

苯酚与氯气混合即可发生反应，生成对氯苯酚和邻氯苯酚混合物。

$$C_6H_5OH + Cl_2 \longrightarrow p\text{-}ClC_6H_4OH + o\text{-}ClC_6H_4OH$$

在苯酚的水溶液中滴入溴立即产生不溶于水的 2,4,6-三溴苯酚白色沉淀。

$$C_6H_5OH + Br_2 \xrightarrow{H_2O} \text{2,4,6-}Br_3C_6H_2OH$$

该反应非常灵敏，含微量苯酚的水溶液即可出现明显的浑浊，该反应常用于苯酚的定性和定量分析。要得到单取代的一溴苯酚，可使用非极性溶剂如 CCl_4，控制溴的用量并在更低温下进行反应。

$$C_6H_5OH + Br_2 \xrightarrow[0\ ℃]{CCl_4} p\text{-}BrC_6H_4OH + o\text{-}BrC_6H_4OH$$

(2) 硝化与磺化

用浓硫酸可使苯酚磺化，高温下主要得对羟基苯磺酸，在低温下邻羟基苯磺酸含量增加。由于磺化是可逆反应，温度对产物的分布影响很大。

$$C_6H_5OH \longrightarrow o\text{-}HOC_6H_4SO_3H + p\text{-}HOC_6H_4SO_3H$$

	$o\text{-}HOC_6H_4SO_3H$	$p\text{-}HOC_6H_4SO_3H$	
20 ℃	49%	51%	动力学控制
100 ℃	10%	90%	热力学控制

苯酚在室温下用稀硝酸硝化，得到对硝基苯酚和邻硝基苯酚的混合物。

$$C_6H_5OH \xrightarrow{\text{稀硝酸}} o\text{-}O_2NC_6H_4OH + p\text{-}O_2NC_6H_4OH$$

邻硝基苯酚的羟基可与硝基形成分子内氢键，沸点比对硝基苯酚低，在水中溶解度更小。将它们进行水蒸气蒸馏，邻硝基苯酚和水一起被蒸馏出来，从而与对硝基苯酚分离。

邻硝基苯酚分子内氢键

用浓硫酸和浓硝酸混合酸进行硝化，可得到 2,4,6-三硝基苯酚。

$$C_6H_5OH \xrightarrow[100\ ℃]{\text{浓 } H_2SO_4 + \text{浓 } HNO_3} \text{2,4,6-}(NO_2)_3C_6H_2OH$$

2,4,6-三硝基苯酚分子中由于有三个强的拉电子硝基,酚羟基的酸性很强,所以该化合物也称苦味酸,它能与很多碱性化合物生成分子配合物,常用于化合物的分析鉴定。

(3) 芳环的烷基化和酰化

在路易斯酸或者质子酸的存在下,酚能与卤代烷烃、烯烃、醇发生烷基化反应,得到烷基取代的酚。例如:

$$C_6H_5OH \xrightarrow[AlCl_3]{(CH_3)_2CHCl} p\text{-}(CH_3)_2CH\text{-}C_6H_4OH + o\text{-}(CH_3)_2CH\text{-}C_6H_4OH$$

$$p\text{-}CH_3C_6H_4OH \xrightarrow[H_2SO_4]{(CH_3)_3COH} 2,6\text{-}[(CH_3)_3C]_2\text{-}4\text{-}CH_3C_6H_2OH$$

4-甲基-2,6-二叔丁基苯酚(抗氧化剂)

在路易斯酸或者质子酸的催化下,酚能与酰氯、酸酐、羧酸等反应得到酚的酰化产物。

$$C_6H_5OH \xrightarrow[AlCl_3]{CH_3COCl} p\text{-}CH_3CO\text{-}C_6H_4OH\ (74\%) + o\text{-}CH_3CO\text{-}C_6H_4OH\ (16\%)$$

$$C_6H_5OH \xrightarrow[\text{多聚磷酸}]{CH_3CH_2CH_2COOH} p\text{-}CH_3CH_2CH_2CO\text{-}C_6H_4OH + o\text{-}CH_3CH_2CH_2CO\text{-}C_6H_4OH$$

酚的酯在 $AlCl_3$ 催化下重排也可得到酰基酚,而且比直接酰化更好,这一反应称为弗利斯(Fries)重排。

$$p\text{-}CH_3C_6H_4OCOCH_3 \xrightarrow{AlCl_3} 2\text{-}OH\text{-}5\text{-}CH_3C_6H_3COCH_3$$

(4) 瑞穆尔-梯曼(Reimer-Tiemann)反应

苯酚、氯仿和氢氧化钠水溶液共热,可以得到邻羟基苯甲醛,也叫水杨醛。

$$C_6H_5OH \xrightarrow[\text{室温}]{NaOH/H_2O/CHCl_3} o\text{-}HOC_6H_4CHO$$

50%水杨醛

反应通过二氯卡宾($:CCl_2$)中间体进行,这种中间体碳原子只有 6 个外层电子,十分活泼,它作为亲电试剂进攻苯环生成邻二氯甲基苯酚,最后水解成水杨醛。

$$CHCl_3 + NaOH \longrightarrow :CCl_2 + H_2O + NaCl$$

$$C_6H_5O^- + :CCl_2 \longrightarrow \text{(2-oxo-1-}\overline{C}Cl_2\text{-cyclohexadienyl, with H)} \longrightarrow \text{(carbanion, } CHCl_2\text{)} \longrightarrow o\text{-}CHCl_2C_6H_4O^-$$

$$\xrightarrow{NaOH/H_2O} o\text{-}OHC\text{-}C_6H_4O^- \xrightarrow{H_3O^+} o\text{-}OHC\text{-}C_6H_4OH$$

其他的酚也容易发生瑞穆尔-梯曼反应，生成甲酰基酚。

(5) 柯尔贝(Kolbe)反应

苯酚的钠盐在高温高压下与二氧化碳反应，得到水杨酸钠盐，酸化后得到水杨酸。

$$C_6H_5ONa \xrightarrow[125\ ℃/700\ kPa]{CO_2} o\text{-}HO\text{-}C_6H_4\text{-}COONa \xrightarrow{H_3O^+} o\text{-}HO\text{-}C_6H_4\text{-}COOH$$

水杨酸

大量使用的阿司匹林以及其他药物的原料就是通过这个反应提供的。

三、酚的制备和用途

用化学合成方法可以得到苯酚和其他酚，工业上合成苯酚的方法主要有磺化碱熔法、异丙苯氧化法和氯苯水解法等。

苯酚主要用于制造酚醛树脂、双酚 A 及己内酰胺，也可用来合成医药、农药、染料、炸药等产品。由于酚类化合物具有还原性，能够清除体内自由基，一些酚类化合物对身体健康是有益的，如葡萄酒中含有单宁等多酚类化合物，有利于心血管健康。以单宁为原料制备的 3,4,5-三羟基苯甲酸丙酯即是治疗心血管疾病的药物。苯酚衍生物也常用做抗氧剂和防腐剂，如食用油中常添加 2,6-二叔丁基对甲酚，可防止变色和氧化酸败。

第三节　醚

醚是醇或者酚羟基上的氢被烃基取代后的化合物，结构通式为 R—O—R′，其中 R、R′为烃基或者芳香基，两个基团相同的醚称为对称醚，不相同的称为混合醚。

一、醚的化学性质

醚键的化学性质很稳定，一般的碱、氧化剂和还原剂都不能破坏醚键，所以醚常用做有机反应的溶剂。

1. 过氧化物的生成

当与氧相连的碳上有氢时，醚放置在空气中会缓慢生成不稳定的过氧化物。

$$CH_3CH_2OCH_2CH_3 \xrightarrow{O_2} CH_3\overset{OOH}{\overset{|}{C}}HOCH_2CH_3$$

所产生的烷基过氧化氢(过氧化氢中一个氢原子被烷基取代的产物)非常不稳定，浓度较大时受热或者受撞击即发生爆炸，非常危险。所以在蒸馏乙醚时，必须先用淀粉-碘化钾试纸检查有无过氧化物存在，如果有，应使用还原剂硫酸亚铁或者亚硫酸钠的水溶液洗涤除去过氧化物后，再蒸馏。

2. 形成𬭩盐

醚的氧原子上有孤对电子，可以接受质子生成𬭩盐。

$$CH_3CH_2OCH_2CH_3 + H^+ \longrightarrow CH_3CH_2\overset{+}{O}(H)CH_2CH_3$$

所以，氢卤酸、浓硫酸等可溶于乙醚。此外，醚也可以与缺电子化合物如 BF_3、BH_3、$AlCl_3$、格式试剂等生成配合物，将这些试剂溶解在醚中。

$$R_2O + BF_3 \rightleftharpoons R_2O \rightarrow BF_3$$

$$R_2O + BH_3 \rightleftharpoons R_2O \rightarrow BH_3$$

$$R_2O + AlCl_3 \rightleftharpoons R_2O \rightarrow AlCl_3$$

如硼氢烷（$(BH_3)_2$）是经常使用的优良还原剂，但硼氢烷为气体，在实验室中使用不方便。将其溶解在乙醚、四氢呋喃等醚类溶剂中，可方便使用。

3. 醚键的断裂

醚键一般不会断裂，但在浓强氢卤酸中形成𬭩盐后，使 C—O 键极性增大，在加热条件下，负离子作为亲核试剂进攻与氧相连的碳（α-碳），可使醚键断裂，生成醇和卤代烃。用氢卤酸断裂，其反应活性为 HI>HBr>HCl，随酸的强度增加反应活性增加。

$$R—O—R \xrightarrow{HX} ROH + RX$$

二、醚的制备方法与用途

主要通过醇的分子间脱水以及卤代烃与醇钠或酚钠的亲核取代反应（Williamson 合成法）等方法制备醚。

简单的醚如甲醚、乙醚、乙二醇二甲醚、四氢呋喃等常用做溶剂，多醚常用做洗涤剂、相转移催化剂等。醚也用于医疗产品，如以前乙醚常用做麻醉剂，但由于麻醉作用起效慢、易燃、气味不佳、副作用大等缺点而逐渐被淘汰。乙醚的替代品，六氟异丙基氟甲醚俗称七氟醚是一种新型醚类麻醉药，具有不可燃性、诱导期短、刺激小、恢复快、毒副作用小等优点，正在临床上得到广泛应用。

第四节 环 醚

在脂肪族碳环内含有醚键（—O—）的化合物称为环醚。常见的环醚有三元环醚、五元和六元环醚，以及大环多醚（冠醚）。

一、五元和六元环醚

最常见的有四氢呋喃、四氢吡喃、二氧六环三种环醚。

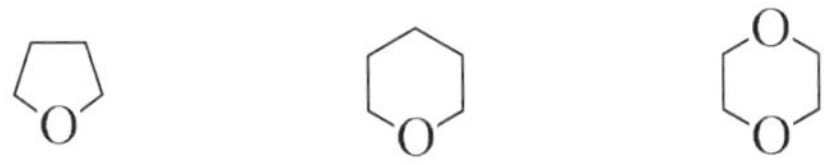

四氢呋喃　四氢吡喃　1,4-二氧六环

这类环醚跟开链环醚一样比较稳定，广泛用做化学反应的溶剂。它们的制备可以二元醇为原料，通过分子内脱水来实行。

二、三元环醚

三元环醚可看成环丙烷的一个碳原子被氧原子取代。像环丙烷一样，三元环张力很大，容易发生开环反应。对于三元环醚来说，由于 C—O 键的极性，很容易发生亲核进攻的开环反应，生成各种开环产物。环氧乙烷的一些开环反应如下：

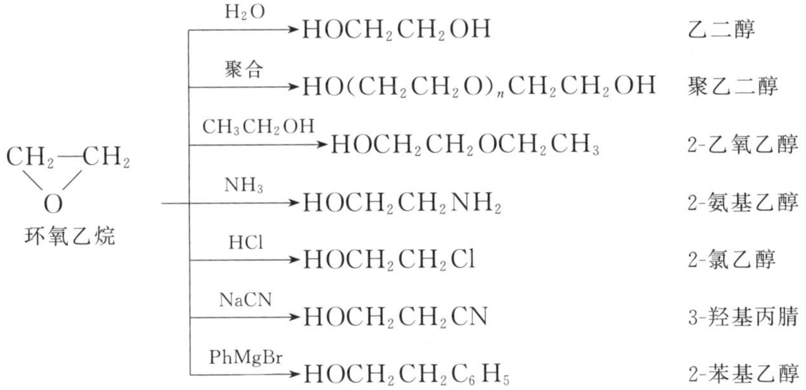

环氧乙烷（CH_2—CH_2，O 桥连）：

试剂	产物	名称
H_2O	$HOCH_2CH_2OH$	乙二醇
聚合	$HO(CH_2CH_2O)_nCH_2CH_2OH$	聚乙二醇
CH_3CH_2OH	$HOCH_2CH_2OCH_2CH_3$	2-乙氧乙醇
NH_3	$HOCH_2CH_2NH_2$	2-氨基乙醇
HCl	$HOCH_2CH_2Cl$	2-氯乙醇
NaCN	$HOCH_2CH_2CN$	3-羟基丙腈
PhMgBr	$HOCH_2CH_2C_6H_5$	2-苯基乙醇

环氧乙烷的开环，既可用碱催化，使亲核试剂的亲核能力增强，也可用酸催化，酸与氧原子生成鉡盐或者配合物，使 C—O 键极性增加，有利于亲核试剂的进攻。

环氧乙烷在工业上可通过乙烯的银催化氧化制备，大量的环氧乙烷用于制备聚乙二醇及其衍生物，在洗涤剂中广泛使用。

环氧乙烷基团在很多天然产物中存在，是药物具有活性的重要官能团。含有环氧乙烷基团的埃博霉素的抗癌活性比没有环氧乙烷基团的强 10～100 倍。

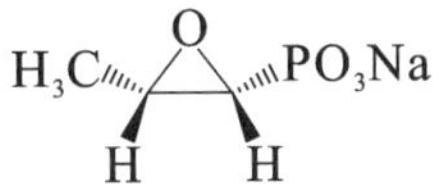

(1*R*,2*S*)-环氧丙基膦酸钠
磷霉素

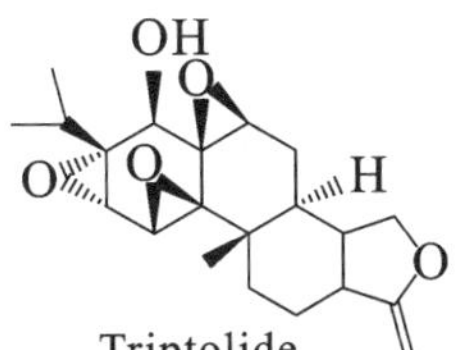

Triptolide
雷公藤的有效成分

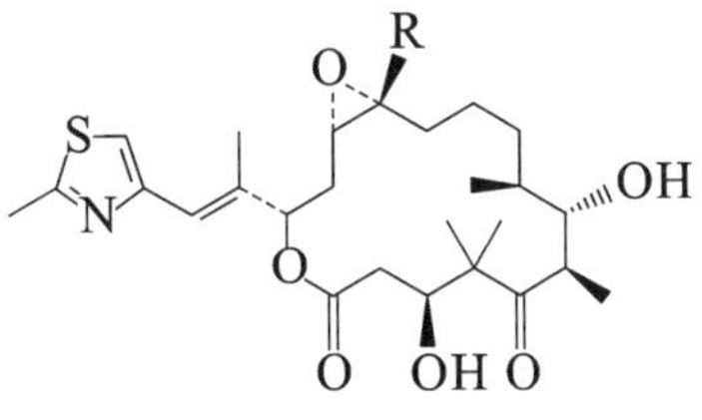

埃博霉素 R=H,CH_3

三、冠醚

冠醚是在环内含多个醚键的大环化合物，它们的构象类似王冠，因而称为冠醚(crown ether)。

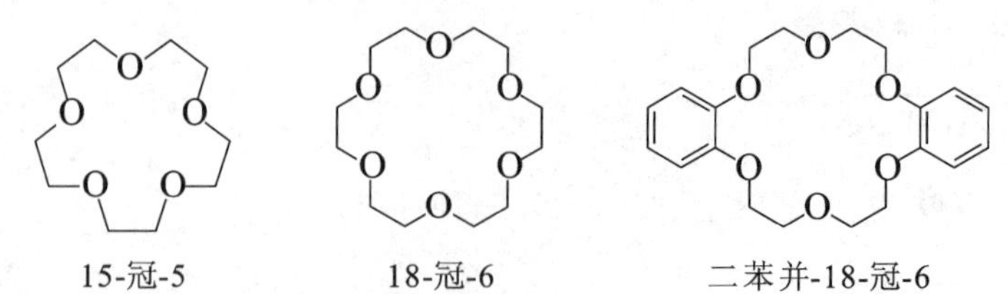

冠醚最主要的性质是环上的多个氧原子能够与正离子，特别是碱金属正离子和铵正离子配位，将其包在环里面，得到比较稳定的包合物。看起来，冠醚分子就像一个热情的主人，能够容纳客人到家里做客。所以像冠醚这种能够包合其他分子或者离子的化合物称为主体化合物，被包合的物质称为客体化合物，研究这种包合性能的化学称为主客体化学。主客体包合物中主体和客体分子是通过非共价键连接在一起的，这种通过非共价键把两个或者两个以上分子或者离子结合在一起形成的包合物或者聚集体现在统称为超分子，研究超分子合成、结构、性能和应用的科学称为超分子化学。超分子化学包含了主客体化学，是当今化学学科研究的一个重要方向。

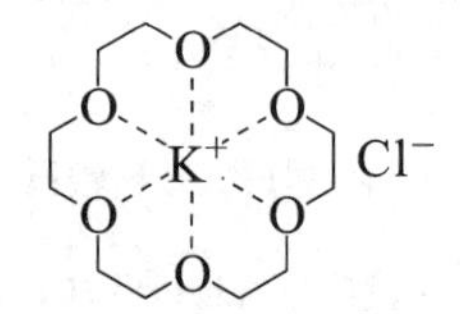

18-冠-6-KCl包合物

冠醚与碱金属盐生成的包合物可以使碱金属盐溶解在有机溶剂中，提高负离子在有机溶剂中的浓度，加速亲核取代反应，因此，冠醚常用做相转移催化剂。

冠醚可以通过二卤代烃和二元醇的威廉逊合成法制备。

第五节　硫醇、硫酚、硫醚

在醇、酚和醚分子中氧原子被硫取代的化合物分别称为硫醇、硫酚和硫醚，相应的—SH基团称为巯基。硫醇、硫酚和硫醚中硫原子的成键方式与相应醇、酚和醚中氧原子的成键方式相同，但硫原子属于第三周期，原子半径大，电负性小，具有空的3d轨道，性能与醇、酚和醚又有明显差别。

一、化学性质

1. 硫醇和硫酚的酸性

就像硫化氢的酸性比水强一样，硫醇和硫酚的酸性也比相应的醇和酚强(见表11.3)。硫醇可与稀的NaOH作用生成钠盐，硫酚可与$NaHCO_3$作用生成钠盐。

表11.3　硫醇和硫酚的pK_a值

化合物	pK_a	化合物	pK_a	化合物	pK_a
H_2O	15.7	C_2H_5OH	15.9	C_6H_5OH	10
H_2S	7.0	C_2H_5SH	9.0	C_6H_5SH	7.8

巯基的酸性比羟基强，主要是由于硫原子的成键轨道是3p轨道，与氢的1s轨道能量相差大，按照能量接近原理，相互之间不能有效重叠，加上硫原子易极化，因此巯基中的氢易离解，酸性增强。

硫原子由于具有空的3d轨道，并且容易极化，与重金属离子的亲和性高。例如，硫醇和硫酚能与重金属如砷、汞、铅、铜等形成稳定的不溶于水的盐类，可用于清除这些有毒的重金属物质。

$$2RSH + HgO \longrightarrow (RS)_2Hg\downarrow + H_2O$$

在纳米银、纳米金的合成中，常加入硫醇和硫醚，利用硫原子对银和金原子的亲和性，在金属纳米粒子的表面形成一层有机物，可避免金属粒子之间聚集，提高纳米粒子的稳定性。

2. 硫醇、硫酚和硫醚的氧化

和无机的含硫化合物一样，低价的硫醇、硫酚和硫醚都容易被氧化为高价的化合物。硫醇和硫酚容易被弱氧化剂如碘和氧气等，氧化生成二硫化物，而二硫化物又可用还原剂还原为硫醇或硫酚。

$$2RSH \underset{\text{还原剂}}{\overset{\text{弱氧化剂}}{\rightleftharpoons}} R{-}S{-}S{-}R$$

SS键和SH键存在于蛋白质中，其氧化还原反应在生物体中起着重要的作用，如大脑的记忆与这种反应有关。

如果使用强氧化剂，硫醇和硫酚都可以被氧化生成亚磺酸和磺酸。如丁硫醇与硝酸铅生成丁硫醇铅盐后，然后用硝酸氧化可得到高产率的丁磺酸。

$$RSH \xrightarrow{KMnO_4\text{ 或者 }HNO_3} RSO_3H$$

$$CH_3CH_2CH_2CH_2SH \xrightarrow{Pb(NO_3)_2} (CH_3CH_2CH_2CH_2S)_2Pb \xrightarrow{HNO_3} CH_3CH_2CH_2CH_2SO_3H$$

硫醚可用过氧化氢、过酸等氧化剂氧化成亚砜与砜。

$$CH_3SCH_3 \xrightarrow{H_2O_2} \underset{\text{二甲亚砜}}{CH_3\overset{\overset{\displaystyle O}{\|}}{S}CH_3} \xrightarrow{H_2O_2} \underset{\text{二甲砜}}{CH_3\overset{\overset{\displaystyle O}{\|}}{\underset{\underset{\displaystyle O}{\|}}{S}}CH_3}$$

3. 亲核取代反应与锍盐

由于硫原子半径大并且容易极化，硫原子的亲核性比氧原子强，硫化物是比烷氧化物更好的亲核试剂，得到的亲核取代产率更高。因此，即使硫醚也是良好的亲核试剂。

$$CH_3CH_2CH_2SH + CH_3CH_2Br \xrightarrow{NaOH} CH_3CH_2CH_2SCH_2CH_3$$

$$C_6H_5{-}SH + CH_3CH_2Br \xrightarrow{K_2CO_3} C_6H_5{-}SCH_2CH_3$$

硫醚与卤代烃作用生成稳定的锍盐，锍盐与氢氧化银反应，通过生成卤化银沉淀，使氢氧根负离子取代卤负离子得到氢氧化三烃基锍，它是一种在有机溶剂中易溶的强碱。

$$(CH_3CH_2CH_2CH_2)_2S + CH_3CH_2CH_2CH_2Br \longrightarrow (CH_3CH_2CH_2CH_2)_3S^+Br^-$$

$$(CH_3CH_2CH_2CH_2)_3S^+Br^- \xrightarrow{AgOH} (CH_3CH_2CH_2CH_2)_3S^+OH^-$$

习 题

11-1 用结构式或反应式解释下列名词。

(1) Lucas 试剂　　(2) Collins 试剂　　(3) 嘧哪醇重排

(4) 分子内脱水　　(5) 分子间脱水

11-2 按照酸性从大到小的顺序排列下列各组化合物。

(1) 仲丁醇　丁醇　叔丁醇　乙醇

(2) 苯酚　对甲苯酚　对硝基苯酚　苄醇　碳酸

(3) 环己醇　2-氯环己醇　3-氯环己醇　4-氯环己醇

(4) 甲酸　乙酸　苯甲酸　草酸

(5) 水　乙醇　苯甲酸　苯酚　甲酸

11-3 指出下列各组化合物与 Lucas 试剂反应的活性大小顺序。

(1) 己醇　2-甲基-2-戊醇　2-己醇

(2) 苄醇　对甲氧基苄醇　对硝基苄醇

(3) 苄醇　α-苯基乙醇　β-苯基乙醇

11-4 判断下列各组中的化合物发生分子内脱水的活性大小顺序。

(1) $CH_3CH_2CH(OH)CH_2CH_3$　$CH_3CH_2CH(CH_3)CH_2CH_2OH$　$CH_3CH_2C(OH)(CH_3)CH_2CH_2OH$

(2) 环己基-CH_2OH　环己基-OH　1-甲基环己醇（CH_3, OH）　2,2-二甲基环己醇（CH_3, OH, CH_3）

(3) 环己基-CH_2OH　环己烯基-OH　环己烯基-OH（OH 位于双键碳上）　环己烯基-OH

11-5 判断下列化合物与甲醇发生酯化反应的相对速度。

HCOOH　环己基-COOH　1-甲基环己烷甲酸（COOH, CH_3）　2-异丙基环己烷甲酸（$CH(CH_3)_2$, COOH）

11-6 指出下列化合物与苯酚进行酯化反应的活性大小顺序。

乙酸　乙酰氯　甲酸

11-7 环己醇与下列试剂反应，写出反应得到的主要产物的结构。

(1) 冷的浓 H_2SO_4　　(2) 浓 H_2SO_4，加热　　(3) 冷的稀 $KMnO_4$

(4) CrO_3，H_2SO_4　　(5) Br_2-CCl_4　　(6) 浓的 HBr 水溶液

(7) P+I_2　　(8) Na

11-8 写出下列反应式中 A～E 各化合物的结构。

(1) 对甲苯磺酰氯(A)+环己基甲醇(B) $\xrightarrow{\text{吡啶}}$ C

(2) $C+(CH_3)_3COK \longrightarrow D$

(3) $C+CH_3OH \longrightarrow E$

11-9　可以用三种方法将 2-辛醇转变成 2-氯辛烷，但所得产物对映异构体会有所不同，说明原因。

R-2-辛醇 $+HCl \xrightarrow[\triangle]{H_2O}$ 2-氯辛烷，近乎外消旋物

R-2-辛醇 $+$ $CH_3C_6H_4SO_2Cl \longrightarrow \xrightarrow{KCl}$ S-2-氯辛烷

R-2-辛醇 $+SOCl_2 \xrightarrow{吡啶}$ S-2-氯辛烷

11-10　写出邻甲苯酚和下列化合物反应所得主要产物的结构。

(1) 溴苄和 NaOH 溶液　(2) 乙酸酐　(3) 对硝基苯甲酰氯和吡啶

(4) (2)的产物$+AlCl_3$　(5) 冷而稀的 HNO_3　(6) 溴水

11-11　写出下列各试剂与环氧乙烷反应所得到的主要产物结构。

(1) H_2O, H^+　(2) H_2O, OH^-　(3) C_6H_5MgBr　(4) 二乙胺

11-12　请由醇或酚合成下列化合物。

(1) 甲基叔丁基醚　(2) 异丙基异丁基醚　(3) 间苯二酚二甲醚

11-13　下列反应的主要产物是什么？

(1) $HOOC-CH(NH_2)-CH_2-S-S-CH_2-CH(NH_2)-COOH \xrightarrow[(2)H_3O^+]{(1)Na+NH_3}$?

(2) $C_6H_5-SH \xrightarrow[或 I_2]{O_2}$?

(3) $CH_3SCH_3 + CH_3I \longrightarrow$?

11-14　化合物 A 与 3 mol 的 HIO_4 反应，生成甲酸、乙醛、二氧化碳和丙酮四种化合物，试推测化合物 A 的可能结构式。

11-15　化合物 A 的分子式为 $C_6H_{13}Cl$，在 NaOH 水溶液中加热生成 B($C_6H_{14}O$)，B 具有旋光性，与钠作用放出氢气，与浓硫酸共热生成 C。C 与臭氧和在还原剂存在下水解，生成丙酮。试推测 A、B、C 的结构，并写出各步反应式。

11-16　化合物 A 的分子式为 $C_9H_{10}O_2$，能溶于 NaOH 水溶液，但不溶于 $NaHCO_3$ 水溶液。若用 CH_3I 碱性溶液处理 A，得到化合物 B($C_{10}H_{12}O_2$)，B 不溶于 NaOH 水溶液，但可与金属钠反应，也能与 $KMnO_4$ 反应，并能使 Br_2/CCl_4 溶液褪色。B 经 O_3 氧化还原水解后形成间甲氧基苯甲醛。试推测 A、B 的结构式并写出有关反应式。

11-17　化合物 A 的分子式为 $C_5H_6O_3$，能与 1 mol 乙醇作用得到两个互为异构体的化合物 B 和 C。B 与 C 分别和 $SOCl_2$ 作用后再与乙醇作用，生成同一个化合物 D，试推测 A、B、C、D 的结构式，并写出有关的反应式。

第十二章　醛、酮

碳原子以双键与氧原子相连形成的官能团称为羰基。羰基是有机化合物分子中一类常见的官能团，参与众多重要的有机合成反应，同时也是很多重要生化反应过程中关键的反应靶位。醛、酮、醌的羰基性质相似，是典型的羰基化合物，本章中将从羰基的结构特点，以及与羰基直接相连接的基团性质的影响出发，介绍醛和酮的化学反应特征。

第一节　羰基的结构及反应特征

一、羰基的结构

羰基碳和氧原子均采取 sp^2 杂化方式，三个 sp^2 杂化轨道处于同一平面，两个原子分别用一个杂化轨道与对方形成 σ 键，用未参与杂化的 2p 轨道平行重叠形成 π 键，因此羰基的碳氧双键是由一个 σ 键和一个 π 键组成的。羰基碳的另两个 sp^2 杂化轨道与其他原子分别形成 σ 键，这三个原子与氧原子一起形成羰基平面；氧原子还有两对未共用电子，分布在它的另两个 sp^2 杂化轨道上(见图 12.1)。

(a) 羰基的成键情况　　　(b) 羰基的极性

图 12.1　羰基的结构示意图

由于氧的电负性比碳大，羰基碳氧之间的电子云分布偏向氧一方，因此氧上的电子云密度明显比碳上的高，使得羰基成为一个强极性基团。这一点从羰基的偶极矩(2.3～2.8 D)大小可以得以说明。

羰基的上述结构特点决定了其主要的反应方式：

① 羰基碳因带有较多的正电荷，易与各种亲核试剂发生结合；

② 羰基氧因带有较多的负电荷，易与各种亲电试剂发生结合；

③ 羰基中的 π 键较弱，可以发生加成反应。

在碱性条件下，羰基与亲核试剂发生反应时，首先会生成四面体的中间体：

$$>C{=}O + :Nu^- \rightleftharpoons \left[\text{Nu}\cdots C \cdots O^- \right] \rightleftharpoons \text{Nu}-C-O^-$$

反应物　　　　过渡态　　　　活性中间体

平面三角形　　四面体形　　　四面体形

在多数反应中，四面体中间体的生成是反应的决速步。该中间体是否易生成，常常取决于羰基化合物的反应活性。一旦此中间体生成，很快会和亲核试剂的正电部分结合生成加成产物。

能够进攻羰基的亲核试剂很多，从无机负离子如 CN^-、HSO_3^-、H_2O、OH^-，到简单的有机分子如 ROH 及其负离子 RO^-，NH_3 及其衍生物 NH_2G（G＝—R，—OH，—NH_2，—NHG′等），都是常用的亲核试剂。有机金属试剂，如 RLi、RMgX 等，是常见的碳中心亲核试剂，亲核能力很强。除了金属有机化合物外，许多羰基化合物在碱作用下，可以失去 α-氢产生碳负离子，后者是很好的亲核试剂。

$$\mathrm{RC(=O)CH_2R'} \xrightleftharpoons{\text{碱}} \mathrm{RC(=O)}\!-\!\overset{-}{\mathrm{C}}\mathrm{HR'} \longleftrightarrow \mathrm{R}\underset{}{\overset{O^-}{\mathrm{C}}}\!=\!\mathrm{CHR'}$$

碳负离子 carbanion　　烯醇负离子 enolate

像 $LiAlH_4$ 或 $NaBH_4$ 这样的还原试剂还原羰基化合物时，它们所提供的氢负离子也可视为亲核试剂。

在酸性条件下，羰基化合物的反应历程通常包括一个酸催化步骤，即羰基氧与质子或路易斯酸的结合：

$$\mathrm{C(=O)L} \xrightleftharpoons{H^+} \mathrm{C(=OH^+)L} \xrightleftharpoons{Nu^-} \mathrm{L\!-\!C(Nu)(OH)}$$

质子化的羰基碳原子上分布的电子云密度会进一步降低，因而更易与亲核试剂结合。

二、取代基对羰基反应性的影响

1. 诱导效应

羰基上连接的基团具有拉电子性质时，会引起羰基上的电子云密度下降，提高羰基与亲核试剂的结合能力，反之亦然。例如，乙醛通常以醛的形式存在，但是三氯乙醛很易形成水合物。

2. 共轭效应

羰基与直接连接的基团间存在共轭作用时，羰基上的电子云密度会发生明显的变化。例如，羰基与苯基直接相连时，两者之间存在 π-π 共轭作用，结果引起苯环上的 π 电子云向羰基一边偏移，提高了羰基的电子云密度，降低了它与亲核试剂的反应活性。反应活性次序一般为

$$\mathrm{RCHO} > \mathrm{C_6H_5CHO} > \mathrm{(C_6H_5)_2C{=}O}$$

另一种因共轭作用引起羰基活性降低的实例是酰胺化合物，羰基与氮原子相连时，虽然氮原子会表现出一定的拉电子诱导效应，但两者间存在很强的 p-π 共轭，综合结果是氨基仍表现为强给电子基团。

3. 立体位阻

从上述亲核加成机理可以看到，随着反应的进行，羰基碳原子的构型由原来的平面三角形转变成四面体，碳周围的基团之间的空间距离缩小，拥挤程度加剧。因此，羰基上连接的基团

的体积增大，将不利于加成反应的进行。例如，醛、酮羰基的活性大小次序一般为

$$\mathrm{H_2C{=}O} > \mathrm{RHC{=}O} > \mathrm{R(H_3C)C{=}O} > \mathrm{RR'C{=}O}$$

第二节 醛、酮的化学反应

一、亲核加成

当氢原子或烃基与羰基相邻时，这类化合物被称为醛或酮。由于氢或烃基的电负性小，对羰基电子云的影响相对较弱，因而醛、酮所发生的反应最能体现羰基的本性，其中亲核加成是羰基最特征的一类反应。

1. 与 HCN 的加成

氰基负离子可以和醛及多种活泼的酮发生亲核加成，产生 α-羟基腈，它是制备 α-羟基酸的原料。

$$\mathrm{{>}C{=}O} + \mathrm{HCN} \longrightarrow \mathrm{{>}C(OH)CN} \xrightarrow[\mathrm{H^+}\text{或}\mathrm{OH^-}]{\mathrm{H_2O}} \mathrm{{>}C(OH)COOH}$$

α-羟基腈　　α-羟基酸

羟基酸还可进一步失水，变为 α,β-不饱和酸。用丙酮和氢氰酸在氢氧化钠的水溶液中反应，首先得到丙酮的羟腈，然后和甲醇在硫酸的作用下，即发生失水及酯化作用，氰基即变为酯基（$\mathrm{—COOCH_3}$）。其反应过程可用下式表示：

$$\mathrm{(H_3C)_2C{=}O} + \mathrm{HCN} \xrightarrow{\mathrm{NaOH}} \mathrm{(H_3C)_2C(CN)OH} \xrightarrow[\mathrm{H_2SO_4}]{\mathrm{CH_3OH}} \mathrm{CH_2{=}C(CH_3){-}C({=}O){-}OCH_3}$$

丙酮羟腈 78%　　甲基丙烯酸甲酯 90%

甲基丙烯酸甲酯是工业上合成有机玻璃的单体。

实际上，只有醛、脂肪族的甲基酮和八个碳以下的环酮（由于成环使羰基突出而具有较高活性）可以与 HCN 发生加成。当酮羰基上的两个基团太大时，由于空间位阻的关系，产率大大下降。

碱对醛、酮与氢氰酸的加成反应有很大影响。加催化量的碱可以使反应在几分钟内完成，加酸则使反应速率减慢，在大量酸存在时放置几星期也不起反应。这是因为氢氰酸是弱酸，氢氰酸离解很少，加碱可以显著地增加 $\mathrm{CN^-}$ 离子浓度。

$$\mathrm{HCN} + \mathrm{HO^-} \longrightarrow \mathrm{CN^-} + \mathrm{H_2O}$$

若加酸，氢离子和羰基发生质子化作用，增加了羰基碳原子的亲电性，这对反应是有利的；但氢离子浓度升高，降低了 $\mathrm{CN^-}$ 的浓度，导致反应速率的降低。总的来说，反应需要催化量的碱，产生的少量 $\mathrm{CN^-}$ 进行亲核加成，但碱性不能太强，因为中间体需要质子化才能稳定。

$$\begin{matrix}R \\ \diagdown \\ C{=}O \\ \diagup \\ R\end{matrix} + CN^- \rightleftharpoons \begin{matrix}R\quad O^- \\ \diagdown\diagup \\ C \\ \diagup\diagdown \\ R\quad CN\end{matrix} \xrightarrow{H^+} \begin{matrix}R\quad OH \\ \diagdown\diagup \\ C \\ \diagup\diagdown \\ R\quad CN\end{matrix}$$

在上述机理中,第一步 CN^- 对羰基的加成是决速步,第二步是质子转移反应,很快完成。在这个可逆反应中,加碱能使平衡迅速建立,起加速反应的作用,但并不能改变反应的平衡常数。

值得注意的是,虽然醛、酮与氢氰酸的加成有很大的应用价值,但氢氰酸是剧毒酸,挥发性大,使用很不便。因此在实际工作中,常用氰化钾或氰化钠加无机酸来代替氢氰酸。

2. 与 $NaHSO_3$ 的加成

亚硫酸氢钠可以与醛及某些活泼的脂肪酮发生加成作用,生成稳定的加成产物,并以白色晶体析出。由于硫的亲核性比氮或氧强,此反应不需要催化剂就可以发生,反应时需用过量的饱和亚硫酸氢钠溶液和醛一同振荡,使平衡尽量向右进行:

$$\begin{matrix}R \\ \diagdown \\ C{=}O \\ \diagup \\ H\end{matrix} + \begin{matrix}HO\quad \overset{-\,+}{O}Na \\ \diagdown\diagup \\ :S \\ \| \\ O\end{matrix} \rightleftharpoons \begin{matrix}R\quad \overset{-\,+}{O}Na \\ \diagdown\diagup \\ C \\ \diagup\diagdown \\ H\quad SO_3H\end{matrix} \longrightarrow \begin{matrix}R\quad OH \\ \diagdown\diagup \\ C \\ \diagup\diagdown \\ H\quad SO_3Na\end{matrix}$$

产物是一种不溶于乙醚,但溶于水的盐,可以形成很好的白色晶体,故可利用此反应对简单的醛、酮进行鉴别。由于反应是可逆的,若把存在于体系中微量的亚硫酸氢钠用酸或碱除去,加成物又可以分解成为原来的醛或酮,故该反应又可用于醛、酮的分离和纯化。

从反应活性上看,这个反应对醛一般可以使用,但酮则要取决于它的结构,特别是烃基的空间位阻。事实证明只有脂肪族甲基酮或八个碳以下的脂环酮,才能发生加成反应。例如在一小时内,丙酮加成产率是56.2%,丁酮是36.4%,环己酮是35%,而3-戊酮就只有2%。环酮羰基上的两个基团的自由运动受到限制,空间位阻较小,产量增加。

醛、酮与亚硫酸氢钠所生成的加成产物与氰化钠作用也可生成 α-羟腈,这样可避免直接使用剧毒的氢氰酸。例如:

$$\begin{matrix}H_3C \\ \diagdown \\ C{=}O \\ \diagup \\ H_3C\end{matrix} + NaHSO_3 \rightleftharpoons \begin{matrix}H_3C\quad OH \\ \diagdown\diagup \\ C \\ \diagup\diagdown \\ H_3C\quad SO_3Na\end{matrix} \xrightarrow{NaCN} \begin{matrix}H_3C\quad OH \\ \diagdown\diagup \\ C \\ \diagup\diagdown \\ H_3C\quad CN\end{matrix}$$

3. 与醇的加成

普通的醛、酮与醇之间不会发生加成,但是在酸性催化剂如对甲苯磺酸、干燥氯化氢的作用下,可以和两分子醇反应并失水,生成缩醛或缩酮。这类反应在糖化学及有机合成上比较重要。缩醛、缩酮形成的一般反应如下式所示:

$$\underset{\text{醛或酮}}{\begin{matrix}\diagdown \\ C{=}O \\ \diagup\end{matrix}} + ROH \rightleftharpoons \underset{\text{半缩醛(酮)}}{\begin{matrix}\diagdown\ \ OR \\ C \\ \diagup\ \ OH\end{matrix}} \underset{}{\overset{ROH,H^+}{\rightleftharpoons}} \underset{\text{缩醛(酮)}}{\begin{matrix}\diagdown\ \ OR \\ C \\ \diagup\ \ OR\end{matrix}} + H_2O$$

例如:

$$CH_3CH_2CH_2CHO + 2CH_3OH \xrightarrow{H^+} CH_3CH_2CH_2CH(OCH_3)_2$$

丁醛缩二甲醇

该反应的具体过程如下：

$$\gt C{=}O \underset{}{\overset{H^+}{\rightleftharpoons}} \gt C{=}\overset{+}{O}H \overset{ROH}{\rightleftharpoons} \gt C(OH)(\overset{+}{O}RH) \overset{-H^+}{\rightleftharpoons} \gt C(OH)(OR) \overset{H^+}{\rightleftharpoons}$$

半缩醛

$$\gt C(\overset{+}{O}H_2)(OR) \overset{-H_2O}{\rightleftharpoons} \gt C{=}\overset{+}{O}R \overset{ROH}{\rightleftharpoons} \gt C(OR)(\overset{+}{O}RH) \overset{-H^+}{\rightleftharpoons} \gt C(OR)(OR)$$

缩醛

首先，羰基发生质子化，然后与一分子醇发生加成，失去氢离子后，产生不稳定的半缩醛；再与质子结合，失水后形成碳正离子，再和一分子醇反应并失去质子，最后得到缩醛。

上述一系列中间反应都是可逆的，因此，缩醛虽然是在酸催化下形成的，但也可以被稀酸分解成原来的醛。缩醛对碱及氧化剂是稳定的，利用这个性质，在有机合成中常将醛用缩醛的形式进行保护，然后在碱性介质中进行所需的反应。待反应完毕后，再用稀酸将缩醛分解成醛，从而达到保护羰基的目的。

由于酮的活性比醛小，在生成缩酮的时候，平衡较偏向于左边。若采用特殊装置（如油水分离器）除去反应中生成的水，可使平衡向生成缩酮的方向移动。例如，酮与乙二醇在对甲苯磺酸催化下，用苯或甲苯作带水剂，可得环状缩酮。

$$\text{环己酮} + HOCH_2CH_2OH \xrightarrow[\text{苯},\triangle]{H_3C-C_6H_4-SO_3H} \text{环己酮缩乙二醇} + H_2O$$

环己酮缩乙二醇

硫醇比醇的亲核能力强，例如乙二硫醇在室温下即可与酮反应生成缩硫酮。

$$R_2C{=}O + HSCH_2CH_2SH \xrightarrow{H^+} R_2C(SCH_2CH_2S)$$

缩硫酮很难被酸催化水解，因此不用于羰基的保护。因其能被催化氢解，使羰基间接还原为亚甲基，在有机合成中也有较大的应用价值。

$$R_2C(SCH_2CH_2S) \xrightarrow[Ni]{H_2} R_2CH_2$$

4. 与水的加成

醛、酮与水加成生成偕二醇。一般来说，偕二醇是不稳定的，它们很容易脱水再次生成醛或酮。

$$HCHO + H_2O \rightleftharpoons H_2C(OH)_2$$

100%

$$CH_3CHO + H_2O \rightleftharpoons CH_3CH(OH)_2$$

~58%

$$CH_3COCH_3 + H_2O \rightleftharpoons (CH_3)_2C(OH)_2$$

0%

从上面三个实例可以看出，随着空间位阻及羰基的亲电性下降，偕二醇的形成也逐步减少。只有个别的醛，如甲醛，在水溶液中几乎全部都变为水合物，但不能把它分离出来，因为它在分离过程中很容易失水。假若羰基和强拉电子基团（如—COOH，—CHO，—COR，—CCl_3等）相连，则羰基的亲电性增强，可以形成稳定的水合物。例如：

$$Cl_3C—CHO + H_2O \longrightarrow Cl_3C—CH(OH)_2$$

三氯乙醛水合物（安眠药）

$$OHC—CHO + H_2O \longrightarrow OHC—CH(OH)_2$$

以上水合物均可用浓硫酸脱水。

5. 与氨及其衍生物的加成

氮的多种衍生物，如伯胺、羟氨及肼等，均可和醛、酮发生亲核加成，失水后形成含有C═N双键的化合物。反应可用通式表示如下：

$$R—\underset{H(R)}{\underset{|}{C}}═O + H_2N—X \xrightarrow{-H_2O} R—\underset{H(R)}{\underset{|}{C}}═N—X$$

醛、酮与伯胺的加成产物不太稳定，马上会发生脱水反应，形成亚胺。反应过程如下：

$$\gt C═O + NH_2R \rightleftharpoons \left[\gt C \lt^{O^-}_{\overset{+}{N}H_2R} \right] \rightleftharpoons \gt C \lt^{OH}_{NHR} \rightleftharpoons \gt C═NR$$

脂肪族亚胺不稳定，芳香族亚胺比较稳定，可以分离出来。

$$C_6H_5—CHO + H_2N—C_6H_5 \longrightarrow \left[C_6H_5—\underset{H}{\overset{OH}{C}}—\overset{H}{N}—C_6H_5 \right] \longrightarrow C_6H_5—\underset{H}{C}═N—C_6H_5$$

N-苯基苯甲亚胺

亚胺在稀酸中水解，生成原来的羰基化合物及胺。

醛、酮和仲胺反应的中间体也不稳定，平衡不利于产物的形成。含 α-氢的醛、酮与仲胺反应，则中间体的羟基会和 α-氢失水生成烯胺。反应过程如下：

$$-\overset{|}{\underset{|}{C}}H-\overset{}{\underset{|}{C}}=O \xrightleftharpoons{+H^+} -\overset{|}{\underset{|}{C}}H-\underset{|}{C}=\overset{+}{O}H \xrightleftharpoons{HNR_2} -\overset{|}{\underset{|}{C}}H-\underset{|}{\overset{OH}{C}}-\overset{+}{N}HR_2 \xrightleftharpoons{-H^+} -\overset{|}{\underset{|}{C}}H-\underset{|}{\overset{OH}{C}}-NR_2$$

$$\xrightleftharpoons{+H^+} -\overset{|}{\underset{|}{C}}H-\underset{|}{\overset{\overset{+}{O}H_2}{C}}-\ddot{N}R_2 \xrightleftharpoons{-H_2O} -\overset{|}{\underset{|}{C}}H-\underset{|}{C}=\overset{+}{N}R_2 \rightleftharpoons -\underset{|}{C}=\underset{|}{C}-NR_2$$

烯胺

例如：

$$\text{环己酮} + \text{四氢吡咯(NH)} \xrightarrow[\text{苯，}\triangle]{p\text{-TsOH}} \text{1-(1-环己烯基)四氢吡咯} + H_2O$$

要使反应完全，则需要将水从反应体系中分离出去。此反应也是一个可逆反应，烯胺在稀酸水溶液中可以水解成醛、酮及仲胺。

烯胺分子内存在 p-π 共轭，使得 β-碳原子上的电子云密度明显提高。实际上，烯胺作为中性亲核试剂在有机合成上有广泛的应用。例如：

$$\text{1-(1-环己烯基)四氢吡咯} + CH_3I \longrightarrow \text{(2-甲基亚环己基)四氢吡咯鎓}\ \overset{+}{N}\ I^- \xrightarrow{H_3O^+} \text{2-甲基环己酮} + \text{四氢吡咯(NH)}$$

其他常用的氨的衍生物及其与醛、酮的加成产物的名称如表 12.1 所示。

表 12.1 常用的氨的衍生物及与羰基加成后的产物名称

氨的衍生物名称	结构式	加成缩合产物结构式	名称
伯胺	$H_2N—R''$	$R(R')HC=N—R''$	Schiff 碱
羟胺	$H_2N—OH$	$R(R')HC=N—OH$	肟(oxime)
肼	$H_2N—NH_2$	$R(R')HC=N—NH_2$	腙(hydrazone)
苯肼	$H_2N—NH—C_6H_5$	$R(R')HC=N—NH—C_6H_5$	苯腙(phenylhydrazone)

续表

氨的衍生物名称	结构式	加成缩合产物结构式	名称
2,4-二硝基苯肼	$H_2N-NH-C_6H_3(NO_2)_2$（2,4-二硝基苯基）	$R(R')HC{=}N-NH-C_6H_3(NO_2)_2$	2,4-二硝基苯腙 (2,4-dinitrohydrazone)
氨基脲	$H_2N-NH-C(=O)-NH_2$	$R(R'H)C{=}N-NH-C(=O)-NH_2$	缩氨脲 (semicarbazone)

氨的衍生物与醛、酮反应后的产物肟、腙、苯腙、缩氨脲等都是很好的结晶，具有一定的熔点，因此可用它们来鉴别醛、酮，这些衍生物也被专称为羰基试剂。上述加成产物因在酸性条件下水解可以重新生成原来的醛、酮，故可通过先与羰基试剂加成再进行酸性水解的过程以达到纯化醛、酮的目的。

6. 与金属有机试剂的反应

醛、酮的羰基可以与有机金属化合物，如 RMgX、RLi、CH≡C—Na 等，发生亲核加成反应，加成物水解后可制得各种醇类，是醇的重要制备方法之一。羰基与炔金属化合物加成后还可在分子中引入炔键。其反应过程如下所示：

$$\gt C{=}O + M{-}R \longrightarrow -\underset{|}{\overset{O-M}{\overset{|}{C}}}-R \xrightarrow{H_3O^+} -\underset{|}{\overset{OH}{\overset{|}{C}}}-R$$

(1) 与格氏试剂(RMgX)的反应

格氏试剂(Grignard reagent)是由卤代烷与金属镁在醚或四氢呋喃中反应制得的。卤代烷的活性次序为 RI>RBr>RCl。溴乙烯与镁在较高沸点的四氢呋喃中才能形成格氏试剂。

$$RX + Mg \xrightarrow{Et_2O} RMgX$$

$$CH_2{=}CHBr + Mg \xrightarrow{THF} CH_2{=}CHMgBr$$

若分子内含有弱酸性的 C—H 键，如端炔、环戊二烯等，可与格氏试剂发生质子交换，形成新的有机镁试剂。

$$RC{\equiv}CH + RMgX \longrightarrow RC{\equiv}CMgX + RH$$

格氏试剂是一类强亲核试剂，烃基碳带有较多的负电荷，可以与醛、酮及羧酸酯上的羰基发生亲核加成。甲醛与格氏试剂作用的产物为伯醇，其他醛为仲醇，酮为叔醇。例如：

$$PhCHO + C_2H_5MgX \xrightarrow[(2)H_3O^+]{(1)无水乙醚} PhCH(OH)C_2H_5$$

$$CH_3COCH_3 + PhCH_2MgX \xrightarrow[(2)H_3O^+]{(1)无水乙醚} PhCH_2C(CH_3)_2OH$$

(2) 与炔化物的反应

末端炔烃的氢原子具有一定的弱酸性，可被 Na、Li 等活泼碱金属置换生成金属炔化物。

$$RC\equiv CH + Na \xrightarrow{\text{液}NH_3} RC\equiv CNa$$

$$RC\equiv CH + Li \xrightarrow{THF} RC\equiv CLi$$

炔碳负离子是很强的亲核试剂，可与醛、酮加成，加成产物水解后生成炔醇。例如：

$$HC\equiv CH \xrightarrow[THF,-78\ ℃]{n\text{-}BuLi} HC\equiv CLi \xrightarrow[THF,-78\ ℃]{n\text{-}C_5H_{11}CHO} \xrightarrow[25\ ℃]{H_2O} n\text{-}C_5H_{11}CH(OH)C\equiv CH$$

$$\text{环己酮} \xrightarrow[NH_3,-35\ ℃]{HC\equiv CNa} \text{1-(ONa)-1-(C}\equiv\text{CH)环己烷} \xrightarrow[H^+]{H_2O} \text{1-(OH)-1-(C}\equiv\text{CH)环己烷}$$

7. 与叶立德试剂的反应

具有亲核性的三苯基膦与卤代烃反应得到的季鏻盐，用强碱处理除去烷基上 α-氢原子后，得到一种内盐化合物，称为叶立德(Ylid)试剂。因带正电荷的为磷原子，因此也称为磷叶立德。

$$(C_6H_5)_3P + CH_3CH_2Br \xrightarrow{C_6H_6} \underset{\text{季鏻盐}}{(C_6H_5)_3\overset{+}{P}CH_2CH_3Br^-}$$

$$(C_6H_5)_3PCH_2CH_3Br + CH_3CH_2Li \longrightarrow \underset{\text{叶立德试剂}}{(C_6H_5)_3P=CHCH_3} \longleftrightarrow (C_6H_5)_3\overset{+}{P}-\overset{-}{C}HCH_3$$

叶立德试剂可以内鏻盐的形式表示，其通式为 $(C_6H_5)_3P^+C^-RR'$。叶立德试剂中带负电荷的碳可与醛、酮发生亲核加成，形成一个环状的中间体，后者不稳定，受热分解为氧化三苯基膦和烯烃。该反应过程称为维蒂希(Wittig)反应，是一种从醛、酮合成烯烃的好方法。例如：

$$H_3C-\overset{O}{\overset{\|}{C}}-CH_3 + (C_6H_5)_3P=CHCH_3 \longrightarrow \left[H_3C-\underset{CH_3}{\overset{O^-}{C}}-\overset{\overset{+}{P}(C_6H_5)_3}{CHCH_3} \right] \longrightarrow$$

$$\left[H_3C-\underset{CH_3}{\overset{O-}{C}}-\overset{P(C_6H_5)_3}{CHCH_3} \right] \xrightarrow{0\ ℃} H_3C-\underset{CH_3}{C}=CHCH_3 + (C_6H_5)_3P=O$$

维蒂希反应条件温和且收率较高，可用于合成一些其他方法难于制备的烯烃。例如：

$$\text{环己酮} + Ph_3P=CH_2 \xrightarrow[86\%]{\text{二甲基亚砜}} \text{亚甲基环己烷}$$

$$\text{(多烯基)}-PPh_3 + OHC\text{—(CH}_3\text{)C=CH—}OAc \xrightarrow[(2)\text{异构化}]{(1)-Ph_3PO} \text{(多烯)}-OAc\quad 98\%$$

制备叶立德试剂所用的卤代烃可以是伯、仲卤代烃。卤代烃分子中可以含有 C=C 和 C≡C 等不饱和键。叔卤代烃、卤代烯烃和卤代芳烃不适用于这一反应。

8. 羟醛缩合反应

(1) 自身缩合反应

含有 α-氢的醛或酮在酸或碱(常用稀碱)的催化下，一分子醛或酮形成碳负离子，与另一分子醛或酮的羰基发生亲核加成形成β-羟基醛或酮的反应，称为羟醛缩合反应。加成物β-羟基醛或酮有的在反应时就失水，有的在强酸或强碱作用下失水而生成α,β-不饱和醛酮。例如丁醛在碱作用下的缩合反应：

$$2\ CH_3CH_2CH_2CHO \xrightarrow[50\%\sim70\%]{NaOH} CH_3CH_2CH_2CH{=}C(CHO)CH_2CH_3$$

羟醛缩合反应的历程一般为

$$RCH_2\overset{O}{\overset{\|}{C}}R' \underset{(1)}{\overset{RO^-}{\rightleftharpoons}} \left[R\overset{-}{C}H\overset{O}{\overset{\|}{C}}R' \longleftrightarrow RCH{=}\overset{O^-}{\overset{|}{C}}R' \right] \underset{(2)}{\overset{RCH_2\overset{O}{\overset{\|}{C}}R'}{\rightleftharpoons}} RCH_2\underset{R'}{\underset{|}{\overset{O^-}{\overset{|}{C}}}}—\underset{R}{\underset{|}{C}}H\overset{O}{\overset{\|}{C}}R'$$

$$\Big\Downarrow ROH$$

$$H_2O + RCH_2\underset{R'}{\underset{|}{C}}{=}\underset{R}{\underset{|}{C}}COR' \underset{(3)}{\overset{H^+或OH^-}{\rightleftharpoons}} RCH_2\underset{R'}{\underset{|}{\overset{OH}{\overset{|}{C}}}}—\underset{R}{\underset{|}{C}}H\overset{O}{\overset{\|}{C}}R'$$

反应(1)形成的负离子是碳负离子和烯醇负离子的共振杂化体，虽然两者都可以与羰基加成，但主要仍以碳负离子的加成为主。对反应(2)而言，许多脂肪酮的反应在热力学上是不利的，平衡大大偏于反应物一边，往往需要用特殊的方法使反应朝右进行。反应(3)也是可逆的，在强酸、强碱或者加热的条件下，有利于失水反应，这时尽管反应(2)是不利的，但通过失水把反应完全移向右方。相对而言，醛的缩合反应要容易进行得多。例如：

$$CH_3\overset{O}{\overset{\|}{C}}H + \overset{H}{\overset{|}{C}}H_2CHO \xrightarrow[室温]{NaOH(少量)} CH_3\overset{OH}{\overset{|}{C}}HCH_2CHO \xrightarrow[\triangle]{H_3\overset{+}{O}} CH_3CH{=}CHCHO$$

羟醛缩合反应是制备各种α,β-不饱和羰基化合物的重要合成方法。常用的碱性催化剂，除了氢氧化钾、氢氧化钠、碳酸钠、乙醇钠外，用叔丁醇铝并提高反应温度也能大大提高酮的反应产率，通常可以达到70%以上。有时酸性催化剂，如磺酸、硫酸、路易斯酸等也能催化醛、酮的自身缩合反应。在反应时用强酸或强碱，加成物可直接失水，使平衡朝产物形成的方向移动。

(2) 交叉缩合反应

两种不同的醛或酮之间进行羟醛缩合反应时，理论上可以生成四种不同的缩合产物，由于分离困难，这类反应往往用途不大。但若选用一个无α-氢的醛提供羰基和一个有α-氢的醛或酮提供烯醇负离子，进行交叉羟醛缩合反应，则可得到较单一的产物。例如：

$$HCHO + (CH_3)_2CHCH_2CHO \xrightarrow{K_2CO_3} (CH_3)_2CH\underset{CH_2OH}{\underset{|}{C}}HCHO$$

2-羟甲基-3-甲基丁醛 52%

芳香醛与含有α-氢的脂肪族醛或酮在氢氧化钠的水或乙醇溶液内进行交叉羟醛缩合，得到产率较高的α,β-不饱和醛或酮，这一反应称为克莱森-施密特(Claisen-Schmidt)反应。例如苯甲醛和乙醛反应，得到两个羟醛，一个是乙醛自身缩合的产物，另一个是交叉缩合产物肉桂醛，但是这两者经过一段时间后，形成一个平衡体系。由于交叉缩合产物的羟基同时受苯基和醛基的作用，更容易发生不可逆的失水反应，因此产物主要为肉桂醛。

$$C_6H_5CHO + CH_3CHO \rightleftharpoons \underset{\displaystyle OH}{CH_3CHCH_2CHO}$$

$$C_6H_5CHO + CH_3CHO \rightleftharpoons \underset{\displaystyle OH}{C_6H_5CHCH_2CHO} \xrightarrow{-H_2O} \underset{\text{肉桂醛}}{C_6H_5CH{=}CHCHO}$$

克莱森-施密特反应的另一特点是产物中羰基总是和另一基团处于反式，例如：

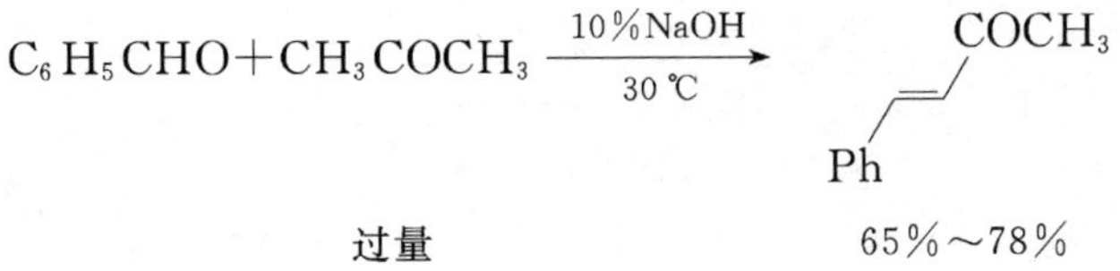

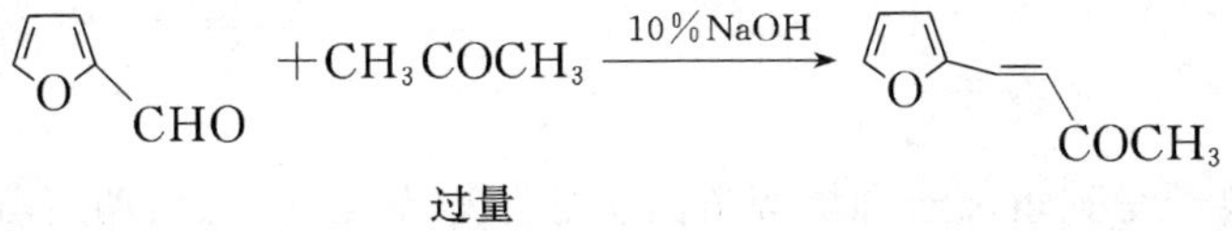

$$C_6H_5CHO + \underset{\text{过量}}{CH_3COCH_3} \xrightarrow[30\ ℃]{10\%NaOH} \underset{65\%\sim78\%}{Ph\text{–}CH{=}CH\text{–}COCH_3}$$

$$\text{(呋喃环)–}CHO + \underset{\text{过量}}{CH_3COCH_3} \xrightarrow{10\%NaOH} \text{(呋喃环)–}CH{=}CH\text{–}COCH_3$$

不对称的酮发生羟醛缩合反应时，反应条件对产物的分布有很大的影响。在低温和强碱作用下，反应有利于生成动力学控制的产物；而在较高温度及弱碱作用下，反应则有利于生成热力学控制的产物。例如，苯甲醛与丁酮的反应：

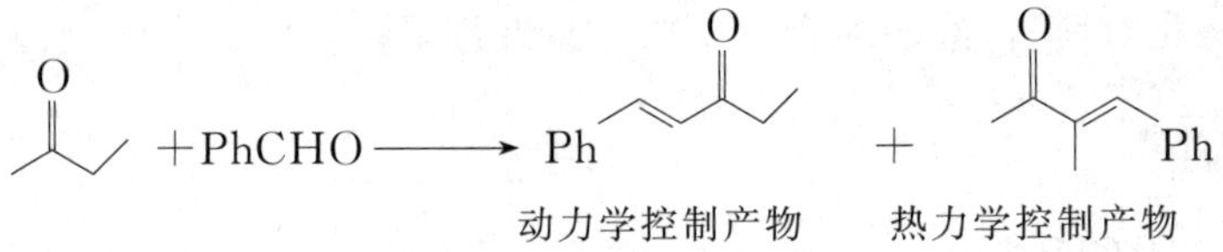

$$CH_3COCH_2CH_3 + PhCHO \longrightarrow \underset{\text{动力学控制产物}}{PhCH{=}CHCOCH_2CH_3} + \underset{\text{热力学控制产物}}{CH_3COC(CH_3){=}CHPh}$$

(3) 分子内的羟醛缩合

在同一分子内既有羰基又有烯醇负离子时，可以发生分子内的亲核加成反应，生成环状化合物。这是用于制备 α,β-不饱和环酮的重要合成方法，尤其适用于五、六元环酮的制备。例如：

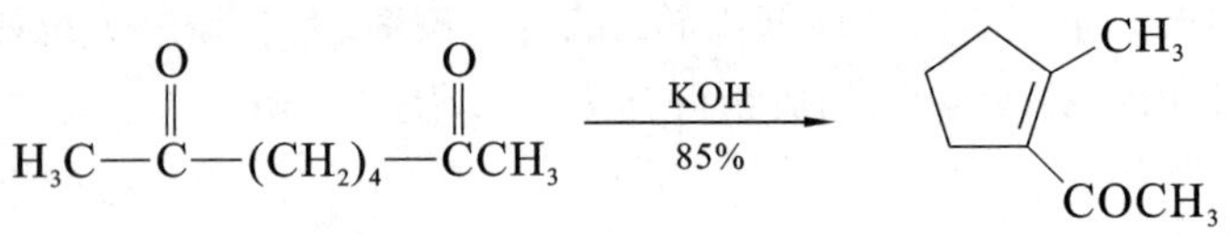

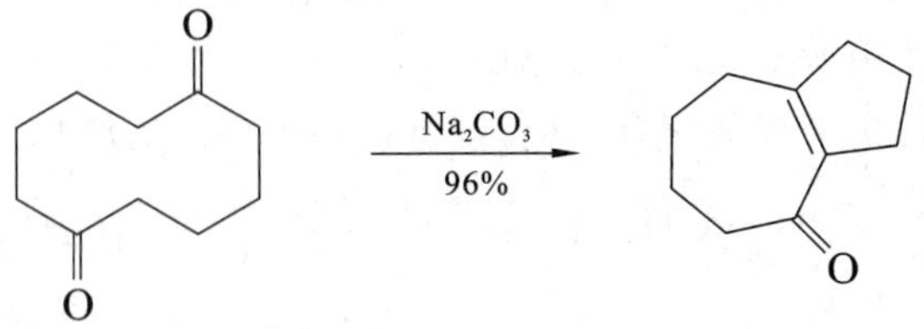

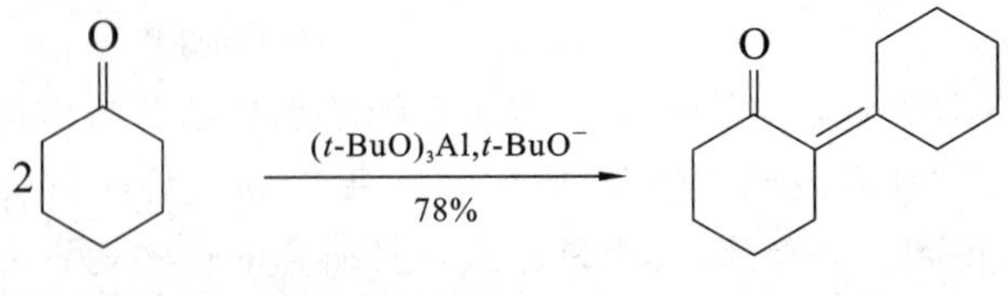

$$H_3C\text{—}\overset{O}{\overset{\|}{C}}\text{—}(CH_2)_4\text{—}\overset{O}{\overset{\|}{C}}CH_3 \xrightarrow[85\%]{KOH} \text{(环戊烯，取代基 }CH_3\text{、}COCH_3\text{)}$$

$$\text{(环二酮)} \xrightarrow[96\%]{Na_2CO_3} \text{(双环烯酮)}$$

$$2\ \text{(环己酮)} \xrightarrow[78\%]{(t\text{-BuO})_3Al,t\text{-BuO}^-} \text{(亚环己基环己酮)}$$

9. 其他缩合反应

丙二酸二乙酯等含有活泼亚甲基的化合物与芳醛在碱作用下可以发生缩合反应，形成 α，β-不饱和酯，该反应称为克内费纳格尔(Knoevenagel)缩合反应。

$$CH_2(COOCH_5)_2 + PhCHO \xrightarrow{\text{吡啶}} PhCH{=}C(COOCH_5)_2 + H_2O$$

芳香醛与酸酐在同酸酐相应的钠或钾盐的存在下的缩合作用，称为佩金(Perkin)反应。例如：

$$PhCHO + (CH_3CO)_2O \xrightarrow[170\ ℃]{KOAc} PhCH{=}CHCOOK + CH_3COOH$$

60%

含有活泼 α-氢的醛、酮和甲醛及一个仲胺在酸催化下反应，可以得到一个活泼 α-氢被胺甲基替代的产物，该反应称为胺甲基化反应，又叫曼尼齐(Mannich)反应。例如：

$$\text{环己酮} + CH_2O + Et_2NH \xrightarrow[60\%\sim70\%]{HOAc} \text{2-}(CH_2NEt_2)\text{环己酮}$$

醛、酮在强碱的作用下(如醇钠，氨基钠等)和一个 α-卤代羧酸酯反应，生成一个 α，β-环氧羧酸酯，该反应称为达森(Darzens)反应。例如：

$$PhCOCH_3 + ClCH_2COOEt \xrightarrow{NaNH_2} (H_3C)(Ph)\overset{O}{C-C}(H)(COOEt)$$

二、还原反应

羰基化合物因含有不饱和 π 键，可以被不同类型的还原剂还原，得到相应的还原产物。

1. 催化加氢

和不饱和烃类似，在铂、钯、镍等催化剂作用下，醛、酮可以通过加氢还原为相应的伯醇或仲醇：

$$RCHO \xrightarrow[Pt,0.3\ MPa,25\ ℃]{H_2} RCH_2OH$$

$$RCOR \xrightarrow[Pt,0.3\ MPa,25\ ℃]{H_2} R_2CHOH$$

醛的反应活性与烯烃接近，酮的较低。羰基上取代基的体积增大，不利于催化加氢反应的进行。分子内含有的烯基、炔基、氰基或硝基等官能团可以与醛、酮进行竞争性加氢反应。

还原时催化剂总是倾向于选择位阻较小的一侧接近羰基，被吸附后进行顺式加氢。例如，化合物 8-甲基-8-氮杂双环[3.2.1]-3-辛酮羰基两旁的环境不同，催化加氢是从位阻较小的一侧(b)进行，形成羟基直立取向的还原产物。

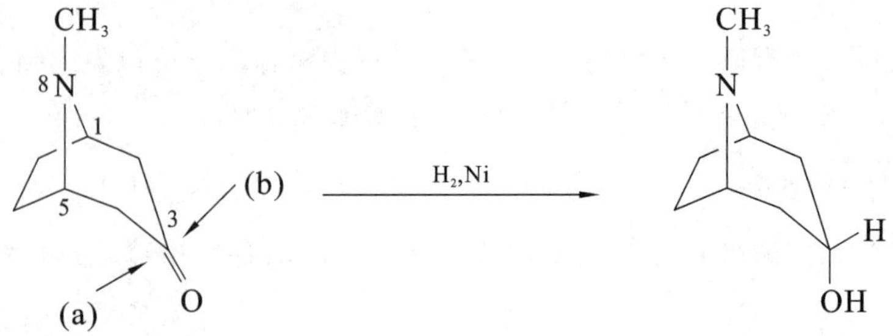

2. **用金属氢化物还原**

$LiAlH_4$或 $NaBH_4$是常见的负氢还原剂，它们可以选择性地将醛、酮的羰基还原为醇羟基，而不还原分子中的其他不饱和基团：

$$CH_3CH{=}CHCH_2CH_2CHO + LiAlH_4 \xrightarrow[\triangle]{乙醚} \xrightarrow{H_2O} CH_3CH{=}CHCH_2CH_2CH_2OH$$

这类还原剂的本质是产生氢负离子作为亲核试剂与羰基进行加成，形成醇盐，然后再水解得到醇，反应过程如下：

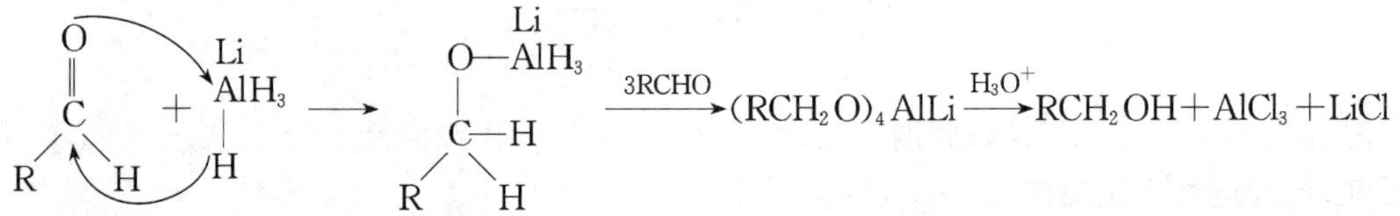

$$\xrightarrow{3RCHO} (RCH_2O)_4AlLi \xrightarrow{H_3O^+} RCH_2OH + AlCl_3 + LiCl$$

从这类反应的产物结构分析，反应具有明显的立体选择性。例如，用 $LiAlH_4$还原 2-丁酮时，试剂从羰基平面的左右两边进攻的机会均等，得到一对等量的互为对映体的醇，即外消旋体。但若化合物羰基平面两侧的化学环境不同，一般还原试剂会选择位阻较小的一侧进攻。例如：

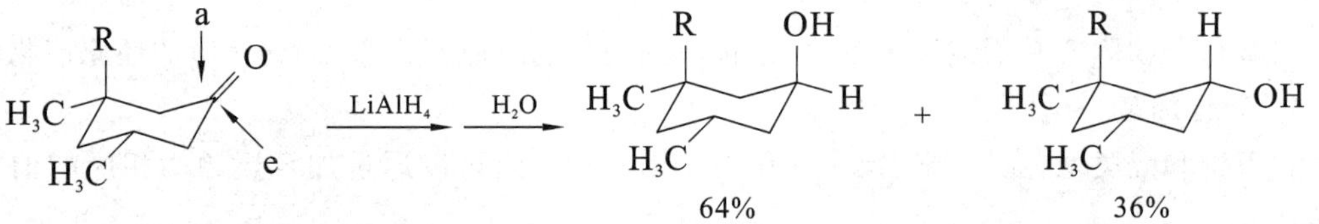

64%　　36%

试剂从 e 键一侧接近，位阻较小，但形成的产物中羟基处于 a 键上；试剂从 a 键一侧接近，因直立键 R 的存在，位阻较大，但产物为具有 e 键的醇，比较稳定。总体而言，环上取代基 R 体积越大，越有利于试剂从 e 键一侧进行反应。

当羰基两旁的立体环境差不多时，主要为较稳定的产物。如：

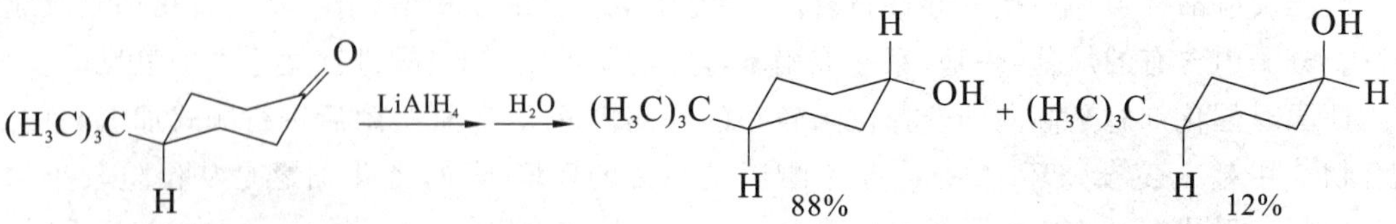

88%　　12%

$LiAlH_4$极易水解，因此在使用时要在 THF 等非质子性溶剂中进行，加成和水解两步要分开进行，最后过量的 $LiAlH_4$要用乙醇小心地除去。$NaBH_4$在常温下与水、醇等质子性溶剂不反应，加成和水解能在水或醇中快速连续地发生，因此使用比较方便，但其还原能力比 $LiAlH_4$要弱一些。

3. 麦尔外因-彭道夫(Meerwein-Ponndorf)反应

异丙醇铝可在异丙醇溶剂中也可以选择性地将羰基还原成醇羟基,分子中的其他不饱和基团不受影响。此还原反应称为麦尔外因-彭道夫还原反应。例如:

$$C_6H_5CH{=}CHCHO \xrightarrow[(CH_3)_2CHOH]{Al[OCH(CH_3)_2]_3} C_6H_5CH{=}CHCH_2OH$$

$$O_2N-C_6H_4-C(=O)-CH(NHCOCHCl_2)CH_2OH \xrightarrow[(CH_3)_2CHOH]{Al[OCH(CH_3)_2]_3} O_2N-C_6H_4-CH(OH)-CH(NHCOCHCl_2)CH_2OH$$

该反应使用了强碱性的醇铝试剂,一些对碱敏感的基团在反应过程中会受到影响。

4. 金属还原反应

很多金属,如 Na、Fe、Mg 或 Mg-Hg 齐、Al-Hg 齐等,在一定条件下能将醛、酮还原为醇。例如:

$$CH_3CH_2COCH_3 \xrightarrow{Na+C_2H_5OH} CH_3CH_2CH(OH)CH_3$$

$$CH_3CH_2CH_2CHO \xrightarrow{Fe+CH_3COOH} CH_3CH_2CH_2CH_2OH$$

当酮用镁或镁汞齐或铝汞齐在非质子性溶剂中还原、水解后,主要得到双分子偶联产物邻二醇,此还原称为酮的双分子还原。例如:

$$CH_3COCH_3 \xrightarrow{Na,PhH} \xrightarrow{H_3O^+} (CH_3)_2C(OH)-C(OH)(CH_3)_2$$

$$\text{环戊酮} \xrightarrow{Na,PhH} \xrightarrow{H_3O^+} \text{1,1'-二羟基联环戊烷}$$

双分子还原是通过单电子转移引发的自由基反应机理进行的:

$$R-C(=O)-R' \xrightarrow{Na} R-\dot{C}(ONa)-R'$$

$$2\ R-\dot{C}(ONa)-R' \longrightarrow R-C(R')(ONa)-C(R')(ONa)-R \xrightarrow{H_2O} R-C(R')(OH)-C(R')(OH)-R$$

生成的邻二醇在酸的作用下可发生嚬哪醇(Pinacol)重排。

5. 克莱门森(Clemmensen)还原

醛、酮与锌汞齐和浓盐酸反应,羰基被还原成亚甲基,此反应称为克莱门森还原。

$$C_6H_5COCH_2CH_2CH_3 \xrightarrow[\triangle]{Zn\text{-}Hg,HCl} C_6H_5CH_2CH_2CH_2CH_3$$

此还原法只适用于对酸稳定的羰基化合物的还原，特别适用于芳香酮的羰基还原。

6. 沃尔夫-基希涅尔(Wolff-Kishner)-黄鸣龙还原法

对酸敏感的醛、酮化合物，可采用沃尔夫-基希涅尔还原法将羰基还原为亚甲基。此法将醛、酮与肼和金属钾或钠在高压釜中加热反应，醛、酮先与肼加成缩合后生成腙，再放出 N_2 而生成烃。

$$>C=O \longrightarrow >C=NNH_2 \longrightarrow >CH_2 + N_2$$

由于此法反应温度高，不便操作，我国化学家黄鸣龙对此法进行了改进。用 KOH 代替钾，用肼的水溶液代替无水肼，加入高沸点溶剂二缩乙二醇一起回流，反应可在常压下进行，反应温度也有所降低，操作方便，更适合工业化生产。例如：

$$C_6H_5-\underset{\underset{O}{\|}}{C}-CH_2CH_2CH_3 \xrightarrow[(HOCH_2CH_2)_2O,\triangle]{NH_2NH_2/NaOH} \underset{82\%}{C_6H_5-CH_2CH_2CH_2CH_3}$$

如将溶剂换做二甲基亚砜(DMSO)，可以进一步降低反应温度。

三、氧化反应

在羰基化合物中，醛基因为有一个氢与羰基相连很容易被氧化，酮羰基的两侧都是烃基，较难被氧化。而羧酸及羧酸的衍生物中除了个别化合物如甲酸、乙二酸外，其他则不能被氧化。

1. 醛的氧化

醛很容易被氧化成酸，高锰酸钾、铬酸或重铬酸盐是常用的氧化剂。例如：

$$n\text{-}C_6H_{13}CHO \xrightarrow[H_2SO_4]{KMnO_4} \underset{70\%}{n\text{-}C_6H_{13}COOH}$$

$$C_6H_5-CH_2CHO \xrightarrow[\text{或冷 } KMnO_4 \text{ 稀溶液}]{CrO_3,H^+} C_6H_5-CH_2COOH$$

反应条件不能强烈，如反应条件强烈，芳环的侧链断裂，得到苯甲酸。铬酸氧化过程如下：

$$R\overset{O}{\overset{\|}{C}}H + {}^-O-\underset{\underset{O}{\|}}{\overset{\overset{O}{\|}}{Cr}}-OH + H^+ \longrightarrow R\underset{\underset{H}{|}}{\overset{\overset{OH}{|}}{C}}-O-\underset{\underset{O}{\|}}{\overset{\overset{O}{\|}}{Cr}}-OH \longrightarrow R\overset{O}{\overset{\|}{C}}-OH + HCrO_3^- + H^+$$

过氧酸、氧化银、过氧化氢等也可作为氧化剂进行氧化，溴水常用于将醛糖氧化为糖酸。

醛还能被弱氧化剂氧化成羧酸。常用的有两个试剂，一个是斐林(Fehling)试剂，是硫酸铜的铜离子与碱性酒石酸钾钠络合后形成的深蓝色溶液。在反应中，铜(Ⅱ)络离子被还原成为红色的氧化亚铜沉淀，蓝色消失，其中脂肪醛的氧化速率比芳香醛的快。另一个常用的试剂叫做托伦(Tollens)试剂，是银氨离子，即硝酸银的氨水溶液。反应时，银离子被还原成银，形成一个银镜附着在管壁上，故此反应又称为银镜反应。

$$R\overset{O}{\overset{\|}{C}}H + Cu^{2+} + NaOH + H_2O \longrightarrow RCOONa + H^+ + Cu_2O$$

$$R\overset{O}{\overset{\|}{C}}H + 2Ag(NH_3)_2^+OH^- \longrightarrow RCOONH_4 + NH_3 + H_2O + Ag\downarrow$$

酮和这两个弱氧化试剂不发生反应，因此在实验室里，常用这两个试剂来迅速地鉴别醛和酮。葡萄糖是一个特殊的醛，可以与斐林试剂反应。糖尿病人尿中含有过量的葡萄糖，在临床上常用铜配离子方法检测。

醛的自氧化反应已经在碳氢键的化学一章介绍，这里不再赘述。

2. 酮的氧化

酮一般不易被氧化，用过氧酸氧化可使酮分子中插入一个氧而成为酯，这个反应称为拜尔-魏立格(Baeyer-Villiger)反应。常见的过氧酸包括过氧乙酸、过氧苯甲酸、间氯过氧苯甲酸和三氟过氧乙酸，其中三氟过氧乙酸是最强的氧化剂。这类氧化剂的特点是反应速率快，产率高。

上述反应经常用于由环酮合成内酯，内酯是分子内的羧基和羟基进行酯化失水的产物。例如：

$$\text{环己酮}{=}O + CH_3\overset{\displaystyle O}{\overset{\|}{C}}OOH \xrightarrow[40\ ^\circ C]{CH_3COOC_2H_5} \text{己内酯}\quad 90\%$$

反应过程示意如下：

$$R\overset{\displaystyle O}{\overset{\|}{C}}R' + HOO\overset{\displaystyle O}{\overset{\|}{C}}R \longrightarrow R-\underset{O-O-\overset{}{C}(=O)R}{\overset{O-H}{C}}-R' \longrightarrow R\overset{\displaystyle O}{\overset{\|}{C}}OR' + R\overset{\displaystyle O}{\overset{\|}{C}}OH$$

对于不对称酮，羰基两旁基团不同时，两个基团均可能发生迁移，但通常有一定的选择性。一般而言，各种烃基的迁移能力大小次序是

叔烷基＞仲烷基、环己基＞苄基＞苯基＞伯烷基＞甲基

如迁移基团是手性碳，立体构型保持不变。若酮上有拉电子基团，反应速率会加快。

酮若用高锰酸钾、重铬酸、硝酸等强氧化剂在剧烈条件下氧化时，常发生碳链的断裂而生成多种小分子羧酸的混合物，无实际应用价值。但结构对称的环酮的氧化可用于工业制备。

醛、酮的氧化在生产上占有很重要的位置。例如长期以来，工业用的乙酸就是在催化剂的作用下用空气氧化乙醛而产生的。生产尼龙-66所需要的己二酸是环己酮的氧化产物。

$$\text{环己酮} \xrightarrow{HNO_3} HOOC(CH_2)_4COOH$$

己二酸

四、无 α-活泼氢的醛的自身反应

1. 歧化反应

无 α-活泼氢的醛在浓碱作用下，一分子醛被氧化成酸，另一分子醛被还原成醇的反应称为康尼扎罗(Cannizzaro)反应。它是自身的氧化还原反应，也称为歧化反应。例如苯甲醛在浓氢氧化钠溶液的作用下，得到等相对分子质量的苯甲醇和苯甲酸，甲醛则得到甲醇和甲酸：

$$HCHO \xrightarrow{\text{浓 } OH^-} CH_3OH + HCOO^-$$

$$C_6H_5CHO \xrightarrow{\text{浓 } OH^-} C_6H_5CH_2OH + C_6H_5COO^-$$

这个反应的可能历程如下：

$$Ar-\overset{H}{\overset{|}{C}}=O \xrightarrow{OH^-} Ar-\overset{H}{\overset{|}{C}}-O^- \ (\text{C 上连 }OH) \xrightarrow{Ar-\overset{H}{\overset{|}{C}}=O} Ar-\underset{O^-}{\underset{|}{C}}=O + Ar-CH_2OH$$

$$Ar-\underset{O^-}{\underset{|}{C}}=O \xrightarrow{H^+} Ar-\underset{OH}{\underset{|}{C}}=O$$

首先，羰基和 OH^- 进行亲核加成生成氧负离子，负电荷使碳上的氢带着一对电子以氢负离子的形式转移到另一分子醛的羰基碳原子上。反应中一个给出氢负离子为氢的供体，被氧化成酸；另一个接受氢负离子为氢的受体，被还原成醇。

在浓碱存在下，两种不同的无 α-活泼氢的醛之间可以发生交叉康尼扎罗反应，生成多种产物的混合物，这点有点类似于交叉羟醛缩合反应。但如果把没有活泼氢的甲醛和其他没有活泼氢的醛如苯甲醛混合在一起，由于甲醛在醛类中还原性能最强，所以总是先被 OH^- 进攻而成为氢的供体，最终自身被氧化成甲酸，而苯甲醛被还原成苯甲醇。由于产物较单纯，在合成中常被应用。

$$C_6H_5CHO + HCHO \xrightarrow{OH^-} HCOO^- + C_6H_5CH_2OH$$

工业上利用甲醛这一性质和乙醛进行混合，经过羟醛缩合和交叉康尼扎罗反应后制得季戊四醇。它是一个五个碳原子的四元醇，因此得名。反应过程如下：

$$3H_2C=O + CH_3CH=O \xrightleftharpoons{HO^-} (HOCH_2)_3CCHO \xrightarrow[HO^-]{H_2C=O} C(CH_2OH)_4$$

β-三羟甲基乙醛　　　　季戊四醇

分子内也可以发生类似反应：

$$C_6H_5COCHO \xrightarrow{NaOH(aq)} C_6H_5CH(OH)COONa$$

2. 安息香缩合

无 α-活泼氢的醛在 CN^- 负离子催化下，可以发生双分子间的缩合反应，形成羟酮化合物，该反应称为安息香缩合(Benzoin condensation)。

$$2\ ArCHO \xrightarrow{KCN} Ar-CH(OH)-CO-Ar$$

Ar＝苯基，呋喃基等

反应过程示意如下：

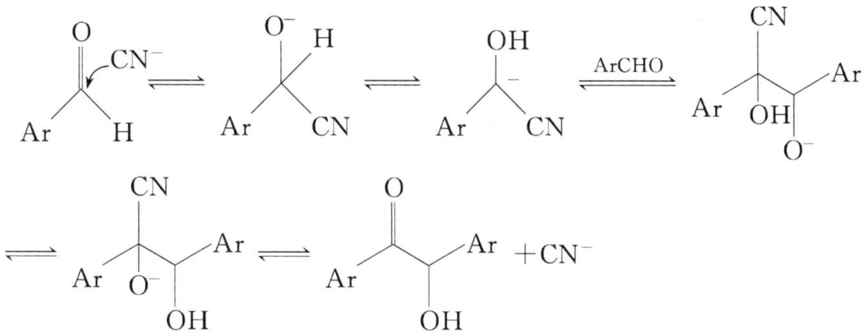

$$ArCHO + CN^- \rightleftharpoons ArCH(O^-)CN \rightleftharpoons Ar\bar{C}(OH)CN \xrightleftharpoons{ArCHO} ArC(CN)(OH)CH(O^-)Ar$$

$$\rightleftharpoons ArC(CN)(O^-)CH(OH)Ar \rightleftharpoons ArCOCH(OH)Ar + CN^-$$

在芳香醛的醛基的邻或对位有强拉电子的基团（如—NO_2）或强给电子的基团（如—OH、—OCH_3、—$N(CH_3)_2$）时，这些醛不能自身发生安息香缩合。

第三节　共轭醛、酮

醛、酮分子中羰基与 C═C 键或芳基直接相连的化合物称为共轭醛、酮，也称为 α,β-不饱和醛、酮。共轭醛、酮在结构上的主要特点就是在 C═C 和 C═O 之间形成了共轭体系。例如，丙烯醛分子中的共轭体系如图 12.2 所示。

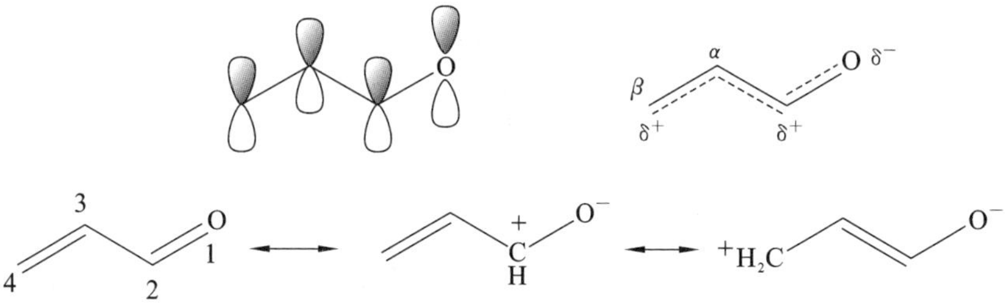

β α O δ⁻ δ⁺ δ⁺

$$\overset{4}{C}H_2=\overset{3}{C}H-\overset{2}{C}H=\overset{1}{O} \longleftrightarrow CH_2=CH-\overset{+}{C}H-O^- \longleftrightarrow {}^{+}H_2C-CH=CH-O^-$$

图 12.2　丙烯醛分子的共轭体系

很显然，两者共轭的结果导致分子内的 π 电子云重新进行分布，羰基氧原子带有明显的负电荷，而 C_2 和 C_4（β 位）上带有较多的正电荷，而 C_3（α 位）上基本不带电荷。这种结构特征决定了共轭羰基化合物的反应行为。

由于烯键的电子云明显向羰基一侧偏移，电子云密度降低，因此共轭羰基化合物与亲电试剂间的反应活性明显比烯烃要低，亲电试剂一般先进攻 α-碳（C_3）。例如，卤素、次卤酸等亲电试剂可以在碳碳双键上发生亲电加成：

$$H_3CCH=CH\overset{O}{\overset{\|}{C}}CH_3 \xrightarrow{Br_2} H_3C\overset{Br}{\overset{|}{C}}H-\overset{Br}{\overset{|}{C}}H\overset{O}{\overset{\|}{C}}CH_3$$

另一方面，羰基碳原子 C_2 的正电荷也有所减少，共轭羰基与亲核试剂反应的活性相应比孤立羰基的低。由于 C_4 也带有正电荷，亲核试剂可以进攻 C_2 形成 1,2-加成产物，还可以同时进攻 C_4 形成 1,4-加成产物，后者又称共轭加成产物。下面对此作重点介绍。

一、共轭加成的方式

1. 碱催化

共轭羰基化合物与亲核试剂 NuH 在碱性条件下，一般按下述历程进行共轭加成：

$$NuH + B^- \rightleftharpoons Nu^- + BH$$

$$CH_2{=}CH{-}C(=O)R + Nu^- \rightleftharpoons NuCH_2{-}CH{=}C(O^-)R$$

$$NuCH_2{-}CH{=}C(O^-)R + NuH \rightleftharpoons Nu^- + NuCH_2{-}CH{=}C(OH)R \rightleftharpoons NuCH_2{-}CH_2{-}C(=O)R$$

2. 酸催化

共轭羰基化合物与亲核试剂 NuH 的酸催化反应一般按下述历程进行共轭加成：

$$CH_2{=}CH{-}C(=O)R \xrightleftharpoons{H^+} CH_2{=}CH{-}C(=OH^+)R \xrightleftharpoons{NuH} NuH^+CH_2{-}CH{=}C(OH)R$$

$$NuH^+CH_2{-}CH{=}C(OH)R \xrightleftharpoons{B^-} NuCH_2{-}CH{=}C(OH)R \rightleftharpoons NuCH_2{-}CH_2{-}C(=O)R$$

二、共轭加成的取向

亲核试剂和共轭羰基化合物加成时，不同的试剂可以发生下列两种不同的加成产物：

$$\overset{4}{\underset{\beta}{-C}}{=}\overset{3}{\underset{\alpha}{C}}{-}\overset{2}{\underset{H}{C}}{=}\overset{1}{O} + Nu^- \xrightarrow{1,2\text{-加成}} -C{=}C{-}C(H)(Nu){-}O^-$$

$$\overset{4}{\underset{\beta}{-C}}{=}\overset{3}{\underset{\alpha}{C}}{-}\overset{2}{\underset{H}{C}}{=}\overset{1}{O} + Nu^- \xrightarrow{1,4\text{-加成}} -C(Nu){-}C{=}C(H){-}O^-$$

那么，到底是发生 1,2-加成还是 1,4-加成呢？这和羰基两旁的基团的位阻以及加成试剂的种类和位阻都有一定的关系。

对不饱和醛而言，醛基的立体位阻很小，有利于 1,2-加成。例如：

$$PhCH{=}CH{-}CHO \xrightarrow{RMgBr} \xrightarrow{H_3O^+} PhCH{=}CH{-}CH(OH)R$$

R=Ph 100%

R=Et 100%

但若用下面的酮进行同样的反应，则结果会有明显不同：

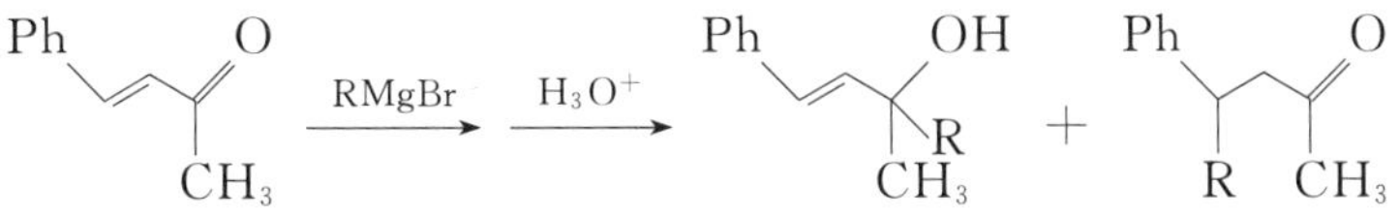

	1,2-加成产物	1,4-加成产物
R＝Ph	12%	88%
R＝Et	60%	40%

由于酮羰基的位阻较大且活性较小，而加成试剂中 Ph 基的体积比 Et 基的大，Ph 基会尽量避免在位阻较大的 2 位上反应，因此 PhMgBr 以 1,4-加成为主。而 EtMgBr 则以 1,2-加成为主。继续增加羰基两侧的位阻，如和叔丁基相连，则无论用什么格氏试剂都得到 1,4-加成产物：

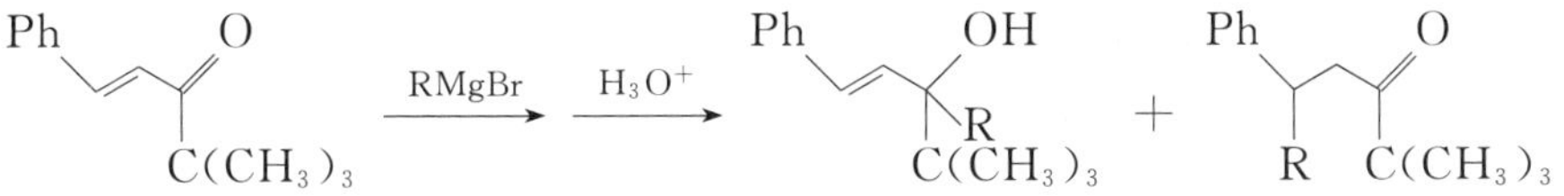

	1,2-加成产物	1,4-加成产物
R＝Ph	0	100%
R＝Et	0	100%

另外，与有机锂试剂反应时，产物主要以 1,2-加成为主。例如：

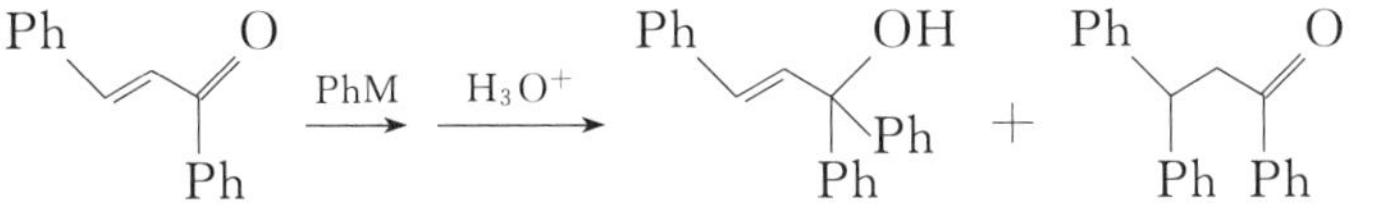

	1,2-加成产物	1,4-加成产物
PhM＝PhMgBr	8%	92%
PhM＝PhLi	75%	25%

三、共轭加成的立体化学

α,β-不饱和羰基化合物发生共轭加成时，一般按反式加成方式进行，生成外消旋体。例如：

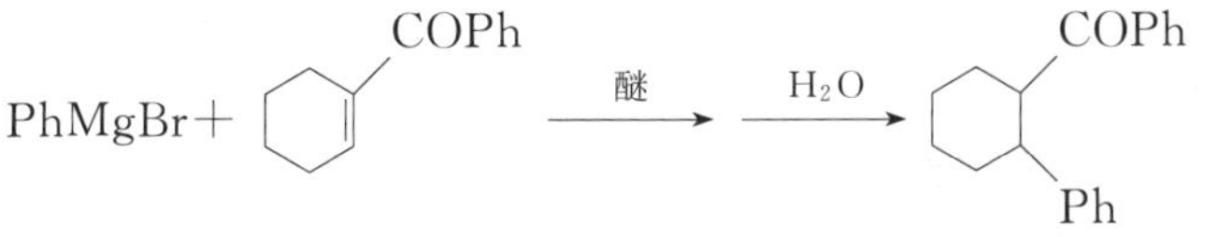

（±）

PhMgBr 与共轭体系发生亲核加成水解后形成烯醇，然后经烯醇式-酮式互变，最后得到 Ph 与 H 原子处在反式的产物：

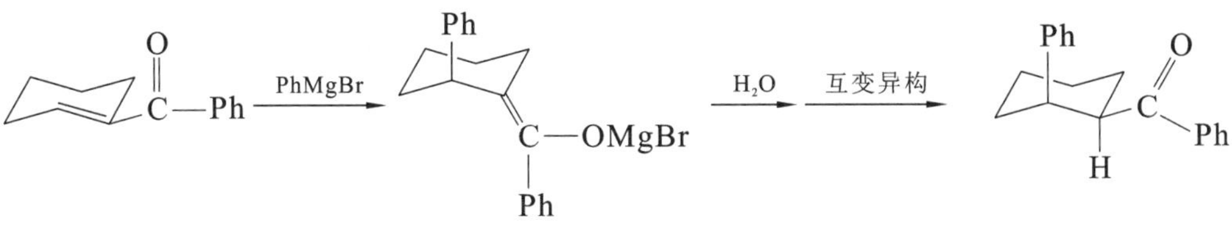

四、醌类化合物的反应

在醌分子中，由于两个羰基共同存在于一个不饱和的共轭环上，没有芳香性，使醌类化合物的热稳定性降低。因此，醌环的化学性质与 α,β-不饱和酮相似。苯醌是稳定性最小的醌类化合物。

1. 1,2-加成反应

醌分子上的羰基与羟胺的加成是 1,2-加成。对苯醌在酸性条件下与一分子的羟胺加成缩合后得到对苯醌一肟,并能进一步和另一分子羟胺生成对苯醌二肟。

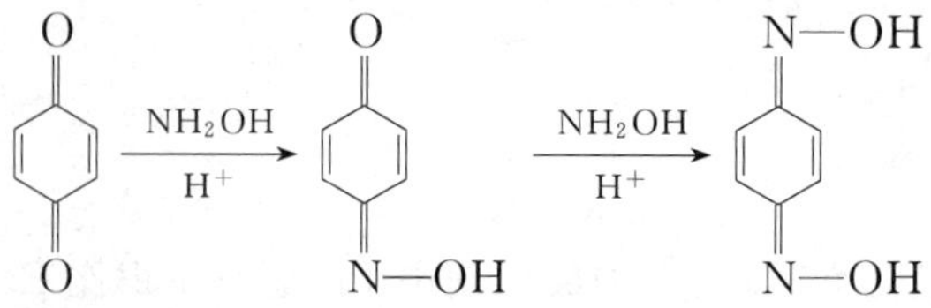

对苯醌一肟 对苯醌二肟

对苯醌一肟与对亚硝基苯酚为互变异构体,在溶液中主要以一肟的形式存在。

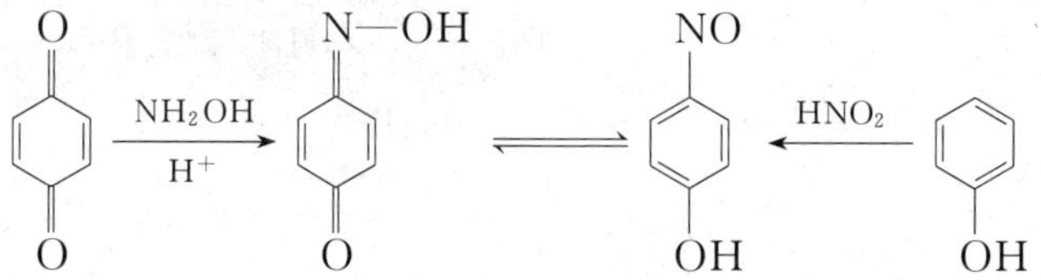

对苯醌与格式试剂发生1,2-加成反应得到醌醇。在酸性条件下醌醇重排成烃基取代的对苯二酚。

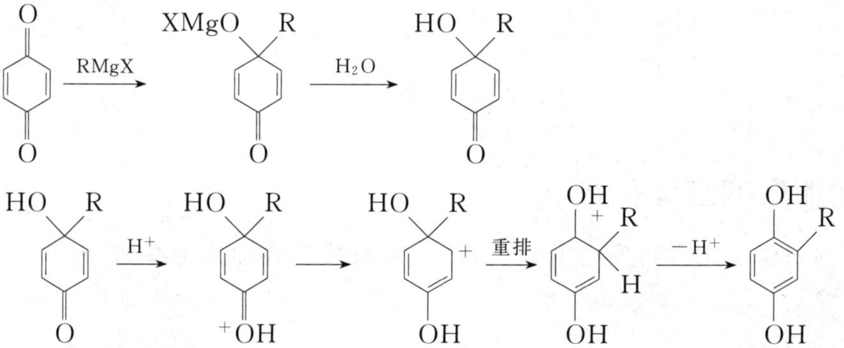

2. 共轭加成反应

苯醌与HCN、HCl的加成是1,4-亲核加成,生成的产物氯代氢醌经过氧化后还可继续与HCl加成,再经氧化可得到多氯代醌。

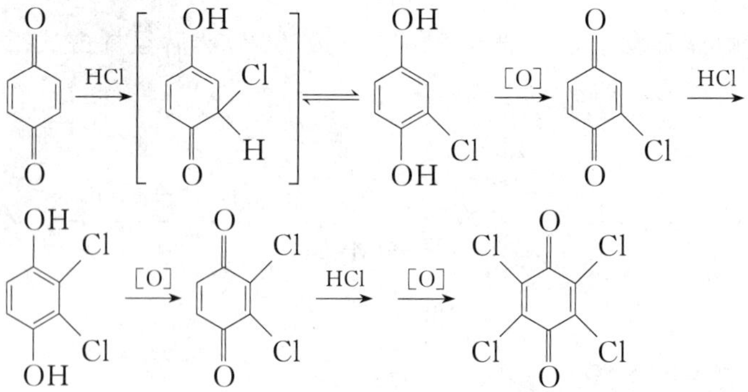

3. 还原反应

对苯醌很容易被还原,还原剂可以是H_2S、HI、NaS_2O_3、Fe/H_2O、$FeCl_2$等无机试剂,还原产物是对苯二酚,也称为氢醌。氢醌也易被氧化,可以和醌构成一对电子供体和电子受体的氧化-还原对,称为“醌氢醌(quinhydrone)”,在电化学及生化等领域有特殊的用途。

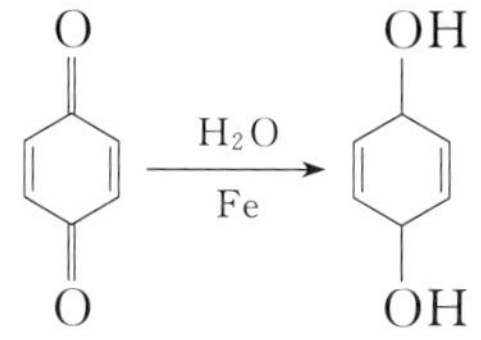

醌　$\xrightarrow[Fe]{H_2O}$　氢醌

对苯醌被还原为对苯二酚(氢醌)的反应,也被认为是1,6-共轭加成反应。

醌类由于容易被还原,因而常用做脱氢试剂。当醌环上有较多吸电子基时,其氧化能力大大增强,如二氯二氰基对苯醌可用于环烯烃化合物的氧化脱氢试剂:

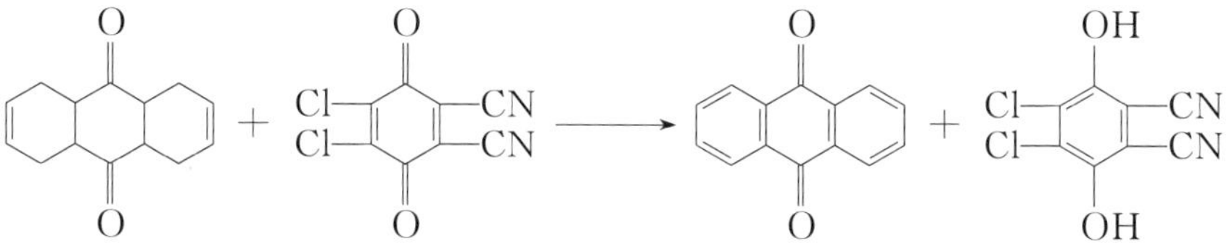

DDQ

习　题

12-1　指出下列化合物中半缩醛、缩醛、半缩酮、缩酮的碳原子,并说明属于哪一种。

(1) 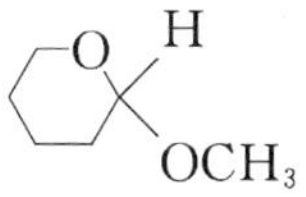　(2) 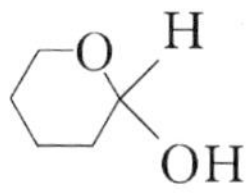　(3) 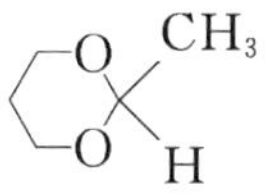　(4)

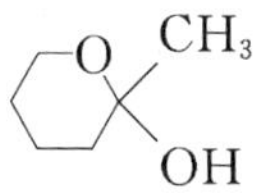

12-2　完成下列反应式。

(1) 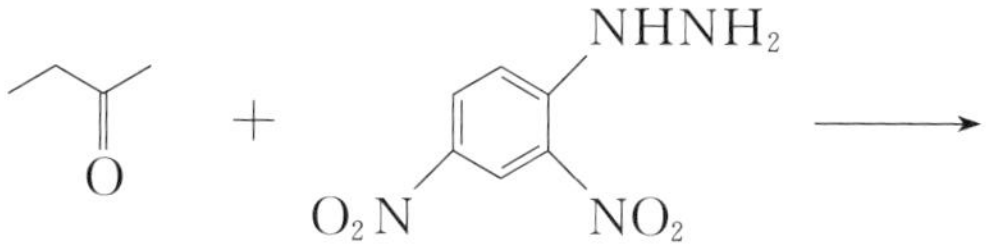 $+$ $\longrightarrow$

(2)  $+HCN \longrightarrow \xrightarrow{H_3O^+}$

(3) 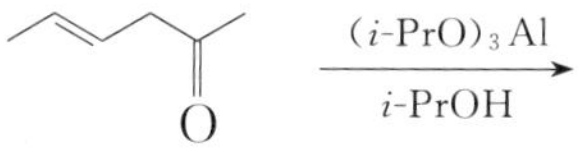 $\xrightarrow[i\text{-PrOH}]{(i\text{-PrO})_3Al}$

(4) 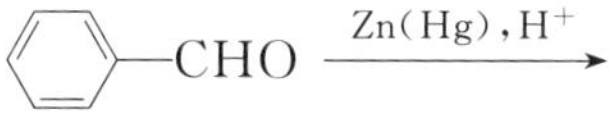 $\xrightarrow{Zn(Hg),H^+}$

(5)  $+4HCHO \xrightarrow{HO^-}$

(6) 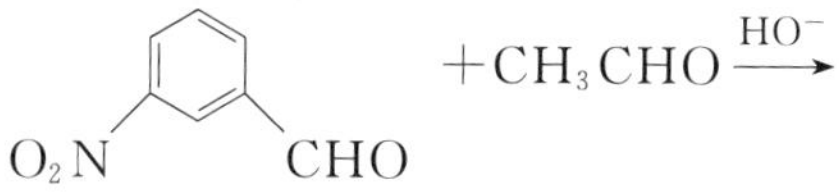 $+CH_3CHO \xrightarrow{HO^-}$

12-3　请按要求制备指定的化合物并写出合理的合成路线。

(1) 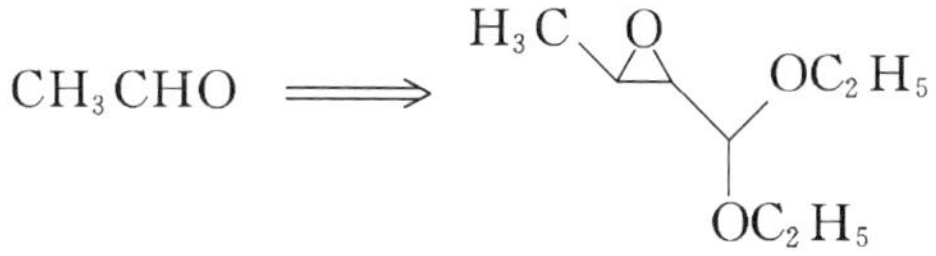 $CH_3CHO \Longrightarrow$

（2）由糠醛及三个碳以下的有机化合物合成下列化合物。

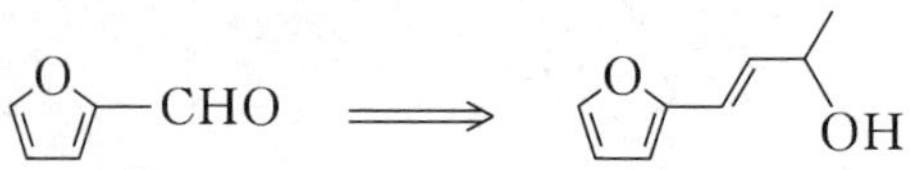

（3）以苯甲醛为原料合成苯乙醛。

（4）以环己酮为原料合成顺-1,2-环己二醇和2-苯基环己酮。

12-4 完成下列反应，写出各步的主要反应产物。

（1）$CH_3CH_2CH_2CHO \xrightarrow{HO^-} \xrightarrow{NaBH_4}$

（2）环戊烯醇—OH $\xrightarrow{H_2, Ni} \xrightarrow[H_2SO_4]{Na_2Cr_2O_7} \xrightarrow{HO^-}$

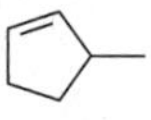

（3）$CH_3CH_2CH_2CHO \xrightarrow[HOAc]{Br_2} \xrightarrow[无水 HCl]{乙二醇} \xrightarrow{Mg, Et_2O} \xrightarrow[(2)H_3O^+]{(1)CH_3CHO}$

（4）环己酮 $\xrightarrow[Et_2O]{CH_3MgBr} \xrightarrow[\triangle]{H_2SO_4}$

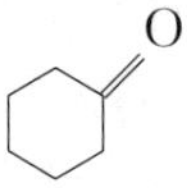

12-5 给出合成下列烯烃所需的叶立德试剂和羰基化合物的结构。

（1） 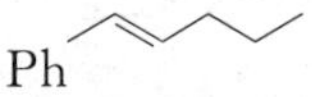 Ph　　（2）　　（3）　Ph

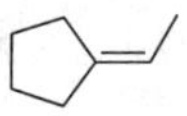

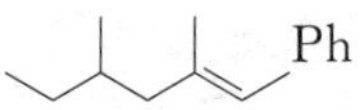

12-6 已知1 mol氨基脲与1 mol环己酮及1 mol苯甲醛反应，首先生成环己酮缩氨脲沉淀，而几小时以后沉淀又转化为苯甲醛缩氨脲，请解释之。

12-7 完成下列转化。

OHC　→　OHC　CH_3

12-8 指出下列各组化合物按羰基的反应活性大小次序。

（1）a. *t*-BuCOBu-*t*　　b. CH_3COCHO　　c. $CH_3COCH_2CH_3$

d. CH_3CHO　　e. PhCHO

（2）a. CH_3COCH_3　　b. CH_3COCH_2Cl　　c. CH_3COCF_3

（3）a. 环丁酮　　b. 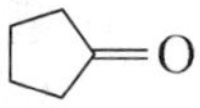 环戊酮　　c. 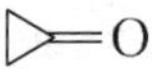 环丙酮

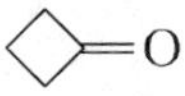

12-9 用简单的化学方法鉴别下列各组化合物。

（1）2-戊酮　3-戊酮　环己酮

（2）对乙基苯甲醛　3-苯基丙醛　1-苯基丙酮

12-10 有一化合物$C_6H_{12}O$(A)，能与2,4-二硝基苯肼反应，但与$NaHSO_3$不生成加成物。A催化氢化得$C_6H_{14}O$(B)；B与浓H_2SO_4加热得C_6H_{12}(C)；C与O_3反应后用Zn＋H_2O处理，得到两个化合物D和E，化学式均为C_3H_6O，D可使H_2CrO_4变绿，而E不能。请写出A、B、C、D、E的构造式及相关反应式。

12-11 化合物A，分子式为$C_6H_{12}O_3$，其红外光谱在1710 cm^{-1}处有强吸收，^1H NMR数据：2.1(3H,s)、2.6(2H,d)、3.2(6H,s)、4.7(1H,t)，与I_2/OH^-作用生成黄色沉淀，与托伦(Tollens)试剂不作用，但用一滴稀硫酸处理A后，所得产物可与托伦试剂作用，试推测化合物A的结构。

第十三章　羧酸及其衍生物

羧酸是分子中含有羧基(—COOH)的化合物,羧酸衍生物能够水解成羧酸。蛋白质、脂肪是重要的羧酸衍生物,广泛存在于自然界,许多羧酸及其衍生物是重要的有机化学产品,在日用生活、工业生产、科学研究中有广泛的用途。

第一节　羧　　酸

一、羧酸的结构

羧基是羧酸的官能团,可以看成由羰基和羟基两部分通过 C—O 键连接而成,但是它的羰基和羟基与醛、酮的羰基及醇的羟基相比有很大的差别。

在羧基中,羟基氧原子采取 sp^2 杂化,氧的一对孤电子对处在 P 轨道上,能够与羰基双键形成很好的 p-π 共轭,形成一个 O—C—O 大 π 键。因此,羧基中的羰基 C═O 键(123 pm)比简单醛酮的 C═O 键长(122 pm);而羟基的 C—O 键(136 pm)比醇羟基的 C—O 键(143 pm)短,介于单双键之间。由于羟基氧与羰基的共轭,羰基氧上负电荷密度增加,而羟基氧上负电荷密度减小(见图 13.1)。

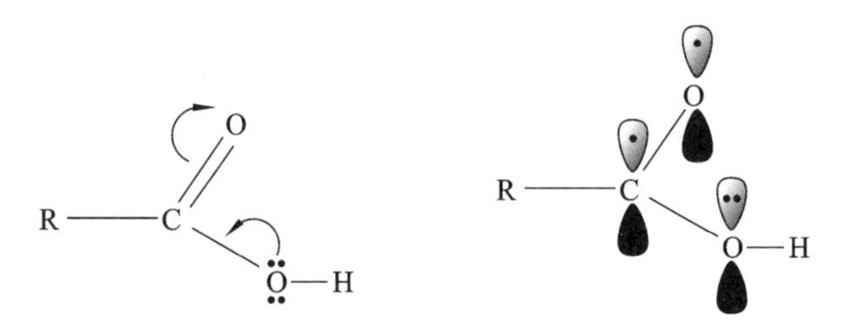

图 13.1　羟基中羟基氧与羰基的 p-π 共轭

二、羧酸的化学性质

1. 酸性

羧酸的羟基直接与不饱和羰基相连,在水中电离出质子后,生成的氧负离子可与羰基共轭,使氧负离子的负电荷密度减小,与质子结合的能力减弱,羧酸的离解平衡偏向给出质子的一边,因此羧酸的酸性比醇强。

$$\mathrm{R\overset{\overset{O}{\|}}{C}{-}OH} \rightleftharpoons \mathrm{R\overset{\overset{O}{\|}}{C}{-}O^-} + H^+$$

氧负离子可与羰基共轭，其负电荷可以分散到羰基氧上，使两个氧都带上部分负电荷，结果两个氧原子是等价的。例如，甲酸负离子中，实验测得两个 C—O 键的键长都等于 127 pm，说明甲酸负离子中的负电荷是高度分散的。

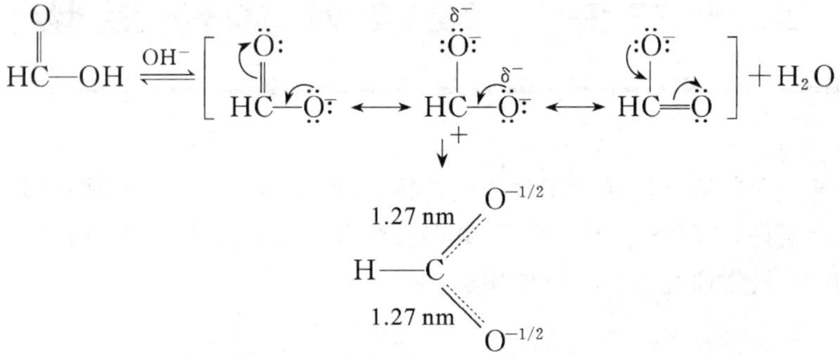

$$\mathrm{HC(=O)—OH} \xrightleftharpoons{OH^-} \left[\mathrm{HC(=\ddot{O}:)—\ddot{O}:^-} \longleftrightarrow \mathrm{H\overset{+}{C}(—\ddot{O}:^{\delta-})—\ddot{O}:^{\delta-}} \longleftrightarrow \mathrm{HC(—\ddot{O}:^-)=\ddot{O}}\right] + H_2O$$

$$\downarrow$$

$$\mathrm{H—C}\begin{cases} \overset{1.27\ \mathrm{nm}}{\cdots} O^{-1/2} \\ \underset{1.27\ \mathrm{nm}}{\cdots} O^{-1/2} \end{cases}$$

羧基氧负离子的稳定性还与其相连的烃基的电子性质有关。拉电子基团使羧基氧负离子的稳定性增加；反之，给电子基团使羧基氧负离子的稳定性降低。例如，随着乙酸的 α-氢逐渐被氯原子取代，酸性越来越强，乙酸是弱酸，但三氯乙酸已是强酸。乙酸的 α-氢被给电子的烷基取代后，酸性减弱，如丁酸的酸性比乙酸弱(见表 13.1)。

表 13.1 一些羧酸的 pK_a 值

	CH_3COOH	$ClCH_2COOH$	$Cl_2CHCOOH$	Cl_3CCOOH	$CH_3CH_2CH_2COOH$
pK_a	4.74	2.86	1.26	0.64	4.87

羧酸可与金属氧化物、氢氧化物作用生成盐，盐在水中的溶解度更大。所以常常在有机化合物中引入羧基，将其变成碱金属盐后使其能在水中溶解。如广泛使用的食品防腐剂苯甲酸钠即是苯甲酸的钠盐。

$$RCOOH + NaOH \longrightarrow RCOONa + H_2O$$
$$RCOOH + Na_2CO_3 \longrightarrow RCOONa + CO_2 + H_2O$$
$$RCOOH + Mg(OH)_2 \longrightarrow (RCOO)_2Mg + H_2O$$

2. 生成酰卤的反应

羧酸中的羟基氧由于与羰基共轭，电子云密度减小，不易接受质子，因此与氢卤酸不能直接发生卤代反应。不过，以 PCl_3、PCl_5 和 $SOCl_2$ 作为卤代试剂，羧基中的羟基也可以被卤代生成酰卤。

$$RCOOH + PCl_5 \longrightarrow RCOCl + POCl_3 + HCl$$
$$RCOOH + SOCl_2 \longrightarrow RCOCl + SO_2 + HCl$$

由于生成的酰卤容易发生水解，在蒸馏纯化时应注意隔绝水汽，同时要注意酰卤与含磷副产物的沸点差异。若酰卤的相对分子质量较小，常用 PCl_3 作卤代剂，若酰卤的相对分子质量较大，宜用 PCl_5 卤代，以便将沸点较低的三氯氧磷(107 ℃)减压蒸馏出去。用 $SOCl_2$ 作为卤代试剂条件相对温和，将光学纯氨基酸变成酰氯，不会发生外消旋化。副产物也容易除去，但要防止刺激性气体的泄露。

3. 成酯反应

(1) 酸与醇的酯化

在硫酸、磷酸或苯磺酸催化下，羧酸与醇反应可以得到酯。酯化反应是可逆反应。为了提高产率，一般采用的方法是增加某一种反应物的用量，或不断从体系中移去某一种产物。如用乙酸与乙醇合成乙酸乙酯时，使用过量的乙醇，同时将生成的乙酸乙酯不断蒸出，促进平衡向生成乙酸乙酯的方向移动。

$$CH_3COOH + CH_3CH_2OH \xrightleftharpoons{浓\ H_2SO_4} CH_3COOCH_2CH_3 + H_2O$$

一般认为酯化反应的机理是醇对羧酸的亲核加成-消去反应，酯基的一个氧来自醇羟基的氧。

$$CH_3\overset{O}{\overset{\|}{C}}—OH \xrightleftharpoons{H^+} CH_3\overset{^+OH}{\overset{\|}{C}}—OH \xrightleftharpoons{HO—R} CH_3\underset{OH}{\overset{OH}{C}}—\overset{H}{\underset{+}{O}}—R \rightleftharpoons$$

$$CH_3\underset{\overset{+}{O}H_2}{\overset{OH}{C}}—O—R \xrightleftharpoons{-H_2O} CH_3\overset{^+OH}{\overset{\|}{C}}—O—R \xrightleftharpoons{-H^+} CH_3\overset{O}{\overset{\|}{C}}—O—R$$

上述机理推断可用同位素标记的醇与羧酸的酯化反应进行证明，其结果是同位素标记的氧原子留在酯分子中。

$$CH_3\overset{O}{\overset{\|}{C}}—OH + HO^{18}—R \longrightarrow CH_3\overset{O}{\overset{\|}{C}}—O^{18}—R + H_2O$$

酯化反应中，加入的 H^+ 使羧基的羰基氧原子质子化，使羰基碳原子的电正性增加，有利于醇羟基氧的亲核进攻；另外，H^+ 与四面体中间体的羟基作用生成 H_2O 离去，促进产物生成。

在酯化反应的亲核加成一步，羧酸碳原子由 sp^2 杂化的平面结构转变成了 sp^3 杂化的四面体中间体结构，空间位阻增加，这一步反应速率较慢，因此醇对质子化的羰基亲核加成这一步是反应决速步骤。当羧酸和醇的 α-碳原子上烃基增加时，空间位阻会更加明显，酯化反应的速率会明显降低。如下列羧酸与酯的酯化反应速度随空间位阻增加速率减慢。

	CH_3COOH >	CH_3CH_2COOH >	$(CH_3)_2CHCOOH$ >	$(CH_3)_3C—COOH$
相对速率	1	0.84	0.33	0.037

$$CH_3OH > CH_3CH_2OH > (CH_3)_2CHOH > (CH_3)_3COH$$

酯化反应的亲核加成-消除机理是一个非常重要的反应机理，在羧酸及羧酸衍生物的相互转化中，几乎都涉及这个反应机理。掌握了这个机理，有利于掌握羧酸及羧酸衍生物相互转化的各种反应。

如果用叔醇和羧酸在强酸催化下酯化，由于叔醇位阻很大，很难对羰基进行亲核加成，但在强酸存在下，容易脱去羟基生成稳定的叔碳正离子，所以如果用叔醇进行酯化，反应很少通过亲核加成-消除机理进行，而是通过生成碳正离子的机理进行。

$$R—\underset{CH_3}{\overset{CH_3}{C}}—OH \xrightleftharpoons{H^+} R—\underset{CH_3}{\overset{CH_3}{C}}—\overset{+}{O}H_2 \rightleftharpoons R—\underset{CH_3}{\overset{CH_3}{C^+}} + H_2O$$

$$R-\underset{CH_3}{\overset{CH_3}{|}}C^+ + HO-\overset{O}{\overset{\|}{C}}CH_3 \rightleftharpoons R-\underset{CH_3}{\overset{CH_3}{|}}C-\underset{H}{\overset{+}{O}}-\overset{O}{\overset{\|}{C}}-CH_3 \xrightleftharpoons{-H^+} R-\underset{CH_3}{\overset{CH_3}{|}}C-OOCCH_3$$

当使用含同位素^{18}O的叔丁醇与乙酸在硫酸的催化下酯化，得到的乙酸叔丁酯基中不含^{18}O，但在水中含^{18}O，证明反应确实是按照生成碳正离子的机理进行的，不是通过亲核加成-消除机理进行的。

$$H_3C-\underset{CH_3}{\overset{CH_3}{|}}C-^{18}OH + HO-\overset{O}{\overset{\|}{C}}CH_3 \rightleftharpoons (CH_3)_3COOCCH_3 + H_2{}^{18}O$$

(2) 羧基负离子的烷基化反应

利用羧基负离子的烷基化反应，可以合成一些结构特殊的酯类。例如，羧基负离子与伯卤代烃可以发生 S_N2 反应，形成羧酸酯。

$$RCOO^- + CH_3CH_2CH_2X \longrightarrow RCOOCH_2CH_2CH_3 + X^-$$

此反应不适用于与仲、叔卤代烃的反应，否则会形成较多的消去反应副产物烯烃。羧基氧负离子在催化剂 HMPA 中可以与各种伯卤代烃进行烷基化，尤其是位阻较大的羧基氧负离子可以顺利成酯。

$$(CH_3)_3CCOO^- + CH_3CH_2I \xrightarrow[HMPA/\Delta]{CH_3CH_2OH} (CH_3)_3CCOOCH_2CH_3 + I^-$$

羧基氧负离子的银盐虽然很贵，但对于位阻较大或含有双键的羧酸却容易与卤代烃发生 S_N2 反应成酯。

$$CH_2=\underset{CH_3}{\underset{|}{C}}CH_2COOAg + CH_3CH_2Cl \longrightarrow CH_2=\underset{CH_3}{\underset{|}{C}}CH_2COOC_2H_5 + AgCl\downarrow$$

在羧基与重氮甲烷的混合物中，羧基首先将质子转移给重氮甲烷形成羧基氧负离子和 $CH_3-N^+\equiv N$，然后羧基氧负离子进行 S_N2 历程完成烷基化反应。

$$RCOOH + \overset{-}{C}H_2-\overset{+}{N}\equiv N \longrightarrow RCOO^- + CH_3-\overset{+}{N}\equiv N \longrightarrow RCOOCH_3 + N_2\uparrow$$

4. 脱水生成酸酐

除甲酸外，两分子羧酸之间脱水可得到羧酸酐。p-π 共轭作用使一元羧酸的分子间脱水比较困难，一般需要高温并加入脱水剂：

$$CH_3CO\boxed{OH+H}OOCCH_3 \xrightarrow[\triangle]{P_2O_5} CH_3\overset{O}{\overset{\|}{C}}-O-\overset{O}{\overset{\|}{C}}CH_3 + H_2O$$

此方法仅适用于制备同种羧酸失水形成的酸酐(单酐)。若希望制备混合酸酐(不同种羧酸形成的酐)，通常以羧酸钠盐与酰卤作用。

$$RCOONa + R'COCl \longrightarrow RCOOCOR' + NaCl$$

具有 4～5 个碳原子的二元羧酸，容易进行分子内脱水生成稳定的环状结构，而且不需要脱水剂就可获得脱水产物：

$$C_6H_4(COOH)_2 \xrightarrow{\triangle} C_6H_4(CO)_2O + H_2O$$

邻苯二甲酸　　邻苯二甲酸酐

$$\begin{matrix} CHCOOH \\ \| \\ CHCOOH \end{matrix} \xrightarrow{\triangle} \text{(丁烯二酸酐)} + H_2O$$

丁烯二酸　　丁烯二酸酐

$$\begin{matrix} CH_2COOH \\ | \\ H_2C \\ | \\ CH_2COOH \end{matrix} \xrightarrow{\triangle} \text{(戊二酸酐)} + H_2O$$

戊二酸　　戊二酸酐

5. 与氨(胺)反应生成酰胺

在与胺或氨反应时，羧酸的羟基可以被氨基取代，形成酰胺。羧酸与胺或氨反应，一般先形成铵盐，而后者受热脱水生成酰胺，其过程为可逆反应，故产率低。

$$RCO\boxed{OH+H}NHR' \xrightarrow{\triangle} RCONHR' + H_2O$$

$$RCOOH + HNH_2 \longrightarrow RCOO^- NH_4^+ \xrightarrow{\triangle} RCONH_2 + H_2O$$

6. 羧酸还原为醇

羧酸的羰基由于与羟基相连形成共轭，羰基的极性大大下降，因此很难被一般的还原剂或催化加氢法还原。实验室通常使用金属氢化物 $LiAlH_4$ 或乙硼烷 B_2H_6 来将羧酸还原为伯醇。$NaBH_4$ 由于还原能力较弱，不能用来还原羧酸。例如：

$$C_6H_5COOH \xrightarrow{LiAlH_4} \xrightarrow{H_2O} C_6H_5CH_2OH$$

$$CH_2=CHCH_2COOH \xrightarrow{LiAlH_4} \xrightarrow{H_2O} CH_2=CHCH_2CH_2OH$$

$$C_6H_5COOH \xrightarrow{B_2H_6} \xrightarrow{H_2O} C_6H_5CH_2OH + H_3BO_3$$

由于羧酸衍生物比羧酸更容易被还原为伯醇，故在实际工作中常将羧酸转化为酰卤或酯等衍生物后再还原成伯醇。

7. 脱羧反应

羧酸化合物通常比较稳定，但当羧基的 α-位有拉电子取代基或不饱和键时则易发生脱羧反应。例如 2～3 个碳和 6～7 个碳的二元酸受热，分别容易生成一元酸和环酮：

$$\begin{matrix} O \\ \| \\ C-OH \\ | \\ C-OH \\ \| \\ O \end{matrix} \xrightarrow{\triangle} HCOOH + CO_2$$

$$\begin{matrix} CH_2CH_2COOH \\ | \\ CH_2CH_2COOH \end{matrix} \xrightarrow{\triangle} \text{环戊酮} + CO_2 + H_2O$$

$$C_6H_5CH{=}CHCOOH \xrightarrow{\triangle} C_6H_5CH{=}CH_2 + CO_2$$

羧基的β-位有羰基或不饱和键时则更容易发生脱羧反应，其机理是经过一个六元环状过渡态，生成不稳定的烯醇进而重排成酮：

$$\text{R-CO-CH}_2\text{-COOH (六元环过渡态)} \xrightarrow{-CO_2} \text{R-C(OH)=CH}_2 \longrightarrow R-\overset{\overset{O}{\|}}{C}-CH_3$$

8. 失羧卤化

羧酸与碱性的 Ag_2O 反应得羧酸银盐，然后加入等摩尔的溴或碘，加热失羧，得到溴代或碘代烷(Hunsdiecker 反应)。

$$RCOOH + Ag_2O \longrightarrow RCOOAg \xrightarrow[\triangle]{Br_2} RBr + CO_2 + AgBr$$

另一更加简便的方法是将羧酸与四乙酸铅、锂的卤化物(LiCl、LiBr 或 LiI)一起反应，即可失羧，得到相应的卤代烷(Kochi 反应)。

$$RCOOH + Pb(OOCCH_3)_4 + LiCl \longrightarrow RCl + (CH_3COO)_3LiPb + CO_2 + CH_3COOH$$

前面一种方法以一级卤代烃产率高，后一种方法对一级、二级、三级卤代烃的产率均好。这种反应适合将天然的偶数羧酸转变成奇数卤代烷烃。

三、羧酸的制法和用途

羧酸可通过伯醇或醛氧化成羧酸得到；一些烯烃、炔烃甚至邻二醇可以被氧化断裂生成羧酸；烷基芳香烃的侧链氧化可得到芳香烃甲酸；甲基酮的卤仿反应可得到少一个碳原子的羧酸等。羧酸衍生物的水解可得到羧酸。此外，金属有机试剂，如格氏试剂等与二氧化碳反应也可用于制备各种烃基羧酸。

羧酸是重要的化工原料，如乙酸可用于制备醋酸纤维、己二酸可用于制备尼龙、对苯二甲酸可用于制备聚酯纤维等。一些羧酸化合物是常见的药物，如萘普生、布洛芬、阿司匹林等。在生命体内羧酸是蛋白质、脂肪的重要组成，也参与在生命体的新陈代谢过程中。三羧酸循环即是在酶的作用下，蛋白质、脂肪和多糖等分解成柠檬酸等三元羧酸为人体提供大量能量的过程。如人在剧烈运动时需要大量能量，可通过将糖分解成 2-羟基丙酸(俗称乳酸)释放的能量来提供。当肌肉中乳酸含量增加时，会使人有酸痛的感觉，在休息后肌肉中的乳酸就转化为水、二氧化碳和糖，酸痛感消失。

第二节　羧酸衍生物

一、羧酸衍生物的结构

羧酸衍生物是羧酸中的羟基被其他原子或者原子团取代后的产物，都可通过羧酸合成得到，所以称为羧酸衍生物。它们的结构与羧酸相似，都有羰基，虽然与羰基相连接的基团由羟基换成了卤原子、酰氧基、烷氧基或者氨基（L＝X，OCOR′，OR′，NHR′R″等），但直接与羰基相连的原子都有孤电子对与羰基共轭（见图 13.2）。

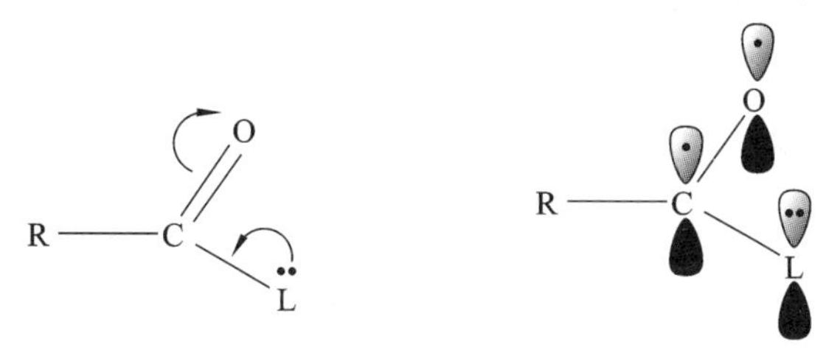

图 13.2　衍生物中取代原子与羰基的 p-π 共轭

当直接相连的原子与羰基共轭时，都存在拉电子的诱导效应（－I）和给电子的共轭效应（＋C）。其中卤素和酰氧基的＋C＜－I，而烷氧基和氨基的＋C＞－I。因此，与羰基的综合作用结果表明，各基团的给电子能力的大小顺序为：氨基＞烷氧基＞酰氧基＞卤素。

二、羧酸衍生物的物理性质

酰氯不能形成分子间氢键，因此沸点比相应羧酸的低，一般为无色液体或者低熔点固体。酰氯的相对密度大于 1，在水中不溶解，但在水中能迅速分解成羧酸和氢卤酸。低级的酰卤即使在潮湿的空气中也易分解，具有强刺激性气味。

酯的沸点比相应羧酸的低，甚至比相应的醇还低。由于酯沸点低，易挥发，且具有芬芳的气味，常用作香料。酯在水中溶解度小，但易溶于有机溶剂。

可能由于酸酐的相对分子质量接近羧酸的两倍，酸酐的沸点比相应的羧酸高。低级的酸酐为无色液体，有刺激性气味；高级酸酐是固体，没有气味。

C14 以下的直链酰氯、甲酯和乙酯在室温下为液体。壬酸酐以上的酸酐在室温下是固体。

甲酯、乙酯和酰氯的沸点比相应的羧酸低，酸酐和酰胺的沸点比相应的羧酸高。除甲酰胺外，其他的酰胺在室温下都是固体。

具有氢键给予体（N—H）和氢键受体（C＝O）的酰胺可以通过氢键互相缔合，其沸点比相应的羧酸高。

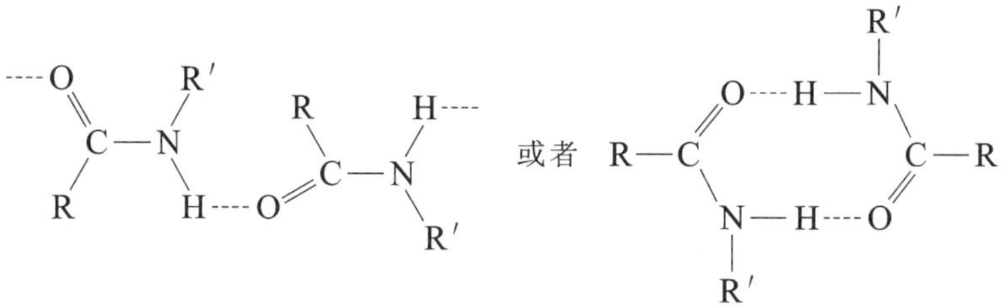

（酰胺分子间氢键缔合结构式：链状缔合 或者 环状二聚缔合）

或者

当酰胺氮原子上氢原子被烃基取代后，缔合程度减小，沸点降低。两个氢原子都被取代后，酰胺基团上没有 N—H 键，不能通过氢键缔合，沸点降低最多。例如甲酰胺、*N*-甲基甲酰胺和 *N*,*N*-二甲基甲酰胺的沸点分别为 210.5 ℃、185 ℃和 156 ℃。低级的酰胺能溶于水，高级的则不溶。液体的酰胺不仅能溶解有机物，也能溶解一些无机盐，是优良的溶剂。如 *N*,*N*-二甲基甲酰胺，简称 DMF，是常见的溶剂。

三、羧酸衍生物的化学性质

1. 水解反应

酰氯、酸酐、酯和酰胺均可发生水解反应，生成相应的羧酸。例如：

$$\left.\begin{array}{l} R-\overset{O}{\overset{\|}{C}}-Cl \\ (RCO)_2O \\ R-\overset{O}{\overset{\|}{C}}-OR' \\ R-\overset{O}{\overset{\|}{C}}-NH_2 \end{array}\right] \xrightarrow{H_2O} \left[\begin{array}{l} HCl \\ R\overset{O}{\overset{\|}{C}}-OH \\ R'-OH \\ NH_3 \end{array}\right. + R-\overset{O}{\overset{\|}{C}}-OH$$

酰氯水解速度很快，相对分子质量低的酰氯水解很猛烈。酸酐不溶于水，在室温下缓慢水解，但加热或选择合适的溶剂使其与水充分接触，水解反应可以较快进行。酯的水解比酰氯、酸酐的困难，需在酸或碱催化下加热方可反应。酰胺需在更强烈的条件下(如强酸或强碱催化下)加热回流才能被水解。由此可见，羧酸衍生物进行水解反应活性的大小顺序为：酰氯＞酸酐＞酯＞酰胺。

酸催化下的酯水解是酯化反应的逆反应。在酸性或中性溶液中生成平衡混合物。但在碱性溶液中水解时，反应中生成的酸和碱生成盐，使平衡破坏。因此，酯的碱性水解是不可逆的，反应容易进行完全。其反应式如下：

$$RCOOR' + H_2O \rightleftharpoons RCOOH + R'-OH$$
$$RCOOH \xrightarrow{NaOH} RCOONa$$

常用的肥皂即是利用脂肪(主要为十八酸三甘油酯)的碱性水解得到的，所以酯的碱性水解常称为皂化反应。

2. 醇解反应

除了水外，醇也可以作为亲核试剂与酰卤、酸酐和酯等进行反应，生成相应的酯。反应如下：

$$\left.\begin{array}{r} R-\overset{O}{\overset{\|}{C}}-X \\ (RCO)_2O \\ R-\overset{O}{\overset{\|}{C}}-OR'' \end{array}\right] \xrightarrow{R'OH} \left[\begin{array}{l} HX \\ RC(=O)-OH \\ R''-OH \end{array}\right. + R-\overset{O}{\overset{\|}{C}}-OR'$$

酰氯和酸酐可以直接与醇作用。酯的醇解反应需在酸或碱的催化下才能进行，酰胺一般不会醇解。可见，羧酸衍生物醇解反应的活性顺序与水解反应相似。

酰氯、酸酐的醇解反应是酯的一种常用合成方法，尤其适用于酚酯和叔丁酯的制备。酚酯和叔丁酯一般不能直接用羧酸与酚或叔丁醇的反应来制备。例如，解热镇痛药阿司匹林（乙酰水杨酸）的制备：

$$(CH_3CO)_2O + \text{(邻羟基苯甲酸，}C_6H_4(CO_2H)(OH)\text{)} \xrightarrow[60\sim85\ ℃]{浓\ H_2SO_4} C_6H_4(CO_2H)-O\overset{O}{\overset{\|}{C}}-CH_3 + CH_3\overset{O}{\overset{\|}{C}}OH$$

阿司匹林

酯的醇解生成新的酯和新的醇，该反应称为酯交换反应，常用于制备结构特殊的醇和酯或高级醇和酯。通过酯交换反应，可以从简单酯制备结构复杂的酯。例如：

$$H_2N-C_6H_4-COOC_2H_5 + HOCH_2CH_2N(C_2H_5)_2$$

$$\xrightarrow{-C_2H_5OH} H_2N-C_6H_4-COO(CH_2)_2N(C_2H_5)_2$$

普鲁卡因（局部麻醉剂）

酯交换反应可用于二酯化合物的选择性水解。例如，一个二酯化合物要水解掉一个酯基而保存另一个酯基，用一般方法不易办到，用酯交换方法就可顺利达到目的。

$$H_3CO\overset{O}{\overset{\|}{C}}-C_6H_4-O\overset{O}{\overset{\|}{C}}CH_3 + CH_3OH \xrightleftharpoons{NaOCH_3} H_3CO\overset{O}{\overset{\|}{C}}-C_6H_4-OH + CH_3\overset{O}{\overset{\|}{C}}OCH_3$$

要去掉乙酰基而保存甲酯基，可用少量甲醇钠作催化剂，使用大量甲醇进行交换反应。

3. 氨解反应

胺或氨是一类较强的中性亲核试剂，可以顺利地与酰氯、酸酐和酯反应，生成相应的酰胺或取代酰胺，其反应式为

$$\left.\begin{array}{r} RCOCl \\ (RCO)_2O \\ RCOOR' \end{array}\right] \xrightarrow{NH_3} \left[\begin{array}{l} NH_4Cl \\ RCOONH_4 \\ R'OH \end{array}\right. + RCONH_2$$

酰氯、酸酐、酯与氨、伯胺、仲胺作用生成酰胺的反应可用来制备酰胺。酰氯和酸酐与胺或氨的反应很快，酯的反应相对要慢，必要时需加热才能使反应完全进行。酰氯、酸酐、酯的氨解、醇解及酯交换反应，可以在醇分子或氨（胺）分子中引入酰基，这些反应统称酰化反应。能提供酰基的试剂统称为酰化剂，酰氯和酸酐是实验室中最常用的酰化剂。例如：

$$C_2H_5\overset{O}{\overset{\|}{C}}—Cl + HN\text{(哌啶)} \xrightarrow{NaOH} C_2H_5\overset{O}{\overset{\|}{C}}—N\text{(哌啶)} + NaCl + H_2O$$

$$(CH_3CO)_2O + H_2N—C_6H_4—OH \longrightarrow H_3CCONH—C_6H_4—OH + CH_3COOH$$

对乙酰氨基苯酚(扑热息痛)

醇和胺的酰化反应在有机药物合成中有重要意义。例如,可用于制备前体药物或增加药物的脂溶性以加强药物的体内吸收,或降低毒性、提高疗效等。在合成中则常用来保护羟基或氨基。

4. 与格氏试剂的反应

酰卤、酯、酸酐和酰胺等也如醛、酮一样,能与格氏试剂发生反应。

酰卤与格氏试剂反应先生成酮,但是酮也很容易与格氏试剂反应生成叔醇。所以即使等物质的量的酰卤与格氏试剂反应,酮的产率也很低。鉴于酰卤比酮活泼,因此可以降低反应温度以降低酮的反应活性,使反应停留在酮的阶段。三氯化铁、氯化亚铜、二氯化锰等金属试剂有助于酮的生成。例如,在低温下,将溴化正己基镁慢慢地加入到乙酰氯的四氢呋喃溶液中,可以得到高产率的2-辛酮:

$$n\text{-}C_6H_{13}MgBr + CH_3COCl \xrightarrow[-78\ ℃]{THF} \underset{93\%}{n\text{-}C_6H_{13}COCH_3}$$

$$n\text{-}C_4H_9MgBr + CH_3COCl \xrightarrow[-78\ ℃]{Et_2O/FeCl_3} \underset{72\%}{n\text{-}C_4H_9COCH_3}$$

无论是酰氯还是格氏试剂,如果有一定的空间阻碍,将对叔醇的生成起阻碍作用,使反应停留在酮的阶段。

$$(CH_3)_2CHCOCl + CH_3CH_2C(CH_3)_2MgCl \xrightarrow[18\ ℃]{Et_2O} CH_3CH_2C(CH_3)_2COCH(CH_3)_2$$

酯与格氏试剂的反应难以停留在酮的阶段,一般都得到叔醇。

$$C_6H_5COOCH_2CH_3 + 2C_6H_5MgBr \xrightarrow{THF} \underset{89\%\sim93\%}{(C_6H_5)_3COH}$$

但甲酸酯与格氏试剂反应得到仲醇:

$$HCOOC_2H_5 + 2n\text{-}C_4H_9MgBr \xrightarrow{Et_2O} \underset{85\%}{(n\text{-}C_4H_9)_2CHOH}$$

$$H\overset{O}{\overset{\|}{C}}OC_2H_5 + 2CH_3CH_2MgX \xrightarrow{乙醚} \xrightarrow{H_2O} \underset{70\%}{CH_3CH_2\overset{OH}{\overset{|}{C}}HCH_2CH_3}$$

若酰胺的氮上有氢,该氢的酸性较大,会使格氏试剂分解,一般难以与格氏试剂反应。氮上没有氢的酰胺,如 N,N-二烃基酰胺,则可以与格氏试剂反应生成酮:

$$3\text{-}ClC_6H_4CO\text{—}N\text{(咪唑基)} \xrightarrow{PhMgBr} 3\text{-}ClC_6H_4C(Ph)(OMgBr)\text{—}N\text{(咪唑基)} \longrightarrow 3\text{-}ClC_6H_4COC_6H_5$$

酰基咪唑是很合适的酰化试剂，其他酰胺不太适合于酮的制备。

5. 与其他有机金属试剂的反应

有机锂试剂的亲核性很强，可以发生与格氏试剂类似的反应。芳基锂与二烃基甲酰胺反应，可以得到中等产率的醛。

$$\text{(OCH}_3\text{, Li, OCH}_3\text{-苯)} + \text{H-C(=O)-N(Ph)CH}_3 \longrightarrow \text{(OCH}_3\text{, CHO, OCH}_3\text{-苯)}$$

55%

二烃基铜锂试剂的反应活性比格氏试剂的低。它可以在低温下与酰卤反应得到良好产率的酮，而酰卤分子中的其他官能团，如羰基和酯基等，基本不受影响。例如：

$$CH_3CH_2CH_2CO(CH_2)_4COCl \xrightarrow{(CH_3)_2CuLi} CH_3CH_2CH_2CO(CH_2)_4COCH_3$$

95%

$$(Me_2C{=}CH)_2CuLi + Me_2CHCH_2COCl \xrightarrow[4\ h]{-5\ ℃} Me_2C{=}CHCOCH_2CHMe_2$$

70%

6. 亲核取代反应的机理

羧酸衍生物的水解、醇解、氨解及其他亲核取代反应，都有类似的反应机理。该反应历程可用下式来表示：

$$(1)\quad R{-}\overset{O}{\overset{\|}{C}}{-}L + Nu^- \rightleftharpoons R{-}\overset{O^-}{\overset{|}{\underset{Nu}{\underset{|}{C}}}}{-}L \qquad \text{亲核加成}$$

$$(2)\quad R{-}\overset{O^-}{\overset{|}{\underset{Nu}{\underset{|}{C}}}}{-}L \longrightarrow R{-}\overset{O}{\overset{\|}{C}}{-}Nu + L^- \qquad \text{消除反应}$$

首先，酰基碳上进行亲核加成，形成一个带负电荷的四面体中间体；接着中间体消除一个离去基团，形成新的羰基衍生物。因此，上述亲核取代反应实际上是一个亲核加成-消除过程。第一步反应速度主要取决于羰基碳的正电性，与羰基碳相连的基团给电子共轭效应越强，羰基碳的正电性越小，反应活性越低，给电子共轭效应大小顺序为 $NH_2^- > RO^- > RCOO^- > Cl^-$；第二步反应速度则主要取决于四面体中间体中 L 基团的离去能力。碱性越弱的基团，越容易离去。离去基团 L 的碱性大小次序是 $NH_2^- > RO^- > RCOO^- > Cl^-$。虽然取代基的共轭效应和离去基团对反应活性的影响是一致的，但亲核加成一步是决速步骤，反应活性更多地由共轭效应决定。

7. 羧酸衍生物 *α*-氢的酸性与涉及 *α*-氢的反应

羧酸衍生物中与羰基直接相连碳上的 *α*-氢，跟醛、酮的 *α*-氢一样也具有微弱酸性，能被强碱脱去生成碳负离子。这种碳负离子通过互变异构，主要以烯醇负离子形式存在。它是一个非常好的亲核试剂，与酯、醛、酮、卤代烃等发生亲核取代、亲核加成等反应，生成新的 C—C 键。

$$C_2H_5O^- + H—CH_2\overset{\overset{O}{\|}}{C}OC_2H_5 \rightleftharpoons {}^-CH_2—\overset{\overset{O}{\|}}{C}OC_2H_5 \rightleftharpoons CH_2=\overset{\overset{O^-}{|}}{C}OC_2H_5$$

（1）克莱森缩合

在强碱作用下，具有 α-活泼氢的酯自身可以发生缩合，生成 β-羰基酸酯，相当于一个酯分子的 α-碳上发生了酰基化反应，该反应称为克莱森缩合（Claisen condensation），也称酯缩合反应。如乙酸乙酯在乙醇钠作用下发生缩合反应，生成乙酰乙酸乙酯。

$$2CH_3\overset{\overset{O}{\|}}{C}OC_2H_5 \xrightarrow[(2)H_3O^+]{(1)C_2H_5ONa} \underset{\text{乙酰乙酸乙酯}}{CH_3\overset{\overset{O}{\|}}{C}CH_2\overset{\overset{O}{\|}}{C}OC_2H_5}$$

反应的结果是一分子酯的 α-氢被另一分子酯的酰基取代。反应历程示意如下：

$$① \; C_2H_5O^- + H—CH_2COOC_2H_5 \rightleftharpoons CH_2=\overset{\overset{O^-}{|}}{C}OC_2H_5 + C_2H_5OH$$

$$② \; H_3C—\overset{\overset{O}{\|}}{C}—OC_2H_5 + CH_2=\overset{\overset{O^-}{|}}{C}OC_2H_5 \rightleftharpoons H_3C—\underset{\underset{CH_2COOC_2H_5}{|}}{\overset{\overset{O^-}{|}}{C}}—OC_2H_5$$

$$③ \; H_3C—\underset{\underset{CH_2COOC_2H_5}{|}}{\overset{\overset{O^-}{|}}{C}}—OC_2H_5 \rightleftharpoons H_3C—\overset{\overset{O}{\|}}{C}—CH_2COOC_2H_5 + C_2H_5O^-$$

$$④ \; H_3C—\overset{\overset{O}{\|}}{C}—CH_2COOC_2H_5 + C_2H_5O^- \longrightarrow H_3C—\overset{\overset{O^-}{|}}{C}=CHCOOC_2H_5 + C_2H_5OH$$

$$\xrightarrow{H^+} CH_3COCH_2COOC_2H_5$$

首先，乙酸乙酯在乙醇钠作用下生成少量的烯醇负离子，后者接着对另一分子酯的羰基进行亲核加成，加成中间体经消除生成乙酰乙酸乙酯。这两步反应均是可逆的，反应物不容易完全转化。但乙酰乙酸乙酯中间的亚甲基与两个吸电子的羰基相连，其碳上的氢酸性较强，易被乙醇钠夺去生成稳定的钠盐，此步不可逆，从而使缩合反应进行完全。最后酸化得游离的乙酰乙酸乙酯。由此可见，酯缩合反应也是亲核加成-消除反应。

具有两个 α-氢的酯用乙醇钠处理，一般都能顺利发生酯缩合反应。只有一个 α-氢的酯的缩合反应则很难进行，因为生成的 β-酮酸酯没有 α-氢原子，不能成盐，平衡缺乏向右进行的推动力。但若采用一个很强的碱，如三苯甲基钠，使平衡向右，酯缩合反应也能完成。例如：

$$(CH_3)_2CHCOOC_2H_5 + (C_6H_5)_3\overset{-\,+}{C}Na \rightleftharpoons (CH_3)_2\overset{-}{C}COOC_2H_5 + (C_6H_5)_3CH$$

$$(CH_3)_2CHCOOC_2H_5 + (CH_3)_2\overset{-}{C}COOC_2H_5 \xrightarrow{-C_2H_5O^-} \underset{55\%}{(CH_3)_2CHCO\underset{\underset{CH_3}{|}}{\overset{\overset{CH_3}{|}}{C}}COOC_2H_5}$$

两种含有 α-活泼氢的酯在强碱条件下可进行交叉酯缩合反应。理论上，交叉酯缩合反应将得到 4 种不同的产物，在制备上没有很大的价值。含活泼氢的酯与不含活泼氢的酯进行交叉酯缩合反应时，就可得到较单纯的产物。例如：

$$C_6H_5COOC_2H_5 + CH_3COOC_2H_5 \xrightarrow[(2)H_3O^+]{(1)C_2H_5ONa} C_6H_5COCH_2COOC_2H_5 + C_2H_5OH$$

在类似条件下，中间相隔 4～5 个碳原子的二元羧酸酯，可以发生分子内酯缩合反应，生成五元、六元环酮酯。这个反应称狄克曼缩合(Dieckmann condensation)。例如：

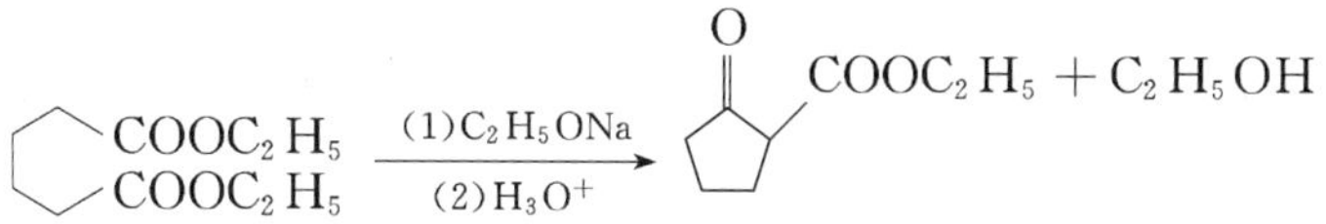

$$\text{(环状二元酯)}\ (CH_2)_4(COOC_2H_5)_2 \xrightarrow[(2)H_3O^+]{(1)C_2H_5ONa} \text{2-氧代环戊烷甲酸乙酯 (COOC}_2\text{H}_5\text{)} + C_2H_5OH$$

(2) 偶姻缩合

羧酸酯与钠发生双分子还原，生成偶姻类化合物。如以适当的链状二元羧酸酯为原料，通过这个反应，使发生分子内偶姻(acyloin)缩合，能制得中环的化合物：

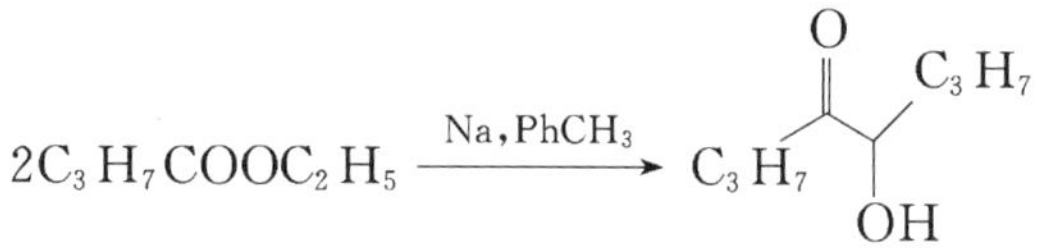

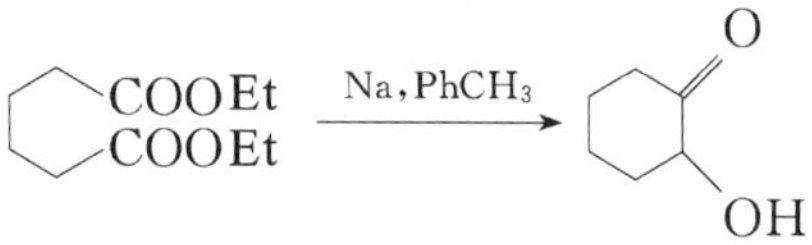

$$2C_3H_7COOC_2H_5 \xrightarrow{Na,PhCH_3} C_3H_7COCH(OH)C_3H_7$$

$$(CH_2)_4(COOEt)_2 \xrightarrow{Na,PhCH_3} \text{2-羟基环己酮}$$

(3) 与醛、酮的加成反应

在低温下，用一非常强的碱能够将酯全部转化为烯醇负离子，然后加入醛或者酮进行加成反应，可得到 β-羟基酯。使用低温可以避免酯的自身缩合。

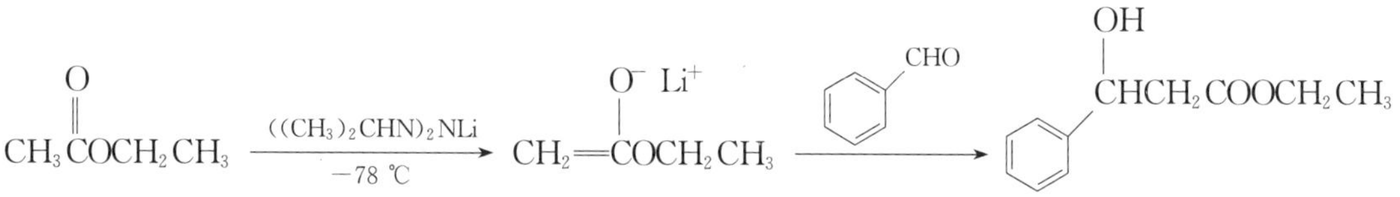

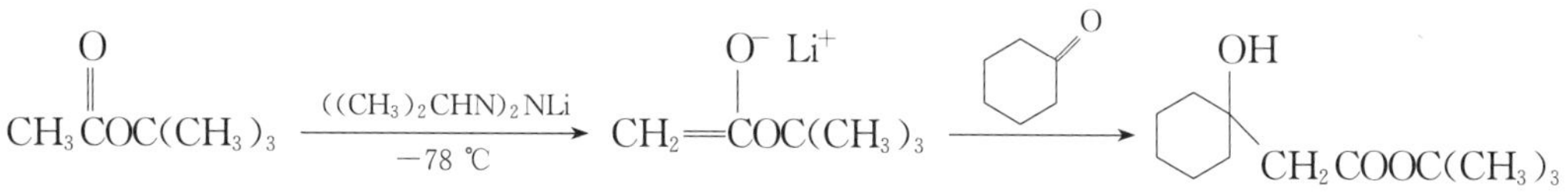

$$CH_3COCH_2CH_3 \xrightarrow[-78\ ℃]{((CH_3)_2CHN)_2NLi} CH_2{=}C(O^-Li^+)OCH_2CH_3 \xrightarrow{C_6H_5CHO} C_6H_5CH(OH)CH_2COOCH_2CH_3$$

$$CH_3COC(CH_3)_3 \xrightarrow[-78\ ℃]{((CH_3)_2CHN)_2NLi} CH_2{=}C(O^-Li^+)OC(CH_3)_3 \xrightarrow{\text{环己酮}} \text{1-羟基环己基-}CH_2COOC(CH_3)_3$$

(4) 与卤代烃的烷基化反应

$$CH_2(COOC_2H_5)_2 + BrCH_2CH_3 \xrightarrow{C_2H_5ONa} CH_3CH_2—CH(COOC_2H_5)_2$$

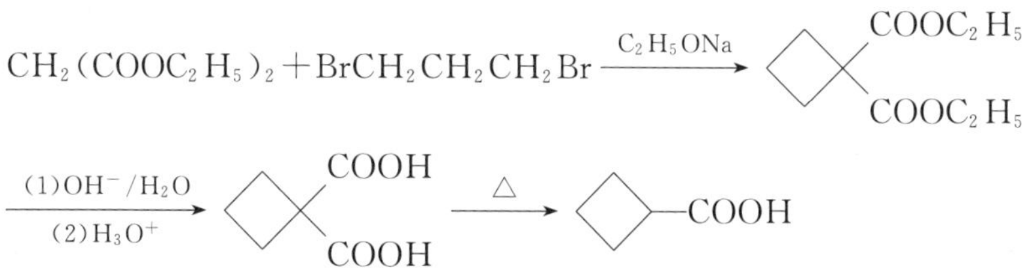

$$CH_2(COOC_2H_5)_2 + BrCH_2CH_2CH_2Br \xrightarrow{C_2H_5ONa} \text{1,1-环丁烷二甲酸二乙酯 (COOC}_2\text{H}_5\text{)}_2$$

$$\xrightarrow[(2)H_3O^+]{(1)OH^-/H_2O} \text{1,1-环丁烷二甲酸 (COOH)}_2 \xrightarrow{\triangle} \text{环丁烷-COOH}$$

8. 还原反应

(1) 酯的还原

① 催化氢解。

酯可以被催化氢解为两分子醇，在工业上应用最广泛的催化剂是铜铬氧化物($CuO \cdot CuCrO_4$)，反应的一般方程式为

$$RCOOR' + H_2 \xrightarrow{CuO \cdot CuCrO_4} RCH_2OH + R'OH$$

这个反应大量应用于催化氢解植物油和脂肪，以取得长链醇类(如硬脂醇、软脂醇等的混合物)化合物，不饱和脂肪酸酯的 C═C 键同时被还原。这些脂肪醇可以用来作洗涤剂(去污剂)、化学试剂等。苯基在催化氢解过程中保持不变。

$$C_6H_5\text{—}COOC_2H_5 \xrightarrow[125\ ℃,30\ MPa]{CuO \cdot CuCrO_4} C_6H_5\text{—}CH_2OH \quad 65\%$$

② 用金属钠-醇还原。

用金属钠和醇还原酯得伯醇，称为鲍维特-勃朗克(Bouveault-Blanc)还原。在氢化锂铝还原酯的方法发现前，该方法广泛地被使用，此法较温和，双键可以不受影响。

③ 用 $LiAlH_4$ 还原。

$LiAlH_4$ 可将酯还原为伯醇，$NaBH_4$ 对酯反应稍慢。

$$R\text{—}\overset{O}{\overset{\|}{C}}\text{—}OR' \xrightarrow{LiAlH_4} RCH_2OH + R'OH$$

$$(CH_2)_4N\text{—}\underset{CH_3}{\underset{|}{C}H}COOC_2H_5 \xrightarrow[\text{乙醚}]{LiAlH_4} \xrightarrow{H_2O} (CH_2)_4N\text{—}\underset{CH_3}{\underset{|}{C}H}CH_2OH$$

(2) 酰卤的还原

① $LiAlH_4$ 还原。

$LiAlH_4$ 可以将酰卤还原成醛，后者很快被进一步还原成伯醇。$LiAlH_4$ 先与三分子叔丁醇反应，得到的氢化三叔丁醇铝酸锂可以将酰卤还原成醛。

$$R\text{—}\overset{O}{\overset{\|}{C}}\text{—}X \xrightarrow{LiAlH_4} RCH_2OH + HX$$

$$\text{3-}OCH_3\text{-4-}CH_3C_6H_3COCl \xrightarrow[Et_2O]{LiAlH(OBu\text{-}t)_3} \xrightarrow{H_2O} \text{3-}OCH_3\text{-4-}CH_3C_6H_3CHO \quad 60\%$$

② 罗森孟(Rosenmund)还原法。

此还原法用硫-喹啉或二甲苯降低了钯催化剂($Pd/BaSO_4$)的活性，可使酰卤还原成醛。为使反应顺利进行，反应应尽可能在低的温度下进行，以免进一步被还原。例如：

2-萘甲酰氯 $\xrightarrow[\text{喹啉}]{H_2/Pd\text{-}BaSO_4}$ 2-萘甲酰醛 74%～81%

③ 用二异丁基氢化铝还原。

二异丁基氢化铝(DIBAL、DIBAL-H、DIBAH)是有机合成中常用的有机金属还原剂之一，化学式为(i-$Bu_2AlH)_2$，室温下为无色液体，它由三丁基铝在120～180 ℃下进行减压热分解制得(β-氢消除反应)，副产物为三异丁基铝。一般以它溶于有机溶剂(如甲苯)中的形式出售。

在有机合成中，它作为亲电性的温和还原剂，可将酯、腈还原为醛，酰胺还原为醛或胺，羧酸、酰卤还原为醇，α,β-不饱和酯还原为烯丙醇。

(3) 酰胺的还原

酰胺很不容易被还原，用催化氢化法还原，需要在高温高压下进行，一般用 $LiAlH_4$ 还原。例如：

$$C_6H_5OCH_2CONH_2 \xrightarrow[\text{乙醚}]{LiAlH_4} \xrightarrow{H_2O} C_6H_5OCH_2CH_2NH_2$$

50%

9. 涉及酰胺氮上氢原子的反应

(1) 脱水反应

酰胺与五氧化二磷、二氯亚砜等强脱水剂共热，可以发生脱水反应，形成腈。这是制备腈化合物的重要方法之一。例如，己二酰胺与五氧化二磷共热，可以形成己二腈：

$$(CH_2)_4(CONH_2)_2 \xrightarrow[\triangle]{P_2O_5} (CH_2)_4(CN)_2$$

(2) 霍夫曼降解反应

酰胺与溴或氯在碱性水溶液中反应，生成比原料少一个碳原子的伯胺，该反应称为霍夫曼(Hofmann)降解反应。该反应也可以直接用次氯酸钠或次溴酸钠代替卤素。

$$RCONH_2 + Br_2 + 4NaOH \longrightarrow RNH_2 + 2NaBr + Na_2CO_3 + 2H_2O$$

$$RCONH_2 + NaOX + 2NaOH \longrightarrow RNH_2 + NaX + Na_2CO_3 + H_2O$$

由于上述反应过程中发生了重排，所以又称为霍夫曼重排反应。例如：

$$\text{环丙基}-CONH_2 \xrightarrow{NaOX, NaOH} \text{环丙基}-NH_2$$

$$CH_3CH_2CH(Ph)CONH_2 \xrightarrow{NaOX, NaOH} CH_3CH_2CH(Ph)NH_2$$

$$C_6H_5CONH_2 \xrightarrow{NaOX, NaOH} C_6H_5NH_2$$

若酰胺的 α-碳原子为手性碳，在重排过程中其构型保持。例如：

$$CH_3CH_2CH_2CH(CH_3)CONH_2 \xrightarrow{NaOX, NaOH} CH_3CH_2CH_2CH(CH_3)NH_2$$

霍夫曼重排反应被认为是按下述历程进行的：

$$R-\overset{O}{\overset{\|}{C}}-\ddot{N}H_2 + Br_2 + OH^- \longrightarrow R-\overset{O}{\overset{\|}{C}}-\underset{H}{\underset{|}{\ddot{N}}}-Br + H_2O + Br^-$$

N-溴代酰胺

$$R-\overset{O}{\overset{\|}{C}}-\underset{H}{\underset{|}{\ddot{N}}}-Br + OH^- \longrightarrow R-\overset{O}{\overset{\|}{C}}-\underset{\cdot\cdot}{\ddot{N}^-}-Br + H_2O$$

N-溴代酰胺负离子

$$R-\overset{O}{\overset{\|}{C}}-\underset{\cdot\cdot}{\ddot{N}^-}-Br \longrightarrow R-\overset{O}{\overset{\|}{C}}-\underset{\cdot\cdot}{\ddot{N}} + Br^-$$

氮烯

$$R-\overset{O}{\overset{\|}{C}}-\underset{\cdot\cdot}{\ddot{N}} \longrightarrow O=C=\ddot{N}-R$$

异氰酸酯

$$O=C=\ddot{N}-R + H_2O \longrightarrow RNH_2 + CO_2$$

在上述历程中，主要包括氮烯的生成和重排。氮烯中的氮外围只有六个电子，是缺电子原子，所以氮烯的重排也称为缺电子重排。在氮烯的重排反应中，烷基整体从分子内重排到氮原子上，所以烷基的构型不变。

(3) 盖布瑞尔(Gabriel)反应

酰胺的氨基由于羰基吸引电子，不但没有碱性，反而会呈现微弱酸性，其酸性与醇相近，所以酰胺可以用醇钠处理，得到酰胺盐。

$$R-\overset{O}{\overset{\|}{C}}-NH_2 + CH_3CH_2ONa \rightleftharpoons R-\overset{O}{\overset{\|}{C}}-\underset{H}{\underset{|}{N^-}}Na^+ + CH_3CH_2OH$$

酰亚胺中氮与两个羰基相连时，氮上氢呈现明显的酸性，比碳酸的酸性还高。如邻苯二甲酰亚胺可用 K_2CO_3 处理，得到邻苯二甲酰亚胺的钾盐。这样生成的酰胺氮负离子有较强的亲核性，它可与酯、卤代烷发生氮上的酰化和烷基化反应，得到 *N*-酰基、*N*-烷基的酰胺。*N*-烷基的酰胺水解，能得到高纯度的伯胺，这一反应称为盖布瑞尔反应。

$$\text{邻苯二甲酰亚胺(NH)} \xrightarrow{CH_3CH_2ONa} \text{(NNa)} \xrightarrow{RX} \text{(NR)} \xrightarrow{H_3O^+} RNH_2 + \text{邻苯二甲酸}(C_6H_4(COOH)_2)$$

13-1　完成下列反应式。

(1) COOEt $+HCN \longrightarrow \quad \xrightarrow[\triangle]{H_3O^+}$

(2) COOEt $\xrightarrow{Na/C_2H_5OH} \quad \xrightarrow{H^+}$

(3) COOEt $\xrightarrow{LiAlH_4} \quad \xrightarrow{H_2O}$

(4) O O O $\xrightarrow{C_2H_5NH_2} \quad \xrightarrow[H^+,\triangle]{C_2H_5OH}$

(5) O O $\xrightarrow{PhCH_2NH_2}$

(6) COCl Cl $\xrightarrow[\text{喹啉}]{H_2,Pd/BaSO_4}$

13-2　排列下列化合物在碱催化下的水解反应速率大小。

$COOC_6H_5$　　$COOC_6H_5$　　$COOC_6H_5$

13-3　指出下列化合物的酸性大小次序。

$H_3C-CO-NH_2$　　$H_3C-CO-NHC_6H_5$　　$H_3C-CO-NHCH_3$　　$H_3C-CO-NH-CO-CH_3$

13-4　说明下列反应是否容易进行，请解释之。

(1) $CH_3COOC_2H_5+H_2O \longrightarrow CH_3COOH+C_2H_5OH$

(2) $(CH_3CO)_2O+H_2O \longrightarrow 2CH_3COOH$

(3) $CH_3COOC_2H_5+NaOH \longrightarrow CH_3COONa+C_2H_5OH$

(4) $CH_3COOC_2H_5+Br^- \longrightarrow CH_3COBr+C_2H_5O^-$

(5) $CH_3CONHC_2H_5+NaOH \longrightarrow CH_3COONa+C_2H_5NH_2$

13-5　有一化合物 $C_6H_{12}O$(A)，能与 2,4-二硝基苯肼反应，但与 $NaHSO_3$ 不生成加成物。A 催化氢化得 $C_6H_{14}O$(B)；B 与浓 H_2SO_4 加热得 C_6H_{12}(C)；C 与 O_3 反应后用 Zn+H_2O 处理，得到两个化合物 D 和 E，化学式均为 C_3H_6O，D 可使 H_2CrO_4 变绿，而 E 不能。请写出 A、B、C、D、E 的构造式及相关反应式。

13-6 用系统命名法命名下列化合物，并指出化合物中含有的不对称碳原子。

(1) 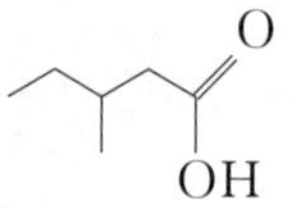 O OH (2) 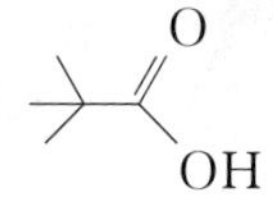 O OH (3) 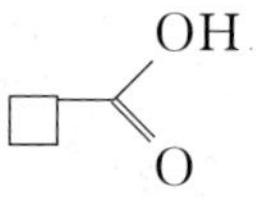 OH O (4) 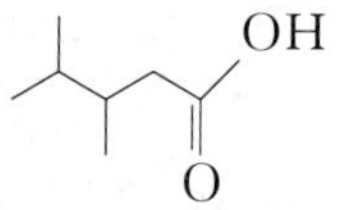 OH O

13-7 将3-甲基丁酸转变成下列化合物，写出其主要的反应步骤。

(1) 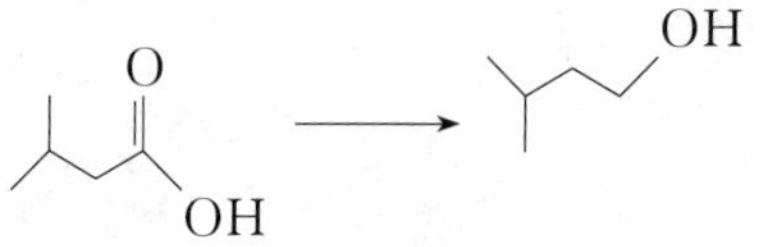 O OH ⟶ OH

(2) 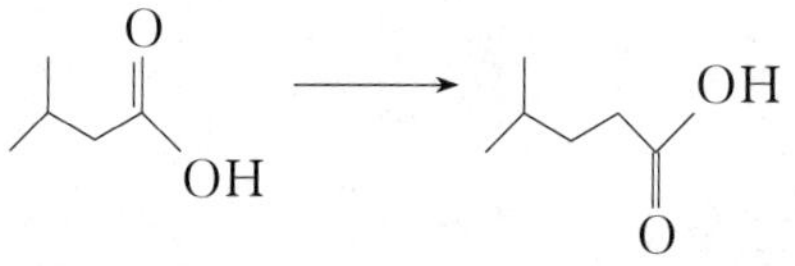 O OH ⟶ OH O

(3) 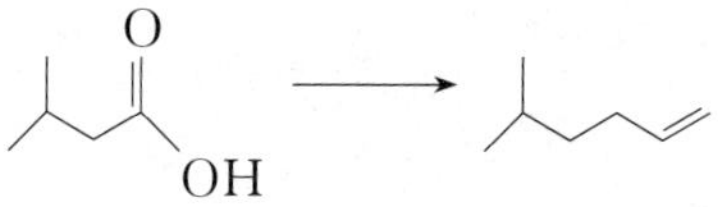 O OH ⟶

(4) 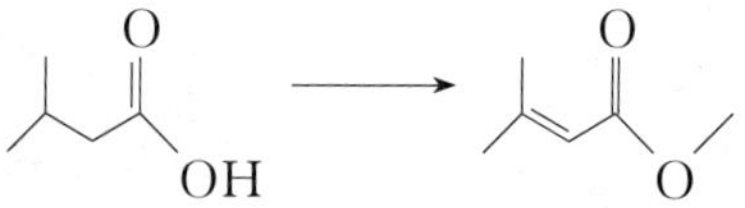 O OH ⟶ O O

(5) 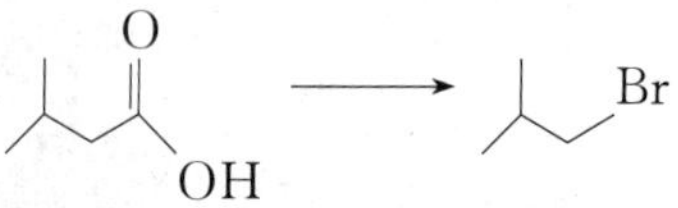 O OH ⟶ Br

13-8 以甲苯和其他化合物，以及无机试剂为原料，合成下列各化合物，写出实验方法和步骤。

(1) 苯甲酸 (2) 苯乙酸 (3) 对甲基苯甲酸

(4) 间氯苯甲酸 (5) 对溴苯甲酸 (6) α-溴代苯乙酸

13-9 将正丁酸转变成下列化合物，写出反应方程式。

(1) 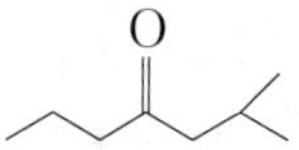 O (2)  OH (3) 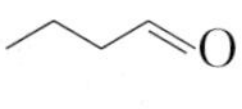 O

13-10 (1) 写出γ-丁内酯与(a)氨、(b)$LiAlH_4$、(c)$C_2H_5OH+H_2SO_4$作用的主要产物。

(2) 仲丁醇的旋光度为+13.8°，与对甲苯磺酰氯反应后，生成的对甲苯磺酸酯与苯甲酸钠作用，得到苯甲酸仲丁酯。这个酯碱性水解得到的仲丁醇旋光度为-13.4°。请问构型转化发生在哪一步？为什么？

13-11 一个S-构型化合物经下列几步反应后，得到的最终产物的构型是R还是S型？

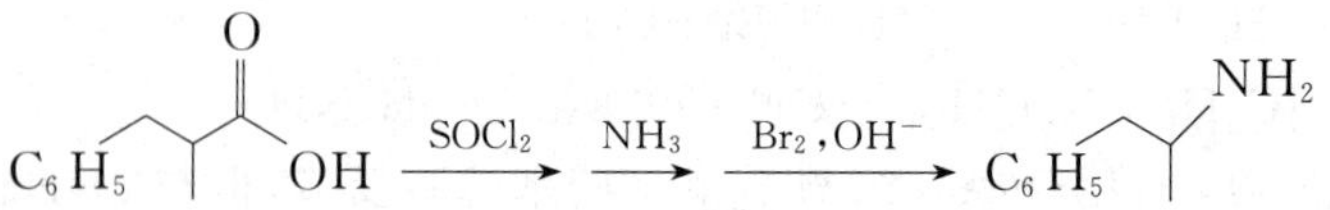

C_6H_5 (O) OH $\xrightarrow{SOCl_2}$ $\xrightarrow{NH_3}$ $\xrightarrow{Br_2, OH^-}$ C_6H_5 (NH_2)

(+)-S (−)

13-12 下列反应能否得到预期的产物，说明理由。

(1) 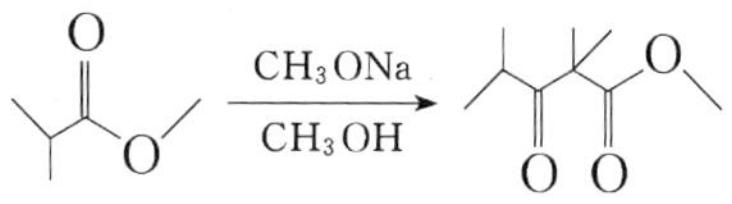 [O, O] $\xrightarrow[CH_3OH]{CH_3ONa}$ [O, O, O, O]

(2) 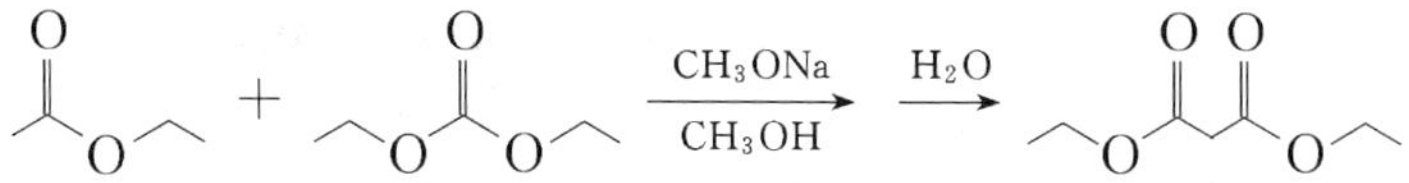 [O, O] + [O, O, O] $\xrightarrow[CH_3OH]{CH_3ONa}$ $\xrightarrow{H_2O}$ [O, O, O, O]

(3) 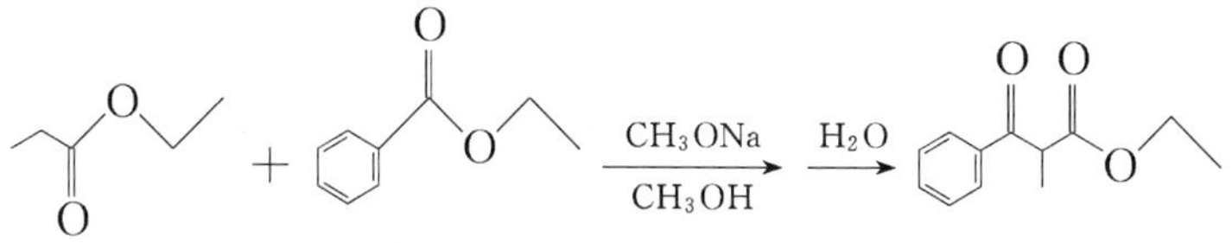 [O, O] + [O, O] $\xrightarrow[CH_3OH]{CH_3ONa}$ $\xrightarrow{H_2O}$ [O, O, O]

(4) 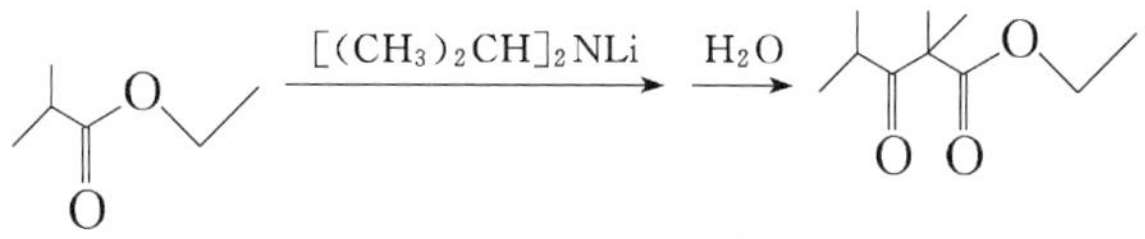 [O, O] $\xrightarrow{[(CH_3)_2CH]_2NLi}$ $\xrightarrow{H_2O}$ [O, O, O]

13-13　化合物 A 和 B 在酸催化水解时，在 A 的水解产物乙酸分子中没有^{18}O，但在 B 的水解产物乙酸分子中含^{18}O。为什么？

(1) 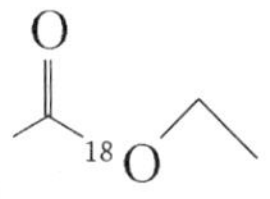 [O, ^{18}O]　　(2) 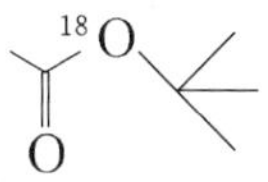 [^{18}O, O]

A　　B

第十四章　碳氢键的化学

C—H键是有机化合物中最简单、最常见的基团。由于C—H键的键能高达414.2 $kJ \cdot mol^{-1}$，且极性小，活化困难，反应活性低，非常难以有效地进行转化，这使得C—H键的活化成为有机化学家的一大挑战。基于C—H键活化策略的化学合成，其原子经济性与合成效率符合现代绿色合成化学的发展趋势，通过C—H键的活化形成C—C、C—X键的合成方法学引起化学家们的广泛关注。

虽然饱和碳氢化合物分子内的C—H键十分稳定，但一旦与其他杂原子或不饱和键连接，由于受到这些基团的电子效应的影响，其热稳定性和化学性质都将发生显著变化。例如，醚类化合物的α-氢活性较高，可以被氧气氧化；羰基化合物的α-氢有较强的酸性，易与碱发生质子交换反应等。

碳原子的杂化轨道性质对C—H键的性质也有很显著的影响。与p轨道相比，s轨道上的电子更接近原子核。一个杂化轨道的s成分愈多，则此杂化轨道上的电子也愈靠近原子核。实际上，乙炔的C—H键的键长(106 pm)比乙烯和乙烷的C—H键的键长(分别为108 pm和110 pm)要短一些。

为了清楚地了解C—H键的化学性质以及不同基团的影响规律，本章将分别介绍不同结构类型的C—H键的化学反应行为。

第一节　与杂原子相连的碳氢键

邻近杂原子的存在对C—H键的化学性质有较大的影响。电负性杂原子的拉电子诱导效应引起C—H σ键的电子云密度和离解能降低，使C—H键更易发生异裂和均裂反应。

一、与碱的反应

与一个中性杂原子相连的C—H键的氢原子酸性很弱，不易与碱直接发生质子交换反应。而与一个带正电荷的杂原子(如硫或磷)连接的C—H键的氢原子酸性较强，易与NaH、$NaNH_2$或丁基锂等强碱发生酸碱反应。例如：

$$(CH_3)_3S^+ \xrightarrow{NaNH_2} (CH_3)_2S^+—\overset{\ominus}{C}H_2$$

硫叶立德

$$Ph_3P^+—CH_2CH_3 \xrightarrow{NaH} Ph_3P^+—\overset{\ominus}{C}HCH_3$$

磷叶立德

与两个含有空3d轨道的中性杂原子(如硫)，连接的C—H键的氢原子也可以被上述强碱夺取。例如：

$$\text{1,3-二噻烷(C2-H)} \xrightarrow{BuLi} \text{1,3-二噻烷-2-负离子}$$

连有两个卤素原子的 C—H 键的氢原子酸性相当弱，但连有三个卤素原子的 C—H 键的氢原子酸性明显增强。例如，二氯甲烷通常很难与碱发生质子交换，而卤仿的氢原子可以被 NaOH 等强碱夺取，形成三卤甲基负离子。

二、卤代反应

与一个中性杂原子相连的 C—H 键因键能较低，其氢原子易被各种自由基攫取，形成碳中心自由基。这种自由基可以与杂原子的 p 或 d 轨道发生离域作用，稳定性有所提高。因此，在与卤素发生自由基链式反应时，处于杂原子 α 位的 C—H 键的反应活性明显高于普通的C—H键。例如，1,1-二氯乙烷与氯气进行氯代反应时，可以选择性地形成以 1,1,1-三氯乙烷为主的产物。

$$Cl_2CHCH_3 + Cl_2 \longrightarrow Cl_3CCH_3 + HCl$$

由于上述原因，利用烷烃的卤代反应制备单取代的卤代烷时，一般需要使用过量的烷烃。

三、自氧化反应

乙醚或四氢呋喃等醚类化合物在空气中放置较长时间时，会产生过氧化物。醚键氧原子的拉电子诱导效应使 α 位 C—H 键的氢原子活性增加，在空气中的氧气作用下，易发生氧化反应，其 C—H 键转化成 C—O—O—H 基团，这种过程被称为自氧化反应(autooxidation)。异丙醚比乙醚更容易发生自氧化反应。

$$CH_3CH_2OCH_2CH_3 + O_2 \longrightarrow CH_3CH_2O\dot{C}HCH_3 + \cdot OOH \longrightarrow CH_3CH_2OCH(OOH)CH_3$$

$$(CH_3)_2CHOCH(CH_3)_2 \xrightarrow{O_2} (CH_3)_2CHOC(CH_3)_2OOH$$

这种过氧化物不稳定，受热时易发生分解甚至引起强烈爆炸。因此，醚类一般存放在深色的玻璃瓶内，或加入对苯二酚等抗氧化剂保存。在蒸馏乙醚时，注意不要蒸干，蒸馏前必须检验是否有过氧化物。常用的检查方法是用碘化钾-淀粉试纸，若存在过氧化物，则试纸显蓝色。除去乙醚中过氧化物的方法是向其中加入硫酸亚铁或亚硫酸钠等还原剂以破坏过氧化物。

第二节　与烯基或苯基相连的碳氢键

处于 C═C 键或苯环 α 位的 C—H 键因与分子内 π 体系间存在 σ-π 超共轭作用，键能有所降低，α-氢原子反应活性提高。这类化合物 α-氢原子的酸性虽比简单烷烃有所增强，但仍然很弱。在自由基反应中，这类 C—H 键的反应活性则明显高于简单烷烃的 C—H 键。

一、卤代反应

与烯键或芳环等不饱和键相连的 C—H 键，其反应活性比普通的 C—H 键更高。工业上，丙烯与氯气的反应常用来制备重要的化学中间体烯丙基氯。反应被认为是按自由基链式机理进行的。α-氢原子被氯原子夺取后，可以形成较稳定的烯丙基自由基。

$$CH_2=CHCH_3+Cl_2 \longrightarrow CH_2=CHCH_2Cl$$

具有α-氢的烷基苯在较高温度或光照射下，与氯气可以发生侧链氯代反应，反应也是按自由基链式机理进行的，反应过程中形成了较稳定的苄基自由基。工业上，甲苯与氯气的反应常用来制备重要的化学中间体氯化苄。

$$C_6H_5CH_3+Cl_2 \xrightarrow{\text{高温或光照}} C_6H_5CH_2Cl+HCl$$

烯丙基自由基与苄基自由基之所以较稳定，是因为它们的未成对电子所处的 p 轨道与 C═C键或苯环的大 π 键是共轭的，因而使未成对电子发生共轭离域。

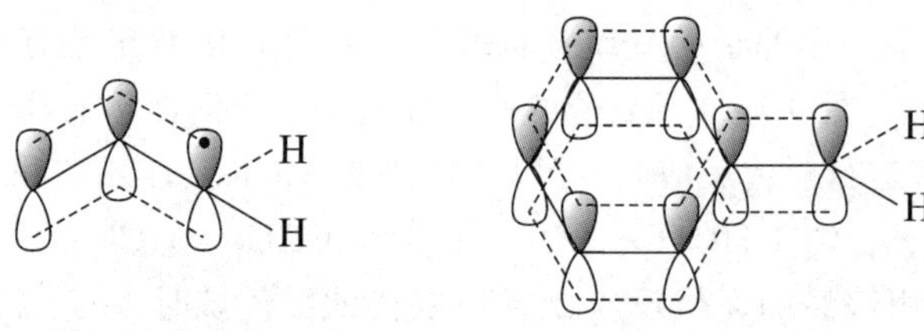

烯丙基自由基　　　　苄基自由基

甲苯与过量的氯气反应，可以得到二氯甲苯和三氯甲苯。二氯甲苯和三氯甲苯分别在碱作用下可以发生水解反应，形成苯甲醛和苯甲酸。这一合成工艺已经在工业化生产中得到应用。

除了溴外，N-溴代琥珀酰亚胺(NBS)是实验室制备溴代烃的常用试剂。在过氧化苯甲酰或偶氮二异丁腈等自由基引发剂作用下，NBS 可以与许多含α-活泼氢的烯烃和芳烃化合物发生自由基链式溴代反应。例如：

$$CH_3CH=CH_2+\text{NBS (N—Br)} \xrightarrow[CCl_4]{(PhCO_2)_2} BrCH_2CH=CH_2+\text{琥珀酰亚胺 (N—H)}$$

$$p\text{-}H_3C\text{—}C_6H_4\text{—}COOH+\text{NBS (N—Br)} \xrightarrow[CCl_4]{(PhCO_2)_2} p\text{-}BrH_2C\text{—}C_6H_4\text{—}COOH+\text{琥珀酰亚胺 (N—H)}$$

具体反应过程如下所示：

引发

$$(PhCOO)_2 \xrightarrow{\text{加热}} 2PhCOO\cdot$$

$$PhCOO\cdot+\text{NBS (N—Br)} \longrightarrow PhCOOBr+\text{琥珀酰亚胺自由基 (N}\cdot)$$

增长

$$\text{琥珀酰亚胺自由基 (N}\cdot)+CH_2=CHCH_3 \longrightarrow \text{琥珀酰亚胺 (N—H)}+CH_2=CHCH_2\cdot$$

$$CH_2{=}CHCH_2\cdot + \text{NBS (N—Br)} \longrightarrow CH_2{=}CHCH_2Br + \text{succinimidyl radical (N}\cdot)$$

终止

$$\text{succinimidyl radical (N}\cdot) + CH_2{=}CHCH_2\cdot \longrightarrow \text{succinimide–}N{-}CH_2CH{=}CH_2$$

NBS 的反应活性比溴低，在通常条件下不能用于与简单烷烃的溴代反应。

二、自氧化反应

处于 C═C 键或苯环 α 位的 C—H 键较易受到自由基的进攻，发生自氧化反应。例如，油酸分子含有双键，在空气中长期放置时能发生自氧化反应，局部转变成含羰基的物质，有腐败的哈喇味，这是油脂变质的原因。

$$CH_3(CH_2)_7CH{=}CHCH_2(CH_2)_6COOH \xrightarrow{O_2} CH_3(CH_2)_7CH{=}CHCH(OOH)(CH_2)_6COOH$$

$$\xrightarrow{-H_2O} CH_3(CH_2)_7CH{=}CHC(=O)(CH_2)_6COOH$$

$$\xrightarrow{ROOH} CH_3(CH_2)_7{-}\underset{H}{C}\overset{O}{\frown}\underset{H}{C}{-}C(=O){-}(CH_2)_6COOH$$

植物油分子中含有大量的 C═C 键，易发生自氧化反应被认为是其稳定性差的主要原因。尤其是含 2～3 个双键的亚油酸或亚麻酸组分，在氧化初期就被迅速氧化，同时对以后的氧化反应起引发作用。油酸的自氧化过程形成了较稳定的烯丙基型自由基。植物油的自氧化也是一种链反应。抗氧化剂，如多酚，一般可提供一个活泼的氢原子给氧化初期生成的活泼过氧自由基，形成的多酚氧自由基稳定性较高，从而使自由基链反应终止。

由于氧气分子是自然界最绿色环保的氧化剂，烃类化合物的自氧化反应已经在工业上得到成功应用。例如，异丙苯液相自氧化反应形成异丙苯基过氧化氢，后者在酸催化下可以转化为苯酚和丙酮，这一反应是工业上合成苯酚的方法之一。

$$C_6H_5CH(CH_3)_2 \xrightarrow{O_2} C_6H_5C(CH_3)_2OOH \xrightarrow[H_2O]{H_2SO_4} C_6H_5OH + CH_3COCH_3$$

三、氧化反应

与饱和烃相比，处于不饱和键 α-位的 C—H 键的氧化反应较易发生。烷基苯与一些强无机氧化剂，如高锰酸钾、重铬酸盐等反应时，侧链烷基易被氧化成羰基或羧基。例如：

$$C_6H_5CH_2CH_3 \xrightarrow[90\ ^\circ C]{(NH_4)_2Ce(NO_3)_6,\ HNO_3} C_6H_5COCH_3 \xrightarrow[加热]{KMnO_4} C_6H_5COOH$$

$$o\text{-}CH_3C_6H_4CH_3 \xrightarrow[加热]{10\%HNO_3} o\text{-}CH_3C_6H_4COOH$$

$$C_6H_5CH_3 \xrightarrow{CrO_3/Ac_2O} C_6H_5CH(OAc)_2 \xrightarrow{H_2O} C_6H_5CHO$$

在特定条件下，烯烃的 α-氢可以被氧气氧化。例如：

$$CH_2{=}CH{-}CH_3 + O_2 \xrightarrow[370\ ^\circ C]{CuO} CH_2{=}CH{-}CHO + H_2O$$

$$CH_2{=}CH{-}CH_3 + \frac{3}{2}O_2 \xrightarrow[400\ ^\circ C]{MoO_3} CH_2{=}CH{-}COOH + H_2O$$

丙烯的另一个特殊氧化反应是在氨的存在下的氧化反应，称为氨氧化反应，它是工业上制备丙烯腈的重要方法。

$$CH_2{=}CH{-}CH_3 + NH_3 + \frac{3}{2}O_2 \xrightarrow[470\ ^\circ C]{磷钼酸铋} CH_2{=}CH{-}CN + 3H_2O$$

烯丙位 α-氢能被过量的 CrO_3-Py 配合物（Collins 试剂）氧化成 α,β-不饱和酮。例如：

$$\xrightarrow[CH_2Cl_2]{CrO_3\text{-}Py}$$

值得一提的是，近年来苄位 C—H 键在过渡金属或其他氧化剂作用下发生的氧化偶联反应，已经取得了很大的进展。

第三节　与羰基相连的碳氢键

一、与碱的反应

由于羰基的强拉电子作用，许多羰基化合物的 α-氢都显示出一定的酸性，可以与碱反应形成相应的碳负离子。硝基为拉电子能力更强的取代基，硝基甲烷的 pK_a 值高达 11。这些碳负离子作为常见的亲核试剂，可以参与各种类型的亲核反应。例如，乙酰丙酮和乙酰乙酸乙酯可以与乙醇钠反应形成碳负离子：

$$CH_3COCH_2COCH_3 \xrightarrow{NaOC_2H_5} CH_3CO\overset{\ominus}{C}HCOCH_3$$

$$CH_3COCH_2COOC_2H_5 \xrightarrow{NaOC_2H_5} CH_3CO\overset{\ominus}{C}HCOOC_2H_5$$

二、亲电卤代反应

具有 α-氢的醛、酮，以及羧酸与卤素分子在酸或碱催化下可以发生 α-卤代反应。在这类反应中，卤素分子为亲电试剂，所以称为亲电卤代反应。例如：

$$C_6H_5COCH_3 + Br_2 \xrightarrow[Et_2O, 0\ ℃]{cat.\ AlCl_3} C_6H_5COCH_2Br \quad 90\%$$

$$\text{2-甲基环己酮} \xrightarrow[r.t.\ 2\ h]{SO_2Cl_2, CCl_4} \text{2-氯-2-甲基环己酮} \quad 85\%$$

在碱性条件下，醛、酮可迅速地与卤素作用生成卤代醛、酮。碱的作用是加速烯醇负离子的形成，进而再与卤素加成生成 α-卤代物。例如：

$$RCOCH_3 \overset{OH^-}{\rightleftharpoons} RCOCH_2^- \longleftrightarrow RC(O^-){=}CH_2 \xrightarrow{X_2} RCOCH_2X$$

在生成的一卤代物中，由于卤原子的电负性较大，使 α-碳上的其余 α-氢具有更强的酸性，就会进一步与碱作用，再生成相应的烯醇盐，从而使卤代反应继续更快地进行，直至 α-氢完全被取代为止。乙醛和甲基酮与足量的 $X_2/NaOH$ 反应，最终生成三卤代乙醛、酮。由于三卤甲基对羰基强烈的拉电子诱导效应使羰基碳原子缺电子程度更为强烈，易与 OH^- 迅速发生亲核加成，经消除后，最后形成少一个碳原子的羧酸和卤仿 CHX_3。由于反应过程中生成了卤仿，故这一反应又称为卤仿反应。

$$RCOCH_2X \overset{OH^-}{\rightleftharpoons} RCOCHX^- \xrightarrow{X_2} RCOCHX_2 \overset{OH^-}{\rightleftharpoons} RCOCX_2^- \xrightarrow{X_2} RCOCX_3$$

$$RCOCX_3 \overset{OH^-}{\rightleftharpoons} RC(O^-)(OH)CX_3 \longrightarrow RCOOH + CX_3^- \longrightarrow RCOO^- + CHX_3$$

如果所用的卤素为碘，则生成碘仿（黄色沉淀），反应现象十分明显，可用于甲基酮与其他酮类化合物的鉴别，故又称为碘仿反应。由于在碱溶液中卤素与碱作用可生成次卤酸盐，后者可将仲醇氧化为酮，所以有羟乙基（CH_3CHOH—）结构的醇也可以发生碘仿反应。

卤仿反应还可用于制备特殊结构的羧酸。当用卤仿反应制取少一个碳原子的羧酸时，常使用价廉的次卤酸钠碱溶液。

在酸性条件下，醛、酮可缓慢地与卤素作用生成一卤代醛、酮。酸可以加速醛、酮的烯醇化反应速率，形成的烯醇与卤素发生亲电加成生成一卤代物。由于卤原子的电负性较大，使一卤代物的烯醇式的电子云密度下降，不利于进一步与卤素发生亲电加成反应。因此，在酸催化下醛、酮与溴或氯气在冰醋酸中的反应常用于一溴代或一氯代醛、酮的制备。

$$RCOCH_3 \overset{H^+}{\rightleftharpoons} RC(OH){=}CH_2 \xrightarrow{Br_2} RCOCH_2Br + HBr$$

羧酸的 α-氢的酸性弱于相应的醛、酮的 α-氢，因此在通常情况下不易形成烯醇式结构，影响其与卤素间的亲电取代反应。通常须用三卤化磷或赤磷作催化剂，使之转化成 α-氢酸性较大的酰卤，才能使卤代反应顺利进行。酸酐的 α-氢也可被卤素取代。

$$C_4H_9CH_2COOH + Br_2 \xrightarrow[100\ ^\circ C,6\ h]{P} C_4H_9CHBrCOOH + HBr$$

89%

三、氧化反应

酮的α-氢可以被不同的氧化剂氧化。例如，甲基酮用四醋酸铅氧化，可以形成α-乙酰氧基酮。

$$\xrightarrow[25\ ^\circ C]{Pb(OAc)_4/BF_3Et_2O/PhH}$$

AcO … CH_3 → AcO … CH_2OAc

SeO_2 可以将含有α-活性氢的酮氧化成1,2-二酮化合物。该反应选择性好，但是SeO_2的毒性较大，应控制使用。

$$PhCOCH_3 \xrightarrow[\text{回流}]{SeO_2/\text{二氧六环}} PhCOCHO$$

第四节 不饱和碳氢键

一、与碱的反应

与不饱和碳原子相连的氢原子的酸性相对较强。例如，乙炔可以与氨基钠反应形成乙炔钠。近年来，人们也发现一些杂原子取代的苯（如硝基苯）的邻位氢原子可以与丁基锂发生质子交换反应，形成取代苯基锂。例如：

$$C_6H_5OCH_3 + n\text{-}BuLi \longrightarrow o\text{-}LiC_6H_4OCH_3 + n\text{-}BuH$$

二、自氧化反应

许多醛如乙醛、苯甲醛等在空气中易发生自氧化反应。例如，苯甲醛置于空气中就得到白色的苯甲酸晶体。

$$PhCHO \xrightarrow{O_2} PhC(O)\cdot \xrightarrow{O_2} PhC(O)OO\cdot$$

$$PhC(O)OO\cdot + PhCHO \longrightarrow PhC(O)OOH + PhC(O)\cdot$$

$$PhC(O)OOH + PhCHO \longrightarrow 2\ PhCOOH$$

因此，为了防止醛类化合物自氧化反应的发生，应该将其保存在深色瓶内，尽量避免接触空气、金属杂质及其他化合物。

三、氧化偶联反应

联芳基化合物是广泛存在于天然产物和药物分子中的重要结构单元。在诸多有机合成方法中，用于构建联芳基化合物最有效的方法是过渡金属催化的交叉偶联反应。最知名的反应是 Suzuki 偶联反应。

$$C_6H_5—Br + C_6H_5—B(OH)_2 \xrightarrow{\text{cat. Pd}} C_6H_5—C_6H_5$$

在过去的十几年中，经典的贵金属催化的碳氢键活化已取得很大进展。以碳氢键代替传统偶联反应中的碳金属键或碳卤键，即从普通芳烃出发实现了芳烃的交叉偶联。芳烃的氧化偶联反应的一般反应式如下所示：

$$ArH + Ar'H \xrightarrow{\text{贵金属催化剂}} Ar—Ar'$$

最近发现，廉价易得的过渡金属铁也可以催化芳烃碳氢键的活化反应。

第五节　与烷基相连的碳氢键

由于碳原子与氢原子的电负性十分接近（分别为 2.2 和 2.1），饱和碳氢化合物的 C—H 键的极性很小，这些氢原子显示出很弱的酸性，一般不易与碱发生酸碱反应。

一、卤代反应

简单的饱和 C—H 键与氯气在光照或高温下可以迅速反应，导致其分子中的氢原子被氯原子所取代。这种氢原子被卤素取代的反应称为卤代反应（halogenation）。该反应在烷烃一章中已经详述。

二、氧化反应

通常情况下，绝大多数烷烃与氧气不发生反应。目前，已经知道在分子氧或空气中的氧气作为氧化剂的条件下，一些有机酸锰盐或钴盐可以催化饱和脂肪烃的氧化反应。例如，长链烷烃在锰盐催化下可以被氧气氧化，形成高级脂肪酸，其中 C_{10}～C_{20} 的脂肪酸可以代替天然油脂制取肥皂。

$$RCH_2CH_2R' \xrightarrow[\text{锰盐},1.5\sim3\ \text{MPa}]{O_2,120\ ℃} RCOOH + R'COOH$$

从 20 世纪 80 年代起，发达国家就开始投入大量人力物力从事碳氢化合物的选择性氧化这方面的研究，它仍是全球许多化学家目前面临的具有挑战性的课题。近年来有关这方面的研究已取得一定的进展。在特定过渡金属催化剂作用下，控制一定的反应条件，也能使烷烃进行选择性氧化，这一过程可用于工业上生产含氧衍生物的化工原料。例如，环己烷的液相氧化反应可用于合成环己酮和己二酸。一些过渡金属盐，如铁、钴或锰盐的存在可以明显加速烃类化合物的氧化反应过程。在这些液相氧化反应中，氧化一般被认为是按自由基反应历程进行的。

O_2, Fe系催化剂

此外，异丁烷与氧气在溴的存在下共热，会形成应用较广的叔丁基过氧化氢，反应也是通过自由基历程进行的。

三、酶促氧化反应

尽管烷烃的选择性催化氧化在实验室中较难实现，目前已发现在甲烷单加氧酶的催化下，甲烷可以高选择性地氧化成甲醇。

对于某些特定的烃类化合物，用化学氧化剂很难进行选择性氧化，利用生物氧化的方法，则可以得到高区域选择性和立体选择性的氧化产物。例如，在药物分子可的松的合成中，孕酮11位C—H键在微生物催化下易发生高区域选择性羟基化反应，在黑根霉菌（*Rhizopus nigricans*）作用下可得到11-*α*-羟基化合物，而在布氏小克银汉菌（*Cunnighamilla blakesloaus*）作用下则可得到11-*β*-羟基化合物。

Cunnighamilla blakesloaus　　*Rhizopus nigricans*

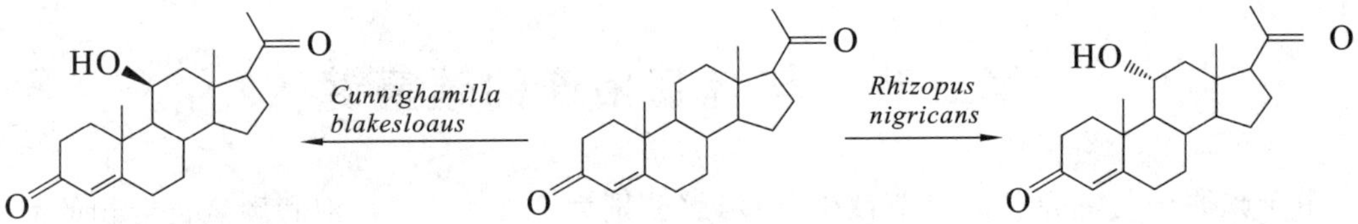

11-*β*-羟基孕酮　　孕酮　　11-*α*-羟基孕酮

光学活性的*β*-羟基异丁酸是一些维生素、香料和抗生素的合成原料，目前已经可以通过微生物催化的异丁酸的不对称羟化反应来制备，其中假丝酵母属（*Candida*）微生物具有良好的催化性能。

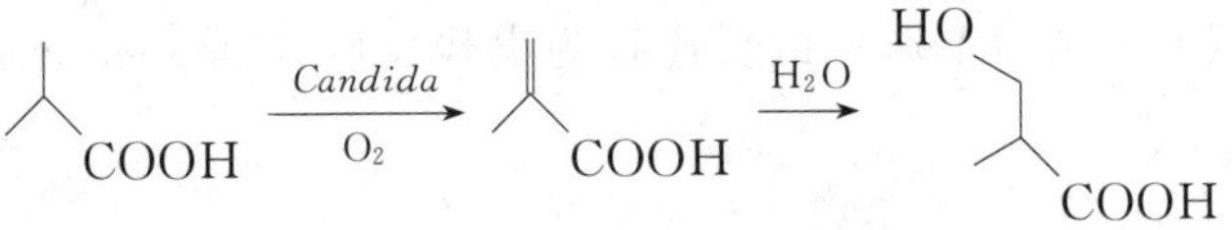

Candida, O_2　　H_2O

恶臭假单胞菌（*Pseudomonas*）在室温下可以催化2-乙基苯甲酸的生物氧化，得到高光学纯度的内酯化合物。

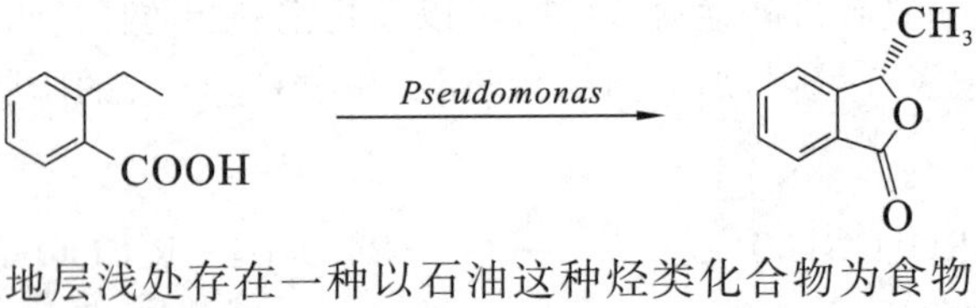

Pseudomonas

目前已经发现，在地层浅处存在一种以石油这种烃类化合物为食物的细菌，这种细菌对烃类化合物具有很好的氧化能力，故被称为烃氧化菌。但烃氧化菌的氧化机理迄今尚不清楚。由此可见，虽然烃类化合物很难被通常的化学氧化剂选择性氧化，但是自然界确实存在一些能在温和条件下氧化碳氢化合物的微生物。

习　题

14-1　根据所学内容，分析影响 C—H 键反应活性的主要因素，并举例说明。

14-2　在下列化合物分子中，哪一种 C—H 键（H_a、H_b 和 H_c）较易与氧气发生自氧化反应，为什么？

（1）H_c，CH_3，H_3C，O，H_a，H_b

（2）H_c，CH_3，CH_3，H_a，CH_3，H_b

（3）H_3C，H_c，H_a，$COOCH_3$，H_b

14-3　写出下列反应的主要产物。

（1）$C_6H_5CH_2CH_2CH_2OCH_3 + Br_2 \xrightarrow{光照}$

（2）$CH_3COCH_2COOCH_3 + Br_2 \xrightarrow{HOAc}$

（3）$CH_3CH_2CH_3 + 2Cl_2 \xrightarrow{光照}$

14-4　异丁烷与卤素在光照下发生卤代反应，可以得到两种不同的单卤代产物，若欲高选择性地得到叔丁基卤，宜选用氟、氯或溴中的哪一种？为什么？

$$(CH_3)_3CH + X_2 \xrightarrow{h\nu} (CH_3)_3CX + (CH_3)_2CHCH_2X$$

14-5　指出 1-丁烯衍生的下述三种自由基结构中的哪一种最稳定，为什么？

$$\underset{A}{CH_2{=}CHCH_2\dot{C}H_2} \qquad \underset{B}{CH_2{=}CH\dot{C}HCH_3} \qquad \underset{C}{CH_2{=}\dot{C}CH_2CH_3}$$

14-6　植物油中含有过氧化物，食用后对人体有较大危害。试设计一个检验植物油中过氧化物的方法，并用简单的化学方法除去过氧化物。

14-7　乙醛和甲基酮可发生碘仿反应，判断乙酸和乙酸乙酯是否也可以发生碘仿反应，并作简单说明。

14-8　完成下列反应。

（1）$C_6H_5CH(CH_3)_2 \xrightarrow[\triangle]{KMnO_4}$

(2) 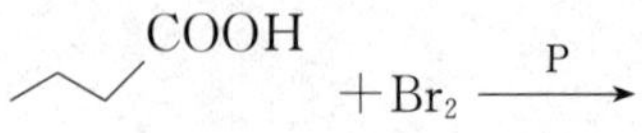 (butanoic acid skeletal structure, COOH) $+Br_2 \xrightarrow{P}$

(3) 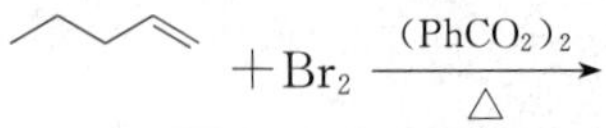 (1-pentene skeletal structure) $+Br_2 \xrightarrow[\triangle]{(PhCO_2)_2}$

14-9 在二价铁系催化剂铁卟啉作用下，环己烷可以被氧气氧化成环己醇。该氧化反应过程中存在自由基中间体，请根据所学知识，推测反应的可能过程（注：铁卟啉为血红素的重要结构单元）。

(cyclohexane) $+O_2 \xrightarrow{\text{铁卟啉}}$ (cyclohexanol, OH)

14-10 苯甲醚、硝基苯等取代苯与强碱丁基锂间可以发生质子交换反应。一般反应式为

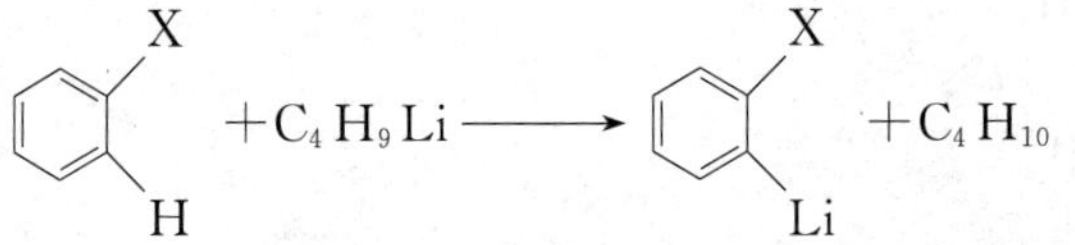

(benzene with X, ortho H) $+C_4H_9Li \longrightarrow$ (benzene with X, ortho Li) $+C_4H_{10}$

试解释交换反应为何只发生在取代基的邻位，而不发生在间位和对位。

第十五章　含氮有机化合物

分子中含有氮原子的有机化合物统称为含氮有机化合物。含氮有机化合物包括腈类、硝基化合物、胺类化合物，以及重氮化合物和偶氮化合物等。本章主要讨论硝基化合物、胺类、重氮和偶氮化合物。

第一节　硝基化合物

一、硝基化合物的结构

在硝基化合物中，氮原子是 sp^2 杂化的。三个杂化轨道分别形成三个 σ 键，未杂化的 p 轨道与两个氧原子的 p 轨道侧面重叠，形成 3 个原子、4 个电子在内的共轭 π 键。两个氮氧键的键长相同，均为 0.121 nm，介于 N—O 和 N═O 键长之间，硝基的结构常简单表示为“$—NO_2$”。硝基化合物的轨道重叠和分子结构如图 15.1 所示。

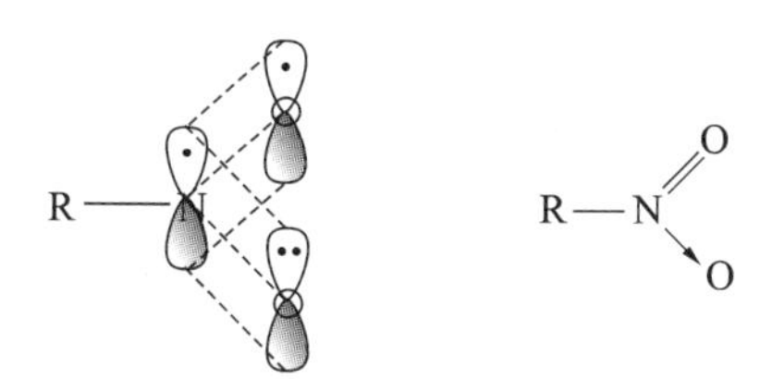

图 15.1　硝基化合物的轨道重叠和分子结构

硝基的结构也可以用共振结构式表示如下：

$$\mathrm{R—\overset{+}{N}(=O)—O^-} \longleftrightarrow \mathrm{R—\overset{+}{N}(—O^-)=O}$$

对于芳香族的硝基化合物，氧原子和氮原子的 p 轨道与苯环上的 p 轨道形成一个更大的共轭大 π 键。

二、硝基化合物的化学性质

1. 还原反应

硝基化合物可以还原生成伯胺。常用的还原剂有金属加酸，金属常用 Fe、Zn 或 Sn，酸可用盐酸、硫酸和醋酸。硝基化合物还可以催化氢化生成胺。例如：

$$\mathrm{C_6H_5—NO_2 \xrightarrow{Fe+HCl} C_6H_5—NH_2}$$

$$R—NO_2 + H_2 \xrightarrow{Ni} R—NH_2 + H_2O$$

芳香族多硝基化合物还可以用 NH_4SH、$(NH_4)_2S$、Na_2S 等硫化物，用计算量的试剂进行部分还原。例如：

$$C_6H_4(NO_2)_2\ (间二硝基苯) \xrightarrow[\triangle]{NaSH, CH_3OH} m\text{-}NO_2C_6H_4NH_2$$

这是实验室和工业上制备间硝基苯胺的方法。

2. α-氢的酸性

硝基的 α-碳原子上含有氢原子时，这类硝基烷有较明显的酸性。例如，硝基甲烷、硝基乙烷和 2-硝基丙烷能与强碱反应生成盐。

$$RCH_2NO_2 + NaOH \longrightarrow [RCHNO_2]^- Na^+ + H_2O$$

$$R_2CHNO_2 + NaOH \longrightarrow [R_2CNO_2]^- Na^+ + H_2O$$

3. 芳香族硝基化合物的化学性质

硝基是强烈吸引电子的间位定位基，芳环不易进行亲电取代反应。如硝基苯不发生傅氏烷基化和酰基化反应，在激烈条件下可卤代、硝化和磺化。

$$C_6H_5NO_2 \xrightarrow[135\sim145\ ℃]{Br_2, Fe} m\text{-}BrC_6H_4NO_2$$

$$C_6H_5NO_2 \xrightarrow[95\ ℃]{发烟\ HNO_3, 浓\ H_2SO_4} m\text{-}C_6H_4(NO_2)_2$$

$$C_6H_5NO_2 \xrightarrow[110\ ℃]{浓\ H_2SO_4} m\text{-}NO_2C_6H_4SO_3H$$

若选用适当的还原试剂，则可以使硝基苯生成不同的还原产物，它们各有不同的应用。

$$C_6H_5NO_2 \xrightarrow{Zn+NaOH} C_6H_5—NH—NH—C_6H_5$$

氢化偶氮苯

$$C_6H_5NO_2 \xrightarrow{Fe+NaOH} C_6H_5—N{=}N—C_6H_5$$

偶氮苯

$$C_6H_5NO_2 \xrightarrow{Zn+NH_4Cl} C_6H_5—NHOH$$

苯胲

$$C_6H_5NO_2 \xrightarrow{Zn+H_2O} C_6H_5—NO$$

亚硝基苯

这些产物在 Fe 或 Sn 和盐酸的作用下均可被还原为苯胺。

在通常情况下，氯苯很难发生 S_N2 反应，即使将氯苯与氢氧化钾溶液煮沸数天也没有发现有苯酚生成。但氯苯的邻位和对位被硝基取代后，由于硝基的拉电子作用使与氯原子相连的碳原子电子云密度大大降低，有利于亲核试剂的进攻，从而容易发生双分子亲核取代反应。例如：

$$2,4,6\text{-}(O_2N)_3C_6H_2Cl \xrightarrow[35\ ℃]{NaHCO_3,\ H_2O} 2,4,6\text{-}(O_2N)_3C_6H_2ONa \xrightarrow{H^+} 2,4,6\text{-}(O_2N)_3C_6H_2OH$$

在苯酚的苯环上引入硝基，拉电子的硝基通过共轭效应的传递，增加了羟基中的氢解离成质子的能力，尤其是当邻位和对位都引入硝基的2,4,6-三硝基苯酚，其酸性已接近无机强酸，它可以与氢氧化钠、碳酸钠，以及碳酸氢钠作用。

	苯酚（OH）	对硝基苯酚（OH，NO_2）	2,4,6-三硝基苯酚（OH，O_2N，NO_2，NO_2）
pK_a：	9.89	7.15	0.38

多硝基化合物具有爆炸性。如2,4,6-三硝基甲苯(2,4,6-trinitromethylbenzene)，俗称“TNT”，是一种烈性炸药。

第二节　胺类化合物

一、氨基化合物的结构特征

胺是最常见的氨基化合物，它可以看做氨的烃基衍生物。在胺类分子中，氮原子一般以不等性的sp^3杂化轨道与其他三个原子形成σ键，其中一个sp^3杂化轨道被孤对电子占据。因此，胺分子具有棱锥形结构，孤对电子位于棱锥形的顶点，如图15-2所示。

芳香胺的结构有所不同，氮原子的孤对电子所在的轨道和苯环π电子轨道重叠，孤对电子离域，使整个体系的能量降低(见图15.3)。

酰胺化合物是另一类重要的氨基化合物，它由氨基与酰基连接而成，分子内氮原子以sp^2杂化轨道与其他三个原子形成σ键，氮原子的孤对电子所在的2p轨道和羰基的π电子轨道重叠，孤对电子发生离域(见图15.4)，使整个体系的能量显著下降。

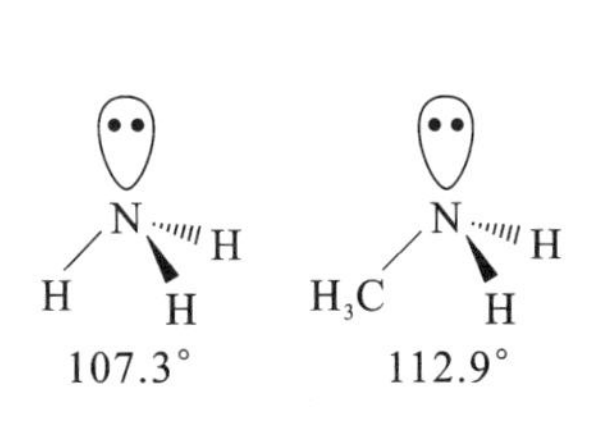

图15.2　氨和甲胺的结构

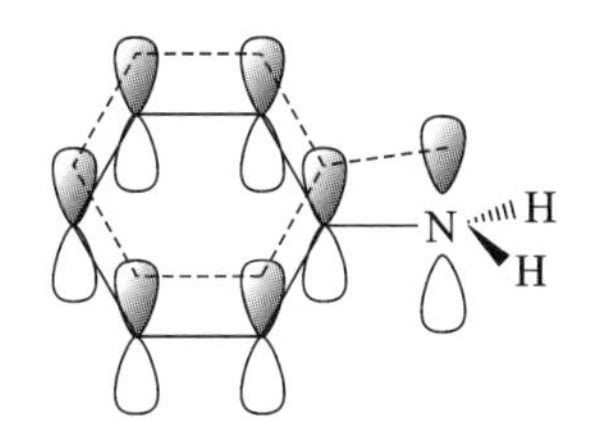

图15.3　苯胺的成键示意图

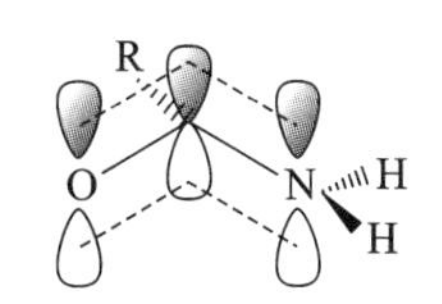

图15.4　酰胺的成键示意图

由于氮原子的电负性小于氧原子，伯胺和仲胺分子的N—H键的极性小于醇的O—H键，因此，伯胺和仲胺的酸性通常弱于醇。胺的氮原子上有孤对电子，能与质子结合，所以具有一定的碱性和亲核性。此外，胺分子易发生氧化反应。

氨基所连接的基团对其化学性质有很显著的影响。虽然脂肪胺、芳香胺和酰胺都属于氨基化合物，但它们的化学性质却存在很大的差异。

二、胺的化学性质

1. 碱性

胺分子中氮原子的孤对电子能够接受一个质子，显碱性。小分子的脂肪胺可溶于水，形成如下解离平衡式：

$$RNH_2 + H_2O \rightleftharpoons R\overset{+}{N}H_3 + OH^-$$

$$K_b = \frac{[R\overset{+}{N}H_3][OH^-]}{[RNH_2]}$$

其中：K_b为胺在水溶液中的解离平衡常数。K_b值越大或 pK_b值越小，表示这个胺的碱性越强。不过，目前也常用胺的共轭酸的 K_a值的大小来描述胺的碱性强弱。K_a值越大，表示这个胺的碱性越弱。

$$R\overset{+}{N}H_3 + H_2O \rightleftharpoons RNH_2 + H_3O^+$$

$$K_a = \frac{[RNH_2][H_3O^+]}{[R\overset{+}{N}H_3]}$$

对于脂肪胺来说，随着氮原子上烷基的增多，氮原子上的电子云密度增加，碱性增强。因此在非水溶剂中，碱性的大小顺序通常是：

叔胺＞仲胺＞伯胺＞氨

然而，在水溶液中测得的相应数据为

	CH_3NH_2	$(CH_3)_2NH$	$(CH_3)_3N$	NH_3
pK_b：	3.34	3.27	4.19	4.79
	$CH_3CH_2NH_2$	$(CH_3CH_2)_2NH$	$(CH_3CH_2)_3N$	
pK_b：	3.36	3.05	3.25	

可见，取代基的电子效应并不是影响胺类物质碱性的唯一因素。溶剂化效应和空间效应也有较大的影响。

胺的氮原子上所连氢原子越多，其共轭酸在水中的溶剂化程度越大，因而平衡有利于向质子化方向移动，使得碱性较强。伯胺质子化后有三个质子可以和水分子形成氢键。低级伯胺在水中的碱性比叔胺的强。伯、仲、叔胺质子化后与水形成氢键的情形如下：

```
         H---OH2          R        H---OH2          R
        /                  \      /                  \
R—N+ —H---OH2               N+                   R—N+—H---OH2
        \                  /      \                  /
         H---OH2          R        H---OH2          R
```

立体位置阻碍对胺的碱性也有一定的影响。胺分子中烃基个数多且体积大，质子不易与氮原子接近，使胺的碱性变弱。所以，胺的碱性是烃基的电子效应、溶剂化效应和空间效应综合作用的结果。一般而言，低级胺在水溶液中的碱性大小顺序是：

季铵碱＞仲胺＞伯胺、叔胺＞氨

季铵碱是离子化合物，在水溶液中可以解离出 OH^-，其碱性与无机强碱相当。

对于芳香胺，其碱性规律如下：

$$C_6H_5NH_2 \qquad (C_6H_5)_2NH \qquad (C_6H_5)_3N$$

	$C_6H_5NH_2$	C_6H_5—NH—C_6H_5	$(C_6H_5)_3N$
pK_b：	9.4	13.8	中性

由于芳香胺氮原子的孤对电子与苯环 π 电子体系的共轭离域作用，氮原子上分布的电子云密度明显降低，因此其碱性要比脂肪胺的弱得多。随着与氮原子连接的苯环数目增加，芳香胺的碱性随之减弱。苯胺与强酸生成的盐在水溶液中只有部分水解，二苯胺与强酸生成的盐在水溶液中则完全水解，而三苯胺几乎不显碱性，不能与酸成盐。

芳胺苯环上的取代基，虽然不直接与氨基相连，但可通过电子效应影响芳胺的碱性。当氨基的对位是给电子基时，取代苯胺的碱性增强。其原因是给电子基增大了苯环上的电子云密度，氨基氮原子上电子云密度也随之增大。例如：

	NH_2-C_6H_4-OH	NH_2-C_6H_4-CH_3	NH_2-C_6H_5	NH_2-C_6H_4-Cl	NH_2-C_6H_4-NO_2
pK_b：	8.5	8.9	9.4	10.02	13.0

一般来说，胺类的碱性强弱呈如下规律：

季铵碱＞脂肪胺＞氨＞芳香胺＞酰胺

酰胺中由于氨基与强吸电子的羰基共轭，氨基失去电子云更多，其碱性在以上各类物质中最弱。

2. 烷基化反应

脂肪胺氮原子上的孤对电子可以与许多缺电子的试剂反应，故脂肪胺是温和的中性亲核试剂。胺与卤代烷等烷基化试剂发生取代反应，反应按照 S_N2 机理进行。

$$RNH_2 + R'X \longrightarrow R\overset{+}{N}H_2(R')X^- \xrightarrow{碱} RNH(R')$$

$$\xrightarrow{R'X} R'—\overset{+}{N}H(R)(R')X^- \xrightarrow{碱} R'—N(R)(R') \xrightarrow{R'X} R\overset{+}{N}R_3'X^-$$

由于反应生成的高一级胺的反应活性比原来胺的活性高，胺的烷基化反应往往得到一级、二级、三级和季铵盐的混合物。因此，该反应在实验室中的应用受到很大限制。工业上可以通过原料的物质的量比、反应温度、反应时间和其他反应条件的控制，使某种特殊胺成为主要产物。

芳香胺可与伯卤代烷烃、硫酸二甲酯、磺酸酯等烷基化试剂反应，生成氮原子上烷基化的产物。例如：

$$C_6H_5NH_2 + (CH_3)_2SO_4 \xrightarrow{NaOH} C_6H_5N(CH_3)_2$$

芳香胺中引入的烷基通常是伯烷基,叔卤代烷在反应过程中容易发生消除反应,生成相应的烯烃。

3. 酰化反应

伯胺和仲胺作为亲核试剂能和酰卤、酸酐、羧酸酯、苯磺酰氯等反应,得到酰化产物。叔胺氮原子上没有可被取代的氢原子,不能发生酰化反应。例如:

$$CH_3CH_2NH_2 + CH_3COCl \longrightarrow CH_3CH_2NH\overset{O}{\overset{\|}{C}}CH_3 + HCl$$

$$C_6H_5—CH_2NH_2 + (CH_3CO)_2O \longrightarrow C_6H_5—CH_2NH\overset{O}{\overset{\|}{C}}CH_3 + CH_3COOH$$

$$(CH_3)_2NH + HCOOCH_3 \longrightarrow (CH_3)_2NCHO + CH_3OH$$

酰胺在酸或碱催化下可以重新水解生成胺。因此,在有机合成中常用酰化反应来保护氨基以免其被氧化剂破坏。例如:

$$C_6H_5NH_2 + (CH_3CO)_2O \longrightarrow C_6H_5NHCOCH_3 \xrightarrow{HNO_3} p\text{-}O_2NC_6H_4NHCOCH_3 \xrightarrow[\triangle]{H_3O^+} p\text{-}O_2NC_6H_4NH_2$$

伯胺和仲胺与磺酰化试剂如苯磺酰氯或对甲苯磺酰氯反应,氨基上的氢原子可以被磺酰基所取代,生成相应的苯磺酰胺。

$$RNH_2 + C_6H_5\text{—}SO_2Cl \longrightarrow C_6H_5\text{—}SO_2NHR \xrightarrow{NaOH} [C_6H_5\text{—}SO_2NR]^- Na^+$$

溶于氢氧化钠溶液

$$R_2NH + C_6H_5\text{—}SO_2Cl \longrightarrow C_6H_5\text{—}SO_2NR_2 \downarrow$$

不溶于氢氧化钠溶液

苯磺酰胺是难溶于水的物质。伯胺生成的苯磺酰胺,由于磺酰基的强拉电子作用,氮原子上的氢原子显酸性,可以与强碱反应生成溶于水的盐。仲胺生成的苯磺酰胺氮原子上没有氢原子,因而不能与碱生成盐而溶解。叔胺氮原子上没有氢原子,不能发生磺酰化反应,而叔胺本身的碱性可以溶于强酸。故常利用此反应来鉴别这三类胺,此方法称为兴斯堡(Hinsberg)反应。

苯磺酰胺通过水解可以得到原来的胺:

$$C_6H_5\text{—}SO_2NHCH_3 \xrightarrow[\triangle]{H_3O^+} CH_3NH_2 + C_6H_5\text{—}SO_3H$$

4. 与亚硝酸反应

不同的胺与亚硝酸反应,可以生成不同的产物。

(1) 伯胺

伯胺与亚硝酸反应生成重氮盐,该反应称为重氮化反应。因亚硝酸有毒且具有挥发性,应避免直接使用亚硝酸。一般采用亚硝酸的钠盐，然后滴加无机强酸如盐酸或硫酸来作用。

脂肪族的伯胺与亚硝酸反应生成的重氮盐很不稳定，一般分解成氮气和碳正离子。碳正离子可能会重排成更稳定的碳正离子，然后与反应液中的亲核试剂或碱作用生成复杂的混合物。

$$RNH_2 + NaNO_2 \xrightarrow{H^+} [RN_2^+Cl^-] \longrightarrow N_2\uparrow + R^+ \begin{cases} \xrightarrow{H_2O} ROH \\ \xrightarrow{Cl^-} RCl \\ \xrightarrow{-H^+} \text{烯烃} \\ \xrightarrow{\text{重排}} \text{更稳定的 } R^+ \end{cases}$$

由于上述反应比较复杂，在有机合成上的应用价值不大。但反应释放出的氮气是定量的，因此常利用此反应来测定一些多肽或蛋白质等物质中存在的氨基含量。

芳香族伯胺与亚硝酸生成的重氮盐在低温和酸性条件下是稳定的，发生如下反应：

$$C_6H_5\text{—}NH_2\cdot HCl \xrightarrow[0\sim5\ ℃]{NaNO_2+HCl} C_6H_5\text{—}N_2^+Cl^- + H_2O$$

氯化重氮苯

芳香族重氮盐在有机合成上有很多的应用，一般不把重氮盐分离出来，而在溶液中直接进行下一步反应。重氮盐及其应用将在下一节作介绍。

(2) 仲胺

脂肪仲胺与亚硝酸作用，可以生成 *N*-亚硝基胺。

$$R_2NH + NaNO_2 \xrightarrow{HCl} R_2HN\text{—}N{=}O + H_2O$$

N-亚硝基胺为中性的黄色油状物或固体，有强烈的致癌作用，绝大多数不溶于水，而溶于有机溶剂。

芳香族仲胺与亚硝酸反应，生成有颜色的 *N*-亚硝基苯胺。

$$C_6H_5\text{—}NHR + NaNO_2 + HCl \longrightarrow C_6H_5\text{—}N(R)\text{—}NO + NaCl + H_2O$$

(3) 叔胺

脂肪叔胺与亚硝酸作用，只是简单的酸碱反应，生成不稳定的亚硝酸盐，用碱处理又重新得到游离的叔胺。

$$R_3N + HNO_2 \longrightarrow R_3\overset{+}{N}HNO_2^- \xrightarrow{OH^-} R_3N$$

芳香叔胺与亚硝酸可以发生芳环上的亲电取代反应，形成亚硝基苯胺。例如，*N*,*N*-二甲基苯胺与亚硝酸的反应可以生成对亚硝基-*N*,*N*-二甲基苯胺，为绿色晶体。

$$C_6H_5\text{—}N(CH_3)_2 + NaNO_2 \xrightarrow{H^+} ON\text{—}C_6H_4\text{—}N(CH_3)_2$$

若对位被占据，则亚硝基取代发生在邻位：

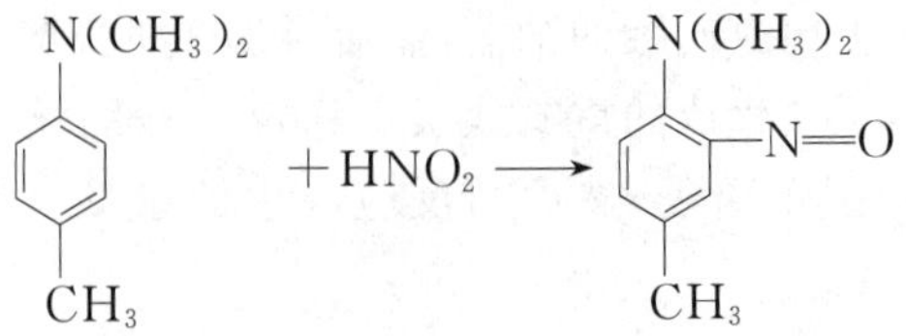

$$p\text{-}CH_3C_6H_4N(CH_3)_2 + HNO_2 \longrightarrow 2\text{-}(N{=}O)\text{-}4\text{-}CH_3C_6H_3N(CH_3)_2$$

上述亚硝基化合物都是在强酸条件下作用而形成的，产物是一个橘黄色的盐，若用碱中和后会显示出翠绿色。这类物质可作为酸碱指示剂。

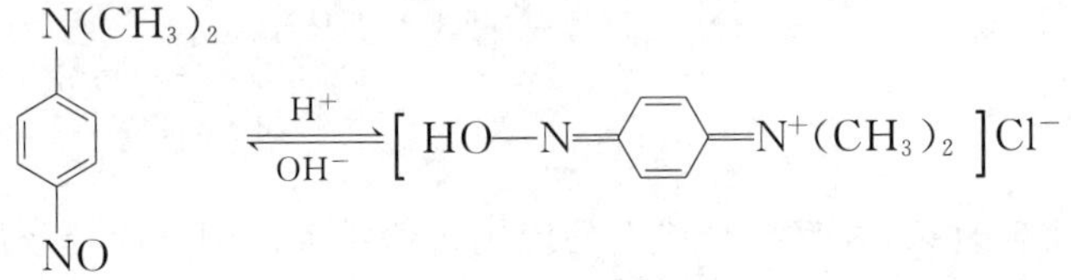

$$p\text{-}ON{-}C_6H_4{-}N(CH_3)_2 \underset{OH^-}{\overset{H^+}{\rightleftharpoons}} [\,HO{-}N{=}C_6H_4{=}N^+(CH_3)_2\,]Cl^-$$

翠绿色 橘黄色

根据与亚硝酸作用生成产物的现象不同，可以用来鉴别不同的胺类。

5. 与醛、酮的反应

脂肪伯胺和仲胺可以与醛、酮反应，分别形成亚胺或烯胺。叔胺不发生类似反应。

$$RNH_2 + R'CH_2CHO \rightleftharpoons \underset{\text{亚胺}}{RN{=}CHCH_2R'} \rightleftharpoons \underset{\text{烯胺}}{RNHCH{=}CHR'}$$

$$R_2NH + R'CH_2CHO \rightleftharpoons \underset{\text{烯胺}}{R_2NCH{=}CHR'}$$

普通的脂肪醛与伯胺反应形成的亚胺稳定性较差，易发生其他副反应。但是，芳香醛或没有 α-氢原子的缺电子脂肪醛，如三氟乙醛，与伯胺可以形成稳定的亚胺。

芳香伯胺和仲胺可以与醛、酮反应，形成亚胺。这类芳香亚胺的稳定性较高，又称为席夫碱(Schiff base)。

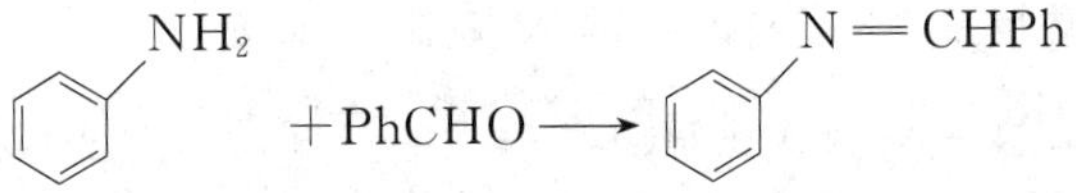

$$C_6H_5NH_2 + PhCHO \longrightarrow C_6H_5N{=}CHPh$$

烯胺不饱和双键的 β-碳原子具有亲核性。在某些合成中，烯胺是一种很有用的中间体。例如：

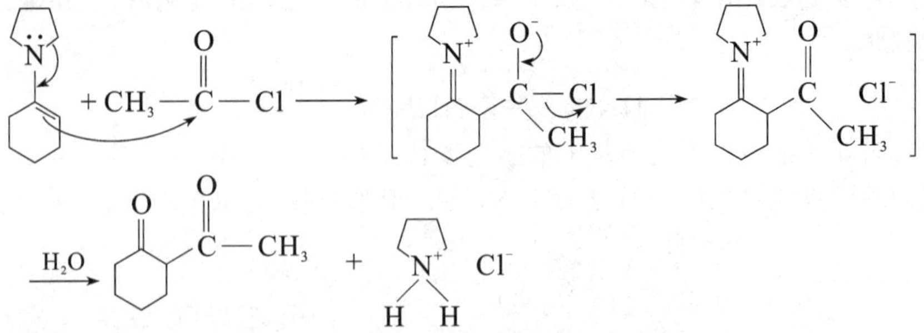

$$\text{1-(1-吡咯烷基)环己烯} + CH_3{-}\overset{O}{\overset{\|}{C}}{-}Cl \longrightarrow \left[\text{亚胺正离子中间体(}O^-{,}\ Cl{)} \longrightarrow \text{2-乙酰基环己亚胺正离子}\ Cl^-\right]$$

$$\xrightarrow{H_2O} \text{2-乙酰基环己酮}\ (CH_3{-}\overset{O}{\overset{\|}{C}}{-}) + \text{吡咯烷}\ N^+H_2\ Cl^-$$

烯胺还可以与亲电性的烯键如不饱和羧酸酯等通过加成反应而进行烷基化反应，故烯胺在有机合成中有一些特殊的应用。

6. 氧化反应

脂肪胺容易被氧化，伯胺氧化得到复杂的氧化混合物，没有制备价值。仲胺虽可用过氧化氢氧化成羟胺，但产率很低。叔胺可用过氧化氢或过氧乙酸氧化成氧化叔胺。

$$R_3N + H_2O_2 \longrightarrow R_3N^+{-}O^- + H_2O$$

芳香伯胺也容易被氧化。例如，苯胺是无色透明的液体，长时间放置时可被空气中的氧所氧化，颜色逐渐变深（由无色逐渐变成黄色、棕色至红棕色）。放置时间不同，条件不同，苯胺氧化得到的产物也不同，包括亚硝基苯、硝基苯、偶氮苯、氢化偶氮苯以及它们之间相互反应的产物。

苯胺用二氧化锰及硫酸氧化，主要得到苯醌。

$$C_6H_5NH_2 \xrightarrow{MnO_2,\ H_2SO_4} O{=}C_6H_4{=}O$$

苯环上含拉电子基团的芳胺较为稳定，如对硝基苯胺、对氨基苯磺酸等。由于芳胺的盐较难氧化，因此，往往将芳胺制成盐后储存。

7. 芳胺环上的亲电取代反应

氨基与芳环间的 p-π 共轭作用可以在很大程度上活化苯环。芳胺环上的亲电取代反应比苯要容易进行得多。

（1）卤代反应

苯胺和溴水作用，常温下即可生成 2,4,6-三溴苯胺，反应非常迅速。

$$C_6H_5NH_2 + 3Br_2 \longrightarrow 2,4,6\text{-}Br_3C_6H_2NH_2\downarrow + 3HBr$$

2,4,6-三溴苯胺是白色固体，利用这个反应可对苯胺进行鉴别和定量分析。如果只需要一元取代的产物，可先将氨基酰化，降低其活化能力。

$$C_6H_5NH_2 \xrightarrow{(CH_3CO)_2O} C_6H_5NH{-}COCH_3 \xrightarrow{Br_2} p\text{-}BrC_6H_4NHCOCH_3 \xrightarrow[H^+]{H_2O} p\text{-}BrC_6H_4NH_2$$

（2）硝化反应

芳胺不能直接用硝酸硝化，直接硝化时氨基容易被氧化。若先用酰化反应将氨基保护起来，再进行硝化，可以获得邻、对位硝化产物。

若要得到间硝基苯胺，可先将苯胺溶于硫酸中生成硫酸盐，由于生成的氨基正离子是间位取代基，再进行硝化时，可得到间位硝化的产物。

$$C_6H_5NH_2 + H_2SO_4 \longrightarrow C_6H_5\overset{+}{N}H_3\,{}^-OSO_3H$$

$$\xrightarrow[H_2SO_4,\triangle]{HNO_3} m\text{-}O_2NC_6H_4\overset{+}{N}H_3\,{}^-OSO_3H \xrightarrow[OH^-]{H_2O} m\text{-}O_2NC_6H_4NH_2$$

(3) 磺化反应

苯胺与浓硫酸反应,生成苯胺的硫酸盐。苯胺与浓硫酸在 180～190 ℃共热,生成对氨基苯磺酸。

$$C_6H_5NH_2 \xrightarrow{H_2SO_4} C_6H_5\overset{+}{N}H_3\,{}^{-}OSO_3H \xrightarrow{180\sim190\ ℃} p\text{-}H_2N\text{—}C_6H_4\text{—}SO_3H$$

对氨基苯磺酸又称为磺胺酸,常以内盐形式存在,它是磺胺类药物的合成中间体,也是合成染料和农药的中间体。

第三节 重氮和偶氮化合物

重氮盐是离子型化合物,具有盐的性质,易溶于水而不溶于一般有机溶剂。重氮正离子是线形结构,其氮原子是以 sp 杂化轨道成键,它的 π 轨道与芳环的 π 轨道形成共轭体系。例如苯重氮正离子的结构如图 15.5 所示。

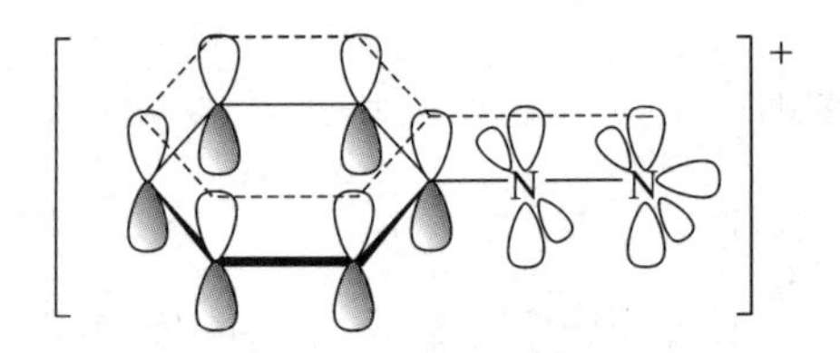

图 15.5 苯重氮正离子的结构

芳香族重氮盐因大 π 键分散正电荷,比脂肪族重氮盐稳定,可以在低温强酸介质中稳定存在。芳香族重氮正离子可用下列共振结构式表示:

$$Ar\text{—}\overset{+}{N}\equiv N \longleftrightarrow Ar\text{—}N=\overset{+}{N}$$

偶氮化合物分子中含有“ —N═N— ”,两个氮原子分别与烃基以共价键相连。如偶氮苯的结构为

$$C_6H_5\text{—}N=N\text{—}C_6H_5$$

重氮盐是应用很广的合成中间体。干燥的重氮盐受热或震动会发生爆炸。制备时一般不从溶液中分离,而直接用于下步反应。重氮盐的化学性质很活泼,可发生多种化学反应生成各种类型的产物。其主要反应有重氮基的取代和偶联两大类。

一、重氮基的取代反应

重氮盐在水溶液中可被亲核试剂取代,并放出氮气,这类反应也称为“放氮反应”。

1. 被羟基取代

芳香族重氮盐的酸性水溶液加热后,重氮基被羟基取代,放出氮气生成酚。

$$C_6H_5N_2^+HSO_4^- \xrightarrow[\triangle]{H_3O^+} C_6H_5OH + N_2\uparrow + H_2SO_4$$

重氮基被羟基取代的反应是按 S_N1 机理进行的。重氮基首先放出氮气，生成苯基正离子，苯基正离子与水结合后释放出氢离子形成苯酚。

$$C_6H_5N_2^+ \xrightarrow[\triangle]{-N_2} C_6H_5^+ \xrightarrow{H_2O} C_6H_5OH + H^+$$

苯基正离子是较强的亲电试剂，不仅能与水反应，还能与反应体系中其他亲核试剂发生作用。若目的是制备酚类，反应过程中因避免使用像盐酸这类含有卤素负离子的强酸。

利用这个反应可在苯环的某一指定位置引入一个羟基。例如，从苯制取间硝基苯酚，若先制成苯酚然后直接硝化是得不到的。但从苯先制成间二硝基苯，然后部分还原为间硝基苯胺，再经重氮化及与酸液共热，则可以制得间硝基苯酚。

2. 被卤素或氰基取代

芳香族重氮盐的酸性溶液分别与氯化亚铜、溴化亚铜或氰化亚铜等共热，重氮基可以被氯、溴或氰基等取代。这个反应称为桑德迈耳(Sandmeyer)反应。

$$Ar\overset{+}{N_2}Cl^- \xrightarrow[HCl]{CuCl} ArCl + N_2\uparrow$$

$$Ar\overset{+}{N_2}Br^- \xrightarrow[HBr]{CuBr} ArBr + N_2\uparrow$$

$$Ar\overset{+}{N_2}Cl^- \xrightarrow[CuCN]{KCN} ArCN + N_2\uparrow$$

碘代芳烃也可由重氮盐的反应来制备。反应不需要催化剂，将重氮盐与碘化钾混合在一起加热反应，即可得到碘代物。

$$C_6H_5\overset{+}{N_2}HSO_4^- \xrightarrow[\triangle]{KI} C_6H_5I + N_2$$

芳香族氟化物也可由重氮盐的反应来制备。将氟硼酸(HBF_4)加到重氮盐溶液中，生成氟硼酸重氮盐的沉淀。加热干燥的氟硼酸重氮盐，分解得到芳香族氟化物，此反应称为希曼(Schiemann)反应：

$$C_6H_5\overset{+}{N_2}HSO_4^- \xrightarrow[\triangle]{HBF_4} C_6H_5F + N_2$$

由于芳基腈、碘代芳烃、芳香族氟化物不易直接由芳香亲电取代反应来制备，这几类化合物在实验室中通常利用重氮盐的取代反应来制备。

3. 被氢原子取代

重氮盐与次磷酸(H_3PO_2)作用，重氮基被氢原子取代。

$$Ar\overset{+}{N_2}X^- + H_3PO_2 + H_2O \longrightarrow ArH + N_2 + H_3PO_3 + HX$$

重氮盐与乙醇作用，重氮基也能被氢原子取代。但是由于乙醇是亲核试剂，往往有副产物醚的生成。

$$Ar\overset{+}{N_2}X^- + C_2H_5OH \longrightarrow \begin{cases} ArH + N_2 + CH_3CHO + HX \\ ArOC_2H_5 + N_2 + HX \end{cases}$$

利用重氮基被氢原子取代的反应，可以除去芳环上的硝基和氨基，制备一些不能用直接取代方法来制取的化合物。例如：

$$C_6H_5NH_2 + Br_2 \xrightarrow{H_2O} 2,4,6\text{-}Br_3C_6H_2NH_2 \xrightarrow[HBr]{NaNO_2} 2,4,6\text{-}Br_3C_6H_2\overset{+}{N}_2Br^- \begin{cases} \xrightarrow[HBr]{CuBr} 1,2,3,5\text{-}Br_4C_6H_2 \\ \xrightarrow{H_3PO_2} 1,3,5\text{-}Br_3C_6H_3 \end{cases}$$

二、重氮基的还原反应

重氮盐可以被亚硫酸钠、亚硫酸氢钠或氯化亚锡、锡和盐酸、锌、乙酸还原成苯肼的盐，用碱处理后得到苯肼。例如：

$$C_6H_5\overset{+}{N}_2Cl^- \xrightarrow[HCl]{Na_2SO_3} C_6H_5NH\overset{+}{N}H_3Cl^- \xrightarrow{OH^-} C_6H_5NHNH_2$$

若使用更强的还原剂，可直接得到苯胺。新鲜蒸馏的苯肼是无色液体，沸点 243 ℃，熔点 19.8 ℃，在空气中容易被氧化为深黑色。苯肼在实验室常用来快速鉴定醛和酮，在工业上是制造染料和医药的常用原料。苯肼是有毒物质，使用时应特别注意。

三、重氮基的偶联反应

在适当的条件下，重氮盐与芳胺或酚等富电子芳烃作用，生成偶氮化合物，这一反应称为偶联反应(coupling reaction)，也称偶合反应。在偶联反应中，参加偶联的重氮盐称为重氮组分，芳胺和酚称为偶合组分。

$$C_6H_5\overset{+}{N}_2ClH^- + C_6H_5OH \xrightarrow{NaOH, H_2O} C_6H_5-N=N-C_6H_4-OH$$

偶联反应是芳香族的亲电取代反应。重氮盐是亲电试剂，由于重氮正离子氮原子上的正电荷分散到苯环上，重氮盐的亲电能力较弱，只能和芳胺、酚等电子云密度很高的芳环偶合组分进行反应。如果重氮盐芳环上有强拉电子基团时，引起重氮基氮原子上电子云密度也随之降低，重氮正离子的亲电能力增强。例如，1,3,5-三硝基重氮苯不仅能与芳胺或酚发生偶合反应，还可以和 1,3,5-三甲苯发生偶合反应。2,4-二硝基重氮苯可以和苯甲醚进行偶合。

重氮盐与芳胺或酚的偶合反应，由于重氮基的体积较大，一般发生在酚羟基或氨基的对位。如果对位已经被其他基团占据，则偶合反应可以发生在邻位。例如：

$$C_6H_5N_2Cl^- + H_3CH_2C-C_6H_4-OH \xrightarrow{pH=8\sim10} C_6H_5-N=N-C_6H_3(OH)(CH_2CH_3)$$

重氮盐与萘酚和萘胺也能发生偶合反应。α-萘酚和 α-萘胺的偶合反应主要发生在 4-位碳原子上。如果 4-位碳原子已被其他基团占据，则发生在 2-位碳原子上。β-萘酚和 β-萘胺的偶合反应主要发生在1-位碳原子上。如果1-位碳原子已被其他基团占据,则不易发生偶合反应。

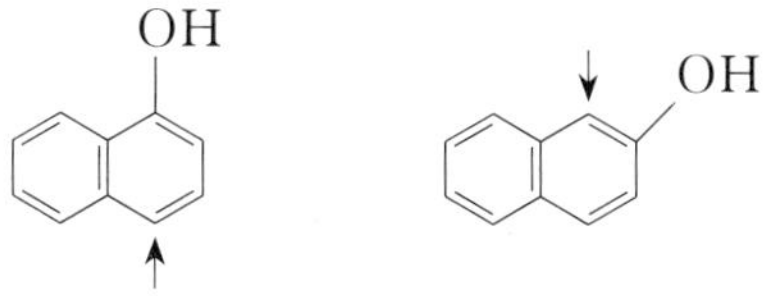

对于不同的偶合组分来说,反应介质的酸碱性是很重要的影响因素。重氮盐和酚的偶合常在弱碱性介质中进行,这时酚变成芳氧基负离子,芳氧基负离子是一个比羟基更强的芳环亲电反应的活化基团,这有利于偶合反应的进行。如果介质碱性太强,则对反应不利,因为重氮正离子在强碱溶液中可以变化成为重氮酸及其盐类。重氮盐转变为重氮酸及其盐后,就不能再发生偶合反应。

$$Ar-\overset{+}{N}\equiv NCl^- \underset{H^+}{\overset{OH^-}{\rightleftharpoons}} \underset{\text{重氮酸}}{Ar-N=N-OH} \underset{H^+}{\overset{OH^-}{\rightleftharpoons}} Ar-N=N-O^- + H^+$$

酸性条件不利于重氮盐与酚的偶合,因为在酸性条件下,不仅芳氧基负离子的浓度变小,甚至酚还有可能质子化,质子化的酚不能发生偶合反应。

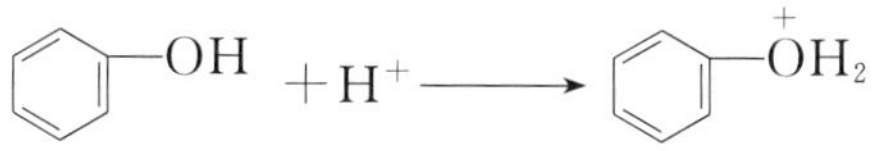

$$C_6H_5-OH + H^+ \longrightarrow C_6H_5-\overset{+}{O}H_2$$

重氮盐与芳胺的偶合反应一般在弱酸性或中性条件下进行,而不能在强酸性介质中进行。在强酸性介质中,芳胺变成铵盐,不能偶合。

$$ArNH_2 + H^+ \rightleftharpoons Ar\overset{+}{N}H_3$$

偶氮化合物共轭体系很大,能吸收可见光,通常有明亮的颜色。一些酸碱指示剂就是偶氮化合物,如甲基橙、甲基红等在不同pH范围的溶液中能呈现出不同的颜色。

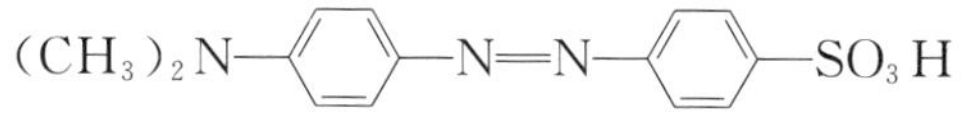

$$(CH_3)_2N-C_6H_4-N=N-C_6H_4-SO_3H$$

甲基橙

$$(CH_3)_2N-C_6H_4-N=N-C_6H_4-COOH$$

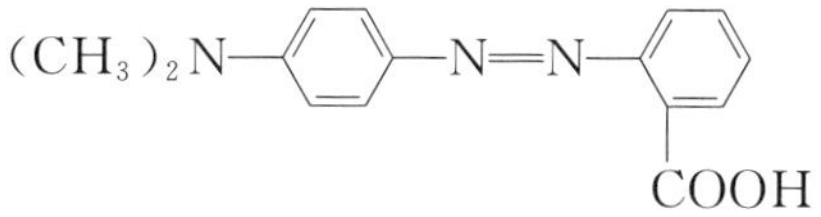

甲基红

很多偶氮化合物被用做染料,因而称为偶氮染料,如对位红、苏丹红等。偶氮染料除用做印染天然或合成纤维纺织品外,也用于细胞染色、染制切片等。

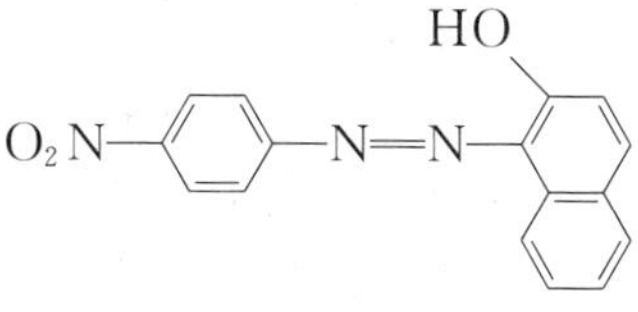

对位红 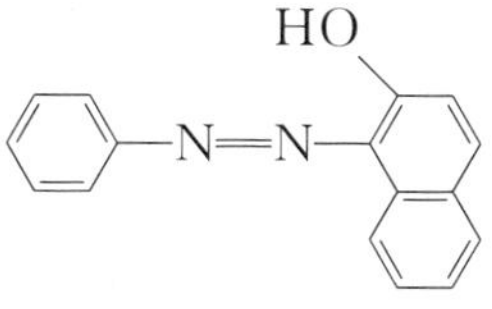　苏丹红Ⅰ 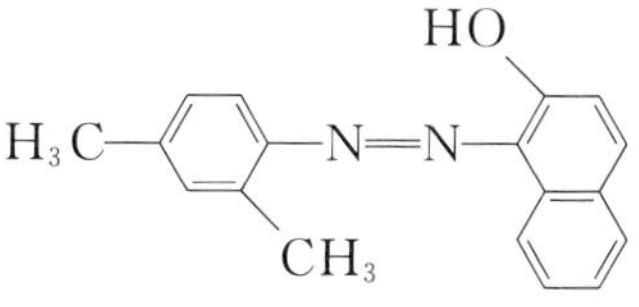　苏丹红Ⅱ

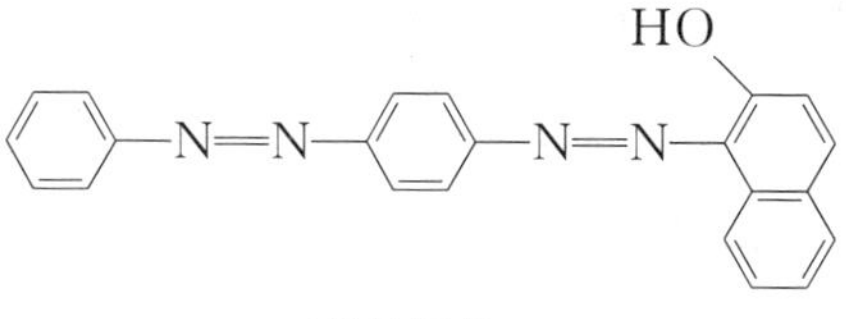

苏丹红Ⅲ 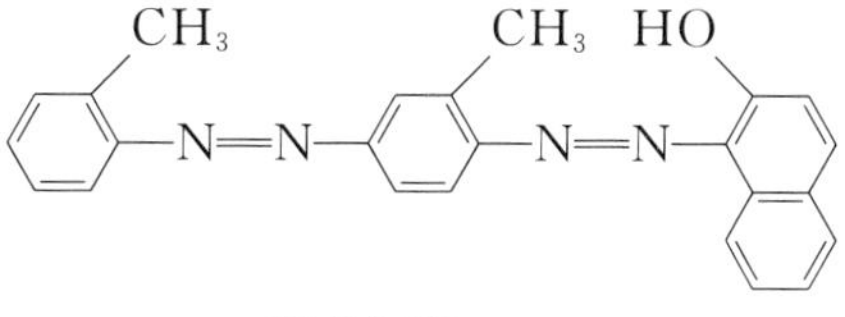　苏丹红Ⅳ

若将这些物质加入食品中,会使食物颜色鲜亮,但会损害人体肝脏和肾脏,甚至致癌。目前一些国家的法律已明令禁止在食品和食品原料中使用。

第四节 季铵盐和季铵碱

季铵盐通常是由叔胺与卤代烷进行加热反应制得的。例如：

$$(CH_3)_2N + n\text{-}C_{16}H_{33}Br \xrightarrow{\triangle} n\text{-}C_{16}H_{33}\overset{+}{N}(CH_3)_3Br^-$$

季铵盐是一类重要的精细化学品，属于阳离子型表面活性剂。常用做杀菌剂、乳化剂、柔软剂、染色助剂，以及相转移催化剂等。咪唑衍生的六氟磷酸季铵盐、三氟甲基磺酸季铵盐作为离子液体，近年来已引起人们的关注。季铵盐具有盐的性质，易溶于水、熔点高。季铵盐与强碱作用形成季铵盐与季铵碱的互变平衡：

$$R_4\overset{+}{N}X^- + KOH \rightleftharpoons R_4\overset{+}{N}OH^- + KX$$

反应如果在醇溶液中进行，由于 KX 沉淀析出，能使反应进行完全。如果季铵盐溶液用氧化银处理，由于卤化银不溶于水而沉淀出来，反应也可以进行完全。

$$2R_4\overset{+}{N}X^- + Ag_2O + H_2O \longrightarrow 2R_4\overset{+}{N}OH^- + 2AgX\downarrow$$

季铵碱为强碱，其碱性与氢氧化钠、氢氧化钾等相近。季铵碱受热发生分解。

$$(CH_3)_4\overset{+}{N}OH^- \xrightarrow{\triangle} (CH_3)_3N + CH_3OH$$

这是一个 S_N2 反应，OH^- 进攻碳原子使碳氮键断裂，形成叔胺和甲醇。

如果将具有烷基 β-氢的季铵碱加热分解，则生成叔胺和烯烃，这个反应称为霍夫曼(Hofmann)消除反应。反应机理大多按 E2 进行，OH^- 作为碱进攻 β-碳原子上的氢。

$$OH^- \quad H-\overset{|}{\underset{|}{C}}-\overset{|}{\underset{|}{C}}-\overset{+}{N}R_3 \longrightarrow \;\rangle C=C\langle\; + R_3N + H_2O$$

当季铵碱的消除反应有多个烯烃的选择时，主要产物是双键上烷基最少的烯烃，这个规则称为霍夫曼规则。

$$CH_3CH_2\underset{\underset{CH_3}{|}}{CH}-\overset{+}{N}(CH_3)_3 \xrightarrow{OH^-} \underset{5\%}{CH_3CH=CHCH_3} + \underset{95\%}{CH_3CH_2CH=CH_2} + N(CH_3)_3$$

这一规律与卤代烷消除反应的扎依采夫(Saytzeff)规则正好相反，即 β-碳上氢的反应性为 $RCH_2- > R_2CH-$，因此 β-碳上氢多的优先被消除。霍夫曼消除反应的方向取决于 β-氢的酸性，酸性强的氢容易被碱进攻消去。霍夫曼消除反应属于 E2 历程，要考虑到碱进攻的位置阻碍作用，其产物的结构也要符合最稳定构象式的反式消除。

当 β-碳原子上有苯基、乙烯基、羰基等不饱和基团时，由于共轭效应使 β-氢的酸性增强，因而这个氢原子更容易被消去。

$$Ph-CH_2-CH_2-\overset{HO^-}{\underset{H_3C\;\;CH_3}{N^+}}-CH_2-CH_3 \xrightarrow{\triangle} \underset{\text{主要产物}}{PhCH=CH_2} + CH_2=CH_2$$

利用胺的甲基化反应以及季铵碱的热消除反应，可以用来推测胺的烃基结构，这一方法常用于生物碱的结构测定。

第五节　酰胺的化学反应

氨基与酰基直接相连的化合物统称为酰胺。与磺酰基、磷酰基等相连的称为磺酰胺和磷酰胺。

一、酸碱性

由于各种酰胺中氨基氮原子的孤对电子直接与一个含氧不饱和键共轭，酰胺氮原子上的电子云密度明显降低，接受质子的能力大大降低，因此酰胺的碱性很弱，几乎呈中性。只有在很强的酸中才会显示出弱碱性。

在氮原子直接与两个酰基相连形成二酰亚胺时，氮原子上的电子云密度更加显著地降低，使得 N—H 键的极性增强，会表现出一定的弱酸性。例如，邻苯二甲酰亚胺的 pK_a 值为 7.4，可以与强碱直接作用形成相应的盐。

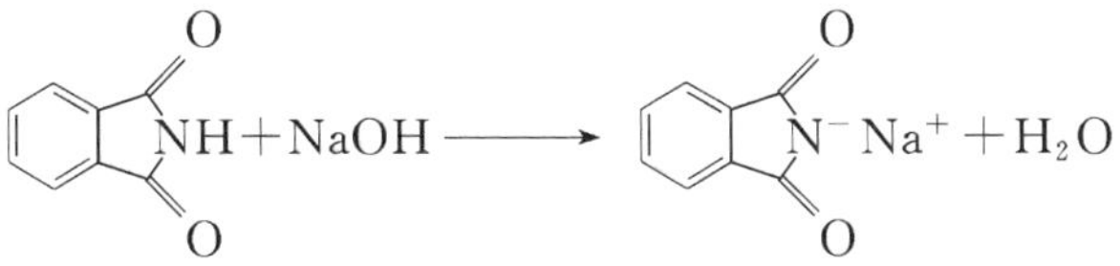

$$\text{邻苯二甲酰亚胺(NH)} + NaOH \longrightarrow \text{邻苯二甲酰亚胺}N^- Na^+ + H_2O$$

邻苯二甲酰亚胺负离子是温和的亲核试剂，可以与卤代烃发生 S_N2 反应，反应产物在碱性水溶液中水解后可以得到纯的伯胺，这一反应称为加布里(Gabriel)反应。

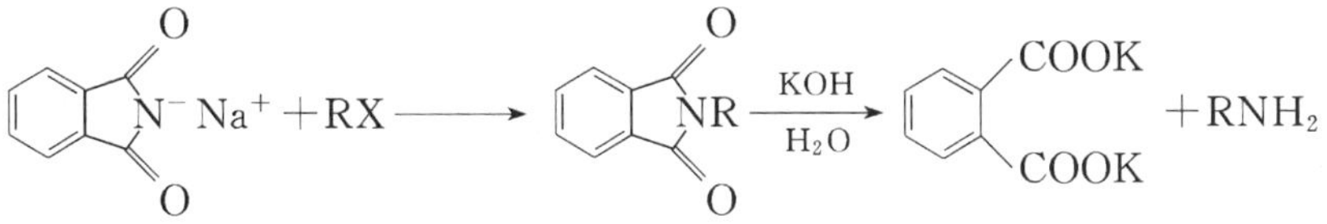

$$\text{邻苯二甲酰亚胺}N^- Na^+ + RX \longrightarrow \text{邻苯二甲酰亚胺}NR \xrightarrow[H_2O]{KOH} C_6H_4(COOK)_2 + RNH_2$$

二、脱水反应

酰胺与五氧化二磷、二氯亚砜等强脱水剂共热，可以发生脱水反应，形成腈。这是制备腈化合物的重要方法之一。例如，己二酰胺与五氧化二磷共热，可以形成己二腈。

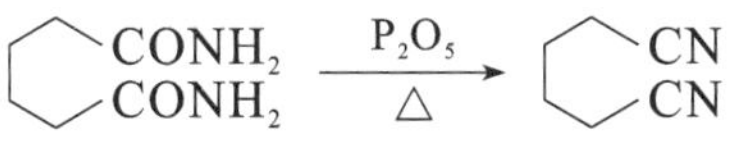

$$\text{(环)}\begin{matrix}CONH_2\\CONH_2\end{matrix} \xrightarrow[\triangle]{P_2O_5} \text{(环)}\begin{matrix}CN\\CN\end{matrix}$$

三、霍夫曼降解反应

酰胺与溴或氯在碱性水溶液中反应，生成比原料少一个碳原子的伯胺，该反应称为霍夫曼(Hofmann)降解反应。该反应也可以直接用次氯酸钠或次溴酸钠。

$$RCONH_2 + Br_2 + 4NaOH \longrightarrow RNH_2 + 2NaBr + Na_2CO_3 + 2H_2O$$

$$RCONH_2 + NaOX + 2NaOH \longrightarrow RNH_2 + NaX + Na_2CO_3 + H_2O$$

由于上述反应过程中发生了分子重排，所以又称为霍夫曼重排反应。例如：

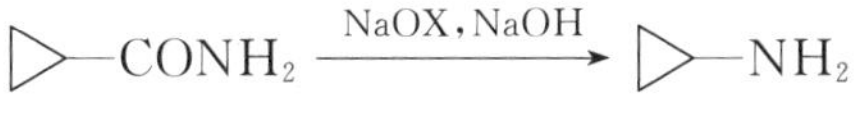

$$\triangleright\!\!-CONH_2 \xrightarrow{NaOX,\ NaOH} \triangleright\!\!-NH_2$$

$$CH_3CH(Ph)CONH_2 \xrightarrow{NaOX,NaOH} CH_3CH(Ph)NH_2$$

$$PhCONH_2 \xrightarrow{NaOX,NaOH} PhNH_2$$

若酰胺的 α-碳原子为手性碳，在重排过程中其构型保持。例如：

$$CH_3CH_2CH(CH_3)CONH_2 \xrightarrow{NaOX,NaOH} CH_3CH_2CH(CH_3)NH_2$$

霍夫曼重排反应被认为是按下述历程进行的：

$$RCONH_2 + HO^- \rightleftharpoons RCONH^- + H_2O$$

$$RCONH^- + X_2 \rightleftharpoons RCONHX + X^-$$

$$RCONHX + HO^- \rightleftharpoons RCO\bar{N}X + H_2O$$

$$RCO\bar{N}X \overset{-X^-}{\rightleftharpoons} RCO\ddot{N}: \xrightarrow{重排} RN{=}C{=}O$$

氮烯　　　异氰酸酯

$$RN{=}C{=}O + H_2O \longrightarrow RNH_2 + CO_2$$

在上述历程中，主要反应包括酰胺与碱的质子交换反应，酰胺负离子的亲卤反应，N—X键的异裂反应，以及氮烯的重排和异氰酸酯的水解反应。

与酰胺化合物相比，磺酰胺虽然也可以顺利地与氯气在碱性溶液中进行氯代反应，但是最终并不形成降解产物，而是停留在 *N*-氯代磺酰胺盐。例如，对甲苯磺酰胺在10%～15%的氢氧化钠水溶液中与氯气反应，反应温度为 65～70 ℃，可以得到高产率的氯胺 T。

$$H_3C{-}C_6H_4{-}SO_2NH_2 + Cl_2 \xrightarrow[65\sim70\ ℃]{NaOH(aq)} H_3C{-}C_6H_4{-}SO_2\bar{N}ClNa^+$$

氯胺 T 为外用消毒药，对细菌、病毒、真菌、芽胞等均有杀灭作用。其作用原理是溶液产生次氯酸放出氯，有缓慢而持久的杀菌作用，可溶解坏死组织。适用于各种器具、食品的消毒，以及创面、黏膜的冲洗。

四、还原反应

酰胺一般不易被还原，在高温高压下催化氢化才能还原为胺，但所得到的产物为混合物。强还原剂氢化锂铝可将其还原为相应的伯胺、仲胺和叔胺。例如：

$$CH_3(CH_2)_{10}CONHCH_3 \xrightarrow[②H_2O]{①LiAlH_4} CH_3(CH_2)_{10}CH_2NHCH_3$$

81%～95%

$$\text{吡咯烷-2-}CONH_2 \xrightarrow{LiAlH_4} \text{吡咯烷-2-}CH_2NH_2$$

第六节　其他氨基化合物

一、碳酰胺

碳酸分子中有两个羟基，被氨基取代后可形成碳酸的两种酰胺：氨基甲酸和尿素。氨基甲酸也称为碳酰胺，尿素也称为碳酰二胺。

$$\underset{\text{氨基甲酸}}{H_2N-\overset{\overset{\displaystyle O}{\|}}{C}-OH}\qquad\qquad \underset{\text{尿素(脲)}}{H_2N-\overset{\overset{\displaystyle O}{\|}}{C}-NH_2}$$

1. 氨基甲酸酯

氨基甲酸不稳定，极易分解为二氧化碳和氨气。但氨基甲酸酯却是稳定的化合物。氨基甲酸酯是一类较重要的化合物，在医药上是一类具有镇静和轻度催眠作用的药物。例如：

$$H_2N-\overset{\overset{\displaystyle O}{\|}}{C}-OC_2H_5$$

氨基甲酸乙酯(乌拉坦)

$$(H_3C)(CH_3CH_2CH_2)C(CH_2-OCONH_2)_2$$

2-甲基-2-丙基-1,3-丙二醇双氨基甲酸酯(甲丙氨酯)

一些氨基甲酸酯类化合物作为高效、低毒、广谱的农药已经得到应用。例如：

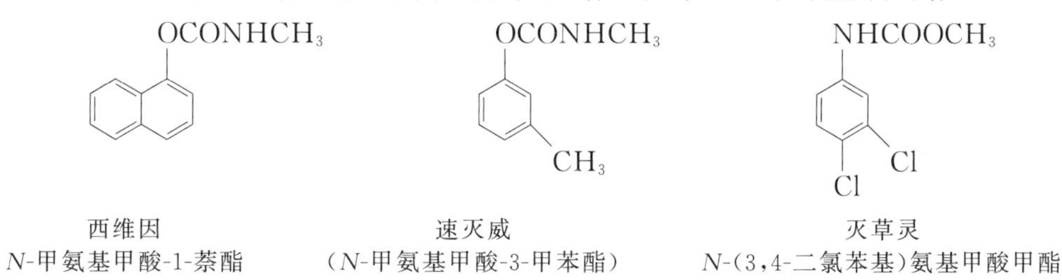

西维因　N-甲氨基甲酸-1-萘酯

速灭威　(N-甲氨基甲酸-3-甲苯酯)

灭草灵　N-(3,4-二氯苯基)氨基甲酸甲酯

2. 尿素

尿素也叫脲，最初是由动物尿中取得的，也是第一个在实验室中由人工合成的有机化合物(1828年)。它是哺乳动物体内蛋白质代谢的最终产物。尿素是白色结晶，熔点135 ℃，易溶于水和乙醇，不溶于醚。强热分解成氨和二氧化碳。它除可用做肥料外，也是有机合成的重要原料，用于合成医药、农药、塑料等。尿素含氮量为46%，在农业上用做氮肥。在工业上用做动物饲料添加剂，制造炸药、稳定剂和脲醛树脂等。尿素的1.63%水溶液为等渗液，为角质溶解药、利尿脱水药，作用与山梨醇相同。脱水作用快而强(15～30 min)，但维持时间短(3～4 h)。用药后常继发脑体积增大和颅内压反跳性回升，故在本品注射后3～4 h，须加用其他脱水药物。

商品尿素采用氨和二氧化碳为原料，在高温、高压下进行合成制得。

$$2NH_3+CO_2 \xrightleftharpoons[180\sim200\ ℃]{12\sim22\ MPa} H_2NCOONH_4 \xrightleftharpoons[180\sim200\ ℃]{12\sim22\ MPa} H_2NCONH_2+H_2O$$

尿素中含有两个氨基，所以显碱性，但碱性很弱，不能用石蕊试纸检验。尿素能与硝酸、草酸生成不溶性的盐，利用这种性质可以由尿液中分离出尿素。

$$H_2NCONH_2 + HNO_3 \longrightarrow H_2NCONH_2 \cdot HNO_3 \downarrow$$

$$H_2NCONH_2 + HOOC—COOH \longrightarrow H_2NCONH_2 \cdot (COOH)_2 \downarrow$$

尿素在化学性质上与酰胺相似，在酸或碱的作用下可被水解。

$$H_2N—CO—NH_2 + H_2O + 2HCl \longrightarrow CO_2 + 2NH_4Cl$$

$$H_2N—CO—NH_2 + 2NaOH \longrightarrow 2NH_3 + Na_2CO_3$$

植物及许多微生物中含有一种尿素酶，它可使尿素水解，施于土壤中的尿素，就是被这种酶水解而释放出氨的。

尿素能与亚硝酸作用放出氮气。这个反应是定量完成的，所以测定放出氮气的量，就能求得尿素的含量。

$$H_2NCONH_2 + 2HNO_2 \longrightarrow CO_2 + 2N_2 + 3H_2O$$

将尿素慢慢加热至熔点左右（150～160 ℃，温度过高则分解），两分子尿素间失去一分子氨，生成二缩脲（或称缩二脲）。

$$2H_2NCONH_2 \xrightarrow{\triangle} \underset{\text{缩二脲}}{H_2NCONHCONH_2} + NH_3$$

二缩脲在碱性溶液中与稀硫酸铜溶液反应能产生紫红色，这个显色反应称为二缩脲反应。凡是分子中含有 2 个或 2 个以上酰胺键的化合物，例如多肽、蛋白质等，都有这种颜色反应。该反应常用于结构的定性检验。

在乙醇钠作用下，尿素可以与丙二酸酯反应生成环状的丙二酰脲。

$$H_2C(COOC_2H_5)_2 + (H_2N)_2C{=}O \xrightarrow{C_2H_5ONa} H_2C\begin{matrix} \diagup C(=O)—HN \diagdown \\ \diagdown C(=O)—HN \diagup \end{matrix}C{=}O + C_2H_5OH$$

丙二酰脲存在酮型和烯醇型互变异构现象：

$$H_2C\begin{matrix} \diagup C(=O)—HN \diagdown \\ \diagdown C(=O)—HN \diagup \end{matrix}C{=}O \rightleftharpoons \text{4,6-二羟基-2-羟基嘧啶（HO, HO, —OH 取代的嘧啶环）}$$

烯醇型表现出比乙酸更强的酸性（$pK_a = 3.85$），常称为巴比妥酸（barbituric acid）。

尿素与 2,2-二烃基丙二酸酯的反应，由于 R 和 R′的不同，可得到一系列镇静安眠的巴比妥（barbital）类药物。

$$\begin{matrix} R' & & COOC_2H_5 \\ & C & \\ R & & COOC_2H_5 \end{matrix} + H_2NCONH_2 \xrightarrow{C_2H_5ONa} \begin{matrix} R' \\ R \end{matrix} C\begin{matrix} \diagup C(=O)—NH \diagdown \\ \diagdown C(=O)—NH \diagup \end{matrix}C{=}O$$

3. 硫脲

硫脲是尿素中的氧被硫原子替代后的化合物，属于硫代酰胺（RC(S)NR_2，R 为烃基）。由于电负性和原子半径的差异，尽管结构类似，硫脲和尿素的性质有一些差异。硫脲还指一类具有通式(R_1R_2N)(R_3R_4N)C=S 的有机化合物，即简单硫脲氢被烃基取代后的衍生物。

硫脲是平面分子。在各种硫脲衍生物中，C=S 键长并没有很大差别，均在(1.60±0.1)Å范围内。C—N 键有一定程度的双键性质。

硫脲具有以下互变异构：

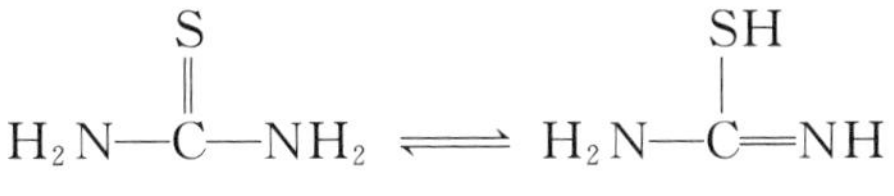

$$H_2N{-}C({=}S){-}NH_2 \rightleftharpoons H_2N{-}C(SH){=}NH$$

异硫脲

硫脲可由硫氰酸铵加热制得。

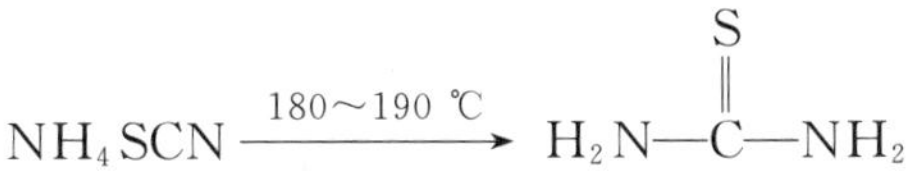

$$NH_4SCN \xrightarrow{180\sim190\ ℃} H_2N{-}C({=}S){-}NH_2$$

硫脲在有机合成中有一些应用。例如硫脲与 α-卤代酮反应可以得到氨基噻唑的衍生物。

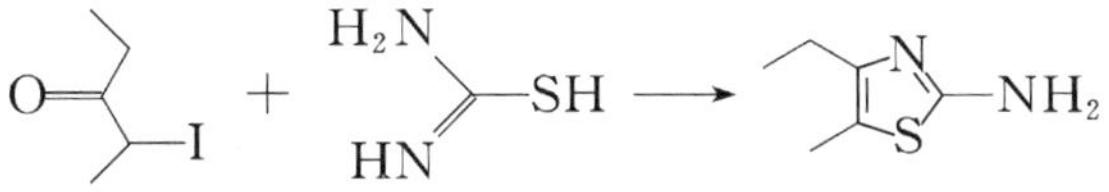

硫脲也可用于嘧啶环系的构建，具体过程是：硫脲中的氨基与 β-二羰基化合物中的羰基及烯醇缩合，然后脱硫。

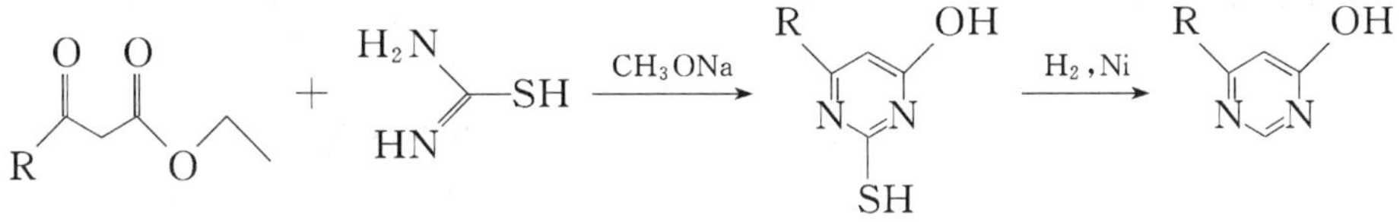

$$\xrightarrow{CH_3ONa} \qquad \xrightarrow{H_2, Ni}$$

二、胍

胍(guanidine)可看做是脲分子中的氧原子被亚氨基(=NH)取代而生成的化合物。胍分子中除去一个氢原子后的基团称为胍基，除去一个氨基后的基团称为脒基。

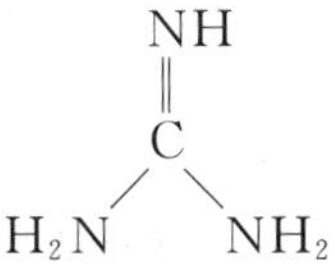

胍 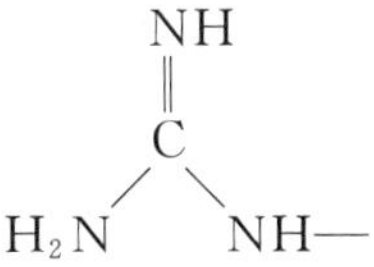　　胍基 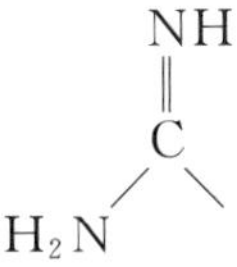　　脒基

胍为吸湿性很强的无色结晶，熔点 50 ℃，易溶于水。胍是一个有机强碱，碱性与氢氧化钠相近。它能吸收空气中的二氧化碳生成碳酸盐。胍的碱性不仅由于亚氨基的碱性比羰基强，而且能形成稳定的胍阳离子。

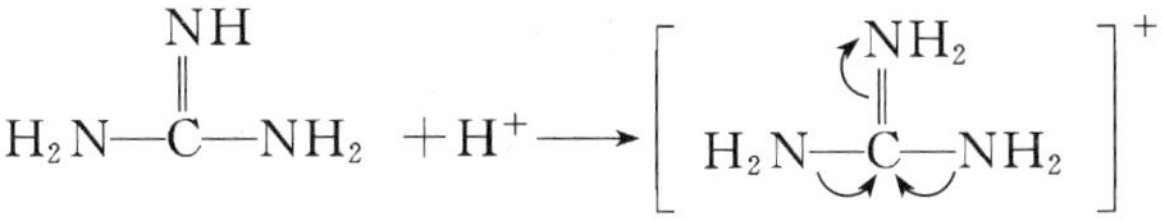

$$H_2N{-}C({=}NH){-}NH_2 + H^+ \longrightarrow \left[H_2N{-}C({=}NH_2){-}NH_2\right]^+$$

胍阳离子中的三个氮原子对称地分布在碳的周围，三个碳氮键键长相同，这是由于胍阳离

子中的共轭效应，使正电荷完全平均地分配在三个氮原子上，从而使键长完全平均化了。具有这种结构的化合物无疑是很稳定的，故胍有接受 H^+ 以形成这种稳定结构的强烈倾向，从而表现出较强的碱性。

胍在碱性条件下不稳定，易水解成为氨和尿素。

$$H_2N-\underset{}{\overset{NH}{\overset{\|}{C}}}-NH_2 \xrightarrow{Ba(OH)_2} H_2N-\overset{O}{\overset{\|}{C}}-NH_2 + NH_3$$

但胍在酸性条件下比较稳定，故一般制成盐来保存。

工业上，胍常常是用二氰二胺(dicyandiamide)与硝酸铵反应制得。

$$H_2N-C(=NH)-NH-CN + 2NH_4NO_3 \longrightarrow 2H_2N-C(=NH_2^+NO_3^-)-NH_2$$

胍的许多衍生物如链霉素、苯乙双胍、二甲双胍、甲氰米胍等都是重要的药物。

三、肼

肼又称联氨(hydrazine)，分子式为 N_2H_4，是一种无色发烟的、具有腐蚀性和强还原性的液体化合物，通常由水合肼脱水制得，主要用做火箭和喷气发动机的燃料。其烃基衍生物统称为肼。肼在空气中能吸收水分和二氧化碳气体，能和水按任意比例互相混溶，形成稳定的水合肼 $N_2H_4 \cdot H_2O$ 和含水 31%的恒沸物，沸点 121 ℃。肼也与甲醇、乙醇互溶，但不溶于乙醚、氯仿和苯。

肼是强还原剂，在碱性溶液中能将银、镍等金属离子还原成金属，可用于镜面镀银，在塑料和玻璃上镀金属膜。肼在碱性条件下可以将酮羰基还原成亚甲基，具体情况详见第十二章有关内容。

肼在药物合成中有广泛的应用，如异烟肼的合成。

$$\text{4-}C_5H_4N-COOH + H_2NNH_2 \xrightarrow{120\sim130\ ℃} \text{4-}C_5H_4N-CO-NH-NH_2$$

异烟酸　　　　异烟肼(雷米封，异烟酰肼)

异烟肼对结核杆菌有良好的抗菌作用，疗效较好，用量较小，毒性相对较低，易为病人所接受。

肼与甘油在酸性介质中反应可以得到吡唑。吡唑衍生物可以由烃基肼与 1,3-二羰基化合物缩合得到。

$$HOCH_2CH(OH)CH_2OH + H_2NNH_2 + H_2SO_4 \xrightarrow{NaI} \text{吡唑}(HN\text{—}N)$$

盐酸苯肼与酮在酸性条件下进行费歇尔反应，得到吲哚衍生物，详见第十六章有关内容。

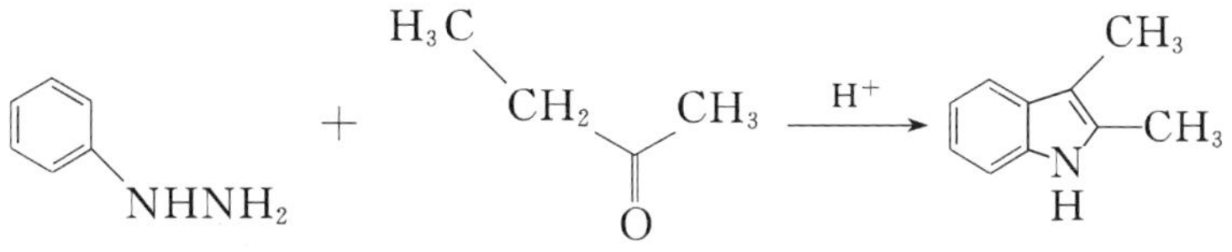

$C_6H_5NHNH_2 + CH_3CH_2COCH_3 \xrightarrow{H^+}$ 2,3-二甲基吲哚

习　题

15-1　按照碱性大小顺序，排列下列化合物。

(1) 氨、甲胺、苯胺、二苯胺、三苯胺

(2) 环己胺、苯胺、对氯苯胺、对甲苯胺、对硝基苯胺

(3) 丁胺、丁酰胺、丁二酰亚胺

(4) 甲胺、甲酰胺、苯胺、对甲苯胺、二甲胺

(5) 苯胺、*N*-乙酰苯胺、苄胺、邻苯二甲酰亚胺、氢氧化四甲铵

15-2　写出下列反应产物。

(1) 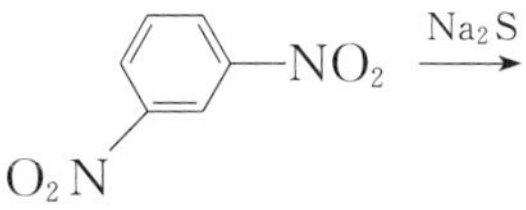 间二硝基苯 $\xrightarrow{Na_2S}$

(2) $C_6H_5CH_2NH_2$ + 2,4-二硝基氯苯（$Cl-C_6H_3(NO_2)_2$） 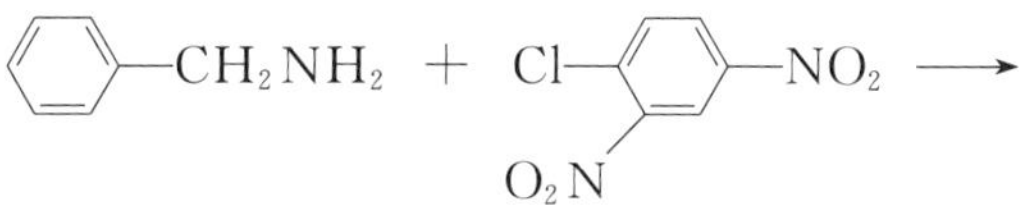 $\longrightarrow$

(3) 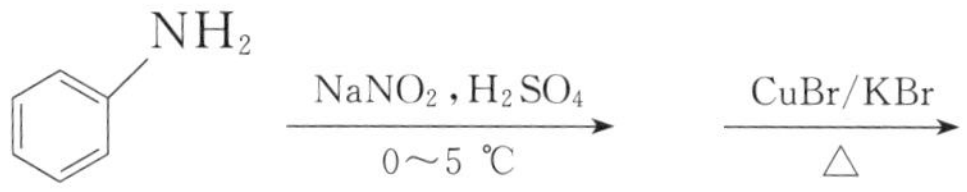 $C_6H_5NH_2 \xrightarrow[0\sim5\ ℃]{NaNO_2, H_2SO_4} \xrightarrow[\triangle]{CuBr/KBr}$

(4) $PhCH_2CH(NH_2)CH_3 \xrightarrow[NaOH]{过量(CH_3)_2SO_4}$

(5) 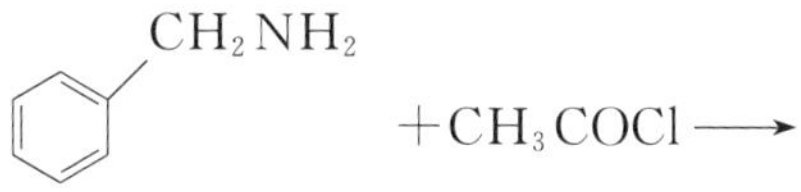 $C_6H_5CH_2NH_2 + CH_3COCl \longrightarrow$

(6) 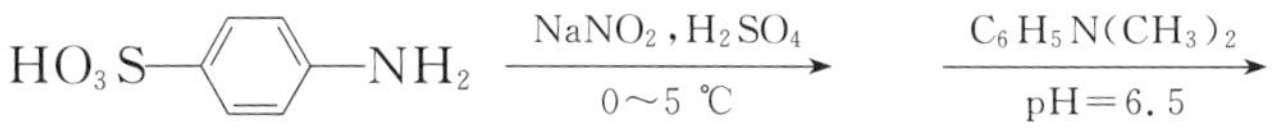 $HO_3S-C_6H_4-NH_2 \xrightarrow[0\sim5\ ℃]{NaNO_2, H_2SO_4} \xrightarrow[pH=6.5]{C_6H_5N(CH_3)_2}$

(7) 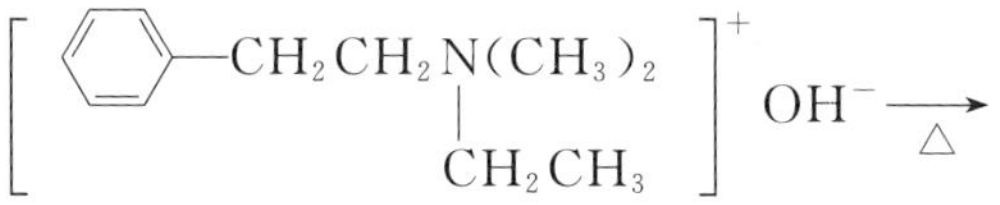 $[C_6H_5CH_2CH_2N^+(CH_3)_2CH_2CH_3]\ OH^- \xrightarrow{\triangle}$

(8) $[(CH_3)_2CHCH_2N^+(CH_3)_2CH_2CH_2CH_3]\ OH^- \xrightarrow{\triangle}$

15-3　用反应式表示下列转化过程。

(1) $CH_3CH_2CH_2CH_2OH \longrightarrow CH_3CH_2CH_2CH_2CH_2NH_2$

(2) $CH_3CH_2CH_2CH_2OH \longrightarrow CH_3CH_2CH_2NH_2$

(3) $C_6H_6 \longrightarrow C_6H_5NH_2$

(4) $C_6H_5CH_3 \longrightarrow C_6H_5NH_2$

(5) $C_6H_6 \longrightarrow m\text{-}C_6H_4Br_2$

(6) $C_6H_5CH_3 \longrightarrow C_6H_5CH_2CH_2NH_2$

(7) $C_3H_7OH \longrightarrow C_3H_7N(CH_3)_2$

(8) $C_6H_5CH_3 \longrightarrow p\text{-}CH_3C_6H_4F$

15-4　写出下列反应的机理。

(1) 2-氨基环己醇（OH、NH_2） $\xrightarrow{HNO_2}$ 环戊基-CHO

(2) $PhCH_2CONH_2 \xrightarrow[NaOH]{NaBrO} PhCH_2NH_2$

15-5　试用简单的化学方法区分下列各组化合物。

(1) 苯胺、乙胺、二乙胺、三乙胺

(2) 苯酚、苯胺、苯甲醚

15-6　写出下列反应的各步产物。

$$\text{哌啶(NH)} \xrightarrow[NaOH]{(CH_3)_2SO_4} \xrightarrow{CH_3I} \xrightarrow{Ag_2O} \xrightarrow{\triangle}$$

$$\xrightarrow{CH_3I} \xrightarrow{Ag_2O} \xrightarrow{\triangle} CH_2{=}CH{-}CH{=}CH_2$$

15-7　用化学方法提纯下列化合物。

(1) 乙酰苯胺中含有少量苯胺

(2) 乙胺含少量二乙胺和三乙胺

15-8　写出下列化合物与 $NaNO_2$-HCl 水溶液反应生成的主要产物。

(1) *N*-甲基苯胺　(2) *N*,*N*-二甲基苯胺　(3) 苄胺　(4) 新戊基胺

15-9　将下列重氮盐按在偶合反应中的反应活性大小排序，并说明原因。

(1) $Me-C_6H_4-\overset{+}{N}\equiv NCl^-$　(2) $O_2N-C_6H_4-\overset{+}{N}\equiv NCl^-$

(3) $Cl-C_6H_4-\overset{+}{N}\equiv NCl^-$　(4) $MeO-C_6H_4-\overset{+}{N}\equiv NCl^-$

15-10　三个化合物 A、B、C，分子式均为 $C_4H_{11}N$，当它们分别与亚硝酸作用时，A、B 都能够生成含有四个碳原子的醇，而 C 则与亚硝酸结合成盐。氧化 A 所得的醇生成异丁醛继而被氧化为异丁酸；氧化 B 所得的醇则生成一个酮。试推出 A、B、C 的结构式。

15-11　A、B、C、D 四种化合物具有相同的分子式 $C_7H_7NO_2$，它们都含有苯环。A 既能溶于酸又能溶于碱；B 能溶于酸但不能溶于碱；C 能溶于碱但不能溶于酸；D 既不能溶于酸也不溶于碱。试写出 A、B、C、D 可能的结构式(每一种化合物只要求写出一种结构式)。

15-12　化合物 A 的分子式为 $C_{14}H_{13}NO$。A 与 $NaOH/H_2O$ 一起回流慢慢溶解，同时有油状物浮在液面上，可用水蒸气蒸馏法将油状物 B 蒸出。B 能溶于稀 HCl 溶液，与对甲苯磺酰氯反应生成不溶于 NaOH 的沉淀。把去掉 B 以后的碱溶液酸化后析出 C，C 能溶于 $NaHCO_3$ 溶液。试推测 A、B 和 C 的结构式。

第十六章　芳香杂环化合物

在环状有机化合物中，除构成环的碳原子外，还含有其他元素原子如氮、氧、硫等的化合物称为杂环化合物。环上除碳原子以外其他的原子称为杂原子。一般来说，像丁二酰亚胺、丁二酸酐、内酯、交酯等也属于杂环体系，但这些环状结构容易开环变为链状化合物，其结构和性质已分别在有关章节中介绍。本章主要介绍具有芳香性的杂环化合物，这类化合物在结构上有一个环状闭合的共轭体系，且多数符合休克尔(Hückel)规则，因此也常被称为芳香杂环化合物。

杂环化合物在自然界中分布很广，种类繁多，是有机化合物中数量最庞大的一类。如动植物体内的血红素、叶绿素、核酸的碱基、生物碱、维生素、抗生素及一些合成药物等都含有芳香杂环结构。因此，杂环化合物在理论研究和实际应用上都有着重要的意义。

第一节　杂环化合物的分类和命名

一、分类

杂环化合物按组成环的原子数目主要分为五元杂环和六元杂环。按分子中环状结构的数目分为单杂环和稠杂环两类。稠杂环可由碳环与杂环稠合组成，也可由两个或两个以上的单杂环稠合而成。

常见的基本杂环化合物比照环状烃类的结构列于表16.1。

表16.1　常见的基本杂环结构

碳环母体		基本杂环结构及名称					
 茂	五元杂环	 pyrrole 吡咯 氮杂茂	 furan 呋喃 氧杂茂	 thiophene 噻吩 硫杂茂	 thiazole 噻唑 1-硫-3-氮杂茂	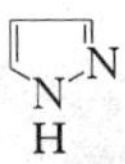 pyrazole 吡唑 1,2-二氮杂茂	 imidazole 咪唑 1,3-二氮杂茂
 苯 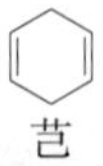 芑	六元杂环	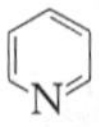 pyridine 吡啶 氮杂苯	 pyridazine 哒嗪 1,2-二氮杂苯	 pyrimidine 嘧啶 1,3-二氮杂苯	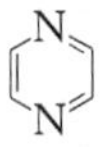 pyrazine 吡嗪 1,4-二氮杂苯	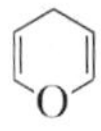 pyran 吡喃 氧杂芑	

续表

碳环母体		基本杂环结构及名称		
萘	稠杂环	quinoline 喹啉	isoquinoline 异喹啉	indole 吲哚
茚				
蒽		purine 嘌呤	acridine 吖啶	carbazole 咔唑
芴				

二、命名

杂环化合物有两种命名方法，即音译法和系统命名法。

1. 系统命名法

系统命名法是根据相应的碳外母核命名，把杂环当作杂原子取代了碳环中的碳原子形成的，命名时在碳环母体名称前加上“某杂”两字即可，具体可见表 16.1 中的系统名称。

2. 音译法

音译法是目前使用较多的命名法，即按英文常用名词的发音选用常见的同音汉字加口字旁来表示杂环名称。当杂环上有取代基时，以杂环为母体从杂原子开始将环上的原子编号，并将取代基的名称及其在环上的位置写在杂环母核的名称前。当环上有两个或两个以上的杂原子时，按—O—、—S—、—NH—、═N—的顺序编号并尽可能使杂原子编号最小。需注意的是嘌呤和异喹啉的编号特殊，没有按这个次序。

当环上只有一个杂原子时，有时习惯上用希腊字母对环上原子以 α、β、γ 编号，邻接杂原子的碳原子为 α-位，依次为 β-、γ-位。例如：

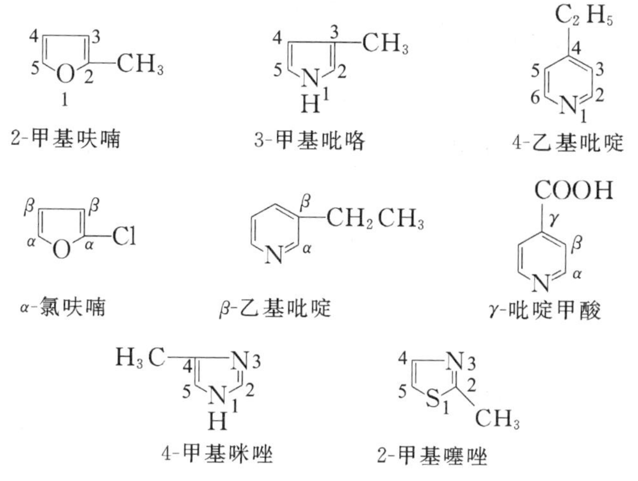

对于嘌呤、异喹啉、吖啶等稠杂环，必须按照特定的编号顺序。

嘌呤　　异喹啉　　吖啶

第二节　杂环化合物的基本结构

多数五元杂环和六元杂环结构的环上共轭体系中都有六个 π 电子，符合芳香性 $4n+2$ 规则。差异在杂原子上的孤对电子是否参与形成环内的离域大 π 键共轭体系，以吡咯和吡啶为重点来比较结构和电子云分布的差异，是理解其性质差异的关键。

1. 吡咯的结构

吡咯是含氮的五元杂环化合物。它由四个碳原子和一个氮原子组成，这五个原子均为 sp^2 杂化，形成一个平面五元环，成环的每个原子皆有 sp^2 杂化轨道以 σ 键与相邻原子相连。每个碳原子的 p 轨道上有一个单电子，氮原子的 p 轨道上却含有一对电子，这五个 p 轨道均垂直于分子平面的方向相互侧面重叠，形成了五原子六 π 电子的环状闭合共轭体系（见图 16.1）。

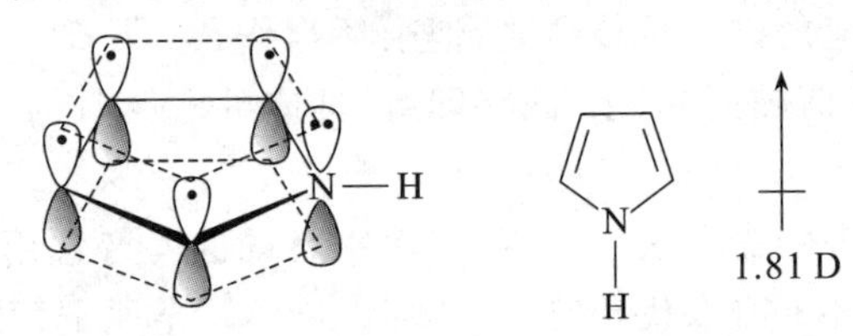

图 16.1　吡咯的大 π 键与分子偶极矩

因此吡咯符合休克尔的 $4n+2$ 规则，具有芳香性。氮原子的未成键电子对参与了共轭体系，共轭作用的结果是环上各碳原子上分布的电子云密度有所增加，而氮原子上的电子云密度有所降低。分子的偶极矩大小与方向体现了环上电子云密度的分布情况。

呋喃和噻吩的结构和成键方式与吡咯一样，只是杂原子的元素种类不同，电负性的差异使电子云的分布和极性的强弱存在差异。

2. 吡啶的结构

吡啶是含氮的六元杂环化合物。它的结构与苯相似，组成环的五个碳原子和一个氮原子均为 sp^2 杂化，每个原子以 sp^2 杂化轨道与相邻原子形成 σ 键，并以 σ 键相互结合成平面六元环，氮原子的孤对电子填充在一个 sp^2 杂化轨道内，处于环平面中。六个成环原子未杂化 p 轨道中都含有一个电子，它们在垂直于环平面的方向相互侧面重叠，形成六原子六 π 电子的闭合共轭体系（见图 16.2）。

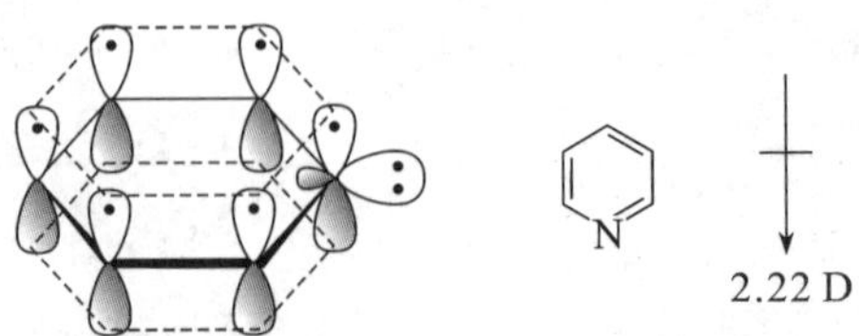

图 16.2　吡啶的大 π 键与分子偶极矩

吡啶与吡咯的差异是氮原子的未成键电子对不参与离域电子大 π 键共轭体系。因为氮原子的电负性较大，共轭效应的电子云移动使环上碳原子电子云密度降低，而环上氮原子的电子云密度升高，即分子的极性方向与吡咯刚好相反。

3. 咪唑的结构

咪唑的分子结构中含有两个不同连接的氮原子，1 号位的氮原子与吡咯一样，p 轨道上的孤对电子参与环内共轭体系，而 3 号位的氮原子与吡啶一样，孤对电子位于 sp^2 杂化轨道上，没有参与环内共轭(见图 16.3)。通常将 1 号位氮原子称为吡咯型氮，3 号位氮原子称为吡啶型氮。这种特征结构使得咪唑有较强的碱性等特殊的性质。

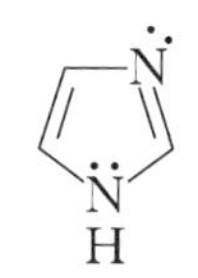

图 16.3　咪唑

第三节　含一个杂原子的五元芳杂环体系

像吡咯这样具有五原子六 π 电子的环状闭合共轭体系，环上 π 电子云密度较高，属于富电子的芳杂环体系。核磁共振谱的测定表明，环上氢原子的核磁共振信号都出现在低场，这就是它们具有芳香性的标志。

呋喃	α-氢	$\delta=7.42$	β-氢	$\delta=6.37$
噻吩	α-氢	$\delta=7.30$	β-氢	$\delta=7.10$
吡咯	α-氢	$\delta=6.68$	β-氢	$\delta=6.22$

呋喃和噻吩的结构和成键方式与吡咯一样，也属于富电子的单环杂环芳烃。另外，吡咯、呋喃和噻吩分别与苯环稠合而成的吲哚、苯并呋喃、苯并噻吩则属于富电子的稠环芳香杂环。由于这类化合物的电子云密度较高，一般易与亲电试剂发生取代反应。

五元杂环与苯环稠合后仍具有芳香性，但亲电取代反应的活性比未稠合的五元杂环低，比苯高，故亲电试剂进攻杂环发生取代反应。这些环遇浓硫酸易聚合而树脂化，一般化学反应避免在浓硫酸存在下进行。

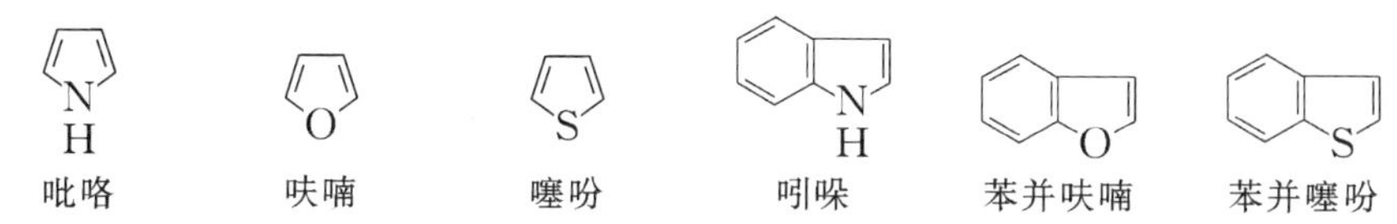

一、化学性质

1. 酸碱性

由于氮原子上的孤对电子参与了大 π 键共轭体系，吡咯分子氮原子上的电子云密度降低，大大削弱了它与氢质子的结合能力。因此，吡咯的碱性很弱($pK_b=13.6$)。另一方面，p-π 共轭的结果使得 N—H 键的两个电子更偏向于氮原子，氢原子更活泼。在强碱性条件下吡咯表现出弱酸性($pK_a=17.5$)。事实上，吡咯在无水条件下能与固体氢氧化钠或氢氧化钾共热成盐。这个钠盐或钾盐很容易水解，说明吡咯的酸性比水的弱。

$$\text{吡咯} + KOH \longrightarrow \text{吡咯}^{-}K^{+} + H_2O$$

吡咯经催化加氢后形成四氢吡咯，因不再有芳香性，氮原子结合质子的能力显著增强，表现出较强的碱性。四氢吡咯实际上是饱和仲胺（$pK_b=2.9$）。

吲哚分子中的共轭体系更大，结构更稳定。因此吲哚的碱性比吡咯的还要弱。氮原子上连接的氢原子也显示出弱酸性（$pK_a=16.97$）。

2. 亲电取代反应

对于五元杂环化合物，由于环上五个原子共有 6 个 π 电子，π 电子云密度比苯环大，它们的亲电取代反应速率比苯要快得多。其中又以 α-位的电子云密度较大，所以亲电取代反应主要发生在 α-位上。吡咯和呋喃的亲电取代反应活泼，吡咯在室温下与氯或溴反应很激烈，得到多卤代产物。吡咯的活性与苯胺或苯酚相当，而噻吩则是三者中活性最差的。尽管如此，噻吩的亲电取代反应速率仍较苯快得多。例如，在室温及乙酸中，噻吩与溴发生取代反应的速率为苯的 10^9 倍。

亲电取代反应活性次序为

吡咯＞呋喃＞噻吩＞苯

溴代反应：

$$\text{吡咯} + 4Br_2 \xrightarrow[0\ ℃]{\text{乙醚}} \text{2,3,4,5-四溴吡咯} + 4HBr$$

$$\text{呋喃} + Br_2 \xrightarrow[0\ ℃]{\text{二氧六环}} \text{2-溴呋喃} + HBr$$

$$\text{噻吩} + Br_2 \xrightarrow[\text{室温}]{\text{乙酸}} \text{2-溴噻吩} + HBr$$

硝化反应：

$$\text{吡咯} \xrightarrow[NaOH，\text{乙酐，低温}]{CH_3COONO_2} \text{2-硝基吡咯}\ (-NO_2)$$

$$\text{呋喃} \xrightarrow[\text{低温}]{CH_3COONO_2} \text{2-硝基呋喃}\ (-NO_2)$$

$$\text{噻吩} \xrightarrow[\text{乙酐，}-10\ ℃]{CH_3COONO_2} \text{2-硝基噻吩}\ (-NO_2)$$

酰化反应：

$$\text{吡咯} \xrightarrow[150\sim200\ ℃]{(CH_3CO)_2O} \text{2-乙酰基吡咯}\ (-COCH_3)$$

$$\text{呋喃} \xrightarrow[BF_3，0\ ℃]{(CH_3CO)_2O} \text{2-乙酰基呋喃}\ (-COCH_3)$$

由上可见，吡咯、呋喃和噻吩与亲电试剂的反应一般优先在 α-位上进行。这是因为亲电试剂进攻 α-位形成的正离子中间体中参与共振的极限式多，电子离域范围广，共振杂化体正离子较稳定。具体情况如以下共振结构所示：

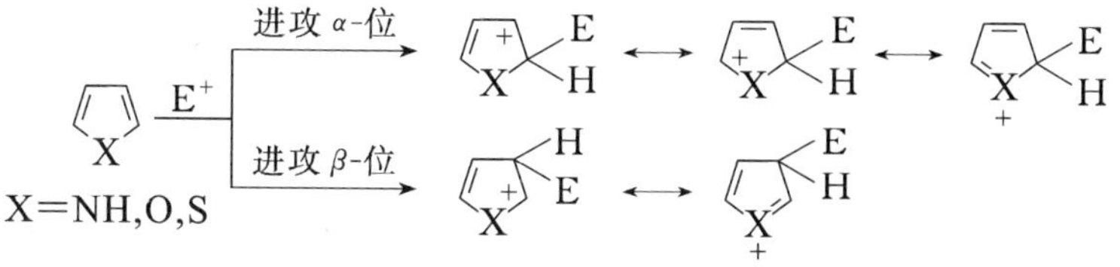

$X=NH,O,S$；E^+；进攻 α-位；进攻 β-位

吲哚、苯并吡喃和苯并噻吩的亲电取代反应也有较高的活性，但主要进攻的位置不尽相同。一些反应实例如下：

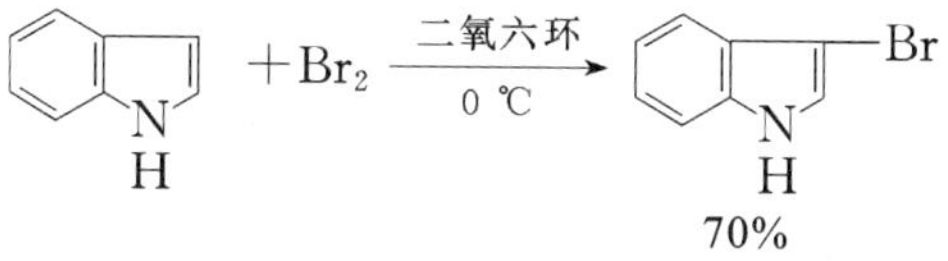

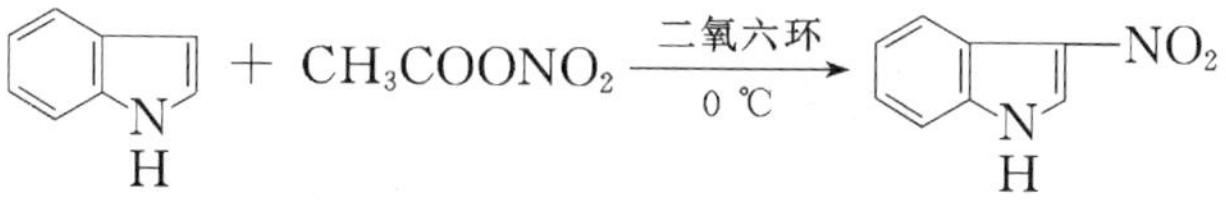

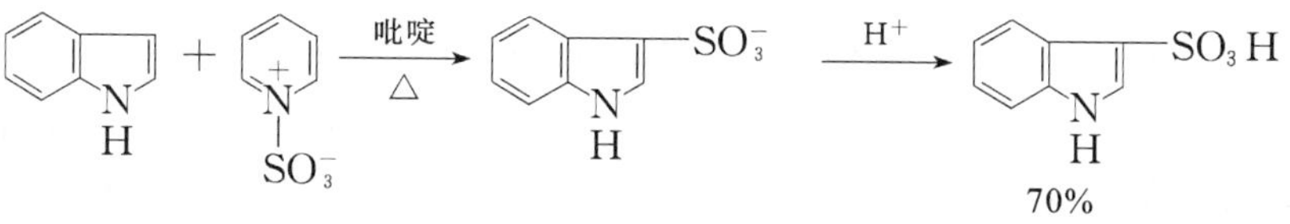

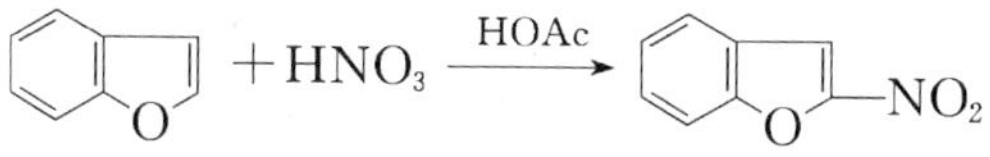

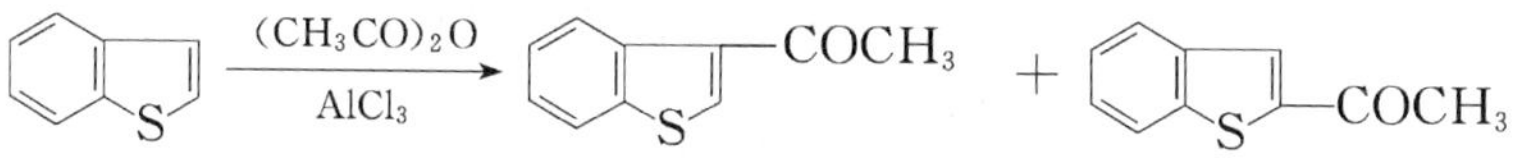

$+Br_2$ $\xrightarrow[0\ ℃]{二氧六环}$ —Br　70%

$+ CH_3COONO_2$ $\xrightarrow[0\ ℃]{二氧六环}$ —NO_2

$+$ （$\overset{+}{N}$—SO_3^-） $\xrightarrow[\triangle]{吡啶}$ —SO_3^- $\xrightarrow{H^+}$ —SO_3H　70%

$+HNO_3$ $\xrightarrow{HOAc}$ —NO_2

$\xrightarrow[AlCl_3]{(CH_3CO)_2O}$ —$COCH_3$ + —$COCH_3$

主要产物　次要产物

从以上反应可见，这些杂环化合物的亲电取代反应可在不同位置发生，原因与反应中间体正离子的稳定性有关。亲电试剂在 α-位进攻时，带有完整苯环的稳定共振极限式只有一个，而在 β-位进攻时，带有完整苯环的稳定共振极限式有两个。

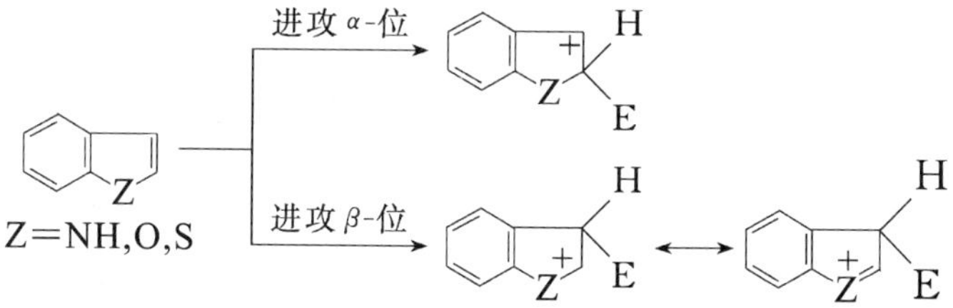

$Z=NH,O,S$；进攻 α-位；进攻 β-位

参与共振的稳定极限式越多，中间体正离子越稳定。但中间体正离子的稳定性还与正电荷所在原子的电负性大小有关。因氧原子电负性较大，故氧原子带正电荷很不稳定，与氧原子相邻的碳原子上带正电荷也不太稳定。氮原子电负性小，带正电荷的八电子氮原子相对于带正电荷的八电子氧原子来说稳定性好一些。而带正电荷的硫原子的稳定性介于带正电荷的氧与带正电荷的氮之间。因此苯并呋喃主要在 α-位发生反应，所得中间体正电荷因与苯环共轭而稳定。吲哚主要在 β-位发生反应。苯并噻吩可以在 α-位及 β-位发生反应，而在 β-位的比例要高一些。

3. 加成反应

吡咯、呋喃、噻吩均可进行催化加氢，失去芳香性而得到饱和的杂环化合物。吡咯与呋喃可用一般过渡金属催化加氢还原，但由于噻吩可与一些过渡金属催化剂结合而使其中毒，需使用特殊催化剂。例如：

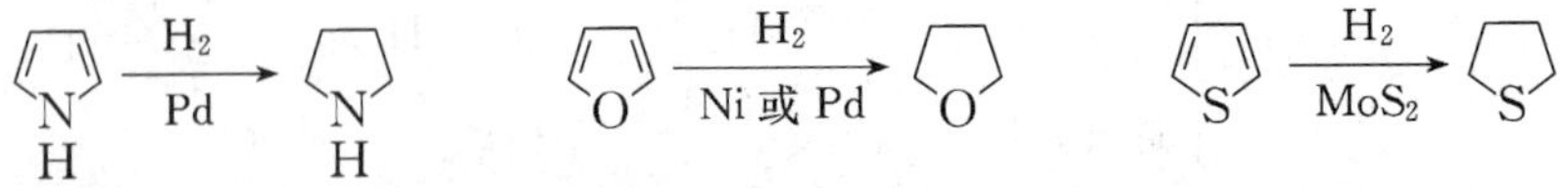

$$\text{吡咯} \xrightarrow[\text{Pd}]{H_2} \text{四氢吡咯} \qquad \text{呋喃} \xrightarrow[\text{Ni 或 Pd}]{H_2} \text{四氢呋喃} \qquad \text{噻吩} \xrightarrow[MoS_2]{H_2} \text{四氢噻吩}$$

呋喃的共轭离域能较小，环的稳定性较低，具有共轭双烯的性质，可以发生双烯合成类型的狄尔斯-阿德尔(Diels-Alder)环加成反应，吡咯也能发生类似反应。

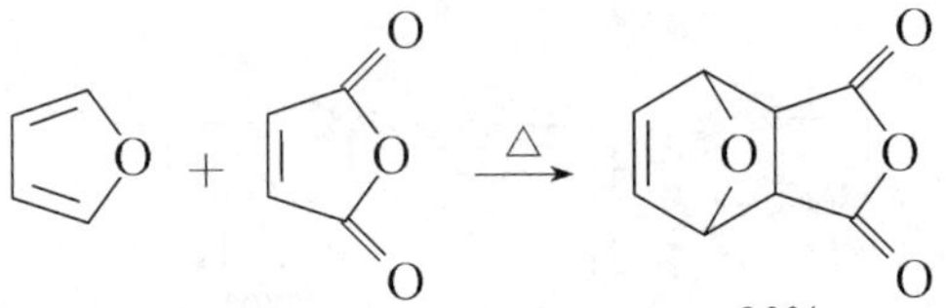

$$\text{呋喃} + \text{马来酸酐} \xrightarrow{\triangle} \text{加成产物}\ (90\%)$$

二、重要的五元杂环化合物及其衍生物

1. 吡咯及其衍生物

吡咯存在于煤焦油中，为无色液体，沸点 131 ℃，不溶于水，溶于有机溶剂。

四个吡咯环和四个次甲基(—CH ═)交替相连组成的大环称为卟吩(porphine)，它是卟啉环系化合物的母体。卟吩有一个大的共轭体系，成环的原子都处在同一平面上。卟啉类化合物广泛存在于动、植物体内，如动物中的血红素和植物中的叶绿素。胆红素、维生素 B_{12}，以及许多生物碱中都含有卟吩环。它们是重要的生理活性物质。

在卟吩的 4 个吡咯环中间的空隙里，铁离子以共价键及配位键的形式与四个氮原子结合，同时 4 个吡咯环的 β-位上连有不同的取代基，血红素化学结构如下所示：

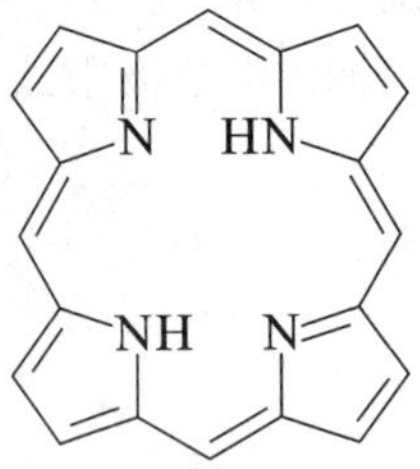

卟吩

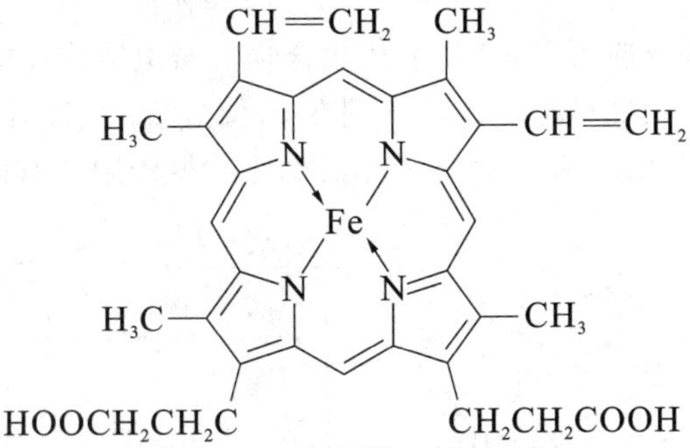

血红素

血红素存在于哺乳动物的红细胞中，它与蛋白质结合成为血红蛋白。血红蛋白的生理功能是运载氧气。一氧化碳与血红蛋白结合的能力强于氧，这样阻止了血红蛋白与氧的结合。人在一氧化碳中毒后，脑部血管先发生痉挛，而后扩张并使渗透性增加，严重的可导致脑水肿。因此一氧化碳是一种毒性较强的窒息性毒物。

叶绿素与蛋白质结合存在于植物的叶和绿色的茎中。植物光合作用时，叶绿素可吸收太阳能转变为化学能。

维生素 B_{12} 是含钴的类似于卟啉环系复杂分子，又名钴胺素，存在于动物肝脏中，为暗红色针状结晶，是抗恶性贫血的药物。

2. 呋喃衍生物

糠醛是呋喃的衍生物，是重要的有机化工原料。糠醛常由稻糠、棉子壳、甘蔗渣、高粱秆和玉米芯等农副产品用稀酸加热水解来制取。糠醛常用作精炼石油的溶剂，以溶解含硫物质及环烷等，糠醛可以精制松香，脱除色素，溶解硝酸纤维素等。糠醛和苯酚经聚合反应可生成类似电木的物质。

糠醛和苯甲醛性质相似，可发生安息香缩合反应、普尔金反应、康尼查罗反应等。

$$\text{C}_4\text{H}_3\text{O}\text{—CHO} \xrightarrow{\text{KCN/醇}} \text{C}_4\text{H}_3\text{O—}\underset{\text{OH}}{\text{CH}}\text{—}\overset{\text{O}}{\overset{\|}{\text{C}}}\text{—C}_4\text{H}_3\text{O}$$

$$\text{C}_4\text{H}_3\text{O}\text{—CHO} \xrightarrow[\text{CH}_3\text{COONa}]{(\text{CH}_3\text{CO})_2\text{O}} \text{C}_4\text{H}_3\text{O—CH}=\text{CHCOOH}$$

$$\text{C}_4\text{H}_3\text{O}\text{—CHO} \xrightarrow{\text{浓 NaOH}} \text{C}_4\text{H}_3\text{O—COONa} + \text{C}_4\text{H}_3\text{O—CH}_2\text{OH}$$

3. 吲哚及其衍生物

吲哚为片状结晶，具有极臭的气味，但极稀浓度的吲哚具有香味，可以当作香料使用。吲哚及其衍生物在自然界分布很广，如从蛋白质水解得到的色氨酸、天然植物激素 β-吲哚乙酸及一些生物碱都是吲哚的衍生物。许多吲哚衍生物具有重要的生理与药理活性，如 5-羟色胺(5-HT)、褪黑素等。

5-羟色胺（5-HO-吲哚-3-CH_2NH_2）　　褪黑素（5-CH_3O-吲哚-3-$CH_2CH_2NHCOCH_3$）

吲哚环系化合物的重要合成方法是费歇尔(Fischer)法。它是用苯腙在酸催化下加热重排消除一分子氨得到 2-取代或 3-取代吲哚衍生物的。实际上常用醛(或酮)与等物质的量的苯肼在醋酸中加热回流得到苯腙，苯腙不需分离立即在酸催化下进行重排、消除氨而得吲哚环系化合物。所使用的醛或酮必须具有 RCH_2COR' 的特征结构，R 或 R′可以是烷基、芳基或氢，反应过程如下：

$$\text{C}_6\text{H}_5\text{—NHNH}_2 + \text{RCH}_2\text{COR}' \longrightarrow \text{C}_6\text{H}_5\text{—NH—N}=\text{C(R}')\text{—CH}_2\text{R} \overset{\text{H}^+}{\rightleftharpoons} \text{烯肼(1, 2, 3; 1}', 2', 3')$$

$$\xrightarrow{\text{H}^+} \text{亚胺中间体}(\text{NH}, {}^+\text{NH}_2) \longrightarrow \text{NH}_2, {}^+\text{NH}_2 \longrightarrow \text{吲哚啉}({}^+\text{NH}_2, \text{NH}_2) \xrightarrow{-\text{NH}_4^+} \text{2-R}'\text{-3-R-吲哚}$$

例如：

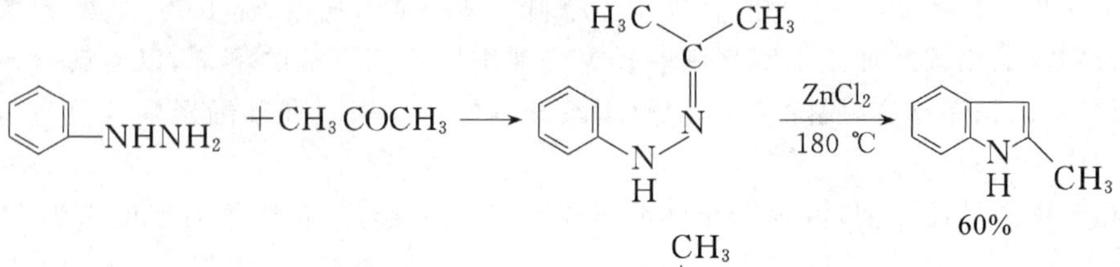

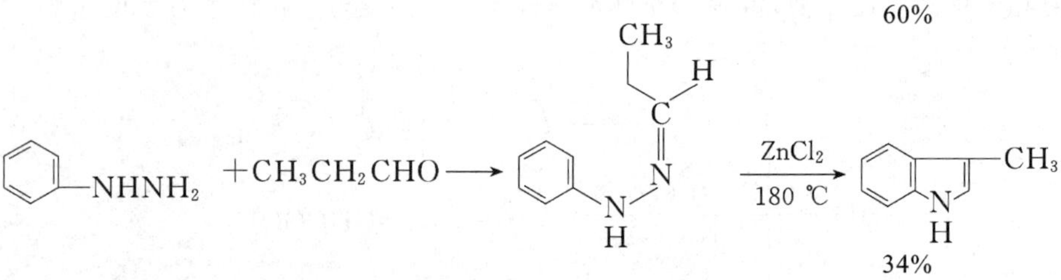

H_3C CH_3 C=N

NHNH$_2$ $+CH_3COCH_3$ ⟶ N H —ZnCl$_2$ 180 ℃⟶ N H CH_3

60%

CH_3 H C=N

NHNH$_2$ $+CH_3CH_2CHO$ ⟶ N H —ZnCl$_2$ 180 ℃⟶ CH_3 N H

34%

若用RCH_2COCH_2R'型的羰基化合物反应，则得到2-位和3-位取代产物的混合物。直接制备吲哚需使用丙酮酸的苯腙反应，生成2-吲哚甲酸后加热脱羧，而不直接使用乙醛。

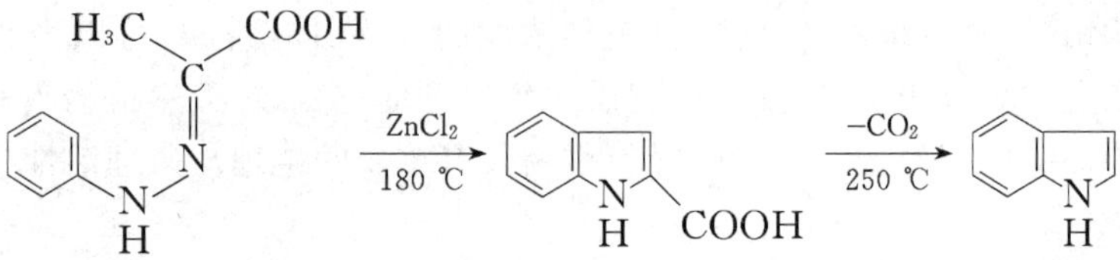

H_3C COOH C=N N H —ZnCl$_2$ 180 ℃⟶ N H COOH —$-CO_2$ 250 ℃⟶ N H

二氯化锌、三氟化硼、多聚磷酸是费歇尔合成法最常用的催化剂。

第四节　含两个杂原子的五元芳杂环体系

五元环中含有两个杂原子，其中至少一个为氮原子的属于唑(azole)类。根据环中两个杂原子的相对位置，又可分为1,2-唑和1,3-唑，其基本结构和名称如下所示。这类物质中重要的基本结构为咪唑和噻唑。

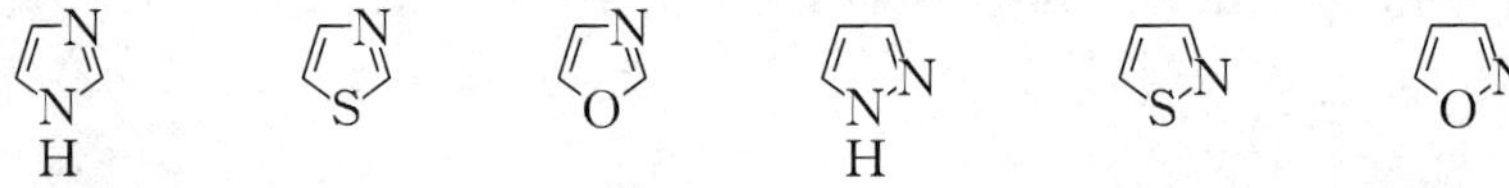

咪唑	噻唑	噁唑	吡唑	异噻唑	异噁唑
imidazole	thiazole	oxazole	pyrazole	isothiazole	isoxazole

1. 咪唑及其衍生物

咪唑是含有两个氮原子的五元杂环，无色固体，熔点90 ℃，易溶于水和乙醇。咪唑环有互变异构现象，4-甲基咪唑与5-甲基咪唑因氢原子的转移而可以互变。

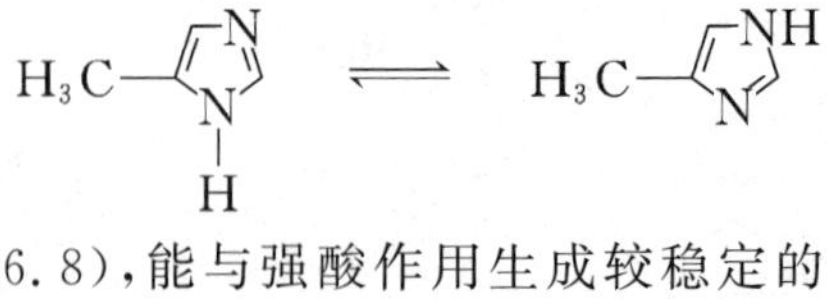

H_3C—(咪唑环, N—H) ⇌ H_3C—(咪唑环, NH)

咪唑的碱性较强($pK_b=6.8$)，能与强酸作用生成较稳定的盐。因为咪唑与氢质子结合后，有两个能量相同的共振极限式，使结构稳定性增加。它也像吡咯一样与强碱作用表现出微弱的酸性。

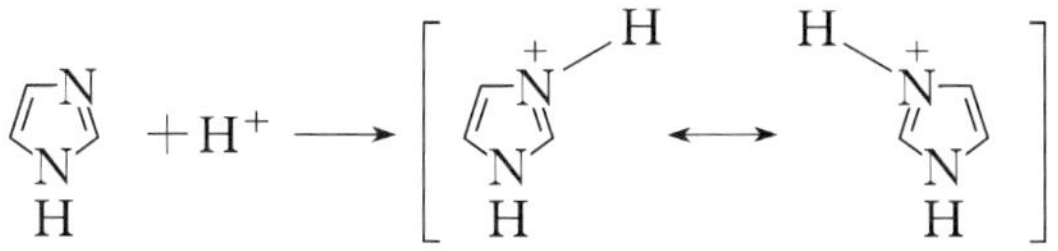

$+H^+ \longrightarrow$

咪唑环能发生亲电取代反应，如卤代、硝化和磺化等。

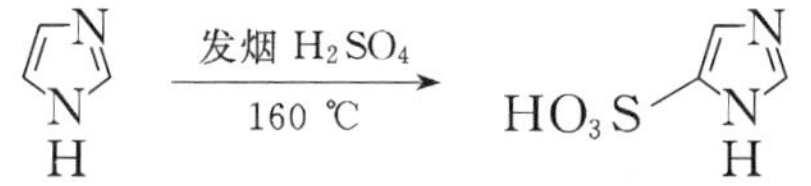

$\xrightarrow[160\ ℃]{发烟\ H_2SO_4}$ HO_3S

4-咪唑磺酸

$+HNO_3 \xrightarrow[室温]{发烟\ H_2SO_4}$ O_2N

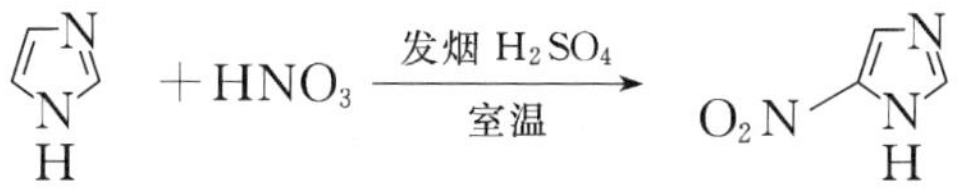

4-硝基咪唑

咪唑的重要衍生物有组氨酸(蛋白质水解的产物之一)和西咪替丁。组氨酸经细菌的腐败作用，可脱羧而成为组胺。

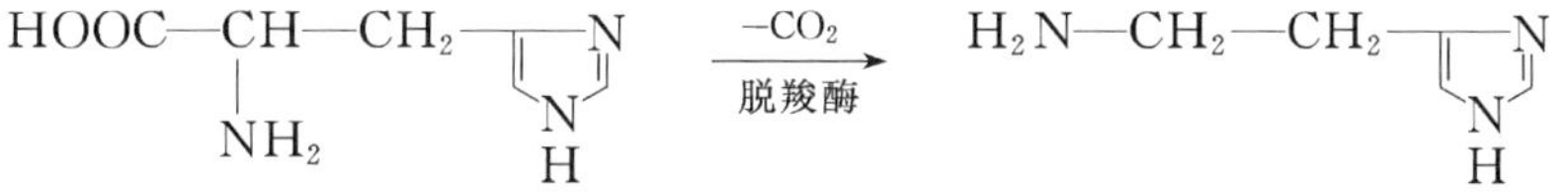

$HOOC—CH(NH_2)—CH_2—$ $\xrightarrow[脱羧酶]{-CO_2}$ $H_2N—CH_2—CH_2—$

组氨酸　　组胺

组胺有降低血压、扩张血管和促进胃液分泌的作用。人体中组胺含量过多时，可以发生严重的过敏反应。

西咪替丁又名甲氰咪胍，是临床上常用的第一代 H_2 受体拮抗剂，抗溃疡药，用于胃溃疡、十二指肠溃疡、上消化道出血等的治疗。

$CH_3NH—C(=N—CN)—NHCH_2CH_2SCH_2—$ (H_3C)

甲氰咪胍

2. 噻唑及其衍生物

噻唑是无色有臭味的液体，沸点 117 ℃。噻唑易与水互溶，具有弱碱性，在空气中不会自动氧化。噻唑不易发生亲电取代反应，磺化在较强烈的条件下进行，硝化与卤代必须有给电子基团才能进行反应，噻唑对氧化剂和还原剂都稳定。

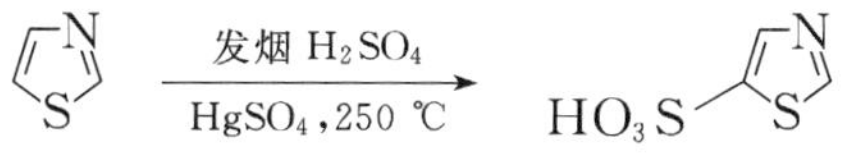

$\xrightarrow[HgSO_4,250\ ℃]{发烟\ H_2SO_4}$ HO_3S

一些重要的天然产物及合成药物含有噻唑结构。噻唑的衍生物在医药上有较多的应用。如磺胺噻唑、青霉素及维生素 B_1 中都含有噻唑环。

磺胺噻唑(ST)是白色结晶性粉末，无臭、无味，具有消炎作用。结构式如下：

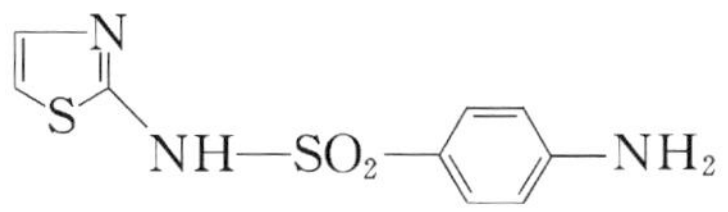

$NH—SO_2—C_6H_4—NH_2$

青霉素是从青霉菌的培养液中提取的。由培养液分离出来的青霉素有七种，即青霉素 G、F、X、K，二氢青霉素 F，3-戊烯青霉素及顶芽孢菌素 N，其中以青霉素 G 含量较高，疗效最好。

七种青霉素具有共同的基本结构：

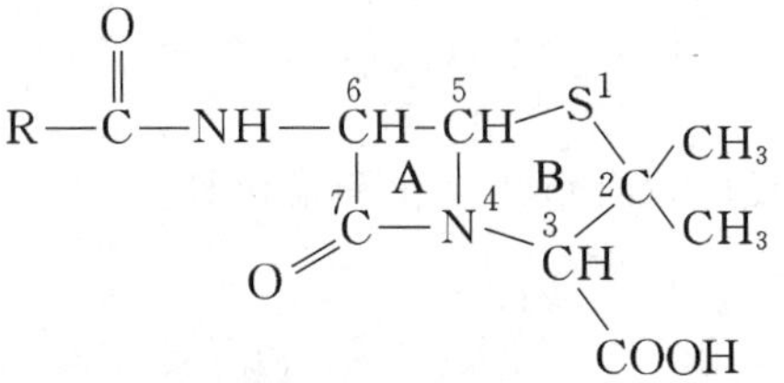

O ‖ R—C—NH—$\overset{6}{C}$H-$\overset{5}{C}$H—S^1 ; A ; B ; ^{2}C(CH$_3$)(CH$_3$) ; O=^{7}C—N^4—^{3}CH—COOH

上式中A环为β-内酰胺环。B环为氢化噻唑环。青霉素的基本结构是由A、B两环稠合而成，在3位上连有羧基，6位上连有酰胺基。各种青霉素的区别取决于式中取代基R的不同。例如，青霉素G的取代基R为苯甲基(苄基)，故青霉素G又称苄基青霉素。

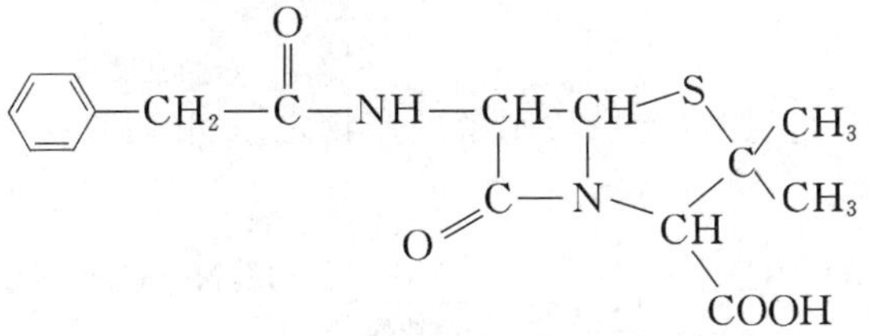

C_6H_5—CH$_2$—C(=O)—NH—CH-CH—S ; C(CH$_3$)(CH$_3$) ; O=C—N—CH—COOH

青霉素G为无色或淡黄色结晶或粉末，对大多数细菌感染所引起的疾病有疗效。临床上常制成钠盐或钾盐使用。由于钾盐、钠盐有吸湿性，而纯钙盐吸湿性弱，所以常用其钙盐配制软膏、油剂等。青霉素的毒性低，疗效高，缺点是对少数病人有严重的过敏反应。

第五节　含一个氮原子的六元芳杂环体系

1. 吡啶及其衍生物

吡啶又称氮杂苯，为具有特殊气味的无色液体，沸点115 ℃，可溶于水，并能溶解于多数有机溶剂。吡啶环上氮原子的孤对电子没有参与共轭体系，电子云密度较高，能与氢质子结合，显示出一定的碱性($pK_b=8.8$)，吡啶是较常用的有机碱。

吡啶与强酸作用易形成相应的盐：

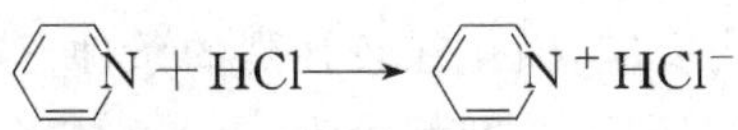

$$C_5H_5N + HCl \longrightarrow C_5H_5N^+HCl^-$$

吡啶环属于缺电子的芳杂环，与富电子芳杂环的吡咯、呋喃和噻吩相反，吡啶芳环上的亲电取代反应很不活泼，比苯的亲电取代困难得多，反应需要条件较高。它和硝基苯相似，不能发生傅-克酰基化和烷基化反应。β-碳原子上电子云密度相对大些，故取代反应主要在β-位上发生。

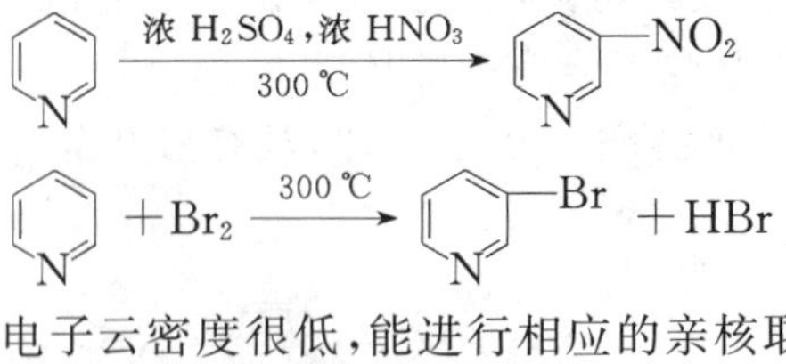

$$C_5H_5N \xrightarrow[300\ ℃]{\text{浓}\ H_2SO_4,\text{浓}\ HNO_3} C_5H_4N\text{—}NO_2$$

$$C_5H_5N + Br_2 \xrightarrow{300\ ℃} C_5H_4N\text{—}Br + HBr$$

吡啶环上由于碳原子的电子云密度很低，能进行相应的亲核取代反应，一般发生在吡啶的α-位。由于氢原子是一个较差的离去基团，需与很强的亲核试剂才能发生反应，如氨基钠、烃基锂等。与氨基钠作用生成α-氨基吡啶的反应称为齐齐巴宾(Chichibabin)反应。如果α-位已被占据，则可生成 γ-氨基吡啶，但产率较低，不如通过 N-氧化吡啶反应制备。

$$\text{吡啶} + NaNH_2 \xrightarrow[\text{回流}]{Ph-N(CH_3)_2} \text{2-氨基吡啶}(-NH_2)$$

$$\text{吡啶} + PhLi \longrightarrow \text{2-苯基吡啶}(-Ph)$$

吡啶可以在过渡金属催化下进行加氢，或用化学试剂如金属钠与无水乙醇还原，生成六氢吡啶。

$$\text{吡啶} \xrightarrow[25\ ℃,0.3\ MPa]{H_2,Pt} \text{六氢吡啶}(NH)$$

吡啶对酸、碱或氧化剂比苯更稳定，很难氧化。含有支链的吡啶衍生物可被强氧化剂氧化，形成相应的吡啶甲酸，特殊氧化剂可将其氧化成吡啶甲醛。

$$\text{3-甲基吡啶}(-CH_3) \xrightarrow[\triangle]{KMnO_4,H_2SO_4} \text{3-吡啶甲酸}(-COOH)$$

$$\text{喹啉} \xrightarrow[100\ ℃]{KMnO_4,H_2SO_4} \text{2,3-吡啶二甲酸}(-COOH,-COOH)$$

$$\text{2-甲基吡啶}(-CH_3) \xrightarrow[\triangle]{SeO_2} \text{2-吡啶甲醛}(-CHO)$$

吡啶与过氧化物反应能得到 N-氧化吡啶，该化合物在有机合成上是很有用的中间体。N-氧化吡啶进行亲电取代反应时较吡啶容易进行，反应在 α-位或 γ-位发生，但主要在 γ-位。

$$\text{吡啶} \xrightarrow[\text{或 } CH_3CO_3H]{H_2O_2,CH_3COOH,65\ ℃} \text{N-氧化吡啶}(N^+-O^-)\ 95\%$$

$$\text{N-氧化吡啶}(N^+-O^-) \xrightarrow[90\ ℃]{HNO_3,H_2SO_4} \text{4-硝基-N-氧化吡啶}(NO_2, N^+-O^-)$$

$$\xrightarrow[\triangle]{PCl_3,CHCl_3} \text{4-硝基吡啶}(NO_2)$$

$$\xrightarrow[\text{或 } Fe/H^+]{H_2,Ni} \text{4-氨基吡啶}(NH_2)$$

吡啶的重要衍生物有维生素 PP、维生素 B_6 和雷米封等，这些在医药上有重要的特殊作用。

维生素 PP 包括 β-吡啶甲酸（烟酸）和 β-吡啶甲酰胺（烟酰胺）两种。烟酸和烟酰胺都是白色结晶，能溶于水和乙醇，存在于肉类、肝、肾、花生、米糠及酵母中。维生素 PP 是组成体内脱氢酶的成分，能促进组织新陈代谢。缺乏维生素 PP 可引起癞皮病，主要症状是在皮肤裸露部分出现对称性皮炎，所以维生素 PP 又称为抗癞皮病维生素。

$-COOH$　　　　$-CONH_2$

β-吡啶甲酸（烟酸，尼可酸）　　β-吡啶甲酰胺（烟酰胺，尼可酰胺）

维生素 B_6 是维持蛋白质正常代谢的必需物质，存在于蔬菜、鱼、肉、谷物、蛋类中，包括吡哆醇、吡哆醛、吡哆胺。

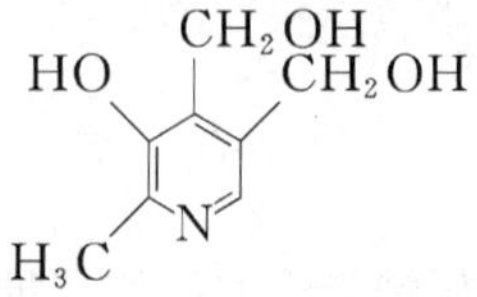

CH_2OH, HO, CH_2OH, H_3C, N　　CHO, HO, CH_2OH, H_3C, N　　CH_2NH_2, HO, CH_2OH, H_3C, N

吡哆醇 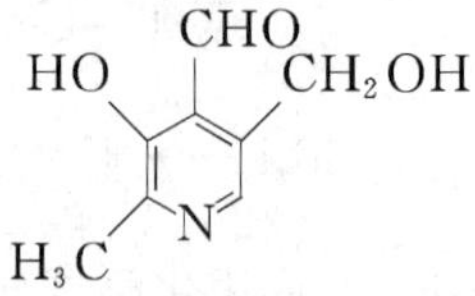　　吡哆醛 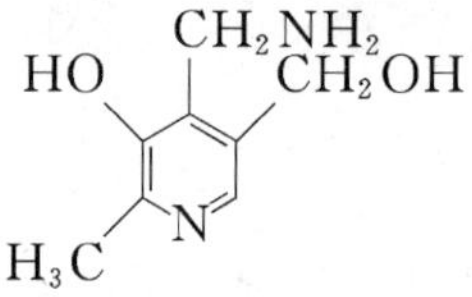　　吡哆胺

雷米封(rimifon)化学名称为异烟酰肼，为白色针状结晶或粉末。其熔点为 170～173 ℃，易溶于水，微溶于乙醇而不溶于乙醚，是治疗结核病的良好药物。其结构式和维生素 PP 相似，因此对维生素 PP 有拮抗作用，若长期服用异烟酰肼，应适当补充维生素 PP。

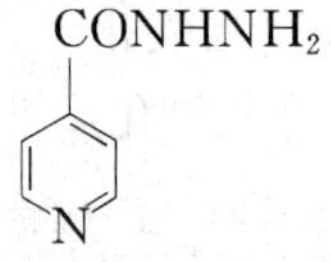

$CONHNH_2$, N

雷米封

2. 喹啉及其衍生物

喹啉和异喹啉都是吡啶与苯环稠合的化合物，只是稠合位置不同。

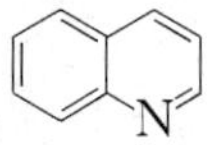

N　　N

喹啉(quinoline) 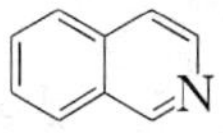　　异喹啉(isoquinoline)

喹啉和异喹啉的氮原子以 sp^2 杂化轨道形成两个 σ 键，其中一个为孤对电子占据，即成键方式与吡啶的类似。因为氮原子可以提供一对电子，喹啉和异喹啉都具有碱性，碱性强弱与吡啶相近。两者的水溶性都小于吡啶。

喹啉与异喹啉在强酸作用下，杂环氮原子能接受质子，形成相应的共轭酸，共轭酸的 pK_a 分别为 4.94 和 5.40。

由于杂环上的电子云密度较低，发生亲电取代反应比较困难，因此，喹啉与亲电试剂的反应一般在苯环上发生，但反应活性相应比苯和萘的低。喹啉的卤代、硝化、磺化等亲电取代反应主要发生在 5-位和 8-位，而异喹啉以 5-位为主。例如：

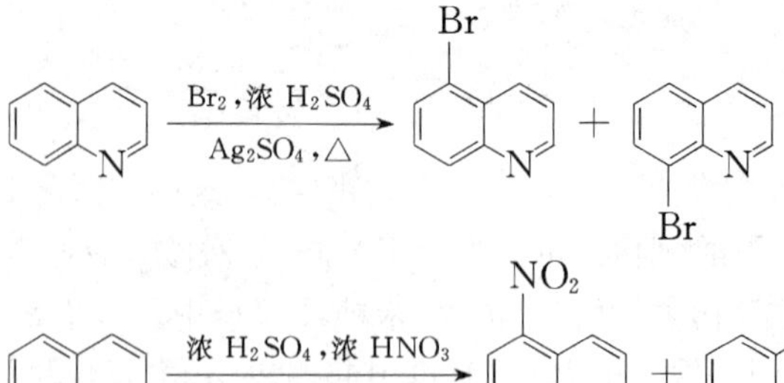

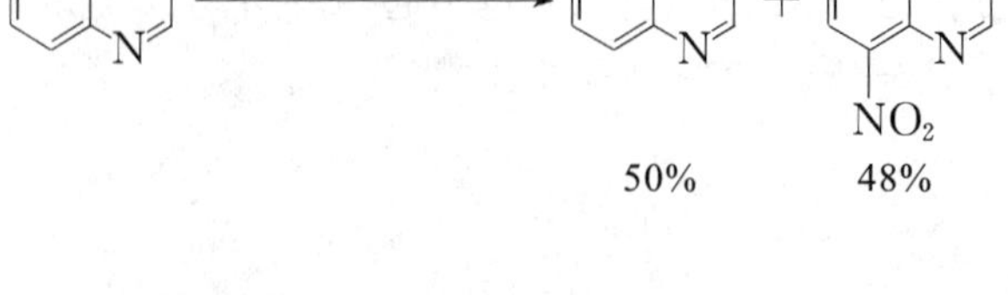

N $\xrightarrow[Ag_2SO_4,\triangle]{Br_2,浓 H_2SO_4}$ Br, N + N, Br

N $\xrightarrow{浓 H_2SO_4,浓 HNO_3}$ NO_2, N + N, NO_2

50%　　48%

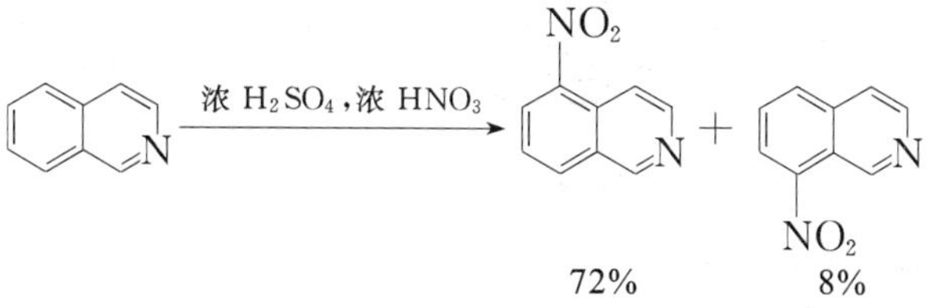

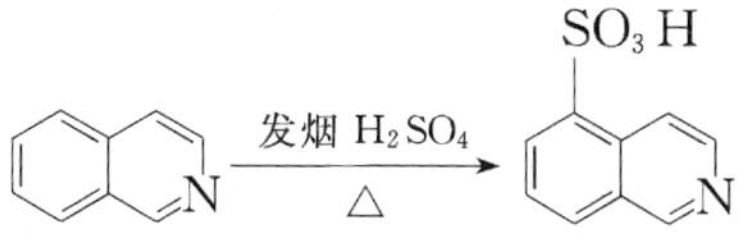

浓 H_2SO_4，浓 HNO_3

NO_2

NO_2

72%　8%

SO_3H

发烟 H_2SO_4

△

喹啉的亲核取代反应主要发生在2-位，异喹啉主要在1-位。例如：

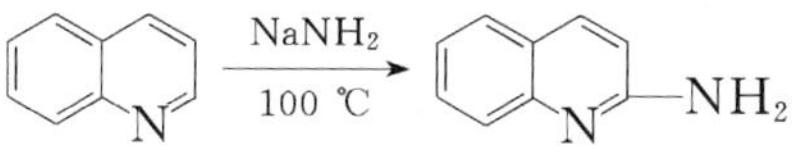

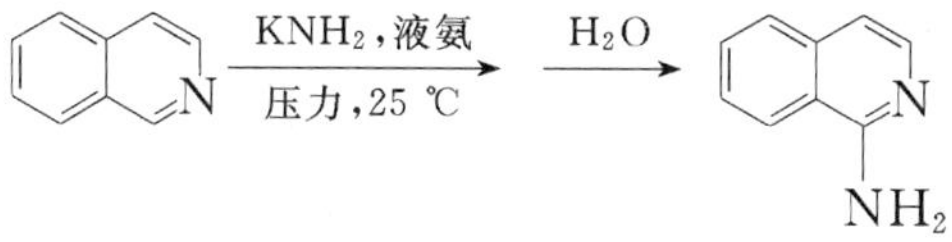

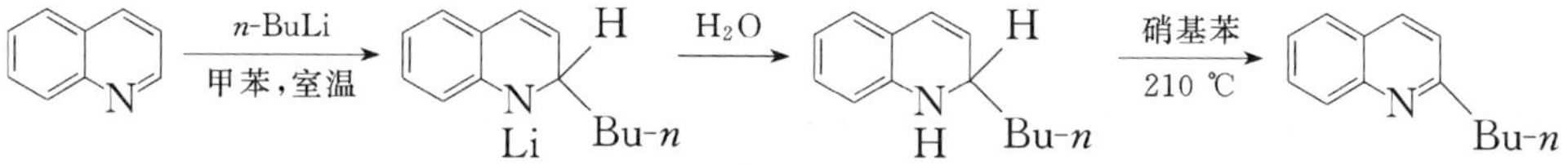

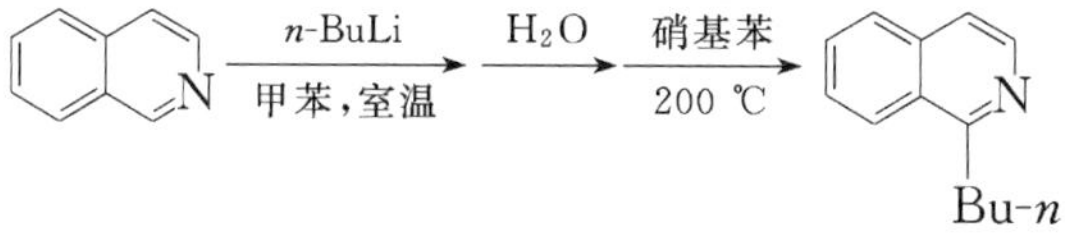

$NaNH_2$

100 ℃

NH_2

KNH_2，液氨

压力，25 ℃

H_2O

NH_2

n-BuLi

甲苯，室温

H

Li　Bu-n

H_2O

H

H　Bu-n

硝基苯

210 ℃

Bu-n

n-BuLi

甲苯，室温

H_2O

硝基苯

200 ℃

Bu-n

如果在2-位或4-位有卤素原子，其卤素原子更容易被亲核取代。

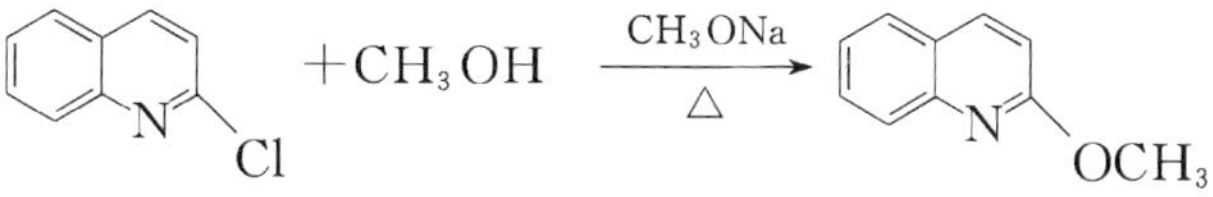

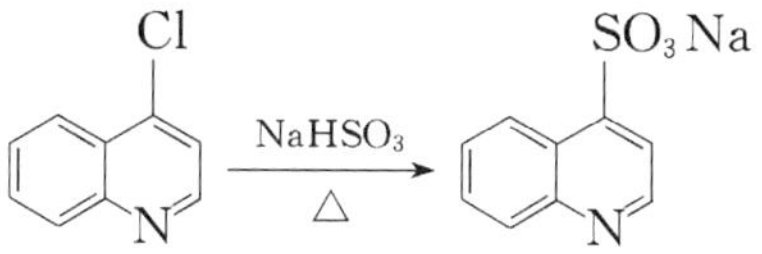

Cl　$+CH_3OH$

CH_3ONa

△

OCH_3

Cl

$NaHSO_3$

△

SO_3Na

喹啉和异喹啉与绝大多数氧化剂不发生反应。高锰酸钾可氧化苯环，与过氧化物作用能形成 N-氧化物。

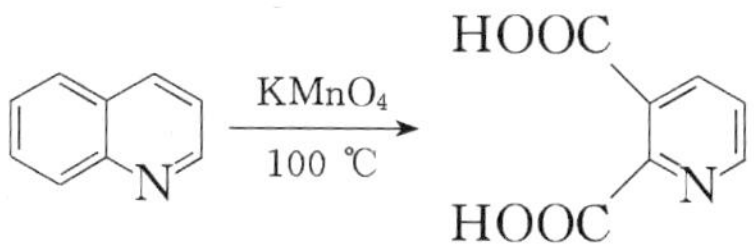

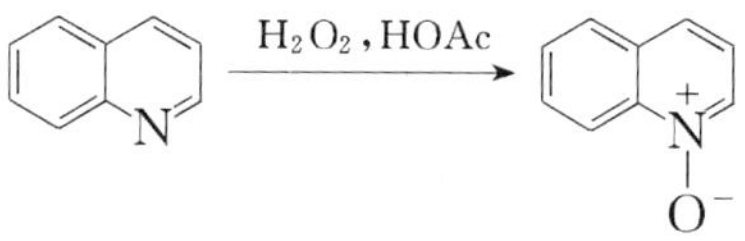

$KMnO_4$

100 ℃

HOOC

HOOC

H_2O_2，HOAc

O^-

喹啉和异喹啉可催化加氢，也可用化学还原剂还原，反应条件不同，主要产物也不同。

Et_2AlH, Et_2O 或 Na，液 NH_3 → 1,2-二氢喹啉

Pt, H_2, H_2O 或 Ni, H_2 → 四氢喹啉

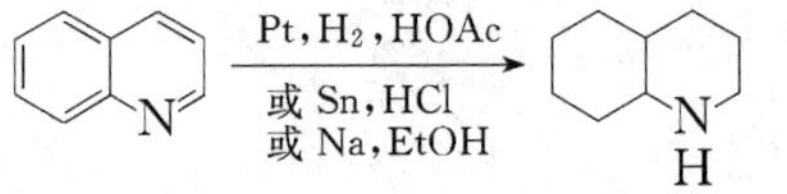

$Pt, H_2, HOAc$ 或 Sn，HCl 或 Na，EtOH → 十氢喹啉

植物界有很多生物碱中存在着喹啉和异喹啉结构。合成药物中的局部麻醉药盐酸辛可卡因也含有喹啉的结构。

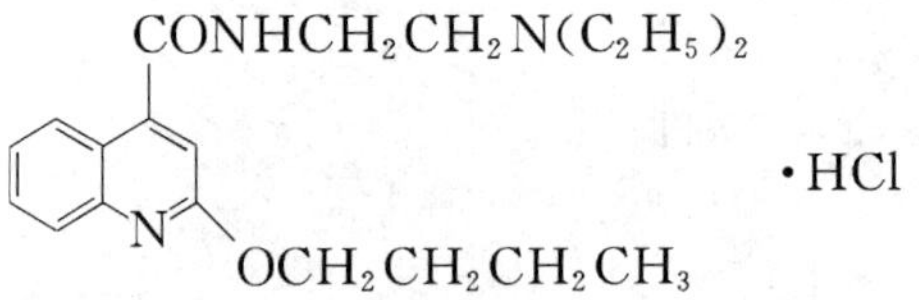

$CONHCH_2CH_2N(C_2H_5)_2$

$OCH_2CH_2CH_2CH_3$ ·HCl

盐酸辛可卡因

cinchocaine hydrochloride

合成喹啉及其衍生物最重要的方法是斯克劳普(Z. H. Skraup)合成法。用苯胺(或其他芳胺)、甘油、硫酸和硝基苯等共热，即可得到喹啉。反应的第一步是甘油受到硫酸的作用失水生成丙烯醛，其次是丙烯醛和苯胺发生麦克尔(Michael)加成作用生成 β-苯氨基丙醛，然后通过醛的烯醇式在酸的催化下发生失水作用，关环生成二氢喹啉。二氢喹啉在硝基苯的氧化作用下，失去一分子氢芳构化就得喹啉。此反应实际上一次完成，产率很高。

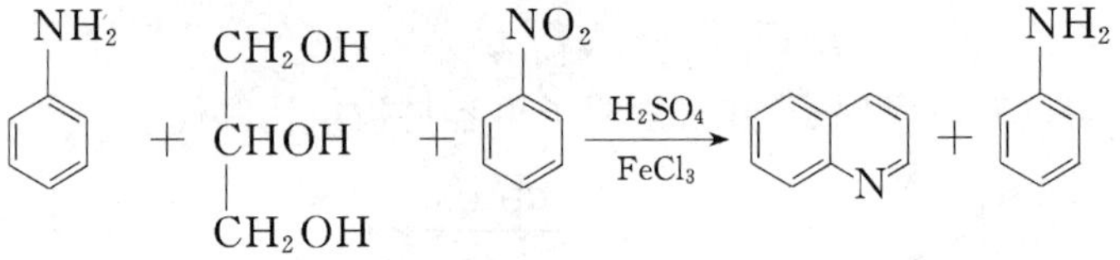

NH_2 + CH_2OH—$CHOH$—CH_2OH + NO_2 $\xrightarrow[FeCl_3]{H_2SO_4}$ + NH_2

其反应过程表示如下：

$$CH_2OH\text{—}CHOH\text{—}CH_2OH \xrightarrow{H_2SO_4} CH_2{=}CHCHO$$

NH_2 + OHC—CH=CH_2 $\xrightarrow{\text{麦克尔加成}}$ OHC—CH_2—CH_2—NH $\xrightarrow{\text{互变}}$ HO—CH=CH—CH_2—NH

$\xrightarrow[H^+]{\text{脱水关环}}$ (N-H) $\xrightarrow[\text{脱氢}]{\text{硝基苯}}$ (N)

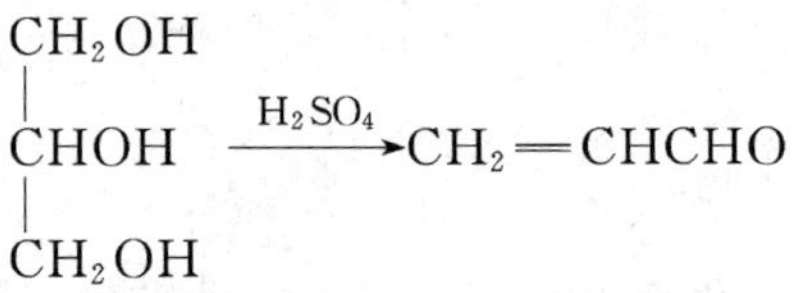

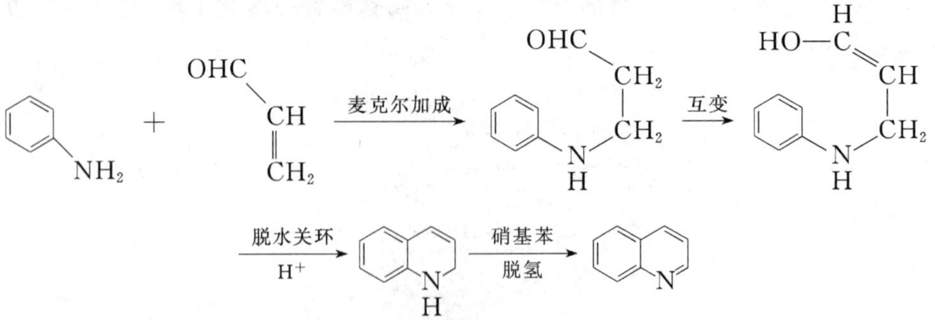

若以邻羟基苯胺代替苯胺可得到8-羟基喹啉。

$$\text{(邻氨基苯酚)} + \begin{matrix} CH_2OH \\ | \\ CHOH \\ | \\ CH_2OH \end{matrix} + \text{(邻硝基苯酚)} \xrightarrow[FeCl_3]{H_2SO_4} \text{8-羟基喹啉}$$

若苯胺环上间位有给电子基团，主要在给电子基团对位关环得到7-取代喹啉，如苯胺环上间位有拉电子基团，主要在拉电子基团的邻位关环得到5-取代喹啉。很多喹啉类化合物均可用此法进行合成。

如用α,β-不饱和醛或酮代替甘油，或用饱和醛先发生羟醛缩合反应得到α,β-不饱和醛再进行反应，其反应结果相同。

$$C_6H_5NH_2 + CH_2{=}CHCOCH_3 \xrightarrow[PhNO_2]{FeCl_3,ZnCl_2} \text{4-甲基喹啉}\ (73\%)$$

$$C_6H_5NH_2 + CH_3CH{=}CHCHO \xrightarrow[PhNO_2]{HCl} \text{2-甲基喹啉}\ (32\%)$$

斯克劳普反应激烈，可得到较高的产率。但由于有时反应过于猛烈而难以控制，故有很多改进的方法，如加硫酸亚铁等缓和剂，也可用磷酸或其他酸代替硫酸，可一方面使反应不过于猛烈，同时又能得到较高的产率。

第六节　含两个氮原子的六元芳杂环体系

嘧啶(pyrimidine)是含有两个氮原子的六元杂环，为无色结晶固体，熔点22 ℃，易溶于水。哒嗪、吡嗪和嘧啶都属于二嗪类，其碱性较吡啶弱。二嗪类化合物的两个氮原子都是吡啶型的，由于其很强的吸引电子作用，使亲电取代反应比吡啶更为困难，硝化、磺化反应都很难进行。嘧啶的卤代反应可在电子云密度相对较高的5-位发生。

$$\text{嘧啶} + Br_2 \xrightarrow[130\ ℃]{PhNO_2} \text{5-溴嘧啶}\ (85\%)$$

当环上有强活化基团如氨基、羟基等时，则硝化、磺化、重氮偶合等亲电取代反应能够进行。

$$\text{2-氨基嘧啶} + Br_2 \xrightarrow{80\ ℃} \text{5-溴-2-氨基嘧啶}$$

$$\text{4,6-二羟基嘧啶} \xrightarrow[30\ ℃]{\text{混酸}} \text{5-硝基-4,6-二羟基嘧啶}$$

$$\text{6-甲基-2,4-二羟基嘧啶} \xrightarrow[20\ ℃]{HNO_3, HOAc} \underset{\text{烯醇式}}{\text{5-硝基-6-甲基-2,4-二羟基嘧啶}} \rightleftharpoons \underset{\text{酮式(主)}}{\text{5-硝基-6-甲基尿嘧啶}}$$

$$\text{2,4-二氨基嘧啶} \xrightarrow[H_2O]{Cl—Ph—N_2^+} Cl—Ph—N{=}N\text{—(2,4-二氨基嘧啶-5-基)}$$

二嗪类也能进行亲核取代反应生成季铵盐。例如：

$$\text{嘧啶} + CH_3I \xrightarrow[\text{室温}]{CH_3OH} \text{N-甲基嘧啶鎓}\ I^-$$

嘧啶与强亲核试剂，如氨基钠的反应主要在 2-、4-或 6-位进行。若这些位置连有卤素，则很容易发生亲核取代反应。

$$\text{4-甲基嘧啶} \xrightarrow[130\sim160\ ℃]{NaNH_2} \text{4-甲基-6-氨基嘧啶}\ (H_2N) + \text{4-甲基-2-氨基嘧啶}\ (NH_2)$$

二嗪类与过氧化物反应，与吡啶类似生成 N-氧化物，并能进一步发生亲电、亲核取代反应。

$$\text{哒嗪} \xrightarrow{H_2O_2} \text{哒嗪 N-氧化物}\ (N^+—O^-) \xrightarrow[130\ ℃]{\text{混酸}} \text{4-硝基哒嗪 N-氧化物}\ (NO_2)$$

2-、4-和 6-位的烷基二嗪类，其侧链上的 α-氢很活泼，能表现出一些活泼氢的特征反应。例如：

$$\text{2-甲基嘧啶}\ (CH_3) \xrightarrow[ZnCl_2]{PhCHO} \text{嘧啶-2-基—}CH{=}CHPh$$

$$\text{2,4,6-三甲基嘧啶}\ (CH_3, H_3C, CH_3) \xrightarrow{PhLi} \text{4-}CH_2Li\text{-2,6-二甲基嘧啶} \xrightarrow{CH_3I} \text{4-}CH_2CH_3\text{-2,6-二甲基嘧啶}$$

嘧啶环的主要合成途径是 1,3-二羰基化合物和二胺类物质的缩合。二胺类常用尿素、硫脲、胍和脒等,二羰基化合物可用丙二酸酯、β-酮酸酯和 β-二酮。例如:

嘧啶环是生理和药理中很重要的环系。嘧啶的衍生物在自然界分布很广,它可单独存在或与其他环系稠合存在于维生素、生物碱及蛋白质中。在核酸的组成中,包括有胞嘧啶(cytosine)、尿嘧啶(uracil)和胸腺嘧啶(thymine)等。

2-氧-4-氨基嘧啶
胞嘧啶（C）

2,4-二氧嘧啶
尿嘧啶（U）

5-甲基-2,4-二氧嘧啶
胸腺嘧啶（T）

也有一些嘧啶的衍生物是重要的药物,如磺胺嘧啶、抗癌药物 5-氟尿嘧啶,以及维生素 B_1 等。维生素 B_1 是由嘧啶及噻唑通过亚甲基—CH_2—连接而成的化合物,在医药上常用它的盐酸盐作为药物。

维生素 B_1(盐酸硫胺素)

维生素 B_1 为白色结晶,易溶于水,对酸稳定,遇碱则分解。它是维持糖的正常代谢的必需物质,体内若缺乏维生素 B_1,可引起多发性神经炎、脚气病及食欲不振等。

第七节　嘌呤及其衍生物

嘌呤是由 1 个嘧啶环和 1 个咪唑环稠合而成的,有其特殊规定的编号。

嘌呤为无色结晶,熔点 217 ℃,因分子中含有三个吡啶型氮原子而易溶于水和醇,难溶于非极性有机溶剂。从某种意义上说,嘌呤为两性化合物,既有弱碱性又有弱酸性,其酸性比咪唑强，而碱性比咪唑弱。嘌呤既能与无机强酸成盐又能与强碱成盐。

嘌呤结构存在着以下氢原子转移的互变异构现象：

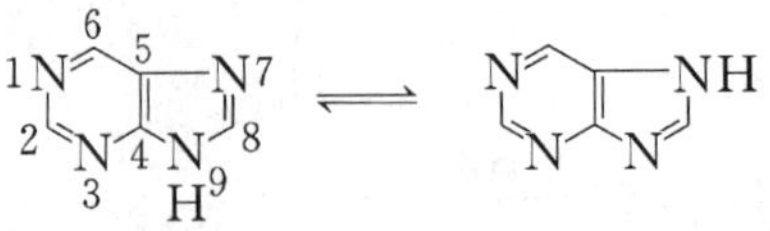

9*H*-嘌呤(Ⅰ)　　7*H*-嘌呤(Ⅱ)

在药物中一般以(Ⅱ)式及其衍生物存在为多，而在生物体内常以(Ⅰ)式及其衍生物存在。

嘌呤本身不存在于自然界中，但它的氨基及羟基衍生物广泛分布于动、植物体内，如腺嘌呤(adenine)、鸟嘌呤(guanine)和尿酸等。腺嘌呤、鸟嘌呤都是具有重要生理意义的核酸组成部分。其结构式如下：

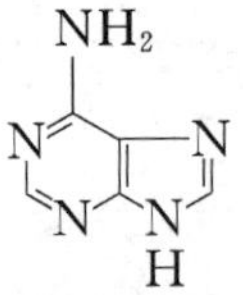

6-氨基嘌呤
腺嘌呤(A)

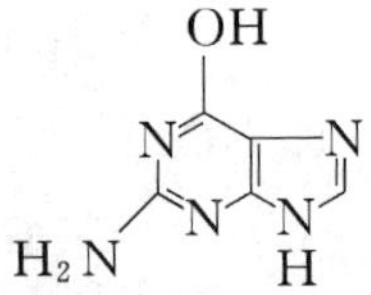

2-氨基-6羟基嘌呤
鸟嘌呤(G)

尿酸是核蛋白的代谢产物，存在于哺乳动物的尿和血中。尿酸存在着以下酮式和烯醇式的互变异构现象：

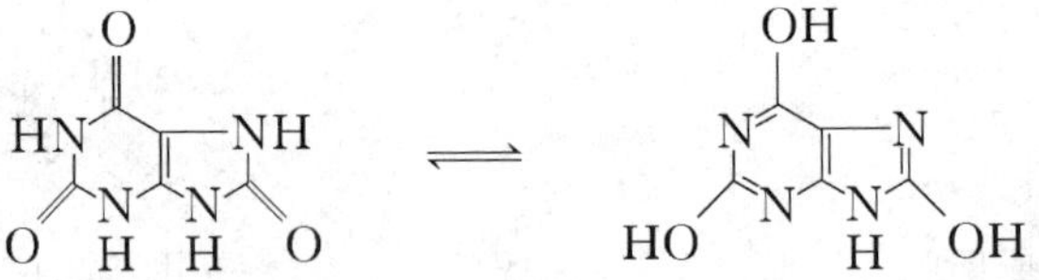

2,6,8-三氧嘌呤(酮式)　　2,6,8-三羟基嘌呤(烯醇式)

尿酸为白色结晶，极难溶于水，有弱酸性。在正常代谢时，尿液中仅含少量尿酸。当代谢紊乱时，尿液中的尿酸含量增加，过多时可能沉淀形成结石。血液中尿酸含量过多时，可沉淀在关节、耳垂和皮肤等处，形成痛风。

许多生物碱及药物中均含有嘌呤环系，如具有兴奋作用的咖啡因、茶碱等。

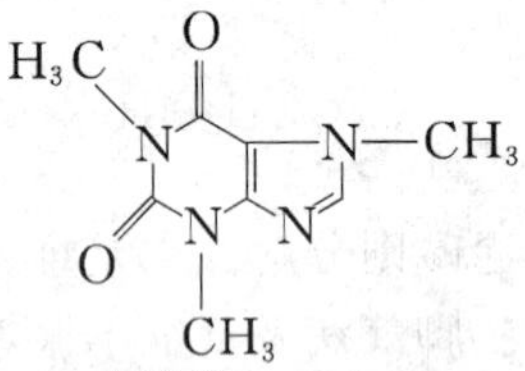

咖啡因(caffeine) 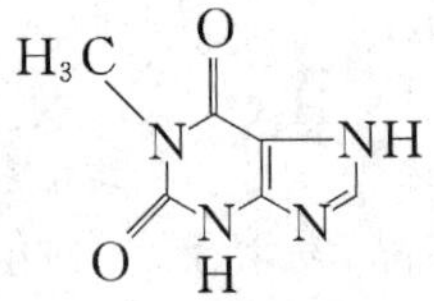　　茶碱(theophline)

另外，在一些抗肿瘤、抗病毒、抗过敏、降胆固醇、利尿、强心等生物活性物质中，都能见到嘌呤的结构。

习　题

16-1　命名下列化合物。

(1) 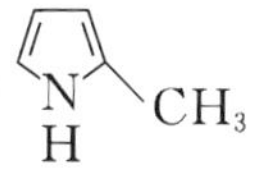 N H CH_3　(2) N CH_3　(3) 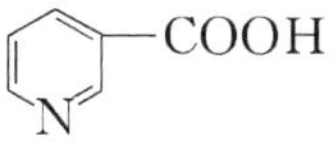 COOH N　(4) 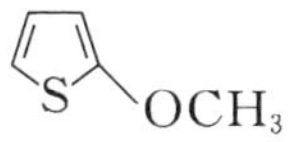 S OCH_3

(5) 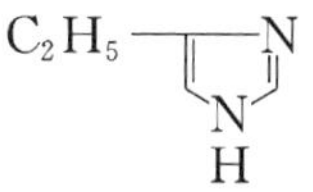 C_2H_5 N N H　(6) 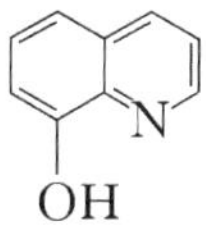 N OH　(7) 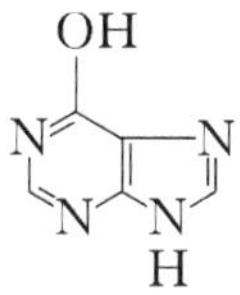 OH N N N N H

16-2　写出下列化合物的结构。

(1) 咪唑　(2) 3-吡啶甲酰胺　(3) 吡咯

(4) 2-氨基-6-羟基嘌呤　(5) 嘧啶　(6) 2,8-二甲基喹啉

16-3　确定下列各化合物中各单环上共轭 π 电子的数目,并指出其是否有芳香性。

(1)  O　(2) 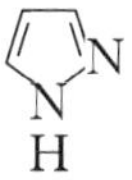 N N H　(3)  N S　(4) 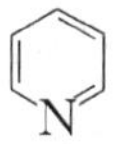 N

(5) 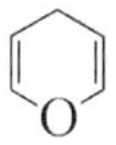 O　(6)  N N N　(7) 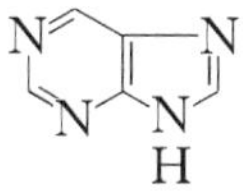 N N N N H　(8) 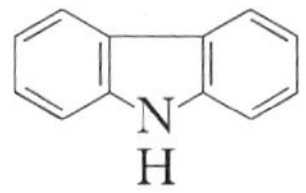 N H

16-4　比较下列化合物的碱性,按强弱排列顺序。

(1) a. 甲胺　b. 吡咯　c. 吡啶　d. 氨　e. 苯胺

(2) a. 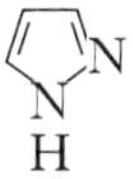 N N H　b. 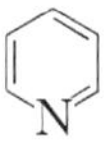 N　c.  N N　d. 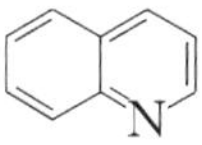 N

(3) a. 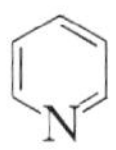 N　b. 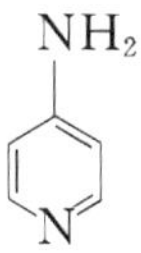 NH_2 N　c. 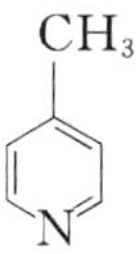 CH_3 N　d. 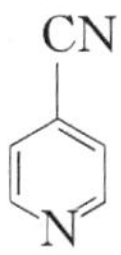 CN N

16-5　用合理的方法除掉下列化合物中少量的杂质。

(1) 苯中少量的噻吩。

(2) 甲苯中少量的吡啶。

16-6　比较吡咯、吡啶、苯对氧化剂的稳定性和亲电取代反应活性大小,并说明原因。

16-7　写出胞嘧啶和腺嘌呤的酮式与烯醇式的互变结构式。

16-8　写出下列反应的主要产物。

(1)  N H $+KOH(S)\xrightarrow{\triangle}$

(2) 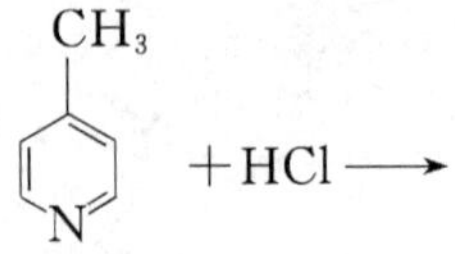 CH_3 / N $+HCl \longrightarrow$

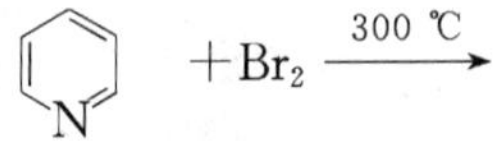

(3) N $+Br_2 \xrightarrow{300\ ℃}$

(4) N $+KMnO_4 \xrightarrow{\triangle}$

(5) 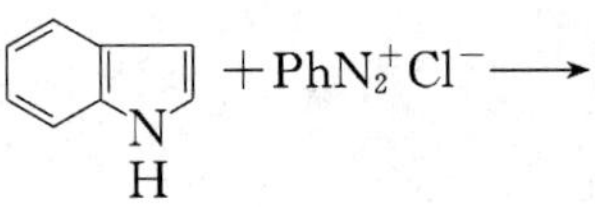 N / H $+PhN_2^+Cl^- \longrightarrow$

(6) 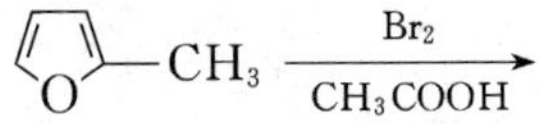 O $—CH_3 \xrightarrow[CH_3COOH]{Br_2}$

(7) 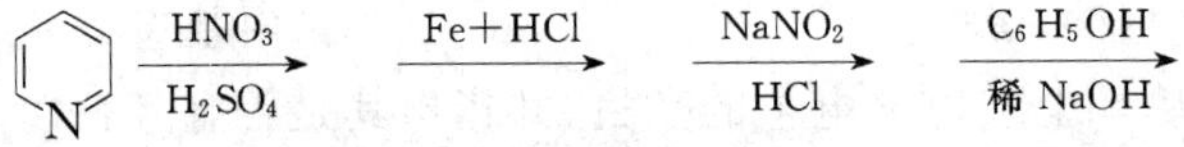 N $\xrightarrow[H_2SO_4]{HNO_3} \xrightarrow{Fe+HCl} \xrightarrow[HCl]{NaNO_2} \xrightarrow[稀\ NaOH]{C_6H_5OH}$

16-9 组胺结构中含有三个氮原子，依其碱性强弱次序排列。

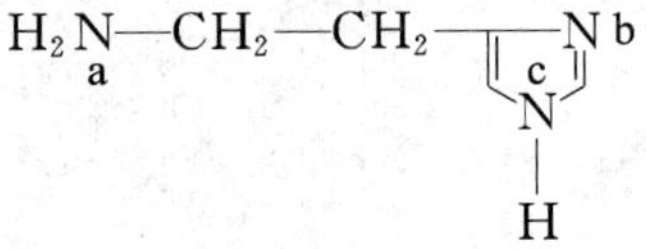

$H_2\underset{a}{N}—CH_2—CH_2—$ N b / c / N / H

16-10 完成下列转化。

(1) 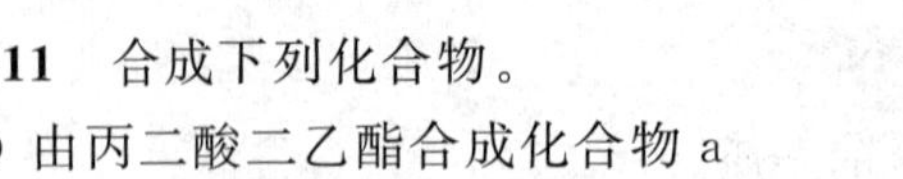 N $—CH_3 \longrightarrow$ N $—CON(C_2H_5)_2$

(2) N $\longrightarrow$ H_3C / H_3C $\rangle N—CH_2CH_2CH_2CH=CH_2$

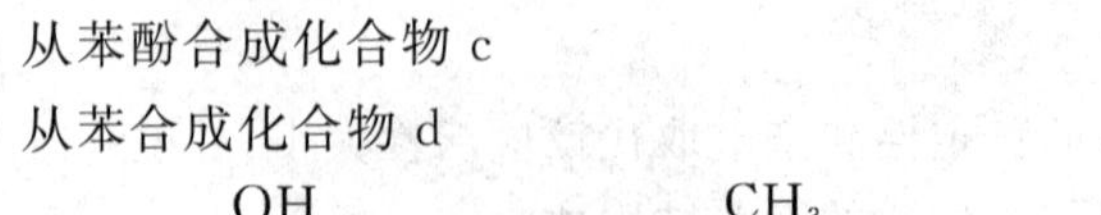

16-11 合成下列化合物。

(1) 由丙二酸二乙酯合成化合物 a

(2) 从对甲苯胺合成化合物 b

(3) 从苯酚合成化合物 c

(4) 从苯合成化合物 d

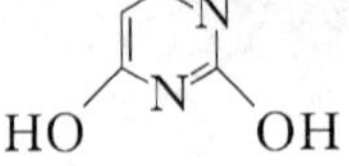

OH, N, N, HO, OH — a

H_3C, CH_3, N — b

N, OH — c

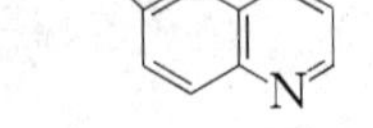

N, H, C_6H_5 — d

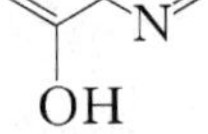

16-12　左旋碱 A($C_8H_{15}NO$)是存在于古柯植物中的一种生物碱，不溶于 NaOH 而能溶于 HCl，与苯肼能生成相应的苯腙，与 I_2 的 NaOH 溶液作用后生成黄色沉淀和一种羧酸 B($C_7H_{13}NO_2$)的盐。B 经酸性 CrO_3 强烈氧化，可得到左旋酸 C($C_6H_{11}NO_2$)，左旋酸的化学名为 *N*-甲基-2-四氢吡咯甲酸。试写出 A、B 和 C 的结构式及有关反应式。

第十七章　糖类与脂类化合物

糖类、脂类和蛋白质是人类食物的三大组成部分，这些物质广泛存在于自然界中，也是有机化合物的重要来源。从生物学角度来看，它们都是动、植物体的重要组成成分，糖类和脂类又是人和动物的主要能量来源。本章主要介绍糖类和脂类化合物，从结构上看它们都是烃的含氧衍生物。蛋白质将在第十八章中介绍。

第一节　糖类化合物

糖类(saccharide)又称碳水化合物(carbohydrate)，是自然界分布最广泛的一类有机化合物，如葡萄糖、果糖、蔗糖，以及淀粉、纤维素和糖元等。绿色植物光合作用的主要产物就是碳水化合物，其在植物中的含量可达干重的80%。植物种子中的淀粉，根、茎、叶中的纤维素，甘蔗和甜菜根部所含的蔗糖，水果中的葡萄糖和果糖都是碳水化合物。动物的肝脏和肌肉内的糖原、血液中的血糖、软骨和结缔组织中的黏多糖也是碳水化合物。

从化学结构上看，它们是一类多羟基醛或多羟基酮，或是多羟基醛或多羟基酮的脱水聚合产物。由于早期发现这类物质的碳、氢、氧的比例为 $C_n(H_2O)_m$，其中 H 与 O 的比例为2∶1，所以被称做碳水化合物。但后来发现，有些结构上应属于糖的化合物，如鼠李糖($C_6H_{12}O_5$)、脱氧核糖($C_5H_{10}O_4$)并不符合 $C_n(H_2O)_m$ 的通式；而有些符合这个通式的化合物，如乙酸($C_2H_4O_2$)、乳酸($C_3H_6O_3$)等，在结构上又不是多羟基醛和酮。因此碳水化合物这个名称只是历史的沿用。

根据糖类化合物的水解，可将其分为单糖(monosaccharide)、二糖(disaccharide)、低聚糖(oligosaccharide)和多糖(polysaccharide)。

单糖：单糖是不能再被水解成更小分子的糖，如葡萄糖、果糖、核糖等。

二糖：水解后产生两分子单糖者称为二糖或双糖，如蔗糖、麦芽糖等。

低聚糖：一般将水解后产生三个到十个单糖的称为低聚糖或寡糖。

多糖：完全水解后产生十个以上单糖的称为多糖，如淀粉、纤维素等。

单糖和二糖是学习和研究糖类化合物的基础，在此基础上才能较好地理解低聚糖和多糖的结构和性质。

一、单糖

单糖可根据羰基的类型进一步分为醛糖和酮糖，也可以根据碳原子数目分为三碳糖、四碳糖、五碳糖和六碳糖等。在生物体内最为常见的是五碳糖和六碳糖，自然界最广泛存在的葡萄糖是已醛糖，果糖是已酮糖，在蜂蜜中含量最高。有些糖的羟基可被氢原子或氨基取代，它们分别称为去氧糖和氨基糖，如2-脱氧核糖、2-氨基葡萄糖。戊醛糖中的核糖和阿拉伯糖，已醛糖中的葡萄糖和半乳糖，已酮糖中的果糖和山梨糖，都是自然界中存在的重要单糖。

1. 单糖的开链结构及立体构型

最简单的单糖是丙醛糖和丙酮糖。除丙酮糖外，所有天然的单糖分子中都含有手性碳原子，分子都有旋光性。如已醛糖分子中有四个不相同的手性碳原子，有 $2^4=16$ 个立体异构体，葡萄糖是其中的一种；已酮糖分子中有三个不相同的手性碳原子，有 $2^3=8$ 个立体异构体，果糖是其中的一种。

单糖的立体结构通常用费歇尔(Fischer)投影式表示，这样表示非常直观和明确。单糖分子的构型通常采用“D/L”构型标记法，即以甘油醛的构型作为标准。多数单糖分子中含有多个手性碳原子，且这些手性碳原子上的羟基可以不在费歇尔投影式的同一侧。按照统一规定，单糖分子中编号最大的手性碳原子上连接的羟基在费歇尔投影式右边的为 D-构型；单糖分子中编号最大的手性碳原子上连接的羟基在费歇尔投影式左边的为 L-构型。如下所示：

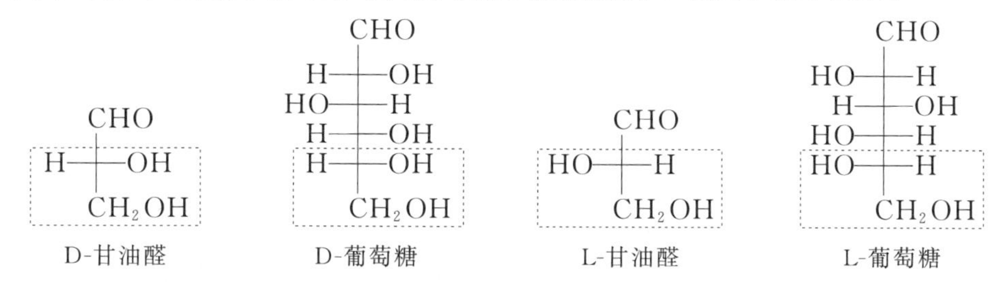

D-甘油醛　D-葡萄糖　L-甘油醛　L-葡萄糖

以同样的方法，可以确定其他单糖的立体构型。比如戊醛糖有四种 D-型和四种 L-型；已醛糖有八种 D-型和八种 L-型。

为简便起见，在费歇尔投影式中常常省去手性碳原子上的氢原子，并以短横线“—”表示手性碳原子上的羟基，用竖线表示碳链。自然界存在的单糖绝大部分是 D-型。单糖的名称常根据其来源采用俗名。三至六个碳的 D-型单糖的结构和名称如下：

CHO

CH_2OH

D-甘油醛

CHO　CHO

CH_2OH　CH_2OH

D-赤藓糖　D-苏阿糖

CHO　CHO　CHO　CHO

CH_2OH　CH_2OH　CH_2OH　CH_2OH

D-核糖　D-阿拉伯糖　D-木糖　D-来苏糖

CHO	CHO	CHO	CHO	CHO	CHO	CHO	CHO
CH_2OH	CH_2OH	CH_2OH	CH_2OH	CH_2OH	CH_2OH	CH_2OH	CH_2OH
D-阿洛糖	D-阿卓糖	D-葡萄糖	D-甘露糖	D-古罗糖	D-艾杜糖	D-半乳糖	D-塔罗糖

以上每个D-型糖都有一个L-型的对映体。例如，D-(＋)-葡萄糖与L-(－)-葡萄糖是一对对映体，它们的比旋光度数值相同，旋光方向相反。

在自然界中，也发现一些D-型酮糖，它们的结构一般在2-位上具有酮羰基，比相同碳数的醛糖少一个手性碳原子，所以异构体的数目也相应减少。例如，存在于甘蔗、蜂蜜中的D-果糖为六碳酮糖。六碳酮糖的四个D-型结构和名称如下：

CH_2OH	CH_2OH	CH_2OH	CH_2OH
═O	═O	═O	═O
—OH	HO—	—OH	HO—
—OH	—OH	HO—	HO—
—OH	—OH	—OH	—OH
CH_2OH	CH_2OH	CH_2OH	CH_2OH
D-阿洛酮糖	D-果糖	D-山梨糖	D-塔罗酮糖

2. 单糖的环状结构及其构型

人们在研究单糖结构时发现，D-葡萄糖能以两种结晶形式存在，一种是从乙醇溶液中析出的结晶，熔点为146 ℃，比旋光度为＋112.2°；另一种是从吡啶中析出的结晶，熔点为150 ℃，比旋光度为＋18.7°。将其中任何一种结晶溶于水后，其比旋光度都会逐渐变成＋52.7°并保持恒定。这种比旋光度发生变化的现象通常称为变旋现象。

另外，葡萄糖分子的链状结构具有醛基，能与亲核试剂发生羰基的亲核加成反应。但在通常条件下，葡萄糖却难与亚硫酸氢钠发生加成反应；在干燥的HCl存在下，只能与一分子醇发生反应生成稳定的缩醛；经IR光谱仪检测，葡萄糖也没有明显的羰基吸收峰，且在^{1}H NMR谱中也没有醛基氢原子的特征吸收峰。这些事实有悖于基本的有机化学理论，从开链式的醛基结构上无法理解。

从δ-羟基醛(酮)易自发地发生分子内的加成，生成稳定的环状半缩醛(酮)的现象，可以推测葡萄糖分子中因同时含有醛基和羟基，能发生分子内的亲核加成反应，生成环状半缩醛。后来，经X射线衍射结果也证实了葡萄糖主要是C_5上的羟基与醛基作用，生成六元环的半缩醛。一般的开链的半缩醛结构是不稳定的，但葡萄糖的六元环状半缩醛结构是稳定的。

环状半缩醛结构比开链结构多了一个手性碳原子，所以有两种异构体存在，它们互为非对映异构体，区别仅在于C_1的构型不同。C_1上新形成的半缩醛羟基与决定单糖构型的C_5上的羟基处于费歇尔投影式同侧的，称为α-型；反之，称为β-型。产生变旋现象的内在原因是α-型或β-型的葡萄糖溶于水后，可以通过开链式结构相互转变，最后达到α-型、β-型和开链式三种结构的动态平衡，平衡混合物的比旋光度即为＋52.7°。

H—C—OH
H—OH
HO—H
H—OH
H—O
CH_2OH
α-D-吡喃葡萄糖(约36%)
$[\alpha]_D^{20}=+112.2°$

⇌

CHO
H—OH
HO—H
H—OH
H—OH
CH_2OH
D-葡萄糖(约0.01%)

⇌

HO—C—H
H—OH
HO—H
H—OH
H—O
CH_2OH
β-D-吡喃葡萄糖(约64%)
$[\alpha]_D^{20}=+18.7°$

由于平衡混合物中开链式醛基结构的含量仅占0.01%，因此不能与饱和$NaHSO_3$产生明显的反应现象。葡萄糖主要以环状半缩醛形式存在，所以只能与一分子甲醇反应生成缩醛。其他单糖，如核糖、脱氧核糖、果糖、甘露糖和半乳糖等也是主要以环状结构存在，它们都具有变旋现象。

单糖主要以五元或六元含氧杂环的稳定结构存在。六元环糖由五个碳原子和一个氧原子组成，与杂环化合物中的吡喃相当，具有这种结构的糖称为吡喃糖；五元环糖与杂环化合物中的呋喃相当，称为呋喃糖。

由于费歇尔投影式不能很直观地反映出各个基团在空间中的相对位置，哈瓦斯(Haworth)提出了一种新的表示方式，即哈瓦斯透视式来表示单糖的环状结构。这种表示法可以直观形象地表达出单糖的氧环结构。下面以D-葡萄糖为例，说明由链式结构转换成哈瓦斯式的步骤：首先将碳链右倒水平放置(Ⅰ)，然后将羟甲基一端从左面向后弯曲成类似六边形(Ⅱ)，为了有利于形成环状半缩醛，将C_5按箭头所示绕$C_4—C_5$键轴旋转120°，得到(Ⅲ)。此时，C_5上的羟基与羰基加成生成半缩醛环状结构，若新产生的半缩醛羟基与C_5上的羟甲基处在环的异侧，即为α-D-吡喃葡萄糖；反之，处在环的同侧，则为β-D-吡喃葡萄糖。

CHO
H—OH
HO—H
H—OH
H—OH
CH_2OH

⟹

H H OH H
HOH_2C—————CHO
OH OH H OH
(Ⅰ)

⟹

H
H　CH_2OH
OH　CHO
OH　H
HO
H　OH
(Ⅱ)

⟹

CH_2OH
H　OH
H　CHO
OH　H
HO
H　OH
(Ⅲ)

⟶

CH_2OH
O
OH
HO　OH
OH
α-D-吡喃葡萄糖

\+

CH_2OH
O　OH
OH
HO
OH
β-D-吡喃葡萄糖

在单糖的哈瓦斯式中，可以根据C_1上半缩醛羟基与编号最大的手性碳C_5上的羟甲基的相对位置，来确定α-和β-型。如果C_1上的羟基与C_5上的羟甲基在环的异侧，为α-构型；在环的同侧，则为β-构型。β-型和α-型是非对映异构体，有时也称为“异头物”或“端基异构体”。

近代X射线检测结果表明，在晶体中，葡萄糖的吡喃型环呈椅式构象。β-D-吡喃葡萄糖中体积大的取代基—OH和—CH_2OH，都在e键的位置。如果把α-型和β-型的透视式画成构象，可以清楚地看到β-D-吡喃葡萄糖中所有的大基团都在 e 键上，是最稳定的一种构象，所以在平衡体系中存在的量也较多。

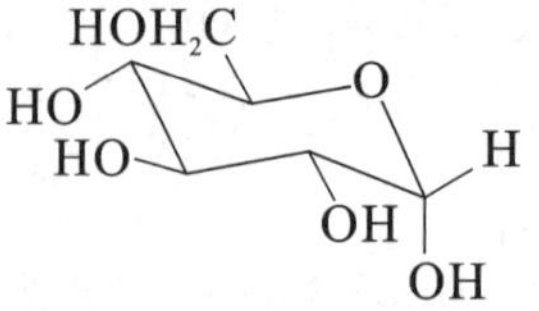

α-D-吡喃葡萄糖
36%

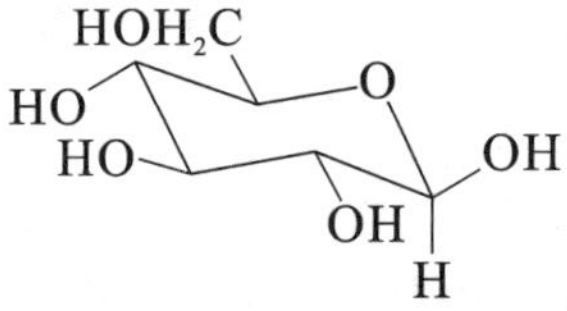

β-D-吡喃葡萄糖
64%

对于像 D-果糖这样的酮糖，在水溶液中既可以形成α-和β-两种六元氧环吡喃型结构，又可以形成α-和β-两种五元氧环呋喃型结构。天然的 D-果糖主要以五元氧环呋喃型结构存在，如组成蔗糖的β-D-呋喃果糖。

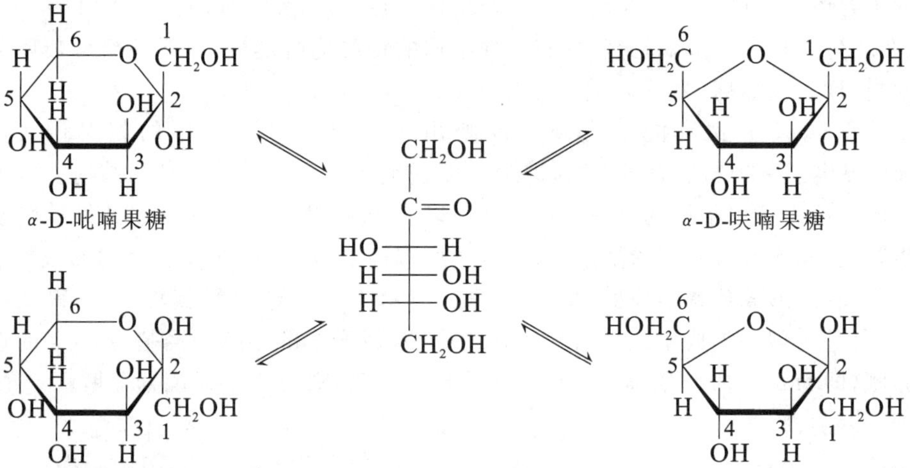

α-D-吡喃果糖

α-D-呋喃果糖

β-D-吡喃果糖

β-D-呋喃果糖

3. **单糖的化学性质**

单糖具有醇羟基和醛、酮的基本化学性质。此外，还具有因分子中各基团相互影响而产生的一些特殊性质。由于单糖在水溶液中是以开链式和环状结构混合存在的，单糖的反应有的以环状结构进行，有的则以开链结构进行。

（1）糖苷的生成

单糖的环状结构中含有活泼的半缩醛羟基，半缩醛羟基也称作苷羟基，它能与醇或酚等含有羟基的化合物或其他含有活泼氢的基团如—NH_2、—SH 等脱水，形成缩醛型结构，即糖苷。例如，α-D-葡萄糖在干燥氯化氢催化下，与无水甲醇作用生成α-D-葡萄糖甲苷；而β-D-葡萄糖在同样条件下形成β-D-葡萄糖甲苷。

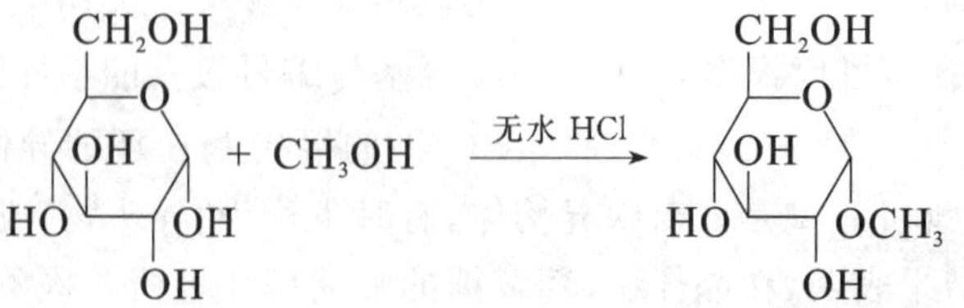

$$+ CH_3OH \xrightarrow{无水 HCl}$$

α-D-葡萄糖甲苷

α-D-葡萄糖和β-D-葡萄糖通过开链式可以相互转变，形成糖苷后，分子中已无半缩醛羟基，不能再经过开链式进行相互转变，因而无变旋现象。糖苷是一种缩醛或缩酮，在碱性条件下比较稳定，不易被氧化，不与苯肼、托伦(Tollens)试剂、斐林(Fehling)试剂等作用。但在稀酸或酶作用下，可水解成原来的糖和醇。

糖苷广泛存在于自然界，植物的根、茎、叶、花和种子中含量较多。低聚糖和多糖也都是糖苷存在的一种形式。

(2) 氧化反应

① 碱性介质中弱氧化剂的氧化。

单糖虽然具有环状半缩醛结构，但在溶液中能与开链的结构处于动态平衡，所以醛糖能被银氨配离子托伦试剂氧化，产生银镜；也能在弱碱性条件下被含二价铜离子的班乃德(Benediet)试剂和斐林试剂氧化产生氧化亚铜的砖红色沉淀。托伦试剂、班乃德试剂和斐林试剂等碱性弱氧化剂可以将糖类分子中的醛基氧化成羧基。

$$\begin{array}{c}CHO\\ H-\!\!\!-\!\!\!-OH\\ HO-\!\!\!-\!\!\!-H\\ H-\!\!\!-\!\!\!-OH\\ H-\!\!\!-\!\!\!-OH\\ CH_2OH\end{array}\xrightarrow{Ag^+(NH_3)_2OH^-}\begin{array}{c}COO^-\\ H-\!\!\!-\!\!\!-OH\\ HO-\!\!\!-\!\!\!-H\\ H-\!\!\!-\!\!\!-OH\\ H-\!\!\!-\!\!\!-OH\\ CH_2OH\end{array}+Ag\downarrow$$

$$\begin{array}{c}CHO\\ H-\!\!\!-\!\!\!-OH\\ HO-\!\!\!-\!\!\!-H\\ H-\!\!\!-\!\!\!-OH\\ H-\!\!\!-\!\!\!-OH\\ CH_2OH\end{array}\xrightarrow{Cu(OH)_2}\begin{array}{c}COO^-\\ H-\!\!\!-\!\!\!-OH\\ HO-\!\!\!-\!\!\!-H\\ H-\!\!\!-\!\!\!-OH\\ H-\!\!\!-\!\!\!-OH\\ CH_2OH\end{array}+Cu_2O\downarrow$$

酮糖在弱碱性介质中能异构化为醛糖，因此也能被这些弱氧化剂氧化。例如，D-果糖分子中C_1上的α-氢同时受羰基和羟基的影响，很活泼，用稀碱处理可以互变为烯二醇中间体。烯二醇很不稳定，在其转变到醛、酮结构时C_1羟基上的氢原子转回C_2，可以生成D-葡萄糖或D-甘露糖。

$$\underset{\text{D-果糖}}{\begin{array}{c}CH_2OH\\ |\!\!=O\\ HO-\!\!\!-\!\!\!-H\\ H-\!\!\!-\!\!\!-OH\\ H-\!\!\!-\!\!\!-OH\\ CH_2OH\end{array}}\rightleftharpoons\begin{array}{c}CHOH\\ \|\!\!-OH\\ HO-\!\!\!-\!\!\!-H\\ H-\!\!\!-\!\!\!-OH\\ H-\!\!\!-\!\!\!-OH\\ CH_2OH\end{array}\begin{array}{l}\rightleftharpoons\underset{\text{D-甘露糖}}{\begin{array}{c}CHO\\ HO-\!\!\!-\!\!\!-H\\ HO-\!\!\!-\!\!\!-H\\ H-\!\!\!-\!\!\!-OH\\ H-\!\!\!-\!\!\!-OH\\ CH_2OH\end{array}}\\ \rightleftharpoons\underset{\text{D-葡萄糖}}{\begin{array}{c}CHO\\ H-\!\!\!-\!\!\!-OH\\ HO-\!\!\!-\!\!\!-H\\ H-\!\!\!-\!\!\!-OH\\ H-\!\!\!-\!\!\!-OH\\ CH_2OH\end{array}}\end{array}$$

在含有多个手性碳原子的旋光异构体中，若只有一个手性碳原子的构型不同，其他碳原子的构型都完全相同，这样的旋光异构体被称为“差向异构体”。如 D-葡萄糖和 D-甘露糖，它们仅第二个碳原子的构型相反。差向异构体间的互相转化称为“差向异构化”。

凡是能被托伦、班乃德和斐林试剂氧化的糖统称为还原糖，反之称为非还原糖。从以上反应可知所有的单糖，无论是醛糖还是酮糖都是还原糖。

② 溴水氧化。

醛糖能被溴水氧化生成糖酸。酮糖不被溴水氧化，可由此区别醛糖与酮糖。例如，D-葡萄糖可以被溴水氧化成葡萄糖酸。

$$\begin{array}{rcl} & CHO & \\ H & - & OH \\ HO & - & H \\ H & - & OH \\ H & - & OH \\ & CH_2OH & \end{array} \xrightarrow{Br_2,H_2O} \begin{array}{rcl} & COOH & \\ H & - & OH \\ HO & - & H \\ H & - & OH \\ H & - & OH \\ & CH_2OH & \end{array}$$

③ 硝酸氧化。

硝酸是比溴水强的氧化剂。醛糖在硝酸作用下，不但醛基被氧化，而且伯醇羟基也被氧化生成糖二酸。例如，D-葡萄糖被氧化为 D-葡萄糖二酸。

$$\underset{\text{D-葡萄糖}}{\begin{array}{rcl} & CHO & \\ H & - & OH \\ HO & - & H \\ H & - & OH \\ H & - & OH \\ & CH_2OH & \end{array}} \xrightarrow[100\ ^\circ C]{\text{稀 } HNO_3} \underset{\text{D-葡萄糖二酸}}{\begin{array}{rcl} & COOH & \\ H & - & OH \\ HO & - & H \\ H & - & OH \\ H & - & OH \\ & COOH & \end{array}}$$

酮糖在上述条件下发生 C_2—C_3 键的断裂，生成小分子的羧酸混合物。

④ 生物体内的氧化反应。

在生物体内的代谢过程中，有些醛糖在酶作用下发生羟甲基的氧化反应，生成糖醛酸。例如，D-葡萄糖和 D-半乳糖被氧化时，分别生成 D-葡萄糖醛酸和 D-半乳糖醛酸。

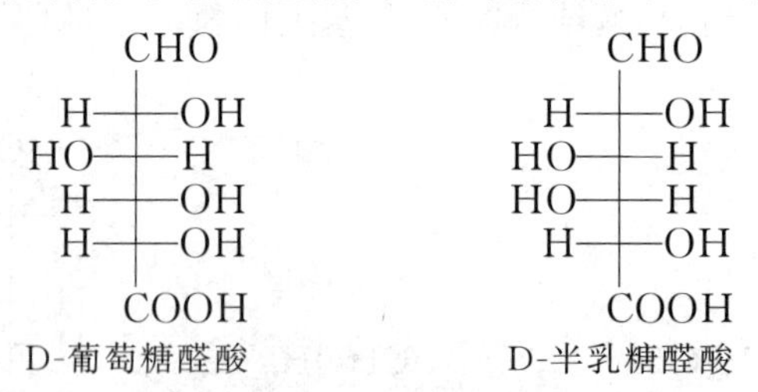

D-葡萄糖醛酸　　D-半乳糖醛酸

对于动物体来说，葡萄糖醛酸是很重要的，因为许多有毒物质如醇、酚等是以葡萄糖醛酸苷的形式结合后从尿中排泄出体外的，故有解毒保肝作用。另外，糖醛酸是果胶质、半纤维素和黏多糖的重要组成成分，在土壤微生物的作用下，生成的多糖醛酸类物质是天然的土壤结构改良剂。

(3) 还原反应

与醛、酮的羰基相似，糖分子中的羰基也可被还原成羟基。实验室中常用的还原剂有硼氢化钠等，工业上则采用催化加氢，催化剂为镍、铂等。例如，D-葡萄糖可以还原为山梨醇，D-甘露糖则还原生成甘露醇，果糖在还原过程中由于 C_2 转化为手性碳原子，故得到山梨醇和甘露醇的混合物。

山梨醇和甘露醇广泛存在于植物体内，李子、桃子、苹果、梨等果实中含有大量的山梨醇；而柿子、胡萝卜、洋葱等植物中含有甘露醇。山梨醇可用做细菌的培养基及合成维生素C的原料。

（4）成脎反应

单糖具有羰基，与苯肼作用首先生成相应的糖苯腙。当苯肼过量时，则继续反应生成难溶于水的黄色结晶，称为糖脎。一般认为成脎反应分三步完成：首先单糖和一分子苯肼生成糖苯腙；然后糖苯腙的 α-羟基被过量的苯肼氧化为羰基；最后与第三分子苯肼作用生成糖脎。

由上可知，糖脎的生成只发生在 C_1 和 C_2 上。因此，除 C_1、C_2 外，其他手性碳原子构型相同的糖类化合物，都能形成相同的糖脎。例如D-葡萄糖、D-甘露糖和D-果糖与过量的苯肼反应生成结构相同的糖脎。

```
     CHO               CHO               CH2OH
 H ──┼── OH       HO ──┼── H                ═O
HO ──┼── H        HO ──┼── H          HO ──┼── H
 H ──┼── OH        H ──┼── OH          H ──┼── OH
 H ──┼── OH        H ──┼── OH          H ──┼── OH
     CH2OH             CH2OH               CH2OH
   D-葡萄糖           D-甘露糖            D-果糖
```

不同的糖脎因其结晶形状、熔点和成脎所需的时间都不相同，可用作糖的鉴定。成脎反应并非局限于单糖，凡具有完整苷羟基的醛或酮都能发生成脎反应。

（5）酸性条件下的脱水反应

在弱酸条件下，β-羟基的羰基化合物易发生 β-羟基与 α-氢的脱水反应，生成 α,β-不饱和羰基化合物。糖类化合物也具有上述结构特征，因此在酸性条件下易脱水生成二羰基化合物。

```
     CHO                        CHO                  CHO
 H ──┼── OH     H+             ║── OH                ═O
HO ──┼── H    ───────→         ║── H    ⇌      H ──┼── H
     R        −H2O             R                     R
```

在强酸条件下，如12%HCl，戊醛糖在加热时，分子内起脱水作用生成呋喃甲醛。己醛糖则得到5-羟甲基呋喃甲醛。

```
     CHO
 H ──┼── OH     强酸        HO     OH          −2H2O
 H ──┼── OH    ─────→        (四氢呋喃环)─CHO  ─────→  (呋喃环)─CHO
 H ──┼── OH      △               O                        O
     CH2OH                                          呋喃甲醛（糠醛）

     CHO
 H ──┼── OH                 HO     OH
 H ──┼── OH     强酸                                   −2H2O
 H ──┼── OH    ─────→   HOH2C─(四氢呋喃环)─CHO       ─────→   HOH2C─(呋喃环)─CHO
 H ──┼── OH      △                O                                   O
     CH2OH                                                   5-羟甲基呋喃甲醛
```

（6）显色反应

糠醛及其衍生物可与酚类、蒽酮、芳胺等缩合生成不同的有色物质。尽管这些有色物质的具体结构尚需进一步研究，但由于反应灵敏，实验现象清楚，故常用于糖类化合物的鉴别。常见的方法包括有以下几种。

① 莫力许(Molish)反应。

莫力许反应又称 α-萘酚反应。在糖的水溶液中加入 α-萘酚的乙醇溶液，然后沿着试管壁小心地加入浓硫酸，不要振动试管，则在两层液面间形成紫色环。所有糖(包括低聚糖和多糖)均能发生莫力许反应，该法是鉴别糖最常用的方法之一。

② 西列凡诺夫反应。

酮糖在浓 HCl 存在下与间苯二酚反应，很快生成红色物质；而醛糖在同样条件下两分钟内不显色，由此可以区别醛糖和酮糖。

③ 皮阿耳(Bial)反应。

戊糖在浓 HCl 存在下与 5-甲基间苯酚反应，生成绿色的物质。该反应可用来区别戊糖和己糖。

④ 狄斯克(Discke)反应。

脱氧核糖在乙酸和硫酸混合液中与二苯胺共热，可生成蓝色的物质。其他糖类在同样条件下不显蓝色。因此，该反应可用于鉴别脱氧戊糖。

(7) 成酯和成醚反应

在生物体内，α-D-葡萄糖在酶的催化下与磷酸发生酯化反应，生成 1-磷酸-α-D-葡萄糖和 1,6-二磷酸-α-D-葡萄糖。单糖的磷酸酯是生物体糖代谢过程中的重要中间产物。

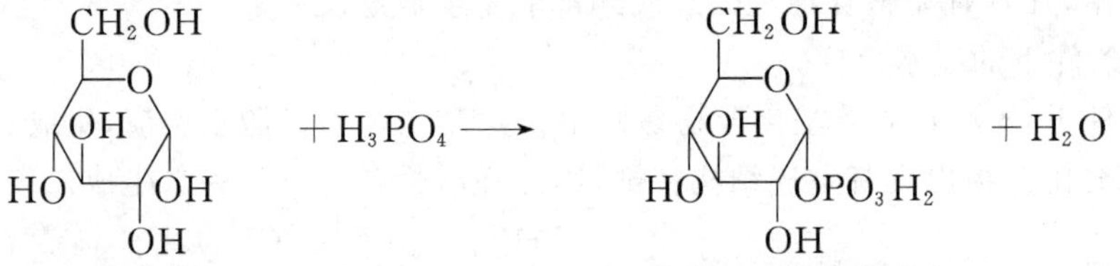

α-D-葡萄糖 $+ H_3PO_4 \longrightarrow$ 1-磷酸-α-D-葡萄糖 $+ H_2O$

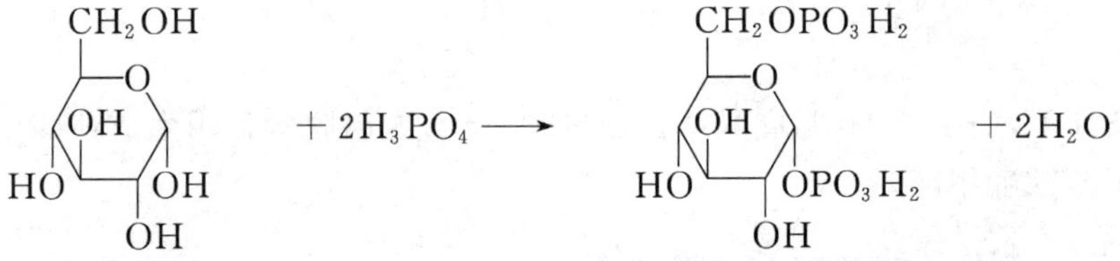

α-D-葡萄糖 $+ 2H_3PO_4 \longrightarrow$ 1,6-二磷酸-α-D-葡萄糖 $+ 2H_2O$

在实验室中，用乙酰氯或乙酸酐与葡萄糖作用，可以得到葡萄糖五乙酸酯。

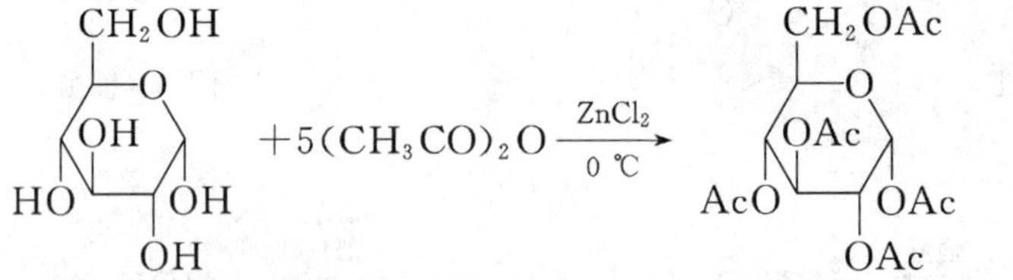

α-D-葡萄糖 $+5(CH_3CO)_2O \xrightarrow[0\ ^\circ C]{ZnCl_2}$ α-D-葡萄糖五乙酸酯

由于单糖分子在碱性介质中直接甲基化会发生副反应，所以一般先将单糖分子中的半缩醛羟基通过成苷保护起来，然后再进行成醚反应。

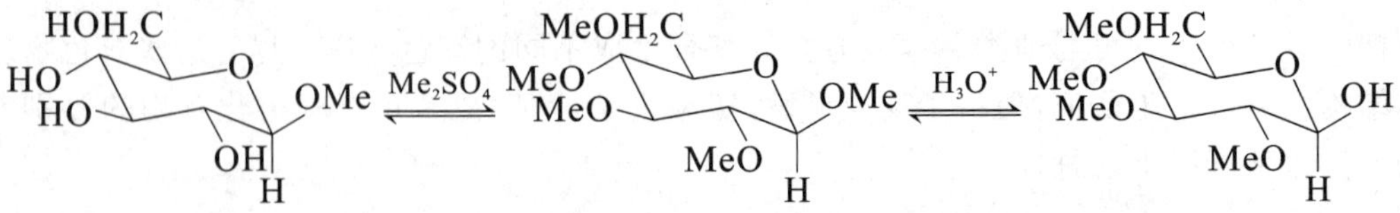

$\xrightleftharpoons{Me_2SO_4}$ $\xrightleftharpoons{H_3O^+}$

二、双糖

双糖广泛存在于自然界，它由两个糖单元构成，其中单糖可以相同，也可以不同。连接两个单糖的苷键有两种情况：一种是两个单糖分子都以其苷羟基脱水形成双糖；另一种是一个单糖分子的苷羟基与另一单糖的醇羟基之间脱水形成二糖。在第一种情况中，连接双糖的苷键是由两个单糖的苷羟基脱水而成，分子中已没有完整的苷羟基，因此不能通过互变生成开链式的醛基结构，也就没有还原性和变旋现象，属于非还原性双糖。在第二种情况中，双糖分子中还有一个糖单元具有完整的苷羟基，因而有还原性和变旋现象，属于还原性双糖。麦芽糖、纤维二糖、乳糖为还原糖，蔗糖为非还原糖。

单糖环状结构有 α-和 β-两种构型，这两种构型的苷羟基都可以参与苷键的形成，因此苷键就有 α-苷键和 β-苷键之分。下面介绍一些有代表性的双糖。

1. 麦芽糖

麦芽糖(maltose)是无色片状晶体，通常含一分子水，在水中的比旋光度为＋137°。麦芽糖水解后生成两分子 D-葡萄糖，说明它是由两分子 D-葡萄糖组成的。

麦芽糖能生成糖脎，能被托伦试剂、班乃德试剂和斐林试剂等氧化，因此，属于还原性双糖。在麦芽糖脎中仅有两个苯肼基，由此推知，麦芽糖只有一个葡萄糖分子存在醛基。

麦芽糖完全甲基化后再水解得到一分子 2,3,6-三甲基-D-葡萄糖和另一分子 2,3,4,6-四甲基-D-葡萄糖。

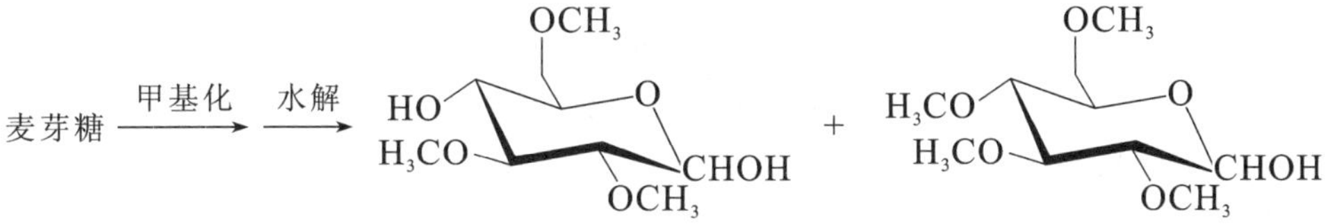

麦芽糖 $\xrightarrow{\text{甲基化}}$ $\xrightarrow{\text{水解}}$ 2,3,6-三甲基-D-葡萄糖 ＋ 2,3,4,6-四甲基-D-葡萄糖

由此可以确定麦芽糖是两个葡萄糖分子通过 α-1,4-糖苷键形成的。

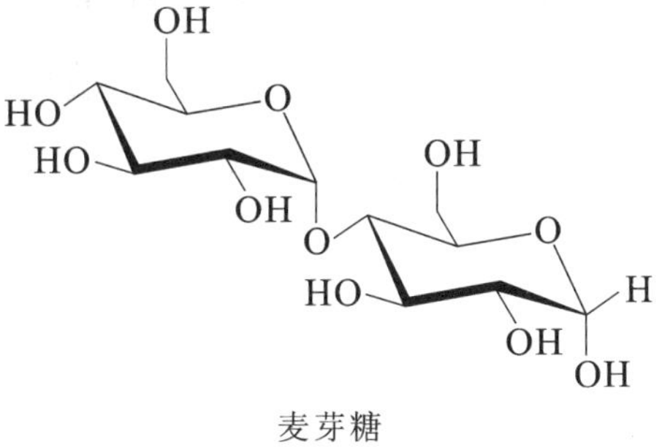

麦芽糖

麦芽糖属于 α-糖苷，能被麦芽糖酶水解，也能被酸水解。麦芽糖中有一个完整的苷羟基，在水溶液中 α 型和 β 型可以互变，所以它是还原糖，也有变旋光现象。麦芽糖是组成淀粉的基本单元，在淀粉酶的作用下，淀粉水解得到麦芽糖，所以麦芽糖是生物体内淀粉水解的中间产物。麦芽糖继续水解产生 D-葡萄糖。

2. 纤维二糖

纤维二糖(cellobiose)是纤维素的基本单位，自然界游离的纤维二糖并不存在，是由纤维素不完全水解得到的。纤维二糖是由一分子 β-D-葡萄糖的苷羟基与另一分子 D-葡萄糖 C_4 上的醇羟基脱水后，通过 β-1,4-苷键连接而成的，纤维二糖是 β-D-葡萄糖的糖苷。

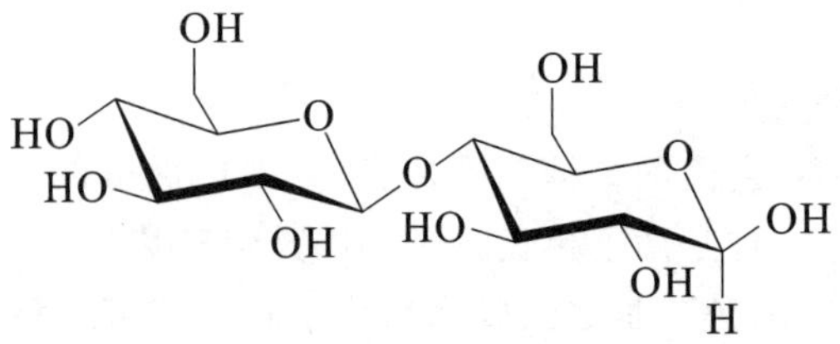

β-纤维二糖

纤维二糖属于β-糖苷，在水溶液中α-和β-两种异构体可以互变，是一个还原性双糖，也有变旋光现象。纤维二糖能被苦杏仁酶水解。

3. 乳糖

乳糖(lactose)存在于人和哺乳动物的乳汁中，人乳中乳糖含量为5%～8%，牛、羊乳中含乳糖4%～5%。乳糖被溴水氧化后，水解可得到D-半乳糖和D-葡萄糖酸，故它是由半乳糖的半缩醛羟基与D-葡萄糖C_4上的羟基通过β-1,4-苷键连接而成的，乳糖是β-D-半乳糖的糖苷。

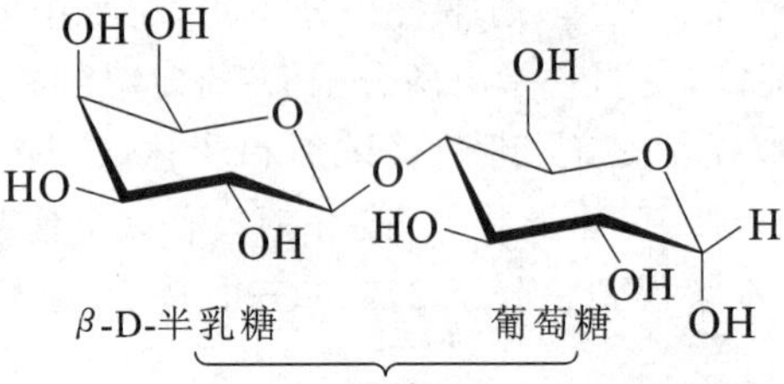

β-D-半乳糖 葡萄糖

乳糖

乳糖为白色粉末。乳糖是半乳糖的β-糖苷，它能被酸、苦杏仁酶和乳糖酶水解。乳糖中半缩醛羟基可以为α型或β型，所以乳糖也有α-和β-两种异构体，有变旋光现象，是还原糖。乳糖是牛乳制干酪时所得的副产品，它是双糖中吸湿性较小的一种，主要用于食品工业和医药工业。

4. 蔗糖

蔗糖(sucrose)是自然界分布最广的、甜度仅次于果糖的重要非还原性双糖。它主要存在于植物的根、茎、叶、种子及果实中，以甘蔗(19%～20%)和甜菜(12%～19%)中含量最多。蔗糖加热到200 ℃左右则变成褐色。

蔗糖被稀酸水解后生成等量的D-(+)-葡萄糖和D-(−)-果糖，所以蔗糖是由一分子的D-葡萄糖和D-果糖组成的。

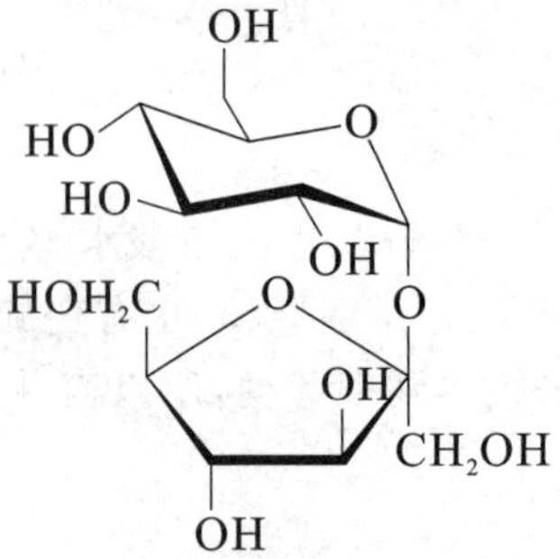

蔗糖

蔗糖不是还原糖，也没有变旋光现象，说明其结构中已无半缩醛羟基。其苷键是由D-葡萄糖的半缩醛羟基和果糖的半缩醛羟基脱水而成的。蔗糖是由α-D-吡喃葡萄糖和β-D-呋喃果糖两者的半缩醛羟基脱水后连接而成的双糖，它既是 α-D-葡萄糖的糖苷，也是 β-D-果糖的糖苷。

蔗糖是右旋糖，比旋光度为＋66.7°，水解后生成等量的 D-葡萄糖和 D-果糖的混合物，其比旋光度为－19.7°，与水解前的旋光方向相反，因此把蔗糖的水解混合物称为转化糖(invertsugar)。蜂蜜中大部分是转化糖。蜜蜂体内有一种能催化水解蔗糖的酶，这种酶称为转化酶(invertase)。

$$\underset{\substack{\text{蔗糖} \\ [\alpha]_D^{20}=+66.7^\circ}}{C_{12}H_{24}O_{12}} + H_2O \xrightarrow{\text{酸或转化酶}} \underbrace{\underset{\substack{\text{D-(+)-葡萄糖} \\ [\alpha]_D^{20}=+52.5^\circ}}{C_6H_{12}O_6} \quad + \quad \underset{\substack{\text{D-(−)-果糖} \\ [\alpha]_D^{20}=-92^\circ}}{C_6H_{12}O_6}}_{[\alpha]_D^{20}=-19.7^\circ}$$

三、多糖

多糖是由很多个单糖或单糖的衍生物通过 α-或 β-苷键连接起来的高分子化合物。多糖广泛存在于自然界，按其水解产物分为两类：一类称为均多糖，其水解产物只有一种单糖，如淀粉、纤维素、糖元等；另一类称为杂多糖，其水解产物为一种以上的单糖或单糖衍生物，如半纤维素、果胶质、黏多糖等。自然界大多数多糖含有 80～100 个单元的单糖。连接单糖的苷键主要有 α-1,4-、β-1,4-和 α-1,6-三种。直链多糖一般以 α-1,4-和 β-1,4-苷键连接，支链多糖常用 α-1,6-苷键形成分支。

多糖大多数为无定形粉末，一般没有甜味，与单糖、双糖在性质上也有较大的差异。大多数多糖难溶于水，个别多糖能与水形成胶体溶液。多糖没有变旋现象，不是还原糖，也不能形成糖脎。多糖可以水解，先生成相对分子质量较小的多糖，然后是寡糖，最后得到单糖。

以下介绍几种常见的多糖。

1. 淀粉

淀粉(starch)广泛存在于植物界，是植物光合作用的产物，是植物储存的营养物质之一，也是人类粮食的主要成分。淀粉主要存在于植物的种子、块根和块茎中。例如，稻米含 62%～80%，小麦含 57%～75%，玉米含 65%～72%，甘薯含 25%～35%，马铃薯含 12%～20%。淀粉为白色无定形粉末，由直链淀粉(amylose)和支链淀粉(amylopectin)两部分组成，两者的比例随植物品种不同而异，一般直链淀粉占 10%～30%，支链淀粉占70%～90%。

(1) 直链淀粉

直链淀粉是由 200～980 个 α-D-葡萄糖以 α-1,4-苷键连接而成的链状化合物(见图 17.1)，但其结构并非直线形的。由于 α-1,4-苷键的氧原子有一定的键角，且单键可自由转动，分子内氢键的作用使其链卷曲盘旋成螺旋状排列，每圈螺旋一般含有六个葡萄糖单位。

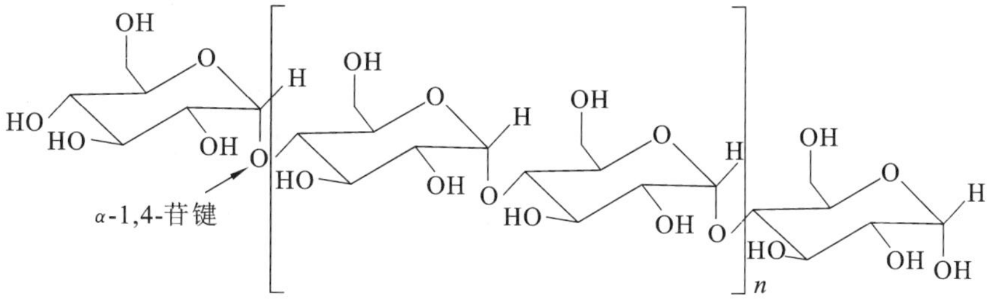

图 17.1　直链淀粉的结构

直链淀粉能溶于热水，在淀粉酶作用下可水解得到麦芽糖。它遇碘呈深蓝色，常用于检验淀粉的存在。淀粉与碘的作用一般认为是碘分子钻入淀粉结构的螺旋圈中，并借助范德华力与淀粉形成一种蓝色的包结物(见图 17.2)。当受热时，分子运动加剧，致使结合力减弱或消失，包结物解体，蓝色消失；冷却后又恢复包结物结构，深蓝色会重新出现。

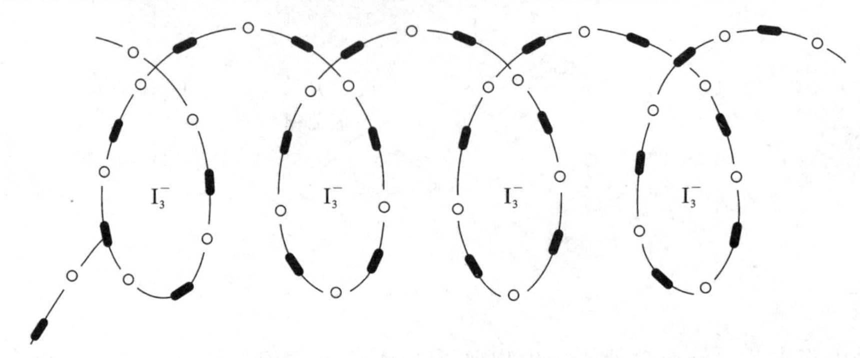

图 17.2　直链淀粉与碘的结合

(2) 支链淀粉

支链淀粉含有数千个及以上的 α-D-葡萄糖单位。葡萄糖分子之间除了以 α-1,4-苷键连接成直链外，还有 α-1,6-苷键相连而引出的支链(见图 17.3)。每隔 20～25 个葡萄糖单位有一个分支，纵横关联，构成树枝状结构(见图 17.4)。

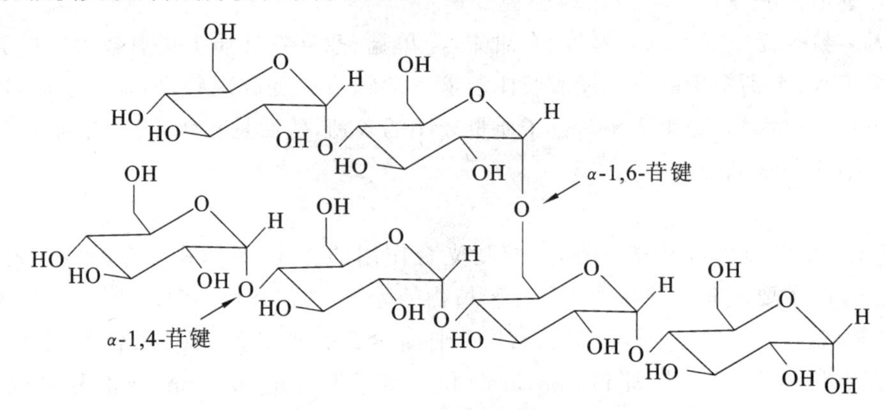

图 17.3　支链淀粉的结构

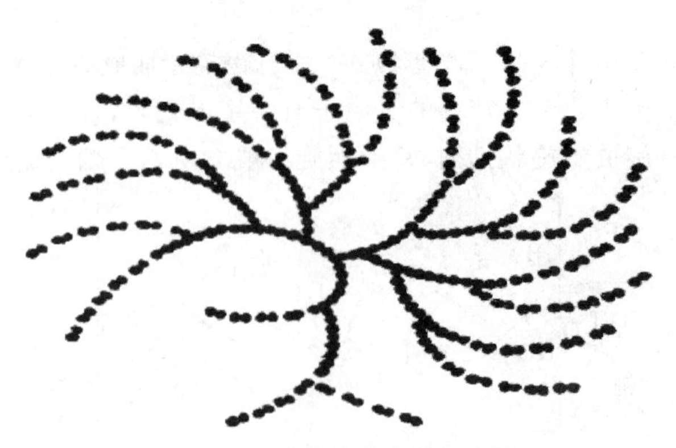

图 17.4　支链淀粉形状示意图

支链淀粉难溶于水，热水中则溶胀而呈糊状。它在淀粉酶催化水解时，只有外围的支链可以水解为麦芽糖。由于分子中直链与支链间以 α-1,6-苷键相连，所以在它的部分水解产物中还有异麦芽糖。支链淀粉遇碘呈现紫色。

淀粉在酸或酶的催化下可以逐步水解，由于相对分子质量的变化，生成与碘呈现不同颜色的糊精、麦芽糖，最后水解为 D-葡萄糖。

水解产物：	淀粉 ⟶	蓝糊精 ⟶	红糊精 ⟶	无色糊精 ⟶	麦芽糖 ⟶	葡萄糖
与碘显色：	蓝色	蓝紫色	红色	无色	无色	无色

糊精能溶于冷水，其水溶液有黏性，可作为黏合剂及纸张、布匹等的上胶剂。相对分子质量较小的无色糊精能还原托伦试剂、班乃德试剂和斐林试剂。

淀粉经过改性后，作为可降解的高分子材料用于生产一些常用的塑料制品。

(3) 环糊精

环糊精(cyclodextrins)是 6～12 个 D-葡萄糖单体以 α-1,4-苷键连接而成的环状结构，其六聚、七聚、八聚体可一一分离出来。六聚环糊精的结构如下所示：

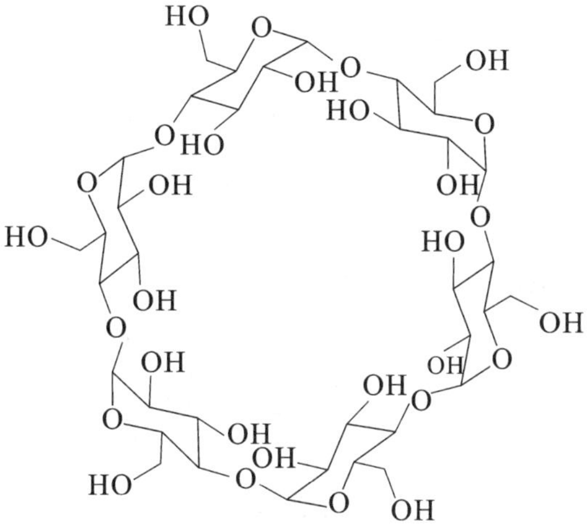

由于环糊精中间为空穴，可以包含适当大小的有机物而溶于水溶液中。与冠醚一样，环糊精的这个性质现已广泛应用于有机物的分离、合成和医药工业等。

例如，甲氧基苯在水溶液中氯化时，邻位产物约 67%，对位产物约 33%。若在反应体系中加入适量的六聚环糊精，则对位氯化产物可达 100%。可以认为这是六聚环糊精包合了苯甲醚，仅甲氧基与对位暴露在空穴的两侧，空间阻碍作用使试剂只能进攻空穴的一侧，即甲氧基的对位。

2. 糖原

糖原(glycogen)是动物体内的储备糖，所以又称为动物淀粉。以肝脏和肌肉中含量最高，肝脏中糖原含量达 10%～20%，因而也称为肝糖。当血液中葡萄糖含量低于正常水平时，糖原即分解为葡萄糖，供给机体能量。糖原是无定形粉末，比较容易溶于热水，不呈糊状，而呈胶体溶液。溶液与碘作用，呈紫红或红褐色。

糖原的分子结构与支链淀粉相似，含有 α-1,4-和 α-1,6-苷键，但其中侧链较支链淀粉多、密和短，其分支状结构如图 17.5 所示。支链淀粉中每隔 20～25 个葡萄糖残基就出现一个 α-1,6-苷键，而糖原只每隔 8～10 个葡萄糖残基就出现一个 α-1,6-苷键。分子中含葡萄糖的数目随来源不同而异，为 6000～24000 个，相对分子质量可高达 1 亿。

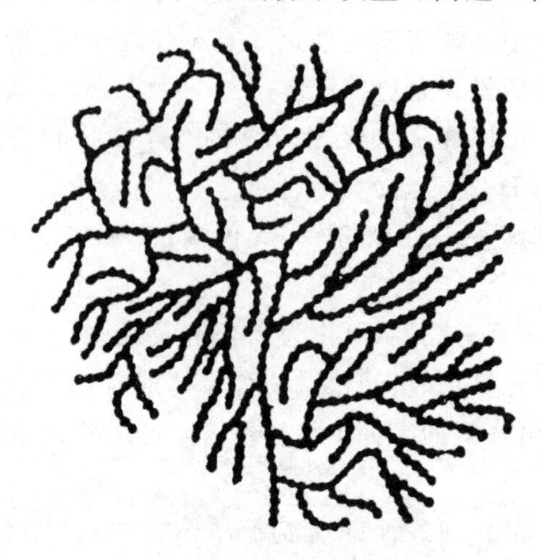

图 17.5 糖原的分支状结构示意图

3. 纤维素

纤维素是白色纤维状固体，不溶于水和有机溶剂，但能吸水膨胀。这是由于在水中，水分子能进入胶束内的纤维素分子之间，并通过氢键将纤维素分子连接起来而不分散。

纤维素分子是由成千上万个 β-D-葡萄糖以 β-1，4-苷键连接而成的线形分子。纤维素的分子结构如下所示：

与直链淀粉不同，纤维素分子不卷曲成螺旋状，而是纤维素链间借助于分子间氢键形成纤维素胶。这些胶束再扭曲缠绕形成像绳索一样的结构，使纤维素具有良好的机械强度和化学稳定性。

淀粉酶或人体内的唾液酶只能水解 α-1，4-苷键而不能水解 β-1，4-苷键，因此纤维素不能被唾液酶水解成葡萄糖而作为人的营养物质。但纤维素是很好的人体肠胃清洁剂，通过消化道时能清除一些无用或有害的东西，保护人体健康。草食动物如牛、马、羊等的消化道中存在着可以水解 β-1，4-苷键的酶或微生物，所以它们可以消化纤维素而取得营养。土壤中也存在能分解纤维素的微生物，能将一些枯枝败叶分解为腐殖质，从而增强土壤肥力。纤维素也能被酸水解，但水解比淀粉困难，一般要求在加压下进行。水解过程中可得纤维四糖、纤维三糖和纤维二糖，水解的最终产物是 D-葡萄糖。

纤维素能溶于氢氧化铜的氨溶液、氯化锌的盐酸溶液、氢氧化钠和二硫化碳等溶液中，形成黏稠状溶液。纤维素的应用非常广泛，利用其溶解性，可以制造人造丝和人造棉等。此外，纤维素可用来制造各种纺织品、纸张、玻璃纸、无烟火药、火棉胶等，也可作为人类食品的添加剂。

第二节 脂类化合物

在人体和动、植物组织成分中含有油脂和类脂，它们总称为脂类(lipid)。脂类化合物的共同特征是：难溶于水而易溶于乙醚、氯仿、丙酮、苯等有机溶剂；都能被生物体所利用，是构成生物体的重要成分。因此脂类在生理上具有非常重要的意义。

根据脂类的组成和结构特点可作如下概括或分类：

- 脂类
  - 油脂
    - 简单油脂
    - 复合油脂
  - 类脂
    - 甾族化合物
    - 萜类化合物等

简单油脂主要是甘油和高级脂肪酸生成的酯。脂肪在体内氧化时放出大量热量，作为能源的储备物，1 g 脂肪在体内完全氧化时可释放出约 38 kJ 的能量，比 1 g 糖原或蛋白质所放出的能量多两倍以上。它在脏器周围能保护内脏免受外力撞伤；在皮下有保温作用。脂肪还是维生素 A、D、E 和 K 等许多活性物质的良好溶剂。

复合油脂主要是磷脂(phospholipid)和糖脂(glycolipid)。磷脂是含有磷酸的脂类，包括由甘油构成的甘油磷脂(phosphoglyceride)和由鞘氨醇构成的鞘磷脂(sphingomyelin)。糖脂是含有糖基的脂类。复合油脂是生物细胞膜的主要成分，构成疏水性的"屏障"，分隔细胞水溶性成分和细胞器，维持细胞正常结构与功能。

类脂包括甾族化合物、萜类化合物等众多物质，即不含结合脂肪酸的脂类。可以理解为类脂是类似于油脂脂溶性的一类天然产物。类脂广泛地存在于动、植物组织中，例如，存在于动物体内的胆甾醇、胆汁酸、维生素 D、肾上腺皮质激素和性激素；存在于植物中的强心苷和甾族生物碱等。它们在生理活动中都起着十分重要的作用。

一、油脂

油脂是油和脂肪的总称，是由三分子高级脂肪酸与甘油所形成的甘油三酯(triacylglycerol)，又称为三酰化甘油。一般在室温下呈液态的称为油，如菜油、蓖麻油等植物油；呈半固态或固态的称为脂肪，如猪油、牛油等动物油。

1. 脂肪的组成与命名

甘油三酯是由一分子甘油与三分子脂肪酸通过酯键相结合而成的。组成油脂的脂肪酸，已知的约有 50 多种。组成油脂的天然脂肪酸的共同特点是：绝大多数是含偶数碳原子的直链脂肪酸，其中以 C_{16} 和 C_{18} 最为常见；几乎所有不饱和脂肪酸的双键都是顺式构型。天然油脂中主要脂肪酸的结构和名称如下。

主要饱和脂肪酸：

$CH_3(CH_2)_{10}COOH$ 月桂酸

$CH_3(CH_2)_{12}COOH$ 肉豆蔻

$CH_3(CH_2)_{14}COOH$ 棕榈酸(软脂酸)

$CH_3(CH_2)_{16}COOH$ 硬脂酸

主要不饱和脂肪酸：

$CH_3(CH_2)_5CH{=}CH(CH_2)_7COOH$ 棕榈油酸(9-十六碳烯酸)

$CH_3(CH_2)_7CH{=}CH(CH_2)_7COOH$ 油酸(9-十八碳烯酸)

$$CH_3(CH_2)_5CHOHCH_2CH{=}CH(CH_2)_7COOH$$
蓖麻油酸(12-羟基-9-十八碳烯酸)

$$CH_3(CH_2)_3(CH_2CH{=}CH)_2(CH_2)_7COOH$$
亚油酸(9,12-十八碳二烯酸)

$$CH_3(CH_2)_4(CH_2CH{=}CH)_2(CH_2)_6COOH$$
γ-亚油酸(6,9,12-十八碳三烯酸)

$$CH_3(CH_2CH{=}CH)_3(CH_2)_7COOH$$
亚麻酸(9,12,15-十八碳三烯酸)

$$CH_3(CH_2)_3(CH{=}CH)_3(CH_2)_7COOH$$
桐油酸(9,11,13-十八碳三烯酸)

$$CH_3(CH_2)_3(CH_2CH{=}CH)_4(CH_2)_3COOH$$
花生四烯酸(5,8,11,14-二十碳四烯酸)

$$CH_3(CH_2)_7CH{=}CH(CH_2)_{13}COOH$$
神经酸(15-二十四碳烯酸)

多数脂肪酸在人体内都能合成,而亚油酸、亚麻酸和花生四烯酸等多双键的不饱和脂肪酸因不能在人体内合成,必须由食物供给,故称为必需脂肪酸。

在油脂分子中,若三个脂肪酸部分是相同的,称为单甘油酯(简单三酰甘油);若不同,则称为混甘油酯(混合三酰甘油)。甘油酯命名时将脂肪酸名称放在前面,甘油的名称放在后面,称为某酸甘油酯(或某脂酰甘油)。如果是混合甘油酯,则需用 α,β 和 α' 分别表明脂肪酸的位次。例如:

$$\begin{array}{ll}\alpha & -OCOCH_2(CH_2)_{15}CH_3\\ \beta & -OCOCH_2(CH_2)_{15}CH_3\\ \alpha' & -OCOCH_2(CH_2)_{15}CH_3\end{array}$$
三硬脂酰甘油

$$\begin{array}{ll}\alpha & -OCOCH_2(CH_2)_{15}CH_3\\ \beta & -OCOCH_2(CH_2)_{13}CH_3\\ \alpha' & -OCOCH_2(CH_2)_6CH{=}CH(CH_2)_7CH_3\end{array}$$
α-硬脂酰-β-软脂酰-α'-油酰甘油

天然油脂是各种甘油三酯的混合物,不同来源的油脂其组成成分有较大的差异。

2. 油脂的化学性质

(1) 水解和皂化

在碱性溶液中将油脂水解,可以生成甘油和高级脂肪酸的盐。高级脂肪酸的盐是肥皂的主要成分,因此油脂在碱性溶液中的水解也称为皂化(saponification)。

$$\begin{array}{l}-OCO(CH_2)_{16}CH_3\\ -OCO(CH_2)_{14}CH_3\\ -OCO(CH_2)_7CH{=}CH(CH_2)_7CH_3\end{array}\xrightarrow{NaOH,H_2O}$$

$$\begin{array}{l}-OH\\ -OH\\ -OH\end{array}+CH_3(CH_2)_{16}COONa+CH_3(CH_2)_{14}COONa+CH_3(CH_2)_7CH{=}CH(CH_2)_7COONa$$

1 g 油脂完全皂化所需的氢氧化钾的质量(mg),称为皂化值(saponification value)。根据皂化值的大小,可以判断油脂所含油脂分子的平均相对分子质量。皂化值越大,油脂的平均相对分子质量越小,反之越大。

人体摄入的油脂主要在小肠内进行催化水解,此过程称为消化。水解产物和少量油脂微粒透过肠壁被吸收,进一步合成人体自身的脂肪。这种吸收后的脂肪除一部分氧化供给人体能量外,其余储存于皮下、肠系膜等脂肪组织中。

图 17.6 脂肪酸盐的乳化作用

脂肪乳剂一般用精制植物油如豆油等与磷脂酰胆碱、甘油及水混合,用物理方法制成白色而稳定的脂肪乳剂,这样才可供静脉注射而被人体吸收。脂肪乳剂常用于病人的能量补充及术后康复等。脂肪酸盐的乳化作用如图 17.6 所示。

(2) 加成

油脂分子中含有不饱和键,可以和氢、卤素等发生加成反应。

氢化:天然油脂分子中的不饱和键经催化加氢后变为饱和键,这样得到的油脂称为氢化油。由于加氢后可以使原来液态的油变为半固态或固态的脂肪,所以这个过程也称为油脂的硬化,氢化油又称为硬化油。硬化油熔点较高,且不容易变质,有利于油脂的保存和运输。人造黄油的主要成分就是氢化植物油。

加碘:油脂中的不饱和双键可与碘发生加成反应。100 g 油脂所吸收碘的质量(单位以 g 表示)称为碘值(iodine number)。碘值越大,说明油脂的不饱和程度越高。由于碘和碳碳双键的加成反应较慢,故常用卤化物如氯化碘代替单质碘,因为其中的卤素原子可以使碘活化。

(3) 酸败

油脂在空气中放置过久,或储存不当,会发生变质,产生难闻的臭味,这种变化称为酸败(rancidity)。酸败的化学本质是由于油脂水解得到的游离脂肪酸或不饱和脂肪酸的双键受到空气中的氧、水、微生物的作用,被氧化生成过氧化物,此过氧化物继续分解或氧化产生有臭味的低级醛和羧酸等。光、热或湿气都可以加速油脂的酸败。

酸败的油脂有毒和刺激性,不能食用。油脂的酸败程度用酸值来表示。中和 1 g 油脂中的游离脂肪酸所需要氢氧化钾的质量(mg)称为油脂的酸值(acidic number)。一般酸值大于 6.0 的油脂不能食用。油脂应储存在密闭的容器中,并放置在阴凉避光的地方,或加入抗氧化剂。药典对药用油脂的皂化值、碘值和酸值都有严格的规定。

油脂的理化指标中,皂化值、碘值和酸值是最重要的三个指标,药典中对药用油脂的皂化值、碘值、酸值都有严格的要求。常见新鲜油脂的正常指标如表 17.1 所示。

表 17.1　一些常见油脂的皂化值、碘值和酸值

油脂名称	皂化值/mg	碘值/g	酸值/mg
猪油	195～208	46～66	1.56
牛油	190～200	31～47	—
蓖麻油	176～187	81～90	0.12～0.8
棉籽油	191～196	102～115	0.6～0.9
大豆油	189～194	120～136	—
亚麻油	189～196	170～204	1～3.5
桐油	190～197	160～180	—
花生油	185～195	93～198	—

二、磷脂

磷脂(phospholipid)是含有磷酸二酯键结构的脂类。它们在自然界的分布很广,按其化学组成大体上可分为两大类:一类是分子中含甘油的称为甘油磷脂;另一类是分子中含鞘氨醇的称为神经磷脂或鞘磷脂。胆碱、乙醇胺、丝氨酸均含有一个碱性的氨基,它们在体液中带正电荷,而磷酸未酯化的羟基可电离出氢质子而带负电荷,故磷脂为两性离子。在生物体内磷脂是细胞膜的组成成分,它们具有特殊的重要功能。

1. 甘油磷脂

甘油磷脂是磷脂酸的衍生物。磷脂酸是由一分子甘油、两分子高级脂肪酸和一分子磷酸通过酯键结合而成的。磷脂酸的结构如下：

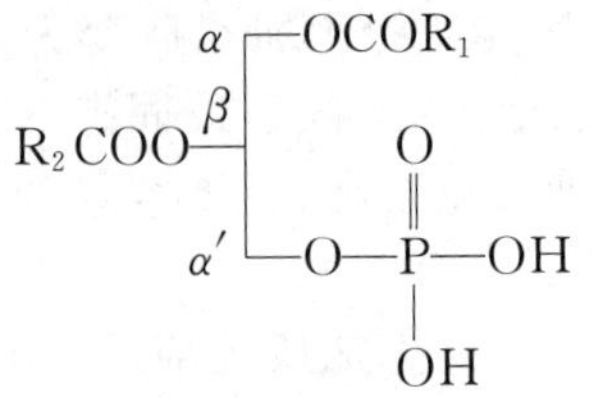

$$
\begin{array}{l}
\quad\quad\quad\quad\ \ \alpha\ \ \ulcorner OCOR_1 \\
R_2COO\overset{\beta}{-}\!\!\mid \quad\quad\quad\ O \\
\quad\quad\quad\quad\quad\ \ \mid \quad\quad\quad\ \| \\
\quad\quad\quad\quad\ \ \alpha' \llcorner O-P-OH \\
\quad\quad\quad\quad\quad\quad\quad\quad\quad \mid \\
\quad\quad\quad\quad\quad\quad\quad\quad\ OH
\end{array}
$$

磷脂酸

磷脂酸中的脂肪酸，α-位通常是饱和脂肪酸，β-位是不饱和脂肪酸。由于 α'-位磷酸的引入，分子中有一个手性碳原子，故磷脂酸是手性分子。

从自然界中得到的磷脂酸其手性碳原子都是 *R* 构型。国际纯粹与应用化学联合会(IUPAC)和国际生物化学联合会(IUB)的生物化学命名委员会建议采用专门的习惯给手性分子的甘油磷脂进行编号和命名，命名原则如下：

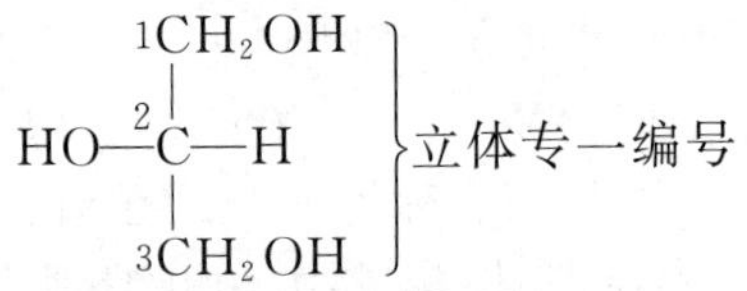

$$
\left.\begin{array}{c}
{}^{1}CH_2OH \\
\mid \\
HO-\overset{2}{C}-H \\
\mid \\
{}^{3}CH_2OH
\end{array}\right\}\text{立体专一编号}
$$

在甘油的费歇尔投影式中，C_2 上的羟基规定写在碳链的左侧，从上到下碳原子的编号为 1、2 和 3，这种编号称为立体专一编号，用 sn(stereospecific numbering)表示，写在化合物名称的前面。例如：

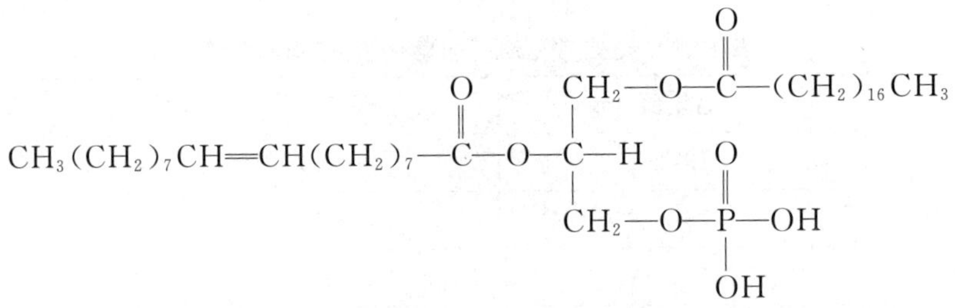

$$
\begin{array}{l}
\quad\quad\quad\quad\quad\quad\quad\quad\quad\quad\quad\quad\quad\quad\quad\quad\quad\quad\quad\quad\quad\ \ O \\
\quad\quad\quad\quad\quad\quad\quad\quad\quad\quad\quad\quad\quad\quad\quad\quad\quad\quad\quad\quad\quad\ \ \| \\
\quad\quad\quad\quad\quad\quad\quad\quad\quad\quad\quad\quad\quad\ O \quad\quad\ CH_2-O-C-(CH_2)_{16}CH_3 \\
\quad\quad\quad\quad\quad\quad\quad\quad\quad\quad\quad\quad\quad\ \| \quad\quad\quad\ \mid \\
CH_3(CH_2)_7CH=CH(CH_2)_7-C-O-C-H \quad\quad O \\
\quad\quad\quad\quad\quad\quad\quad\quad\quad\quad\quad\quad\quad\quad\quad\quad\quad\ \mid \quad\quad\quad\quad\ \| \\
\quad\quad\quad\quad\quad\quad\quad\quad\quad\quad\quad\quad\quad\quad\quad\quad\ CH_2-O-P-OH \\
\quad\quad\quad\quad\quad\quad\quad\quad\quad\quad\quad\quad\quad\quad\quad\quad\quad\quad\quad\quad\quad\ \mid \\
\quad\quad\quad\quad\quad\quad\quad\quad\quad\quad\quad\quad\quad\quad\quad\quad\quad\quad\quad\quad\ OH
\end{array}
$$

sn-甘油-1-硬脂酸-2-油酸-3-磷酸酯

按性质的不同，甘油磷脂可细分为中性甘油磷脂和酸性甘油磷脂两类。前者如磷脂酰胆碱(卵磷脂)、磷脂酰乙醇胺(脑磷脂)、溶血磷脂酰胆碱等；后者如磷脂酰丝氨酸等。

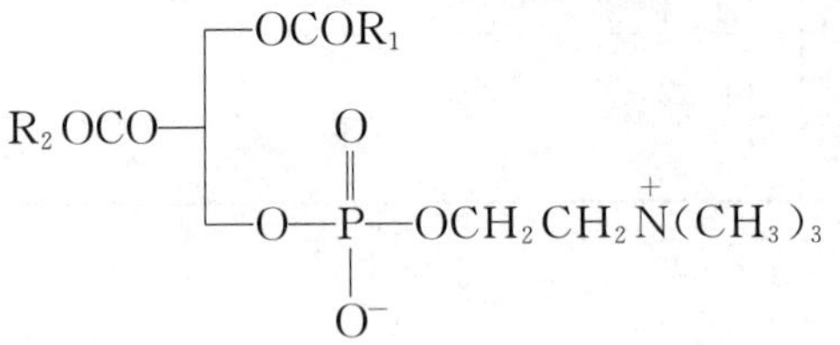

$$
\begin{array}{l}
\quad\quad\quad\quad\ \ulcorner OCOR_1 \\
R_2OCO-\mid \quad\quad\ O \\
\quad\quad\quad\quad\ \mid \quad\quad\ \| \\
\quad\quad\quad\quad\ \llcorner O-P-OCH_2CH_2\overset{+}{N}(CH_3)_3 \\
\quad\quad\quad\quad\quad\quad\ \mid \\
\quad\quad\quad\quad\quad\quad\ O^-
\end{array}
$$

L-α-卵磷脂

$$HOCH_2CH_2\overset{+}{N}(CH_3)_3OH^-$$

胆碱

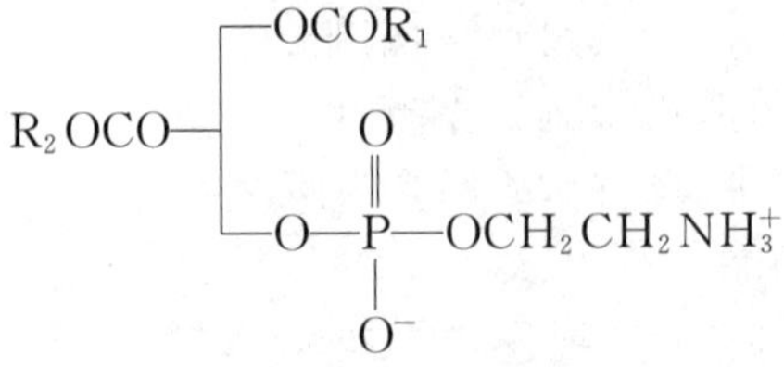

$$
\begin{array}{l}
\quad\quad\quad\quad\ \ulcorner OCOR_1 \\
R_2OCO-\mid \quad\quad\ O \\
\quad\quad\quad\quad\ \mid \quad\quad\ \| \\
\quad\quad\quad\quad\ \llcorner O-P-OCH_2CH_2NH_3^+ \\
\quad\quad\quad\quad\quad\quad\ \mid \\
\quad\quad\quad\quad\quad\quad\ O^-
\end{array}
$$

L-α-脑磷脂

$$HOCH_2CH_2NH_2$$

乙醇胺

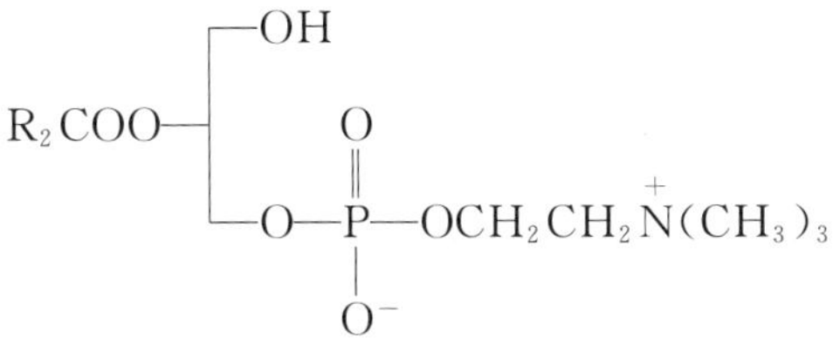

$$
\begin{array}{l}
\quad\;\; -OH \\
R_2COO- \qquad\quad O \\
\qquad\qquad\qquad\;\; \| \\
\quad\;\; -O-P-OCH_2CH_2\overset{+}{N}(CH_3)_3 \\
\qquad\qquad\qquad\;\; | \\
\qquad\qquad\qquad O^-
\end{array}
$$

溶血磷脂酰胆碱

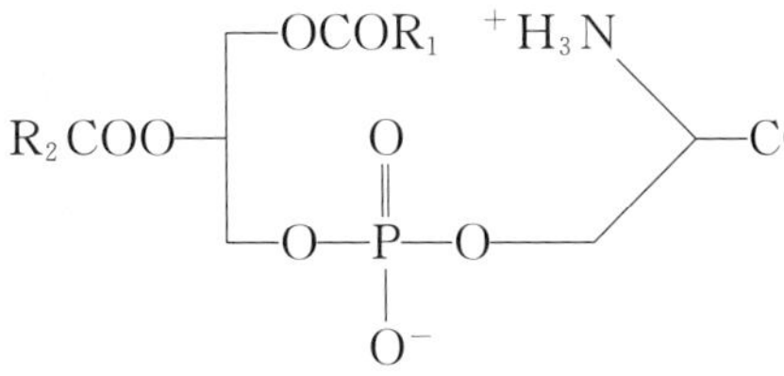

$$
\begin{array}{l}
\quad\;\; -OCOR_1 \quad {}^+H_3N \\
R_2COO- \qquad O \qquad\quad \diagdown \\
\qquad\qquad\quad\;\; \| \qquad\qquad\; -COOH \\
\quad\;\; -O-P-O- \diagup \\
\qquad\qquad\quad\;\; | \\
\qquad\qquad\quad O^-
\end{array}
$$

磷脂酰丝氨酸

卵磷脂是吸水性较强的白色蜡状固体。由于其中的不饱和脂肪酸的存在，久置空气中可被氧化成黄色或褐色。卵磷脂易溶于乙醚、乙醇及氯仿，不溶于丙酮。

脑磷脂易吸收水，易被空气氧化。脑磷脂易溶于乙醚，难溶于丙酮，与卵磷脂不同的是在冷乙醇中溶解度很小，利用此性质可分离卵磷脂和脑磷脂。

脑磷脂与卵磷脂并存于机体的各种组织与器官中，如神经组织、骨髓、脑、心、肝和肾等。此外，在蛋黄和大豆中含量也比较丰富。

2. 鞘磷脂

鞘磷脂(sphingomyelin)是由神经酰胺的羟基与磷酸胆碱(或磷酸乙醇胺)酯化所形成的化合物。鞘氨醇、神经酰胺、鞘磷脂结构如下：

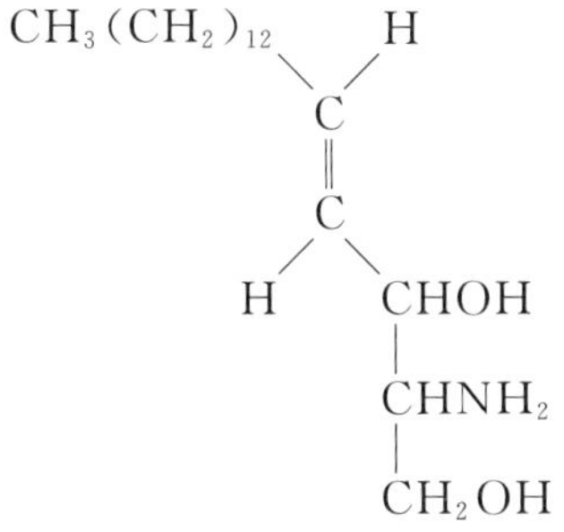

$$
\begin{array}{l}
CH_3(CH_2)_{12} \quad H \\
\qquad\quad \diagdown \;\; \diagup \\
\qquad\qquad C \\
\qquad\qquad \| \\
\qquad\qquad C \\
\qquad\quad \diagup \;\; \diagdown \\
\qquad H \qquad CHOH \\
\qquad\qquad\quad\;\; | \\
\qquad\qquad\quad CHNH_2 \\
\qquad\qquad\quad\;\; | \\
\qquad\qquad\quad CH_2OH
\end{array}
$$

鞘氨醇(sphingol)

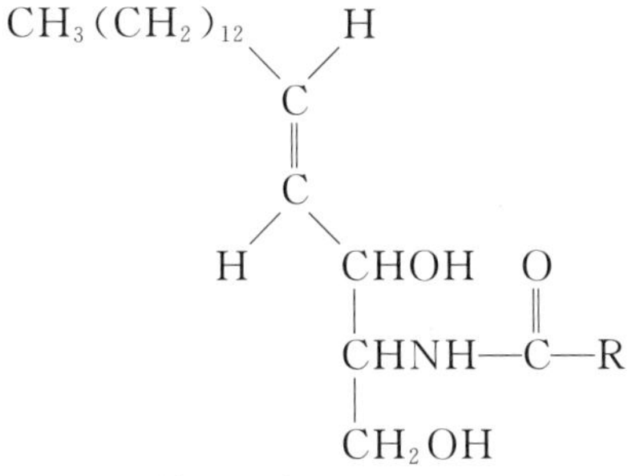

$$
\begin{array}{l}
CH_3(CH_2)_{12} \quad H \\
\qquad\quad \diagdown \;\; \diagup \\
\qquad\qquad C \\
\qquad\qquad \| \\
\qquad\qquad C \\
\qquad\quad \diagup \;\; \diagdown \\
\qquad H \qquad CHOH \quad\;\; O \\
\qquad\qquad\quad\;\; | \qquad\qquad\; \| \\
\qquad\qquad\quad CHNH-C-R \\
\qquad\qquad\quad\;\; | \\
\qquad\qquad\quad CH_2OH
\end{array}
$$

神经酰胺(ceramide)

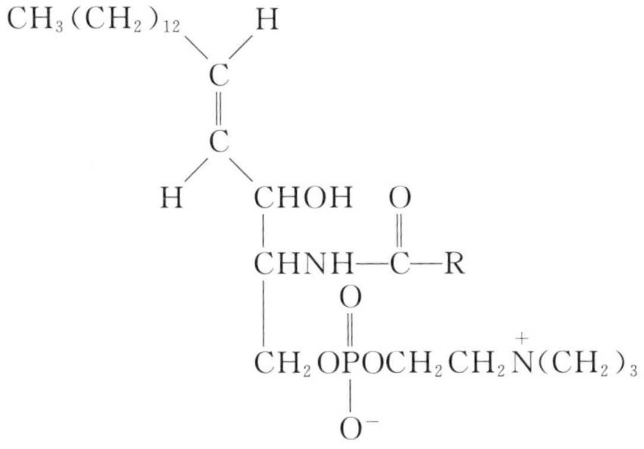

$$
\begin{array}{l}
CH_3(CH_2)_{12} \quad H \\
\qquad\quad \diagdown \;\; \diagup \\
\qquad\qquad C \\
\qquad\qquad \| \\
\qquad\qquad C \\
\qquad\quad \diagup \;\; \diagdown \\
\qquad H \qquad CHOH \quad\;\; O \\
\qquad\qquad\quad\;\; | \qquad\qquad\; \| \\
\qquad\qquad\quad CHNH-C-R \\
\qquad\qquad\quad\;\; | \qquad\; O \\
\qquad\qquad\quad\;\; | \qquad\; \| \\
\qquad\qquad\quad CH_2OPOCH_2CH_2\overset{+}{N}(CH_2)_3 \\
\qquad\qquad\qquad\qquad | \\
\qquad\qquad\qquad\quad\; O^-
\end{array}
$$

鞘磷脂(sphingomyelin)

鞘磷脂是白色晶体，其化学性质比较稳定，不像卵磷脂和脑磷脂那样易被空气中氧气氧化，这是因为分子中含双键少的原因。鞘磷脂不溶于丙酮、乙醚而溶于热乙醇中。这是鞘磷脂与卵磷脂和脑磷脂的不同之处。

磷脂中因含有极性甘油和磷酸，可溶于水。它还含有长链的脂肪烃基，故又可溶于脂肪溶剂。但磷脂不同于其他脂类，在丙酮中不溶解。根据此特点，可将磷脂和其他脂类分开。卵磷脂、脑磷脂及鞘磷脂的溶解度在不同的脂肪溶剂中具有显著的差别(见表 17.2)，可用来分离这三种磷脂。

表 17.2 卵磷脂、脑磷脂及鞘磷脂在不同脂肪溶剂中的溶解性

物　质	溶　剂		
	乙醚	乙醇	丙酮
卵磷脂	溶	溶	不溶
脑磷脂	溶	不溶	不溶
鞘磷脂	不溶	溶于热乙醇	不溶

第三节 甾族化合物

甾族化合物广泛存在于生物体内，在动、植物生命活动中起着重要的作用。其分子结构中都含有一个由环戊烷并氢化菲构成的基本骨架，四个环分别用 A、B、C 和 D 表示，其环内碳原子采用统一规定的编号。在 C_{10} 和 C_{13} 上常连有甲基，称为“角甲基”。C_{17} 上常连有一个较长的碳链或取代基。

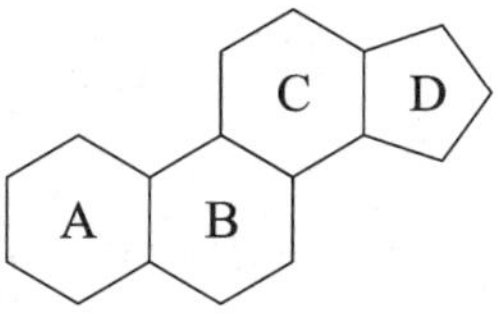

环戊烷并氢化菲 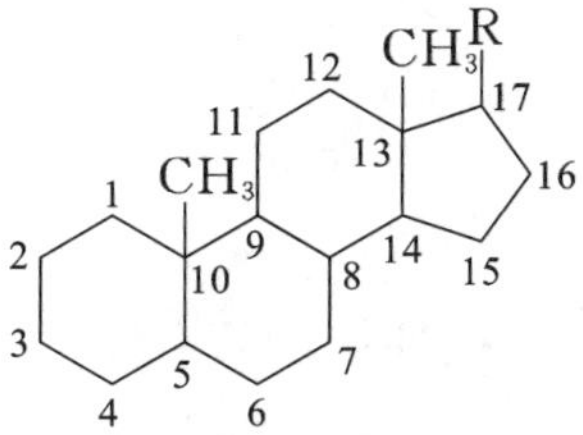　　　　甾体化合物基本骨架

中文“甾”字是个象形字，是根据甾体化合物基本结构而来的，“田”表示四个环，“巛”表示 C_{10}、C_{13} 和 C_{17} 上的三个取代基。

一、甾体化合物的立体构型

甾体化合物立体化学看似较复杂，基本骨架中有七个手性碳原子，理论上能产生许多旋光异构体。但至今的研究资料表明，天然的甾体化合物一般只存在着两种构型，一种是 A 环与 B 环顺式稠合，另一种是 A 环与 B 环反式稠合。B 环与 C 环之间总是反式稠合，C 环与 D 环之间也几乎都是反式稠合(强心苷除外)。

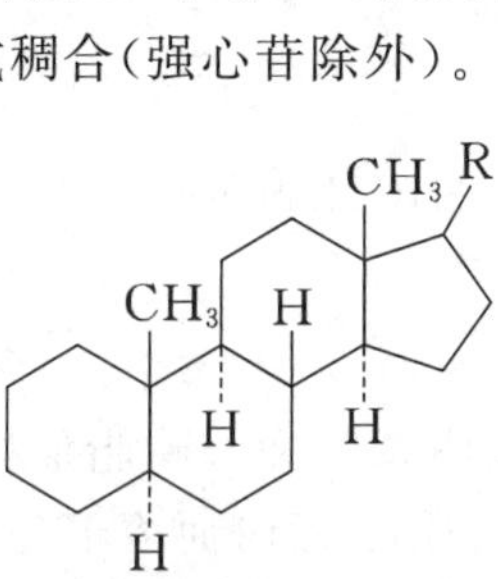

A/B 反、B/C 反、C/D 反 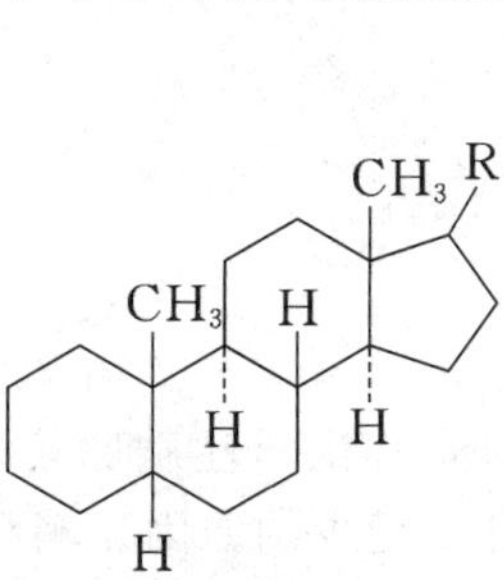　　　　A/B 顺、B/C 反、C/D 反

由于多个环稠合在一起，相互制约，碳架刚性增大，因此异构体的数目大大减少。从构型看，甾环碳架上所连的原子或基团在空间有不同的取向，其规定如下：凡与角甲基在环平面异侧的取代基称为 α-构型，用虚线表示；与角甲基在环平面同侧的取代基称为 β-构型，用实线表

示；构型不确定者，用希腊字母 ξ 表示，用波纹线相连。例如，胆甾烷-3-醇的两种异构体如下：

5α-胆甾烷-3α-醇　　5α-胆甾烷-3β-醇

5α-系和 5β-系甾体化合物中的 A、B 和 C 三个六元环的碳骨架通常均为椅式构象，并按顺式或反式十氢化萘构象的方式稠合。D 环为五元环，它具有半椅式或信封式构象，D 环的构象主要取决于环上的取代基及其位置。即

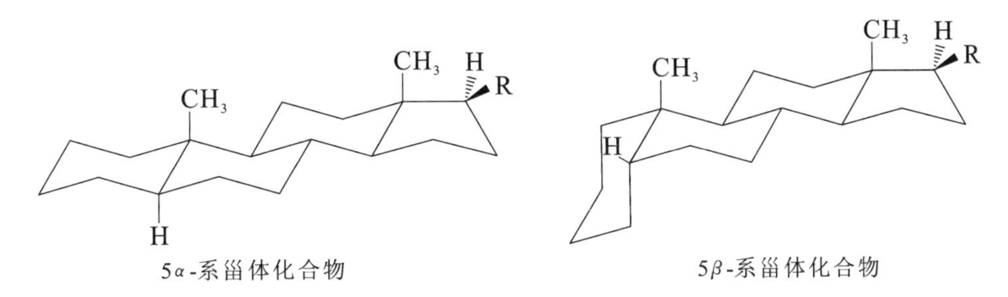

5α-系甾体化合物　　5β-系甾体化合物

二、甾醇类

甾醇常以游离状态、酯或苷的形式广泛存在于动物和植物的体内。天然的甾醇在 C_3 上有一个羟基，并且绝大多数都是 β-构型。甾醇依照来源分为动物甾醇及植物甾醇两大类。

胆固醇是重要的动物甾醇，是胆结石的主要组成成分。胆固醇的 C_3 上有一个 β-羟基，C_5 与 C_6 之间有一个碳碳双键，C_{17} 连着一个 8 碳原子的烷基侧链，是胆甾烷的衍生物，化学名为 5-胆甾烯-3β-醇。其结构式如下：

胆固醇

胆固醇是一种无色或略带黄色的结晶，难溶于水，易溶于热乙醇、乙醚和氯仿等有机溶剂。由于其结构中有甾核、侧链、双键、羟基等，所以它能发生这些基团的一系列化学反应。例如溶解在氯仿中的胆固醇与乙酸酐及浓硫酸作用，颜色由浅红变蓝紫，最后转为绿色，此反应称为李伯曼-布查(Lieberman-Burchard)反应，常用于胆固醇的定性、定量分析。

在动物体内，胆固醇大多以脂肪酸酯的形式存在，而在植物体内常以糖苷的形式存在。胆固醇是真核生物细胞膜脂质中的重要组分，生物膜的流动性和通透性与它有着密切关系，同时它还是生物合成胆甾酸和甾体激素等的前体，在体内起着重要作用。但是胆固醇摄取过多或代谢发生障碍时，胆固醇就会从血清中沉积在动脉血管壁上，导致冠心病和动脉粥样硬化症；过饱和胆固醇从胆汁中析出沉淀则是形成胆固醇系结石的基础。体内长期胆固醇偏低也会诱发疾病。

7-脱氢胆固醇是动物甾醇,与胆固醇在结构上的差异是 C_7 与 C_8 之间多了一个碳碳双键。它存在于动物的皮肤组织中,经紫外线照射,B 环发生开环转变成为维生素 D_3。因此日光浴是获得维生素 D_3 的最简易方法。

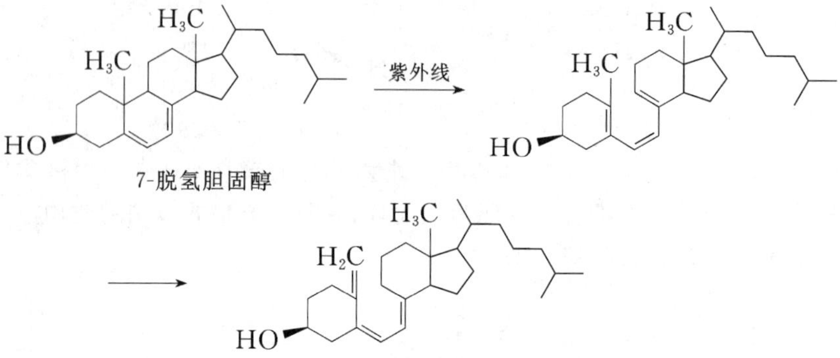

紫外线

7-脱氢胆固醇

维生素 D_3

麦角甾醇是一种植物甾醇,最初是从麦角中得到的,但在酵母中更易获得。结构上比 7-脱氢胆固醇的 C_{24} 上多了一个甲基,C_{22} 和 C_{23} 之间有一个双键。麦角甾醇经紫外线照射及加热后,形成钙化醇,即维生素 D_2。

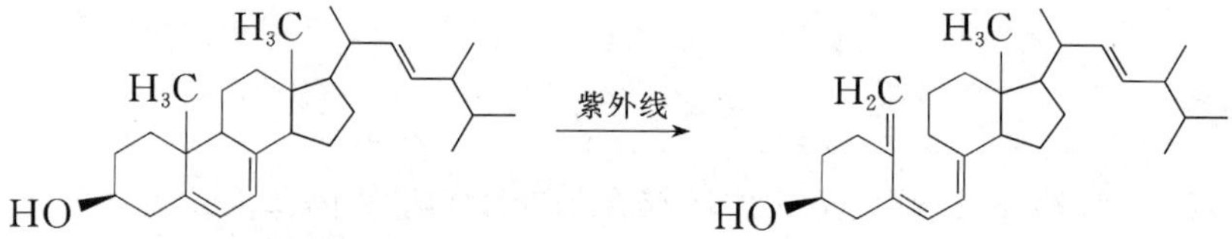

紫外线

麦角甾醇

钙化醇(维生素 D_2)

维生素 D 是一类抗佝偻病维生素的总称,主要生理功能是调节钙、磷代谢,促进骨骼正常发育。当维生素 D 缺乏时,儿童会患佝偻病,成人则会引起软骨症。目前已知至少有 10 种维生素 D,它们都是甾醇的衍生物,其中活性较高的是维生素 D_2 和维生素 D_3。

β-谷固醇是一种植物甾醇,是植物细胞的重要组分。在结构上,它比胆固醇在 C_{24} 位上多一个乙基。β-谷固醇在人体肠道中不被吸收,在饭前服用可抑制肠道黏膜对胆固醇的吸收,从而降低血液中胆固醇含量,因此可作为药物使用。

三、胆甾酸

胆甾酸是存在于动物胆汁中的一类甾体化合物,它们都属于 5β-系甾体化合物,并且分子结构中含有羧基。至今发现的胆甾酸已有 100 多种,其中人体内重要的是胆酸和脱氧胆酸。

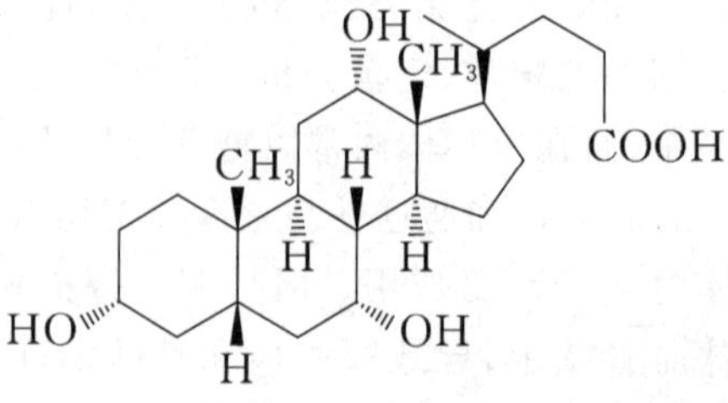

胆酸

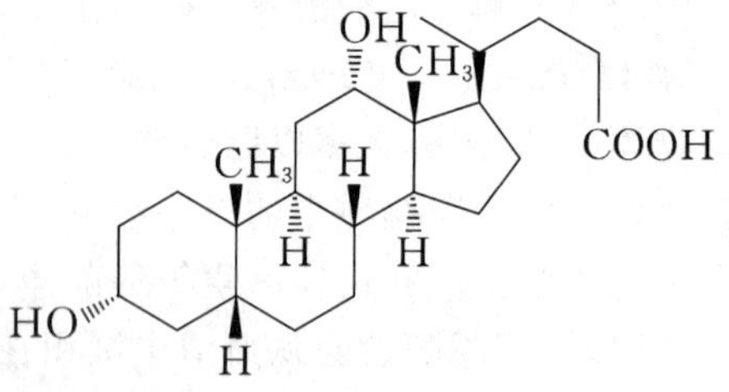

脱氧胆酸

在胆汁中,胆甾酸分别与甘氨酸(H_2NCH_2COOH)或牛磺酸($H_2NCH_2CH_2SO_3H$)通过酰胺键结合形成各种结合胆甾酸，如脱氧胆酸与甘氨酸或牛磺酸分别生成甘氨脱氧胆酸和牛磺脱氧胆酸。其形成的盐分子内部既含有亲水性的羟基和羧基(或磺酸基)，又含有疏水性的甾环，这种分子结构能够降低油/水两相之间的表面张力，具有乳化剂的作用，利于脂类的消化吸收。

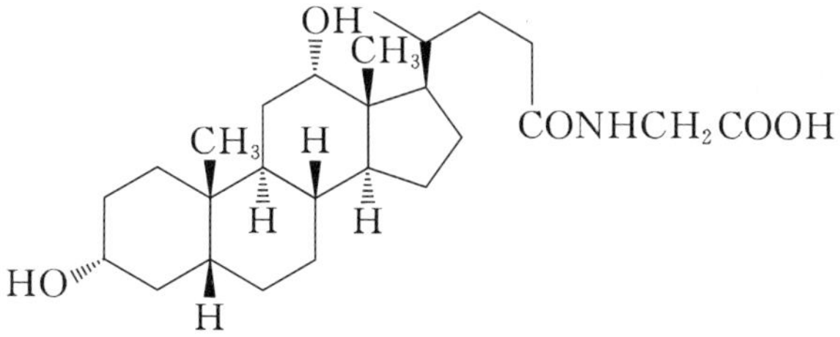

甘氨脱氧胆酸

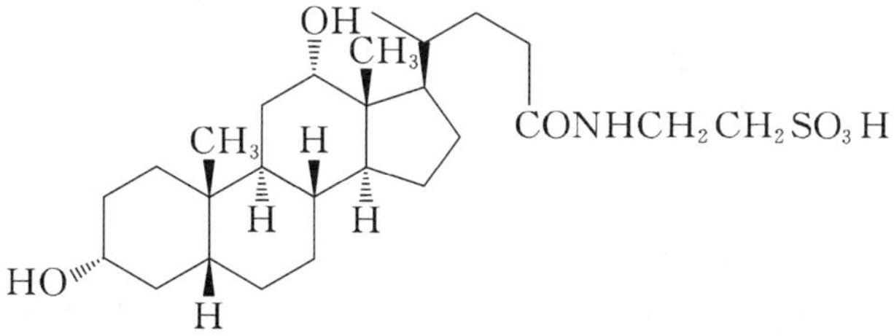

牛磺脱氧胆酸

四、甾体激素

激素又称荷尔蒙(hormone)，它是生物体内存在的一类具有重要生理活性的特殊化学物质，生理作用十分强烈，对生物的生长、发育和繁殖起着重要的调节作用。激素根据其来源可分为动物激素、昆虫激素和植物激素三类。根据其结构可分为含氮激素如肾上腺素、甲状腺素，不饱和脂肪酸激素如前列腺素，以及甾体激素三类。其中甾体激素又称类固醇激素，是种类最多的。甾体激素又分为性激素和肾上腺皮质激素两类。性激素按其生理功能的不同可分为雄性激素、雌性激素和孕激素。

雄性激素是含 19 碳类固醇，其结构特点是：C_{17} 上无侧链，有一个 β-构型的羟基或酮基。重要的雄性激素有睾丸酮、雄酮和雄烯二酮，其中睾丸酮的活性最大。

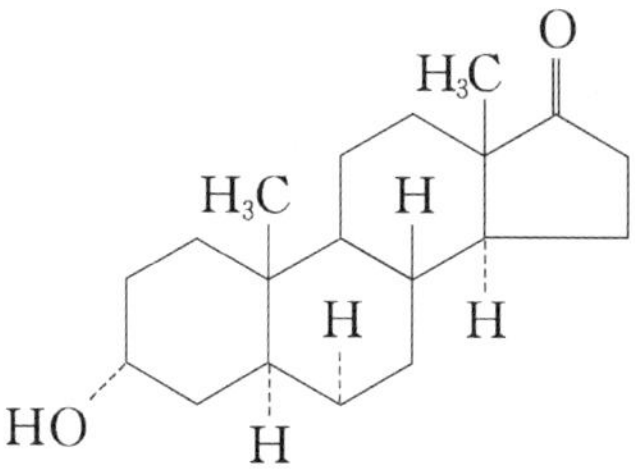

雄酮 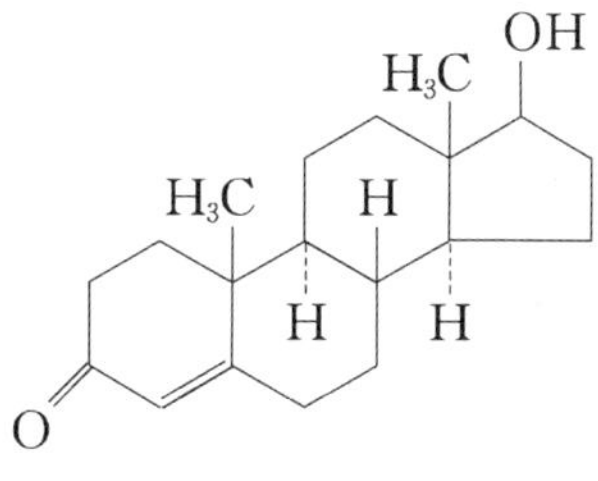　　睾丸酮

从构效关系分析，3-酮和 3α-羟基的引入能增加雄性激素活性，17β-羟基是雄性激素所必需的基团，没有一种基团能达到 17β-羟基的效果，而 17α-羟基则无活性。雄性激素具有促进蛋白质的合成、抑制蛋白质代谢的同化作用，能使雄性变得肌肉发达，骨骼粗壮。

雌性激素如雌二醇、雌酮和雌三醇的生理作用很激烈，极微量的雌性激素给予雄性后会引起某些雌性的特征变化。人工合成的某些性激素类似物如炔雌醇能抑制未孕妇女排卵，从而用于人工避孕。孕激素如黄体酮的主要生理作用是保证受精着床，维持妊娠。

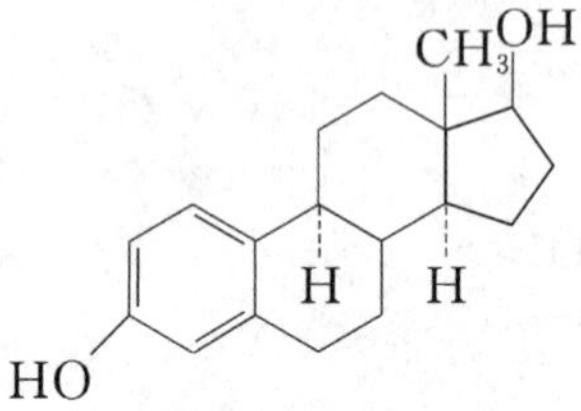

雌二醇 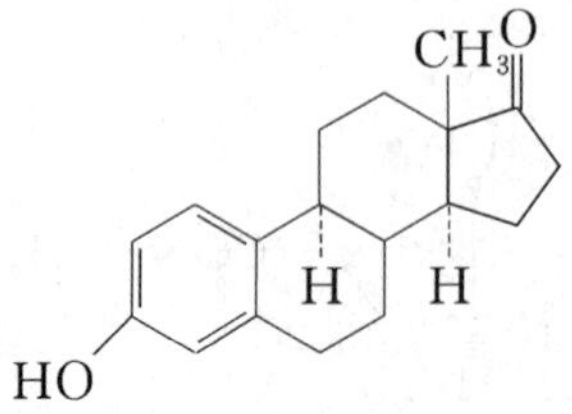　　雌酮 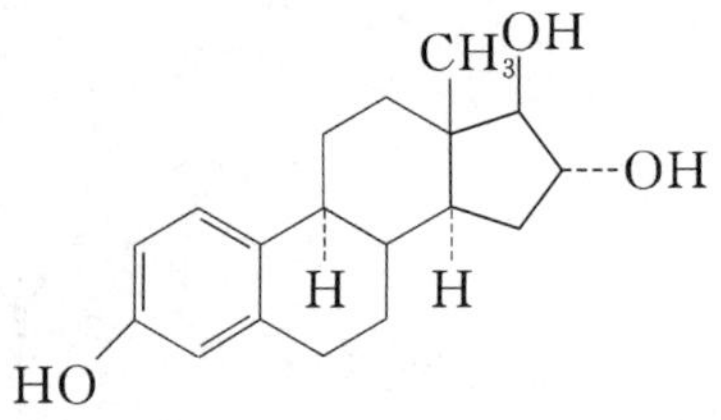　　雌三醇

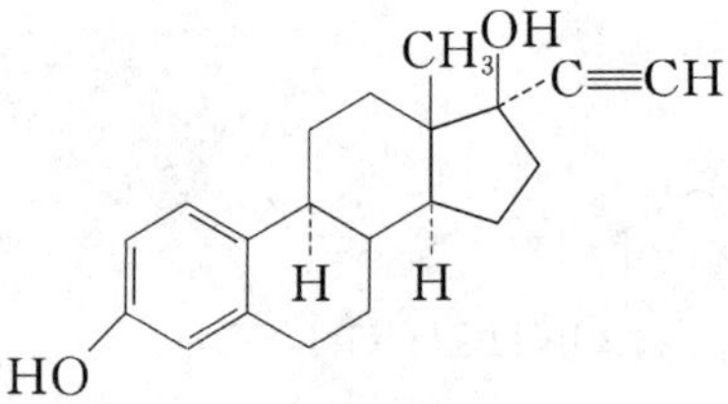

炔雌醇 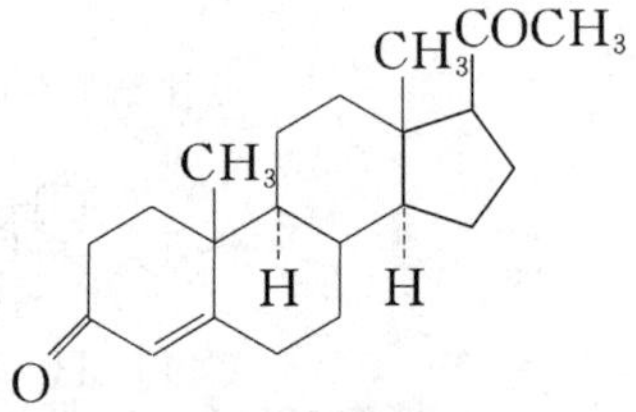　　孕酮（黄体酮）

肾上腺皮质激素是肾上腺皮质分泌的激素，它是甾类中另一种重要的激素。按照它们的生理功能可分为糖代谢皮质激素（如皮质酮、可的松等）和盐代谢皮质激素（如醛甾酮等）。肾上腺皮质分泌的激素减少，会导致人体极度虚弱，贫血，恶心，低血压，低血糖，皮肤呈青铜色，这些症状临床上称 Addison 病。因此，某些可的松作为药物在临床治疗中占有重要的地位，如氢化可的松、泼尼松、地塞米松等都是较好的抗炎、抗过敏药物。

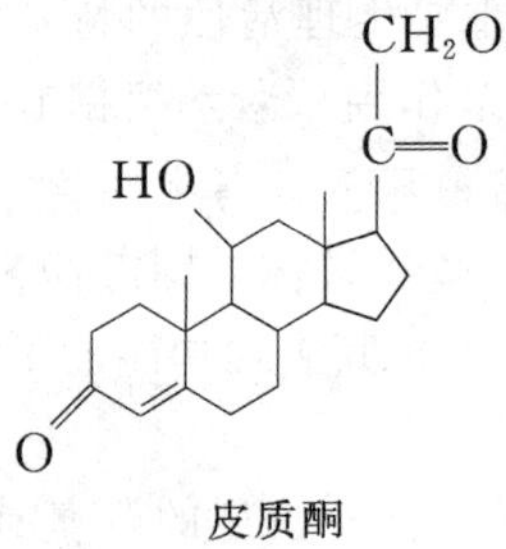

皮质酮 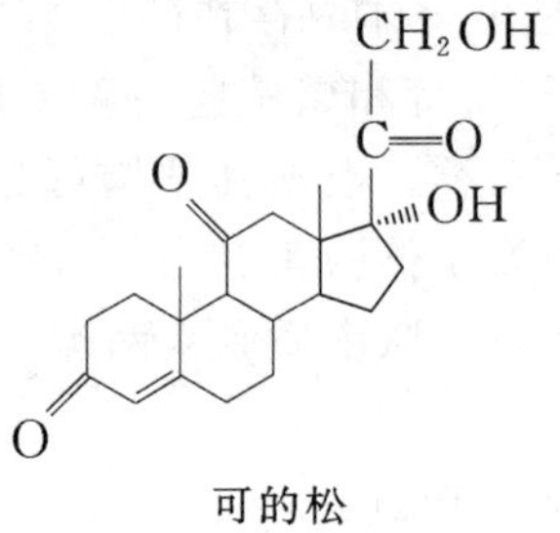　　可的松 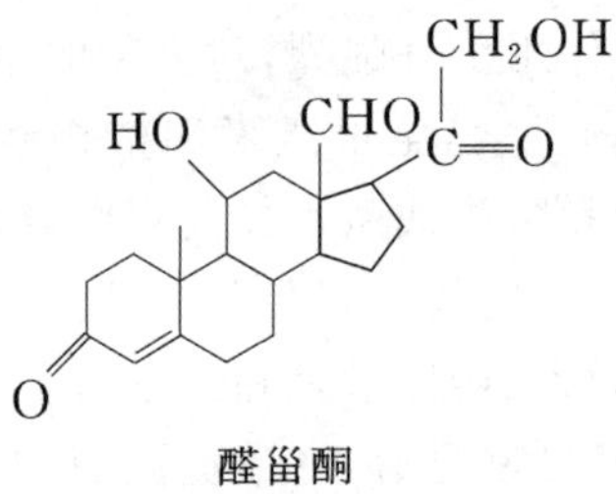　　醛甾酮

17-1　写出 D-核糖与下列试剂的反应式。

(1) CH_3OH（干燥 HCl）　(2) 苯肼　(3) Br_2-H_2O　(4) 稀 HNO_3

(5) HIO_4　(6) $NaBH_4$　(7) HCN，H_2O/H^+　(8) $(CH_3)_2SO_4/NaOH$

17-2　(1) 写出下列各六碳糖的吡喃环式及链式异构体的互变平衡体系。

① 甘露糖　② 半乳糖

(2) 写出下列各五碳糖的呋喃环式及链式异构体的互变平衡体系。

① 核糖　② 脱氧核糖

17-3　用简单化学方法鉴别下列各组化合物。

(1)纤维二糖和蔗糖　　(2)葡萄糖和果糖

(3)麦芽糖、淀粉和纤维素　　(4)D-葡萄糖和 D-葡萄糖苷

17-4　在下列二糖中，哪一部分是成苷的？指出苷键的类型（α-或β-型）。

(1) 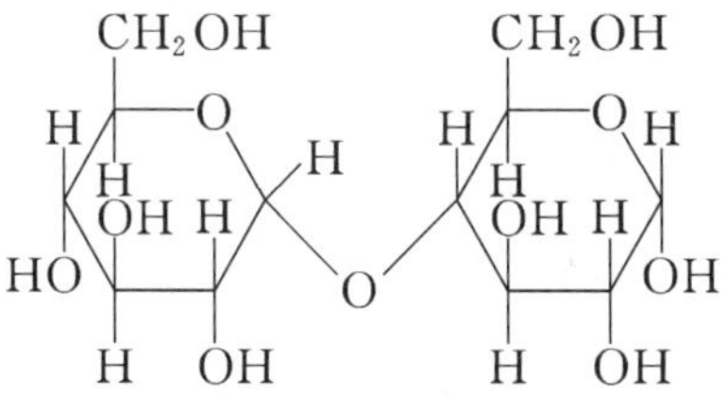　　(2)

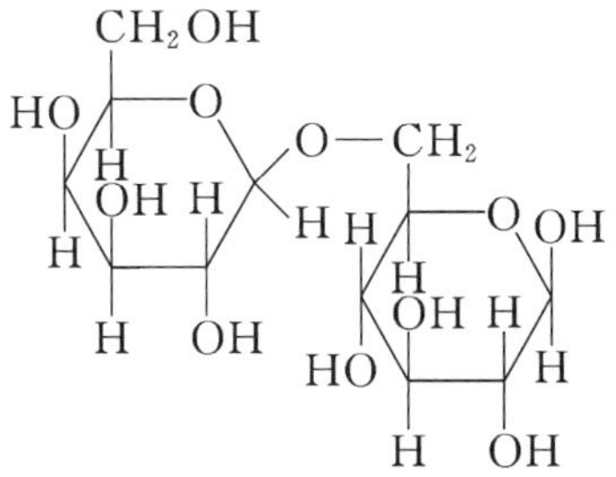

17-5　画出 D-吡喃半乳糖 α-和β-型的构象，说明哪种构象比较稳定。

17-6　分别把 D-葡萄糖的 C_2、C_3、C_4进行差向异构化可得到什么糖？

17-7　下列化合物中哪些具有变旋光现象、还原性和能形成糖脎？

(1)蔗糖　　(2)纤维二糖　　(3)α-D-吡喃型甲基葡萄糖苷

(4)2-脱氧核糖　　(5)直链淀粉　　(6)糖原

17-8　三个单糖和过量苯肼作用后，得到相同的糖脎。其中一个的费歇尔投影式如下，试写出其他两个异构体的费歇尔投影式。

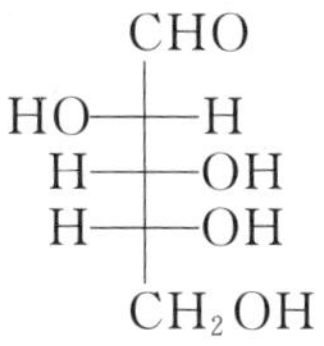

CHO
HO—H
H—OH
H—OH
CH_2OH

17-9　化合物 A($C_8H_{16}O_6$)是α-D-构型单糖的衍生物，没有还原性和变旋光现象。A 在酸性溶液中水解可得到 B(C_2H_6O)和 C($C_6H_{12}O_6$)。B 与碘的氢氧化钠溶液反应产生黄色沉淀。C 被稀 HNO_3 氧化得到无旋光性的 D。试写出 A 的哈瓦斯式，B 的结构式，C 的费歇尔投影式。

17-10　写出下列天然化合物的结构式。

(1) 软脂酸

(2) 花生四烯酸

(3) $18:3\omega^{3,6,9}$

(4) $18:1\Delta^{9}$

(5) EPA($20:5\omega^{3,6,9,12,15}$)

(6) DHA($22:6\Delta^{3,6,9,12,15,18}$)

(7) sn-甘油-3-磷酸酯

(8) 卵磷脂

17-11　命名下列化合物。

(1)

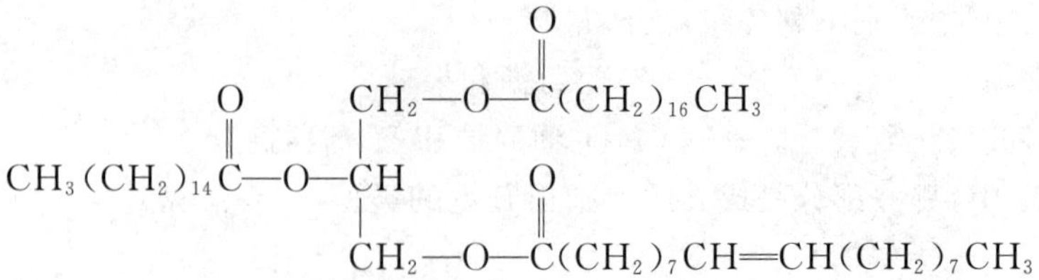

$$
\begin{array}{l}
\qquad\qquad\qquad\qquad\quad CH_2-O-\overset{O}{\overset{\|}{C}}(CH_2)_{16}CH_3 \\
CH_3(CH_2)_{14}\overset{O}{\overset{\|}{C}}-O-CH \\
\qquad\qquad\qquad\qquad\quad CH_2-O-\overset{O}{\overset{\|}{C}}(CH_2)_7CH{=}CH(CH_2)_7CH_3
\end{array}
$$

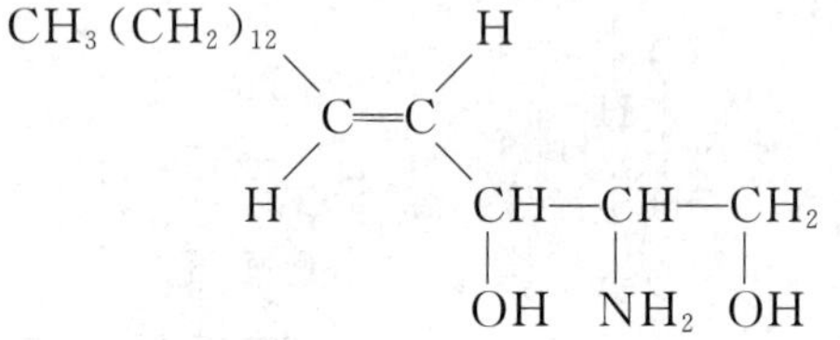

(2)

$$
\begin{array}{l}
CH_3(CH_2)_{12}\diagdown\quad\diagup H \\
\qquad\qquad C{=}C \\
\qquad H\diagup\quad\diagdown \underset{OH}{\underset{|}{CH}}-\underset{NH_2}{\underset{|}{CH}}-\underset{OH}{\underset{|}{CH_2}}
\end{array}
$$

(3)

$$
\begin{array}{l}
\qquad\qquad\qquad\qquad\qquad\qquad\qquad\qquad\quad CH_2-O-\overset{O}{\overset{\|}{C}}(CH_2)_{16}CH_3 \\
CH_3(CH_2)_4(CH{=}CHCH_2)_2(CH_2)_6-\overset{O}{\overset{\|}{C}}-O-C-H \\
\qquad\qquad\qquad\qquad\qquad\qquad\qquad\qquad\quad CH_2-O-\underset{O^-}{\underset{|}{\overset{O}{\overset{\|}{P}}}}-O-CH_2-CH_2-NH_3^+
\end{array}
$$

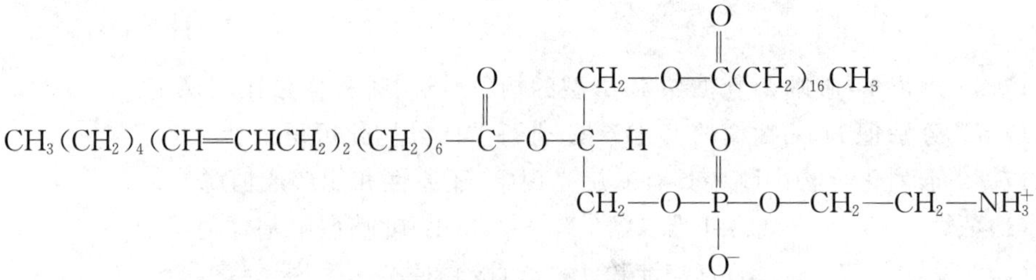

17-12 试从分子结构解释为何食用油中植物油常为液态，而动物油常为固态或半固态。

17-13 何谓必需脂肪酸？必需脂肪酸有何结构特点？

17-14 何谓油脂的皂化？皂化值反映了油脂分子的什么特点？

17-15 甾族化合物的分子结构中，5α-系和5β-系有何差异？天然胆固醇和胆酸分子结构中的羟基是什么构型？

17-16 依照命名规则对下列化合物中的各碳原子依次编号。

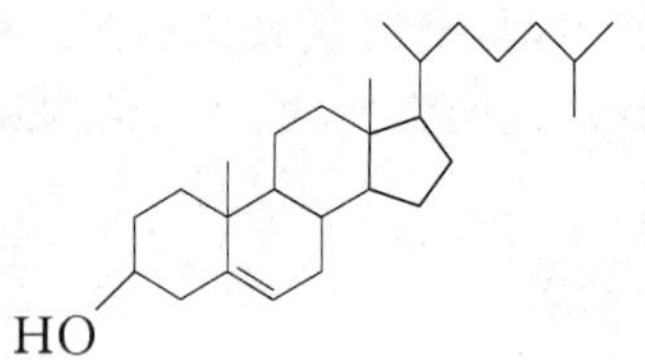

HO

胆固醇

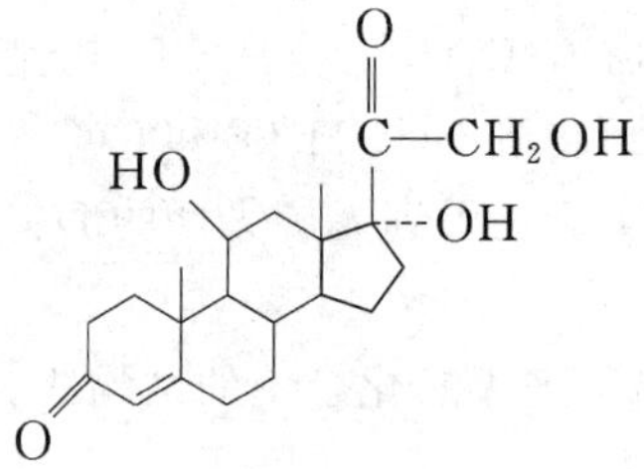

O

C—CH_2OH

HO

---OH

O

氢化可的松

第十八章　含氮天然化合物

在自然界中，存在着许多含氮的天然有机化合物。例如氨基酸、多肽、蛋白质、核酸、生物碱等。这些化合物与生命现象有着非常密切的关系，了解这些物质的结构和基本性质，对理解生命现象以及生物变化过程将十分有益。

第一节　氨基酸、肽与蛋白质

氨基酸分子中含有羧基和氨基，通常以羧基为母体，氨基作为取代基。氨基酸分子中根据两基团相对的位置可分为α-氨基酸、β-氨基酸、γ-氨基酸等。从天然蛋白质水解得到的都是α-位连有氨基的氨基酸。从化学结构来看，蛋白质(protein)和多肽(polypeptide)都是氨基酸(amino acid)通过酰胺键依次连接而成的聚酰胺化合物，酰胺键在生命科学中常称为肽键(peptide bond)。将蛋白质和多肽水解可依次得到相对分子质量较小的低聚肽，最终得到α-氨基酸。蛋白质是一类结构复杂的生物大分子，是生物体内一切细胞的重要组成成分，与多糖、核酸等生物大分子一样，蛋白质是生命的重要物质基础。

由于蛋白质分子中氨基酸的种类、数量、排列顺序和理化性质的不同，使得蛋白质种类繁多、结构复杂、生物功能各异。有关蛋白质分子结构与功能的研究，为探索生命过程的变化提供了大量的资料，使人们可以从分子水平去认识、研究和改变复杂的生命现象。

多肽除了作为蛋白质代谢的中间产物以及合成蛋白质的需要外，生物体内还存在一些重要的活性肽。这些活性肽通过神经、内分泌等各种作用途径，发挥微妙的信息传递功能，是沟通细胞与器官间信息的物质载体。

为了深入研究多肽和蛋白质的特性，本节将对氨基酸的化学及多肽和蛋白质的结构特点作必要的介绍。

一、氨基酸

1. 氨基酸的结构、分类和命名

自然界中存在的氨基酸有几百种，由生物体内蛋白质水解得到的氨基酸却只有 20 种，这 20 种氨基酸受 DNA 遗传密码控制合成蛋白质，故又称编码氨基酸。除脯氨酸为α-亚氨基酸外，其余都是α-氨基羧酸。常用以下通式表示：

$$\underset{\displaystyle NH_2}{\overset{\alpha}{R{-}CH{-}COOH}}$$

氨基酸的通式

$$H_2N{-}\overset{COOH}{\underset{R}{+}}{-}H$$

L-氨基酸

式中 R 代表多肽链中的侧链基团，不同的氨基酸只是 R 结构不同。R 可以是 H 和烃基，也可以是含有其他功能基的基团。这 20 种氨基酸中除甘氨酸以外，其他各氨基酸分子中的α-碳原子均为手性碳原子，且都有旋光性。这些天然氨基酸按费歇尔投影式表示时，α-氨基都在投影式的左边，因此都确定为L-构型。

氨基酸分子中既含有酸性的羧基，又含有碱性的氨基，因此存在质子在分子内转移的动态平衡。在生理pH情况下，羧基几乎完全以—COO^-形式存在，大多数氨基则主要以—NH_3^+形式存在。也就是说，氨基酸通常是偶极离子，以内盐形式存在：

$$\underset{\displaystyle NH_2}{R—\underset{|}{C}H—COOH} \rightleftharpoons \underset{\displaystyle NH_3^+}{R—\underset{|}{C}H—COO^-}$$

若用"R/S"构型表示法标记这些氨基酸中的α-手性碳原子，除半胱氨酸为R-构型外，其余氨基酸均为S-构型。

按分子中R基团的不同，氨基酸可以分为：

① 脂肪族氨基酸，如丙氨酸、亮氨酸等；

② 芳香族氨基酸，如苯丙氨酸、酪氨酸等；

③ 杂环氨基酸，如组氨酸、色氨酸等。

按分子中羧基和氨基的数目不同，可以分为：

① 酸性氨基酸，即分子中有两个羧基一个氨基的氨基酸，通常在生理pH情况下带有负电荷，它们是天冬氨酸和谷氨酸；

② 碱性氨基酸，即分子中有两个或两个以上的氨基或亚氨基、次氨基，只有一个羧基的氨基酸，通常在生理pH情况下带有正电荷，它们是赖氨酸、精氨酸和组氨酸；

③ 中性氨基酸，这些氨基酸分子中只含一个—NH_3^+和一个—COO^-，如甘氨酸、丙氨酸等。

根据R基团的结构和特性，中性氨基酸又可细分为两类：一类是R基团为非极性的疏水基团，如苯丙氨酸、缬氨酸、亮氨酸和异亮氨酸等；另一类是R基团为极性的亲水基团，如丝氨酸、苏氨酸、酪氨酸和半胱氨酸等。

需注意的是，上述分类中的"酸性"、"碱性"和"中性"并非指这些氨基酸水溶液的pH值。在中性氨基酸中，酸性基团释放出质子的能力比碱性基团接受质子的能力要强，所以中性氨基酸水溶液的pH值并不是7，而是略小于7。存在于生物体内蛋白质中的20种常见氨基酸的名称、结构和英文缩写列于表18.1中。

氨基酸的命名可采用系统命名法，即以羧酸为母体，氨基作为取代基进行命名。但习惯上往往根据其来源和某些特性而使用俗名，例如氨基乙酸因其具有甜味而称为甘氨酸，天冬氨酸最初来源于天门冬植物而得其名。还常用其英文名称的缩写符号表示，这在表示长链大分子时尤为适用。

不同蛋白质中所含氨基酸的种类和数目各异，有些氨基酸在人体内不能合成或合成数量不足，必须从食物蛋白中摄取，这些氨基酸称为必需氨基酸，表18.1中用"*"标记的八种氨基酸，就是常见的必需氨基酸。

2. 氨基酸的性质

氨基酸一般为无色晶体，熔点在200～300 ℃之间，比相应的羧酸和胺都高。多数氨基酸在较高温度时分解放出CO_2，因而没有确定的熔点。氨基酸易溶于强酸、强碱等极性溶剂中，大多难溶于乙醚、苯和石油醚等有机溶剂。不同的氨基酸在水和乙醇中的溶解度差异较大。除甘氨酸外，其他的氨基酸都有旋光性。

氨基酸具有氨基和羧基的典型反应，例如氨基可以发生酰化反应，可与亚硝酸作用；羧基可以形成羧酸衍生物等。不同的侧链基团也表现出不同的特性。此外，由于分子中同时具有氨基与羧基，它们的相互影响使氨基酸还表现出一些特殊的性质。

表 18.1　存在于蛋白质中的 20 种氨基酸

氨基酸分类	中文名称	英文名称	英文三字母	缩写	中文缩写	结构式（偶极离子）	等电点（pI）
疏水性非极性氨基酸	甘氨酸	glycine	Gly	G	甘	$H—CH(NH_3^+)—CO_2^-$	5.97
	丙氨酸	alanine	Ala	A	丙	$CH_3—CH(NH_3^+)—CO_2^-$	6.00
	亮氨酸*	leucine	Leu	L	亮	$(H_3C)_2CH—CH_2—CH(NH_3^+)—CO_2^-$	5.98
	异亮氨酸*	isoleucine	Ile	I	异亮	$(H_3C)(H_3CH_2C)CH—CH(NH_3^+)—CO_2^-$	6.02
	缬氨酸*	valine	Val	V	缬	$(H_3C)_2CH—CH(NH_3^+)—CO_2^-$	5.96
	脯氨酸	proline	Pro	P	脯	吡咯烷环（N^+H_2）$—CO_2^-$	6.30
	苯丙氨酸*	phenylalanine	Phe	F	苯	$C_6H_5—CH_2—CH(NH_3^+)—CO_2^-$	5.48
	甲硫氨酸*	methionine	Met	M	甲硫	$CH_3SCH_2CH_2CH(NH_3^+)—CO_2^-$	5.74
亲水性极性氨基酸	丝氨酸	serine	Ser	S	丝	$HO—CH_2—CH(NH_3^+)—CO_2^-$	5.68
	谷氨酰胺	glutamine	Gln	Q	谷酰	$H_2N—C(=O)—CH_2CH_2—CH(NH_3^+)—CO_2^-$	5.65
	苏氨酸*	threonine	Thr	T	苏	$CH_3—CH(OH)—CH(NH_3^+)—CO_2^-$	5.60
	半胱氨酸	cysteine	Cys	C	半胱	$HS—CH_2—CH(NH_3^+)—CO_2^-$	5.07
	天冬酰胺	asparagine	Asn	N	天酰	$H_2N—C(=O)—CH_2—CH(NH_3^+)—CO_2^-$	5.41

续表

氨基酸分类	中文名称	英文名称	英文三字母	缩写	中文缩写	结构式(偶极离子)	等电点(pI)
亲水性极性氨基酸	酪氨酸	tyrosine	Tyr	Y	酪	$HO-C_6H_4-CH_2-CH(NH_3^+)-CO_2^-$	5.66
	色氨酸*	tryptophan	Trp	W	色	(吲哚环,N—H)$-CH_2-CH(NH_3^+)-CO_2^-$	5.89
酸性氨基酸	天冬氨酸	aspartic acid	Asp	D	天	$HO-\overset{O}{\overset{\Vert}{C}}-CH_2-CH(NH_3^+)-CO_2^-$	2.77
	谷氨酸	glutamic acid	Glu	E	谷	$HO-\overset{O}{\overset{\Vert}{C}}CH_2CH_2-CH(NH_3^+)-CO_2^-$	3.22
碱性氨基酸	赖氨酸*	lysine	Lys	K	赖	$H_3N^+-(CH_2)_4-CH(NH_2)-CO_2^-$	9.74
	精氨酸	arginine	Arg	R	精	$H_2N-\overset{NH_2^+}{\overset{\Vert}{C}}-NH(CH_2)_3-CH(NH_2)-CO_2^-$	10.76
	组氨酸	histidine	His	H	组	(咪唑环,N—H)$-CH_2-CH(NH_3^+)-CO_2^-$	7.59

注:表中带 * 为必需氨基酸。

(1) 酸碱两性和等电点

氨基酸在固态或水溶液中是偶极离子,既能与较强的酸成盐,也能与较强的碱成盐,具有两性化合物的特征。在酸性较强的水溶液中,偶极离子中的$—COO^-$作为碱,从溶剂中夺取H^+,氨基酸以阳离子形式存在;在碱性较强的水溶液中,偶极离子中$—NH_3^+$作为酸给出H^+,氨基酸以阴离子形式存在。氨基酸在水溶液中形成如下的酸碱移动平衡体系:

$$\begin{array}{ccccc} & & R-CH(NH_2)-COOH & & \\ & & \rightleftharpoons & & \\ R-CH(NH_3^+)-COOH & \underset{H^+}{\overset{OH^-}{\rightleftharpoons}} & R-CH(NH_3^+)-COO^- & \underset{H^+}{\overset{OH^-}{\rightleftharpoons}} & R-CH(NH_2)-COO^- \\ pH<pI & & pH=pI & & pH>pI \end{array}$$

由于$—COOH$给出质子的能力大于$—NH_3^+$,其共轭碱$—COO^-$接受质子的能力小于$—NH_2$,所以中性氨基酸的水溶液显弱酸性,带有负电荷。适当调节溶液的pH值使氨基酸主要以偶极离子形式存在,所带正、负电荷数相等,净电荷为零,在直流电场中也不泳动。这种使氨基酸处于等电状态时溶液的pH值,称为氨基酸的等电点(isoelectric point),常用符号"p*I*"来表示。当氨基酸处于等电点时,再加入一定量的酸,则$pH<pI$,偶极离子中的$—COO^-$接受

质子，平衡左移，此时氨基酸主要以阳离子形式存在，在直流电场中向负极移动；相反，若加入适量碱后，则 pH>pI，偶极离子中的—NH_3^+ 给出质子，平衡向右移动，氨基酸主要以阴离子形式存在，在直流电场中则向正极移动。

氨基酸的等电点是一个特定参数，每种氨基酸都有各自特定的 pI 值（见表 18.1）。酸性氨基酸的等电点较小，在 2.5～3.5 之间，碱性氨基酸的等电点较大，在 9～11 之间，中性氨基酸的等电点略小于 7，一般在 5～6.5 之间。在不同的 pH 值溶液中，同一氨基酸可呈现不同的离子形式，在同一 pH 值溶液中，不同氨基酸也可有不同的离子形式。

氨基酸在等电点时，由于静电荷为零，此时氨基酸在水中的溶解度最小，容易沉淀析出。故在高浓度的混合氨基酸溶液中，通过调节溶液的 pH 值，可使不同的氨基酸分步沉淀析出而分离，从而得到较纯的各种氨基酸。在同一 pH 值的缓冲溶液中，不同的氨基酸带电状态不同，它们在直流电场中移动的方向和速率也不相同，据此原理设计制造的电泳仪是鉴定和分离氨基酸混合物的常用方法。

（2）氨基的反应

氨基酸分子中的氨基具有胺类的常见性质，如能发生酰基化、烷基化等反应。氨基酸中的氨基—NH_2 与亚硝酸作用，生成相应的 α-羟基酸，同时定量释放出氮气。

$$R-\underset{}{\overset{NH_3^+}{\overset{|}{C}H}}-COO^- + HNO_2 \longrightarrow R-\overset{OH}{\overset{|}{C}H}-COOH + N_2\uparrow + H_2O$$

通过测定反应中所释放出 N_2 的量，即可计算出样品物质中氨基酸的含量，这种方法称为范斯莱克（Van Slyke）氨基氮测定法，常用于氨基酸的定量分析。脯氨酸分子中含有的亚氨基属于仲胺，与亚硝酸作用不能释放出氮气。

氨基酸与 5-二甲氨基萘-1-磺酰氯（丹酰氯，dansyl chloride，DNS—Cl）进行磺酰化反应，分子中的氨基被磺酰化，生成丹酰基氨基酸，在紫外光下呈强烈的黄色荧光。

$$\text{(5-}N(CH_3)_2\text{-naphthalene-1-}SO_2Cl) + H_3N^+\underset{R}{\underset{|}{C}H}COO^- \longrightarrow \text{(5-}N(CH_3)_2\text{-naphthalene-1-}SO_2NH\overset{R}{\overset{|}{C}H}COOH) + HCl$$

该反应很灵敏，常用于微量氨基酸的定量测定及多肽的 N-末端氨基酸分析。

在多肽和蛋白质的合成中，需要将一种氨基酸的羧基与另一种氨基酸的氨基反应生成二肽或多肽。在这类合成中，为了避免同一种氨基酸的氨基和羧基反应，常通过酰化反应将氨基保护起来，以保证一种氨基酸的羧基与另一种氨基反应。在这类合成中保护氨基常用的酰化试剂是氯甲酸苄酯和氯甲酸叔丁酯。

$$Cl-\overset{O}{\overset{\|}{C}}-OCH_2Ph + H_2N-\overset{R}{\overset{|}{C}H}-COOH \longrightarrow PhCH_2O-\overset{O}{\overset{\|}{C}}-NH-\overset{R}{\overset{|}{C}H}-COOH$$

$$Cl-\overset{O}{\overset{\|}{C}}-OC(CH_3)_3 + H_2N-\overset{R}{\overset{|}{C}H}-COOH \longrightarrow (CH_3)_3CO-\overset{O}{\overset{\|}{C}}-NH-\overset{R}{\overset{|}{C}H}-COOH$$

这类酰化剂对酰化基团易引入也易去掉，脱去酰化基时若控制得当，对已形成的肽键也没有影响。

（3）羧基的反应

氨基酸的羧基能转化成酯、酐、酰胺和酰氯等，这里重点介绍氨基酸的脱羧反应。

α-氨基酸与氢氧化钡一起加热或在高沸点溶剂中回流，可发生脱羧反应，失去二氧化碳后，得到少一个碳原子的胺。

$$R-\underset{}{\overset{NH_3^+}{\overset{|}{C}H}}-COO^- \xrightarrow[\triangle]{OH^-} R-CH_2-NH_2 + CO_2\uparrow$$

氨基酸的脱羧也可在脱羧酶的作用下进行。动物死后其尸体失去抗菌能力，蛋白质中的精氨酸、赖氨酸等在细菌作用下脱羧可得腐胺（$H_2N-(CH_2)_4-NH_2$）和尸胺（$H_2N-(CH_2)_5-NH_2$）等，散发出难闻的气味。很多肉食品的肌球蛋白中含有组氨酸，组氨酸在脱羧酶的作用下可脱羧转变成组胺，过量组胺会导致人体产生过敏反应，甚至严重的疾病。腐败食品使人食物中毒，此为原因之一。

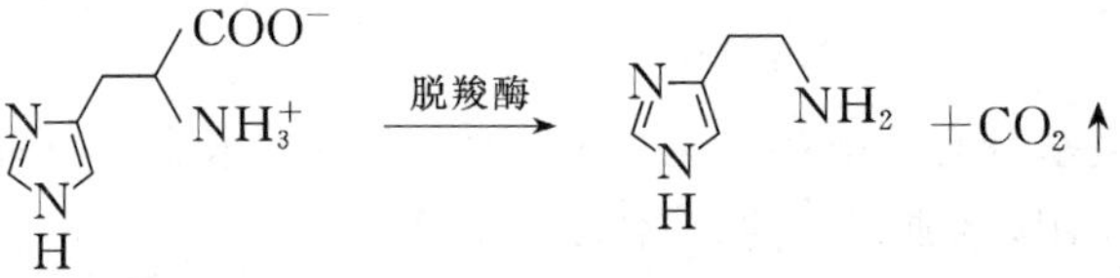

$$\text{组氨酸（咪唑环}-CH_2-CH(NH_3^+)-COO^-\text{）} \xrightarrow{\text{脱羧酶}} \text{组胺（咪唑环}-CH_2CH_2-NH_2\text{）} + CO_2\uparrow$$

组氨酸　　组胺

（4）与水合茚三酮的反应

茚三酮在水溶液中形成水合茚三酮，氨基酸与茚三酮的水溶液共热时，能生成蓝紫色的化合物。

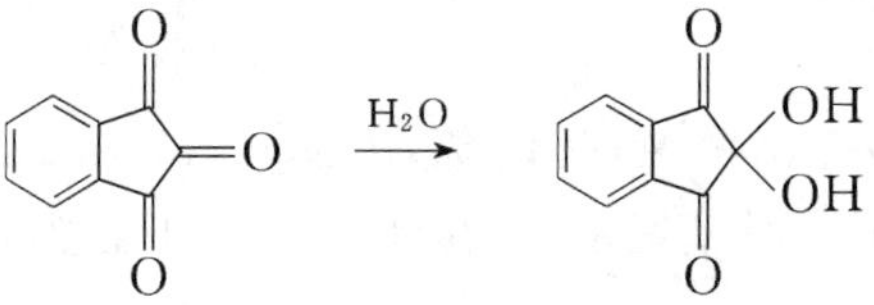

$$\text{茚三酮} \xrightarrow{H_2O} \text{水合茚三酮（C(OH)}_2\text{）}$$

茚三酮　　水合茚三酮

$$2\ \text{水合茚三酮} + H_3N^+\underset{R}{\underset{|}{C}}HCOO^- \longrightarrow \text{蓝紫色化合物} + RCHO + CO_2\uparrow + 3H_2O$$

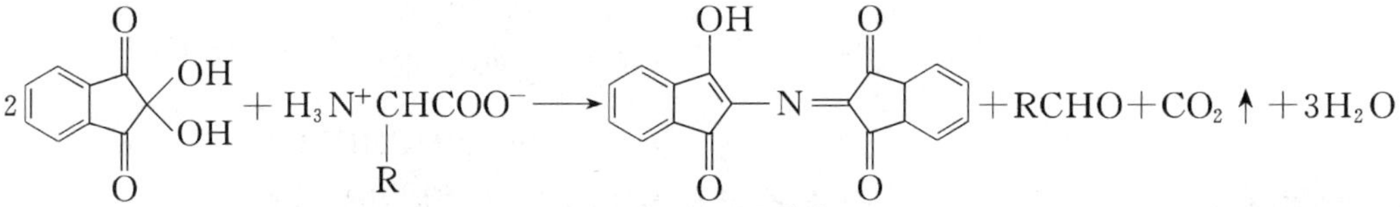

蓝紫色

此显色反应非常灵敏，是鉴别α-氨基酸的常用方法，亚氨基酸（脯氨酸和羟脯氨酸）在这个反应中呈黄色。β-氨基酸、γ-氨基酸不能发生这个显色反应，但伯胺、氨和铵盐能发生这个反应。生成产物颜色的深浅以及CO_2的产生量，可作为氨基酸定量分析的依据。在层析和电泳等实验中，也常利用该显色反应对氨基酸和蛋白质进行定性鉴定和标记。医学实验中检验α-氨基酸、多肽和蛋白质是否存在时常常使用水合茚三酮。

（5）脱水反应

α-氨基酸受热后可脱水形成六元环状的二酰胺：

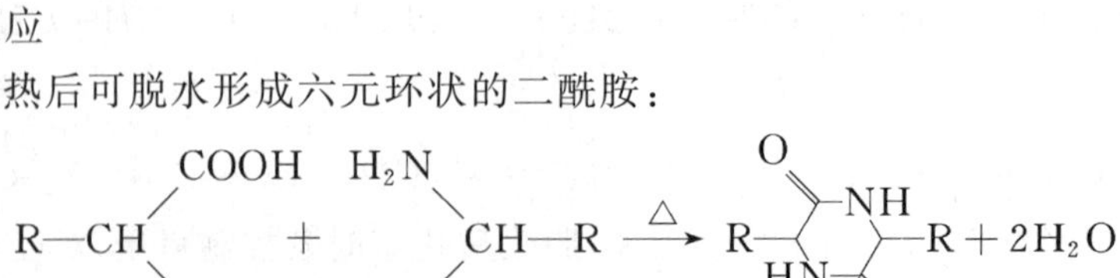

$$R-CH(COOH)(NH_2) + (H_2N)(HOOC)CH-R \xrightarrow{\triangle} \text{2,5-二酮哌嗪（R 取代）} + 2H_2O$$

此反应类似于 α-羟基酸脱水形成交酯的反应，其产物也可看做是二酮吡嗪的衍生物。

在适当条件下，氨基酸分子间还可脱水形成链状的缩合物，生成产物即为肽。

$$H_3N^+—\underset{\displaystyle R_1}{\underset{|}{CH}}—CO—NH—\underset{\displaystyle R_2}{\underset{|}{CH}}—CO\cdots\cdots NH—\underset{\displaystyle R_n}{\underset{|}{CH}}—COO^-$$

二、肽

1. 肽的结构、分类和命名

由多个氨基酸相互之间脱水以酰胺键连接形成的链状缩合物称为肽(peptide)。肽分子中的氨基酸重复单元称为氨基酸残基。根据组成肽的氨基酸残基数目不同，可以分别称为二肽、三肽等，依此类推。一般由十个氨基酸以下组成的肽称为寡肽或低聚肽(oligopeptide)，而由更多氨基酸组成的肽称为多肽(polypeptide)。

在肽链中有完整 α-氨基的一端称为 N-端，有完整 α-羧基的另一端称为 C-端。书写时通常以 N-端在左，C-端在右。命名时以 C-端的氨基酸残基为母体称为"某氨酸"，从 N-端开始依次将其他氨基酸残基称为"某氨酰"并置于母体名称之前。简写时通常以氨基酸的中文或英文的缩写符号来表示。

由丙氨酸、甘氨酸和丝氨酸形成的一个三肽结构式如下所示：

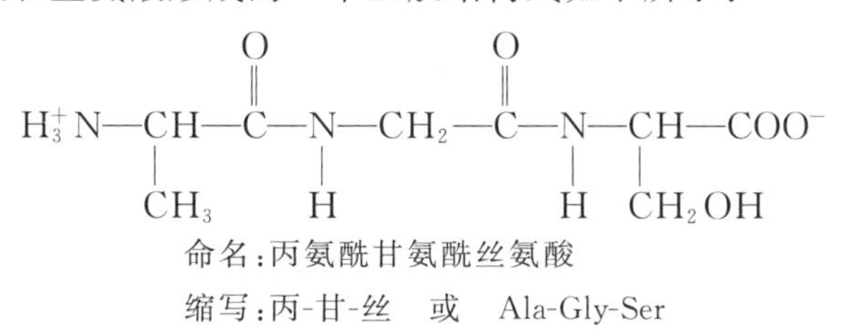

命名：丙氨酰甘氨酰丝氨酸

缩写：丙-甘-丝　或　Ala-Gly-Ser

2. 肽键的平面结构

肽键与两个 α-碳原子组成的结构部分称为肽单元。经过对寡肽晶体结构的键长、键角，以及构象的研究，发现肽键中 C—N 键的键长为 0.132 nm，介于正常的 C—N 单键(0.149 nm)和C═N双键(0.127 nm)之间，可以推测这是由于肽键中氮原子与羰基的 p-π 共轭造成的。这使得 C—N 键具有一定的双键特征，因而肽单元是有一定刚性的平面结构(见图 18.1)。

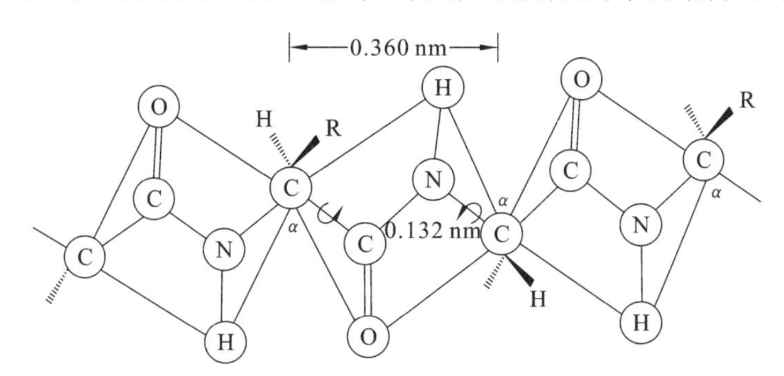

图 18.1　肽键的平面结构

这种 p-π 共轭的存在使 C—N 键的旋转受到阻碍。由于肽键不能自由旋转，肽键平面上各原子可出现顺反异构现象，一般呈较稳定的反式构型。

肽键平面中除 C—N 键不能自由旋转外，与 α-碳原子连接的价键均为 σ 键，因而相邻的肽键平面可围绕 α-碳旋转，肽链的主链骨架也可视为由一系列通过 α-碳原子连接的肽键平面所组成。肽键平面的旋转所产生的立体结构可呈现多种不同的构象，如果已知这些肽单元平面的夹角，多肽链的构象就能够确定。

3. 多肽一级结构的测定

各种氨基酸在多肽链中的排列顺序称为多肽的一级结构。测定多肽的结构不但要确定组成多肽的氨基酸种类和数目，还需测出这些氨基酸残基在肽链中的排列顺序。可见这是一项复杂的工作。

（1）多肽中氨基酸组成的测定

测定多肽中氨基酸的组成时，需先将多肽充分水解成游离的氨基酸。因碱性溶液易引起分子的外消旋化，常使用酸性水溶液水解。通过色谱法或氨基酸分析仪确定其组成成分，再测定肽的相对分子质量，计算出各种氨基酸的分子数目。

（2）多肽链中末端氨基酸分析

多肽分子中氨基酸残基的排列顺序，可用末端残基分析法和部分水解法等方法进行测定。末端残基分析法即定性确定肽链中 N-端和 C-端的氨基酸。N-端氨基酸残基的常用分析方法除前述丹酰氯法以外，还有 2,4-二硝基氟苯（DNFB）法和异硫氰酸苯酯法。C-端氨基酸的分析常用羧肽酶法。

① DNFB 法。

该法是利用 DNFB 与肽链 N-端的氨基发生反应生成 2,4-二硝基苯基（DNP）-肽结合物来进行测定的。由于 DNP 基团与 N-端氨基的结合较牢固，不易被酸水解，故当用酸将 DNP-肽彻底水解成游离氨基酸时，可得 DNP-氨基酸。通过分离鉴定，即可得知 N-端为何种氨基酸。此法的缺点是消耗一条肽链只能得到 N-端一个氨基酸的信息，样品消耗量大。

② 异硫氰酸苯酯法。

该法是利用异硫氰酸苯酯与肽链中 N-端的氨基反应，生成苯胺基硫代甲酸衍生物来进行测定的。该化合物在无水氯化氢作用下，发生一个成环反应，形成一个苯基乙内酰硫脲的衍生物从肽链上断裂下来，而肽链中其他的肽键不受影响。苯基乙内酰硫脲可用层析法或质谱法鉴定。少一个氨基酸的肽链还可以继续进行测定，据此设计的与计算机连用的氨基酸分析仪可连续测定几十个 N-端氨基酸。

$H_2N\underset{\underset{R}{|}}{C}HCONH$—肽链 + C_6H_5—N═C═S ⟶ 肽链—HN—CO(—NH—C_6H_5)—C(═S)—NH—CH(R)—（环状：C_6H_5—NH→CO，C═S—NH—CH(R)—CO）

$\xrightarrow[\text{无水溶剂}]{HCl}$ 肽链—NH_2 + 苯基乙内酰硫脲（C_6H_5—N—C═S，O═C—N，NH，CH—R 成五元环）

苯基乙内酰硫脲

③ 羧肽酶法。

羧肽酶是一种特殊的生物试剂，它能选择性地水解肽链中 C-端氨基酸的肽键，这样可以反复用于缩短的肽，逐个测定新的 C-端氨基酸。在反应过程中间隔一定时间测定水解液中的各氨基酸的浓度，即可推知简单肽链中氨基酸从 C-端开始的排列次序。

(3) 部分水解法测定肽链中氨基酸次序

对于大分子的多肽，常将肽链用酸或酶不完全地水解成多个小片段，这些片断经分离纯化后再进行测定。根据这些小片断组合、排列对比，找出关键的重叠、连接顺序即可获得多肽中的一些连接信息，最终获得完整肽链中氨基酸残基的排列顺序。

例如：谷-半胱-甘三肽中三种氨基酸可以有六种排列方式，用不同的酶将谷-半胱-甘三肽中的两个肽键选择性地水解，可得到两种二肽和一个氨基酸，若得到以下的二肽和氨基酸：

谷-半胱＋甘

谷＋半胱-甘

则可知此三肽是谷-半胱-甘。

多肽除了作为蛋白质代谢的中间产物外，某些重要的生物活性肽，如脑啡肽、谷胱甘肽、肌肽等，在生物生长、发育、繁衍及代谢等生命过程中各自起着重要的作用。

三、蛋白质

蛋白质是由氨基酸通过酰胺键(肽键)连接而成的聚酰胺类高分子物质，相对分子质量从一万到数千万。蛋白质是生命的物质基础，它是生物体内极为重要的功能大分子，是所有细胞的重要组成部分。生物体内起催化作用的酶，调节代谢的某些激素，保护动物机体的毛、发、指、趾等均含有蛋白质。蛋白质还在血液中负担氧气和其他众多物质的运输功能。

各种蛋白质的性质和功能存在着差异，有些甚至截然不同。如病毒、细菌能引发疾病，而抗体能防止疾病。卵清蛋白易溶于水，受热易变性，易发生化学反应，而角蛋白却难溶于水，化学性质很稳定。球状蛋白分子折叠成近乎球形，分子中的憎水基团向里聚集在一起，亲水基团分布在分子表面，因此球状蛋白质易呈胶状而溶入水。纤维蛋白分子像一条线排列成纤维状，巨大的相对分子质量使得它不溶于水。蛋白质也常根据其化学组成分为单纯蛋白质和结合蛋白质，根据功能分为活性蛋白质和非活性蛋白质。

这里主要介绍蛋白质的组成、结构，以及蛋白质的化学通性。

1. 蛋白质的元素组成

在人体内的蛋白质有十万种以上，其质量约占人体干重的 45%。对各种天然蛋白质经过元素分析，统计出各种元素组成为：

C：50%～55%　H：6.0%～7.0%　N：15%～17%　O：19%～24%　S：0～4%

有些蛋白质还含有 P、Fe、Cu、Zn、Mn、I 等化学元素。

在这些元素组成中，含氮量是经常用到的数据。由于生物体内绝大部分氮元素都来自蛋白质，且各种来源不同的蛋白质的含氮量都相当接近，其平均值约为 16%，即每克氮相当于 6.25 g的蛋白质，因此，常通过氮的定量分析测量生物样品中蛋白质的含量。

$$w_{\text{蛋白质}}=w_{N}\times 6.25$$

必须注意，这只是一个简单粗略的检测方法。发生在近年的三聚氰胺事件即为不法分子利用三聚氰胺分子中的高含氮量冒充蛋白质加入食品中，给人们特别是婴幼儿造成很大的危害。三聚氰胺结构式如下：

```
           NH2
           |
           C
         //  \
        N     N
        |     ||
  H2N—C     C—NH2
         \\  /
           N
```

三聚氰胺

2. 蛋白质的分子结构

蛋白质是氨基酸的多聚物，小分子的蛋白质和多肽之间没有绝对的分界线，通常将相对分子质量在一万以上的称为蛋白质，一万以下的称为肽。蛋白质的结构复杂，各种不同的蛋白质除了不同的氨基酸在分子链中的连接顺序不同外，还有其特定的立体结构。以不同的“视野”从“细微”到“宽广”观察蛋白质分子的结构，可将其分为一级结构、二级结构、三级结构和四级结构。蛋白质的一级结构称为初级结构或基本结构，二级以上的结构属于构象范畴，称为高级结构。

蛋白质的各级结构由各种不同的结合键力连接维持其稳定性。一级结构主要由肽键将各氨基酸牢固地连接，肽键为蛋白质分子中的主键。除肽键外，还有各种被称为副键的弱相互作用力维持着蛋白质分子的整体结构和构象。这些副键有氢键、离子键、疏水键、二硫键和酯键等。图 18.2 表示它们的结合状况。

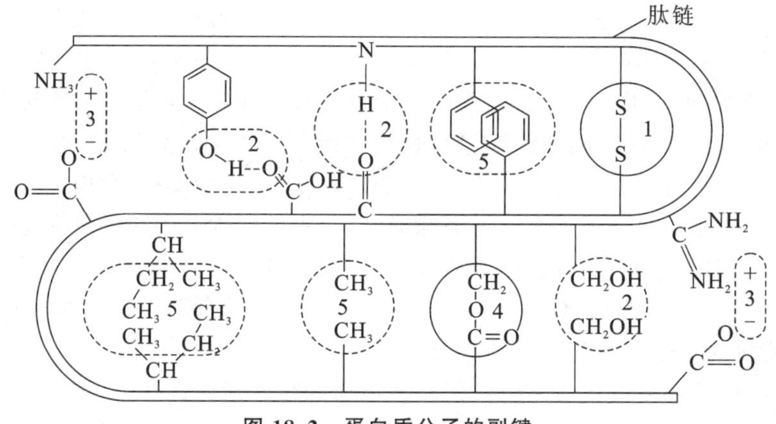

图 18.2　蛋白质分子的副键

1—二硫键；2—氢键；3—离子键；4—酯键；5—疏水键

氢键是由分子中的羟基、羰基、羧基、氨基等基团形成的。它不仅能在主链之间形成，还可在侧链之间或主链与侧链之间形成。单个氢键的结合力较弱，但大量的氢键是维持蛋白质高级结构的重要结合力。

二硫键是由两个巯基(—SH)之间脱氢而形成的。它可将不同的肽链或同一条肽链的不同部位连接起来，对维持和稳定蛋白质的构象具有重要作用。二硫键是共价键，键能较高，比较牢固。蛋白质中二硫键越多，蛋白质分子结构的稳定性也越高。生物体内起保护作用的毛发、鳞甲、角、爪中的主要蛋白质是角蛋白，它含二硫键数量最多，其支撑能力足以作为毛发、鳞爪的骨架，以抵抗外界对生物体的影响。同时，二硫键也是一种保持蛋白质生物活性的重要价键，如果胰岛素分子链间的二硫键断裂，其生物活性也就丧失。

疏水键主要是由碳氢型非极性基团结合而成的。疏水键不是化学键，它只是基团之间的一种作用力。由于这些基团相互之间的结合力大于它们与水分子之间的结合力，这种结合力使这些基团互相聚集在蛋白质分子内部，而将水分子从分子内排挤出去。大多数的蛋白质含有 30%～50%的非极性基团，这些非极性或极性较弱的基团都具有疏水性，这是维持蛋白质空间结构的主要力量。

离子键又称盐键。分子结构中的带正电基团（如—NH_3^+）和带负电基团（如—COO^-）在适当的距离时，就会因静电引力结合形成离子键。离子所带有的电荷，主要分布在蛋白质分子的表面，其亲水特性可增加蛋白质分子的水溶性。离子键在维持蛋白质的高级结构上作用有限。

此外，还有酯键、配位键、范德华作用力等在蛋白质的空间结构中起稳定作用。

(1) 蛋白质分子的一级结构

蛋白质分子的一级结构是指多肽链中 α-氨基酸残基的排列顺序，特定的蛋白质都有其特定的氨基酸排列顺序。哪怕一个氨基酸的错位和改变，其功能也会变化和丧失。

有些蛋白质分子中只有一条多肽链，例如核糖核酸酶。有些蛋白质分子中则含有两条或多条肽链，例如胰岛素分子就是由两条肽链构成的。图 18.3 表示了人胰岛素分子中各氨基酸排列的一级结构。

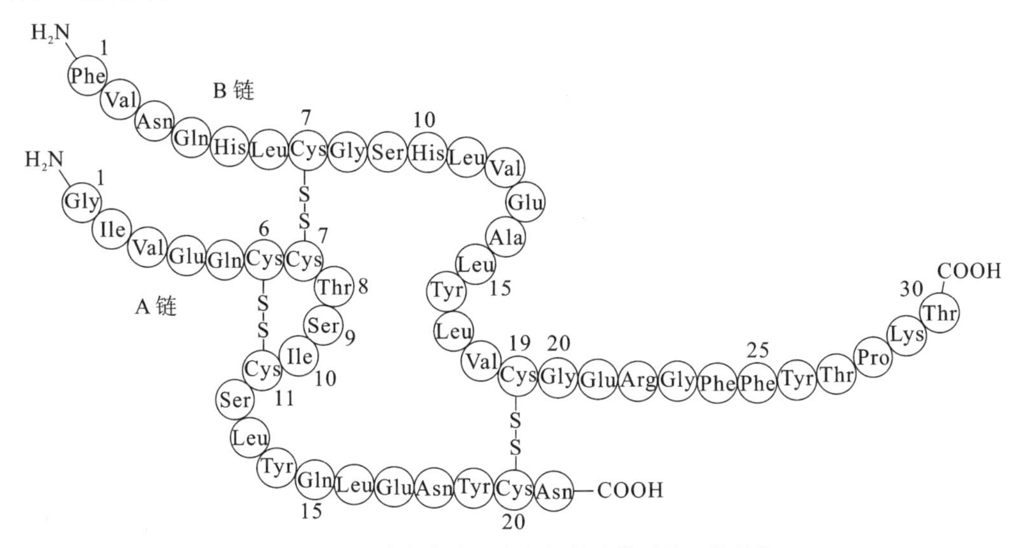

图 18.3　人胰岛素分子中各氨基酸排列的一级结构

胰岛素分子是由 51 个氨基酸形成的两条肽链，一条是由 21 个氨基酸结合而成的 A 链，另一条是由 30 个氨基酸结合而成的 B 链，A 链和 B 链是通过两个二硫键连接形成的。在 A 链上还有一个链内二硫键。

氨基酸在蛋白质中的排列顺序由遗传决定，不少蛋白质中氨基酸的排列顺序有很高的相似之处，例如不同种属的胰岛素在氨基酸的组成及排列顺序中稍有差异。由此可知，为数众多的蛋白质可能起源于相对较少的基本类型。

(2) 蛋白质分子的二级结构

蛋白质分子中的肽链段盘绕折叠成不同的形状，即不同的空间构象，这就是蛋白质的二级结构。

氢键是维持二级结构的主要副键，当肽链中的羰基($\gt C=O$)和亚氨基($\gt NH$)靠拢到一定距离(0.28 nm)时，氧原子和氢原子就会相互作用形成氢键。氢键的结合能较肽键小得多，但蛋白质分子中大量的氢键可以维持其二级结构的稳定。

蛋白质的二级结构有 α-螺旋、β-折叠、β-转角，以及无规卷曲等。

① α-螺旋。

多肽链中各氨基酸残基通过 α-碳原子的旋转，围绕中心轴形成一种螺旋盘曲的构象。绝大多数蛋白质分子是右手螺旋结构(见图 18.4)，这是由于天然氨基酸的 L-构型所引起的。

在 α-螺旋结构中，每个螺旋圈含有 3.6 个氨基酸残基，每个氨基酸残基沿螺旋圈的中心轴伸展 150 pm，故每一螺旋圈的伸展距离为 540 pm。

螺旋圈之间以氢键维持，侧链 R 基团都指向螺旋圈的外侧。氨基酸残基中亚氨基上的氢原子与第四个氨基酸残基中的羰基形成氢键。由于众多的亚氨基和羰基都参与形成氢键，保持了 α-螺旋构象的稳定性。R 基团的形状、大小，以及电荷状态对 α-螺旋的形成及稳定性均有影响。肽链中脯氨酸的存在终止了 α-螺旋的延续，使肽链发生转折，这是由于肽链中的脯氨酸没有氢原子来形成氢键的缘故。

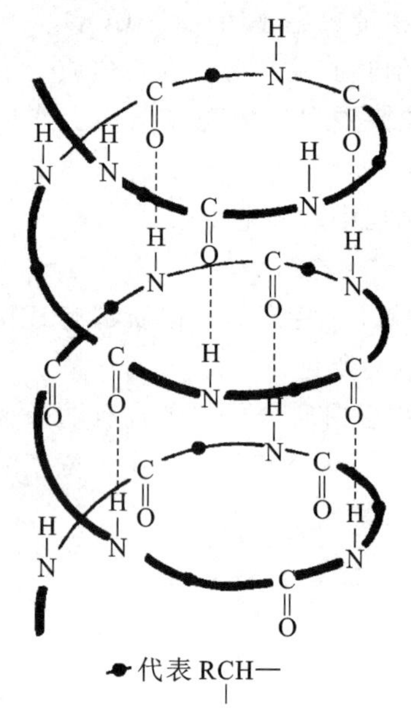

图 18.4　蛋白质中的 α-螺旋结构

② β-折叠。

β-折叠结构中的肽链伸展成波浪锯齿形，多条肽链或一条肽链的间隔片断并排成为一个平面片层，平面片层的紧密排列使之成为未完全打开的“折叠”形状。如图 18.5 所示。

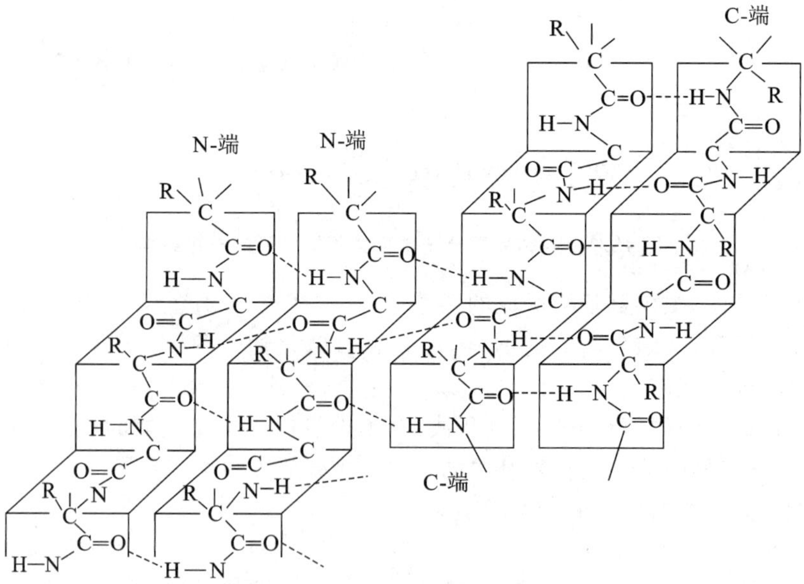

图 18.5　蛋白质中的 β-折叠结构

在 β-折叠结构中，相邻肽段间靠肽链中的羰基和亚氨基形成氢键，各条主链骨架同时作一定程度的折叠，留出空间以容纳邻近的 R 侧链基团，避免了形成氢键的空间障碍。几乎所有肽键均参与形成链间氢键，以维持构象的稳定。

③ β-转角。

在蛋白质的多肽链中的某一链段常出现 180°角的回折，这种回折的结构称为 β-转角。β-转角通常由四个氨基酸残基完成，以氢键维持其结构，如图 18.6 所示。

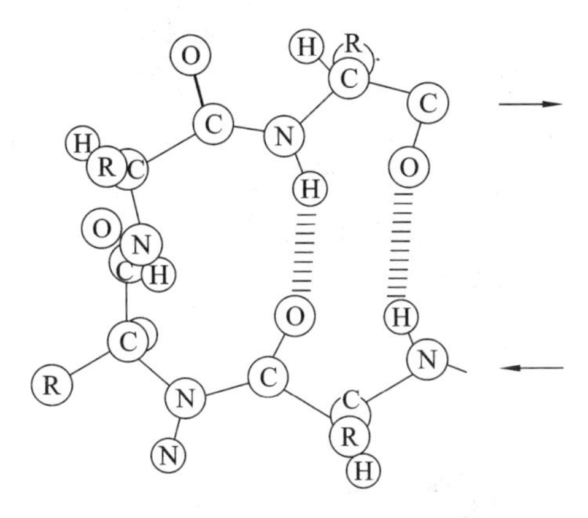

图 18.6　蛋白质肽链中的 β-转角

由于氨基酸残基的相互影响，而使肽键呈不规则的排列以致形成无一定规律的构象，称为无规卷曲。无规卷曲可认为是这一段肽链中的副键结合力很弱或无规律的结合，以致没有规则的形状。

由于不同蛋白质分子中各种二级结构的比例不同，因此不同的蛋白质分子呈现出不同的球状或丝状等。

(3) 蛋白质分子的三级结构

蛋白质分子的三级结构是指蛋白质分子在二级结构基础上，整条肽链进一步盘曲回绕形成较复杂的空间构象。蛋白质的三级结构使蛋白质分子能够较为紧凑地束缚在一起。不同的蛋白质有不同的三级结构，它们由侧链 R 基团形成的各种副键来维持其稳定性。

哺乳类动物中的肌红蛋白是一条由 153 个氨基酸残基组成的多肽链，与辅基血红素共同组成一个整体，形成一个不规则的近似球形的结构，如图 18.7 所示。相对分子质量约为

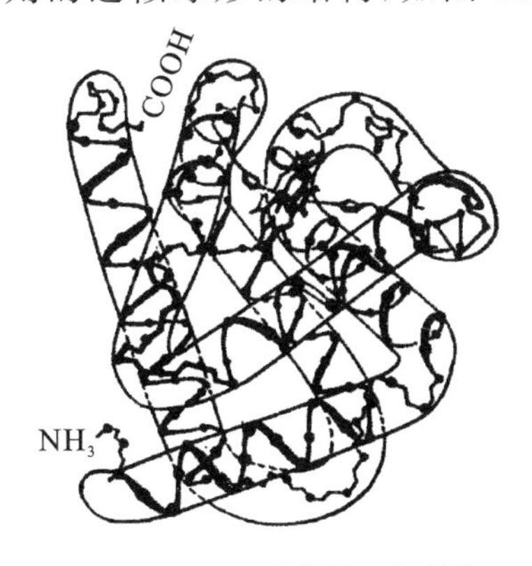

图 18.7　肌红蛋白的三级结构

17000，其大小为 4.3 nm×3.5 nm×2.3 nm。其分子表面多为亲水基团，因此肌红蛋白有较好的水溶性。

(4) 蛋白质分子的四级结构

具有三级结构的两条或两条以上的多肽链，可由疏水键、盐键等副键相互缔合在一起，形成一定的空间形状。每一个具有三级结构的多肽链称为亚基(subunit)。在蛋白质分子中，亚基间相互接触的部位和亚基的立体排布，称为蛋白质的四级结构。四级结构不包括亚基内部的结构。一般亚基的数目为偶数，较小的蛋白质由 2～10 个亚基组成，大的蛋白质分子可含上千个亚基。如β-乳球蛋白有 2 个亚基，血红蛋白有 4 个亚基，脱铁铁蛋白的亚基数为 20，烟草花叶病毒的外壳蛋白是由 2130 个相同的亚基形成的多聚缔合体。含奇数个亚基的蛋白质很少见。

蛋白质中的亚基可以是相同的，也可以不同。血红蛋白由 4 个亚基组成，包括两条α-链、两条β-链。α-链含 141 个氨基酸残基，β-链含 146 个氨基酸残基。每条肽链都卷曲成一个近于四面体的球状，其中心空穴可容纳一个血红素辅基，4 个亚基通过侧链间副键两两交叉紧密相嵌形成一个具有四级结构的球状血红蛋白分子。图 18.8 表示四个亚基组成血红蛋白四级结构的情况。

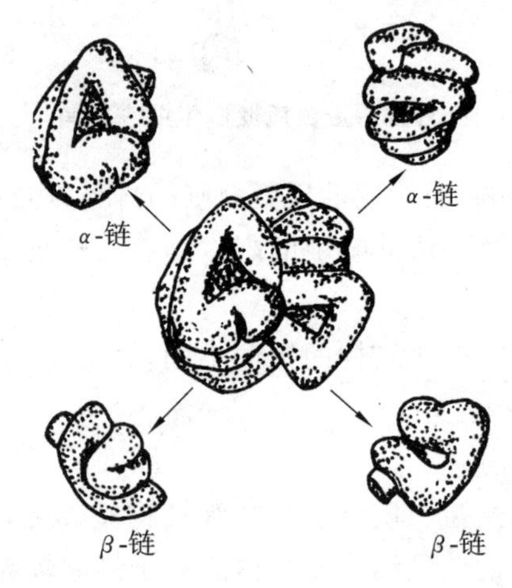

图 18.8 血红蛋白四级结构

3. 蛋白质的性质

(1) 偶极离子和等电点

蛋白质分子中未形成肽键的氨基和羧基，以及其他一些酸、碱性基团在不同 pH 环境下能解离成相应的阳离子和阴离子。因此，蛋白质和氨基酸一样，也具有两性解离和等电点的性质。当蛋白质所带的正、负电荷数相等，净电荷为零时，此时溶液的 pH 值即为蛋白质的等电点。如卵清蛋白虽然只有一条肽链，但在等电点时，约含有一百个带电的阳离子和阴离子基团。为书写方便，常以连接着—COO$^-$ 和—NH$_3^+$ 的 Pr 代表蛋白质，在酸、碱溶液中存在下列解离平衡：

$$\underset{\text{pH}<\text{p}I}{\text{Pr}\begin{matrix}\diagup \text{COOH}\\ \diagdown \text{NH}_3^+\end{matrix}} \underset{\text{H}^+}{\overset{\text{OH}^-}{\rightleftharpoons}} \underset{\text{pH}=\text{p}I}{\text{Pr}\begin{matrix}\diagup \text{COO}^-\\ \diagdown \text{NH}_3^+\end{matrix}} \underset{\text{H}^+}{\overset{\text{OH}^-}{\rightleftharpoons}} \underset{\text{pH}>\text{p}I}{\text{Pr}\begin{matrix}\diagup \text{COO}^-\\ \diagdown \text{NH}_2\end{matrix}}$$

蛋白质结构的差异使其具有不同的等电点，常见蛋白质的等电点列于表18.2中。

表18.2　一些蛋白质的等电点

蛋白质名称	等电点(pI)	蛋白质名称	等电点(pI)
丝蛋白(家蚕)	2.0～2.4	血清 γ-球蛋白(人)	6.85～7.3
胃蛋白酶(猪)	2.75～3.00	白明胶(动物皮)	4.7～5.0
酪蛋白(牛)	4.6	胰岛素(牛)	5.30～5.35
卵清蛋白(鸡)	4.55～4.9	血红蛋白	6.7～7.07
血清白蛋白(人)	4.64	肌球蛋白	7.0
血清 α_1-球蛋白(人)	5.06	细胞色素 c	9.8～10.3
血清 α_2-球蛋白(人)	5.06	鱼精蛋白	12.0～12.4
血清 β-球蛋白(人)	5.12		

含酸性氨基酸较多的蛋白质在水溶液中给出质子的能力较强，蛋白质带负电荷，只有在此溶液中加入适量强酸后方可使其达到等电点，故此类蛋白质的等电点偏酸性，如胃蛋白酶、丝蛋白等。含碱性氨基酸较多的蛋白质在水溶液中接受质子的能力较强，蛋白质带正电荷，只有在此溶液中加入适量强碱后方可使其达到等电点，故此类蛋白质等电点偏碱性，如细胞色素c、鱼精蛋白等。对于体液中大多数所谓的中性蛋白质，虽然其分子中含有的酸性氨基酸和碱性氨基酸数目相近，但由于其给出质子的能力略大于接受质子的能力，故此类蛋白质在水溶液中仍以阴离子状态存在，等电点偏弱酸性，pI值一般在5左右。

在等电状态时，因蛋白质所带净电荷为零，没有电荷相互排斥作用，蛋白质颗粒易聚积而沉淀析出，此时蛋白质的溶解度、黏度、渗透压、膨胀性等都最小。蛋白质的两性解离和等电点的特性对蛋白质的分离纯化具有重要意义。

当蛋白质溶液的pH值大于或小于pI值时，荷电蛋白质在电场中向与其所带电荷相反的电极泳动，这种现象称为电泳。不同的蛋白质因其颗粒大小、形状和带电性质不同，在电场中泳动的速率也不同，这就是电泳法鉴定、分离和提纯蛋白质的理论依据，电泳是研究蛋白质的常用手段。

(2) 蛋白质的胶体性质

蛋白质是高分子化合物，其相对分子质量很大。球蛋白按分子的直径划分应属于1～100 nm的胶粒范畴，因此蛋白质溶液属胶体分散系。蛋白质胶粒表面有许多极性亲水基团，如：$-NH_3^+$、$-COO^-$、$-OH$、$-SH$等，常被水分子包围形成定向排列的水化膜，使蛋白质胶粒均匀地分散在水中形成比较稳定的亲水胶体溶液。蛋白质溶液在非等电状态时，其分子表面总带有一定的同性电荷，由于同性电荷的相互排斥阻止了蛋白质分子产生聚沉。水化膜的形成和同性电荷的排斥，使虽为大分子的球蛋白溶液仍然较为稳定。

利用蛋白质分子胶体颗粒大不能透过半透膜的性质可以提纯蛋白质。将含有小分子杂质的蛋白质放入半透膜制成的包囊里，置于流动的水或者适当pH值的缓冲溶液中，让小分子的杂质不断从囊内渗出，留在囊内的就是纯化的蛋白质，这就是透析法。

根据蛋白质的胶体特性，利用超速离心机产生强大的引力场，使质量不同的蛋白质分步沉降，也能达到分离蛋白质的目的。

(3) 蛋白质的沉淀

维持蛋白质溶液稳定的主要因素是蛋白质分子表面的水化膜和所带的电荷。若用相应的物理或化学方法破坏蛋白质溶液的这两种稳定因素，蛋白质分子将会聚沉。常见的使蛋白质沉淀的方法有以下几种。

① 盐析。向高浓度的蛋白质水溶液中加入无机盐强电解质，这些强电解质离子有很强的亲水能力，可以破坏蛋白质分子表面的水化膜，这种使蛋白质聚集沉淀的方法称为盐析。常用作盐析的电解质有：$(NH_4)_2SO_4$、Na_2SO_4、NaCl 和 $MgSO_4$ 等。

盐析作用实际是利用这些盐离子的强亲水性形成水合离子来破坏蛋白质胶粒的水化膜。同时，这些盐离子又能中和蛋白质胶粒的电荷，从而使蛋白质分子聚集沉淀。若同时调节溶液的 pH 值至蛋白质的等电点，沉淀效果会更好。

各种蛋白质的水化程度和所带电荷不同，因而所需的各种电解质的浓度各异，利用此种特性，可用不同浓度的电解质溶液使不同蛋白质分子分阶段沉淀析出，这种分离方法称为分段盐析。

用盐析法分离得到的蛋白质一般不会改变蛋白质的溶解性和生物活性，重新加入足够的水分后，蛋白质可以再溶解。盐析得到的蛋白质经过透析等方法除去盐分后，即可得到较纯的且保持原有生物活性的蛋白质。

② 生物碱试剂沉淀蛋白质。当蛋白质溶液的 $pH < pI$ 时，某些生物碱试剂如苦味酸、鞣酸、钨酸等，以及某些有机强酸如三氯乙酸等的酸根（用 X^- 表示），可与带正电荷的蛋白质分子结合，形成不溶性盐而沉淀。这类试剂往往破坏蛋白质的结构而引起蛋白质分子的变性，因此这种方法不能用来制备需保持生物活性的蛋白质。

$$Pr(NH_3^+)(COOH) \xrightarrow{X^-} Pr(NH_3^+X^-)(COOH)\downarrow$$

③ 重金属离子沉淀蛋白质。当蛋白质溶液的 $pH > pI$ 时，重金属离子如 Ag^+、Hg^{2+}、Cu^{2+}、Pb^{2+} 等（用 M^+ 表示）可与带负电荷的蛋白质分子结合，形成不溶性盐而沉淀。

$$Pr(NH_2)(COO^-) \xrightarrow{M^+} Pr(NH_2)(COOM)\downarrow$$

重金属离子与蛋白质结合可使蛋白质发生变性，旧法生产松花蛋就是 PbO 使蛋白质凝固的结果。显然，摄入过量的重金属离子对人体有很大的危害。

④ 有机溶剂沉淀蛋白质。向蛋白质溶液中加入一些极性较大的亲水有机溶剂，如甲醇、乙醇和丙酮等，在短时间内它们会像盐析一样破坏蛋白质的水化膜，使蛋白质沉淀。这些有机溶剂若较高浓度、较长时间地与蛋白质共存，就会与肽链中的一些基团发生化学反应，改变蛋白质分子的结构，使蛋白质变性。这种改变使蛋白质难以恢复原有的生物活性，故一般采用较稀浓度的有机试剂在低温下操作，使蛋白质沉淀析出。产生的蛋白质沉淀若要保持其生物活性，应立即纯化除掉有机溶剂。

（4）蛋白质的变性

蛋白质因受物理因素如受热、高压、紫外线、超声波，或化学因素如强酸、强碱、重金属盐、生物碱等的影响，分子的空间结构发生变化，导致蛋白质理化性质改变并丧失生物活性，这种现象就是蛋白质的变性。

一般而言，蛋白质的变性主要发生在空间构象的破坏，因肽键和二硫键较稳定，变性一般不涉及一级结构的改变。蛋白质分子的构象改变后，藏在分子内部的疏水基团大量暴露在分子表面，使蛋白质水化作用减弱，水溶度减小。同时，由于结构松散而使分子表面积增大，黏度增大，流动阻滞，不对称性增加，失去结晶性。由于多肽链的展开，使一些水解酶与肽键接触机会增多，因而变性蛋白质较天然蛋白质易被酶水解消化。

蛋白质的变性有可逆变性和不可逆变性。当变性作用对副键的破坏不是很大时，若消除变性因素，副键可重新形成，蛋白质将恢复原有的构象和性质，这就是可逆变性，这一过程也称为蛋白质的复性。若变性作用使副键大量破坏，使蛋白质不能恢复原有的结构和性质，这就是不可逆变性。

蛋白质的变性作用有重要的实用意义。我们要保护一些蛋白质的生物活性，不让它们变性而失效，如一些疫苗中的活性酶等。另一方面，也用高温、紫外线和乙醇等物理或化学方法来杀灭病毒和细菌，使之失去生物活性从而预防疾病。

（5）蛋白质的颜色反应

蛋白质分子内含有的酰胺键和某些带有特殊基团的氨基酸残基，可以与不同试剂产生各种特有的颜色反应（见表 18.3），利用这些颜色反应可鉴别蛋白质的存在。

表 18.3　蛋白质的颜色反应

反应名称	试　　剂	颜　　色	作 用 基 团
缩二脲反应	强碱、稀硫酸铜溶液	紫色或紫红色	肽键
茚三酮反应	稀茚三酮溶液	蓝紫色	氨基
蛋白黄反应	浓硝酸再加碱	深黄色或橙红色	苯环
Millon 反应	硝酸亚汞、硝酸汞和硝酸混合液	红色	酚羟基
亚硝酰铁氰化钠反应	亚硝酸铁氰化钠溶液	红色	巯基

第二节　核　　酸

核酸（nucleic acid）是从细胞核中分离得到的一种大分子化合物，因其具有酸性，故称为核酸。核酸存在于所有生物体内，携带着遗传信息和决定着蛋白质的生物合成。核酸对生物物种的繁殖、生长、变异和转化等生命现象起着决定的作用。核酸和蛋白质结合成核蛋白存在于细胞核和线粒体内，特别是在细胞质中含有丰富的核酸。核酸根据其结构差异常分为脱氧核糖核酸（deoxyribonucleic acid，DNA）和核糖核酸（ribonucleic acid，RNA）两类，有些核酸分子非常巨大。

1953 年，沃森（Watson）和克里克（Crick）提出了 DNA 分子的双螺旋结构，从而巧妙地揭示了生物物种遗传特性的奥秘，这一重大的科学成就使遗传学的研究从宏观的观察进入到微观的分子结构水平。遗传学中经常使用的“基因密码”一词，就是指 DNA 分子中一些特定的结构排列。20 世纪 70 年代以后兴起的 DNA 序列分析、DNA 分子重组和 RNA 编辑等科学研究课题，现已取得广硕的成果。1981 年我国科学家用人工方法合成了具有生物活性的酵母丙氨酸转移核糖核酸，是对这一科学领域的重要贡献。

核酸的特殊作用取决于其化学结构，本章主要介绍核酸的化学组成和分子结构。

一、核酸的分类和化学组成

根据分子中所含戊糖类型的不同，核酸分为核糖核酸（RNA）和脱氧核糖核酸（DNA）。根据在蛋白质合成过程中所起的作用不同 RNA 可分为三类。

（1）转运 RNA（transfer RNA，tRNA）

通常含有 75～85 个核苷酸残基，在蛋白质的合成过程中，tRNA 运送特定的氨基酸到相应的位置，供肽链增长时使用。

（2）核蛋白体 RNA（ribosomal RNA，rRNA）

又称核糖体 RNA，其分子大小差异较大，含有 120～5000 个核苷酸残基。细胞内绝大部分 RNA（80%～90%）都是 rRNA。它是蛋白质合成时多肽链的“装配机”，接受来自 DNA 的信息，并按此信息将各种不同氨基酸按特定顺序完成多肽链的合成。

（3）信使 RNA（messenger RNA，mRNA）

mRNA 在合成蛋白质过程中转录细胞核里 DNA 的遗传信息，传递给细胞质中的 rRNA，指导氨基酸在合成多肽时的连接顺序。

核酸分子中所含主要元素有 C、H、O、N、P 等。其中磷的含量为 9%～10%，由于各种核酸分子中磷的含量接近恒定，故常用磷的含量来测定组织中核酸的含量。

核酸的基本组成单位是核苷酸。核苷酸由核苷和磷酸组成，核苷由戊糖和碱基组成。核酸的降解过程可如下表示：

核酸 ⟶ 核苷酸 ⟶ { 磷酸；核苷 { 戊糖（核糖或脱氧核糖）；碱基（嘌呤碱和嘧啶碱） } }

RNA 和 DNA 的水解所得产物列于表 18.4 中。

表 18.4 核酸水解后的主要最终产物

水解产物类别	RNA	DNA
酸	磷酸	磷酸
戊糖	D-核糖	D-2-脱氧核糖
嘌呤碱	腺嘌呤、鸟嘌呤	腺嘌呤、鸟嘌呤
嘧啶碱	胞嘧啶、尿嘧啶	胞嘧啶、胸腺嘧啶

从上表可知，DNA 和 RNA 中所含的嘌呤碱相同，都含有腺嘌呤和鸟嘌呤，而所含的嘧啶碱有差异，两者虽然都含有胞嘧啶，但 RNA 中含有尿嘧啶而无胸腺嘧啶，DNA 中含有胸腺嘧啶而无尿嘧啶。

嘌呤碱和嘧啶碱的结构、名称及缩写符号如下所示。

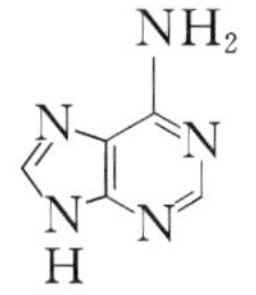

腺嘌呤 adenine(A) 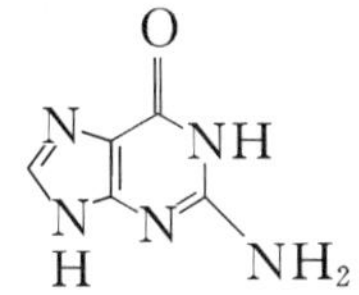　　鸟嘌呤 guanine(G)

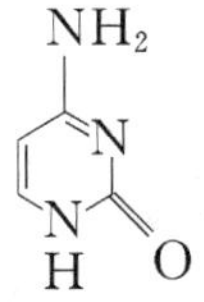

胞嘧啶 cytosine(C) 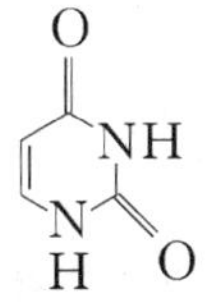　　尿嘧啶 uricil(U) 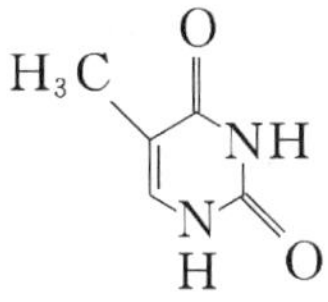　　胸腺嘧啶 thymine(T)

两类碱基均可发生酮式-烯醇式互变，举例如下。

鸟嘌呤：

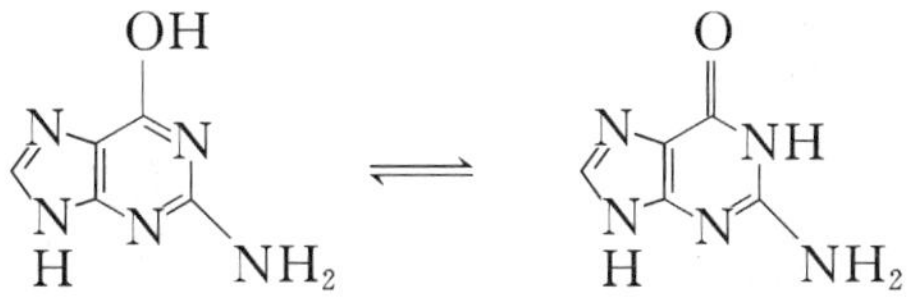

烯醇式　⇌　酮式

胞嘧啶：

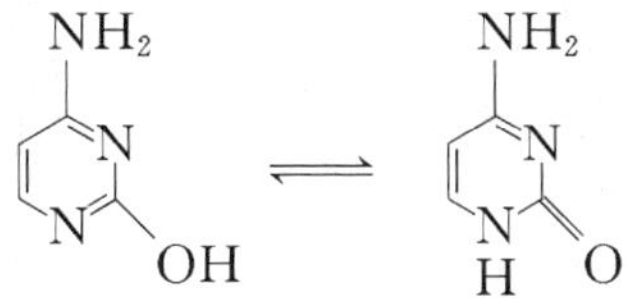

烯醇式　⇌　酮式

核酸中的戊糖有两类，即 D-核糖(如 β-D-呋喃核糖)和 D-2-脱氧核糖(如 β-D-2-脱氧呋喃核糖)，都为 β-构型，D-核糖存在于 RNA 中，而 D-2-脱氧核糖存在于 DNA 中。它们的结构及编号举例如下。

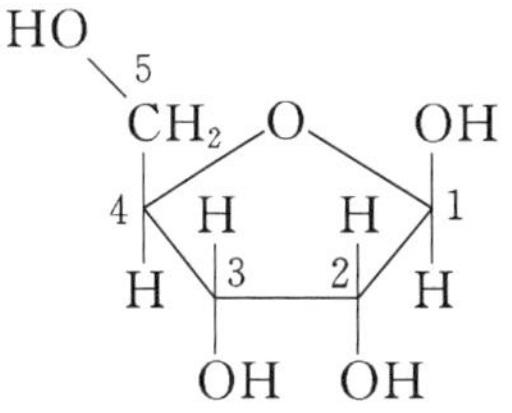

β-D-呋喃核糖　　β-D-2-脱氧呋喃核糖

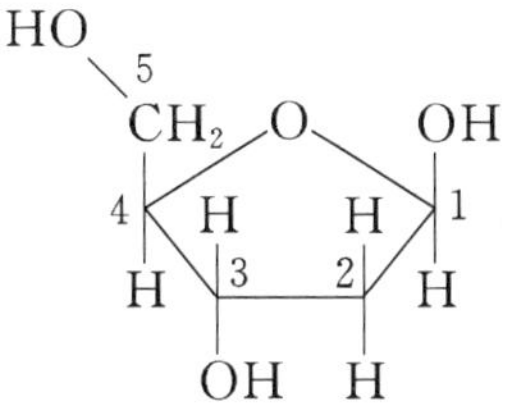

二、核苷和核苷酸

1. 核苷和脱氧核苷

核苷(nucleoside)是由戊糖上的 β-苷羟基与嘌呤碱 9 位或嘧啶碱 1 位氮原子上的氢脱水缩合而成的 β-氮糖苷。由 2-脱氧核糖与碱基结合而成的称为脱氧核糖核苷，简称脱氧核苷，存在于 DNA 中。由核糖与碱基结合而成的称为核糖核苷，简称核苷，存在于 RNA 中。为避免混淆，常将碱基上的原子用 1、2、3、…编号，将戊糖上的原子用 1′、2′、3′、…编号。

RNA 中常见的四种核苷的结构及名称如下：

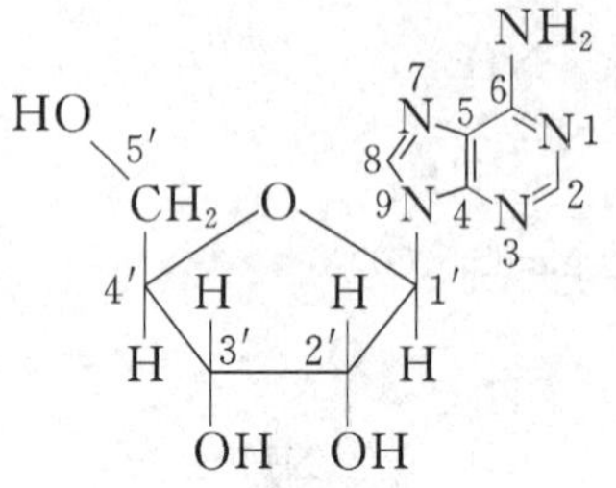

腺嘌呤核苷(腺苷)

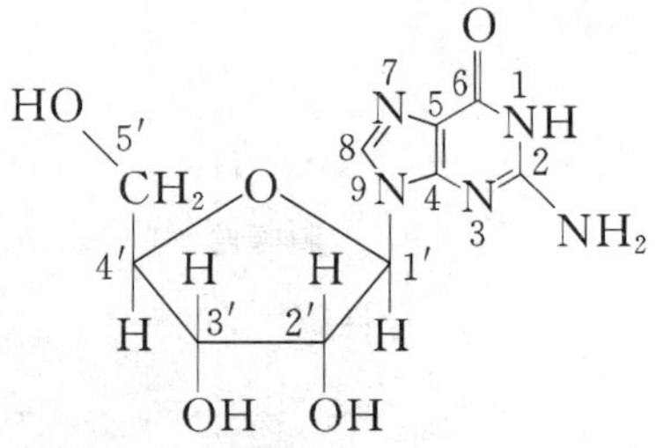

鸟嘌呤核苷(鸟苷)

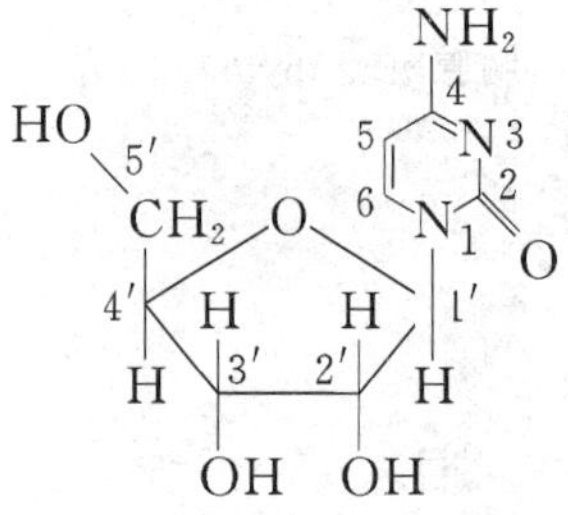

胞嘧啶核苷(胞苷)

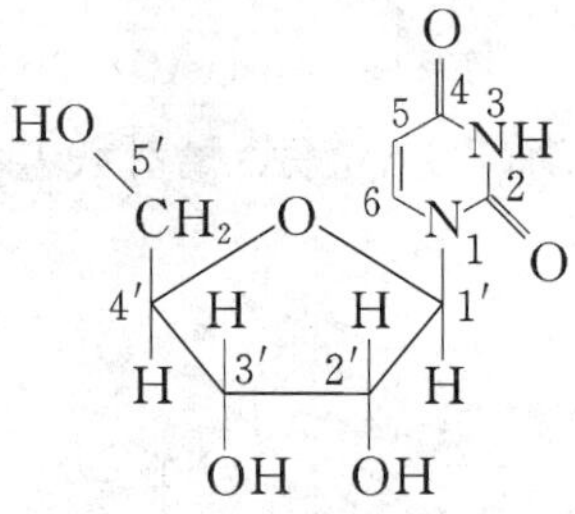

尿嘧啶核苷(尿苷)

DNA 中常见的四种脱氧核苷的结构及名称如下：

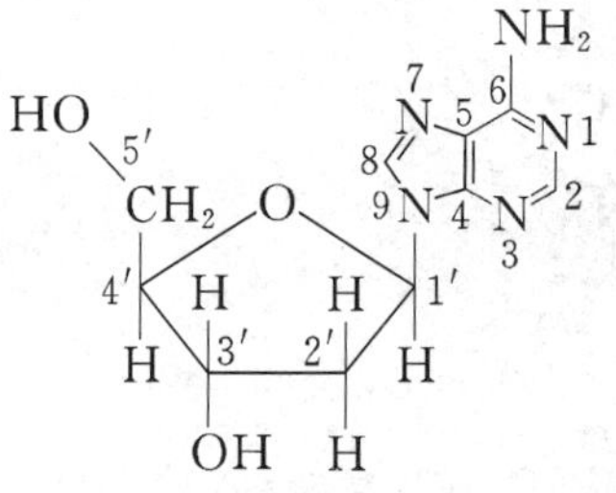

腺嘌呤脱氧核苷(脱氧腺苷)

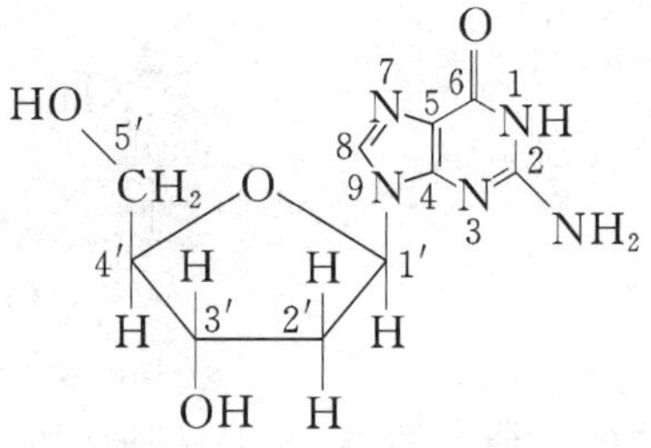

鸟嘌呤脱氧核苷(脱氧鸟苷)

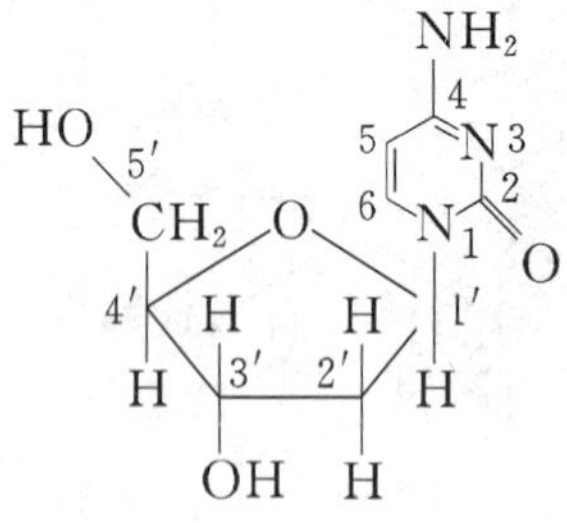

胞嘧啶脱氧核苷(脱氧胞苷)

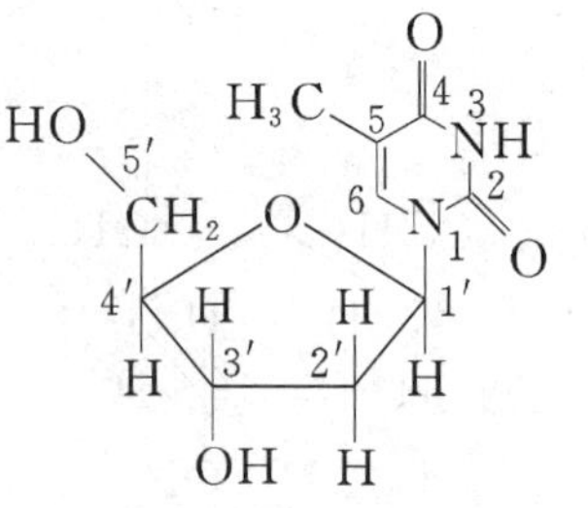

胸腺嘧啶脱氧核苷(脱氧胸苷)

此外，某些核苷中还存在一些稀有碱基，如 5-甲基胞嘧啶、5-羟甲基胞嘧啶，以及黄嘌呤、次黄嘌呤等。

环状戊糖的苷羟基与氮原子形成的糖苷与氧苷一样对碱稳定，但在强酸性溶液中可发生水解，生成相应的碱基和戊糖。嘧啶碱形成的核苷需在浓酸中较长时间加热才能水解，嘌呤碱形成的核苷水解相对容易些。

2. 核苷酸

核苷酸(nucleotide)是由核苷分子中的核糖或脱氧核糖的 3′或 5′位的羟基与磷酸脱水形

成的酯，它是核酸大分子组成的基本单元，有时也将核苷酸称为单核苷酸，而将 DNA 和 RNA 称为多核苷酸。

核苷酸的命名要包括糖基和碱基的名称，还需标出磷酸酯键连在糖基上的位置。例如：腺苷酸又称腺苷-5′-磷酸或腺苷一磷酸。如果糖基为脱氧核糖，则要在核苷酸前加“脱氧”二字。例如：脱氧胞苷酸又称脱氧胞苷-5′-磷酸或脱氧胞苷一磷酸等。组成 RNA 的核苷酸有腺苷酸、鸟苷酸、胞苷酸和尿苷酸。组成 DNA 的核苷酸有脱氧腺苷酸、脱氧鸟苷酸、脱氧胞苷酸和脱氧胸苷酸。腺苷酸和脱氧胞苷酸结构如下：

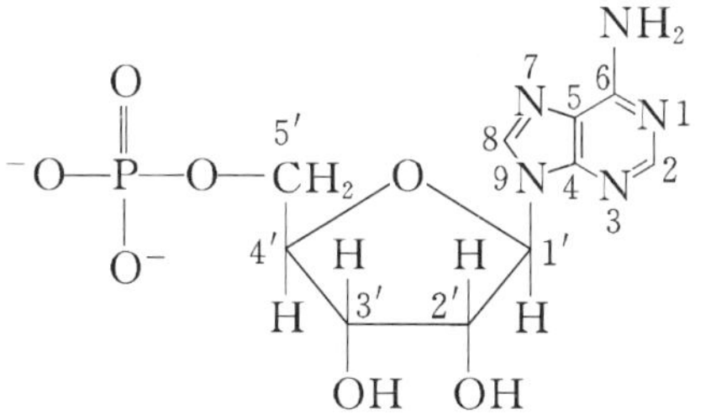

腺苷酸
adenylic acid

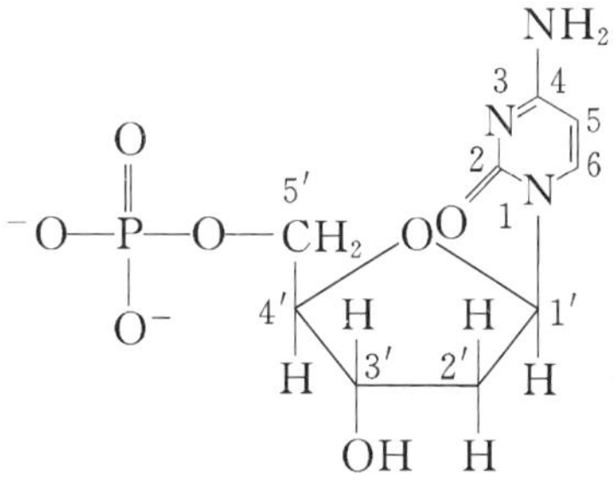

脱氧胞苷酸
deoxycytidylic acid

核苷酸除了组成 DNA 和 RNA 外，在细胞内还有一定量以游离状态或磷酸化衍生物的形式存在。例如：一磷酸腺苷(AMP)能继续磷酸化为二磷酸腺苷(ADP)和三磷酸腺苷(ATP)，其结构表示如下：

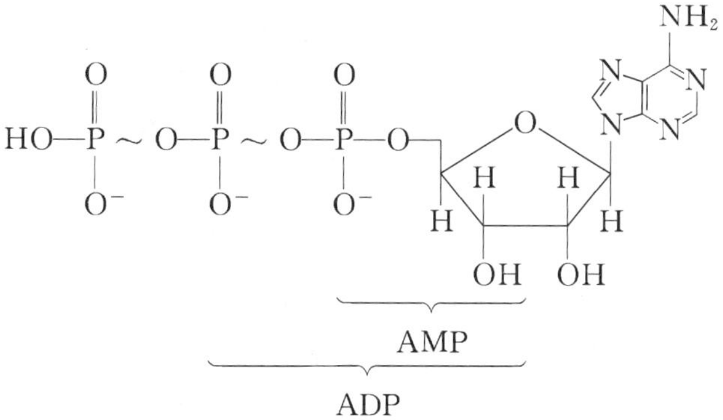

AMP

ADP

ATP

ATP 分子具有重要的生理功能。磷酸之间的酐键在生物化学中称为高能磷酸键，用“～”表示。ADP 和 ATP 可从糖原及葡萄糖的降解中获得能量而生成，ADP 和 ATP 的互相转化是生物体内细胞储能和供能的物质基础。从单细胞生物到高等动物，能量的储存、释放和利用等都是以 ATP 为中心。同时 ATP 还参与许多重要的生化反应。

三、核酸的结构

1. 核酸的一级结构

核酸的一级结构是指核酸分子链中各种核苷酸排列的顺序。由于核苷酸间的差别主要是碱基不同，核酸一级结构的差异就是碱基排列的差异。在核酸分子中，各核苷酸之间是以磷酸通过和戊糖的3′位和5′位形成磷酸二酯键来连接的，即一个戊糖的3′-羟基与另一个戊糖的5′-羟基与磷酸形成磷酸二酯键，这样一直延续下去，形成没有支链的核酸大分子。

DNA和RNA的部分结构可表示如下：

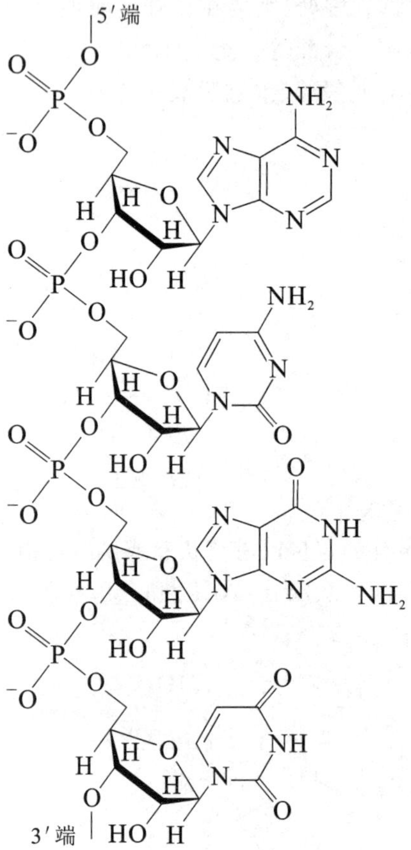

RNA 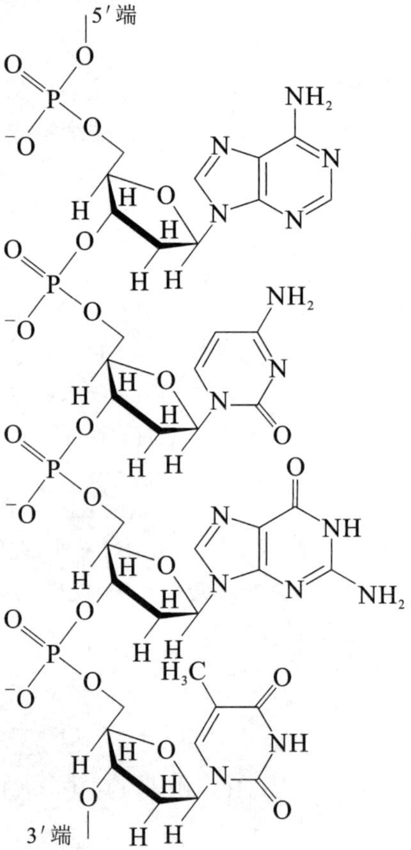 DNA

以上结构表示方法直观，但书写麻烦。在RNA或DNA分子内的差异只是碱基的位置序列不同，因此为了简化烦琐的结构式，常用P表示磷酸，用类似费歇尔表示式的竖线表示糖基，代表碱基的英文字母置于竖线之上，用斜线表示磷酸和糖基酯键。以上RNA、DNA的部分结构可表示为

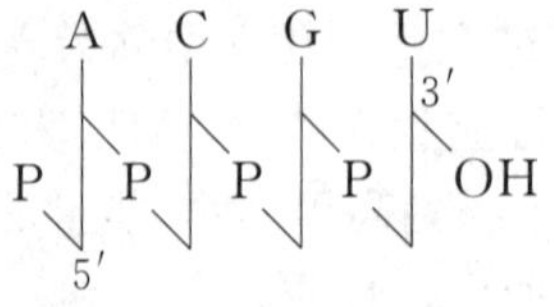

RNA 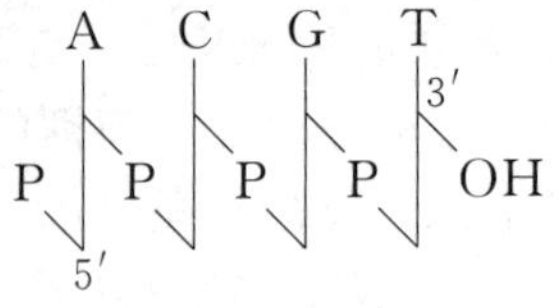 DNA

还可更简明地用字符表示为

pA—pC—pG—pU— dpA—pC—pG—pT—

或 pACGU 或 dpACGT

根据核酸的书写规则，DNA和RNA的字符书写表示应从5′端到3′端。

2. DNA 的双螺旋结构

1953 年，Watson 和 Crick 提出了著名的 DNA 双螺旋结构模型。这一模型提出 DNA 分子由两条核苷酸链组成，它们沿着一个共同轴心以反平行走向，盘旋成右手双螺旋结构（见图 18.9）。在这个双螺旋结构中，亲水的脱氧核糖基和磷酸基位于双螺旋的外侧，而碱基在螺旋圈内。一条链的碱基与另一条链的碱基通过氢键结合成对。碱基对的平面与螺旋结构的伸展中心轴垂直。配对碱基始终是腺嘌呤（A）与胸腺嘧啶（T）配对，形成两个氢键；鸟嘌呤（G）与胞嘧啶（C）配对，形成三个氢键（见图 18.10）。两个相互配对的碱基，彼此互称为“互补碱基”，这些碱基间互相匹配的规律称为“碱基互补”或“碱基配对”规律。氢键的存在是维持 DNA 双螺旋结构稳定的基础。由于这两条链间的碱基互补，它们又称为互补链。

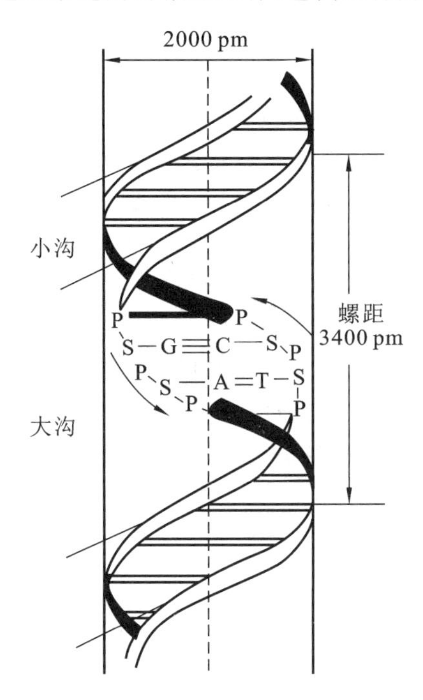

图 18.9　DNA 的双螺旋结构

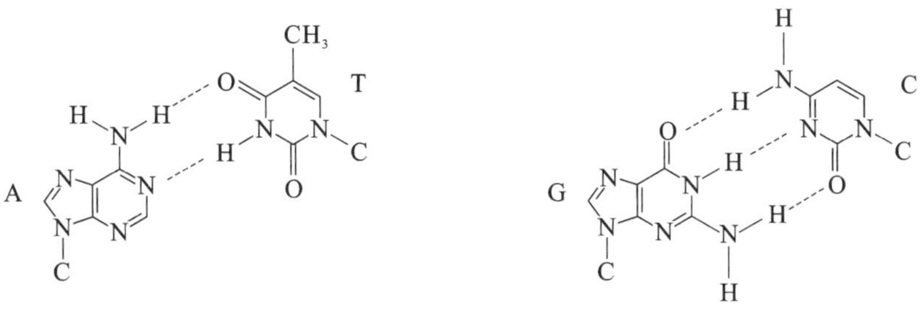

图 18.10　配对碱基间氢键示意图

在 DNA 的双螺旋结构中，螺旋圈的直径约为 2000 pm，相邻两个碱基对的距离约为 340 pm，每 10 对碱基组成一个重复的螺旋周期，螺旋周期的长度约为 3400 pm。由于不同碱基对占据的空间不同，双螺旋的盘绕形成了一条较宽的大沟和一条较窄的小沟。DNA 右手双螺旋结构是 DNA 分子在水溶液和生物体内最稳定的常见结构，称为 B 型 DNA。此外，还有 A 型

DNA、C 型 DNA，以及左手螺旋的 Z 型 DNA。

DNA 双螺旋结构的重大意义在于第一次提出了生物的遗传信息是以 DNA 分子中的碱基排列顺序及互补规律为储存方式，而 RNA 在合成蛋白质时按其“基因”来进行。该模型解释了生物遗传信息代代相传的复制过程。

天然的 RNA 常以单链形式存在，单链的回折使 A-U 与 G-C 可以相互配对。但 RNA 并不像 DNA 那样所有碱基全部配对。配对的 RNA 链段形成较短的双螺旋结构，不能配对的碱基链段则形成突环。酵母丙氨酸转移核糖核酸（tRNAAla）的三叶草形状就是由这些小的双螺旋和突环组成的。

四、核酸的理化性质

1. 物理性质

DNA 为白色纤维状固体，RNA 为白色粉末。两者微溶于水，在稀碱溶液中溶解度较大。DNA 和 RNA 都不溶于乙醇、乙醚、氯仿等一般有机溶剂。DNA 和 RNA 水溶液的黏度较大，其中纤维状的 DNA 分子更为突出，这是它们一个明显的特征。

核酸分子中存在嘌呤和嘧啶的共轭结构，所以它们在波长 260 nm 左右有较强的紫外吸收，这常用于核酸、核苷酸、核苷及碱基的定量分析。

2. 酸碱性

核酸分子中既含酸性的磷酸基，又含嘌呤和嘧啶碱基，因此是酸碱两性化合物，但其酸性大于碱性。核酸分子在不同的 pH 值溶液中带有不同电荷，因此可像蛋白质溶液一样，在直流电场中泳动。迁移的方向和速率与核酸分子的电荷量、分子的大小和形状有关。核酸的电泳常用于一级结构的分析。

3. 与亚硝酸的反应

核酸分子中碱基上的—NH_2与 HNO_2作用，可发生放氮反应。—NH_2转变成—OH 后进行结构重排。

$$—N{=}\overset{|}{C}—NH_2 + HNO_2 \longrightarrow —N{=}\overset{|}{C}—OH + N_2$$

$$—N{=}\overset{|}{C}—OH \xrightarrow{\text{重排}} —NH—\overset{|}{C}{=}O$$

在这个变化过程中，胞嘧啶转变为尿嘧啶，腺嘌呤转变为次黄嘌呤，尿嘌呤转变为黄嘌呤。

$$\text{胞嘧啶} \xrightarrow{HNO_2} \text{尿嘧啶}$$

$$\text{腺嘌呤} \xrightarrow{HNO_2} \text{次黄嘌呤}$$

次黄嘌呤

$$\xrightarrow{HNO_2}$$

黄嘌呤

对 DNA 来说，这种碱基的变化就是遗传信息的突变，HNO_2 使遗传信息突变可导致人体的正常细胞转变为肿瘤细胞，这就是亚硝酸和亚硝酸盐致癌的原因。

第三节　生　物　碱

一、生物碱的概念

生物碱是存在于自然界中的一类具有明显生理活性的含氮有机化合物。这类物质一般具有弱碱性，主要存在于植物中，所以又称植物碱。至今分离出来的生物碱已有数千种之多，但也有少数生物碱例外。例如，麻黄碱是有机胺衍生物，在植物中常与有机酸(如柠檬酸、苹果酸、草酸、酒石酸、苯甲酸、乳酸等)结合成盐而存在。咖啡因虽为含氮的杂环衍生物，但碱性非常弱(基本上没有碱性)。还有少数以糖苷、有机酸酯和酰胺的形式存在于植物中。由于它们均来源于植物的含氮有机化合物，而又有明显的生物活性，一般仍包含在生物碱的范围内。而有些来源于天然的含氮有机化合物，如某些维生素 B、氨基酸、肽类蛋白质、核酸等，习惯上又不归属于生物碱，所以“生物碱”一词到现在还未有严格而确切的定义。

生物碱一般按其基本结构体系分类，如：

① 四氢吡咯、六氢吡啶、咪唑等单杂环结构体系；

② 吲哚、喹啉、异喹啉、嘌呤等稠杂环结构体系；

③ 萜类和甾族结构体系。

由于生物碱结构复杂，没有系统的命名，一般按其来源命名。例如，从麻黄中提取出来的生物碱称为麻黄碱，从烟草中提取出来的生物碱称为烟碱。有时也用外文音译名称，如烟碱也称尼古丁(nicotine)。

生物碱具有特殊而又明显的生理作用，很多是非常有效的药物，在我国，中草药的使用已有数千年的历史，许多中草药如当归、贝母、麻黄、常山、曼陀罗、黄连等含有的有效成分都是生物碱。

一些生物碱的毒性很大，适量可作为药物治疗或缓解疾病，量大时则可能引起难以恢复的中毒，甚至引起死亡，使用时一定要注意剂量。

二、生物碱的一般性质

多数生物碱是无色的固体结晶，少数是有色和液体的，如黄连素为黄色，烟碱为液体，一般有苦味。分子中含有手性碳原子，具有旋光性。多能溶于氯仿、乙醇、醚等有机溶剂而不溶或难溶于水。能与无机酸或有机酸结合成盐，这种盐一般易溶于水。

生物碱大多具有碱性，这是因为生物碱分子中的氮原子上多为仲胺或叔胺，其未共用电子对能与质子结合生成盐。生物碱的盐大多易溶于水和醇，临床上用的生物碱药物，常制成生物碱的盐类如硫酸阿托品、盐酸吗啡等，配成所需浓度的注射液。生物碱的盐遇强碱仍会析出难溶于水的生物碱。

$$\text{生物碱}\underset{OH^-}{\overset{H^+}{\rightleftharpoons}}\text{生物碱盐}$$

（难溶于水）（易溶于水）

生物碱在中性或酸性水溶液中与某些试剂能发生沉淀，利用这种沉淀反应可以检验生物碱在中草药中的存在。沉淀生物碱常用的试剂有：碘化汞钾 K_2HgI_4（Mayer 试剂）、碘化铋钾 $KBiI_4$（Dragendorff 试剂）、碘-碘化钾、10%苦味酸、磷钼酸、硅钨酸、丹宁酸、$AuCl_3$ 盐酸溶液、$PtCl_4$ 盐酸溶液。其中最灵敏的是碘化汞钾和碘化铋钾。

生物碱的颜色反应：生物碱与一些浓酸试剂如 1%钒酸铵的浓硫酸溶液、1%钼酸钠的浓硫酸能呈现出各种颜色，其颜色随各种生物碱结构的不同而不同，可用做生物碱的鉴别。

三、重要的生物碱

1. 烟碱

烟草中含有十多种生物碱，主要是烟碱，含 2%～8%，平均 4%，纸烟中约含 1.5%。烟碱又叫尼古丁，为无色或微黄色液体，沸点 246 ℃。臭似吡啶，味辛辣，易溶于乙醇、乙醚和氯仿，有旋光性，天然烟碱是左旋体，其结构中含有吡啶和四氢吡咯环，有两个呈碱性的氮原子。其结构式如下：

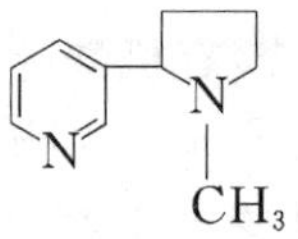

N N CH_3

烟碱

烟碱极毒，少量能兴奋中枢神经，增高血压，量大则抑制中枢神经，使心肌麻痹以致死亡。几毫克的烟碱就能引起头痛、呕吐，意识模糊等中毒症状，吸烟太多的人会逐渐引起慢性中毒。

2. 麻黄碱

麻黄碱是中药麻黄中的一种主要生物碱，又叫麻黄素。麻黄是我国的特产药材，四千多年前就作发汗药和止咳药，迄今仍在使用。其结构式如下：

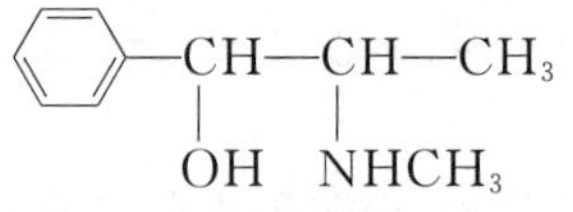

$$C_6H_5\text{—}\underset{\displaystyle OH}{CH}\text{—}\underset{\displaystyle NHCH_3}{CH}\text{—}CH_3$$

麻黄碱

麻黄碱是一种不含杂环的生物碱，属于仲胺，可与强酸成盐。麻黄碱为无色结晶，易溶于水和乙醇、乙醚、氯仿等溶剂。它有兴奋交感神经，增高血压，扩张支气管，发汗、兴奋、止咳、平喘的功效，临床上用于止咳和治疗哮喘。

去氧麻黄素是一种无色结晶，形状似冰，故又称“冰毒”。冰毒对人体的损害更甚于海洛因，吸食或注射 0.2 g 即可致死，是严禁的神经类毒品。冰毒可用麻黄素反应制成。其结构式如下：

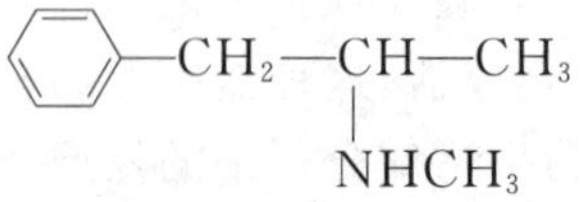

$$C_6H_5\text{—}CH_2\text{—}\underset{\displaystyle NHCH_3}{CH}\text{—}CH_3$$

去氧麻黄碱

3. 小檗碱

小檗碱俗称黄连素，属异喹啉类生物碱，存在于黄连、黄柏和三颗针等小属植物中。游离的小檗碱主要以季铵盐的形式存在。

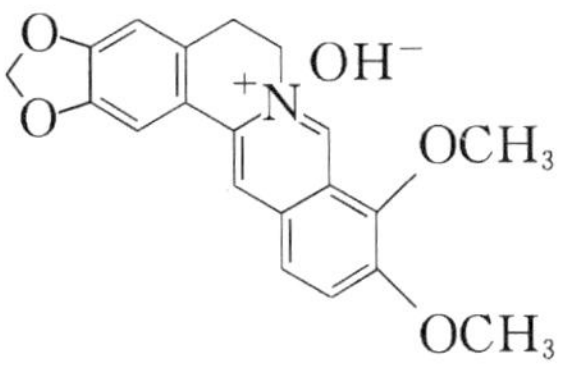

小檗碱

小檗碱为黄色结晶，味极苦，能溶于水，难溶于有机溶剂中。其无机盐类在水中的溶解度一般也比较小；一般盐酸黄连素含有两分子结晶水，易溶于沸水，在冷水中的溶解度较小。

小檗碱的抗菌谱广，对多种革兰氏阳性细菌及阴性细菌有抑制作用，临床上用于治疗痢疾、胃肠炎。除此之外，小檗碱还有温和的镇静、降压和健胃作用。

4. 喜树碱

喜树碱(camptothecin)多用喜树果实作原料制取，为浅黄色针状结晶(甲醇-乙腈)，分解点为 264～267 ℃，比旋光度为＋31.3°(氯仿-甲醇)。在紫外光下表现出强烈的蓝色荧光，与酸不能生成稳定的盐。

喜树碱可用于治疗恶性肿瘤、银屑病、治疣、急慢性白血病，以及血吸虫病引起的肝脾肿大等。喜树碱对肠胃道和头颈部癌等有较好的近期疗效，但对少数病人有尿血的副作用。10-羟基喜树碱的抗癌活性超过喜树碱，对肝癌和头颈部癌也有明显疗效，而且副作用较小。

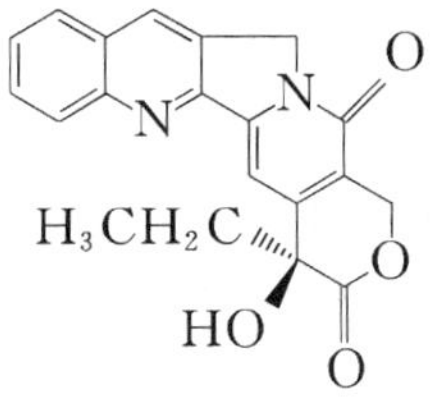

喜树碱

5. 奎宁

奎宁(quinine)又称金鸡纳霜或金鸡纳碱，它存在于茜草科金鸡纳树皮中，1820 年佩尔蒂埃和卡芳杜首先制得奎宁的纯品。可作为医学用途，具有解热及治疗和预防疟疾的作用。奎宁是喹啉类衍生物，能与疟原虫的 DNA 结合，形成复合物，抑制 DNA 的复制和 RNA 的转录，从而抑制原虫的蛋白合成，作用较氯奎弱。

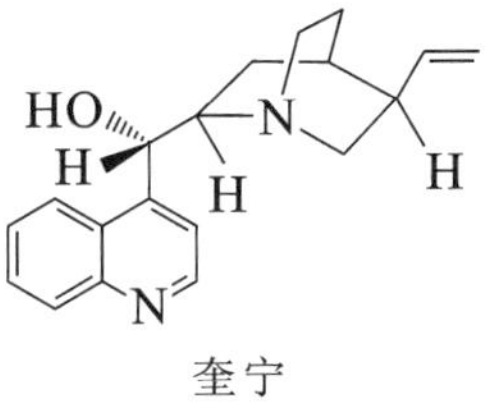

奎宁

6. 咖啡碱和茶碱

咖啡碱又称咖啡因(caffeine)，茶叶中含有 1%～5%的咖啡碱和少量茶碱，它们均属于嘌呤的衍生物，可人工合成。它是白色针状结晶，味苦，易溶于热水，显弱碱性。临床上用于呼吸衰竭及循环衰竭的解救，并用做利尿剂。

茶碱(theophyline)是白色结晶，易溶于热水，显弱碱性，主要用于平滑肌松弛(治疗哮喘)、利尿及强心药。

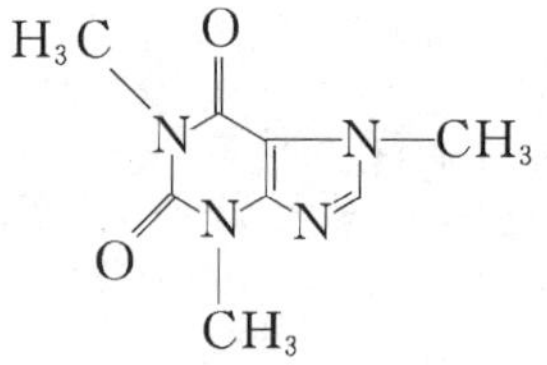

咖啡碱 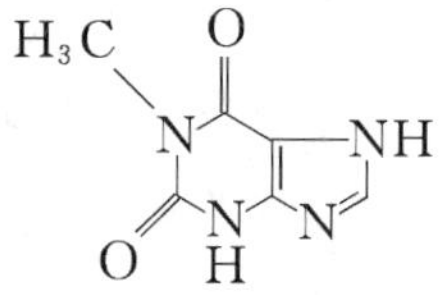　　茶碱

7. 颠茄碱

颠茄碱是分布于茄科植物如颠茄、莨菪、洋金花、曼陀罗等中的生物碱，常见的有莨菪碱和阿托品等。莨菪碱的结构式如下：

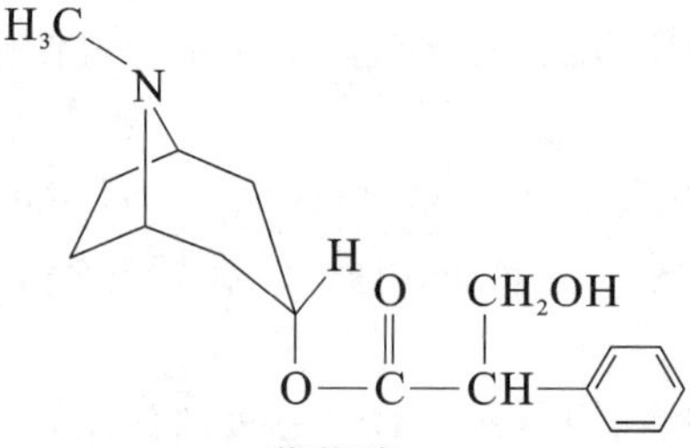

莨菪碱

莨菪碱是由莨菪醇和莨菪酸所形成的酯。莨菪醇可看做由四氢吡咯和六氢吡啶两种杂环并合形成的双环结构。莨菪碱呈左旋性。由于结构中莨菪酸部分的手性碳原子处于官能团羰基的 α-位，容易发生互变异构。因此，莨菪碱在碱性条件下或受热时易外消旋化，形成外消旋的莨菪碱，即阿托平。阿托平为长柱状白色晶体，熔点 118 ℃，无旋光性，难溶于水，易溶于乙醇和氯仿。临床上常用做抗胆碱药，能抑制汗腺、唾液、泪腺、胃液等多种腺体的分泌，并能扩散瞳孔。常用于治疗平滑肌痉挛、胃和十二指肠溃疡病，也可作为有机磷农药中毒的解毒剂。

8. 吗啡和可待因

吗啡和可待因含于鸦片中，鸦片是罂粟果流出的汁，经日光晒成棕黑色膏状物质。鸦片中含 20 种以上的生物碱，其中吗啡含量最高，约含 10%，其次为可待因，含 0.3%～1.9%。可待因是吗啡的甲基醚，是甲基取代吗啡分子中的酚羟基的氢原子而成的。

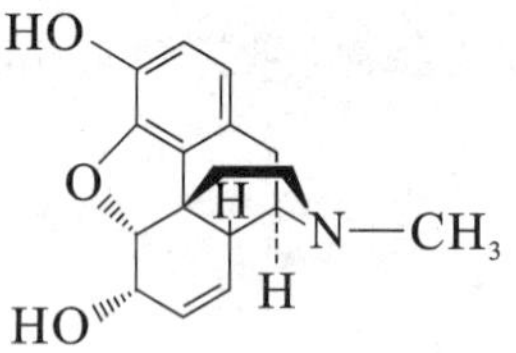

吗啡 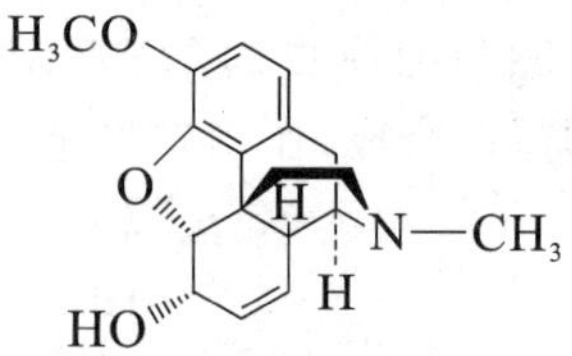　　可待因

纯品吗啡为无色结晶，味苦，难溶于水。它对中枢神经有麻醉作用，有极快的镇痛效力，也能镇咳，但不能经常应用，久用会成瘾。因分子结构中含有叔氮原子和酚羟基，为两性化合物。临床上用药一般为吗啡的盐酸盐及其制剂。

可待因为无色晶体，味苦，微溶于水，溶于沸水、乙醇等。可以镇痛，其强度为吗啡的1/4，成瘾倾向较小。医药上用的是磷酸可待因，主要用做镇咳剂。

9. 可卡因

可卡因(cocaine)又称古柯碱，是从南美灌木古柯中分离得到的，其化学名称为苯甲基芽子碱。可卡因一般为无色无臭的单斜形晶体，味先苦而后麻。熔点 98 ℃，比旋光度 −16°（氯仿）。几乎不溶于水，可溶于乙醇、乙醚等有机溶剂，但其盐酸盐易溶于水。

可卡因

古柯碱具有局部麻醉作用，其 0.03% 水溶液即能麻醉感觉神经末梢，眼科用做黏膜麻醉剂。但其对中枢神经有较大的毒性，能使大脑皮层兴奋产生欣快感，反复使用可迅速成瘾，成为一种毒品。现多被其他合成的局部麻醉药所代替。

习　题

18-1 写出下列 α-氨基酸的费歇尔投影式，并用 R/S 标记手性碳的构型。

(1) L-丙氨酸　　(2) L-丝氨酸　　(3) L-半胱氨酸

18-2 回答下列问题。

(1) 食用味精是谷氨酸的单钠盐，写出它的结构式。

(2) 写出天冬氨酸内盐的两种形式，并指出哪一个结构式更易形成。

(3) 天冬氨酸和谷氨酸比较，哪一个的 pI 值大？为什么？

(4) 比较谷氨酸、丙氨酸、半胱氨酸和赖氨酸的 pI 值大小。

18-3 完成下列反应式。

(1) $CH_3\underset{NH_2}{\underset{|}{C}}HCOOC_2H_5 \xrightarrow[\triangle]{H_2O,HCl}$

(2) $CH_3\underset{NH_2}{\underset{|}{C}}HCOOC_2H_5 + (CH_3CO)_2O \longrightarrow$

(3) $CH_3\underset{NH_2}{\underset{|}{C}}HCOOH + CH_3OH \xrightarrow{H_2SO_4}$

(4) $CH_3\underset{NH_2}{\underset{|}{C}}HCONH_2 + HNO_2$（过量）$\longrightarrow$

(5) $CH_3\underset{NH_2}{\underset{|}{C}}HCOOH + CH_3COCl \longrightarrow$

18-4 若某氨基酸溶于纯水中的 pH 为 6.2，它的 pI 应大于 6.2，小于 6.2，还是等于6.2？为什么？

18-5 写出 pH 为 2、7 和 12 的缓冲溶液中，下列化合物的主要离子结构。

(1) 缬氨酸　　(2) 谷氨酸　　(3) 精氨酸

18-6　将天冬氨酸、组氨酸溶入 pH＝7 的缓冲溶液中，外加直流电场后，它们会如何泳动？

18-7　丝-丙-丙和丝-丙-半胱各有几种三肽异构体，试写出它们的结构。

18-8　举例说明蛋白质的一级、二级、三级、四级结构。各级结构主要依靠何种结合方式维持其稳定性？

18-9　何谓蛋白质的变性？可逆变性和不可逆变性有何差异？

18-10　组成蛋白质的各种氨基酸中，与亚硝酸反应时：

(1) 可生成乳酸的是哪种氨基酸？

(2) 不放出氮气的是哪种氨基酸？

(3) 放氮后的产物可与 $Cu(OH)_2$ 生成绛蓝色生成物的是哪种氨基酸？

(4) 可生成苹果酸(羟基丁二酸)的是哪种氨基酸？

18-11　试写出下列蛋白质显色反应的所用试剂、作用基团和显色现象。

(1) Millon 反应　　(2) 蛋白黄反应

(3) 茚三酮反应　　(4) 缩二脲反应

18-12　试写出人脑中发现的具有镇痛麻醉作用的五肽——甲硫氨酸脑啡肽：Tyr-Gly-Gly-Phe-Met 的结构式。

18-13　写出下列条件下，各氨基酸的主要存在形式，并说明如何调节到它们的等电点。

(1) 缬氨酸在 pH＝8 的溶液中

(2) 天冬氨酸在 pH＝1.5 的溶液中

(3) 赖氨酸在 pH＝10 的溶液中

(4) 谷氨酸在 pH＝3 的溶液中

18-14　某三肽完全水解时生成甘氨酸和丙氨酸，该三肽若用亚硝酸处理后再水解，可得到乳酸和甘氨酸两种化合物，试写出此三肽的结构式，并命名之。

18-15　某五肽经部分水解可得到下列三种三肽，试推测该五肽的结构。

Arg-Gly-Phe　　Gly-Glu-Arg　　Glu-Arg-Gly

18-16　试写出 DNA 和 RNA 水解最终产物的结构式及名称。

18-17　维系 DNA 的二级结构稳定性的作用力是什么？

18-18　写出下列化合物的结构式。

(1) 5-氟尿嘧啶　　(2) 1-甲基鸟嘌呤　　(3) 5,6-二氢尿嘧啶

18-19　填空。

(1) 核酸根据分子中所含戊糖的类型不同可分为______和______。

(2) 根据在蛋白质合成过程中所起的作用不同，RNA 可分为______、______和______。

(3) 核酸的基本结构单元是______，它们以______相连接。

(4) ATP 分子中含有________键，它是细胞______的重要物质。

18-20　某 DNA 样品中含有约 30%的胸腺嘧啶和 20%的胞嘧啶，可能还含有哪些碱基？含量为多少？

18-21　一段 DNA 分子中核苷酸的碱基序列为 TTAGGCA，与这段 DNA 链互补的碱基顺序应如何排列？

18-22　何谓生物碱？

18-23　颠茄的主要生物碱为具有旋光性的莨菪碱，在分离过程中，常在碱的作用下发生消旋化，形成无旋光性的阿托平。

（1）说明发生消旋化的原因；

（2）莨菪碱的手性中心具有 S-构型，写出莨菪碱的立体结构式。

18-24　吗啡的结构中含有几个手性碳原子？有多少个立体异构体？

习题参考答案

第一章

1-1 略。

1-2 略。

1-3 (1) C与O为sp^3杂化 (2) C_1、C_2为sp^2杂化,C_3为sp^3杂化 (3) C_1、C_2为sp杂化

(4) 略 (5) 略 (6) 略

1-4 参考表1.2中数据。

1-5 H_3C—a—b c=d e≡f—CH_3 键长顺序:e<c<d<f<b<a

1-6 (1) $CH_3NH_3^+$ (2) 略 (3) 略

(4) 略 (5) $CH_3OH_2^+$ (6) $CH_3CH=OH^+$

1-7 (1) $CH_3CH_2O^-$ (2) CH_3COO^- (3) 略

(4) 略 (5) 略 (6) 略

1-8 (1)、(3)、(6) 属于Lewis酸;(2)、(4)、(5) 属于Lewis碱。

1-9 (1) $CH_3F>CH_3Cl>CH_3Br>CH_3I$

(2) 氟代环己烷 > 氯代环己烷 > 氟苯 > 氯苯

1-10 $H_2N-C(=O)-NH^{\ominus}$ $\overset{B}{\rightleftharpoons}$ $H_2N-C(=O)-NH_2$ $\overset{H^+}{\rightleftharpoons}$ $H_2N-C(=\overset{\oplus}{O}H)-NH_2$

共轭碱 共轭酸

共轭酸的共振结构:

$H_2N-C(=\overset{\oplus}{O}H)-NH_2 \longleftrightarrow H_2N-\overset{\oplus}{C}(OH)-NH_2 \longleftrightarrow H_2N-C(OH)=\overset{\oplus}{N}H_2 \longleftrightarrow H_2\overset{\oplus}{N}=C(OH)-NH_2$

1-11 略。

第二章

2-1 略。

2-2 (1) 羟基 (2) 乙烯基 (3) 乙炔基 (4) 甲氧基 (5) 苯基 (6) 巯基

(7) 氨基 (8) 羧基 (9) 乙酰基 (10) 甲酰基 (11) 硝基 (12) 氰基

2-3 (1) 正丙醇 (2) 异丁醇 (3) 异丁烯 (4) 异丙苯

(5) 苯基异丙基酮 (6) 新戊醇 (7) 苄醇 (8) 异丁酸

2-4 (1) $CH_3CH_2CONH_2$ (2) $CH_3COOCH_2CH_2CH(CH_3)_2$ (3) $(CH_3)_3COCH_3$

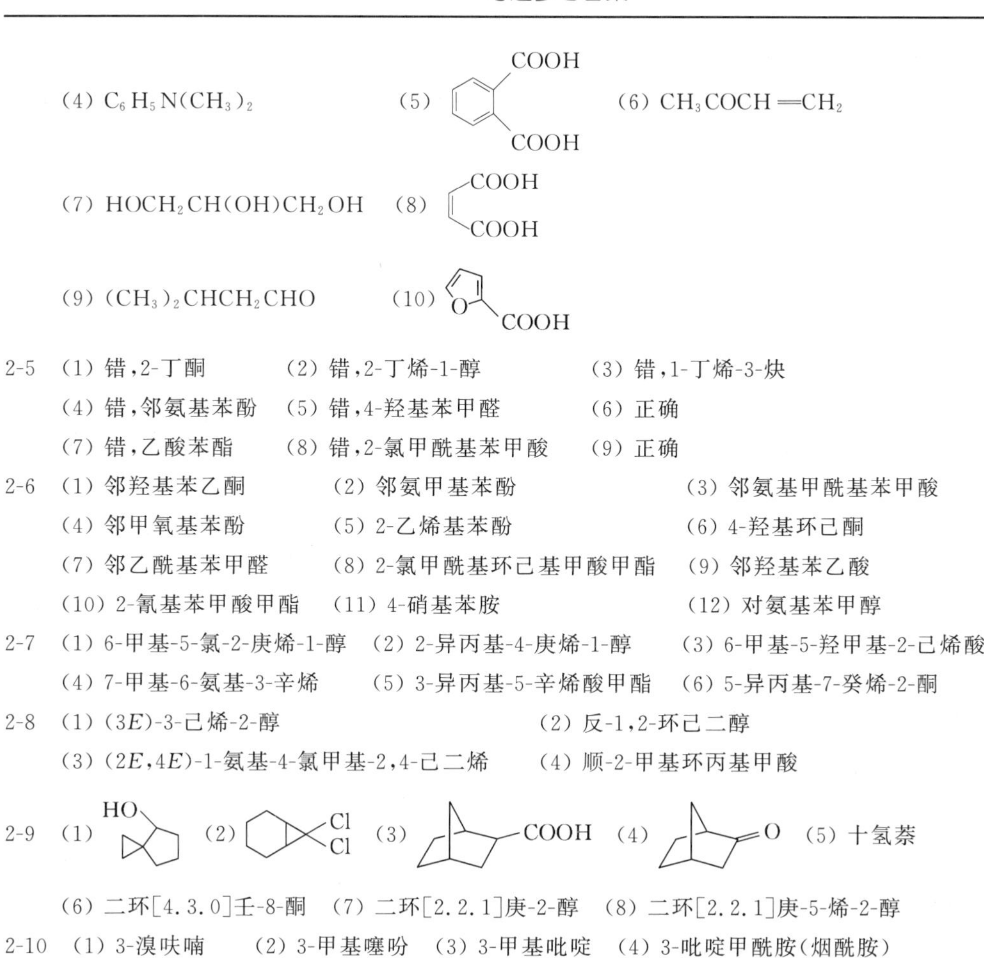

(4) $C_6H_5N(CH_3)_2$ (5) (6) $CH_3COCH{=}CH_2$

(7) $HOCH_2CH(OH)CH_2OH$ (8)

(9) $(CH_3)_2CHCH_2CHO$ (10)

2-5 (1) 错,2-丁酮 (2) 错,2-丁烯-1-醇 (3) 错,1-丁烯-3-炔
(4) 错,邻氨基苯酚 (5) 错,4-羟基苯甲醛 (6) 正确
(7) 错,乙酸苯酯 (8) 错,2-氯甲酰基苯甲酸 (9) 正确

2-6 (1) 邻羟基苯乙酮 (2) 邻氨甲基苯酚 (3) 邻氨基甲酰基苯甲酸
(4) 邻甲氧基苯酚 (5) 2-乙烯基苯酚 (6) 4-羟基环己酮
(7) 邻乙酰基苯甲醛 (8) 2-氯甲酰基环己基甲酸甲酯 (9) 邻羟基苯乙酸
(10) 2-氰基苯甲酸甲酯 (11) 4-硝基苯胺 (12) 对氨基苯甲醇

2-7 (1) 6-甲基-5-氯-2-庚烯-1-醇 (2) 2-异丙基-4-庚烯-1-醇 (3) 6-甲基-5-羟甲基-2-己烯酸
(4) 7-甲基-6-氨基-3-辛烯 (5) 3-异丙基-5-辛烯酸甲酯 (6) 5-异丙基-7-癸烯-2-酮

2-8 (1) (3*E*)-3-己烯-2-醇 (2) 反-1,2-环己二醇
(3) (2*E*,4*E*)-1-氨基-4-氯甲基-2,4-己二烯 (4) 顺-2-甲基环丙基甲酸

2-9 (1) (2) (3) (4) (5) 十氢萘
(6) 二环[4.3.0]壬-8-酮 (7) 二环[2.2.1]庚-2-醇 (8) 二环[2.2.1]庚-5-烯-2-醇

2-10 (1) 3-溴呋喃 (2) 3-甲基噻吩 (3) 3-甲基吡啶 (4) 3-吡啶甲酰胺(烟酰胺)
(5) 4-甲基咪唑 (6) 3-吲哚乙酸 (7) 4-氟嘧啶 (8) 2-羟基嘌呤

第三章

3-1 (1) 色散力 (2) 色散力 (3) 色散力、诱导力、取向力 (4) 色散力、诱导力、取向力
(5) 色散力、诱导力、取向力、氢键 (6) 色散力、诱导力、取向力、氢键
(7) 色散力、诱导力、取向力

3-2 存在氢键的有(1)(5)(6)(7)(8);其中存在分子内氢键的有(7)(8)。

3-3 (1) B>A (2) B>A (3) A>B (4) A>B

3-4 (1) B<A (2) A>B (3) A>B (4) A>B

3-5 (1) D>C>A>B (2) C>B>A>D (3) F>B>A>E>D>C

3-6 对氨基苯磺酸形成了离子键,熔沸点远高于对甲基苯磺酸。

第四章

4-1 (1) 扭转张力:由于单键的旋转使分子处于不稳定构象时所产生的张力。如乙烷的顺式构象具有扭转张力,它偏离了稳定的交叉构象。
(2) 角张力:偏离正常的键角如烷烃的 109°28′,生成共价键的轨道不能有效重叠而产生的张力。如环丙烷中 C—C—C 键角比 109°28′小,具有角张力。

(3) 范德华排斥力:两个原子或者基团之间的距离小于两者的范德华半径之和时产生的排斥力。如正丁烷的全重叠式构象中,两个甲基之间的距离小于两个甲基的半径之和,两个甲基之间具有范德华排斥力。

4-2 共9个同分异构体。

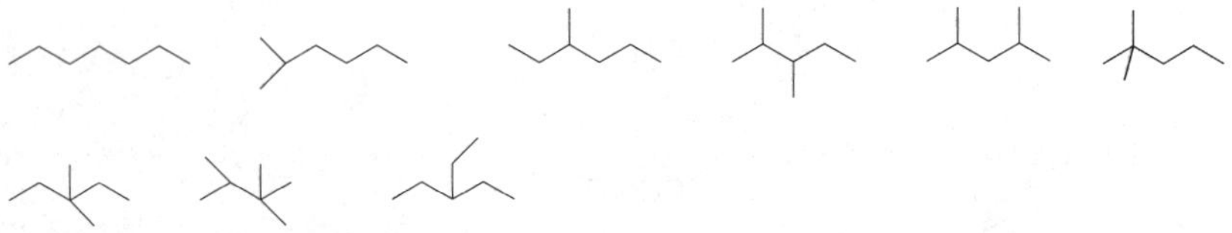

4-3 在液体状态下,烷烃的支链增加,分子之间接触面积减小,范德华引力减小,沸点降低。在固体状态下,当分子的支链增加使其对称性很高时,如新戊烷,分子之间能堆积得更加紧密,分子间范德华引力增加,熔点增加。

4-4 甲烷用氯气进行氯代反应时机理如下:

$$Cl_2 \xrightarrow{\text{光照}} 2Cl\cdot$$

$$CH_4 + \cdot Cl \longrightarrow CH_3\cdot + HCl$$

$$\cdot CH_3 + Cl_2 \longrightarrow CH_3Cl + \cdot Cl$$

产生的一氯甲烷会与氯自由基发生反应生成氯甲基自由基,如果有过量氯气,会与氯气发生反应生成二氯甲烷,但也会与甲基自由基碰撞耦合得到一氯乙烷。

$$CH_3Cl + \cdot Cl \longrightarrow \cdot CH_2Cl + HCl$$

$$\cdot CH_2Cl + Cl_2 \longrightarrow CH_2Cl_2 + \cdot Cl$$

$$\cdot CH_2Cl + \cdot CH_3 \longrightarrow CH_2ClCH_3$$

4-5 甲烷有4个氢,乙烷有6个氢,而且甲烷上的氢没有乙烷上的氢活泼。活性比为1∶276。因此产物比为$(1\times4):(276\times6)\approx1:400$

4-6 $\Delta H = 4E_{C-H} + E_{Br-Br} - [3E_{C-H} + E_{C-Br} + E_{H-Br}]$

$= -41.5\ kJ\cdot mol^{-1}$

因此,反应放热。

4-7 涉及的键能($kcal\cdot mol^{-1}$)如下:

C—H 99,C—C 83,Cl—H 103,C—Cl 81,Cl—Cl 58

如果氯取代氢,主要产物为异丙基氯。

$$(CH_3)_2CH_2 + Cl_2 \longrightarrow (CH_3)_2CHCl + H-Cl$$

反应热为

$$E_{Cl-Cl} + E_{C-H} - (E_{C-Cl} - E_{H-Cl}) = [58+99-(81+103)]\ kcal\cdot mol^{-1} = -27\ kcal\cdot mol^{-1}$$

如果C—C键断裂,即氯取代碳,则有如下反应:

$$(CH_3)_2CH_2 + Cl_2 \longrightarrow CH_3CH_2Cl + CH_3Cl$$

反应热为

$$E_{Cl-Cl} + E_{C-C} - 2E_{C-Cl} = (58+83-2\times81)\ kcal\cdot mol^{-1} = -21\ kcal\cdot mol^{-1}$$

反应都是放热,但前者放热更多,反应更容易进行。此外,氢原子处在分子的外端,氢原子数目多,受到氯进攻的几率更大,反应也要快一些。所以,尽管C—H键键能比C—C键大,但在发生氯代反应时,C—H键更容易断裂。

4-8 (1) 链引发。

$$Br_2 \xrightarrow{h\nu} 2Br\cdot$$

(2) 链增长。

$$(CH_3)_2CH_2 + Br\cdot \longrightarrow (CH_3)_2CH\cdot + HBr$$
$$(CH_3)_2CH\cdot + Br_2 \longrightarrow (CH_3)_2CH—Br + Br\cdot$$

(3) 链终止。

$$(CH_3)_2CH\cdot + (CH_3)_2CH\cdot \longrightarrow (CH_3)_2CH—CH(CH_3)_2$$

4-9　前者为构象异构,通过单键旋转即可相互转变;后者是顺反异构,要通过化学键的断裂才能相互转变。

4-10　(1) $ClCH_2CH_2CH_2Cl$

(2) 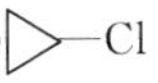 ▷—Cl

(3) $CH_3CH_2CH_2OSO_3H$

(4) 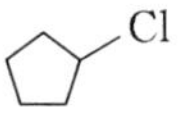 环戊基—Cl

4-11　(1) 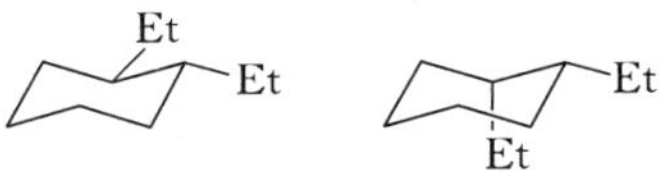 Et, Et 反式　　Et, Et 顺式　　(2) 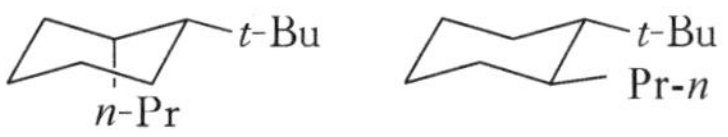 t-Bu, n-Pr 顺式　　t-Bu, Pr-n 反式

(3) 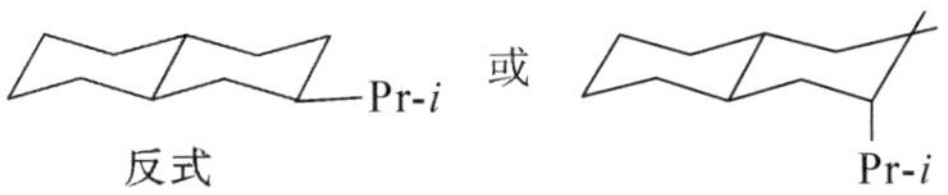 Pr-i 反式　或　Pr-i

4-12　选用溴选择性最高,因为与溴发生的溴代反应最慢,选择性高。

第五章

5-1　略。

5-2　(1) $C_1 < C_2 < C_3$　(2) $C_1 < C_3 < C_2 < C_4$　(3) $C_1 < C_3$(间位)$< C_2$(邻位)$< C_4$(对位)

5-3　(1) $Cl_2CHCOOH > CH_3CHClCOOH > ClCH_2CH_2COOH > CH_3CH_2COOH$

(2) $FCH_2COOH > ClCH_2COOH > BrCH_2COOH > CH_3COOH$

(3) $O_2NCH_2COOH > CH_3OCH_2COOH > H_2NCH_2COOH$

5-4　(1) 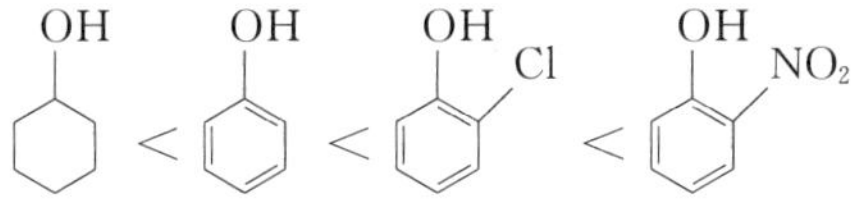 环己醇 < 苯酚 < 邻氯苯酚(OH, Cl) < 邻硝基苯酚(OH, NO_2)

(2) NH_4^+ < $C_6H_5NH_3^+$ < 对乙烯基苯铵(NH_3^+, $CH=CH_2$) < 对硝基苯铵(NH_3^+, NO_2)

(3) $C_6H_5NH_3^+$ < $(C_6H_5)_2NH_2^+$ < 苯基(对氰基苯基)铵(H_2^+N, CN)

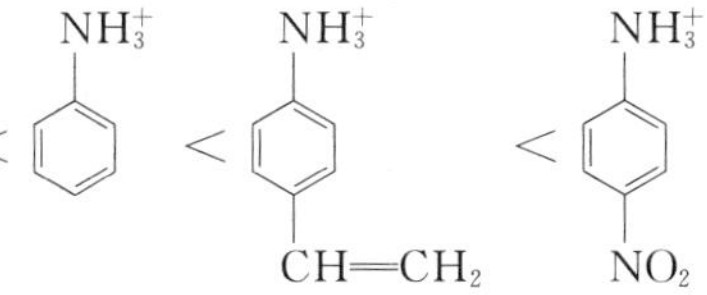

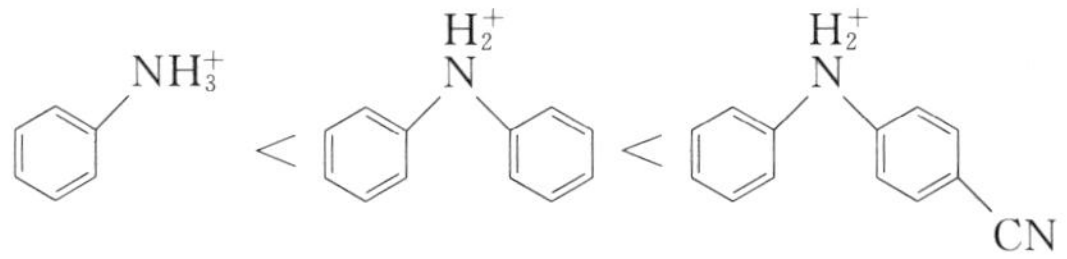

5-5　(1) p-π, $C_2 > C_1$　(2) π-π, $C_2 > C_3$　(3) π-π, $C_2 > C_3$

(4) p-π, $C_2 > C_1$　(5) π-π, $C_1 > C_2$　(6) p-π, $C_2 > C_1$

5-6　(3)>(2)>(1),共轭离域程度愈高,形成的中间体愈稳定。

5-7　键长顺序:(2)>(1)>(4)>(3)>(5)。超共轭作用。

5-8 (1) $CH_3\overset{\ominus}{C}H_2 < \overset{\ominus}{C}H_2NO_2$

(2) $CH_3OCH_2\overset{\oplus}{C}H_2 < CH_3\overset{\oplus}{C}HCH_3 < CH_3O\overset{\oplus}{C}H_2$

(3) $CH_3\dot{C}HCH_3 > CH_3\dot{C}H_2 < CH_3\dot{C}(CH_3)CH_3$

(4) 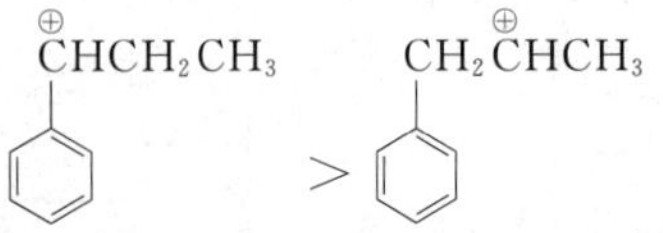 $\overset{\oplus}{C}HCH_2CH_3$（苯基取代）$>$ $CH_2\overset{\oplus}{C}HCH_3$（苯基取代）

5-9 (1) 因 p-π 共轭，增加 (2) 因 σ-π 超共轭，增加 (3) 因 π-π 共轭，降低

(4) 因 p-π 共轭小于溴的诱导效应，降低 (5) 因 π-π 共轭，降低

5-10 羰基碳原子的电子云密度由大到小排序为(3)<(6)<(1)<(5)<(2)<(4)。

第六章

6-1 (1) d>a>b>c (2) c>b>a

6-2 (1) a>b>c>d (2) c>b>d>a

6-3 (1) c>b>a (2) a>b>c>d (3) a>b>c (4) a>b>c

6-4 (1) 丁烷 (2) $H_3C—CH(Ph)—CH_2—CH_2—OCH_3$

(3) 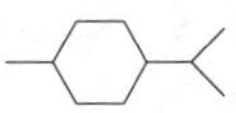 (4) 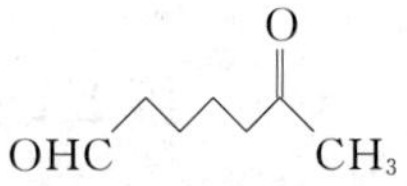 OHC O CH_3

(5) 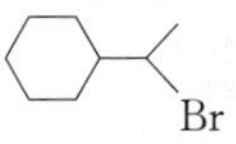 Br (6) 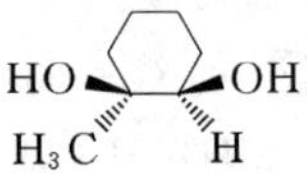 HO OH H_3C H

(7) 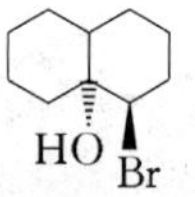 HO Br (8) 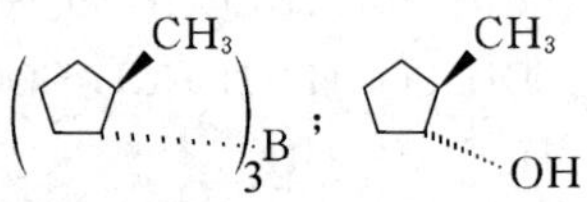 CH_3 B 3 ; CH_3 OH

(9)  F_3C CH_2Cl (10) 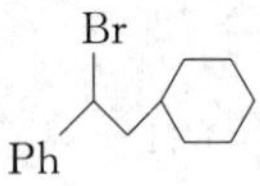 Br Ph

(11) $H_3C—C(OH)(CH_3)—CH(CH_3)—CH_3$

6-5 亲电加成反应机理，分步进行，首先是溴正离子进攻烯烃生成碳正离子，然后再和负离子反应生成各种产物。

6-6 碳正离子重排，1,2-碳迁移。

6-7 略。

6-8 提示：利用炔钠和伯卤代烃反应增长碳链。

6-9 提示：共轭二烯烃的 1,2-加成和 1,4-加成。

6-10 (1) 用溴鉴别出 a，用硝酸银的氨溶液鉴别出 b。

（2）用硝酸银的氨溶液鉴别出 a，用溴鉴别出 b，燃烧法鉴别出另外两个化合物。

（3）用硝酸银的氨溶液鉴别出 c，用溴鉴别出 b。

6-11

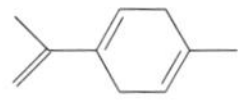

6-12 　—CH

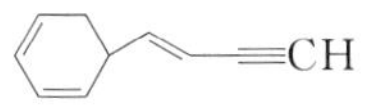

6-13 H_3C— H H

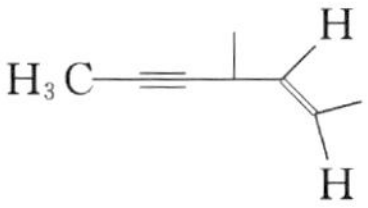

6-14 A. 1-戊炔　B. 2-戊炔　C. 环戊烯

第七章

7-1 （1）甲苯＞间氯甲苯＞苯＞氯苯

（2）*N*,*N*-二甲基苯胺＞甲氧基苯＞溴苯＞氯苯

（3）菲＞萘＞苯

（4）间二甲苯＞邻二甲苯＞甲苯

7-2 （1）邻溴甲苯＋对溴甲苯　（2）2,4,6-三溴苯酚　（3）对溴叔丁苯

（4）4-甲基-2,6-二溴苯酚　（5）对溴乙酰苯胺　（6）4-溴-1,3-二甲苯

7-3 反应机理略。磺化反应是可逆反应，稀酸条件下磺酸基会水解。

7-4 根据共振论，共振结构式更多的共振杂化体更稳定。联苯的共振结构式比苯多，其高能过渡态比苯在亲电反应中的高能过渡态稳定。

7-5 （1） 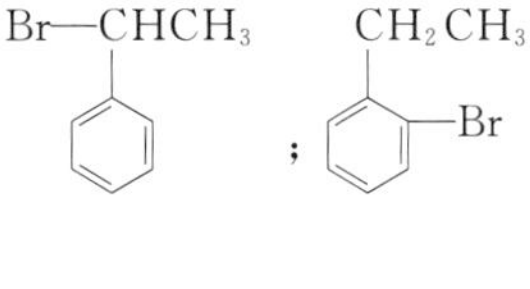 Br—$CHCH_3$ ； CH_2CH_3 Br ＋ CH_2CH_3 Br　（2） 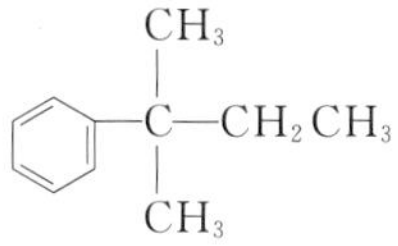 CH_3 —C—CH_2CH_3 CH_3

（3） 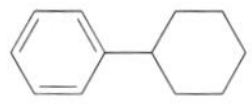　（4） 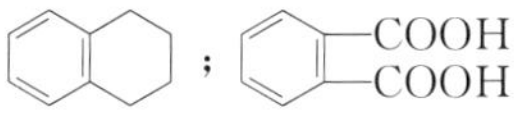　； COOH COOH

7-6 （1） 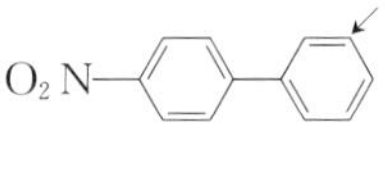 O_2N—　（2） 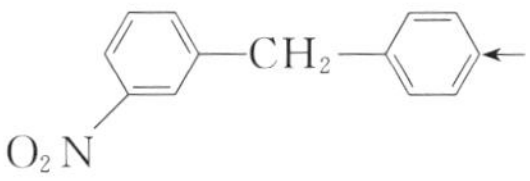 —CH_2— O_2N

（3） 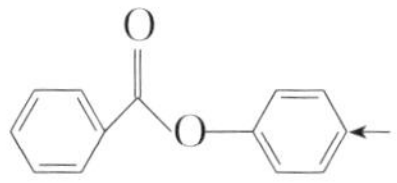 O O　（4） 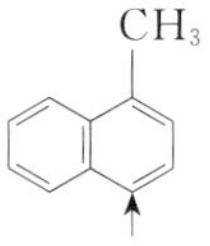 CH_3

（5） 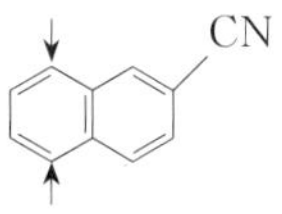 CN　（6） 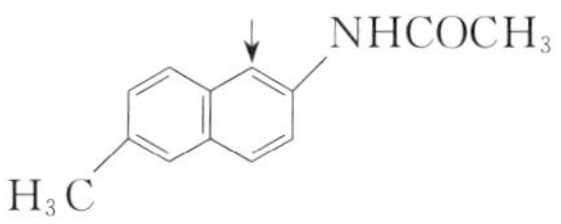 NHCOCH$_3$ H_3C

7-7 提示：傅-克烷基化反应是可逆反应，经过傅-克烷基化逆反应后，得到碳正离子，继而得到相应产物。

7-8 A. 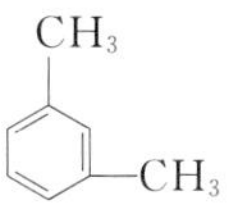 CH_3 CH_3　B. 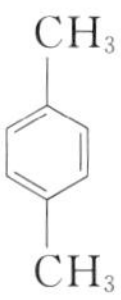 CH_3 CH_3　C. 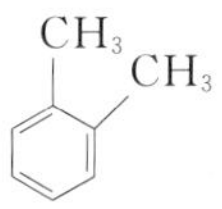 CH_3 CH_3

7-9 提示:(1) 以苯为原料,丁酰化以后用克莱门森还原法还原。

(2) 用苯与卤代叔丁基进行烷基化反应。

(3) 以甲苯为原料,依次进行硝化、溴代、氧化反应。

(4) 以甲苯为原料,依次进行溴代、氧化、硝化反应。

(5) 以苯为原料,依次进行溴代、磺化反应。

(6) 以甲苯为原料,依次进行溴代、α-氢卤代反应,然后水解。

7-10 (1) 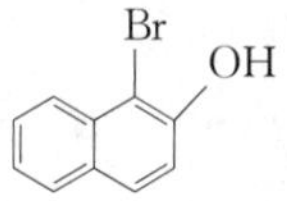 Br OH (2) 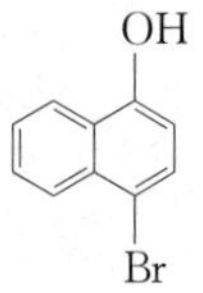 OH Br (3) 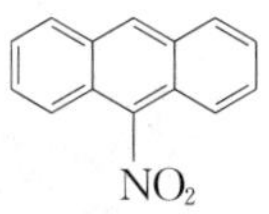 NO_2 (4)  $—COCH_2CH_2COOH$

7-11 此过程为亲核取代反应,其活性由大到小依次为

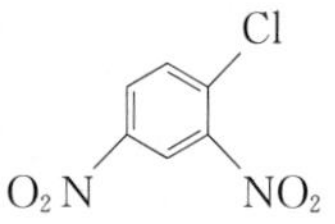

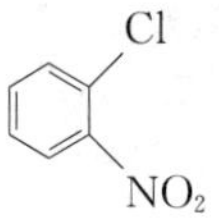

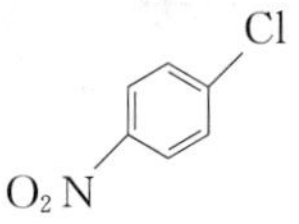

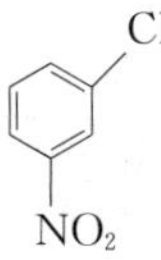

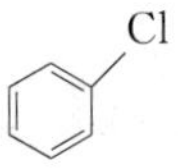

Cl O_2N NO_2 Cl NO_2 Cl O_2N Cl NO_2 Cl

7-12 提示:亲核取代反应以后酸化。

7-13 A. 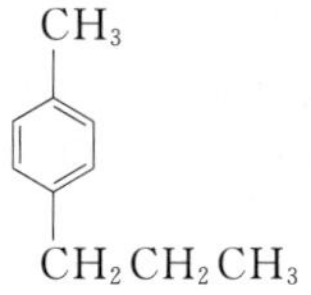 CH_3 $CH_2CH_2CH_3$

7-14 可能得到的产物有:A. $—CHBrCH{=}CHCH_2Br$

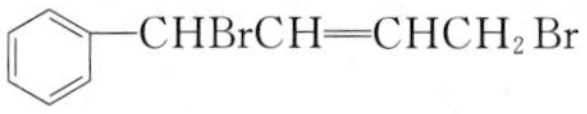

B. 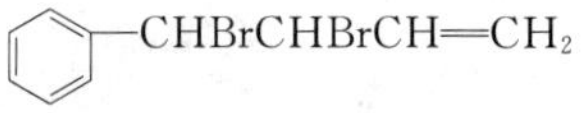 $—CHBrCHBrCH{=}CH_2$

C. 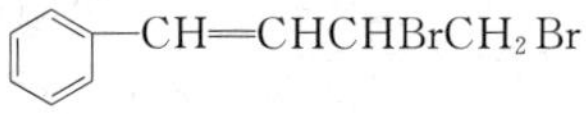 $—CH{=}CHCHBrCH_2Br$

主要得到C是因为产物结构中有π-π共轭,分子结构更稳定。

7-15 (3)、(5)、(7)符合休克尔规则有芳香性。(1)、(2)、(4)、(6)、(8)不符合休克尔规则,没有芳香性。

7-16 A. 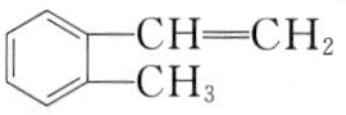 $—CH{=}CH_2$ $—CH_3$ B.  $—CHO$ $—CH_3$ C. 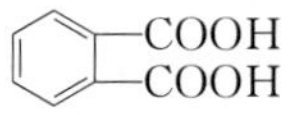 $—COOH$ $—COOH$

第八章

8-1 (1) 手性:分子不能与自己的镜像重叠,就像左右手不能重叠,这种现象称为手性。

(2) 手性分子:与自己的镜像不能重合的分子称为手性分子,一般指分子中没有对称面或者没有对称中心,则分子不能与其镜像重合,为手性分子。

(3) 对映异构体:互为镜像关系,但又不能重合的一对异构体互为对映异构体。

(4) 非对映异构体:不是互为镜像关系,也不能相互重叠的异构体互为非对映异构体。

(5) 旋光性:一些化合物具有旋转偏振光的能力。

(6) 内消旋体:虽然具有不对称中心,但整个分子具有对称面或者对称中心,与其镜像能够重合,这样的化合物称内消旋化合物。

(7) 外消旋体:两种对映体的等量混合物,没有旋光性,称外消旋化合物。

(8) 光学异构体:旋光度相反的对映异构体,以及内消旋体互为光学异构体。

(9) 手性中心:取代基为全部不相同的碳或者其他原子,称为手性中心或者手性原子,或者不对称原子。

8-2 (1) (*S*)-喜树碱 (2) (*S*)-左氧氟沙星 (3) (*R*)-硫辛酸 (4) (*S*)-肾上腺素 (5) (*R*)-阿德洛生
(6) (*S*)-IB布洛芬 (7) (1*R*,2*S*)-磷霉素 (8) (1*R*,2*S*)-麻黄碱 (9) (1*R*,2*R*)-氯霉素

8-3 (1) 没有手性。有一个通过异丙基和甲基的对称面。
(2) 有手性。
(3) 没有手性。有一个通过中间氯氢原子的对称面。
(4) 没有手性。有一个通过甲基—碳—氢的对称面。
(5) 有手性。
(6) 有手性。
(7) 有手性。
(8) 有手性。

8-4 (1) 不正确。如内消旋体具有不对称碳原子,但没有旋光性。
(2) 不正确。如1,1′-联二萘酚没有不对称碳原子,但有旋光性。结构式如下:

OH
OH

8-5 $[\alpha]_D=\frac{\alpha}{CL}=\frac{+30.5°}{0.09\times 1}=+339°$

第九章

9-1 (1) 分别加入硝酸银的醇溶液,立即产生沉淀的是3-溴-1-戊烯,加热以后产生沉淀的是4-溴-1-戊烯,加热也难以产生沉淀的是1-溴-1-戊烯。
(2) 同上,苄氯立即产生沉淀,β-氯乙苯加热产生沉淀,对氯甲苯难以产生沉淀。
(3) 分别与硝酸银的醇溶液作用,1-碘丁烷、1-溴丁烷、1-氯丁烷依次产生卤化银沉淀。
(4) 分别与硝酸银的醇溶液作用,温和加热,可见1-甲基-1-氯环己烷、氯代环己烷、氯甲基环己烷依次产生氯化银沉淀。

9-2 (1) $CH_3CH_2CH_2CH_2OH$ (2) $CH_3CH_2CH{=}CH_2$ (3) $CH_3CH_2CH_2CH_2MgBr$
(4) $CH_3CH_2CH_2CH_2CN$ (5) $CH_3CH_2CH_2CH_2OCH_2CH_3$
(6) C_6H_5—$CH(CH_3)CH_2CH_3$ (7) $CH_3CH_2CH_2CH_2ONO_2+AgBr$
(8) $CH_3CH_2CH_2CH_2CH_2CH_2CH_2CH_3$ (9) $CH_3CH_2CH_2CH_2I+NaBr$

9-3 (1) $CH_3C{\equiv}CMgBr+C_2H_6$ (2) Cl—C_6H_4—$CH(OH)CH_3$ (3) C_6H_4(—CH_3)(—CH_2CN)
(4) CH_3 (5) $(Ph)_3P+3MgBrCl$ (6) $(CH_3)_3CCN+NaBr$ (7) Br

9-4 (1) S_N2 (2) S_N1 (3) S_N1 (4) S_N1 (5) S_N2+S_N1 (6) S_N2 (7) S_N1 (8) S_N2

9-5 (1) H, C, CH_3, H_2N, D
手性碳为*R*-构型
产物有旋光性,主要为S_N2反应。

(2) CH_3, HO, C, C_3H_7, C_2H_5 + CH_3, C, OH, C_2H_5, C_3H_7
手性碳为*S*-构型 手性碳为*R*-构型
主要为S_N1反应。

9-6 I^-是良好的亲核试剂，同时也是很好的离去基团。中间经过碘甲烷的转换，比氯甲烷的直接水解要快得多。

9-7 (1) $C_2H_5O^- > HO^- > C_6H_5O^- > CH_3COO^-$ (2) $F^- < RO^- < R_2N^- < R_3C^-$

9-8 (1) 环己基$-CH_2Br$ > 环己基$-CH(Br)-CH_3$ > 环己基$-C(CH_3)_2-Br$

(2) $CH_3CH_2CH_2CH_2Br > CH_3CH_2CH(CH_3)CH_2Br > CH_3CH_2C(CH_3)_2CH_2Br$

(3) 环戊基$-I$ > 环戊基$-Br$ > 环戊基$-Cl$

9-9 S_N1:(2)>(1)>(3)； S_N2:(3)>(1)>(2)； E1:(2)>(1)>(3)； E2:(2)>(1)>(3)。

9-10 提示:(1) ①用浓硫酸加成后水解。

②先用高温 α-氢氯代，然后用氯的碱溶液加成。

③先用高温 α-氢氯代，水解后与氯气加成。

(2) ①二甲基铜锂与卤代环己烷作用。

②二(2-甲基丁基)铜锂与卤代苯作用。

③二异丁基铜锂与氯乙烯作用。

(3)①碱性条件下水解。

②先用消除反应得到烯烃，然后用浓硫酸加成后水解。

③消除→与卤素加成→再消除得丁炔→与溴加成。

9-11 (1) 前者快。S_N1 (2) 前者快。S_N2

9-12 (1) c>b>a (2) b>a

9-13 提示:2-氯丁烷最稳定的对位交叉式构象进行反式消除反应，生成产物反-2-丁烯的结构也更稳定。

9-14 (1) 前者大 (2) 后者大 (3) 前者大

9-15 提示:强碱有利于 S_N2 反应，无强碱时为 S_N1 反应。

9-16 A. $CH_3CH{=}CH_2$ B. $CH_3CHClCH_2Cl$ C. $CH_2ClCH{=}CH_2$ D. $CH_2{=}CHCH_2CH_2CH_3$

E. $CH_2{=}CHCHBrCH_2CH_3$ F. $CH_2{=}CHCH{=}CH_2CH_3$ G. (环己烯并)$\begin{matrix}-CO\\-CO\end{matrix}\!>\!O$

反应式略。

9-17 A. H—C(—$CH{=}CH_2$)(—C_2H_5)—CH_2Cl B. H—C(—$CH{=}CH_2$)(—C_2H_5)—CH_2OH C. H—C(—C_2H_5)(—C_2H_5)—CH_2OH

反应式略。

9-18 提示:实验 1 反应历程为 S_N1，取代基效应对碳正离子的稳定性影响较大。实验 2 反应历程为 S_N2，取代基效应对反应的影响较小。

9-19 (1) $(CH_3)_2CHCH_2Br$ (2) $C_6H_5CH_2CH_2CH_2Br$

第十章

10-1 A: 环己烯； B: 环己二烯。

10-2 （1）UV （2）IR （3）IR （4）UV。

10-3 b。

10-4 （1）c＞b＞a （2）b＞a＞c。

10-5 a：$CH_3CBr_2CH_2Br$；b：CH_3SCH_2Cl；c：$CH_3OCH_2OCH_3$；d：CH_3OCOCH_3；e：$(CH_3)_3CCHBr_2$

10-6 （1）$CH_3CH_2OOCCHCl_2$ （2）$(CH_3)_3COOCCH_3$。

10-7 $(CH_3)_3COC(CH_3)_3$。

10-8 A：氯乙烷； B：二甲硫醚。

第十一章

11-1 （1）Lucas 试剂：无水 $ZnCl_2$ 和浓盐酸的混合物，可用来区别叔醇、仲醇和伯醇。

（2）Collins 试剂：CrO_3 和吡啶的络合物，用来将伯醇氧化成醛。

（3）噘哪醇重排：在酸性条件下，邻二醇重排为酮的反应。例如：

$$(CH_3)_2\underset{OH}{C}-\underset{OH}{C}(CH_3)_2 \xrightarrow{H^+} (CH_3)_3C-\overset{O}{\overset{\|}{C}}CH_3$$

噘哪醇　　　噘哪酮

（4）分子内脱水：醇分子内脱水可生成烯烃。例如：

$$RCH_2CH_2OH \xrightarrow{浓\ H_2SO_4} RCH=CH_2 + H_2O$$

（5）分子间脱水：两个醇分子之间脱水可得到醚。例如：

$$2CH_3CH_2OH \xrightarrow{H^+} CH_3CH_2OCH_2CH_3 + H_2O$$

11-2 （1）乙醇＞丁醇＞仲丁醇＞叔丁醇

（2）碳酸＞对硝基苯酚＞苯酚＞对甲苯酚＞苄醇

（3）2-氯环己醇＞3-氯环己醇＞4-氯环己醇＞环己醇

（4）草酸＞甲酸＞苯甲酸＞乙酸

（5）甲酸＞苯甲酸＞苯酚＞水＞乙醇

11-3 （1）2-甲基-2-戊醇＞2-己醇＞己醇

（2）对甲氧基苄醇＞苄醇＞对硝基苄醇

（3）α-苯基乙醇＞苄醇＞β-苯基乙醇

11-4 （1）$CH_3CH_2\overset{OH}{\underset{CH_3}{C}}CH_2CH_2OH$ ＞ $CH_3CH_2\underset{OH}{CH}CH_2CH_3$ ＞ $CH_3CH_2\underset{CH_3}{CH}CH_2CH_2OH$

（2）（环己烷，CH_3，OH，CH_3）＞（环己烷，CH_3，OH）＞（环己烷—OH）＞（环己烷—CH_2OH）

（3）（环己烯，OH）＞（环己烯—OH）＞（环己烷—CH_2OH）＞（环己烯，OH）

11-5 HCOOH＞（环己烷—COOH）＞（环己烷，$CH(CH_3)_2$，COOH）＞（环己烷，COOH，CH_3）

11-6 乙酰氯＞甲酸＞乙酸。

11-7 （1）（环己烷，OH）$\xrightarrow{冷浓\ H_2SO_4}$（环己烷，$OSO_3H$）

(2) 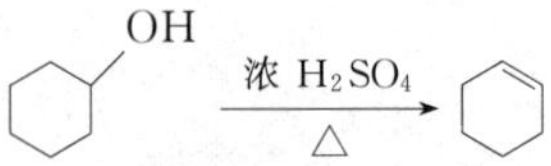 OH $\xrightarrow[\triangle]{浓\ H_2SO_4}$

(3) 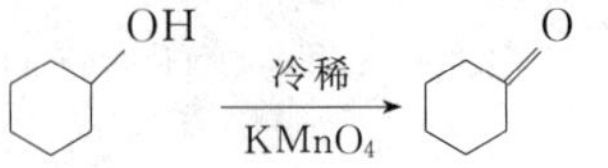 OH $\xrightarrow[KMnO_4]{冷稀}$ O

(4) OH $\xrightarrow[H_2SO_4]{CrO_3}$ HOOC COOH

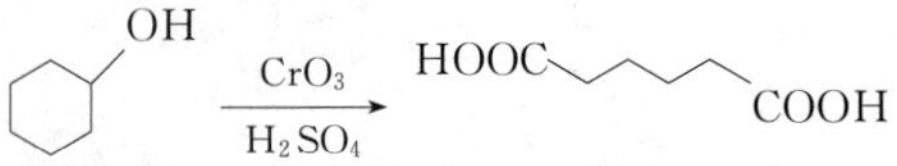

(5) 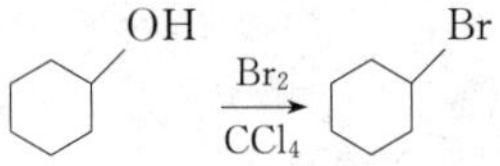 OH $\xrightarrow[CCl_4]{Br_2}$ Br

(6) 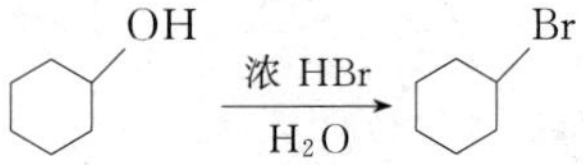 OH $\xrightarrow[H_2O]{浓\ HBr}$ Br

(7) 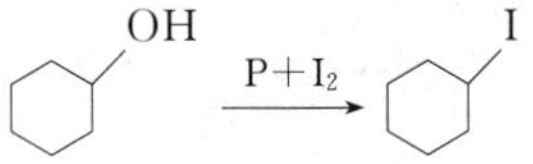 OH $\xrightarrow{P+I_2}$ I

11-8 (1) 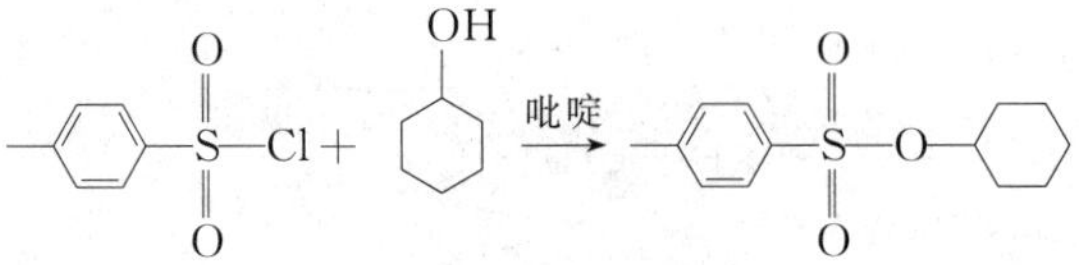 O S Cl + O OH $\xrightarrow{吡啶}$ O S O O

A B C

(2)  O S O O $+(CH_3)_3COK \longrightarrow (CH_3)_3C-O$

D

(3) O S O O $+CH_3OH \longrightarrow$ OCH_3

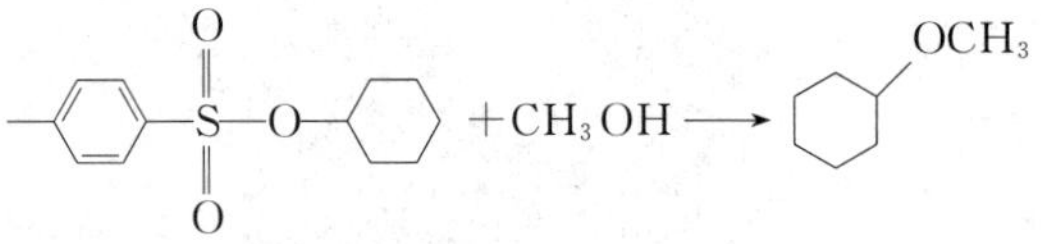

E

11-9 第一种方法中，反应主要按 S_N1 机理进行，所以得到近乎外消旋产物。

第二种方法中，反应按 S_N2 机理进行，而且是从磺酸酯基的背面进攻，故得到翻转构型的产物。

第三种方法中，(*R*)-2-辛醇与二氯亚砜生成亚磺酸酰氯酯后，Cl^- 再从酯基的背面进攻，得到构型翻转的产物。

11-10 (1) 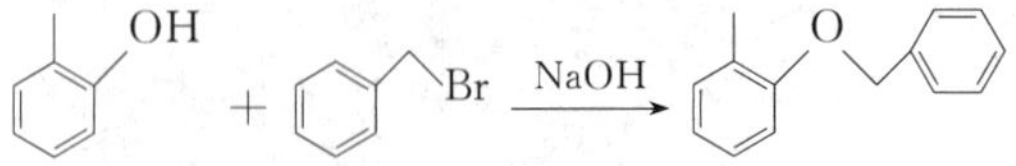 OH + Br $\xrightarrow{NaOH}$ O

(2) 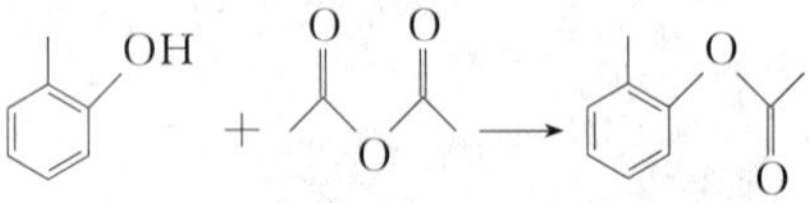 OH + O O O $\longrightarrow$ O O

(3) 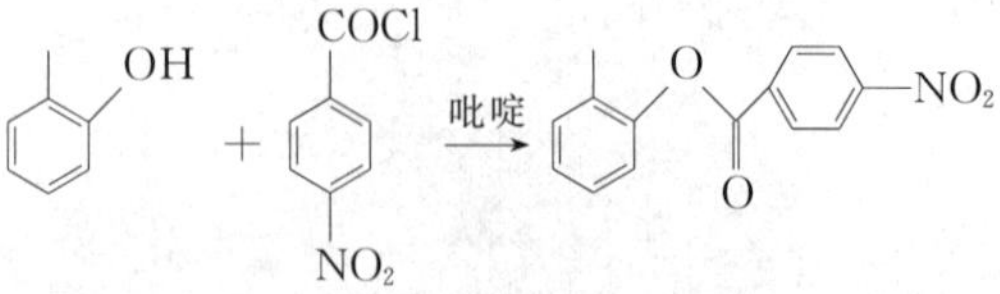 OH + COCl NO_2 $\xrightarrow{吡啶}$ O NO_2 O

(4) 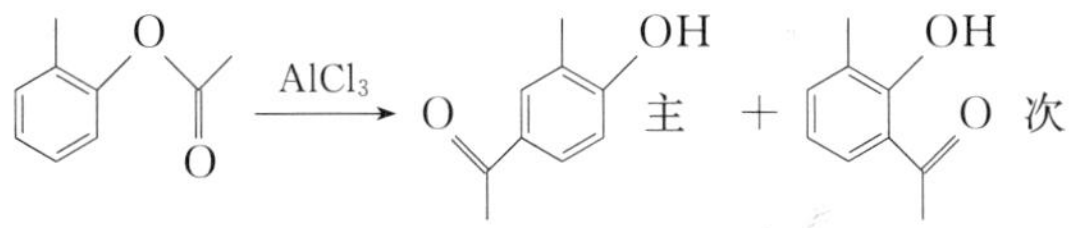 $\xrightarrow{AlCl_3}$ O OH 主 + OH O 次

(5) 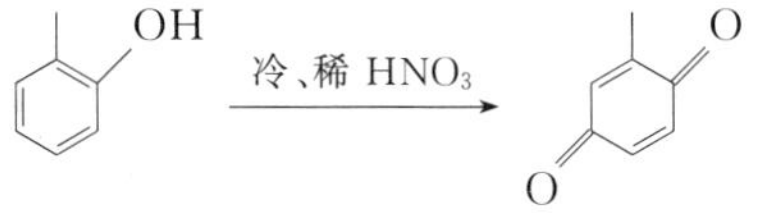 OH $\xrightarrow{冷、稀\ HNO_3}$ O O

(6) 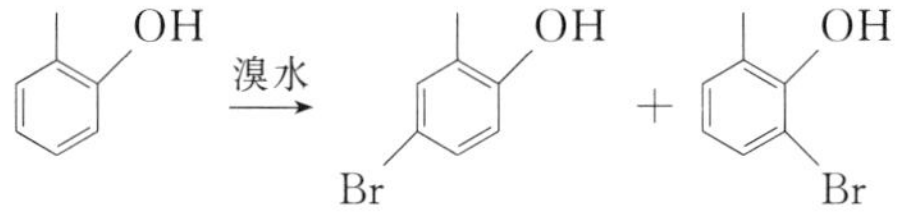 OH $\xrightarrow{溴水}$ OH Br + OH Br

11-11 (1) 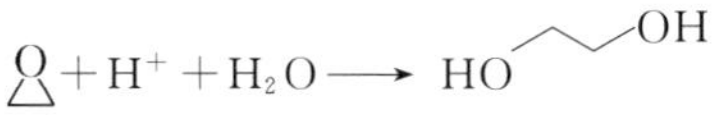 O + H^+ + H_2O ⟶ HO OH

(2) 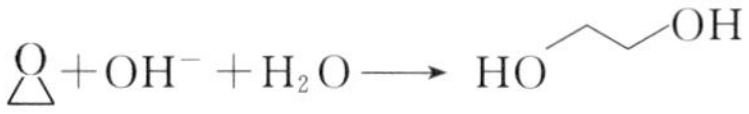 O + OH^- + H_2O ⟶ HO OH

(3) 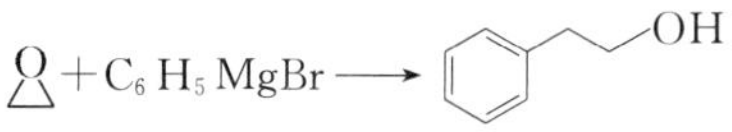 O + C_6H_5MgBr ⟶ OH

(4) 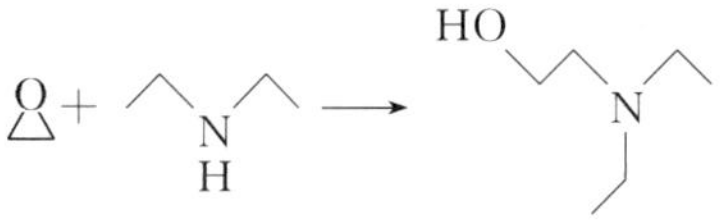 O + N H ⟶ HO N

11-12 (1)  KO + CH_3OH ⟶ O

(2) 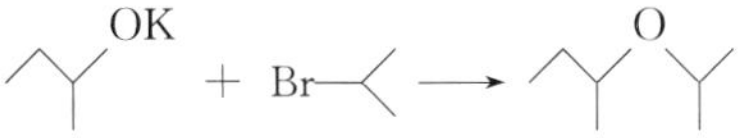 OK + Br ⟶ O

(3) OH OH + O S OCH_3 O $\xrightarrow{NaOH}$ OCH_3 OCH_3

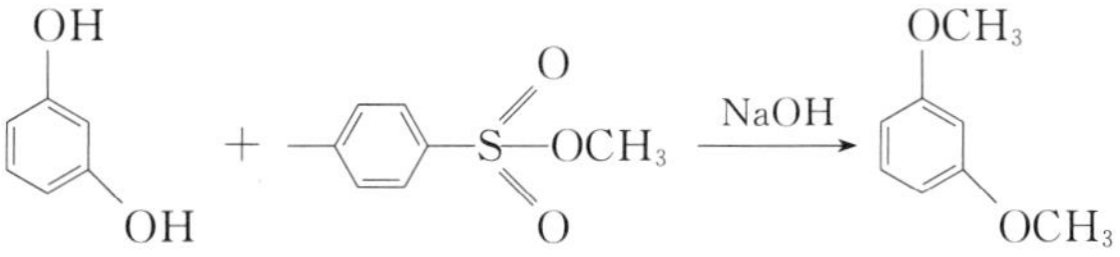

11-13 (1) 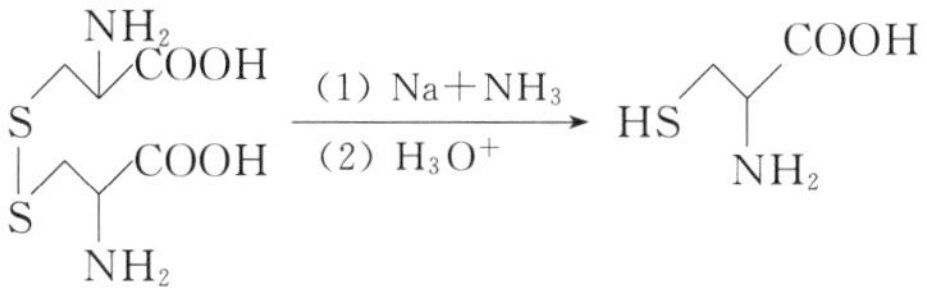 NH_2 COOH S S COOH NH_2 $\xrightarrow[(2)\ H_3O^+]{(1)\ Na+NH_3}$ HS COOH NH_2

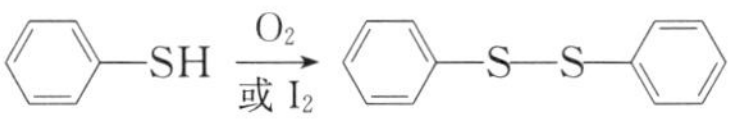

(2) SH $\xrightarrow[或\ I_2]{O_2}$ S—S

(3) 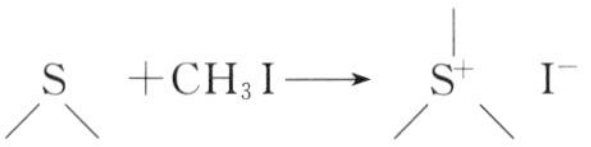 S + CH_3I ⟶ S^+ I^-

11-14 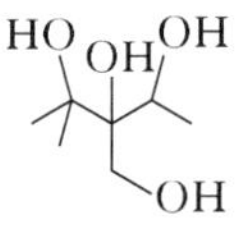 HO OH OH OH

11-15 Cl $\xrightarrow{NaOH}$ * OH $\xrightarrow{浓\ H_2SO_4}$ $\xrightarrow[(2)\ Zn]{(1)\ O_3}$ =O + CHO

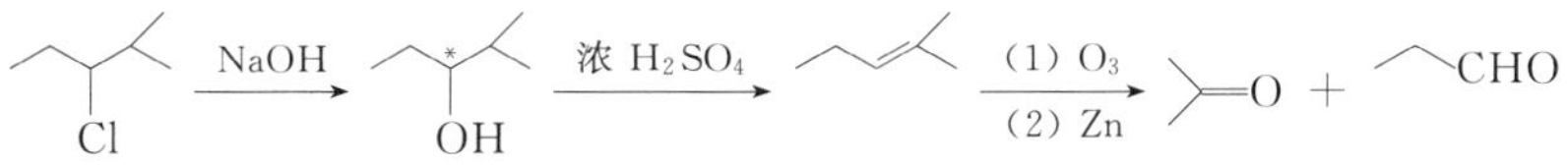

A B C

11-16 OH，$CH_3I/NaOH$，OCH_3，(1) O_3 (2) Zn，OCH_3 + HO　CHO

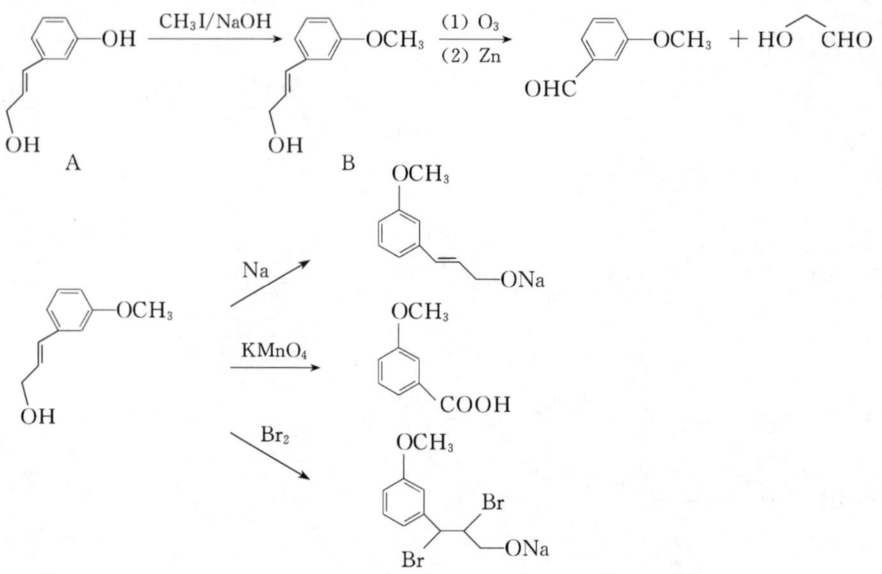

OH　A　OH　B　OHC

OCH_3

Na → ONa

OCH_3　OCH_3

$KMnO_4$ → COOH

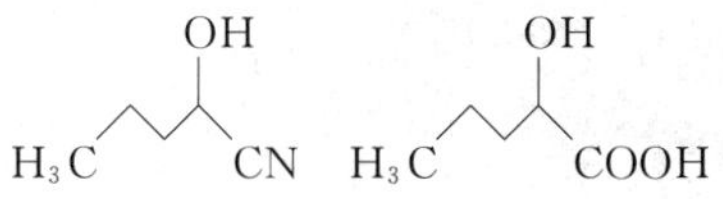

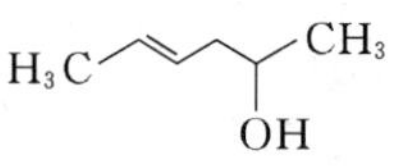

OH

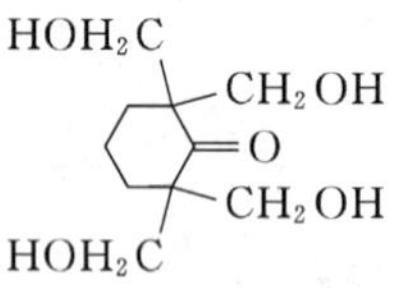

Br_2 →　OCH_3

Br

Br　ONa

11-17　EtOH →　EtO　OH　+　HO　OEt　$SOCl_2$ →

O　O　O　O　O　O　O

A　B　C

EtO　Cl　+　Cl　OEt　EtOH →　EtO　OEt

O　O　O　O　O　O

D

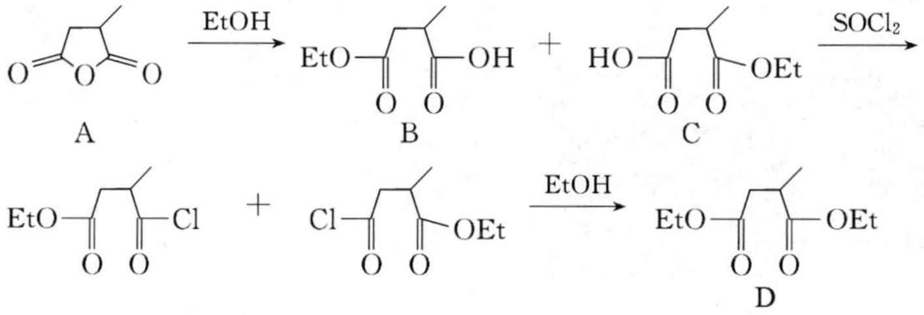

第十二章

12-1　缩醛:(1)、(3)。半缩醛:(2)。半缩酮:(4)。

12-2　(1)　CH_3　NHN　CH_3　O_2N　NO_2　(2)　OH　H_3C　CN　OH　H_3C　COOH

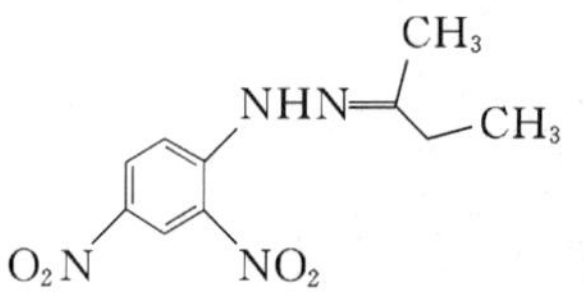

(3) H_3C　CH_3　OH　(4)　CH_3

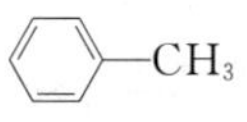

(5)　HOH_2C　CH_2OH　O　CH_2OH　HOH_2C　(6)　CHO　O_2N

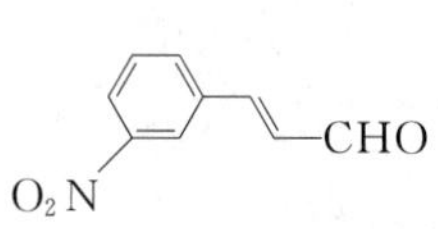

12-3　(1) 先羟醛缩合得到丁烯醛,再合成缩醛保护羰基,再对烯烃环氧化。

(2) 先和丙酮缩合得到烯酮,再选择性还原羰基。

(3) 先和乙醛缩合得到苯基丙烯醛,再还原得到 3-苯基丙醇,脱水得 3-苯基丙烯,臭氧化还原得产物。

(4) 先还原得到环己醇,脱水得环己烯,稀、冷高锰酸钾氧化得产物顺-1,2-环己二醇;先制备苯基溴化镁格氏试剂,和环己酮反应后脱水得到苯基环己烯,再硼氢化氧化得 2-苯基环己醇,氧化后得到 2-苯基环己酮。

12-4 (1) 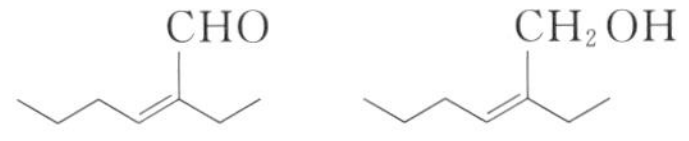 CHO　CH$_2$OH

(2) —OH　=O　O

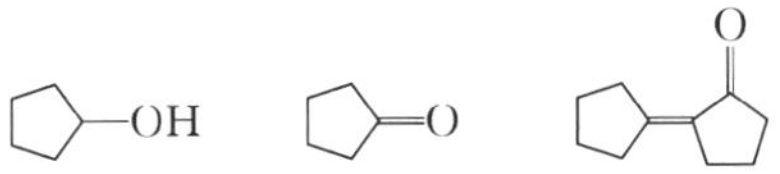

(3) 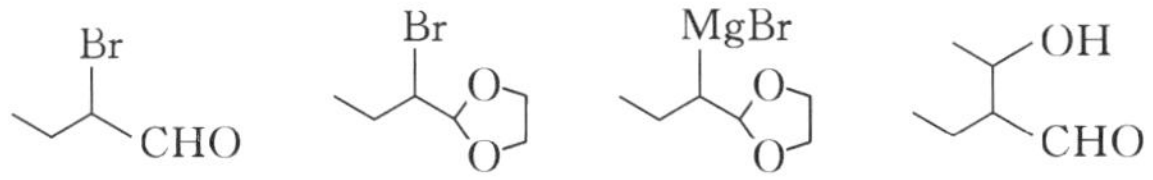 Br CHO　Br O O　MgBr O O　OH CHO

(4) 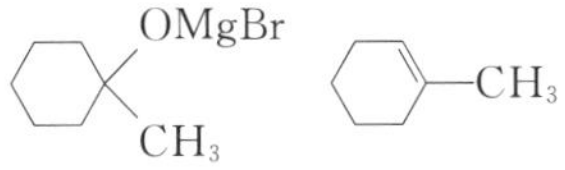 OMgBr CH_3　—CH_3

12-5 略。

12-6 氨基脲和环己酮反应速率快，苯甲醛缩氨脲更稳定。

12-7 用缩醛先将醛保护起来，再利用炔钠和碘甲烷反应，水解后即可。

12-8 (1) b>d>e>c>a　(2) c>b>a　(3) c>a>b

12-9 (1) 用饱和亚硫酸氢钠可鉴别出3-戊酮，用碘仿反应可鉴别余下两个化合物。

(2) 用托伦(Tollens)试剂可以鉴别出1-苯基丙酮，用斐林(Fehling)试剂可鉴别出余下两个化合物。

12-10 A. 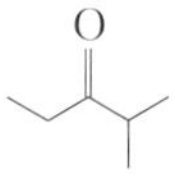 O　B. 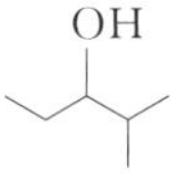 OH　C. 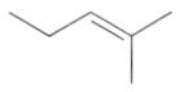　D.  CHO　E.  O

12-11 A. 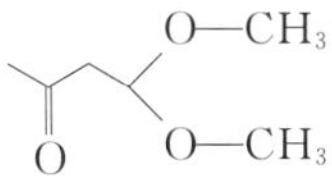 O—CH_3 O—CH_3 O

第十三章

13-1 (1)  NC COOEt　HOOC COOH

(2) CH$_2$ONa　CH$_2$OH

(3) CH$_2$OLi　CH$_2$OH

(4) 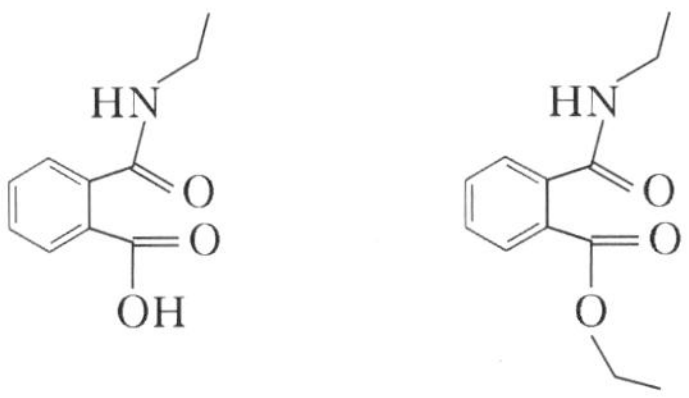 HN O O OH　HN O O O

(5) 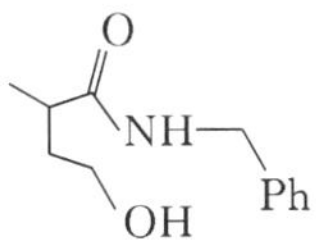 O NH—Ph OH

(6) CHO Cl

13-2 $COOC_6H_5$ > $COOC_6H_5$ > $COOC_6H_5$

13-3 O O H_3C N CH_3 H > O H_3C NHC_6H_5 > O H_3C NH_2 > O H_3C $NHCH_3$

13-4 (1) $CH_3COOC_2H_5+H_2O \longrightarrow CH_3COOH+C_2H_5OH$

在中性条件下羧酸酯不易水解,要有酸或者碱催化。

(2) $(CH_3CO)_2O+H_2O \longrightarrow 2CH_3COOH$

酸酐的活性高,即使没有酸或者碱催化也易水解。

(3) $CH_3COOC_2H_5+NaOH \longrightarrow CH_3COONa+C_2H_5OH$

在碱性条件下羧酸酯易水解。

(4) $CH_3COOC_2H_5+Br^- \longrightarrow CH_3COBr+C_2H_5O^-$

Br^-的碱性比乙氧负离子的弱得多,不能发生反应。

(5) $CH_3CONHC_2H_5+NaOH \longrightarrow CH_3COONa+C_2H_5NH_2$

OH^-的碱性比$C_2H_5NH^-$的弱得多,不能发生反应。

13-5

NNHPh

$PhNHNH_2$

O OH

$\xrightarrow{H_2/Pd}$ $\xrightarrow[\triangle]{\text{浓 } H_2SO_4}$

A B C

$\xrightarrow[(2)\ Zn]{(1)\ O_3}$ CHO + =O CHO $\xrightarrow{H_2CrO_4}$ COOH $+Cr^{3+}$

D E D

13-6 (1) 3-甲基戊酸,有不对称碳原子;

(2) 2,2-二甲基丙酸;

(3) 环丁酸;

(4) 3,4-二甲基戊酸,有不对称碳原子。

13-7 (1) O OH $\xrightarrow{LiAlH_4}$ OH

(2) O OH $\xrightarrow{LiAlH_4}$ OH $\xrightarrow{SO_2Cl_2}$ Cl $\xrightarrow[(2)\ CO_2]{(1)\ Mg,\text{乙醚}}$ OH O

(3) O OH $\xrightarrow{LiAlH_4}$ OH $\xrightarrow{SO_2Cl_2}$ Cl $\xrightarrow{NaC\equiv CH}$

$\xrightarrow[\text{喹啉}]{H_2,Pd/BaSO_4}$

(4) 3-甲基丁酸 $\xrightarrow{Br_2+P}$ 2-溴-3-甲基丁酸 $\xrightarrow[H_2SO_4]{CH_3OH}$ 2-溴-3-甲基丁酸甲酯 $\xrightarrow{CH_3COONa}$ 2-$OOCCH_3$-3-甲基丁酸甲酯 $\xrightarrow{500\ ℃}$ 3-甲基-2-丁烯酸甲酯

(5) 3-甲基丁酸 $\xrightarrow[Br_2]{Ag_2O}$ 1-溴-2-甲基丙烷 (Br)

13-8 (1) 甲苯 $\xrightarrow[H^+,\triangle]{KMnO_4}$ 苯甲酸 (COOH)

(2) 甲苯 $\xrightarrow{NBS}$ $C_6H_5CH_2Br$ $\xrightarrow[(2)\ CO_2]{(1)\ Mg,乙醚}$ $C_6H_5CH_2COOH$

(3) 甲苯 $\xrightarrow[AlCl_3]{CH_3COCl}$ 对甲基苯乙酮 ($COCH_3$) $\xrightarrow{Br_2+NaOH}$ 对甲基苯甲酸 (COOH)

(4) 甲苯 $\xrightarrow[H^+,\triangle]{KMnO_4}$ 苯甲酸 (COOH) $\xrightarrow{Cl_2+FeCl_3}$ 间氯苯甲酸 (Cl, COOH)

(5) 甲苯 $\xrightarrow{Br_2+FeBr_3}$ 对溴甲苯 (Br) $\xrightarrow[H^+,\triangle]{KMnO_4}$ 对溴苯甲酸 (Br, COOH)

(6) $C_6H_5CH_2COOH$ $\xrightarrow{Br_2+P}$ $C_6H_5CH(Br)COOH$

13-9 (1) 丁酸 (OH, O) $\xrightarrow[\triangle]{SOCl_2}$ 丁酰氯 (O, Cl) $\xrightarrow{Cd[CH_2CH(CH_3)_2]}$ 2-甲基-4-庚酮 (O)

(2) 丁酸 (OH, O) $\xrightarrow{CH_3Li}$ 2-戊酮 (O) $\xrightarrow{CH_3Li}$ 2-甲基-2-戊醇 (OH)

(3) 丁酸 (OH, O) $\xrightarrow{LiAlH_4}$ 丁醇 (OH) $\xrightarrow[吡啶]{CrO_3}$ 丁醛 (O)

(4) 丁酸 (OH, O) $\xrightarrow[浓\ H_2SO_4]{C_2H_5OH}$ 丁酸乙酯 (O) $\xrightarrow{Al(i\text{-}Bu)_2H}$ 丁醛 (O)

13-10 (1) (a) γ-丁内酯 $+NH_3 \longrightarrow$ $HOCH_2CH_2CH_2CONH_2$

(b) γ-丁内酯 $+LiAlH_4 \longrightarrow$ $HOCH_2CH_2CH_2CH_2OH$

(c) γ-丁内酯 $+ CH_3CH_2OH \longrightarrow$ $HOCH_2CH_2CH_2COOCH_2CH_3$

(2) 构型转化发生在苯甲酸钠与对甲苯磺酸酯作用得到苯甲酸仲丁酯一步，反应为 S_N2 反应机理，构型发生翻转，故旋光度从正值变为负值。

13-11 $C_6H_5CH_2CH(CH_3)COOH \xrightarrow{SOCl_2} C_6H_5CH_2CH(CH_3)COCl \xrightarrow{NH_3} C_6H_5CH_2CH(CH_3)CONH_2 \xrightarrow[\text{脱羧重排}]{Br_2, OH^-} C_6H_5CH_2CH(CH_3)NH_2$

重排一步为分子内重排，原来的构型没有变化，仍为 *S* 构型。

13-12 (1) $(CH_3)_2CHCOOCH_3 \xrightarrow[CH_3OH]{CH_3ONa} (CH_3)_2CHCOC(CH_3)_2COOCH_3$

不能得到，中间体碳负离子 $(CH_3)_2\overset{\ominus}{C}COOCH_3$ 的位阻太大，反应后，酯的 α 位没有 α-氢，不利于平衡向产物方向移动。

(2) $CH_3COOCH_2CH_3 + CH_3CH_2OCOOCH_2CH_3 \xrightarrow[CH_3OH]{CH_3ONa} \xrightarrow{H_2O} CH_3CH_2OCOCH_2COOCH_2CH_3$

能得到。

(3) $CH_3CH_2COOCH_2CH_3 + C_6H_5COOCH_2CH_3 \xrightarrow[CH_3OH]{CH_3ONa} \xrightarrow{H_2O} C_6H_5COCH(CH_3)COOCH_2CH_3$

能得到。

(4) $(CH_3)_2CHCOOCH_2CH_3 \xrightarrow{[(CH_3)_2CH]_2NLi} \xrightarrow{H_2O} (CH_3)_2CHCOC(CH_3)_2COOCH_2CH_3$

能得到，使用 LDA 强碱，有利于平衡向产物方向移动。

13-13

A 按如下机理水解：

$CH_3CO^{18}OCH_2CH_3 \overset{H^+}{\rightleftharpoons} CH_3C(=\overset{+}{O}H)^{18}OCH_2CH_3 \;(H_2\ddot{O}) \rightleftharpoons CH_3C(OH)(H_2O^+)^{18}OCH_2CH_3 \rightleftharpoons CH_3C(\ddot{O}H)(OH)^{18}OCH_2CH_3 \rightleftharpoons CH_3COOH + H^{18}OCH_2CH_3$

所以乙酸中不含 ^{18}O。

B 按碳正离子机理水解：

$$\text{CH}_3\text{C}(=\text{O})-{}^{18}\text{O}-\text{C}(\text{CH}_3)_3 \underset{}{\overset{\text{H}^+}{\rightleftharpoons}} \text{CH}_3\text{C}(={}^{+}\text{OH})-{}^{18}\text{O}-\text{C}(\text{CH}_3)_3 \rightleftharpoons \text{CH}_3\text{C}(=\text{O})-{}^{18}\text{OH} + {}^{+}\text{C}(\text{CH}_3)_3 \xrightarrow{\text{H}_2\text{O}} (\text{CH}_3)_3\text{C}-\text{OH}$$

故乙酸中含^{18}O。

第十四章

14-1　略。

14-2　(1) $H_c>H_a>H_b$　(2) $H_c>H_a>H_b$　(3) $H_c>H_a>H_b$

14-3　(1) $C_6H_5CHBrCH_2CH_2OCH_3$　(2) $CH_3COCHBrCOOCH_3$　(3) $CH_3CCl_2CH_3$

14-4　溴的反应活性较低，选择性高，故宜选用溴。

14-5　B>A>C，B存在共轭，A存在超共轭，C无共轭。

14-6　可以用碘化钾-淀粉试纸检测。用硫酸亚铁或其他还原剂处理。

14-7　乙酸和乙酸乙酯不发生碘仿反应，因为烯醇化能力低。

14-8　(1) C_6H_5COOH　(2) $CH_3CH_2CHBrCOOH$　(3) $CH_3CH_2CHBrCH=CH_2$

14-9　氧气可与二价铁形成FeOOH，再分解形成羟基自由基，后者可以攫取环己烷的氢原子。

14-10　邻位受到拉电子诱导效应的影响最大。

第十五章

15-1　(1) 甲胺>氨>苯胺>二苯胺>三苯胺

(2) 环己胺>对甲苯胺>苯胺>对氯苯胺>对硝基苯胺

(3) 丁胺>丁酰胺>丁二酰亚胺

(4) 二甲胺>甲胺>对甲苯胺>苯胺>甲酰胺

(5) 氢氧化四甲铵>苄胺>苯胺>*N*-乙酰苯胺>邻苯二甲酰亚胺

15-2　(1) 间硝基苯胺（$O_2N-C_6H_4-NH_2$）　(2) $C_6H_5CH_2NH-C_6H_3(NO_2)_2$（2,4-二硝基）

(3) $C_6H_5N_2^+HSO_4^-$　C_6H_5Br　(4) $Ph-CH_2-CH(CH_3)-N(CH_3)_2$　(5) $C_6H_5CH_2NHCOCH_3$

(6) $HO_3S-C_6H_4-N_2^+HSO_4^-$　$HO_3S-C_6H_4-N_2C_6H_5N(CH_3)_2$

(7) $C_6H_5-CH=CH_2+C_2H_5N(CH_3)_2$　(8) $CH_2=CHCH_3+(CH_3)_2CHCH_2N(CH_3)_2$

15-3　(1) 提示：卤代→与氰化钠成戊腈→氢化得戊胺。

(2) 提示：氧化→与氨作用成丁酰胺→霍夫曼降解成丙胺。

(3) 提示：硝化成硝基苯→还原成苯胺。

(4) 提示：氧化→氨化→霍夫曼降解。

(5) 提示：通过重氮盐作用。

(6) 提示：α-氢卤代→NaCN亲核取代→加氢还原氰基。

(7) 提示：卤代后与二甲胺作用。

(8) 提示：硝化→还原成氨基→重氮盐作用。

15-4 (1) 提示:氨基放氮反应后碳正离子缩环重排。 (2)提示:霍夫曼降解。

15-5 (1) 提示:①溴水,②兴斯堡反应。 (2)提示:①溴水,②三氯化铁溶液。

15-6 提示:季铵盐的霍夫曼消除反应。

15-7 (1) 提示:用适当酸洗。 (2)提示:兴斯堡反应后,用碱溶解分离,然后水解得纯乙胺。

15-8 略。

15-9 提示:(4)>(1)>(3)>(2)。

15-10 A. $CH_3CH(CH_3)CH_2NH_2$ B. $CH_3CH(NH_2)CH_2CH_3$ C. $CH_3CH_2N(CH_3)CH_3$

15-11 A. 对氨基苯甲酸(COOH 与 NH_2 对位) B. 间氨基苯基甲酸酯(—O—CHO 与 NH_2 间位) C. 对羟基苯甲酰胺($CONH_2$ 与 OH 对位) D. 对硝基甲苯(CH_3 与 NO_2 对位)

15-12 A. $C_6H_5CON(CH_3)C_6H_5$ B. $C_6H_5NHCH_3$ C. C_6H_5COOH

第十六章

16-1 (1) 2-甲基吡咯 (2) *N*-甲基吡咯 (3) 3-吡啶甲酸 (4) 2-甲氧基噻吩
(5) 4-乙基咪唑 (6) 8-羟基喹啉 (7) 6-羟基嘌呤

16-2 略。

16-3 (1)、(2)、(3)、(4)、(6)、(7)、(8)每个单环都是六个共轭 π 电子,符合休克尔规则,有芳香性。
(5) 有六个共轭 π 电子,但未形成环状闭合共轭体系,没有芳香性。

16-4 (1) a>d>c>e>b (2) a>d>b>c (3) b>c>a>d

16-5 (1) 用稀硫酸洗涤。 (2) 用水洗涤。

16-6 对氧化剂的稳定性:吡啶>苯>吡咯。亲电取代反应活性:吡咯>苯>吡啶。原因略。

16-7 略。

16-8 (1) 吡咯负离子 N^- K^+ (2) 4-甲基吡啶鎓(N^+—H) (3) 3-溴吡啶 (4) 2,3-吡啶二甲酸(HOOC, HOOC)

(5) 2-(苯偶氮基)吲哚(—N=N—苯基,N—H) (6) Br—(呋喃)—CH_3(2-溴-5-甲基呋喃)

(7) 3-硝基吡啶(—NO_2) 3-氨基吡啶(—NH_2) 吡啶-3-重氮盐(—$N_2^+Cl^-$) 3-吡啶基—N_2—(对羟基苯基)—OH

16-9 a>b>c

16-10 (1) 提示:氧化→转化成酰卤→酰化。
(2) 提示:还原以后甲基化形成季铵盐,然后进行霍夫曼消除反应。

16-11 (1) 提示:通过丙二酸酯和尿素作用。 (2) 提示:通过斯克劳普法合成。
(3) 提示:通过斯克劳普法合成。 (4) 提示:通过费歇尔法合成。

16-12 A. N-CH_3 吡咯烷-2-基—CH_2COCH_3 B. N-CH_3 吡咯烷-2-基—CH_2COOH C. N-CH_3 吡咯烷-2-基—COOH

第十七章

17-1 提示:(1) 成苷反应 (2) 成脎反应 (3) 氧化成核糖酸 (4) 氧化成核糖二酸
(5) 碳链氧化断裂 (6) 羰基还原 (7) 与羰基加成后水解(8) 羟基甲基化

17-2 略。

17-3 提示:(1) 用碱性弱氧化剂。 (2) 用溴水。 (3) 先用托伦试剂,再用碘液。 (4) 成脎反应。

17-4 (1) 左边部分成苷,α-1,4-苷键。 (2) 左边部分成苷,β-1,6-苷键。

17-5 略。

17-6 略。

17-7 (2)、(4) 有变旋光现象,能还原托伦试剂、斐林试剂和班乃德试剂,也能形成糖脎。

17-8
CHO; H—OH; H—OH; H—OH; CH_2OH
CHO; =O; H—OH; H—OH; CH_2OH

17-9 A. CH_2OH, OH, O, OH, OC_2H_5, OH 或 CH_2OH, O, OH, OC_2H_5, OH, OH B. CH_3CH_2OH

C. CHO; H—OH; HO—H; OH—H; H—OH; CH_2OH 或 CHO; H—OH; H—OH; H—OH; H—OH; CH_2OH

17-10 略。

17-11 (1) 1-硬脂酰-2-软脂酰-3-油酰甘油 (2) 鞘氨醇
(3) sn-甘油-1-硬脂酰-2-亚油酰-3-磷脂酰乙醇胺

17-12 植物油分子中有较多的不饱和双键,且为顺式结构,分子间结合疏松,故常为液态。动物油分子中不饱和键较少,故常为固态或半固态。

17-13 人体中没有或少含需从食物中供给的不饱和脂肪酸为必需脂肪酸。必需脂肪酸常为 ω^3 型不饱和脂肪酸。

17-14 油脂在碱性条件下水解的反应称为油脂的皂化。皂化值反映了油脂平均相对分子质量的大小。

17-15 略。

17-16 略。

第十八章

18-1 (1) COOH; H_2N—H; CH_3 *S* 构型 (2) COOH; H_2N—H; CH_2OH *S* 构型 (3) COOH; H_2N—H; CH_2SH *R* 构型

18-2 (1) $HOOCCH_2CH_2CH(NH_2)COO—Na^+$

(2) $HOOCCH_2\underset{NH_3^+}{\underset{|}{C}}HCOO^-$ $\quad$ $^-OOCCH_2\underset{NH_3^+}{\underset{|}{C}}HCOOH$ 前者更易形成。

(3) 天冬氨酸的 pI 值大，因天冬氨酸一级电离的酸性较谷氨酸的强。

(4) 赖氨酸＞丙氨酸＞半胱氨酸＞谷氨酸。

18-3 (1) $CH_3\underset{NH_2}{\underset{|}{C}}HCOOH + CH_3CH_2OH$ (2) $CH_3\underset{NHCOCH_3}{\underset{|}{C}}HCOOC_2H_5$ (3) $CH_3\underset{NH_2}{\underset{|}{C}}HCOOCH_3$

(4) $CH_3\underset{OH}{\underset{|}{C}}HCOOH$ (5) $CH_3\underset{NHCOCH_3}{\underset{|}{C}}HCOOH$

18-4 pI 值应小于 6.2，因需加酸才能达到 pI。

18-5 在 pH 为 2 的缓冲溶液中：缬氨酸带正电荷，谷氨酸带负电荷，精氨酸带正电荷。

在 pH 为 7 的缓冲溶液中：缬氨酸带负电荷，谷氨酸带负电荷，精氨酸带正电荷。

在 pH 为 12 的缓冲溶液中：缬氨酸带负电荷，谷氨酸带负电荷，精氨酸带负电荷。

离子结构略。

18-6 天冬氨酸带负电荷，向正极移动。组氨酸带正电荷，向负极移动。

18-7 丝-丙-丙有三种三肽异构体，丝-丙-半胱有六种三肽异构体。结构式略。

18-8 略。

18-9 略。

18-10 (1) 丙氨酸 (2) 脯氨酸 (3) 丝氨酸 (4) 天冬氨酸

18-11 略。

18-12 略。

18-13 (1) 负离子，加酸。 (2) 正离子，加碱。 (3) 正离子，加碱。 (4) 负离子，加酸。

18-14 丙-甘-甘。

18-15 Gly-Glu-Arg-Gly-Phe

18-16 略。

18-17 略。

18-18 (1) O F NH N H O (2) O CH_3 N N N N H NH_2 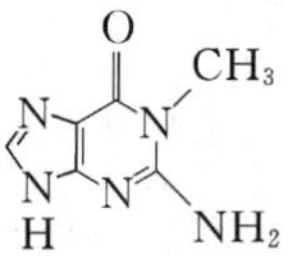 (3) O NH N H O

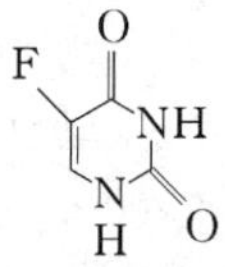

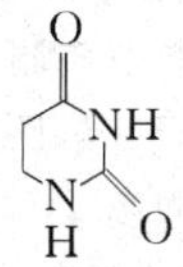

18-19 (1) DNA，RNA (2) tRNA，rRNA，mRNA (3) 核苷酸，磷酸二酯键

(4) 高能磷酸，储存能量

18-20 略。

18-21 AATCCGT。

18-22 略。

18-23 略。

18-24 四个手性碳，四个立体异构体。